Ausbeulen

Theorie und Berechnung von Blechen

Von

Curt F. Kollbrunner und Martin Meister
Dr. sc. techn., Dipl. Bau-Ing.   Dipl. Bau-Ing.
E. T. H., Zürich   E. T. H., Zürich

Mit 192 Abbildungen
und 33 Tabellen

Springer-Verlag Berlin Heidelberg GmbH

ISBN 978-3-662-01091-4   ISBN 978-3-662-01090-7 (eBook)
DOI 10.1007/978-3-662-01090-7

Alle Rechte, insbesondere das der Übersetzung in fremde Sprachen, vorbehalten
Ohne ausdrückliche Genehmigung des Verlages ist es auch nicht gestattet,
dieses Buch oder Teile daraus auf photomechanischem Wege
(Photokopie, Mikrokopie) zu vervielfältigen
© by Springer-Verlag Berlin Heidelberg 1958

Ursprünglich erschienen bei Springer-Verlag, OHG., Berlin/Göttingen/Heidelberg 1958.

Softcover reprint of the hardcover 1st edition 1958

Die Wiedergabe von Gebrauchsnamen, Handelsnamen, Warenbezeichnungen usw. in diesem Buche berechtigt auch ohne besondere Kennzeichnung nicht zu der Annahme, daß solche Namen im Sinne der Warenzeichen- und Markenschutz-Gesetzgebung als frei zu betrachten wären und daher von jedermann benutzt werden dürften

Vorwort

Mit der zunehmenden Beliebtheit vollwandiger Konstruktionen im Stahlbau stellte sich die Forderung nach einer möglichst genauen Erfassung der Ausbeulerscheinungen von ebenen Blechen. Auch der moderne Schiff- und Flugzeugbau verlangt dringend das eingehende Studium dieses Stabilitätsproblemes. Es ist daher nicht verwunderlich, daß sich eine große Anzahl von Forschern mit dem Instabilwerden von Blechen unter gewissen Beanspruchungen befaßte. Die diesbezügliche Literatur ist äußerst umfangreich, weit verstreut und in den verschiedensten Sprachen abgefaßt. Es drängte sich daher der Gedanke auf, das bisher Erreichte festzuhalten und dem Konstrukteur in einer ihm verständlichen Form zu übermitteln. Das vorliegende Buch legt infolgedessen nicht in erster Linie Wert auf die möglichst eingehende Darstellung komplizierter Theorien, sondern möchte vielmehr dem Praktiker als Rüstzeug bei der Lösung seiner Aufgaben dienen. Um jedoch den Geltungsbereich und die Grenzen der angewandten Formeln zu erkennen, sind auch für den Ingenieur gewisse theoretische Kenntnisse unerläßlich.

Die Lösung von Beulproblemen verlangt im allgemeinen erhebliche mathematische Kenntnisse, besonders wenn allgemeine Lösungen angestrebt werden. Für die numerische Auswertung spezieller Probleme stehen dagegen dem Ingenieur in der Differenzenrechnung und vor allem im baustatischen Lösungsverfahren Methoden zur Verfügung, die, auf geläufigen Prinzipien aufbauend, für ihn leicht verständlich und im Rechenaufwand noch erträglich sind.

Noch nicht restlos abgeklärt ist das Ausbeulen im plastischen Bereich. Die Schwierigkeiten beginnen schon bei der Annahme der Plastizitätshypothese. Da mehrere solche zur Verfügung stehen, sind auch verschiedene Beultheorien für den plastischen Bereich möglich und auch aufgestellt worden. Für die endgültige Abklärung dieser Probleme wird noch viel Forschungsarbeit zu leisten sein. Im vorliegenden Buch sind die wesentlichen Theorien skizziert und für den Praktiker Formeln angegeben, deren Richtigkeit durch Versuche belegt ist.

Auch das Gebiet der ausgesteiften Platten ist außerordentlich vielgestaltig. Das Buch gibt einen Überblick über die wichtigsten Methoden zur Lösung dieser Probleme und eine eingehende Darstellung einiger spezieller Fälle.

Der sogenannte überkritische Bereich spielt im Bauwesen, im Gegensatz zum Flugzeugbau, keine maßgebende Rolle. Da er aber für die

Beurteilung der Beulsicherheit wichtig ist, wird das Grundsätzliche über ihn ebenfalls mitgeteilt.

Gleich wie das Buch ,,Knicken" wendet sich auch das vorliegende Buch an den Praktiker. Es entwickelt keine neuen Theorien, sondern versucht, dem in der Praxis stehenden Ingenieur die heutigen Erkenntnisse und Erfahrungen aus Theorie und Versuch so weit zu übermitteln, daß er in der Lage ist, die amtlichen Bestimmungen zu verstehen und — sofern es nötig sein sollte — auch kompliziertere Einzelfälle zahlenmäßig zu lösen. Aus diesem Grunde sind die Literaturangaben sehr umfangreich.

Es ist uns eine angenehme Pflicht, Herrn Dr. sc. techn. P. DUBAS für seine wertvolle Mitarbeit bei der Abfassung einiger Kapitel herzlich zu danken. Auch dem Verlag möchten wir für die gewohnte gute Ausstattung des Buches unseren verbindlichen Dank aussprechen.

Zürich, im März 1958

Curt F. Kollbrunner. Martin Meister.

Inhaltsverzeichnis

	Seite
I. Einleitung	1
II. Geschichtliche Entwicklung	3
III. Theorie des Beulproblems	11
A. Einleitung	11
B. Die Differentialgleichungen des Problems	11
1. Definitionen und Bezeichnungen	11
2. Allgemeine Biegungstheorie der Platten	12
a) Vereinfachende Annahmen	12
b) Gleichgewichtsbedingungen an einem unendlich kleinen Prisma	13
c) Differentialgleichung der elastischen Fläche	16
d) Gleichungen für die isotropen Platten	17
e) Randbedingungen der Platte	18
α) Seite vollständig eingespannt S. 18. — β) Seite gelenkig gelagert (frei aufliegend) S. 18. — γ) Seite vollständig frei S. 19.	
3. Allgemeine Elastizitätstheorie der Scheiben	19
a) Ebener Spannungszustand	19
b) Ebener Formänderungszustand	19
c) Gleichgewichtsbedingungen am Elementar-Parallelepiped	20
d) Verträglichkeitsbedingung	20
e) Randbedingungen	22
α) Spannungsproblem S. 22. — β) Formänderungsproblem S. 23.	
4. Analogie zwischen der Platten- und Scheibengleichung	24
5. Gemischte Probleme. Beulgleichung. (Einfluß der Spannungen in der Plattenmittelebene auf die Biegung der Platte)	24
C. Methoden zur Lösung der Beulprobleme	29
1. Direkte Integration der Differentialgleichung	29
a) Allseitig gleichmäßiger Druck	31
b) Ränder b auf Druck beansprucht, Ränder a unbelastet	31
c) Ränder b auf Druck, Ränder a auf Zug beansprucht	32
d) Vergleich der behandelten Beispiele	34
2. Energiemethoden	35
a) Einleitung	35
b) Stabilitätsproblem als Variationsproblem. Prinzip der virtuellen Verschiebungen	36
α) Formänderungsarbeit der Platte S. 37. — β) Potentielle Energie der äußeren Kräfte S. 41. — γ) Anwendung des RITZschen Verfahrens auf die Beulbedingung S. 42.	
c) Ansatz von TIMOSHENKO	44
3. Numerische Methoden	46
a) Methode der Differenzenrechnung	46
α) Allgemeines S. 46. — β) Differenzengleichung des Beulproblems S. 47. — γ) Beispiele S. 49. — δ) Bemerkungen zur Differenzenmethode S. 60.	

Inhaltsverzeichnis

Seite

 b) Baustatische Methode 61
  α) Einleitung S. 61. — β) Grundlegende Beziehungen der baustatischen Methode S. 62. — γ) Aufstellung der Beulgleichung S. 67. — δ) Beispiele S. 76.

IV. Die verschiedenen Beulfälle 82
 A. Elastischer Bereich 82
  1. Differentialgleichung für die Ausbeulung dünner, ebener, rechteckiger Platten 82
  2. Ausbeulen der auf einseitigen, gleichmäßig verteilten Druck beanspruchten rechteckigen Platten. (Belastete Ränder b frei drehbar gelagert) 83
   a) Allgemeine Lösung der Differentialgleichung 83
   b) Platte an den Rändern a einerseits elastisch eingespannt, anderseits vollständig frei 85
   c) Platte an den Rändern a einerseits gelenkig gelagert, anderseits vollständig frei 90
   d) Platte an den Rändern a einerseits fest eingespannt, anderseits vollständig frei 91
   e) Platte an den Rändern a beiderseits gelenkig gelagert ... 91
   f) Platte an den Rändern a beiderseits fest eingespannt ... 93
   g) Platte an den Rändern a einerseits fest eingespannt, anderseits gelenkig gelagert 93
   h) Zusammenstellung der theoretischen Ausbeulformeln 93
  3. Ausbeulen der auf einseitigen, ungleichmäßig verteilten Druck beanspruchten rechteckigen Platten. Dreieckförmige Belastung. (Belastete Ränder b frei drehbar gelagert) 94
   a) Problemstellung 95
   b) Lösungsmöglichkeiten 96
   c) Herleitung der allgemeinen Beulbedingung nach der Energiemethode 98
   d) Platte an den Rändern a beiderseits gelenkig gelagert 104
    α) Herleitung der Beulbedingung S. 104. — β) Numerische Auswertung S. 107.
   e) Platte an den Rändern a beiderseits fest eingespannt ... 108
   f) Platte an den Rändern a einerseits fest eingespannt, anderseits gelenkig gelagert 110
    α) Die Belastung nimmt gegen den eingespannten Rand zu (Fall a) S. 110. — β) Die Belastung nimmt gegen den eingespannten Rand ab (Fall b) S. 111.
   g) Platte an den Rändern a einerseits fest eingespannt, anderseits vollständig frei 112
    α) Die Belastung nimmt gegen den eingespannten Rand zu (Fall a) S. 112. — β) Die Belastung nimmt gegen den eingespannten Rand ab (Fall b) S. 119.
   h) Platte an den Rändern a einerseits gelenkig gelagert, anderseits vollständig frei 119
   i) Resultate und Schlußfolgerungen 122
  4. Ausbeulen der auf einseitige reine Biegung beanspruchten rechteckigen Platten. (Belastete Ränder b frei drehbar gelagert) 123
   a) Platte an den Rändern a beiderseits gelenkig gelagert 124
   b) Platte an den Rändern a beiderseits fest eingespannt ... 125
   c) Platte an den Rändern a einerseits fest eingespannt, anderseits gelenkig gelagert 125
   d) Platte an den Rändern a einerseits fest eingespannt, anderseits vollständig frei 126
   e) Platte an den Rändern a einerseits gelenkig gelagert, anderseits vollständig frei 127
   f) Resultate und Schlußfolgerungen 127

Inhaltsverzeichnis VII

Seite

5. Einfluß der POISSONschen Zahl auf die Stabilität rechteckiger Platten. (Belastete Ränder b frei drehbar gelagert) 131
6. Einfluß des Schubes (Querschiebung) auf die Stabilität rechteckiger Platten. (Belastete Ränder b frei drehbar gelagert) 139
   a) Allgemeines. 139
   b) Herleitung der Grundgleichungen 140
      α) Grundsätzliches S. 140. — β) Deformationen S. 141. — γ) Energetische Herleitung der Beulgleichungen S. 142. — δ) Beziehungen zwischen den Schnittgrößen und den Plattenverschiebungen S. 146.
   c) Anwendung auf die einseitig mit gleichmäßig verteiltem Druck beanspruchte Platte 148
      α) Lösung nach der Energiemethode S. 148. — β) Direkte Lösung der Beulgleichungen S. 155. — γ) Numerische Auswertung S. 156.
   d) Schlußfolgerungen und Ausblick 158
7. Ausbeulen rechteckiger Platten unter Druck, Biegung und Druck mit Biegung. Baustatisches Lösungsverfahren nach STÜSSI. (Belastete Ränder b frei drehbar gelagert) 159
   a) Berechnungsmethode 160
      α) Differentialgleichung S. 160. — β) Baustatische Lösung S. 161. — γ) Randbedingungen S. 162.
   b) Rechnungsgang 163
      α) Wahl der Ausgangskurve S. 163. — β) Zahlenbeispiel S. 164.
   c) Ersatzkurven 167
   d) Konvergenz 167
   e) Rechnungsergebnisse. 168
      α) Beulfälle S. 168. — β) Beulwertkurven S. 170. — γ) Minimale Beulwerte k_{min} S. 170.
   f) Vergleich der minimalen Beulwerte k_{min} nach STÜSSI mit Resultaten anderer Verfasser 172
8. Ausbeulen der auf reinen Schub beanspruchten rechteckigen Platten (Ränder b frei drehbar gelagert oder fest eingespannt) . . . 172
9. Ausbeulen rechteckiger Platten. (Belastete Ränder b fest eingespannt) 182
10. Zusammengesetzte Belastungsfälle 184
    a) Allgemeines. 184
    b) Gleichmäßig verteilter Druck kombiniert mit reiner Biegung . 185
    c) Gleichmäßig verteilter Druck kombiniert mit reinem Schub . 188
    d) Reine Biegung kombiniert mit reinem Schub 189
    e) Lineare Randspannungen kombiniert mit reinem Schub . . 190
    f) Allseitig durch gleichmäßig verteilten Druck beanspruchte rechteckige Platte 191

B. Plastischer Bereich 196
1. Einleitung. 196
2. Ausbeulen der auf einseitigen, gleichmäßig verteilten Druck beanspruchten rechteckigen Platten. (Belastete Ränder b frei drehbar gelagert) 197
   a) Aufstellung der Differentialgleichung 197
   b) Allgemeine Lösung der Differentialgleichung 199
   c) Platte an den Rändern a einerseits gelenkig gelagert, anderseits vollständig frei 200
   d) Platte an den Rändern a beiderseits gelenkig gelagert . . . 202
   e) Zusammenstellung der theoretischen Ausbeulformeln 202
   f) Anpassung der theoretischen Ausbeulformel an die Versuchsresultate 203
   g) Berechnung der Ausbeulspannungen 207
   h) Grundlegende Betrachtungen 209

Inhaltsverzeichnis
Seite

3. Ausbeulen der auf einseitigen ungleichmäßigen Druck und Druck mit Biegung beanspruchten rechteckigen Platten. (Belastete Ränder b frei drehbar gelagert) 215
4. Ausbeulen der auf reinen Schub beanspruchten rechteckigen Platten. (Ränder b frei drehbar gelagert oder fest eingespannt) . . . 217
5. Zusammengesetzte Belastungsfälle 218
   a) Allgemeines 218
   b) Lineare Randspannungen kombiniert mit reinem Schub . . 218
   c) Allseitig durch gleichmäßig verteilten Druck beanspruchte rechteckige Platte 219
6. Weitere Ausbeultheorien 220
   a) Theorie von BIJLAARD 220
      α) Grundlagen S. 220. — β) Gelenkig gelagerte Längsränder S. 223. — γ) Starr eingespannte Längsränder S. 225. — δ) Versuchsergebnisse S. 226.
   b) Theorie von ILJUSCHIN 228
      α) Grundlagen S. 228. — β) Anwendungen auf einseitig mit gleichmäßig verteiltem Druck beanspruchte Platten S. 235. β_1) Bestimmung von λ_{kr} S. 235. — β_{11}) Platte an den Rändern a beiderseits gelenkig gelagert S. 235. — β_{12}) Platte an den Rändern a beiderseits fest eingespannt S. 236. — β_{13}) Platte an den Rändern a einerseits gelenkig gelagert, anderseits vollständig frei S. 236.
      γ) Vergleich der Theorie mit Versuchsresultaten 237
   c) Theorie von STOWELL 239
   d) Bemerkungen zu den Untersuchungen des plastischen Ausbeulens mit Hilfe der mathematischen Plastizitätstheorien . . . 240
      α) Verschiedene Formen der mathematischen Plastizitätstheorie S. 240. — β) Homogene Spannungszustände S. 242. — γ) Inhomogene Spannungszustände S. 244. — δ) Theorie und Versuche S. 246. — ε) Theorie der Quasiisotropie S. 247. — ζ) Schlußfolgerungen S. 248.
7. Schlußfolgerungen für die praktische Anwendung 248
   a) Einseitiger Druck, einseitige reine Biegung, reiner Schub . . 248
   b) Zusammengesetzte Belastungsfälle 256
      α) Einseitig gleichmäßig verteilter Druck kombiniert mit reinem Schub. (Alle Ränder gelenkig gelagert) S. 257. α_1) Lange Platte $\alpha \geq 1$ S. 257. — α_2) Kurze Platte $\frac{1}{2} < \alpha < 1$ S. 258.
      β) Einseitige reine Biegung kombiniert mit reinem Schub. (Alle Ränder gelenkig gelagert) S. 260. — γ) Allseitig durch gleichmäßig verteilten Druck beanspruchte rechteckige Platte S. 262.

C. Versuche 264
1. Versuche mit durch einseitigen, gleichmäßig verteiltem Druck beanspruchten freistehenden Winkeln 264
2. Versuche mit durch einseitigen, gleichmäßig verteiltem Druck beanspruchten Platten 268
3. Versuche mit durch einseitigen, gleichmäßig und ungleichmäßig verteiltem Druck beanspruchten Platten 275

V. Ausgesteifte Platten 285

A. Problemstellung 285
B. Methoden zur Untersuchung ausgesteifter Rechteckplatten 287
1. Geschlossene Lösung der Differentialgleichung 287
2. Energiemethode mit mathematischen Näherungsansätzen . . . 287
3. Numerische Methoden 291
C. Längsausgesteifte Rechteckplatte unter Druck 292
1. Rechteckplatte mit einer Aussteifung in der Mitte 292
2. Rechteckplatte mit mehreren Längsaussteifungen 299

	Seite
3. Rechteckplatte mit einer nicht in der Mitte liegenden Aussteifung	300
4. Verallgemeinerung der Ergebnisse	303
D. Andere Fälle von längsausgesteiften Rechteckplatten	305
1. Reine Biegung mit einer einzigen Längsaussteifung	305
2. Reine Biegung mit mehreren Längsaussteifungen	311
3. Reiner Schub einer längsausgesteiften Platte	311
4. Zusammengesetzte Belastungsfälle	313
5. Platte mit elastischer Randaussteifung	316
E. Querausgesteifte Rechteckplatten	318
1. Allgemeines	318
2. Querausgesteifte Platten unter Schub	319
3. Querausgesteifte Platten unter Druck und Biegung	320
F. Rechteckplatten mit Steifenrost	322
G. Weitere Probleme versteifter Rechteckplatten	322
1. Platte mit Schrägsteife	322
2. Exzentrisch angeordnete Aussteifung	322
3. Torsionsfeste Aussteifung	323
4. Punktweise ausgesteifte Platte	324
5. Orthotrope Platte	324
6. Ausbeulen im plastischen Bereich	325
7. Aussteifung der ganzen Konstruktion	325
8. Überkritischer Bereich	326

VI. Platten mit Störungen 326
   A. Einleitung 326
   B. Stabilitätsprobleme und Spannungsprobleme 327
   C. Platten mit anfänglicher Ausbiegung. Exzentrisch belastete Platten 327
   D. Platten mit Querbelastungen 328
   E. Einfluß der Größe der Durchbiegungen. Schlußfolgerungen. . . . 329
   F. Eigenspannungen in den Blechen 330

VII. Überkritischer Bereich 331
   A. Einleitung 331
   B. Zur Theorie des überkritischen Bereiches 332
   C. Versuche 335
   D. Beulsicherheit 335

Zusätzliche Literatur 339

Namenverzeichnis 342

Bezeichnungen

a	Plattenhöhe
b	Plattenbreite
h	Plattendicke
$\alpha = \dfrac{a}{b}$	Plattenhöhe zu Plattenbreite
M_x, M_y	Biegemomente
M_{xy}, M_{yx}	Drillungsmomente
Q_x, Q_y	Querkräfte
N_x, N_y	Normalkräfte
V_x, V_y	Auflagekräfte
σ_x, σ_y	Normalspannungen
$\tau_{xy}, \tau_{yz}, \tau_{zx}$	Schubspannungen
$\varepsilon_x, \varepsilon_y$	Dehnungen
γ_{xy}, γ_{yx}	Gleitungen
u, v	Verschiebungen in der x- bzw. y-Richtung
w	Ausbiegung (in der z-Richtung)
$\nu = \overline{m_p} = \dfrac{1}{m_p}$	Querkürzungsverhältnis, d. h. reziproker Wert der Poissonschen Zahl
m	Halbwellenzahl in der x-Richtung (Plattenhöhe)
n	Halbwellenzahl in der y-Richtung (Plattenbreite)
$D = \dfrac{EJ}{1-\nu^2} = \dfrac{Eh^3}{12(1-\nu^2)}$	Biegesteifigkeit der Platte = Plattensteifigkeit
J	Trägheitsmoment
E	Elastizitätsmodul
G	Schubmodul $G = \dfrac{E}{2(1+\nu)}$
T_K	Knickmodul $\left(\text{Für Rechteckquerschnitt } T_K = \dfrac{4TE}{(\sqrt{T}+\sqrt{E})^2}\right)$
$T = \dfrac{d\sigma}{d\varepsilon}$	Tangentenmodul
T_s	Sekantenmodul
$\sigma_E = \dfrac{D\pi^2}{b^2 h}$	Eulersche Knickspannung für einen Plattenstreifen der Länge b, der Dicke h und der Breite 1
$\sigma_{kr} = k\,\sigma_E$	Kritische Beulspannung
k	Beulwert oder Beulzahl
τ	Knickzahl $\tau = \dfrac{T_K}{E}$ oder $\tau = \dfrac{T}{E}$
λ	Plattenschlankheit $\lambda^2 = \dfrac{l^2}{h^2}\,12(1-\nu^2)$ siehe Gl. (IV A.272)
$\lambda_{id} = y\sqrt{\dfrac{E}{\sigma_n^{el}}}$	ideelle Vergleichsschlankheit siehe Gl. (IV B.161)

$$\lambda_L = \frac{E\nu}{(1+\nu)(1-2\nu)} \; . \quad \text{LAMÉsche Konstante. Siehe Gl. (IV A.218)}$$

σ_F . . . . Fließgrenze
σ_P . . . . Proportionalitätsgrenze
σ_g . . . . Vergleichsspannung
ν_s . . . . Sicherheit
A_a . . . . Innere oder Formänderungsarbeit
E_a . . . . Arbeit der äußeren Kräfte
U . . . . Potentielle Energie
K_i . . . . Knotenlast im Punkt i

$$\delta = \frac{F_L}{bh} \quad \ldots \ldots \quad \text{(Gl. (V.1))}$$

$$\gamma_L = \frac{E J_L}{D b} \quad \ldots \ldots \quad \text{(Gl. (V.2))}$$

$$\gamma_Q = \frac{E J_Q}{D b} \quad \ldots \ldots \quad \text{(Gl. (V.3))}$$

F_L . . . . Fläche der Längssteife
J_L . . . . Trägheitsmoment der Längssteife
J_Q . . . . Trägheitsmoment der Quersteife

Alle übrigen Bezeichnungen und Abkürzungen sind jeweils im Text erläutert.

I. Einleitung

In der Konstruktionspraxis treten neben Bauelementen, bei denen eine Dimension die beiden andern wesentlich übertrifft (Stäbe und Träger) auch Elemente auf, bei denen nur eine Dimension gegenüber den beiden andern kleiner ist. Es sind dies, sofern man von gekrümmten Bauformen absieht, die Scheiben und Platten. Als Scheiben bezeichnet man ebene Tragelemente geringer Dicke, welche in ihrer Mittelebene belastet sind. Wirkt die Belastung derart, daß die Mittelebene verwölbt wird, so spricht man von Platten[1].

Scheibenförmige Tragwerke trifft man oft an, entweder als selbständige Tragelemente oder als Teile von Vollwandkonstruktionen. Als wesentlichstes Beispiel seien die Stegbleche von Vollwandträgern genannt.

Genau wie beim zentrisch gedrückten Stab kann auch bei einer in ihrer Mittelebene belasteten Scheibe, wenn vorwiegend Druckspannungen vorkommen, beim Anwachsen der Lasten ein *kritischer Zustand* auftreten.

In diesem Zustand besteht eine Gleichgewichtsverzweigung, d. h. neben der ebenen Gleichgewichtslage ist eine unendlich benachbarte Gleichgewichtslage möglich, bei welcher die Mittelebene verwölbt ist. Das Gleichgewicht unter der kritischen Last ist somit indifferent. Wird die Last noch weiter über diese *kritische Last* gesteigert, so beult die Scheibe aus und geht in eine *endlich* benachbarte stabile Gleichgewichtslage über.

Beim zentrisch gedrückten Stab bildet die Ermittlung der Spannungsverteilung kein Problem. Da der Querschnitt voraussetzungsgemäß gegenüber der Länge klein ist, kann die Spannungsverteilung über den Querschnitt als gleichmäßig verteilt angesehen werden. Die kurze Störungszone bei den Krafteinleitungsstellen kann vernachlässigt werden.

Bei der in ihrer Mittelebene längs den Rändern belasteten Scheibe ist jedoch die Spannungsverteilung nicht von vornherein bekannt. Faßt man einen Punkt in der Mittelebene der Scheibe ins Auge, so ist wohl die Spannung, längs des Lotes in diesem Punkt, über die ganze Scheiben*dicke* konstant, jedoch muß die Spannung in den verschiedenen Punkten der Scheibenmittelebene erst noch, z. B. mit Hilfe der AIRYschen Spannungsfunktion, ermittelt werden. Beult nun die Scheibe unter

---

[1] Auf dünnwandige, gekrümmte Tragwerke, sog. Schalen, wird in diesem Buche nicht eingegangen.

diesen Spannungen aus ihrer Mittelebene heraus aus, so verursachen dieselben Biegungsmomente und Querkräfte in bezug auf die ausgebogene Mittelebene. Die Spannungsverteilung längs einer Normalen in einem Scheibenpunkt ist nicht mehr konstant und zu ihrer Ermittlung muß die Plattentheorie herangezogen werden.

Um die Knickerscheinungen des zentrisch gedrückten geraden Stabes zu studieren, muß die Biegetheorie zu Hilfe genommen werden. Will man die Beulerscheinungen einer längs ihrer Ränder in der Mittelebene belasteten Scheibe mit bekannter Spannungsverteilung untersuchen, so ist man auf die Plattentheorie angewiesen.

Im allgemeinsten Fall erfordert also die Lösung des Beulproblems einer längs der Ränder belasteten ebenen Scheibe zuerst die Spannungsermittlung mit Hilfe der Scheibentheorie; erst dann kann die Beullast, wie die kritische Last auch genannt wird, mit Hilfe der Plattentheorie ermittelt werden. Ist die Belastung der Ränder der Scheibe beliebig, so kann unter Umständen bereits die Spannungsermittlung auf große Schwierigkeiten stoßen. Bei der Behandlung von Beulproblemen beschränkte man sich daher meist auf spezielle einfachere Fälle, bei denen die Spannungsverteilung als bekannt vorausgesetzt werden kann. Die für die Praxis wichtigsten Spannungsverteilungen werden im Kap. IV behandelt.

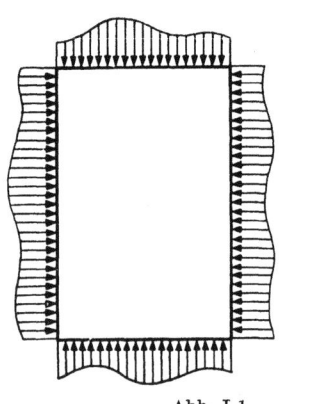

Abb. I 1

Bis jetzt wurde immer angenommen, daß die Belastung in der Mittelebene der Scheibe wirkt (Abb. I 1).

Man kann sich die Lasten jedoch auch an einem Hebelarm wirkend denken. Zudem sind neben den in der Scheibenebene wirkenden Lasten auch noch senkrecht zur Scheibenebene wirkende Querlasten denkbar. Die Analogie mit dem exzentrisch bzw. querbelasteten Druckstab ist augenscheinlich. Auch hier stellen sich die gleichen Probleme bezüglich dem Unterschied zwischen Stabilitätsproblem und Spannungsproblem zweiter Ordnung[1]. Mit Ausnahme einfacher Sonderfälle sind derartige Probleme noch nicht gelöst worden.

Beim Knickstab führt bereits eine kleine Erhöhung der kritischen Last zum Versagen des Stabes, da die Ausbiegungen mit steigender Last sehr rasch anwachsen. Bei den Scheiben ist das Tragvermögen beim Überschreiten der kritischen Last weniger rasch erschöpft. Wohl beult die Scheibe aus, aber dadurch bildet sich ein Membranenspannungszustand (es entstehen auch in der Plattenmittelebene zusätzliche Span-

---

[1] Vgl. z. B.: C. F. KOLLBRUNNER u. M. MEISTER: Knicken, Kap. IV, S. 201 ff. Berlin/Göttingen/Heidelberg: Springer 1955.

nungen), welcher ein sofortiges Versagen der ausgebeulten Scheibe verhindert. Im allgemeinen nützt man diesen *überkritischen Bereich* nicht aus. Bei sehr dünnen Scheiben liegt die Grenze des Tragvermögens jedoch wesentlich über der Beullast. (In Extremfällen kann das Tragvermögen bedeutend größer als die zehnfache Beullast sein.) Im Flugzeugbau, für den jede Gewichtsersparnis eine Leistungssteigerung bedeutet, wird der überkritische Bereich daher ausgenützt.

Bisher wurde vorausgesetzt, daß sich die betrachteten Scheiben rein elastisch verhalten. Bei Baustoffen mit elastisch-plastischem Verformungsvermögen werden die Verhältnisse im plastischen Bereich, genau wie beim Knickstab, wesentlich verwickelter. Abgesehen davon, daß die Ansichten über die Plastizitätsgesetze heute noch stark auseinandergehen, ist auch zu beachten, daß die Scheibe im allgemeinen nicht voll plastifiziert wird. Dies gilt sowohl bezüglich der Verteilung über die Dicke, als auch über die Ausdehnung der Scheibe. Infolge dieser komplizierten Verhältnisse gibt es denn auch bis heute keine exakte Theorie des plastischen Beulens, die den Bedürfnissen des konstruierenden Praktikers gerecht wird. Man hilft sich hier meist mit Näherungsmethoden. Eine der gebräuchlichsten beruht auf folgendem Prinzip: Man berechnet die Beulspannung, wie wenn der Baustoff rein elastisch wäre. Mit dieser Spannung berechnet man eine Vergleichsschlankheit, wie wenn es sich nur um einen Knickstab handeln würde, und bestimmt aus der Knickspannungslinie ($\sigma_{kr} - \lambda$-Diagramm) die Beulspannung im plastischen Bereich. Da man dabei die stillschweigende Voraussetzung macht, daß die ganze Scheibe plastifiziert sei, befindet man sich mit dieser Annäherung bestimmt auf der sicheren Seite.

II. Geschichtliche Entwicklung [1]

Die ersten Erkenntnisse auf dem Gebiet der Plattenbeulung fallen fast zusammen mit dem Beginn der mathematischen Behandlung der Plattenprobleme.

Als erster befaßte sich EULER[2] mit den Durchbiegungen und den Schwingungen elastischer, vollkommen biegsamer Membranen oder, anders ausgedrückt, mit Platten ohne Biegungssteifigkeit. Er dachte sich diese gebildet aus zwei Systemen sich rechtwinklig kreuzender Saiten. Später benutzte JAKOB BERNOULLI[3] die Ergebnisse EULERS zur Untersuchung der Biegung und der Schwingungen von Rechteckplatten. Er faßte letztere als einen Rost von 2 Systemen sich rechtwinklig kreuzender Trägerscharen auf. BERNOULLI versuchte damit die Experimente CHLADNIS[4] über schwingende Platten zu erklären, was ihm jedoch nicht

---
[1] TIMOSHENKO, S.: History of Strength of Materials. New York/Toronto/London: McGraw-Hill Book Company 1953. — BLEICH, F.: Buckling Strength of Metal Structures. New York/Toronto/London: McGraw-Hill Book Company 1952.
[2] Novi Comm. Acad. Petrop., vol. 10 (1767) S. 243.
[3] BERNOULLI, JAKOB: Nova acta, vol. 5 (St. Petersburg 1789).
[4] CHLADNI, E. F. F.: Die Akustik. Leipzig 1802.

gelang. Diese aus dem Jahre 1787 stammenden, berühmt gewordenen Versuche erlaubten auf einfache Weise die Sichtbarmachung von Schwingungsfiguren schwingender Platten. Zu diesem Zweck spannte CHLADNI eine Glasplatte in der Mitte ein, bestreute sie mit feinem Sand und strich mit einem Geigenbogen über den Rand (Abb. II 1). Je nach der Stelle, an welcher er den Fingernagel an den Rand der Platte setzte, ordnete

Abb. II 1. Chladni führt Kaiser Napoleon Klangfiguren vor. (Nach einem alten Stich)

sich der Sand auf der Platte zu bestimmten, symmetrischen Figuren an. Diese Figuren entsprechen den Knotenlinien der durch den Geigenbogen zum Schwingen angeregten Platte. Die sich bildenden Figuren sind von der Tonhöhe abhängig. Für die tiefsten Töne teilen sich die Platten in die wenigsten Abschnitte. Zu den tiefsten Tönen gehört deshalb stets die einfachste Figur. Zu jedem Ton, den die Platte gibt, gehört eine besondere Klangfigur, welche der diesem Ton entsprechenden Schwingungsart der Platte entspricht. Bei Platten mit verschiedener Plattensteifigkeit entspricht jedoch die gleiche Klangfigur verschiedenen Tönen.

II. Geschichtliche Entwicklung

Zwischen der Theorie der Schwingungen kleiner Amplitude und der Stabilitätstheorie elastischer Körper besteht aber die folgende bekannte Analogie[1]: Dem Stabilitätskriterium (Knick- oder Beuldeterminante), den Knicklasten und den Knick- oder Beulformen der Stabilitätstheorie entsprechen die Frequenzgleichung, die Frequenzen und die Schwingungsformen der Theorie der Schwingungen.

Man kann daher CHLADNIs Klangfiguren auch als Beulfiguren bezeichnen. Dabei sind allerdings die Randbedingungen bei seinen Experimenten wesentlich anders als bei Platten von Baukonstruktionen. Trotzdem kann gesagt werden, daß CHLADNI der erste war, der Beulfiguren aufzeigte.

Im Jahre 1802 veröffentlichte CHLADNI sein Werk „Die Akustik"[2]. Es wurde 1809 ins Französische übersetzt und wirkte durch sein Erscheinen äußerst anregend auf das Interesse der Plattentheorie. Trotzdem ging auf ein Preisausschreiben der Académie française über die Aufstellung einer Theorie über Plattenschwingungen und deren Vergleich mit Versuchen bis 1811 nur eine einzige Arbeit ein. SOPHIE GERMAIN versuchte darin, aufbauend auf den Arbeiten EULERs, die Schwingungsdifferentialgleichung der gebogenen Platte aus dem Integral für die Deformationsarbeit abzuleiten, ohne dieses jedoch zu begründen. SOPHIE GERMAIN machte jedoch bei der Variation des Integrals einen Fehler und fand daher nicht die richtige Schwingungsgleichung. Sie erhielt auch den ausgesetzten Preis nicht. LAGRANGE[3], einer der Preisrichter, bemerkte den Fehler und fand nach einigen Korrekturen eine befriedigende Form der verlangten Gleichung. Die Akademie schrieb das Problem erneut aus; SOPHIE GERMAIN bewarb sich abermals, aber auch diesmal wurde ihr der Preis nicht zuerkannt. Nach einer dritten Ausschreibung wurde ihr der Preis zugesprochen, obwohl das Preisgericht von ihrer Arbeit nicht ganz befriedigt war. Offenbar wollte die Jury die Ausdauer belohnen.

Einen weiteren Beitrag zur Plattentheorie lieferte POISSON[4]. Er fand die von LAGRANGE korrigierte Schwingungsgleichung von SOPHIE GERMAIN bestätigt (erhielt jedoch für die darin vorkommende Konstante nicht den richtigen Wert), obwohl der Integralausdruck SOPHIE GERMAINs nicht die vollständige Deformationsarbeit darstellt. POISSON gab in seiner Arbeit das vollständige Integral dafür an.

Im Jahre 1820 überreichte NAVIER[5] der Académie française eine Arbeit, welche als erste zufriedenstellende Theorie der Plattenbiegung angesehen werden kann. Er wandte die von ihm gefundene Differentialgleichung der ausgebogenen Mittelebene auf rechteckige, längs den Rändern aufgelagerte Platten an und gab Lösungen für gleichmäßig verteilte Belastung und für eine Einzellast in der Mitte an. Er fand auch

---

[1] Siehe z. B.: F. BLEICH: Buckling Strength of Metal Structures, Abschn. 20. New York/Toronto/London: McGraw-Hill Book Company 1952.
[2] CHLADNI, E. F. F.: Die Akustik. Leipzig 1802.
[3] Siehe Ann. chim., vol. 39 (1828) S. 149, 207.
[4] Siehe Mémoires de l'Académie française de 1814.
[5] NAVIER, L.: Siehe Bull. Soc. philomath., Paris 1823.

bereits die korrekte Differentialgleichung einer ausgebeulten, längs der Ränder gleichmäßig gedrückten Platte.

Eine vollständige, jeder Kritik standhaltende Theorie veröffentlichte KIRCHHOFF[1] im Jahre 1850. Er baute seine Theorie auf zwei Hypothesen auf, die heute allgemein anerkannt sind, nämlich:

1. Jede Gerade, die ursprünglich senkrecht auf der unverformten Mittelebene steht, bleibt auch nach der Verformung gerade und steht auch auf der verformten Mittelebene senkrecht.

2. Die Elemente der Mittelebene erleiden für kleine Ausbiegungen unter seitlichen (senkrecht zur Mittelebene stehende) Lasten keine Längenänderungen.

Auf Grund dieser beiden Hypothesen leitete KIRCHHOFF den genauen Ausdruck für die Deformationsarbeit einer gebogenen Platte ab und bestätigte die bereits von NAVIER angegebene Differentialgleichung einer auf Biegung beanspruchten Platte

$$D\left(\frac{\partial^4 w}{\partial x^4} + 2\frac{\partial^4 w}{\partial x^2 \partial y^2} + \frac{\partial^4 w}{\partial y^4}\right) = q \qquad \text{(II 1)}$$

(D = Plattensteifigkeit, q = Belastung senkrecht zur Platte).

Zudem dehnte KIRCHHOFF seine Theorie auch auf Platten mit größerer Durchbiegung aus.

Im Jahre 1863 veröffentlichte AIRY[2] eine Abhandlung über die Biegung von Balken mit Rechteckquerschnitt. Dabei faßte er den Balken nicht als Stab, sondern als Scheibe auf. Er führte als erster eine sogenannte Spannungsfunktion ein. MICHELL[3] und andere bauten diese Ideen noch weiter aus. Der Vorteil der Einführung einer Spannungsfunktion F, die der Bedingung

$$\frac{\partial^4 F}{\partial x^4} + 2\frac{\partial^4 F}{\partial x^2 \partial y^2} + \frac{\partial^4 F}{\partial y^2} = 0 \qquad \text{(II 2)}$$

genügen muß und aus welcher die Spannungen durch zweimalige partielle Ableitung

$$\sigma_x = \frac{\partial^2 F}{\partial y^2}; \quad \sigma_y = \frac{\partial^2 F}{\partial x^2}; \quad \tau_{xy} = -\frac{\partial^2 F}{\partial x \partial y} \qquad \text{(II 3)}$$

erhalten werden, liegt darin, daß man den Spannungszustand durch diese eine Funktion vollständig beschreiben kann, wobei es zur Bestimmung von F nur auf die Lösung der obigen Gleichung unter Berücksichtigung der jeweils geltenden Randbedingungen ankommt.

Damit waren die theoretischen Grundlagen zur Behandlung von Beulproblemen bereit gestellt.

Wie erwähnt, befaßte sich NAVIER bereits 1823 mit dem Ausbeulen einer längs der Ränder gleichmäßig mit der Kraft p belasteten Rechteckplatte (Abb. II 2) und fand dafür die richtige Differentialgleichung

---

[1] KIRCHHOFF, G. R.: J. Math. (Crelle), vol. 40 (1850).
[2] AIRY, G. B.: Phil. Trans., vol. 153 (1863).
[3] MICHELL, J. H.: On the Direct Determination of Stress in a Elastic Solid with Application to the Theory of Plates. Proc. Lond. Soc., vol. 31 (1899).

II. Geschichtliche Entwicklung

der Beulfläche:

$$D\left(\frac{\partial^4 w}{\partial x^4} + 2\frac{\partial^4 w}{\partial x^2 \partial y^2} + \frac{\partial^4 w}{\partial y^4}\right) + p\left(\frac{\partial^2 w}{\partial x^2} + \frac{\partial^2 w}{\partial y^2}\right) = 0. \qquad \text{(II 4)}$$

Es scheint aber, daß die Untersuchungen NAVIERS in Vergessenheit gerieten. Jedenfalls schrieb man das Jahr 1888, als BRYAN[1] seine Arbeit über das Ausbeulen von Platten veröffentlichte. In einer späteren Arbeit[2] behandelte er allseitig gestützte Rechteckplatten, die an zwei gegenüberliegenden Seiten durch gleichmäßigen Druck belastet sind (Abb. II 3) und gab dafür die statische Beullast an. Als Differentialgleichung für die Beulfläche erhält BRYAN

$$D\left(\frac{\partial^4 w}{\partial x^4} + 2\frac{\partial^4 w}{\partial x^2 \partial y^2} + \frac{\partial^4 w}{\partial y^4}\right) + p\frac{\partial^2 w}{\partial x^2} = 0. \qquad \text{(II 5)}$$

Bemerkenswert ist, daß BRYAN zur Lösung des Problems bereits das Energiekriterium verwendet, und damit den Weg zur Lösung schwierigerer Aufgaben weist, bei denen die herkömmlichen mathematischen Methoden für die Anwendung zu kompliziert werden.

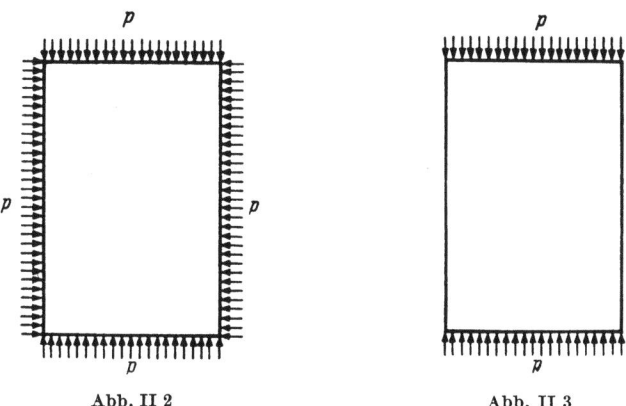

Abb. II 2　　　　　　　　Abb. II 3

Bekanntlich wird dabei die Arbeit der äußeren Kräfte beim Übergang vom ebenen in den ausgebeulten Zustand der Arbeit der inneren Kräfte gleichgesetzt. BRYAN erhält für die Bedingung $E_a = A_a$:

$$\begin{aligned}&\frac{1}{2}\int_F \left\{N_x\left(\frac{\partial w}{\partial x}\right)^2 + N_y\left(\frac{\partial w}{\partial y}\right)^2 + 2N_{xy}\left(\frac{\partial w}{\partial x}\frac{\partial w}{\partial y}\right)\right\} dF \\ &= \frac{D}{2}\int_F \left\{\left(\frac{\partial^2 w}{\partial x^2} + \frac{\partial^2 w}{\partial y^2}\right)^2 - 2(1-\nu)\left[\frac{\partial^2 w}{\partial x^2}\cdot\frac{\partial^2 w}{\partial y^2} - \left(\frac{\partial^2 w}{\partial x \partial y}\right)^2\right]\right\} dF.\end{aligned} \qquad \text{(II 6)}$$

Damit war BRYAN der erste, der eine Beullast auf rein theoretischem Wege ermittelte.

---

[1] Proc. Cambridge Phil. Soc., vol. 6 (1888) S. 199.
[2] BRYAN, G. H.: On the Stability of a Plane Plate under Thrusts in its own Plane with Application on the „Buckling" of the Sides of a Ship. Proc. London Math. Soc., 1891, S. 54.

Es dauerte jedoch noch weitere 16 Jahre, bis die Entwicklung weiterschritt. 1907 veröffentlichte TIMOSHENKO, der für die weitere Entwicklung der Beulprobleme richtungsgebend war, eine Arbeit in russischer Sprache[1], die auch ins Deutsche übersetzt wurde. Er behandelte die in ihrer Mittelebene belasteten Rechteckplatten mit verschiedenen Randbedingungen und gab für eine ganze Anzahl von Fällen die kritischen Beulspannungen an. Besonders erfolgreich war TIMOSHENKO bei der Anwendung der Energiemethode[2].

Hören wir, was TIMOSHENKO selbst darüber in seiner Geschichte der Festigkeitslehre[3] sagt:

Die Untersuchung von Stabilitätsproblemen der Elastizitätstheorie führt oft zu Differentialgleichungen, deren strenge Lösung sehr schwierig ist, und es ist nötig, bei der Bestimmung der kritischen Lasten auf Näherungsmethoden zurückgreifen zu können. Eine solche Methode, welche auf der Energie eines Systems beruht, ähnlich derjenigen, die RAYLEIGH bei der näherungsweisen Berechnung der Frequenzen von schwingenden Systemen benutzte, entwickelte der Verfasser und wandte sie auf mancherlei Stabilitätsprobleme an. Betrachten wir z. B. einen gedrückten Stab, so können wir einen Ausdruck, der die Randbedingungen erfüllt, für die Biegelinie des ausgeknickten Stabes annehmen und die kritische Last aus der Bedingung errechnen, daß die Zunahme der Formänderungsarbeit während des Ausknickens der Arbeit der Druckkraft gleich sein muß. Auf diese Weise erhalten wir gewöhnlich einen Wert für die kritische Last, der größer ist als der wahre, weil die Annahme einer beliebigen Kurve gleichwertig ist mit der Einführung zusätzlicher Zwängungen in das System. Diese verhindern den Stab daran, eine andere Form anzunehmen als durch die angenommene Kurve vorgeschrieben wird. Durch die Einführung zusätzlicher Zwängungen kann die kritische Last jedoch nur erhöht werden. Eine bessere Näherung für die kritische Last erhält man, wenn Ausdrücke mit mehreren Parametern gewählt werden, durch deren Änderung die Form der Kurve etwas geändert wird.

Wählen wir diese Parameter derart, daß der Ausdruck für die kritische Last ein Minimum wird, so erhalten wir einen genaueren Näherungswert. Diese Methode wurde für verschiedene Fälle, einschließlich Stabsysteme, angewandt. Auf diese Weise wurden gegliederte Stäbe, Druckgurte oben offener Brücken und gewisse Fachwerksysteme untersucht.

Auch das Problem verschiedenartig ausgesteifter Platten läßt sich mit dieser Näherungsmethode lösen. Im Schiffbau trifft man oft gleichmäßig gedrückte Rechteckplatten, welche durch ein System von Längs- oder Quersteifen verstärkt sind. Die kritischen Druckspannungen derartig beanspruchter Platten wurden mit Hilfe der Energiemethode bestimmt und Tafeln berechnet, welche die Wahl der Abmessungen der Aussteifungen vereinfachen. Das Ausbeulen der Rechteckplatten unter Schubbeanspruchung wurde ebenfalls nach dieser Methode berechnet und die Abmessungen der Aussteifungen bestimmt[4]. Mit der Einführung weitgespannter Blechträger wurde die Frage der Aussteifung des Stegbleches mit derselben Methode gelöst[5].

---

[1] Bull. Polytechn. Inst. Kiev, 1907; ferner die deutsche Übersetzung: TIMOSHENKO, S.: Einige Stabilitätsprobleme der Elastizitätstheorie. Z. Math. u. Phys., 1910, S. 337.
[2] Bull. Polytechn. Inst. Kiev, 1910 und franz. Übersetzung: TIMOSHENKO, S.: Sur la stabilité des systèmes élastiques. Annales des ponts et chaussées, 1913, Fasc. III, IV und V.
[3] TIMOSHENKO, S.: History of Strength of Materials. New York/Toronto/London: McGraw-Hill Book Company 1953, S. 414.
[4] TIMOSHENKO, S.: Mem. Inst. Engrs. of Communication, vol. 89 (1915) S. 23.
[5] TIMOSHENKO, S.: Über die Stabilität versteifter Platten. Der Eisenbau, 1921, S. 147.

II. Geschichtliche Entwicklung

Ungefähr gleichzeitig mit TIMOSHENKO, aber unabhängig von diesem, befaßte sich auch REISSNER[1] mit dem Ausbeulen von Rechteckplatten. Er behandelte auf Druck beanspruchte Rechteckplatten mit verschiedenen Randbedingungen, so z. B. auch Platten mit eingespannten Rändern.

In der Folge ging man auch an die Behandlung komplizierterer Probleme, wie z. B. aus Platten zusammengesetzte Konstruktionen. So wandten LUNDQUIST, STOWELL und SCHUETTE[2] die Momentenverteilungsmethode auf solche Konstruktionen an. LUNDQUIST[3] behandelte außerdem das örtliche Ausbeulen von symmetrischen Rechteckrohren und zusammen mit STOWELL[4] Säulen mit - und -Querschnitt.

Alle bisherigen Untersuchungen setzen idealelastisches Material voraus. Es war BLEICH[5], der 1924 versuchte, eine Beultheorie für den unelastischen Bereich aufzustellen. Er betrachtete die Platte als anisotrop und führte versuchsweise einen variablen Elastizitätsmodul in die grundlegende Differentialgleichung für elastisches Beulen ein. Es fehlt auch nicht an weiteren Versuchen, eine Beultheorie für den plastischen Bereich auf Grund der modernen Anstrengungshypothesen aufzustellen. So erschien 1932 eine Arbeit von ROŠ und EICHINGER[6], die auf der von ihnen schon früher entwickelten Anstrengungshypothese aufbaute.

Die modernen Plastizitätstheorien spalten die Formänderungen zunächst in einen elastischen und einen plastischen Anteil auf. Für den plastischen Anteil wird Volumenkonstanz angenommen. Es lassen sich nun zwei Gruppen von Plastizitätstheorien unterscheiden. Die eine, von HENKY entwickelte, setzt für den plastischen Anteil Proportionalität zwischen den Koeffizienten des Spannungs- und Dehnungsdeviators voraus. Dieses *finite* Spannungs-Dehnungs-Gesetz legen ILJUSCHIN[7], STOWELL und BIJLAARD ihren Untersuchungen über die Instabilität von Platten zugrunde. ILJUSCHIN und STOWELL nehmen zur Vereinfachung ihrer Rechnungen an, daß die Volumenkonstanz auch für die elastischen Formänderungen gültig sei. ILJUSCHIN setzt ferner voraus, daß Entlastungen dem HOOKEschen Gesetz folgen; er folgt damit den Voraus-

---

[1] REISSNER, H.: Über die Knickfestigkeit ebener Bleche. Zbl. Bauverw., 1909, S. 93.

[2] LUNDQUIST, E. E., E. Z. STOWELL u. E. H. SCHUETTE: Principles of Moment Distribution Applied to Stability of Structures Composed of Bars or Plates. NACA Wartime Rept. L 326.

[3] LUNDQUIST, E. E.: Local Instability of Symmetrical Rectangular tubes. NACA Techn. Note 686, 1939.

[4] STOWELL, E. Z. u. E. E. LUNDQUIST: Local Instability of Columns with Channel and Rectangular Tube Sections. NACA Techn. Note 743, 1939.

[5] BLEICH, F.: Theorie und Berechnung eiserner Brücken. Berlin: Springer 1924.

[6] ROŠ, M. u. A. EICHINGER: Diskussionsbericht zum Thema: Die Stabilität dünner Wände gedrückter Stäbe. Schlußbericht des ersten Kongresses der IVBH, Paris 1932, S. 144.

[7] ILJUSCHIN, A.: Die Stabilität von Platten und Schalen jenseits der Elastizitätsgrenze. Zeitschrift für angewandte Mathematik und Mechanik der Akademie der Wissenschaften der USSR, Bd. 8, Nr. 5, 1944, S. 337, (russisch) und Plasticité, déformations élasto-plastiques. Editions Eyrolles, Paris 1956.

setzungen, die ENGESSER und KÁRMÁN bei der Ableitung ihrer Knicktheorien im plastischen Bereich zugrunde legten.

STOWELL[1] stützt sich dagegen bereits auf die neueren Erkenntnisse von SHANLEY. Auch BIJLAARD[2] stützt sich in seinen letzten Untersuchungen auf SHANLEY, berücksichtigt aber die elastischen und plastischen Formänderungsanteile getrennt.

Die zweite Gruppe der Plastizitätstheorien nimmt proportionale Beziehungen zwischen den Spannungs- und den Deformations*änderungen* an (DE SAINT-VENANT, LÉVY, VON MISES, PRANDTL-REUSS). Auf diesem *differentiellen* Spannungs-Dehnungs-Gesetz bauten HANDELMANN und PRAGER[3] sowie HOPKINS[4] ihre Stabilitätstheorien auf. Die beiden ersteren nahmen an, daß Entlastungen dem HOOKEschen Gesetz folgen, der letztere entwickelte seine Theorie ganz allgemein.

Alle diese Theorien der plastischen Instabilität haben den großen Nachteil, daß sie reichlich kompliziert und allzu schwerfällig in der Handhabung sind. Der Praktiker begnügt sich deshalb vorläufig noch meist mit Näherungsmethoden.

Um die Näherungsmethoden, wie auch die exakten Theorien zu überprüfen, führte KOLLBRUNNER[5] und später STÜSSI[6] in Zusammenarbeit mit dem Schweizer Stahlbauverband umfangreiche Versuche mit Rechteckplatten im elastischen und plastischen Gebiet durch. In Amerika wurden durch das *Langley Structures Research Laboratory*[7] umfassende Versuche über das Ausbeulen von Platten unterhalb der Elastizitätsgrenze durchgeführt, währenddem z. B. GABER[8] und MASSONNET[9] Beulversuche mit ganzen Blechträgern ausführten.

---

[1] STOWELL, E. Z.: A Unified Theory of Plastic Buckling of Columns and Plates. NACA Techn. Note 1556, 1948. Critical Shear Stress of an Infinitely Long Plate in the Plastic Region. NACA Techn. Note 1681, 1948.

[2] BIJLAARD, P. P.: Grundlegende Betrachtungen zum Ausbeulen der Platten und Schalen im plastischen Bereich. Mitteilungen aus dem Institut für Baustatik an der ETH., Nr. 21. Zürich: Leemann 1948.

[3] HANDELMANN, G. H. u. W. PRAGER: Plastic Buckling of a Rectangular Plate under Edge Thrusts. NACA Techn. Note Nr. 1530, 1948.

[4] HOPKINS, H. G.: The Plastic Instability of Plates. Quarterly of Applied Mathematics, 1953, S. 185.

[5] KOLLBRUNNER, C. F.: Das Ausbeulen des auf Druck beanspruchten freistehenden Winkels. Mitteilungen aus dem Institut für Baustatik an der ETH., Nr. 4, Zürich 1935. — Das Ausbeulen der auf einseitigen, gleichmäßig verteilten Druck beanspruchten Platten im elastischen und plastischen Bereich (Versuchsbericht). Mitt. aus dem Institut für Baustatik an der ETH., Nr. 17, Zürich 1946.

[6] STÜSSI, F., C. F. KOLLBRUNNER u. M. WALT: Versuchsbericht über das Ausbeulen der auf einseitigen, gleichmäßig und ungleichmäßig verteilten Druck beanspruchten Platten aus Avional M, hart vergütet. Mitt. aus dem Institut für Baustatik an der ETH., Nr. 25. Zürich: Leemann 1951.

[7] HEIMERL, G. J.: Determination of Plate Compressive Strength. NACA Techn. Note 1480, 1947.

[8] GABER, E.: Über die Aussteifungen von Vollwandträgern aus Stahl. Der Stahlbau, 1944, S. 1.

[9] MASSONNET, CH.: Recherches expérimentales sur le voilement de l'âme des poutres à âme pleine. Bulletin du Centre d'Etudes, de Recherches et d'Essais scientifiques des Constructions du Génie Civil et d'Hydraulique Fluviale (CERES), Bd. V (1951) S. 67.

Trotz all dieser Versuche kann die Theorie der Instabilität von Platten nicht als abgeschlossen betrachtet werden. Hauptsächlich auf dem Gebiete des plastischen Ausbeulens ist noch viel Forschungsarbeit zu leisten.

III. Theorie des Beulproblems

A. Einleitung

Ausgangspunkt für die Untersuchung der in Kap. IV behandelten Beulfälle ist die Differentialgleichung des Beulproblems. Diese, sowie die Methoden zu ihrer Lösung, sollen im vorliegenden Kapitel besprochen werden.

Dabei setzen wir zunächst orthotropes Material voraus, da dieser allgemeinere Fall als Grundlage für die Untersuchung von in einer Richtung eng ausgesteiften Blechen dienen kann. Die Gleichung für isotropes Material ergibt sich dann einfach dadurch, daß die, in zwei aufeinander senkrecht stehenden Richtungen verschiedenen Elastizitätseigenschaften einander gleichgesetzt werden.

Eine längs der Ränder in ihrer Mittelebene belastete Scheibe wird nach dem Ausbeulen eine Platte, da die zuerst parallel zur Mittelebene liegenden Spannungen an der ausgebeulten Scheibe Komponenten senkrecht zur Mittelebene aufweisen. Man hat daher zunächst die Differentialgleichungen der Platte und der Scheibe zu entwickeln und dann beide miteinander zu verbinden.

Die exakte mathematische Lösung der Beulgleichung stößt bei komplizierteren Belastungsfällen auf große Schwierigkeiten. Um diese lösen zu können, greift man auf Näherungsmethoden zurück, unter welchen sich die Energiemethode als besonders fruchtbar erwiesen hat. Bei der Behandlung konkreter Fälle leisten auch die numerischen Methoden, wie die Differenzenrechnung und die besonders durch STÜSSI entwickelten baustatischen Methoden, gute Dienste. Das Beulproblem kann auch mit Hilfe von Integralgleichungen angefaßt werden. Da jedoch das mathematische Rüstzeug des Bauingenieurs im allgemeinen dazu nicht ausreicht, beschränken wir uns auf diese Andeutung.

B. Die Differentialgleichungen des Problems

1. Definitionen und Bezeichnungen

Eine Platte oder Scheibe ist ein aus einem Prisma oder Zylinder durch zwei Ebenen, die senkrecht zu den Kanten oder Mantellinien stehen, herausgeschnittener Körper. Der Abstand der beiden Schnittebenen stellt die Dicke der Platte oder Scheibe dar und sei klein gegenüber den andern Abmessungen. Geometrisch ist ein solcher Körper gegeben durch seine Dicke und seinen Umfang, der Leitlinie des Zylinders.

Von diesem Standpunkt aus besteht kein Unterschied zwischen Platte und Scheibe. Dieser hängt einzig von der Art der Belastung ab.

Die am oben definierten Körper angreifenden Kräfte können in zwei Systeme zerlegt werden: beim ersten stehen die angreifenden Kräfte senkrecht auf der Plattenebene, beim zweiten liegen sie in der Mittelebene der Platte.

Im ersten Fall — äußere Kräfte und Reaktionen senkrecht zur Oberfläche — spricht man von *Platten*.

Im zweiten Fall — die äußeren Kräfte liegen sämtlich in der Mittelebene der Platte — spricht man von *Scheiben*.

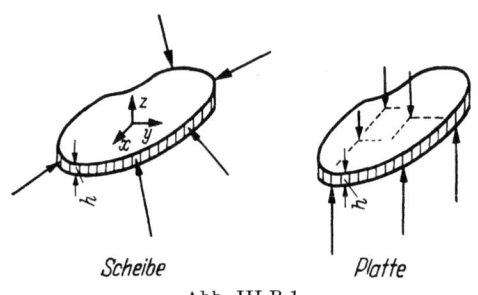

Scheibe   Platte

Abb. III B.1

2. Allgemeine Biegungstheorie der Platten

a) Vereinfachende Annahmen. Es existiert noch keine exakte Biegungstheorie der Platten. Ist die Plattenstärke klein und bleiben die Einsenkungen klein im Verhältnis zur Plattenstärke, so sind gewisse Vereinfachungen erlaubt, mehr oder weniger analog zur Balkentheorie, welche zu einer Näherungstheorie führen. Bei den eben erwähnten Bedingungen (Platte dünn, Deformationen klein) sind folgende Hypothesen erlaubt:

α) Wir nehmen die Koordinatenachsen x und y in der Mittelebene an, welche durch die Deformationen zu einer elastischen Fläche verformt wird. Die Achse z sei senkrecht zu dieser Ebene. Nennt man

$$u_0 = u(x, y, 0), \quad v_0, \quad w_0$$

die Verschiebungen eines Punktes der Mittelebene, so nimmt man an, daß u_0 und v_0 vernachlässigbar sind. Nach der Definition im ersten Abschnitt stehen sämtliche äußeren Kräfte und Reaktionen senkrecht auf der Mittelebene, welche eine neutrale Fläche, d. h. eine Fläche ohne Normalspannungen, ist.

β) Eine Normale zur Mittelebene bleibt nach der Verformung gerade und steht senkrecht auf der deformierten Mittelebene. Man vernachlässigt also den Einfluß der Schubspannungen auf die Formänderungen (BERNOULLI-NAVIER).

B. Die Differentialgleichungen des Problems

c) Die Spannungen σ_z sind klein und können vernachlässigt werden.
Normalerweise setzt man homogenes, isotropes Material voraus. Wir werden dagegen annehmen, daß das Material bezüglich seiner elastischen Eigenschaften zwei ausgezeichnete Richtungen x und y besitzt. Man spricht von orthotropem (eine Zusammenfassung von *orthogonal-anisotrop*) Material. Außerdem beschränken wir uns auf den Bereich unterhalb der Elastizitätsgrenze, wo das HOOKEsche Gesetz gilt.

b) Gleichgewichtsbedingungen an einem unendlich kleinen Prisma.
Entsprechend den Hypothesen sind die Spannungen

$$\sigma_x, \sigma_y, \tau_{xy} = \tau_{yx}, \tau_{xz} \text{ und } \tau_{yz}$$

zu berücksichtigen (Abb. III B.2).

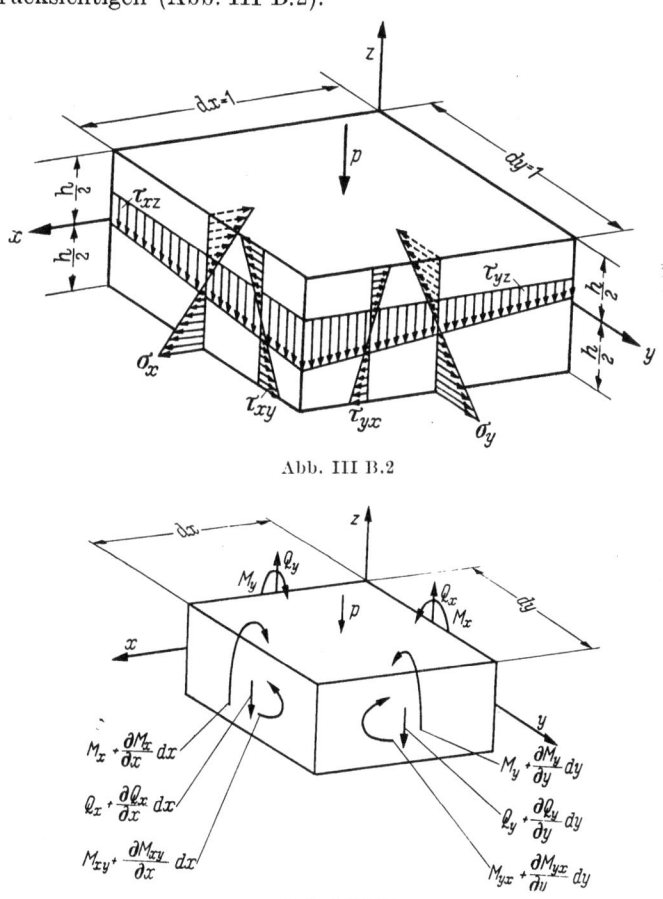

Abb. III B.2

Abb. III B.3

Nach der angegebenen Definition der Platte ergeben diese Spannungen keine Resultierenden in der Mittelebene, erzeugen jedoch Biegungsmomente, Drillungsmomente und Querkräfte (Abb. III B.3).

Diese ergeben sich zu

$$M_x = -\int_{-\frac{h}{2}}^{+\frac{h}{2}} \sigma_x\, z\, dz, \qquad \text{(III B.1)}$$

$$M_y = -\int_{-\frac{h}{2}}^{+\frac{h}{2}} \sigma_y\, z\, dz, \qquad \text{(III B.2)}$$

$$M_{xy} = M_{yx} = -\int_{-\frac{h}{2}}^{+\frac{h}{2}} \tau_{xy}\, z\, dz, \qquad \text{(III B.3)}$$

$$Q_x = -\int_{-\frac{h}{2}}^{+\frac{h}{2}} \tau_{xz}\, dz, \qquad \text{(III B.4)}$$

$$Q_y = \int_{-\frac{h}{2}}^{+\frac{h}{2}} \tau_{yz}\, dz. \qquad \text{(III B.5)}$$

Mit der konventiellen Vorzeichen-Bezeichnung[1] ergeben sich die folgenden Gleichgewichtsbedingungen[2]:

$$\frac{\partial M_x}{\partial x} + \frac{\partial M_{yx}}{\partial y} - Q_x = 0, \qquad \text{(III B.6)}$$

$$\frac{\partial M_y}{\partial y} + \frac{\partial M_{xy}}{\partial x} - Q_y = 0, \qquad \text{(III B.7)}$$

$$\frac{\partial Q_x}{\partial x} + \frac{\partial Q_y}{\partial y} + p = 0. \qquad \text{(III B.8)}$$

Berechnet man aus Gl. (III B.6) und (III B.7) Q_x und Q_y und setzt die Ausdrücke in Gl. (III B.8) ein, so erhält man

$$\frac{\partial^2 M_x}{\partial x^2} + 2 \frac{\partial^2 M_{xy}}{\partial x\, \partial y} + \frac{\partial^2 M_y}{\partial y^2} = -p. \qquad \text{(III B.9)}$$

Die drei Gleichgewichtsbedingungen enthalten die 5 Unbekannten M_x, M_y, M_{xy}, Q_x und Q_y. Das Problem ist statisch unbestimmt. Um die Unbestimmtheit zu beheben, hat man Formänderungsbeziehungen einzuführen.

---

[1] Die Zugspannungen sind positiv. Ihre Richtungen fallen für die beiden gegenüberliegenden Seitenflächen mit den Richtungen der zugehörigen äußeren Normalen zusammen. Eine Schubspannung ist positiv in jenen Flächen, deren äußere Normalen mit den positiven Achsenrichtungen zusammenfallen, wenn sie ebenfalls in Richtung einer positiven Koordinatenachse zeigt. Bei den gegenüber liegenden Flächen sind sämtliche Richtungen umzukehren, wenn die Spannungskomponenten positive Richtung haben.

[2] Bei der Aufstellung der Gleichgewichtsbedingungen werden die unendlich kleinen Glieder höherer Ordnung vernachlässigt.

B. Die Differentialgleichungen des Problems

Die Formänderungsbedingungen ergeben sich aus den angenommenen Hypothesen. Aus Abb. III B.4 läßt sich die Beziehung für u ablesen, (v folgt analog)

$$u = z \frac{\partial w}{\partial x}; \quad v = z \frac{\partial w}{\partial y}. \tag{III B.10}$$

Wir haben nun noch die Verschiebungen u und v als Funktionen von den Spannungen auszudrücken. Aus Abb. III B. 5 ergibt sich unmittelbar

$$\varepsilon_x = \frac{\partial u}{\partial x} \tag{III B.11}$$

$$\varepsilon_y = \frac{\partial v}{\partial y} \tag{III B.12}$$

$$\gamma_{xy} = \frac{\partial v}{\partial x} + \frac{\partial u}{\partial y}. \tag{III B.13}$$

Daraus ergibt sich unter Berücksichtigung von Gl. (III B.10)

$$\varepsilon_x = z \frac{\partial^2 w}{\partial x^2} \tag{III B.14}$$

$$\varepsilon_y = z \frac{\partial^2 w}{\partial y^2} \tag{III B.15}$$

$$\gamma_{xy} = 2 z \frac{\partial^2 w}{\partial x \partial y}. \tag{III B.16}$$

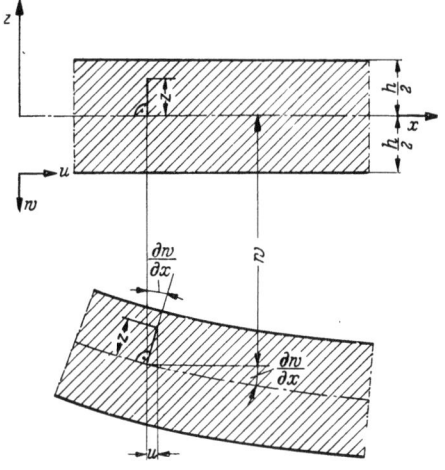

Abb. III B.4

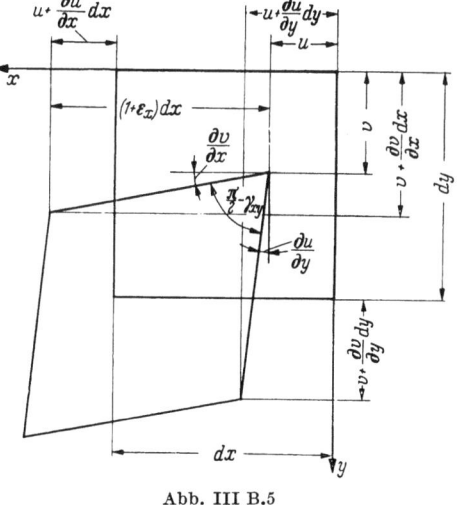

Abb. III B.5

Die Beziehungen (III B.1) bis (III B.16) sind alle unabhängig vom elastischen Verhalten des Materials. Dagegen tritt dieses in den Beziehungen, welche die Deformationen mit den Spannungen verbinden, auf.

Wie bereits erwähnt, setzen wir orthogonal anisotropes, oder kürzer gesagt, orthotropes Material voraus. Bei einem solchen zeigen die elastischen Eigenschaften in zwei aufeinander senkrecht stehenden Richtungen, in welche wir die Koordinatenachsen legen, ein bevorzugtes Verhalten. In Anlehnung an isotropes Material kann man für den elastischen Bereich setzen

$$\varepsilon_x = \frac{\sigma_x}{E_x} - \nu_y \frac{\sigma_y}{E_y} \tag{III B.17}$$

$$\varepsilon_y = \frac{\sigma_y}{E_y} - \nu_x \frac{\sigma_x}{E_x} \tag{III B.18}$$

$$\gamma_{xy} = \frac{\tau_{xy}}{G_{xy}}. \tag{III B.19}$$

Die 5 elastischen Konstanten sind nicht unabhängig voneinander und man kann zeigen, daß sie folgende Bedingung

$$\frac{E_x}{\nu_x} = \frac{E_y}{\nu_y} \quad \text{oder} \quad \nu_x E_y = \nu_y E_x \qquad \text{(III B.19a)}$$

erfüllen müssen[1].

Löst man die Gln. (III B.17), (III B.18) und (III B.19) nach σ_x, σ_y und τ_{xy} auf und ersetzt darin ε_x, ε_y und γ_{xy} durch die entsprechenden Werte von (III B.14), (III B.15) und (III B.16), so erhält man

$$\sigma_x = \frac{1}{1 - \nu_x \nu_y} E_x \left(\frac{\partial^2 w}{\partial x^2} + \nu_y \frac{\partial^2 w}{\partial y^2} \right) z \qquad \text{(III B.20)}$$

$$\sigma_y = \frac{1}{1 - \nu_x \nu_y} E_y \left(\frac{\partial^2 w}{\partial y^2} + \nu_x \frac{\partial^2 w}{\partial x^2} \right) z \qquad \text{(III B.21)}$$

$$\tau_{xy} = 2 G_{xy} \frac{\partial^2 w}{\partial x \, \partial y} z. \qquad \text{(III B.22)}$$

Zur Vereinfachung setzen wir

$$D_x = \frac{1}{1 - \nu_x \nu_y} E_x \frac{h^3}{12} \qquad \text{(III B.23a)}$$

$$D_y = \frac{1}{1 - \nu_x \nu_y} E_y \frac{h^3}{12} \qquad \text{(III B.23b)}$$

$$C = G_{xy} \frac{h^3}{12}. \qquad \text{(III B.23c)}$$

D_x und D_y sind die Biegungssteifigkeit, C die Torsionssteifigkeit der Platte.

Führt man die obigen Werte σ_x, σ_y und τ_{xy} in den Beziehungen (III B.1), (III B.2) und (III B.3) ein, so erhält man

$$M_x = - D_x \left(\frac{\partial^2 w}{\partial x^2} + \nu_y \frac{\partial^2 w}{\partial y^2} \right) \qquad \text{(III B.24)}$$

$$M_y = - D_y \left(\frac{\partial^2 w}{\partial y^2} + \nu_x \frac{\partial^2 w}{\partial x^2} \right) \qquad \text{(III B.25)}$$

$$M_{xy} = - 2 C \frac{\partial^2 w}{\partial x \, \partial y}. \qquad \text{(III B.26)}$$

Mit diesen Werten erhält man für die Gln. (III B.6) und (III B.7)

$$Q_x = - D_x \frac{\partial^3 w}{\partial x^3} - (2 C + \nu_y D_x) \frac{\partial^3 w}{\partial x \, \partial y^2} \qquad \text{(III B.27)}$$

$$Q_y = - D_y \frac{\partial^3 w}{\partial y^3} - (2 C + \nu_x D_y) \frac{\partial^3 w}{\partial x^2 \, \partial y}. \qquad \text{(III B.28)}$$

c) Differentialgleichung der elastischen Fläche. Das Problem wäre gelöst, wenn man w kennen würde. Setzt man nun die Werte (III B.24),

---

[1] Das Studium der orthotropen Platten nahm als erster J. BOUSSINESQ auf: Journal de Math., 3° série, vol. 5 (1879), und wurde erneut aufgegriffen von M. T. HUBER. Siehe z. B.: Probleme der Statik technisch wichtiger orthotroper Platten. Gastvorlesungen an der ETH. Gebetner & Wolff, Warszawa 1929.

(III B.25) und (III B.26) in Gl. (III B.9) ein, so erhält man die Differentialgleichung der elastischen Fläche:

$$D_x \frac{\partial^4 w}{\partial x^4} + 2 D_{xy} \frac{\partial^4 w}{\partial x^2 \partial y^2} + D_y \frac{\partial^4 w}{\partial y^4} = p \qquad \text{(III B.29)}$$

mit

$$D_{xy} = 2 C + \frac{\nu_y D_x}{2} + \frac{\nu_x D_y}{2}. \qquad \text{(III B.30)}$$

Diese Gleichung erlaubt, unter Berücksichtigung der Randbedingungen, von denen noch zu sprechen sein wird, die Ordinaten w der elastischen Fläche zu bestimmen. Die Gln. (III B.24) bis (III B.28) ergeben dann die Momente und Querkräfte und die Gln. (III B.20), (III B.21) und (III B.22) direkt die Spannungen.

d) Gleichungen für die isotropen Platten. Für diese vereinfachen sich die obigen Gleichungen, da für isotropes Material die folgenden Beziehungen gelten:

$$E_x = E_y = E$$

$$\nu_x = \nu_y = \nu,$$

$$G = \frac{E}{2(1 + \nu)}.$$

Damit wird

$$D_x = D_y = D,$$

$$C = D \frac{1 - \nu}{2},$$

woraus folgt $D_{xy} = D$, mit

$$D = \frac{E h^3}{12(1 - \nu^2)}. \qquad \text{(III B.31)}$$

Die Differentialgleichung der elastischen Fläche lautet somit

$$\frac{\partial^4 w}{\partial x^4} + 2 \frac{\partial^4 w}{\partial x^2 \partial y^2} + \frac{\partial^2 w}{\partial y^4} = \frac{p}{D} \qquad \text{(III B.32a)}$$

oder bei Anwendung des LAPLACEschen Operators

$$\Delta = \frac{\partial^2}{\partial x^2} + \frac{\partial^2}{\partial y^2}$$

$$\Delta \Delta w = \frac{p}{D}. \qquad \text{(III B.32b)}$$

Die Formeln für die Biegungsmomente, Drillungsmomente und Querkräfte vereinfachen sich ebenfalls:

$$M_x = - D \left(\frac{\partial^2 w}{\partial x^2} + \nu \frac{\partial^2 w}{\partial y^2} \right) \qquad \text{(III B.33)}$$

$$M_y = - D \left(\frac{\partial^2 w}{\partial y^2} + \nu \frac{\partial^2 w}{\partial x^2} \right) \qquad \text{(III B.34)}$$

$$M_{xy} = - D (1 - \nu) \frac{\partial^2 w}{\partial x \partial y} \qquad \text{(III B.35)}$$

$$Q_x = -D\frac{\partial}{\partial x}\left(\frac{\partial^2 w}{\partial x^2} + \frac{\partial^2 w}{\partial y^2}\right) \qquad \text{(III B.36)}$$

$$Q_y = -D\frac{\partial}{\partial y}\left(\frac{\partial^2 w}{\partial x^2} + \frac{\partial^2 w}{\partial y^2}\right). \qquad \text{(III B.37)}$$

e) Randbedingungen der Platte. Die Differentialgleichung der elastischen Fläche ergibt eine unendliche Anzahl von Lösungen. Die wirkliche Lösung eines gestellten Problems ist diejenige, welche die Randbedingungen erfüllt. Wir beschränken uns auf Platten mit polygonaler Begrenzung und legen die y-Achse parallel zum betrachteten Rand, dessen Gleichung dann $x = a$ lautet. Am häufigsten kommen die folgenden Fälle vor:

α) *Seite vollständig eingespannt.* Die Formänderungen sind längs der ganzen Seite Null und die Tangentenebene der elastischen Fläche fällt zusammen mit der nicht deformierten Mittelebene der Platte. Diese Bedingungen drücken sich wie folgt aus:

$$(w)_{x=a} = 0,$$
$$\left(\frac{\partial w}{\partial x}\right)_{x=a} = 0. \qquad \text{(III B.38)}$$

β) *Seite gelenkig gelagert (frei aufliegend).* Wie bei α) sind die Formänderungen längs des ganzen Randes Null. Das gleiche gilt für das Moment M_x. Da w in jedem Punkt des Randes Null ist, so ist es auch die Ableitung nach y. Das führt zu folgenden Randbedingungen. Die zweite Bedingung ergibt sich unmittelbar aus Gl. (III B.33)

$$(w)_{x=a} = 0,$$
$$\left(\frac{\partial^2 w}{\partial x^2}\right)_{x=a} = 0 \qquad \text{(III B.39a)}$$

oder auch

$$(w)_{x=a} = 0,$$
$$(\Delta w)_{x=a} = 0. \qquad \text{(III B.39b)}$$

Führt man die Rechnung durch, so bemerkt man, daß die Drillungsmomente längs des Randes nicht verschwinden, wie es die exakte Theorie verlangt. Die Spannungen τ_{xy} bleiben vorhanden. Vom Standpunkt

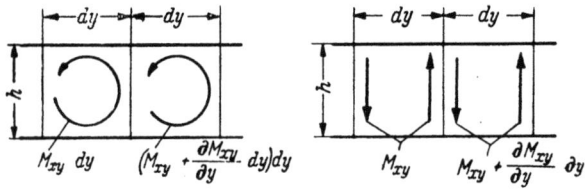

Abb. III B.6

des Gleichgewichts aus sind diese Drillungsmomente gleichwertig den Kräftepaaren gebildet aus vertikalen Kräften M_{xy} mit dem Hebelarm dy. Nach dem Prinzip von DE SAINT-VENANT sind die Abweichungen, die beim Ersatz des zweiten Systems durch das erste entstehen, rein lokaler Natur. Abb. III B.6 zeigt, daß man eine zusätzliche Lagerreaktion mit dem Wert $\frac{\partial M_{xy}}{\partial y}$ erhält.

Die totale Auflagerreaktion wird daher

$$V_x = Q_x + \frac{\partial M_{xy}}{\partial y} = -D_x \frac{\partial^3 w}{\partial x^3} - (4C + \nu_y D_x) \frac{\partial^3 w}{\partial x \partial y^2}. \quad \text{(III B.40a)}$$

Für die isotrope Platte wird:

$$V_x = -D \frac{\partial}{\partial x} \left(\frac{\partial^2 w}{\partial x^2} + (2-\nu) \frac{\partial^2 w}{\partial y^2} \right). \quad \text{(III B.40b)}$$

Zeigt das Drillungsmoment in einem Punkt des Umfangs eine Unstetigkeit, einen plötzlichen Sprung, z. B. von M_{xy_1} auf M_{xy_2}, so erhält man eine konzentrierte Lagerreaktion mit dem Wert $M_{xy_1} - M_{xy_2}$. Dieser Fall stellt sich in den Ecken ein. Ist die Ecke rechtwinklig, so ergibt sich infolge der Gleichheit $\tau_{xy} = \tau_{yx}$ eine konzentrierte Lagerreaktion mit dem Wert $2 M_{xy}$.

γ) *Seite vollständig frei.* Das Biegungsmoment M_x und auch die Querkraft Q_x und das Drillungsmoment M_{xy} müssen Null werden. Wie bereits unter β) gesehen, erlauben die gemachten Vereinfachungen nicht alle 3 Bedingungen zu erfüllen. Der unter β) gezeigte Kunstgriff führt dazu, die beiden letzten Bedingungen zu einer einzigen, der totalen Reaktion, zu vereinigen. Daraus folgt:

$$M_x = V_x = 0 \quad \text{(III B.41a)}$$

Isotrope Platte $\quad \left(\frac{\partial^2 w}{\partial x^2} + \nu \frac{\partial^2 w}{\partial y^2} \right)_{x=a} = 0 \quad \text{(III B.41b)}$

$$\left[\frac{\partial^3 w}{\partial x^3} + (2-\nu) \frac{\partial^3 w}{\partial x \partial y^2} \right]_{x=a} = 0. \quad \text{(III B.41c)}$$

3. Allgemeine Elastizitätstheorie der Scheiben

Man unterscheidet in der Elastizitätstheorie zwei Zustände: Ebener Spannungszustand und ebener Formänderungszustand.

a) Ebener Spannungszustand. Die nicht verschwindenden Spannungen sind alle parallel zu einer Ebene. Nimmt man die z-Achse senkrecht zu dieser Ebene an, so gilt $\sigma_z = \tau_{zy} = \tau_{zx} = 0$ und es bleiben nur die Spannungen σ_x, σ_y, $\tau_{xy} = \tau_{yx}$ übrig. Dies ist der Fall der Scheibe, sofern die längs des Randes angreifenden Kräfte gleichmäßig über die Wanddicke verteilt sind. Letztere ist definitionsgemäß klein gegenüber den andern Abmessungen, so daß die Veränderlichkeit der Spannung innerhalb der Dicke vernachlässigt werden kann.

b) Ebener Formänderungszustand. Dieser ist vorhanden in einem zylindrischen Körper großer Länge, der durch längs der Erzeugenden gleichmäßig verteilte Kräfte beansprucht ist. Während sich beim ebenen Spannungszustand die Seitenflächen infolge des Einflusses der Querkontraktion verwölben können, sind sie beim Formänderungszustand daran verhindert und bleiben eben. Wir werden den ebenen Formänderungszustand nicht weiter verfolgen.

Für die Aufstellung der Gleichungen, welche den ebenen Spannungszustand beschreiben, machen wir die folgenden Einschränkungen:

1. Die äußeren Kräfte greifen alle am Umfang und nicht im Innern der Scheibe an.
2. Von den Massenkräften wird nur das Gewicht berücksichtigt. Bei den Beuluntersuchungen können sie vernachlässigt werden. Wir führen sie in den Ableitungen nur der Vollständigkeit halber auf.
3. Die Scheibe sei einfach zusammenhängend und habe keine Löcher im Innern.
4. Das Material ist homogen, aber nicht unbedingt isotrop. Wir untersuchen den allgemeinen Fall der orthotropen Scheibe.

Da die angreifenden Kräfte und die Spannungen gleichmäßig über die Dicke verteilt sind, ist es erlaubt, diese gleich der Einheit zu setzen; h verschwindet aus den Berechnungen und die Schlüsse beziehen sich nur auf die Spannungen.

c) **Gleichgewichtsbedingungen am Elementar-Parallelepiped.** Aus Abb. III B.7 lassen sich folgende Beziehungen ablesen:

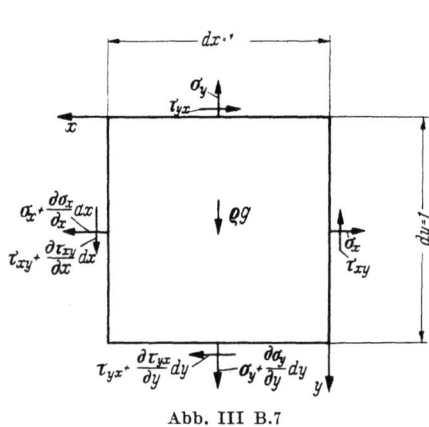

Abb. III B.7

$$\frac{\partial \sigma_x}{\partial x} + \frac{\partial \tau_{xy}}{\partial y} = 0 \quad \text{(III B.42)}$$

$$\frac{\partial \sigma_y}{\partial y} + \frac{\partial \tau_{xy}}{\partial x} = -\varrho g, \quad \text{(III B.43)}$$

darin bedeutet ϱ die Masse und g die Schwerebeschleunigung.

Diese Gleichungen sind erfüllt, wenn man setzt

$$\sigma_x = \frac{\partial^2 F}{\partial y^2} \quad \text{(III B.44)}$$

$$\sigma_y = \frac{\partial^2 F}{\partial x^2} \quad \text{(III B.45)}$$

$$\tau_{xy} = -\frac{\partial^2 F}{\partial x\, \partial y} - \varrho g x. \quad \text{(III B.46)}$$

Die Funktion F wird AIRYsche Spannungsfunktion genannt. Wir werden später sehen, daß es sich dabei nicht nur um einen Rechenkniff handelt, sondern daß man F eine mechanische Deutung geben kann.

d) **Verträglichkeitsbedingung.** Wie das Plattenproblem ist auch das Scheibenproblem statisch unbestimmt: die zwei Gleichgewichtsbedingungen genügen nicht, um die drei unbekannten Spannungen σ_x, σ_y und τ_{xy} zu berechnen. Man führt daher noch eine Formänderungsbedingung ein, welche als sog. Verträglichkeitsbedingung ausgedrückt wird. Die Beziehungen (III B.11), (III B.12) und (III B.13) zeigen, daß die 2 Dehnungen $\varepsilon_x, \varepsilon_y$ und die Winkeländerung γ_{xy} nicht unabhängig voneinander sind, da alle drei nur durch die zwei Funktionen u und v zusammenhängen.

B. Die Differentialgleichungen des Problems

Differenzieren wir ε_x zweimal nach y, ε_y zweimal nach x und γ_{xy} einmal nach x und einmal nach y, so erhält man:

$$\frac{\partial^2 \varepsilon_x}{\partial y^2} = \frac{\partial^3 u}{\partial x\, \partial y^2} \tag{III B.47}$$

$$\frac{\partial^2 \varepsilon_y}{\partial x^2} = \frac{\partial^3 v}{\partial y\, \partial x^2} \tag{III B.48}$$

$$\frac{\partial^2 \gamma_{xy}}{\partial x\, \partial y} = \frac{\partial^3 u}{\partial y^2\, \partial x} + \frac{\partial^3 v}{\partial x^2\, \partial y}. \tag{III B.49}$$

Daraus ergibt sich sofort die Verträglichkeitsbedingung

$$\frac{\partial^2 \varepsilon_x}{\partial y^2} + \frac{\partial^2 \varepsilon_y}{\partial x^2} - \frac{\partial^2 \gamma_{xy}}{\partial x\, \partial y} = 0. \tag{III B.50}$$

Die Gln. (III B.17), (III B.18) und (III B.19) erlauben, die Dehnungen als Funktion der Spannungen auszudrücken, und man erhält sie, unter Beachtung von (III B.44), (III B.45) und (III B.46), auch als Funktion der AIRYschen Spannungsfunktion

$$\varepsilon_x = \frac{1}{E_x}\frac{\partial^2 F}{\partial y^2} - \frac{\nu_y}{E_y}\frac{\partial^2 F}{\partial x^2} \tag{III B.51}$$

$$\varepsilon_y = \frac{1}{E_y}\frac{\partial^2 F}{\partial x^2} - \frac{\nu_x}{E_x}\frac{\partial^2 F}{\partial y^2} \tag{III B.52}$$

$$-\gamma_{xy} = \frac{1}{G_{xy}}\left(\frac{\partial^2 F}{\partial x\, \partial y} + \varrho\, g\, x\right). \tag{III B.53}$$

Setzt man (III B.51), (III B.52) und (III B.53) in Gl. (III B.50) ein, so erhält man:

$$\frac{\partial^2}{\partial y^2}\left(\frac{1}{E_x}\frac{\partial^2 F}{\partial y^2} - \frac{\nu_y}{E_y}\frac{\partial^2 F}{\partial x^2}\right) + \frac{\partial^2}{\partial x^2}\left(\frac{1}{E_y}\frac{\partial^2 F}{\partial x^2} - \frac{\nu_x}{E_x}\frac{\partial^2 F}{\partial y^2}\right)$$
$$+ \frac{\partial^2}{\partial x\, \partial y}\cdot \frac{1}{G_{xy}}\left(\frac{\partial^2 F}{\partial x\, \partial y} - \varrho\, g\, x\right) = 0,$$

$$\frac{1}{E_x}\frac{\partial^4 F}{\partial y^4} - \frac{\nu_y}{E_y}\frac{\partial^4 F}{\partial x^2\, \partial y^2} + \frac{1}{E_y}\frac{\partial^4 F}{\partial x^4} - \frac{\nu_x}{E_x}\frac{\partial^4 F}{\partial x^2\, \partial y^2} + \frac{1}{G_{xy}}\frac{\partial^4 F}{\partial x^2\, \partial y^2} = 0.$$

Multipliziert man diese Gleichung mit $E_x E_y$, so erhält man nach dem Ordnen

$$E_x\frac{\partial^4 F}{\partial x^4} + 2 E_{xy}\frac{\partial^4 F}{\partial x^2\, \partial y^2} + E_y\frac{\partial^4 F}{\partial y^4} = 0. \tag{III B.54}$$

Dabei setzen wir

$$E_{xy} = \frac{E_x E_y}{2}\left(\frac{1}{G_{xy}} - \frac{\nu_x}{E_x} - \frac{\nu_y}{E_y}\right). \tag{III B.55}$$

Für isotropes Material ist

$$E_x = E_y = E,$$
$$\nu_x = \nu_y = \nu,$$
$$G_{xy} = G = \frac{E}{2(1+\nu)}$$

und man erhält

$$\frac{\partial^4 F}{\partial x^4} + 2\frac{\partial^4 F}{\partial x^2 \partial y^2} + \frac{\partial^4 F}{\partial y^4} = 0 \qquad \text{(III B.56a)}$$

oder bei Benutzung des LAPLACEschen Operators $\Delta = \dfrac{\partial^2}{\partial x^2} + \dfrac{\partial^2}{\partial y^2}$

$$\Delta\Delta F = 0. \qquad \text{(III B.56b)}$$

Findet man eine Funktion F, welche Gl. (III B.56) befriedigt und die Randbedingungen längs des Umfanges erfüllt, so erhält man die Spannungen sofort aus den Gln. (III B.44), (III B.45) und (III B.46).

e) Randbedingungen. Wir haben zwei Probleme zu unterscheiden:

Das Spannungsproblem. Es ist das wichtigere. Die Verteilung der angreifenden Kräfte längs des Randes ist bekannt.

Das Formänderungsproblem. Die Verschiebungen längs des Randes sind vorgeschrieben.

α) *Spannungsproblem.* Wir nehmen zunächst an, die Massenkräfte seien Null. Außerdem sei die Begrenzung der Scheibe polygonal und die y-Achse liege parallel zur betrachteten Seite. Zerlegt man die angreifenden Kräfte nach den Richtungen der Koordinatenachsen, so erhält man eine Normalspannung σ_x^0 und eine Schubspannung τ_{xy}^0. Die Funktion F hat daher die folgenden Bedingungen zu erfüllen:

$$\frac{\partial^2 F}{\partial y^2} = \sigma_x^0 \qquad \text{(III B.57a)}$$

$$\frac{\partial^2 F}{\partial x \, \partial y} = -\tau_{xy}^0. \qquad \text{(III B.57b)}$$

In dieser Form ist das Problem schwer zu lösen, und es wäre vorteilhafter, wenn man längs der Seite die Funktion F und $\dfrac{\partial F}{\partial x}$ kennen würde. Nun kann die Bezugsebene der Funktion F beliebig gewählt werden, denn eine Funktion $F' = F + Ax + By + C$, in welcher A, B und C beliebige Konstanten bedeuten, befriedigt die Bedingungen und ergibt die gleichen Spannungen wie F. Man hat daher das Recht, in einem einzigen, beliebigen Punkt der Scheibe oder des Randes zu setzen

$$F = 0, \quad \frac{\partial F}{\partial x} = \frac{\partial F}{\partial y} = 0. \qquad \text{(III B.58)}$$

Die Beziehungen

$$\frac{\partial^2 F}{\partial y^2} = \sigma_x^0, \quad \frac{\partial}{\partial y}\left(\frac{\partial F}{\partial x}\right) = -\tau_{xy}^0$$

führen unmittelbar zu einer Analogie mit der Baustatik. Die zweite Ableitung eines Momentes ist eine **Kraft** (bis auf das Vorzeichen) und die erste Ableitung eine **Querkraft**.

Die Änderung der AIRYschen Spannungsfunktion längs eines geradelinigen, parallel zur y-Achse verlaufenden Randes ist, bis auf das Vor-

B. Die Differentialgleichungen des Problems

zeichen, gleich derjenigen des Momentes hervorgerufen durch Normalkräfte von der Größe σ_x^0. Desgleichen ist die Änderung der Tangente $\frac{\partial F}{\partial x}$ gleich derjenigen der Querkraft, hervorgerufen durch längs des Randes wirkende Normalkräfte von der Größe τ_{xy}^0.

Diese Eigenschaft ist auch gültig für alle Geraden im Innern, ja ganz allgemein, für jede Kurve. Geht man von einem beliebigen Punkt des Randes aus, in welchem man F und seine Ableitungen $\frac{\partial F}{\partial x}$, $\frac{\partial F}{\partial y}$ beliebig festlegt, so kann der Wert von F und seine Ableitung $\frac{\partial F}{\partial n}$ (Normale zum Rand) längs des ganzen Randes leicht mit Hilfe der normalen statischen Methoden festgelegt werden. Kommt man auf den Ausgangspunkt zurück, so müssen sich als Kontrolle die anfänglich gewählten Werte ergeben.

Werfen wir rasch einen Blick auf die vorkommenden Fälle:

Geradlinige Begrenzung vollständig frei:

F ist linear und $\frac{\partial F}{\partial n}$ konstant.

Rand nur durch Normalkräfte belastet:

$\frac{\partial F}{\partial n}$ ist konstant,

F variiert wie das Moment der angreifenden Kräfte.

Rand auf reinen Schub beansprucht:

F ist linear (die Neigung ist gegeben; bekannte Anfangstangente),

$\frac{\partial F}{\partial n}$ variiert wie die Querkraft, hervorgerufen durch Normalkräfte, deren Größe den Schubspannungen entsprechen.

Konzentrierte Kräfte oder Unstetigkeiten bereiten keine besonderen Schwierigkeiten, da ihre Momente und Querkräfte sich ohne weiteres berechnen lassen.

Berücksichtigt man das Eigengewicht, so ist nur zu beachten, daß $\frac{\partial}{\partial y}\left(\frac{\partial F}{\partial x}\right) = -\tau_{xy}^0 - \varrho\, g\, x$ ist. Man hat also das zusätzliche Glied bei der Bestimmung der Querkraft zu berücksichtigen.

β) Formänderungsproblem. Dieser Fall ist weniger häufig. Er kommt hauptsächlich vor, wenn die Scheibe mit einem anderen Element verbunden ist, z. B. mit einer Aussteifung. Setzt man diese Rippe als starr voraus, so sind ihre Längsdehnungen, wie auch diejenigen der Scheibe, Null. Sind außerdem die angreifenden Normalkräfte Null ($\sigma_x = 0$), so folgt aus Gl. (III B.18)

$$\sigma_y = 0 \quad \text{oder} \quad \frac{\partial^2 F}{\partial y^2} = 0,$$

zudem ist F linear. Der Rand verhält sich also wie bei einer gelenkig gelagerten Platte. Bedingungen der gleichen Art treten auf beim Studium der mittragenden Breite von Druckplatten von Balken.

Mitunter stößt man auch auf gemischte Probleme. Die Randbedingungen enthalten gleichzeitig Bedingungen über die Spannungen und die Formänderungen.

4. Analogie zwischen der Platten- und Scheibengleichung

Der Vergleich der Beziehungen (III B.29) und (III B.54) zeigt eine auffallende Ähnlichkeit. Die Platten- und Scheibenprobleme gehorchen Differentialgleichungen des gleichen Typs. Auch die Randbedingungen sind ähnlich. Beim Spannungsproblem der Scheibe sind die Werte von F und $\frac{\partial F}{\partial n}$ am Rand gegeben; das entspricht der eingespannten Platte. Beim Formänderungsproblem kann man, wie weiter oben gezeigt, Bedingungen erhalten, die der gelenkig gelagerten Platte ähnlich sind.

Man kann sich die AIRYsche Spannungsfunktion vorstellen wie eine auf Biegung beanspruchte Platte ohne Belastung, deren Ränder jedoch verformt sind (Verschiebungen F und Tangenten $\frac{\partial F}{\partial n}$ fest). Die aus der AIRYschen Spannungsfunktion abgeleiteten Spannungen entsprechen den Krümmungen der Platte längs der Faser, die senkrecht zur gewünschten Spannung steht. Die Spannung σ_x entspricht also der Krümmung längs der Fasern y und umgekehrt. τ_{xy} kann, mit umgekehrtem Vorzeichen, abgeleitet werden aus der Windung der elastischen Fläche. Die Trajektorien der Hauptkrümmung der letzteren, ihre Krümmungslinien, sind die Hauptspannungstrajektorien der Scheibe.

Die eben beschriebene Übereinstimmung ist dieselbe, die wir unter 3. für die Randbedingungen aufgestellt haben (Spannung = Last, AIRYsche Spannungsfunktion = Moment).

Die Analogie mit dem MOHRschen Satz ist augenscheinlich. In der Tat sagt dieser ja aus, daß die elastische Linie (oder der Schnitt einer elastischen Fläche mit einer Vertikalebene) identisch ist mit den Biegungsmomenten, hervorgerufen durch eine fiktive Belastung aus der Krümmung, oder beim Balken, aus der Belastung durch die reduzierten Momente

$$\frac{M}{EJ} = -\frac{1}{\varrho} \quad (\varrho = \text{Krümmungsradius}).$$

5. Gemischte Probleme. Beulgleichung
(Einfluß der Spannungen in der Plattenmittelebene auf die Biegung der Platte)

Wir nehmen wiederum einen Körper nach Abb. III B.1 an, der aber diesmal gleichzeitig durch Kräfte senkrecht zu den Plattenflächen und von solchen in der Plattenmittelebene beansprucht sei. Es liegt also ein Platten- und ein Scheibenproblem vor. In erster Annäherung könnte man beide getrennt behandeln und die Resultate superponieren. Dieses Vorgehen ist nur genau genug, wenn die Deformationen der Scheibe und der Platte sehr klein bleiben, so daß sie vernachlässigt werden können. Andernfalls hat man die gegenseitige Abhängigkeit von Platte und Scheibe zu berücksichtigen.

B. Die Differentialgleichungen des Problems

Die Mittelebene der Platte ist keine neutrale Fläche mehr. Es herrschen dort, wie auch in den andern Parallelebenen, die Spannungen

$$\sigma_x = \frac{\partial^2 F}{\partial y^2}, \qquad \sigma_y = \frac{\partial^2 F}{\partial x^2}, \qquad \tau_{xy} = -\frac{\partial^2 F}{\partial x\, \partial y}.$$

Spannungen, die durch das Scheibenproblem gegeben und die AIRYsche Spannungsfunktion beschrieben sind. Ihre Resultierenden über die Plattendicke h sind die Normal- und Schubkräfte

$$N_x = h\,\sigma_x, \qquad\qquad\qquad (\text{III B.59a})$$
$$N_y = h\,\sigma_y, \qquad\qquad\qquad (\text{III B.59b})$$
$$N_{xy} = h\,\tau_{xy} = N_{yx} = h\,\tau_{yx}. \qquad (\text{III B.59c})$$

Wir betrachten ein Plattenelement, auf welches die eben erwähnten Kräfte N wirken (Abb. III B.8).

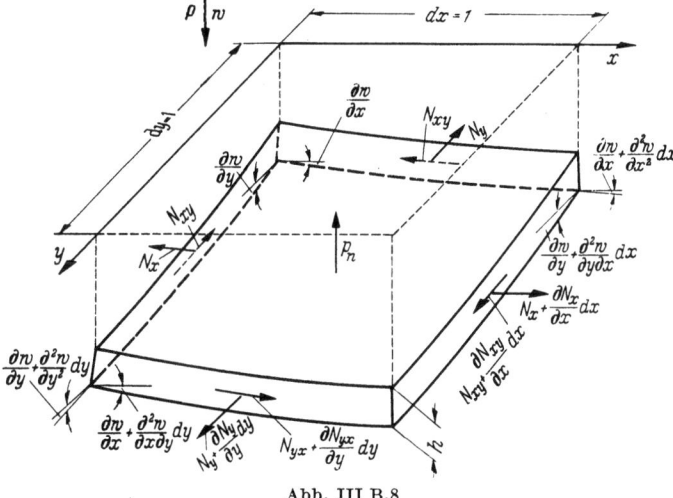

Abb. III B.8

Infolge der Einsenkungen der Platte ist die lotrechte Resultierende der auf das Element wirkenden Kräfte N nicht Null, sondern die Summe dieser Werte multipliziert mit den entsprechenden Werten der Sinusse der in Abb. III B.8 angedeuteten Winkel. Da wir kleine Durchbiegungen w voraussetzen, können die Sinusse durch die Tangenten ersetzt werden, welche nichts anderes als die ersten Ableitungen der Durchbiegungen sind, einschließlich der Zunahme dieser Ableitungen (zweite Ableitungen multipliziert mit den entsprechenden Längen), wenn man von einer Ecke des Elementes zur andern fortschreitet.

Für die Kräfte N_x ergibt sich nach Abb. III B.9

$$p_{N_x}\, dx\, dy = \left(N_x\, dy + \frac{\partial N_x}{\partial x}\, dx\, dy\right)\left(\frac{\partial w}{\partial x} + \frac{\partial^2 w}{\partial x^2}\, dx\right) - N_x\, \frac{\partial w}{\partial x}\, dy$$
$$p_{N_x} = N_x\, \frac{\partial^2 w}{\partial x^2} + \frac{\partial N_x}{\partial x}\, \frac{\partial w}{\partial x} + \frac{\partial N_x}{\partial x}\, \frac{\partial^2 w}{\partial x^2}\, dx.$$

26   III. Theorie des Beulproblems

Analog erhält man

$$p_{N_{xy}} = N_{xy}\frac{\partial^2 w}{\partial y\,\partial x} + \frac{\partial N_{xy}}{\partial x}\frac{\partial w}{\partial y} + \frac{\partial N_{xy}}{\partial x}\frac{\partial^2 w}{\partial y\,\partial x}\,dx$$

$$p_{N_{yx}} = N_{yx}\frac{\partial^2 w}{\partial x\,\partial y} + \frac{\partial N_{yx}}{\partial y}\frac{\partial w}{\partial x} + \frac{\partial N_{yx}}{\partial y}\frac{\partial^2 w}{\partial x\,\partial y}\,dy$$

$$p_{N_y} = N_y\frac{\partial^2 w}{\partial y^2} + \frac{\partial N_y}{\partial y}\frac{\partial w}{\partial y} + \frac{\partial N_y}{\partial y}\frac{\partial^2 w}{\partial y^2}\,dy.$$

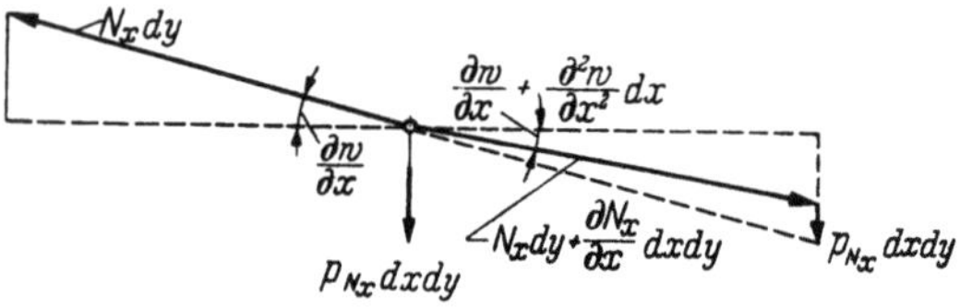

Abb. III B.9

Vernachlässigt man die Glieder höherer Ordnung und beachtet man, daß aus Gleichgewichtsgründen (Summe sämtlicher Kräfte parallel zu einer Koordinatenachse muß Null sein)

$$\frac{\partial N_x}{\partial x} + \frac{\partial N_{yx}}{\partial y} = 0$$

$$\frac{\partial N_y}{\partial y} + \frac{\partial N_{xy}}{\partial x} = 0$$

sein müssen, so erhält man

$$p_n = p_{N_x} + p_{N_{xy}} + p_{N_{yx}} + p_{N_y},$$

$$p_n = N_x\frac{\partial^2 w}{\partial x^2} + 2N_{xy}\frac{\partial^2 w}{\partial x\,\partial y} + N_y\frac{\partial^2 w}{\partial y^2} \qquad \text{(III B.60a)}$$

oder

$$p_n = \left(\sigma_x\frac{\partial^2 w}{\partial x^2} + 2\tau_{xy}\frac{\partial^2 w}{\partial x\,\partial y} + \sigma_y\frac{\partial^2 w}{\partial y^2}\right)h$$

und bei Einführung der AIRYschen Spannungsfunktion

$$p_n = \left(\frac{\partial^2 F}{\partial y^2}\frac{\partial^2 w}{\partial x^2} - 2\frac{\partial^2 F}{\partial x\,\partial y}\frac{\partial^2 w}{\partial x\,\partial y} + \frac{\partial^2 F}{\partial x^2}\frac{\partial^2 w}{\partial y^2}\right)h. \qquad \text{(III B.60b)}$$

Führt man Gl. (III B.60b) in Gl. (III B.29) ein, so erhält man die folgende Differentialgleichung für das gemischte Problem

$$D_x\frac{\partial^4 w}{\partial x^4} + 2D_{xy}\frac{\partial^4 w}{\partial x^2\,\partial y^2} + D_y\frac{\partial^4 w}{\partial y^4}$$

$$= h\left(\frac{p}{h} + \frac{\partial^2 F}{\partial y^2}\frac{\partial^2 w}{\partial x^2} - 2\frac{\partial^2 F}{\partial x\,\partial y}\frac{\partial^2 w}{\partial x\,\partial y} + \frac{\partial^2 F}{\partial x^2}\frac{\partial^2 w}{\partial y^2}\right). \qquad \text{(III B.61)}$$

Dabei muß F selbstverständlich die Bedingung (III B.54) erfüllen.

B. Die Differentialgleichungen des Problems

Für isotropes Material ergibt sich analog bei Anwendung von Gl. (III B.32a)

$$\frac{\partial^4 w}{\partial x^4} + 2\frac{\partial^4 w}{\partial x^2 \partial y^2} + \frac{\partial^4 w}{\partial y^4} = \frac{h}{D}\left(\frac{p}{h} + \frac{\partial^2 F}{\partial y^2}\frac{\partial^2 w}{\partial x^2} - 2\frac{\partial^2 F}{\partial x \partial y}\frac{\partial^2 w}{\partial x \partial y} + \frac{\partial^2 F}{\partial x^2}\frac{\partial^2 w}{\partial y^2}\right),$$ (III B.62)

wobei F die Bedingung (III B.56a) zu erfüllen hat.

Das Ausbeulen von dünnen Scheiben wird durch die Differentialgleichungen (III B.61) und (III B.62) beherrscht. Da man es im allgemeinen mit isotropem Material zu tun hat, kann man sich auf Gl. (III B.62) beschränken. Da außerdem alle angreifenden Kräfte in der Plattenmittelebene liegen, kann das Glied $\frac{p}{h}$ weggelassen werden.

Beanspruchen die angreifenden Kräfte die Scheibe vorwiegend auf Druck, so kann eine instabile Gleichgewichtslage eintreten. Neben der ebenen Ausgangslage sind unendlich benachbarte ausgebogene Gleichgewichtslagen möglich; das Gleichgewicht bleibt erhalten infolge der oben beschriebenen Kräfte p_n.

Beim Beginn des Ausbeulens sind die Formänderungen sehr, theoretisch sogar unendlich klein. Ihr Einfluß auf die Spannungsverteilung oder deren Resultierende N_x, N_y, N_{xy} kann vernachlässigt werden. Die Spannungen sind bestimmt durch Gl. (III B.56a). Die aus ihr erhaltenen Lösungen werden in Gl. (III B.62) eingeführt, welche das Problem zu lösen gestattet. Gl. (III B.62) wird daher als Differentialgleichung des Beulens meist in folgender Form geschrieben

$$\frac{\partial^4 w}{\partial x^4} + 2\frac{\partial^4 w}{\partial x^2 \partial y^2} + \frac{\partial^4 w}{\partial y^4} = -\frac{h}{D}\left(\sigma_x \frac{\partial^2 w}{\partial x^2} + 2\tau_{xy}\frac{\partial^2 w}{\partial x \partial y} + \sigma_y \frac{\partial^2 w}{\partial y^2}\right)$$ (III B.63a)

oder

$$\Delta\Delta w = -\frac{h}{D}\left(\sigma_x \frac{\partial^2 w}{\partial x^2} + 2\tau_{xy}\frac{\partial^2 w}{\partial x \partial y} + \sigma_y \frac{\partial^2 w}{\partial y^2}\right).$$ (III B.63b)

Dabei haben wir, wie das bei Beuluntersuchungen vielfach üblich ist, die Druckspannungen als positiv bezeichnet und auch das Vorzeichen der Schubspannungen sinngemäß geändert. Daher steht auf der rechten Seite der Gleichung, im Gegensatz zu Gl. (III B.62), ein Minuszeichen.

Will man den sogenannten *überkritischen* Beulbereich studieren, bei dem größere Deformationen auftreten, so darf man deren Einfluß auf die Verteilung der Kräfte N_x, N_y und

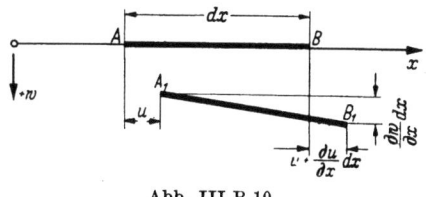

Abb. III B.10

N_{xy} nicht mehr vernachlässigen. Die Theorie ist für diesen Fall noch zu erweitern.

Wir haben somit den Einfluß der Verschiebungen u_0 und v_0 der Mittelebene in unsere Betrachtungen miteinzubeziehen, da die Mittelebene keine neutrale Fläche mehr ist. In Abb. III B.10 ist ein Element AB dieser Fläche in der x-Richtung dargestellt.

Die Verlängerung infolge der Verschiebung u beträgt $\frac{\partial u}{\partial x}dx$, diejenige der Durchbiegung w wird $\frac{1}{2}\left(\frac{\partial w}{\partial x}\right)^2 dx$, da $A_1 B_1 = AB\sqrt{1^2 + \left(\frac{\partial w}{\partial x}\right)^2}$ ist. Für die Dehnung erhält man folglich $\varepsilon_x = \frac{\partial u}{\partial x} + \frac{1}{2}\left(\frac{\partial w}{\partial x}\right)^2$. An Stelle der Beziehungen (III B.11), (III B.12) und (III B.13) erhält man daher

$$\varepsilon_x = \frac{\partial u}{\partial x} + \frac{1}{2}\left(\frac{\partial w}{\partial x}\right)^2 \tag{III B.64}$$

$$\varepsilon_y = \frac{\partial v}{\partial y} + \frac{1}{2}\left(\frac{\partial w}{\partial y}\right)^2 \tag{III B.65}$$

$$\gamma_{xy} = \frac{\partial u}{\partial y} + \frac{\partial v}{\partial x} + \frac{\partial w}{\partial x}\frac{\partial w}{\partial y}. \tag{III B.66}$$

Wie bereits früher sind diese durch die beiden einzigen Funktionen u und v ausgedrückten Längen- und Winkeländerungen nicht unabhängig voneinander, sondern haben eine Verträglichkeitsbedingung, analog der in Gl. (III B.50) ausgedrückten, zu erfüllen. Sie lautet entsprechend:

$$\frac{\partial^2 \varepsilon_x}{\partial y^2} + \frac{\partial^2 \varepsilon_y}{\partial x^2} - \frac{\partial^2 \gamma_{xy}}{\partial x\, \partial y} = \left(\frac{\partial^2 w}{\partial x\, \partial y}\right)^2 - \frac{\partial^2 w}{\partial x^2}\frac{\partial^2 w}{\partial y^2} \tag{III B.67}$$

Die Gln. (III B.51), (III B.52) und (III B.53) bleiben unverändert bestehen. Führt man sie in die Verträglichkeitsbedingung (III B.67) ein, so erhält man:

$$E_x \frac{\partial^4 F}{\partial x^4} + 2 E_{xy} \frac{\partial^4 F}{\partial x^2 \, \partial y^2} + E_y \frac{\partial^4 F}{\partial y^4} = E_x E_y \left[\left(\frac{\partial^2 w}{\partial x\, \partial y}\right)^2 - \frac{\partial^2 w}{\partial x^2}\frac{\partial^2 w}{\partial y^2}\right], \tag{III B.68}$$

wobei die Bedeutung von E_{xy} aus Gl. (III B.55) zu entnehmen ist.

Setzt man isotropes Material voraus, so vereinfacht sich die Beziehung zu

$$\frac{\partial^4 F}{\partial x^4} + 2 \frac{\partial^4 F}{\partial x^2\, \partial y^2} + \frac{\partial^4 F}{\partial y^4} = E\left[\left(\frac{\partial^2 w}{\partial x\, \partial y}\right)^2 - \frac{\partial^2 w}{\partial x^2}\frac{\partial^2 w}{\partial y^2}\right]. \tag{III B.69}$$

Die Gln. (III B.61) und (III B.68) bzw. (III B.62) und (III B.69) und die Randbedingungen bestimmen die Funktionen w und F. Ihre Kenntnis erlaubt, für die orthotrope Platte mit Hilfe der Formeln (III B.24) bis (III B.28) und (III B.44) bis (III B.46), für die isotrope Platte mit den Formeln (III B.33) bis (III B.37) und (III B.44) bis (III B.46), die Spannungen in jedem Punkt der Platte zu berechnen.

Die Funktionen w und F kommen gleichzeitig in den beiden entsprechenden Differentialgleichungen vor. Ihre Integration ist im allgemeinen sehr schwierig. Man wird daher in vielen praktischen Fällen auf die Iterationsmethode zurückgreifen müssen.

C. Methoden zur Lösung der Beulprobleme
1. Direkte Integration der Differentialgleichung

Die direkte Integration der Differentialgleichung (III B.63) läßt sich nur für einfache Belastungsfälle durchführen. Sie sei hier gezeigt für die frei aufliegende Rechteckplatte, die längs ihrer vier Ränder durch gleichmäßigen Druck belastet ist (Abb. III C.1).

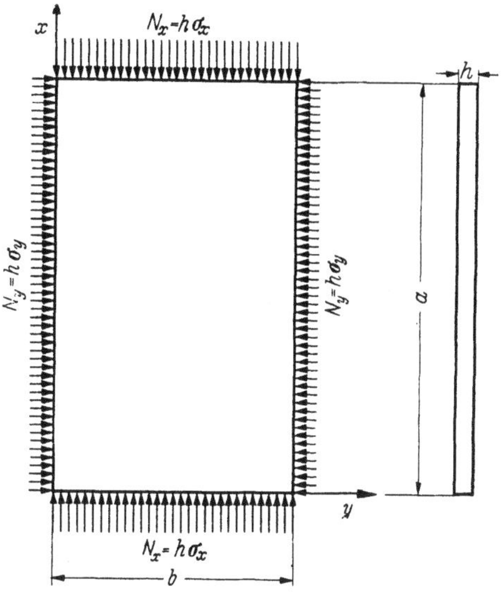

Dabei sei das Koordinatensystem so orientiert, daß $N_x \geq N_y$ wird.

Die AIRYsche Spannungsfunktion für diesen Belastungsfall ist bekannt[1]. Sie lautet

$$F = \frac{1}{2}(\sigma_x y^2 + \sigma_y x^2). \qquad \text{(III C.1)}$$

Abb. III C.1

Wie sofort ersichtlich, ist die Bedingung $\Delta\Delta F = 0$ erfüllt. Für die Spannungen erhält man

$$\left.\begin{aligned}\sigma_x &= \frac{1}{2}\frac{\partial^2}{\partial y^2}(\sigma_x y^2 + \sigma_y x^2) = \sigma_x \\ \sigma_y &= \frac{1}{2}\frac{\partial^2}{\partial x^2}(\sigma_x y^2 + \sigma_y x^2) = \sigma_y\end{aligned}\right\} \qquad \text{(III C.2)}$$

$$\tau_{xy} = -\frac{1}{2}\frac{\partial^2}{\partial x\,\partial y}(\sigma_x y^2 + \sigma_y x^2) = 0. \qquad \text{(III C.3)}$$

Daraus geht auch unmittelbar hervor, daß die Randbedingungen erfüllt sind.

Die Differentialgleichung (III B.63) kann nun wie folgt geschrieben werden:

$$\frac{\partial^4 w}{\partial x^4} + 2\frac{\partial^4 w}{\partial x^2 \partial y^2} + \frac{\partial^4 w}{\partial y^4} = -\frac{h}{D}\left(\sigma_x \frac{\partial^2 w}{\partial x^2} + \sigma_y \frac{\partial^2 w}{\partial y^2}\right) \qquad \text{(III C.4a)}$$

oder wenn wir $\sigma_y = \varkappa\,\sigma_x$ setzen, und die Gleichung mit dem LAGRANGEschen Operator schreiben

$$\Delta\Delta w = -\frac{\sigma_x h}{D}\left(\frac{\partial^2 w}{\partial x^2} + \varkappa\frac{\partial^2 w}{\partial y^2}\right). \qquad \text{(III C.4b)}$$

Diese Gleichung wird erfüllt durch die Funktion

$$w = w(x,y) = C_{mn}\sin\frac{m\pi x}{a}\sin\frac{n\pi y}{b}, \qquad \text{(III C.5)}$$

wobei $m = 1, 2, 3, \ldots$; $n = 1, 2, 3, \ldots$ positive ganze Zahlen bedeuten.

---
[1] Siehe z. B. L. FÖPPL: Drang und Zwang, Bd. III, S. 16. München, Leibniz Verlag (bisher R. Oldenbourg Verlag) 1947.

III. Theorie des Beulproblems

Wie man leicht sieht, genügt sie auch den Randbedingungen (III B.39a) oder (III B.39b).

Aus (III C.5) ergeben sich unmittelbar die Werte

$$\frac{\partial^2 w}{\partial x^2} = - C_{mn} \left(\frac{m\pi}{a}\right)^2 \sin\frac{m\pi x}{a} \sin\frac{n\pi y}{b}$$

$$\frac{\partial^2 w}{\partial y^2} = - C_{mn} \left(\frac{n\pi}{b}\right)^2 \sin\frac{m\pi x}{a} \sin\frac{n\pi y}{b}$$

$$\frac{\partial^4 w}{\partial x^4} = C_{mn} \left(\frac{m\pi}{a}\right)^4 \sin\frac{m\pi x}{a} \sin\frac{n\pi y}{b}$$

$$\frac{\partial^4 w}{\partial y^4} = C_{mn} \left(\frac{n\pi}{b}\right)^4 \sin\frac{m\pi x}{a} \sin\frac{n\pi y}{b}$$

$$\frac{\partial^4 w}{\partial x^2 \partial y^2} = C_{mn} \left(\frac{m\pi}{a}\right)^2 \left(\frac{n\pi}{b}\right)^2 \sin\frac{m\pi x}{a} \sin\frac{n\pi y}{b}. \tag{III C.6}$$

Führen wir diese Ausdrücke in Gl. (III C.4b) ein, so ergibt sich

$$\left(\frac{m\pi}{a}\right)^4 + 2\left(\frac{m\pi}{a}\right)^2 \left(\frac{n\pi}{b}\right)^2 + \left(\frac{n\pi}{b}\right)^4 = \frac{\sigma_x h}{D}\left[\left(\frac{m\pi}{a}\right)^2 + \varkappa\left(\frac{n\pi}{b}\right)^2\right]$$

$$\frac{\pi^2 D}{h}\left[\left(\frac{m}{a}\right)^2 + \left(\frac{n}{b}\right)^2\right]^2 = \sigma_x\left[\left(\frac{m}{a}\right)^2 + \varkappa\left(\frac{n}{b}\right)^2\right]$$

und daraus

$$\sigma_x = \frac{\frac{\pi^2 D}{h}\left[\left(\frac{m}{a}\right)^2 + \left(\frac{n}{b}\right)^2\right]^2}{\left(\frac{m}{a}\right)^2 + \varkappa\left(\frac{n}{b}\right)^2}. \tag{III C.7}$$

Zur Vereinfachung setzen wir

$$\sigma_E = \frac{\pi^2 D}{b^2 h} = \frac{\pi^2 E J}{(1-\nu^2) b^2 h} = \frac{\pi^2 E h^2}{12(1-\nu^2) b^2}. \tag{III C.8}$$

Dieser Ausdruck entspricht der EULERschen Knicklast eines an beiden Enden gelenkig gelagerten Plattenstreifens von der Länge b und der Breite *Eins*. Gl. (III C.7) läßt sich nun, wenn wir noch $\alpha = \frac{a}{b}$ setzen, wie folgt schreiben

$$\sigma_x = \frac{\left(\frac{m^2}{\alpha^2} + n^2\right)^2}{\frac{m^2}{\alpha^2} + \varkappa n^2} \sigma_E = k \sigma_E. \tag{III C.9}$$

Für die Werte von σ_x, die sich aus dieser Gleichung ergeben, sind also neben der ebenen Gleichgewichtslage auch solche mit unendlich kleinen Ausbiegungen möglich. Der kleinste der Werte σ_x ist die gesuchte Beulspannung. Die Werte m und n sind so zu bestimmen, daß der sog. Beulwert k ein Minimum wird. Die Auswertung von Gl. (III C.9) sei an einigen Beispielen gezeigt.

C. Methoden zur Lösung der Beulprobleme   31

a) Allseitig gleichmäßiger Druck. Für diesen Fall wird $\varkappa = 1$ und die Gleichung für die Beulspannung lautet:

$$\sigma_x = \left[\left(\frac{m}{\alpha}\right)^2 + n^2\right]\sigma_E. \qquad \text{(III C.10)}$$

Es ist ohne weiteres ersichtlich, daß σ_x ein Minimum wird für $m = n = 1$. Somit wird die Beullast für allseitig gleichmäßigen Druck

$$\underline{\underline{\sigma_{kr} = \left(1 + \frac{1}{\alpha^2}\right)\sigma_E.}} \qquad \text{(III C.11)}$$

Für die quadratische Platte mit $\alpha = 1$ wird der k-Wert $k = 2$. In Abb. III C.2 ist der Beulwert k in Funktion von α aufgetragen.

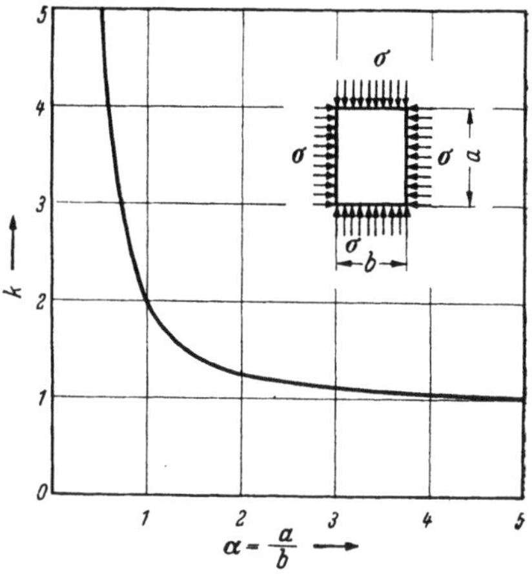

b) Ränder b auf Druck beansprucht, Ränder a unbelastet. Wir erhalten σ_{kr} für diesen Fall, indem wir in Formel (III C.9) $\varkappa = 0$ setzen:

$$\sigma_{kr} = \frac{\left(\frac{m^2}{\alpha^2} + n^2\right)^2}{\frac{m^2}{\alpha^2}}\sigma_E$$

oder   (III C.12)

$$\sigma_{kr} = \left(\frac{m}{\alpha} + \alpha\frac{n^2}{m}\right)^2\sigma_E.$$

Abb. III C.2

Damit der k-Wert

$$k = \left(\frac{m}{\alpha} + \alpha\frac{n^2}{m}\right)^2 \qquad \text{(III C.13)}$$

zu einem Minimum wird, muß offensichtlich $n = 1$ gesetzt werden. Damit ergibt sich $k_{\min}$ aus der Bedingung

$$\frac{\partial k}{\partial m} = 0,$$

also

$$\frac{\partial}{\partial m}\left(\frac{m}{\alpha} + \frac{\alpha}{m}\right)^2 = 2\left(\frac{m}{\alpha} + \frac{\alpha}{m}\right)\left(\frac{1}{\alpha} - \frac{\alpha}{m^2}\right) = 0. \qquad \text{(III C.14)}$$

Gl. (III C.14) kann offensichtlich nur zu Null werden, wenn der zweite Klammerausdruck Null wird. Daraus ergibt sich

$$m = \alpha \qquad \text{(III C.15)}$$

und wir erhalten $k_{\min} = 4$ und somit

$$\underline{\underline{\sigma_{kr} = 4\,\sigma_E.}} \qquad \text{(III C.16)}$$

Da m voraussetzungsgemäß ganzzahlig ist, kann der minimale Beulwert nach Gl. (III C.15) ebenfalls nur für ganzzahlige α auftreten, oder anders ausgedrückt, nur für Platten, bei denen a ein ganzzahliges Vielfaches von b ist. Die Beulfigur besitzt eine Halbwelle in der Richtung b und m Halbwellen in Richtung a. Die Knotenlinien sind parallel zur y-Achse und haben unter sich den Abstand b. Für $\alpha < 1$ und für $m < \alpha < (m+1)$ wird der k-Wert größer als 4 sein. Er ergibt sich aus Gl. (III C.13), unter Berücksichtigung, daß $n = 1$ sein muß, zu

$$k = \left(\frac{m}{\alpha} + \frac{\alpha}{m}\right)^2. \qquad \text{(III C.17)}$$

Trägt man nach dieser Gleichung k in Funktion von α für verschiedene Parameter m auf, so ergibt sich Abb. III C.3. Die maßgebenden k-Werte liegen auf der ausgezogenen Kurve.

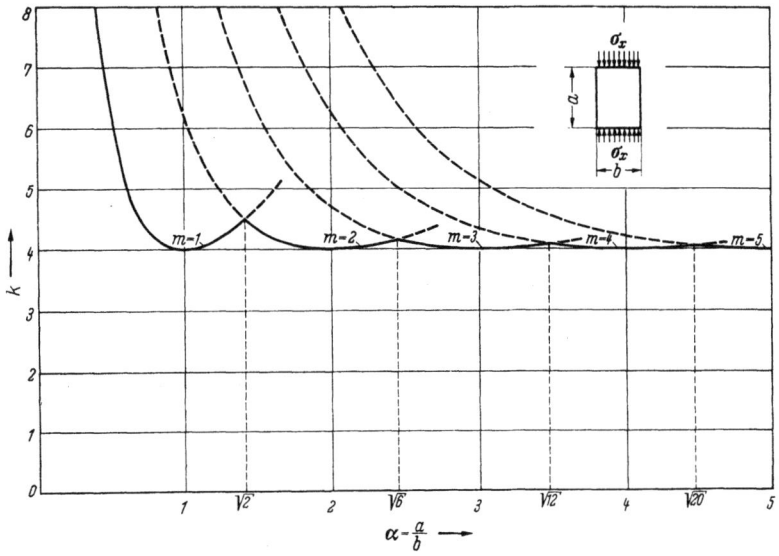

Abb. III C.3

Aus dieser Girlandenkurve ist zu entnehmen, daß sich für $\alpha > 1$ die k-Werte nicht wesentlich vom Wert $k_{\min} = 4$ unterscheiden. Dagegen steigt der k-Wert für $\alpha < 1$ rasch an. Die Platte beult in beiden Richtungen in einer Halbwelle aus, es ist also $m = n = 1$ und wir erhalten unter Berücksichtigung von Gl. (III C.13)

$$\sigma_{kr} = \left(\frac{1}{\alpha} + \alpha\right)^2 \sigma_E = \frac{\pi^2 D}{b^2 h} \left(\frac{1}{\alpha} + \alpha\right)^2. \qquad \text{(III C.18)}$$

c) Ränder b auf Druck, Ränder a auf Zug beansprucht. Dieser Abschnitt soll die versteifende Wirkung von Zugbeanspruchungen zeigen. Aus Gl. (III C.9) ergibt sich, da $\varkappa$ negativ ist

$$\sigma_{kr} = \frac{\left[\left(\frac{m}{\alpha}\right)^2 + n^2\right]^2}{\left(\frac{m}{\alpha}\right)^2 - n^2 |\varkappa|} \sigma_E = k\, \sigma_E. \qquad \text{(III C.19)}$$

C. Methoden zur Lösung der Beulprobleme

Die minimalen k-Werte ergeben sich aus der Bedingung

$$\frac{\partial k}{\partial \alpha} = \frac{-2\frac{2m^2}{\alpha^3}\left(\frac{m^2}{\alpha^2}+n^2\right)\left(\frac{m^2}{\alpha^2}-n^2|\varkappa|\right)+\frac{2m^2}{\alpha^3}\left(\frac{m^2}{\alpha^2}+n^2\right)^2}{\left[\frac{m^2}{\alpha^2}-n^2|\varkappa|\right]^2} = 0,$$

woraus sich

$$\alpha = \frac{m}{n}\frac{1}{\sqrt{2|\varkappa|+1}} \qquad \text{(III C.20)}$$

ergibt.

Setzt man diesen Wert in den Ausdruck für k nach Gl. (III C.19) ein, so erhält man

$$k_{\min} = 4n^2(1+|\varkappa|). \qquad \text{(III C.21)}$$

Dieser Ausdruck ist von m unabhängig und wird für $n=1$ am kleinsten[1], so daß man für den k-Wert

$$k_{\min\min} = 4(1+|\varkappa|) \qquad \text{(III C.22)}$$

erhält. Entsprechend ergeben sich die Werte α, denen der minimale k-Wert entspricht, zu

$$\alpha = \frac{m}{\sqrt{2|\varkappa|+1}}. \qquad \text{(III C.23)}$$

Da der Wurzelausdruck größer ist als 1, so wird für $m=1$ der Wert $\alpha<1$ sein. Die halbe Wellenlänge in x-Richtung wird daher kleiner als b. Sie wird mit zunehmenden $|\varkappa|$ immer kleiner, wogegen der Beulwert

$$k = \frac{\left(\frac{m^2}{\alpha^2}+1\right)^2}{\frac{m^2}{\alpha^2}-|\varkappa|} \qquad \text{(III C.24)}$$

immer größer wird.

Der minimale Beulwert k nach Gl. (III C.22) stellt sich nur ein, wenn die Bedingung

$$a = \frac{mb}{\sqrt{2|\varkappa|+1}} \qquad \text{(III C.25)}$$

erfüllt ist. Für alle anderen Plattenlängen a ist er größer. Für $a < \frac{b}{\sqrt{2|\varkappa|+1}}$ steigt er rasch an. Für größere Plattenlängen sind die Abweichungen vom Wert nach Gl. (III C.22) gering. Zeichnet man den k-Wert nach Gl. (III C.24) in Funktion von α auf, so ergibt sich, ähnlich wie beim einseitigen Druck, eine Girlandenkurve. In Abb. III C.4 sind diese Verhältnisse für den Fall $\varkappa = -4$ dargestellt.

Nach Gl. (III.C.22) wird $k_{\min}=20$. Dieser Wert tritt nach Gl. (III C.23) auf für $\alpha = \frac{m}{3}$. Für die quadratische Platte mit $\alpha=1$ treten somit in der x-Richtung 3 Halbwellen auf.

---

[1] Die Platte beult also auch in diesem Fall in der y-Richtung in einer Halbwelle aus.

d) Vergleich der behandelten Beispiele. Betrachtet man die k-Werte für ein bestimmtes Seitenverhältnis α der Platte, so sieht man, daß dieselben mit abnehmendem Verhältnis $\varkappa = \dfrac{\sigma_y}{\sigma_x}$ ansteigen. Um die Beziehungen besser überblicken zu können, haben wir in Abb. III C.5 die k-Werte für die drei Seitenverhältnisse $\alpha = 0{,}5$, $\alpha = 1$ und $\alpha = 2$ in Funktion von $\varkappa$ aufgetragen. Für positive Werte von $\varkappa$, d. h., wenn die Belastung der Ränder a und b Druckkräfte sind, bildet sich (mit Ausnahme kleiner Werte $\varkappa$ und großer Werte α) je eine Halbwelle in

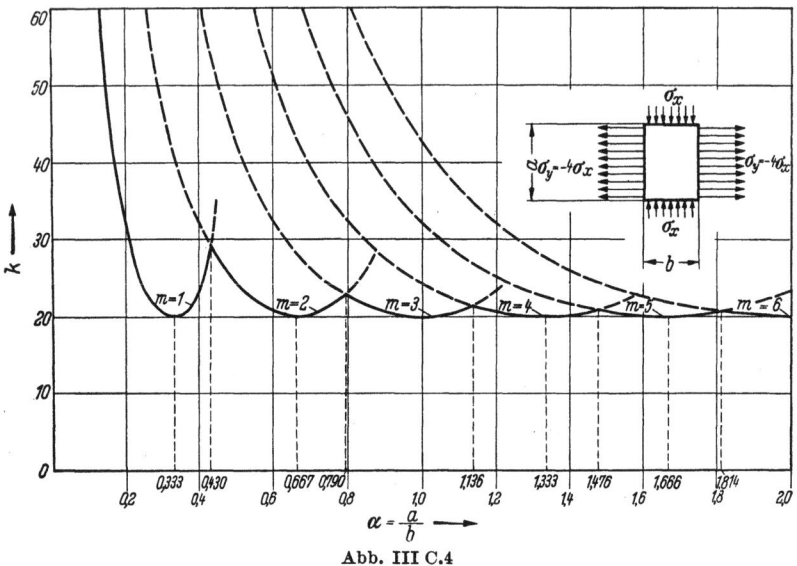

Abb. III C.4

jeder Richtung aus. Im Bereich negativer Werte $\varkappa$, wenn also die Ränder a auf Zug und die Ränder b auf Druck beansprucht sind, bilden sich mit kleiner werdenden $\varkappa$ und größer werdenden α in Richtung der x-Achse immer mehr Halbwellen aus, wogegen sich in der Richtung der y-Achse immer eine Halbwelle ausbildet. So beult z. B. für $\varkappa = -4$ eine Platte mit dem Seitenverhältnis $\alpha = 0{,}5$ in 2, eine quadratische Platte mit 3 und eine Platte mit dem Seitenverhältnis $\alpha = 2$ in 6 Halbwellen aus. Für $\alpha > 1$ weichen die k-Werte für verschiedene α-Werte nicht mehr erheblich voneinander ab. An Stelle der girlandenförmigen Kurven, die der Gleichung

$$k = \frac{\left(\dfrac{m^2}{\alpha^2} + 1\right)^2}{\dfrac{m^2}{\alpha^2} - |\varkappa|} \tag{III C.24}$$

gehorchen, kann näherungsweise deren Umhüllende gesetzt werden. Diese erhalten wir, indem wir aus den beiden Gleichungen

$$\Phi = k\left(\frac{m^2}{\alpha^2} - |\varkappa|\right) - \left(\frac{m^2}{\alpha^2} + 1\right)^2 = 0 \tag{III C.26a}$$

und
$$\frac{\partial \Phi}{\partial \left(\frac{m^2}{\alpha^2}\right)} = 0 \tag{III C.26b}$$

$\frac{m^2}{\alpha^2}$ eliminieren. Es ergibt sich eine Gerade mit der Gleichung

$$k = 4\,(1 + |\varkappa|) \tag{III C.27}$$

deren Form mit dem bereits gefundenen Ausdruck (III C.21) für $k_{\min}$ übereinstimmt.

Aus Abb. III C.5 ist auch sehr schön ersichtlich, daß bei konstanter Plattenbreite b und Plattendicke h der k-Wert für verschiedene Höhen a

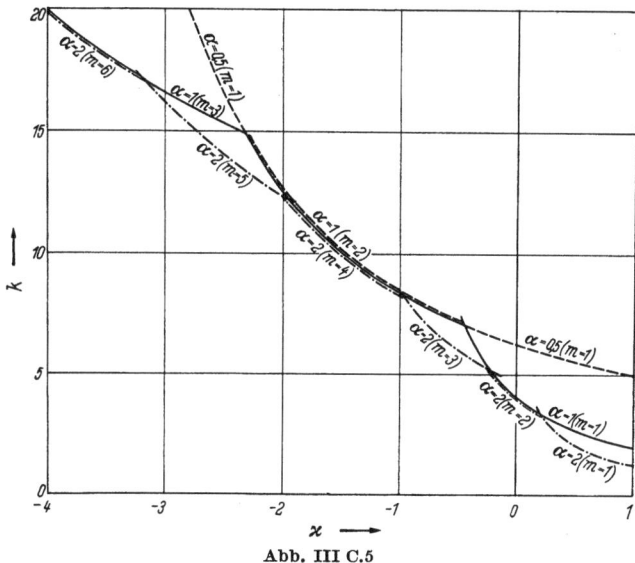

Abb. III C.5

der gleiche sein kann. So wird z. B. für $\alpha = 0{,}5$, $\alpha = 1$ und $\alpha = 2$ bei $\varkappa = -1{,}5$ der k-Wert für alle 3 Seitenverhältnisse gleich 10. Für $\alpha = 0{,}5$ bildet sich eine Halbwelle, für $\alpha = 1$ deren 2 und für $\alpha = 2$ vier Halbwellen aus. Da wir die Plattenbreite konstant vorausgesetzt haben, ist auch σ_E und somit auch die kritische Druckspannung für alle drei Fälle identisch. Setzen wir jedoch a als konstant voraus, so verhalten sich die Seitenlängen b für die Verhältnisse $\alpha = 2$, $\alpha = 1$ und $\alpha = 0{,}5$ wie $1:2:4$ und die entsprechenden Werte von σ_E und σ_{kr} wie $1:\frac{1}{4}:\frac{1}{16}$ oder wie $16:4:1$.

2. Energiemethoden

a) **Einleitung.** Da sich die direkte Integration der Differentialgleichung (III B.63) des Beulproblems nur in einfachen Fällen durchführen läßt, bedient man sich bei komplizierteren Aufgaben oft der Energiemethode. Diese erlaubt die Anwendung von Näherungsansätzen, bei welchen die genaue Form der Beulfläche nicht benötigt wird und daher auch die Differentialgleichung (III B.63) nicht integriert werden muß.

Für die Anwendung der Energiemethode kommen die folgenden zwei Formulierungen in Betracht. Die erste betrachtet das Stabilitätsproblem als Variationsproblem und die zweite, von TIMOSHENKO stammende, bedient sich des Umstandes, daß an der Verzweigungsstelle des Gleichgewichtes, beim Übergang der Platte von der ebenen zur ausgebeulten Lage, die von den äußeren Kräften geleistete Arbeit gleich der Zunahme der Formänderungsenergie sein muß.

b) Stabilitätsproblem als Variationsproblem. Prinzip der virtuellen Verschiebungen. Als Ausgangspunkt dient das Prinzip der virtuellen Verschiebungen[1]. Dieses besagt[2], daß sich ein elastischer Körper im Gleichgewicht befindet, wenn die Summe der Arbeiten der äußeren Kräfte bei jeder unendlich kleinen virtuellen (möglichen) Verschiebung gleich der unendlich kleinen Änderung der Deformationsarbeit infolge dieser virtuellen Verschiebungen ist. Bezeichnen wir die Summe der Arbeiten der äußeren Kräfte mit $\sum \mathfrak{P} \cdot \delta\mathfrak{z}$, die Änderung der Deformationsarbeit mit δA_a, so läßt sich das Prinzip der virtuellen Verschiebungen wie folgt ausdrücken:

$$\delta A_a - \sum \mathfrak{P} \cdot \delta\mathfrak{z} = 0. \qquad \text{(III C.28)}$$

Durch Einführung des Begriffes der potentiellen Energie, die mit U bezeichnet werden möge, läßt sich das Prinzip der virtuellen Verschiebungen auch wie folgt schreiben

$$\delta U = \delta A_a + \delta E_a = \delta(A_a + E_a) = 0. \qquad \text{(III C.29)}$$

Dabei ist

$$\delta E_a = - \sum \mathfrak{P} \cdot \delta\mathfrak{z} \qquad \text{(III C.30)}$$

die Änderung der potentiellen Energie der äußeren Lasten bei einer virtuellen Verschiebung.

Gl. (III C.29) besagt, daß die potentielle Energie U des Systems sich bei einer unendlich kleinen virtuellen Verschiebung nicht ändert. Das ist aber nur möglich, wenn U für diese Verschiebung einen Extremalwert annimmt.

Es ist somit

$$U = A_a + E_a = \text{Extremum}. \qquad \text{(III C.31)}$$

Ist diese Beziehung oder auch (III C.29) für jede virtuelle Verschiebung erfüllt, so befindet sich der betrachtete Körper im Gleichgewicht. Ob dieses jedoch stabil, labil oder indifferent ist, läßt sich aus Gl. (III C.31) oder (III C.29) nicht entscheiden. Denken wir uns den Körper durch irgendeinen Einfluß aus der Gleichgewichtslage gebracht, so kehrt er,

---

[1] LAGRANGE, J. L.: Mécanique analytique, Paris 1788.
[2] Siehe z. B. A. u. O. FÖPPL: Drang und Zwang, 3. Aufl., Bd. I, S. 59ff. München u. Berlin: R. Oldenbourg 1941.

sofern er sich im stabilen Gleichgewicht befindet, wieder in seine Ausgangslage zurück, sobald der störende Einfluß aufhört. Das bedingt aber ein höheres Potential in der gestörten Nachbarlage. Die Potentialdifferenz zwischen Nachbar- und Ausgangslage liefert dann die Energie, die den Körper wieder in seine Ausgangslage zurückführt. Dieser Energiebetrag darf aber nur von höherer Ordnung unendlich klein sein als δU, da ja die Beziehung (III C.29) erhalten bleiben muß. Man kann daher die Bedingung für das sichere Gleichgewicht auch wie folgt formulieren: Die zweite Variation des Potentials muß für jede virtuelle Verschiebung positiv sein. Wird sie negativ, so wird das Gleichgewicht labil. An der Stabilitätsgrenze gilt demzufolge die Bedingung[1]

$$\delta^2 U = 0. \qquad (III\,C.32)$$

Da wir jedoch bei der Betrachtung von Beulproblemen immer von einer indifferenten Gleichgewichtslage ausgehen, ist Gl. (III C. 32) stets erfüllt.

Auf das Beulproblem angewandt, bedeutet Gl. (III C.31), daß sich die Beulfläche $w = w(x, y)$ der ausgebeulten Platte so einstellt, daß das Potential U extremal wird. Wir haben also unter allen nicht überall verschwindenden Beulflächen $w = w(x, y)$ diejenige auszuwählen, für welche Gl. (III C.31) erfüllt ist. Dies führt zu einem Variationsproblem. Bei Anwendung der exakten Methode erhält man eine EULER-LAGRANGEsche Differentialgleichung, die mit Gl. (III B.63) übereinstimmt[2].

Die große Bedeutung der Auffassung des Stabilitätsproblems als Variationsproblem liegt darin, daß sich auf dasselbe leicht leistungsfähige Näherungsverfahren, wie z. B. das RITZsche Verfahren, anwenden lassen.

Bevor wir näher darauf eingehen, haben wir noch die Werte von A_a und E_a in Gl. (III C.31) zu bestimmen.

α) Formänderungsarbeit der Platte. Die Formänderungsarbeit A_a ergibt sich aus der Betrachtung an einem Elementarelement der Platte.

Dieses Element werde einer virtuellen Gestaltänderung unterworfen. Bei dieser sollen die Formänderungskomponenten ε_x und ε_y die willkürlichen, unendlich kleinen Änderungen $\delta\varepsilon_x$ und $\delta\varepsilon_y$ erfahren. Da diese Änderungen als unendlich klein vorausgesetzt werden, können allfällige durch sie bewirkte Spannungsänderungen vernachlässigt werden. Unter Berücksichtigung von Gln. (III B.11), (III B.12) und (III B.13) ergeben sich die virtuellen Dehnungen zu

$$\left.\begin{aligned}\delta\varepsilon_x &= \delta\frac{\partial u}{\partial x} = \frac{\partial}{\partial x}(\delta u) \\ \delta\varepsilon_y &= \phantom{\delta\frac{\partial u}{\partial x}} = \frac{\partial}{\partial y}(\delta v) \\ \delta\gamma_{xy} &= \phantom{\delta\frac{\partial u}{\partial x}} = \frac{\partial}{\partial x}(\delta v) + \frac{\partial}{\partial y}(\delta u).\end{aligned}\right\} \qquad (III\,C.33)$$

---

[1] Eine exakte Betrachtung dieser Zusammenhänge ist z. B. zu finden in HAMEL: Theoretische Mechanik, S. 268. Berlin/Göttingen/Heidelberg: Springer 1949.

[2] Siehe z. B. K. GIRKMANN: Flächentragwerke, 4. Aufl., S. 330. Wien: Springer 1956.

Wenn wir das Eigengewicht vernachlässigen und die Lasten nur längs der Ränder der Platte angreifen lassen, so sind die äußern Kräfte am betrachteten Element Null. Als Arbeitsbeitrag erhalten wir für die ins Auge gefaßte virtuelle Verschiebung, nach Abb. III C.6, in welcher wir

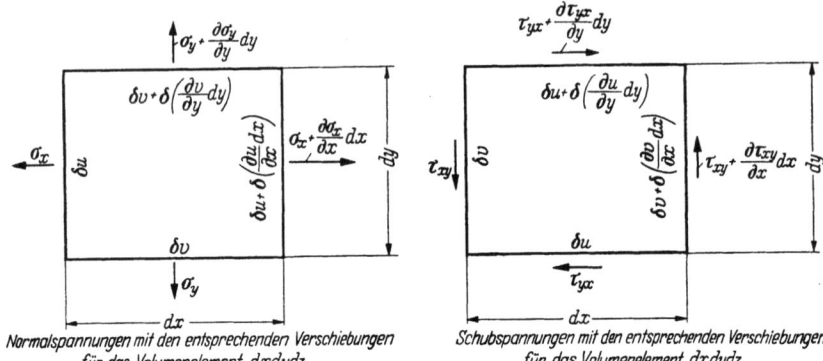

Normalspannungen mit den entsprechenden Verschiebungen für das Volumenelement $dx\,dy\,dz$ Schubspannungen mit den entsprechenden Verschiebungen für das Volumenelement $dx\,dy\,dz$

Abb. III C.6

die Normal- und Schubspannungen mit ihren entsprechenden Verschiebungen dargestellt haben:

$$\delta(dA_a) = d(\delta A_a) =$$
$$= \left(\sigma_x + \frac{\partial \sigma_x}{\partial x} dx\right) dy\, dz \left(\delta u + \frac{\partial}{\partial x} \delta u\, dx\right) - \sigma_x\, \delta u\, dy\, dz$$
$$+ \left(\sigma_y + \frac{\partial \sigma_y}{\partial y} dy\right) dx\, dz \left(\delta v + \frac{\partial}{\partial y} \delta v\, dy\right) - \sigma_y\, \delta v\, dx\, dz$$
$$+ \left(\tau_{xy} + \frac{\partial \tau_{xy}}{\partial x} dx\right) dy\, dz \left(\delta v + \frac{\partial}{\partial x} \delta v\, dx\right) - \tau_{xy}\, \delta v\, dy\, dz$$
$$+ \left(\tau_{yx} + \frac{\partial \tau_{yx}}{\partial y} dy\right) dx\, dz \left(\delta u + \frac{\partial}{\partial y} \delta u\, dy\right) - \tau_{yx}\, \delta u\, dx\, dz.$$

Unter Beobachtung der Gleichgewichtsbedingungen (III B.42) und (III B.43), (in der letzteren vernachlässigen wir den Einfluß des Eigengewichtes) und der sich ebenfalls aus einer Gleichgewichtsbedingung ergebenden Beziehung $\tau_{xy} = \tau_{yx}$ ergibt sich

(III C.34)
$$d(\delta A_a) = \left[\sigma_x \frac{\partial}{\partial x}(\delta u) + \tau_{xy}\left\{\frac{\partial}{\partial x}(\delta v) + \frac{\partial}{\partial y}(\delta u)\right\} + \sigma_y \frac{\partial}{\partial y}(\delta v)\right] dx\, dy\, dz.$$

Beachtet man noch die Beziehungen (III C.33), so geht Gl. (III C.34) über in

$$d(\delta A_a) = [\sigma_x\, \delta \varepsilon_x + \tau_{xy}\, \delta \gamma_{xy} + \sigma_y\, \delta \varepsilon_y]\, dx\, dy\, dz. \quad \text{(III C.35)}$$

Die Deformationsarbeit der ganzen Platte wird demnach:

$$\delta A_a = \int_V [\sigma_x \cdot \delta \varepsilon_x + \tau_{xy} \cdot \delta \gamma_{xy} + \sigma_y \cdot \delta \varepsilon_y]\, dx\, dy\, dz. \quad \text{(III C.36)}$$

C. Methoden zur Lösung der Beulprobleme

Setzen wir für ε_x, ε_y und γ_{xy} die Beziehungen (III B.17 bis 19) in Gl. (III C.36) ein, so erhalten wir nach Umformung

$$\delta A_a = \int_V \left\{ \delta\sigma_x \frac{(\sigma_x - \nu_x \sigma_y)}{E_x} + \delta\sigma_y \frac{(\sigma_y - \nu_y \sigma_x)}{E_y} + \delta\tau_{xy} \frac{\tau_{xy}}{G_{xy}} \right\} dx\, dy\, dz. \quad \text{(III C.37)}$$

Wir führen nun noch die auf die Volumeneinheit bezogene Formänderungsarbeit[1] ein

$$A_s = \frac{1}{2}(\sigma_x \cdot \varepsilon_x + \tau_{xy} \cdot \gamma_{xy} + \sigma_y \cdot \varepsilon_y). \quad \text{(III C.38)}$$

Unter Beachtung von Gl. (III B.17 bis 19) erhält man für die spezifische Formänderungsarbeit der orthotropen Platte:

$$A_s = \frac{1}{2}\left[\sigma_x\left(\frac{\sigma_x}{E_x} - \frac{\nu_y}{E_y}\sigma_y\right) + \sigma_y\left(\frac{\sigma_y}{E_y} - \frac{\nu_x}{E_x}\sigma_x\right) + \tau_{xy}\frac{\tau_{xy}}{G_{xy}} \right]$$

oder (III C.39)

$$A_s = \frac{1}{2}\left[\frac{1}{E_x}\sigma_x^2 + \frac{1}{E_y}\sigma_y^2 - \frac{\nu_x}{E_x}\sigma_x \cdot \sigma_y - \frac{\nu_y}{E_y}\sigma_x \cdot \sigma_y + \frac{1}{G_{xy}}\tau_{xy}^2 \right].$$

Ferner gilt

$$\frac{\partial A_s}{\partial \sigma_x} = \frac{1}{2}\left[2\frac{\sigma_x}{E_x} - \frac{\nu_y \sigma_y}{E_y} - \frac{\nu_x \sigma_y}{E_x} \right]$$

$$= \frac{1}{2}\left[2\frac{\sigma_x}{E_x} - \frac{\sigma_y}{E_x \cdot E_y}(\nu_y \cdot E_x + \nu_x \cdot E_y) \right].$$

Beachtet man noch die Beziehung (III B.19a), so ergibt sich

$$\frac{\partial A_s}{\partial \sigma_x} = \frac{1}{E_x}(\sigma_x - \nu_x \cdot \sigma_y) \quad \text{(III C.40a)}$$

Analog erhält man

$$\frac{\partial A_s}{\partial \sigma_y} = \frac{1}{E_y}(\sigma_y - \nu_y \cdot \sigma_x) \quad \text{(III C.40b)}$$

$$\frac{\partial A_s}{\partial \tau_{xy}} = \frac{\tau_{xy}}{G_{xy}}. \quad \text{(III C.40c)}$$

Führt man die Beziehungen (III C.40) in Gl. (III C.37) ein, so läßt sich diese wie folgt schreiben:

$$\delta A_a = \int_V \left(\frac{\partial A_s}{\partial \sigma_x}\delta\sigma_x + \frac{\partial A_s}{\partial \tau_{xy}}\delta\tau_{xy} + \frac{\partial A_s}{\partial \sigma_y}\delta\sigma_y \right) dx\, dy\, dz \quad \text{(III C.41a)}$$

oder, wenn wir das Variationszeichen als Differential deuten:

$$\delta A_a = \int_V \delta A_s\, dx\, dy\, dz = \delta \int_V A_s\, dx\, dy\, dz. \quad \text{(III C.41b)}$$

Somit wird

$$A_a = \int_V A_s\, dx\, dy\, dz \quad \text{(III C.42a)}$$

---

[1] Siehe z. B. A. u. L. FÖPPL: Drang und Zwang, 3. Aufl., Bd. I, S. 38 München u. Berlin: Oldenburg 1941.

oder auch

$$A_a = \int_F \left[\int_{-\frac{h}{2}}^{+\frac{h}{2}} A_s \, dz \right] dx \, dy = \int_F A_F \, dx \, dy. \quad \text{(III C.42b)}$$

Mit Hilfe der Beziehungen (III B.20 bis 22) lassen sich in Gl. (III C.39) die Spannungen durch die Ableitungen der Beulfläche ausdrücken und wir erhalten:

$$\begin{aligned} A_s = \frac{1}{2} \Bigg[& \frac{1}{(1-\nu_x \nu_y)^2} E_x \left(\frac{\partial^2 w}{\partial x^2} + \nu_y \frac{\partial^2 w}{\partial y^2} \right)^2 z^2 \\ & + \frac{1}{(1-\nu_x \nu_y)^2} E_y \left(\frac{\partial^2 w}{\partial y^2} + \nu_x \frac{\partial^2 w}{\partial x^2} \right)^2 z^2 \\ & - \frac{\nu_y}{(1-\nu_x \nu_y)^2} E_x \left(\frac{\partial^2 w}{\partial x^2} + \nu_y \frac{\partial^2 w}{\partial y^2} \right)\left(\frac{\partial^2 w}{\partial y^2} + \nu_x \frac{\partial^2 w}{\partial x^2} \right) z^2 \quad \text{(III C.43)} \\ & - \frac{\nu_x}{(1-\nu_x \nu_y)^2} E_y \left(\frac{\partial^2 w}{\partial x^2} + \nu_y \frac{\partial^2 w}{\partial y^2} \right)\left(\frac{\partial^2 w}{\partial y^2} + \nu_x \frac{\partial^2 w}{\partial x^2} \right) z^2 \\ & + 4 G_{xy} \left(\frac{\partial^2 w}{\partial x \, \partial y} \right)^2 \cdot z^2 \Bigg] = \frac{z^2}{2} \cdot K . \end{aligned}$$

Für das Integral in der eckigen Klammer von Gl. (III C.42b), das wir als potentielle Energie je Flächeneinheit bezeichnen können, ergibt sich daher

$$A_F = \int_{-\frac{h}{2}}^{+\frac{h}{2}} A_s \cdot dz = \frac{K}{2} \cdot \frac{h^3}{12} . \quad \text{(III C.44)}$$

Führen wir noch die Abkürzungen D_x, D_y und C nach Gl. (III B.23) ein, so ergibt sich nach dem Ausmultiplizieren der Produkte und Ordnen der Glieder in Gl. (III C.43)

$$A_F = \frac{1}{2} \Big[D_x \left(\frac{\partial^2 w}{\partial x^2} \right)^2 + (D_x \cdot \nu_y + D_y \cdot \nu_x) \frac{\partial^2 w}{\partial x^2} \cdot \frac{\partial^2 w}{\partial y^2} \quad \text{(III C.45)}$$
$$+ D_y \left(\frac{\partial^2 w}{\partial y^2} \right)^2 + 4 C \left(\frac{\partial^2 w}{\partial x \, \partial y} \right)^2 \Big] .$$

Mit

$$D_x = D_y = D = \frac{E \cdot h^3}{12 \, (1-\nu^2)} \quad \text{(siehe Gl. (III B.31))}$$

und

$$C = D \frac{1-\nu}{2}$$

erhalten wir daher für die *Deformationsarbeit der isotropen Platte*

(III C.46)
$$A_a = \frac{D}{2} \int_F \left\{ \left[\left(\frac{\partial^2 w}{\partial x^2} \right) + \left(\frac{\partial^2 w}{\partial y^2} \right) \right]^2 - 2(1-\nu) \left[\frac{\partial^2 w}{\partial x^2} \frac{\partial^2 w}{\partial y^2} - \left(\frac{\partial^2 w}{\partial x \, \partial y} \right)^2 \right] \right\} dx \, dy .$$

C. Methoden zur Lösung der Beulprobleme   41

β) Potentielle Energie der äußeren Kräfte. Wir haben nun noch die
potentielle Energie der in der
Mittelebene liegenden, gleichmäßig über die Dicke verteilten, äußeren Scheibenkräfte
$N_x = h\sigma_x$, $N_y = h\sigma_y$, $N_{xy} = h\tau_{xy}$ zu berechnen. Sie ist
nach Gl. (III C.30) gleich der
negativen Arbeit der äußeren
Kräfte.

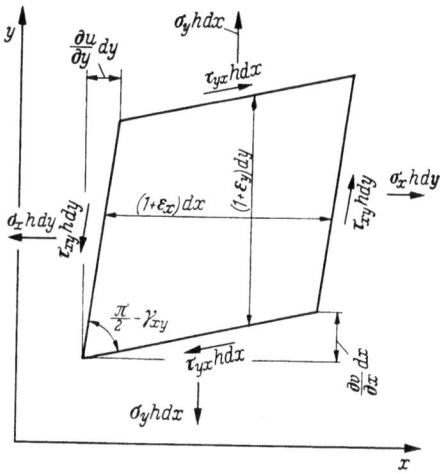

Abb. III C.7

Die an einem Körperele-
ment von der Dicke h angreifenden Kräfte und Verschiebungen sind in Abb. III C.7
eingetragen, nach welcher wir
für die Arbeit der äußeren
Kräfte, analog zur Gl. (III.
C.36) schreiben können[1]:

$$E_a = -\int_F (N_x \cdot \varepsilon_x + N_y \cdot \varepsilon_y + N_{xy} \cdot \gamma_{xy})\, dx\, dy . \quad \text{(III C.47)}$$

Setzt man für die Dehnungen die entsprechenden Werte für die ausgebeulte Platte nach Gl. (III B.64) bis (III B.66) ein, so ergibt sich

$$E_a = -\iint \left\{ N_x \left[\frac{\partial u}{\partial x} + \frac{1}{2}\left(\frac{\partial w}{\partial x}\right)^2 \right] + N_y \left[\frac{\partial v}{\partial y} + \frac{1}{2}\left(\frac{\partial w}{\partial y}\right)^2 \right] \right.$$
$$\left. + N_{xy} \left[\frac{\partial u}{\partial y} + \frac{\partial v}{\partial x} + \frac{\partial w}{\partial x} \cdot \frac{\partial w}{\partial y} \right] \right\} dx \cdot dy$$
$$= -\iint \left[N_x \frac{\partial u}{\partial x} + N_y \frac{\partial v}{\partial y} + N_{xy} \left(\frac{\partial u}{\partial y} + \frac{\partial v}{\partial x} \right) \right] dx \cdot dy \quad \text{(III C.48)}$$
$$- \frac{1}{2} \iint \left[N_x \left(\frac{\partial w}{\partial x}\right)^2 + N_y \left(\frac{\partial w}{\partial y}\right)^2 + 2 N_{xy} \frac{\partial w}{\partial x} \cdot \frac{\partial w}{\partial y} \right] dx \cdot dy$$
$$= E_1 + E_2 .$$

Der erste Summand stellt die Arbeit der äußeren Scheibenkräfte infolge der zusätzlichen ebenen Verzerrungen beim Ausbeulen der Platte
dar. Da die Scheibenkräfte über die Dicke gleichmäßig verteilt, die Verzerrungen nach den Plattenelastizitätsbedingungen, Gl. (III B.10), in
der Mittelebene null sind und über die Dicke linear verlaufen, muß
die Arbeit der Scheibenkräfte E_1 verschwinden. Es ist also $E_1 = 0$.

Mit $N_x = h\sigma_x$, $N_y = h\sigma_y$, $N_{xy} = h\tau_{xy}$ wird die Arbeit der äußeren
Kräfte:

$$E_a = E_2 = -\frac{h}{2} \int_F \left[\sigma_x \left(\frac{\partial w}{\partial x}\right)^2 + 2\tau_{xy} \frac{\partial w}{\partial x} \cdot \frac{\partial w}{\partial y} + \sigma_y \left(\frac{\partial w}{\partial y}\right)^2 \right] dx\, dy . \quad \text{(III C.51)}$$

---

[1] Die Scheibenkräfte haben ihre volle Größe schon zu Beginn des Ausbeulens, so daß bei ihrer Arbeit kein Faktor $1/2$ zu berücksichtigen ist.

γ) *Anwendung des* RITZ*schen Verfahrens auf die Beulbedingung.* Mit Hilfe der Beziehungen (III C.46) und (III C.51) schreibt sich nun die Beulbedingung (III C.31) für isotrope Platten wie folgt:

$$U = A_a + E_a$$

$$= \frac{D}{2} \int\int \left\{ \left[\left(\frac{\partial^2 w}{\partial x^2}\right) + \left(\frac{\partial^2 w}{\partial y^2}\right)\right]^2 - 2(1-\nu)\left[\frac{\partial^2 w}{\partial x^2} \cdot \frac{\partial^2 w}{\partial y^2} - \left(\frac{\partial^2 w}{\partial x \partial y}\right)^2\right]\right\} dx\, dy$$

$$-\frac{h}{2} \int\int \left[\sigma_x \left(\frac{\partial w}{\partial x}\right)^2 + 2\tau_{xy} \frac{\partial w}{\partial x} \cdot \frac{\partial w}{\partial y} + \sigma_y \left(\frac{\partial w}{\partial y}\right)^2\right] dx \cdot dy = \text{Min.} \quad \text{(III C.52)}$$

Nach RITZ[1] führen wir nun einen Ansatz, die sogenannte Koordinatenfunktion von der Form

$$w(x,y) \approx \bar{w}(x,y) = a_1 \cdot w_1(x,y) + a_2 \cdot w_2(x,y) + \cdots + a_n \cdot w_n(x,y)$$

$$= \sum_{i=1}^{n} a_i \cdot w_i(x,y) \quad \text{(III C.53)}$$

ein.

$w_i(x,y)$ sind passend gewählte Funktionen, welche die geometrischen, d. h. die Randbedingungen der Verschiebungen erfüllen.

Führt man den Ansatz (III C.53) in die Energiegleichung (III C.52) ein, so ergibt sich ein Ausdruck von der Form

$$U = A_a + E_a = F_1(a_i) - h \cdot \sigma_x \cdot F_2(a_i) - h \cdot \tau_{xy} \cdot F_3(a_i) - h \cdot \sigma_y \cdot F_4(a_i)$$

$$(i = 1, 2, \ldots, n). \quad \text{(III C.54a)}$$

Wir können nun z. B. $h \cdot \tau_{xy}$ und $h \cdot \sigma_y$ durch $h \cdot \sigma_x$ ausdrücken. Führen wir die Bezeichnungen

$$\frac{h \cdot \tau_{xy}}{h \cdot \sigma_x} = t_{xy} \quad \text{(III C.55a)}$$

und

$$\frac{h \cdot \sigma_y}{h \cdot \sigma_x} = s_y \quad \text{(III C.55b)}$$

ein, so können wir schreiben

$$U = A_a + E_a = F_1(a_i) - h\, \sigma_x [F_2(a_i) + t_{xy} F_3(a_i) + s_y F_4(a_i)]$$

$$= F_1(a_i) - h \cdot \sigma_x \sum_{k=2}^{4} \cdot F_k(a_i) \quad (i = 1, 2, \ldots, n). \quad \text{(III C.54b)}$$

Natürlich hätten wir als Bezugsgröße auch τ_{xy} oder σ_y einführen können. In einem konkreten Fall wird als Bezugsgröße diejenige gewählt, von der man annimmt, daß sie auf das Ausbeulen maßgebenden Einfluß hat.

In Gl. (III C.54b) sind $A_a + E_a$ als Funktionen der n Parameter a_i ausgedrückt. Falls der Ansatz (III C.53) tatsächlich eine Lösung des

---

[1] RITZ, W.: Über eine neue Methode zur Lösung gewisser Variationsprobleme der mathematischen Physik. Z. f. reine u. angew. Mathematik, 1909. — RITZ, W.: Theorie der Transversalschwingungen einer quadratischen Platte mit freien Rändern. Ann. Phys. Bd. 28 (1909) S. 737.

C. Methoden zur Lösung der Beulprobleme

Extremalproblems darstellen soll, so muß er auch Gl. (III C.31) erfüllen. Es muß also gelten

$$U = A_a + E_a = F_1(a_i) - h\,\sigma_x \sum_{k=2}^{4} F_k(a_i) = \text{Extremum}$$

$$(i = 1, 2, \ldots, n). \tag{III C.54c}$$

Die Bedingungen dafür lauten

$$\frac{\partial U}{\partial a_i} = \frac{\partial \left[F_1(a_i) - h\cdot\sigma_x \sum_{k=2}^{4} F_k(a_i)\right]}{\partial a_i} = 0 \quad (i = 1, 2, \ldots, n). \tag{III C.56}$$

Da aus Gl. (III C.52) hervorgeht, daß die Funktionen $F_1(a_i)$ und $\sum_{k=2}^{4} F_k(a_i)$ quadratische Ausdrücke der n Parameter a_i, deren erste Ableitungen somit lineare Funktionen sind, ergibt der Ausdruck (III C.56) ein System von n linearen homogenen Gleichungen, aus welchem sich die Parameter a_i bestimmen lassen. Sehen wir vom trivialen Fall $a_i = 0$ ab, so kann dieses Gleichungssystem nur bestehen, wenn seine Koeffizientendeterminante

$$\Delta = 0 \tag{III C.57}$$

ist.

Gl. (III C.57) stellt somit die Stabilitätsbedingung dar, aus welcher sich eine Gleichung n-ten Grades für die Unbekannte σ_x ergibt, deren kleinste Wurzel die Beullast σ_{xkr} ist.

Da die Auflösung einer n-gliedrigen Determinante, bei der die einzelnen Elemente schon komplizierte Ausdrücke sein können, recht beschwerlich ist, beschränkt man sich bei der Wahl des Ansatzes (III C.53) oft auf ein einziges Glied:

$$\overline{w}(x, y) = a \cdot w(x, y). \tag{III C.58}$$

Somit geht Gl. (III C.52), vereinfacht geschrieben, über in

$$U = A_a + E_a = a^4 \left[\frac{D}{2} \iint \{\cdots\} dx\,dy - \frac{h}{2} \iint [\cdots] dx\,dy\right].$$

Für die Bedingung (III C.56) ergibt sich

$$\frac{\partial U}{\partial a} = 4\,a^3 \left[\frac{D}{2} \iint \{\cdots\} dx\,dy - \frac{h}{2} \iint [\cdots] dx\,dy\right] = 0.$$

Dies ist aber nur möglich, wenn der Ausdruck in der eckigen Klammer verschwindet. Damit erhalten wir aber die *Gleichung von* BRYAN

$$\frac{D}{2} \iint \left\{\left[\frac{\partial^2 w}{\partial x^2} + \frac{\partial^2 w}{\partial y^2}\right]^2 - 2(1-\nu)\left[\frac{\partial^2 w}{\partial x^2}\cdot\frac{\partial^2 w}{\partial y^2} - \left(\frac{\partial^2 w}{\partial x\,\partial y}\right)^2\right]\right\} dx\,dy$$
$$-\frac{h}{2} \iint \left[\sigma_x\left(\frac{\partial w}{\partial x}\right)^2 + 2\,\tau_{xy}\,\frac{\partial w}{\partial x}\cdot\frac{\partial w}{\partial y} + \sigma_y\left(\frac{\partial w}{\partial y}\right)^2\right] dx\cdot dy = 0. \tag{III C.59}$$

Betrachten wir z. B. eine Rechteckplatte, bei welcher auf die Ränder b eine linear verteilte Belastung wirkt (Abb. III C.8), so erhalten wir für die Arbeit der äußeren Lasten

$$E_a = -\frac{h}{2} \iint \sigma_1 \left(1 - \frac{c}{b} y\right) \left(\frac{\partial w}{\partial x}\right)^2 dx \cdot dy \qquad \text{(III C.60)}$$

und somit lautet die Gleichung des Potentials für diesen Belastungsfall

$$U = A_a + E_a = \int_0^a \int_0^b \left\{ \frac{D}{2} \left[\left(\frac{\partial^2 w}{\partial x^2} + \frac{\partial^2 w}{\partial y^2}\right)^2 - 2(1-\nu)\left(\frac{\partial^2 w}{\partial x^2} \cdot \frac{\partial^2 w}{\partial y^2} - \left(\frac{\partial^2 w}{\partial x \partial y}\right)^2\right) \right] \right.$$

$$\left. - \frac{h}{2} \sigma_1 \left(1 - \frac{c}{b} y\right)\left(\frac{\partial w}{\partial x}\right)^2 \right\} dx\, dy. \qquad \text{(III C.61)}$$

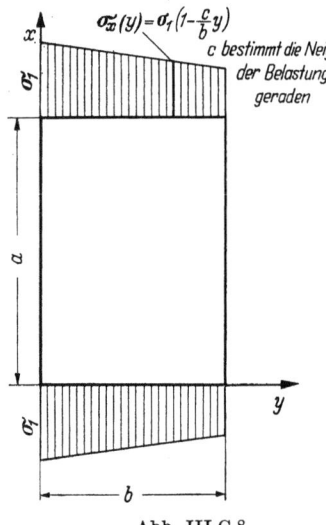

Abb. III C.8

Damit haben wir die Ausgangsgleichung des in Kap. IV A.3 behandelten Problemes gefunden. Da dort dieser Fall nach dem RITZschen Verfahren vollständig durchgerechnet wird, können wir an dieser Stelle auf ein Beispiel verzichten.

c) Ansatz von Timoshenko. Nach TIMOSHENKO kann die Gleichheit der Deformationsarbeit A_a und der von den äußern Lasten geleisteten Arbeit E_a als Kriterium für den Beginn des Unstabilwerdens eines Systems angesehen werden.

Als Ausgangsbedingung erhalten wir somit

$$A_a - \Sigma \mathfrak{P} \cdot \delta\mathfrak{z}$$

$$= \frac{D}{2} \iint \left\{ \left(\frac{\partial^2 w}{\partial x^2} + \frac{\partial^2 w}{\partial y^2}\right)^2 - 2(1-\nu)\left[\frac{\partial^2 w}{\partial x^2} \cdot \frac{\partial^2 w}{\partial y^2} - \left(\frac{\partial^2 w}{\partial x \partial y}\right)^2\right] \right\} dx \cdot dy$$

$$- \frac{h}{2} \iint \left[\sigma_x \left(\frac{\partial w}{\partial x}\right)^2 + 2\tau_{xy} \frac{\partial w}{\partial x} \cdot \frac{\partial w}{\partial y} + \sigma_y \left(\frac{\partial w}{\partial y}\right)^2 \right] dx \cdot dy = 0. \qquad \text{(III C.62)}$$

Wir erhalten also die bereits gefundene BRYANsche Gleichung.

Genau wie RITZ führt auch TIMOSHENKO eine endliche Reihe von der Art der Gl. (III C.53) ein, so daß für Gl. (III C.62) geschrieben werden kann

$$F_1(a_i) - h \cdot \sigma_x [F_2(a_i) + t_{xy} \cdot F_3(a_i) + s_y \cdot F_4(a_i)] = 0.$$

Daraus ergibt sich

$$h \cdot \sigma_x = \frac{F_1(a_i)}{F_2(a_i) + t_{xy} F_3(a_i) + s_y F_4(a_i)} = \frac{F_1(a_i)}{\sum\limits_{k=2}^{4} F_k(a_i)}. \qquad \text{(III C.63)}$$

Die Koeffizienten a_i sind nun so zu bestimmen, daß $h \cdot \sigma_x$ ein Minimum wird, woraus sich die folgenden Bedingungen ergeben:

$$h \frac{\partial \sigma_x}{\partial a_i} = \frac{1}{\left[\sum\limits_{k=2}^{4} F_k(a_i)\right]^2} \left\{ \sum_{k=2}^{4} F_k(a_i) \frac{\partial F_1(a_i)}{\partial a_i} - F_1(a_i) \frac{\partial \sum\limits_{k=2}^{4} F_k(a_i)}{\partial a_i} \right\} = 0$$

$$(i = 1, 2, \ldots n),$$

die auch wie folgt geschrieben werden können:

$$h \frac{\partial \sigma_x}{\partial a_i} = \frac{1}{\sum\limits_{k=2}^{4} F_k(a_i)} \left\{ \frac{\partial F_1(a_i)}{\partial (a_i)} - \frac{F_1(a_i)}{\sum\limits_{k=2}^{4} F_k(a_i)} \cdot \frac{\partial \sum\limits_{k=2}^{4} F_k(a_i)}{\partial a_i} \right\} = 0 \quad \text{(III C.64)}$$

$$(i = 1, 2, \ldots, n),$$

woraus sich, unter Benützung von Gl. (III C.63)

$$\frac{\partial F_1(a_i)}{\partial a_i} - h \cdot \sigma_x \frac{\partial \sum\limits_{k=2}^{4} F_k(a_i)}{\partial a_i} = 0 \quad (i = 1, 2, \ldots, n) \quad \text{(III C.65)}$$

ergibt.

Dieses Gleichungssystem ist identisch mit Gl. (III C.56) und aus ihm können die n Parameter a und die kritische Last bestimmt werden.

Über die Energiemethode besteht bereits eine umfangreiche Literatur[1], so daß wir diese hier nicht weiter auszubauen brauchen. Es sei lediglich noch auf einige bedeutsame Veröffentlichungen hingewiesen.

Wie RITZ, entwickelte auch GALERKIN eine auf der Variationsrechnung beruhende Methode. Bei ihr müssen neben den geometrischen Randbedingungen auch die dynamischen (die Randbedingungen der Kräfte) erfüllt sein. Auch diese Methode führt letzten Endes zu einer Determinanten, aus welcher die Beullast bestimmt werden kann[2]. Ein

---

[1] Siehe z. B. P. USINGER: Beiträge zur Knicktheorie. Eisenbau (1918), sowie die Originalliteratur: RITZ, W.: Über eine neue Methode zur Lösung gewisser Variationsprobleme der mathematischen Physik. Z. f. reine u. angew. Mathematik (1909). — Derselbe: Theorie der Transversalschwingungen einer quadratischen Platte mit freien Rändern. Ann. Phys. Bd. 28 (1909) S. 737. — TREFFTZ, E.: Die Bestimmung der Knicklast gedrückter rechteckiger Platten. Z. f. angew. Math. u. Phys. Bd. 15 (1935). — TIMOSHENKO, S.: Theory of Elastic Stability. New York: McGraw-Hill Book Company 1936. — Ferner C. B. BIEZENO u. R. GRAMMEL: Technische Dynamik. Berlin/Göttingen/Heidelberg: Springer 1939. — MARGUERRE, K.: Neuere Festigkeitsprobleme des Ingenieurs. Berlin/Göttingen/Heidelberg: Springer 1950. — BLEICH, F.: Buckling Strength of Metal Structures. New York: McGraw-Hill Book Company 1952. — PFLÜGER, A.: Stabilitätsprobleme der Elastostatik. Berlin/Göttingen/Heidelberg: Springer 1950. — ZURMÜHL, R.: Praktische Mathematik für Physiker und Ingenieure. Berlin/Göttingen/Heidelberg: Springer 1950.
[2] Siehe C. B. BIEZENO u. R. GRAMMEL: Technische Dynamik. Berlin: Springer 1939. — MARGUERRE, K.: Neuere Festigkeitsprobleme des Ingenieurs. Berlin/Göttingen/Heidelberg: Springer 1950.

Gegenstück zur GALERKINschen Methode entwickelte GRAMMEL[1]. TREFFTZ[2] verbesserte die RITZsche Methode; sein Verhalten erlaubt die Bestimmung eines tiefern Grenzwertes der kritischen Last. Speziell geeignet für die Lösung von Stabilitätsproblemen von Platten ist der weitere Ausbau des TREFFTZschen Verfahrens durch BUDIANSKY und HU[3].

Alle klassischen Energiemethoden liefern um so kleinere Werte für die kritische Last, je genauer die durch die Koordinatenfunktion umschriebene Ausbiegung mit der wahren Ausbiegung übereinstimmt, oder anders ausgedrückt: Die durch die Energiemethode ermittelten kritischen Lasten sind immer größer als die exakten Werte.

3. Numerische Methoden

a) Methode der Differenzenrechnung. *α) Allgemeines.* Die Differenzenrechnung, eine in der Elastizitätstheorie und der Statik seit langem gebräuchliche Methode[4], wurde auf Stabilitätsprobleme erstmals von HENCKY[5] für die Knickung des Stabwerkes angewandt, und zwar in Form der elastischen Gelenkkette. Auch die bereits erwähnte Arbeit von BAN[6] enthält Untersuchungen nach der Differenzenmethode.

Bei der Differenzenmethode ersetzt man die partiellen Differentialquotienten der Beulgleichung (III B.63) durch die entsprechenden Differenzenquotienten. Zu diesem Zwecke denkt man sich über die Platte ein rechtwinkliges Gitter gelegt. Sind die Einsenkungen längs des Randes gleich Null, so läßt sich für jeden im Innern der Platte gelegenen Gitterpunkt eine Differenzengleichung anschreiben. Sind die Einsenkungen des Randes von Null verschieden, so sind auch für die Punkte auf dem Rand Gleichungen aufzustellen.

Unter Berücksichtigung der Randbedingungen erhält man für die unbekannten Ausbiegungen der Gitterpunkte ebenso viele homogene lineare Gleichungen wie Gitterpunkte vorhanden sind. Dieses Gleichungssystem ergibt nur dann von Null verschiedene Lösungen, wenn seine Koeffizientendeterminante verschwindet. Aus dieser Bedingung läßt sich die kritische Beulspannung oder der Beulwert k berechnen. Der hier skizzierte Gedankengang wird leicht aus dem im Abschn. γ gezeigten Beispiel der quadratischen Platte unter allseitig gleichmäßiger Druckbelastung verständlich.

---

[1] GRAMMEL, R.: Ein neues Verfahren zur Lösung technischer Eigenwertprobleme. Ing.-Arch., Bd. 10 (1939) S. 35. Siehe auch die beiden Bücher: BIEZENO, C. B. u. R. GRAMMEL: Technische Dynamik. Berlin: Springer 1939 und MARGUERRE, K.: Neuere Festigkeitsprobleme des Ingenieurs. Berlin/Göttingen/Heidelberg: Springer 1950.

[2] TREFFTZ, E.: Die Bestimmung der Knicklast gedrückter, rechteckiger Platten. Z. f. angew. Math. u. Mech. Bd. 15 (1935) S. 339.

[3] BUDIANSKY, B. u. C. HU: The Lagrangian Multiplier Method of finding upper and lower limits to the critical Stresses. NACA Techn. Note 1103 (1946).

[4] MARCUS, H.: Elastische Gewebe. Berlin: Springer 1924.

[5] HENCKY, H.: Der Eisenbau 11. Jg., (1920) S. 437.

[6] BAN, S.: Knickung der rechteckigen Platte bei veränderlicher Randbelastung. Abhandlungen der Intern. Vereinigung für Brückenbau und Hochbau, Bd. 3, S. 1. Zürich: Gebr. Leemann & Co. 1935.

Sind zwei gegenüberliegende Ränder einer rechteckigen Platte lastfrei, so können wir die Hauptdifferentialgleichung (III B.63) unter Einführung eines einfachen Sinusansatzes für die Auswölbung in der Druckrichtung in eine gewöhnliche Differenzengleichung umwandeln. Trotz dieser wesentlichen Vereinfachung gegenüber einer partiellen Differenzengleichung zeigt die numerische Rechnung, daß die Konvergenz[1] der Methode in diesem Fall eine relativ schlechte ist, und daß die Anwend-

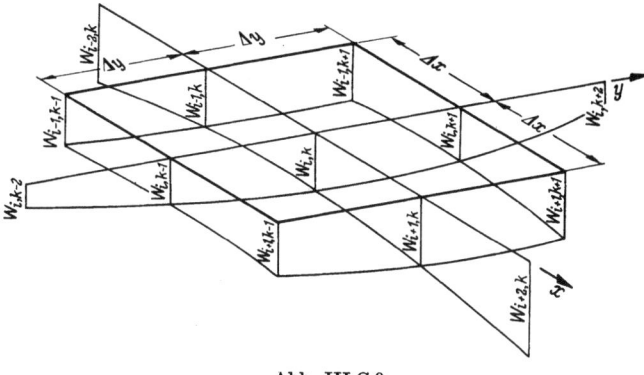

Abb. III C.9

barkeit der Methode durch praktische Gesichtspunkte (Rechenaufwand!) eingeschränkt wird. Ihr größter Vorzug bleibt ihre Übersichtlichkeit und theoretische Einfachheit.

Ein Beispiel dieser Art wird ebenfalls folgen.

β) Differenzengleichung des Beulproblems. Zunächst haben wir die Differenzenquotienten zu bestimmen, die den in Gl. (III B.63) vorkommenden Differentialquotienten entsprechen. Dabei setzen wir der Einfachheit halber ein Netz mit quadratischen Maschen mit der Maschenweite $\Delta x = \Delta y$ voraus.

In Abb. III C.9 ist ein Ausschnitt aus der Platte mit dem entsprechenden Gitter und den Ausbiegungen w in den Gitterpunkten dargestellt. Mit den gewählten Bezeichnungen ergeben sich die folgenden Differenzenquotienten[2].

$$\left(\frac{\Delta w_{i,k}}{\Delta x}\right)_{\text{rechts}} = \frac{w_{i+1,k} - w_{i,k}}{\Delta x}; \quad \left(\frac{\Delta w_{i,k}}{\Delta x}\right)_{\text{links}} = \frac{w_{i,k} - w_{i-1,k}}{\Delta x} \quad \text{(III C.66a)}$$

$$\left(\frac{\Delta w_{i,k}}{\Delta y}\right)_{\text{rechts}} = \frac{w_{i,k+1} - w_{i,k}}{\Delta y}; \quad \left(\frac{\Delta w_{i,k}}{\Delta y}\right)_{\text{links}} = \frac{w_{i,k} - w_{i,k-1}}{\Delta y} \quad \text{(III C.66b)}$$

$$\left(\frac{\Delta w_{i,k}}{\Delta x}\right)_{\text{mittel}} = \frac{w_{i+1,k} - w_{i-1,k}}{2\Delta x} \quad \text{(III C.66c)}$$

---

[1] Die Konvergenz ist je nach Belastung und Lagerungsart verschieden. Sie ist um so besser, je weniger die Auswölbung in der Querrichtung von einer Geraden abweicht.
[2] Vgl. z. B.: C. B. BIEZENO u. R. GRAMMEL: Technische Dynamik. Berlin: Springer 1939, S. 176ff. — RUNGE, C. u. H. KÖNIG: Numerisches Rechnen. Berlin: Springer 1924.

$$\left(\frac{\Delta w_{i,k}}{\Delta y}\right)_{\text{mittel}} = \frac{w_{i,k+1} - w_{i,k-1}}{2\,\Delta y} \qquad \text{(III C.66d)}$$

$$\frac{\Delta^2 w_{i,k}}{\Delta x^2} = \frac{w_{i+1,k} - 2\,w_{i,k} + w_{i-1,k}}{\Delta x^2} \qquad \text{(III C.67a)}$$

$$\frac{\Delta^2 w_{i,k}}{\Delta y^2} = \frac{w_{i,k+1} - 2\,w_{i,k} + w_{i,k-1}}{\Delta y^2} \qquad \text{(III C.67b)}$$

$$\left(\frac{\Delta^3 w_{i,k}}{\Delta x^3}\right)_{\text{rechts}} = \frac{w_{i+2,k} - 3\,w_{i+1,k} + 3\,w_{i,k} - w_{i-1,k}}{\Delta x^3} \qquad \text{(III C.68a)}$$

$$\left(\frac{\Delta^3 w_{i,k}}{\Delta y^3}\right)_{\text{rechts}} = \frac{w_{i,k+2} - 3\,w_{i,k+1} + 3\,w_{i,k} - w_{i,k-1}}{\Delta y^3} \qquad \text{(III C.68b)}$$

$$\frac{\Delta^4 w_{i,k}}{\Delta x^4} = \frac{w_{i+2,k} - 4\,w_{i+1,k} + 6\,w_{i,k} - 4\,w_{i-1,k} + w_{i-2,k}}{\Delta x^4} \qquad \text{(III C.69a)}$$

$$\frac{\Delta^4 w_{i,k}}{\Delta y^4} = \frac{w_{i,k+2} - 4\,w_{i,k+1} + 6\,w_{i,k} - 4\,w_{i,k-1} + w_{i,k-2}}{\Delta y^4}. \qquad \text{(III C.69b)}$$

Ebenso erhält man für die gemischten Differenzenquotienten

$$\left(\frac{\Delta^2 w_{i,k}}{\Delta x\,\Delta y}\right)_{\text{mittel}} = \frac{w_{i+1,k+1} + w_{i-1,k-1} - w_{i+1,k-1} - w_{i-1,k+1}}{4\,\Delta x\,\Delta y} \qquad \text{(III C.70)}$$

$$\frac{\Delta^3 w_{i,k}}{\Delta x^2 \cdot \Delta y} = \frac{w_{i+1,k+1} - 2\,w_{i+1,k} + w_{i+1,k-1} - w_{i,k+1} + 2\,w_{i,k} - w_{i,k-1}}{\Delta x^2 \cdot \Delta y}$$
$$\text{(III C.71)}$$

$$\frac{\Delta^3 w_{i,k}}{\Delta x\,\Delta y^2} = \frac{w_{i+1,k+1} - 2\,w_{i,k+1} + w_{i-1,k+1} - w_{i+1,k} + 2\,w_{i,k} - w_{i-1,k}}{\Delta x\,\Delta y^2}$$
$$\text{(III C.72)}$$

$$\frac{\Delta^4 w_{i,k}}{\Delta x^2 \Delta y^2} = \qquad \text{(III C.73)}$$

$$= \frac{w_{i+1,k+1} + w_{i-1,k+1} - 2\,w_{i+1,k} - 2\,w_{i,k+1} + 4\,w_{i,k} - 2\,w_{i,k-1} - 2\,w_{i-1,k} + w_{i+1,k-1} + w_{i-1,k-1}}{\Delta x^2\,\Delta y^2}.$$

Da wir ein Netz mit quadratischen Maschen vorausgesetzt haben, dürfen wir in den Nennern überall an Stelle von $\Delta y = \Delta x$ schreiben. Ersetzen wir nun die partiellen Differentialquotienten in Gl. (III B.63) durch die entsprechenden Differenzenquotienten, so erhalten wir, als Differenzengleichung des Beulproblems:

$$w_{i+2,k} + 2\,w_{i+1,k+1} + 2\,w_{i+1,k-1} - 8\,w_{i+1,k} - 8\,w_{i-1,k}$$
$$+ w_{i-2,k} + 20\,w_{i,k} + w_{i,k+2} + 2\,w_{i-1,k+1}$$
$$+ 2\,w_{i-1,k-1} - 8\,w_{i,k+1} - 8\,w_{i,k-1}$$
$$+ w_{i,k-2} = -\frac{\Delta x^2}{D}\,[N_x(w_{i+1,k} - 2\,w_{i,k} + w_{i-1,k}) \qquad \text{(III C.74a)}$$
$$+ \tfrac{1}{2} N_{xy}\,(w_{i+1,k+1} + w_{i-1,k-1} - w_{i+1,k-1} - w_{i-1,k+1})$$
$$+ N_y\,(w_{i,k+1} - 2\,w_{i,k} - w_{i,k-1})].$$

C. Methoden zur Lösung der Beulprobleme

Diese Formel läßt sich übersichtlich darstellen, wenn man die Koeffizienten der w direkt an den entsprechenden Kreuzungspunkten des Gitters anschreibt. (Um anzudeuten, daß es sich bei diesem Schema nicht etwa um eine Determinante handelt, werden wir dieses „Gitterschema" stets mit einer feinen Linie umgeben.)

$$\begin{array}{|ccccc|} \cdot & \cdot & +1 & \cdot & \cdot \\ \cdot & +2 & -8 & +2 & \cdot \\ +1 & -8 & +20 & -8 & +1 \\ \cdot & +2 & -8 & +2 & \cdot \\ \cdot & \cdot & +1 & \cdot & \cdot \end{array} \cdot w = -\frac{\Delta x^2}{D}\left\{ N_x \begin{array}{|ccc|} \cdot & \cdot & \cdot \\ +1 & -2 & +1 \\ \cdot & \cdot & \cdot \end{array} \cdot w + \right.$$

$$\left. +\frac{N_{x'}}{2}\begin{array}{|ccc|} -1 & \cdot & +1 \\ \cdot & \cdot & \cdot \\ +1 & \cdot & -1 \end{array} \cdot w + N_y \begin{array}{|ccc|} \cdot & +1 & \cdot \\ \cdot & -2 & \cdot \\ \cdot & +1 & \cdot \end{array} \cdot w \right\} \quad \text{(III C.74b)}$$

γ) *Beispiele.* Beispiel 1: Als erstes Beispiel behandeln wir die freiaufliegende quadratische Platte, die an allen vier Rändern durch gleichmäßigen Druck beansprucht ist. Wir haben dieses Beispiel bereits unter Kap. III C.1 behandelt und sind daher in der Lage, die nach der Differenzenmethode mit verschieden feinmaschigen Netzen gefundenen Werte mit dem exakten Wert zu vergleichen.

Teilen wir die Quadratseite a in n gleiche Teile ein, so wird $\Delta x = \frac{a}{n}$. Als Belastungen haben wir $N_x = N_y = h \cdot \sigma$ und $N_{xy} = 0$. Mit diesen Bezeichnungen lautet die Differenzengleichung des Problems, wenn wir für die linke Seite der Gl. (III C.74) das Symbol $F(w)$ benützen

(III C.75a)
$$F(w) + \frac{a^2}{n^2} \cdot \frac{h}{D} \cdot \sigma \left(w_{i+1,k} + w_{i-1,k} - 4 w_{i,k} + w_{i,k+1} + w_{i,k-1} \right) = 0$$

oder unter Benutzung des Gitterschemas

(III C.75b)
$$\begin{array}{|ccccc|} \cdot & \cdot & +1 & \cdot & \cdot \\ \cdot & +2 & -8 & +2 & \cdot \\ +1 & -8 & +20 & -8 & +1 \\ \cdot & +2 & -8 & +2 & \cdot \\ \cdot & \cdot & +1 & \cdot & \cdot \end{array} \cdot w + \frac{a^2}{n^2} \cdot \frac{h}{D} \sigma \begin{array}{|ccc|} \cdot & +1 & \cdot \\ +1 & -4 & +1 \\ \cdot & +1 & \cdot \end{array} \cdot w = 0.$$

Führen wir die Bezeichnung

$$\varphi = \frac{a^2}{n^2} \cdot \frac{h}{D} \sigma \quad \text{(III C.76)}$$

ein und fassen wir gleiche Glieder zusammen, so ergibt sich an Stelle von Gl. (III C.75):

(III C.77a)
$$w_{i+2,k} + w_{i-2,k} + 2\,w_{i+1,k+1} + 2\,w_{i+1,k-1} - (8-\varphi)\,w_{i+1,k}$$
$$- (8-\varphi)\,w_{i-1,k} + (20 - 4\,\varphi)\,w_{i,k} + w_{i,k+2} + w_{i,k-2}$$
$$+ 2\,w_{i-1,k+1} + 2\,w_{i-1,k-1} - (8-\varphi)\,w_{i,k+1} - (8-\varphi)\,w_{i,k-1} = 0$$

oder

$$\begin{array}{|ccccc|} \hline
\cdot & \cdot & +1 & \cdot & \cdot \\
\cdot & +2 & -(8-\varphi) & +2 & \cdot \\
+1 & -(8-\varphi) & +(20-4\,\varphi) & -(8-\varphi) & +1 \\
\cdot & +2 & -(8-\varphi) & +2 & \cdot \\
\cdot & \cdot & +1 & \cdot & \cdot \\
\hline
\end{array} \cdot w = 0. \qquad \text{(III C.77b)}$$

Wir können nun für die im Innern der Platte liegenden $(n-1)^2$ Gitterpunkte $(n-1)^2$ Gln. (III C.77) aufstellen und erhalten so ein System von $(n-1)^2$ homogenen, in den Unbekannten w linearen Gleichungen. Außer dem trivialen Fall, daß alle w verschwinden, besitzt ein solches System nur von Null verschiedene Lösungen, wenn seine Koeffizientendeterminante verschwindet. Diese Bedingung führt zu einer Gleichung vom Grade $(n-1)^2$ für φ. Aus der kleinsten Wurzel derselben ergibt sich die kritische Beulspannung oder der Beulwert k, denn nach Gl. (III C.76) und (III C.8) gilt

$$\sigma_{kr} = \frac{n^2}{a^2} \cdot \frac{D}{h} \varphi = k\,\frac{\pi^2\,D}{a^2 \cdot h} \qquad \text{(III C.78)}$$

und daraus

$$k = \frac{n^2}{\pi^2}\,\varphi. \qquad \text{(III C.79)}$$

Bei der Anwendung der Gl. (III C.77) haben wir die vorhandenen Randbedingungen zu berücksichtigen. Zunächst gilt für alle auf dem Rande liegenden Gitterpunkte $w = 0$. Die freie Drehbarkeit der Plattenränder berücksichtigen wir dadurch, daß wir das Gitter über den Plattenrand hinaus gehen lassen und den dem Rand benachbarten äußeren Netzpunkten die entgegengesetzt gleichen Ausbiegungen w zuschreiben, welche die entsprechenden, dem Rand benachbarten innern Netzpunkte besitzen. Bei fester Einspannung wären die entsprechenden Gitterpunkte einander gleich zu setzen.

Da im vorliegenden Fall die Form der Platte wie auch die Belastung in bezug auf die beiden Mittelschnitte der Platte symmetrisch sind, kann auch eine symmetrische Beulfläche erwartet werden. Durch

Berücksichtigung der Symmetrieeigenschaften läßt sich die Zahl der aufzustellenden Gleichungen auf einen Viertel der sonst erforderlichen Anzahl reduzieren.

Bei der Berücksichtigung solcher Symmetriebetrachtungen ist allerdings Vorsicht am Platze, da zu einer symmetrischen Aufgabestellung auch eine antimetrische Beulform denkbar ist. In Zweifelsfällen wird man daher die Gleichungen für alle Gitterpunkte ohne Berücksichtigung von Symmetrieeigenschaften anschreiben.

Wir beginnen die Behandlung des vorliegenden Beispiels mit dem einfachsten Gitter, das möglich ist, indem wir $n = 2$ wählen. Die Platte mit dem Gitter ist aus Abb. III C.10 ersichtlich. Wir haben in diesem Fall Gl. (III C.77) für den einzigen Gitterpunkt anzuschreiben und erhalten:

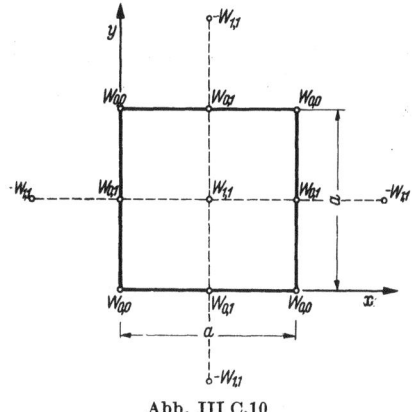
Abb. III C.10

$$-w_{11} - w_{11} + (20 - 4\varphi)w_{11} - w_{11} - w_{11} = 0 \quad \text{(III C.80a)}$$

oder (III C.80b)
$$(16 - 4\varphi)w_{11} = 0.$$

Daraus ergibt sich

$$\varphi = 4 \quad \text{(III C.81)}$$

und wir erhalten für den Beulwert nach Gl. (III C.79) (III C.82)

$$k = \frac{2^2}{\pi^2} \cdot 4 = 1{,}621.$$

Wir wiederholen nun die gleiche Rechnung für $n = 3$. Die Platte mit dem entsprechenden Gitter ist in Abb. III C.11 dargestellt.

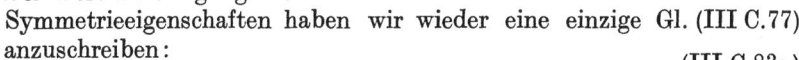
Abb. III C.11

Bei Berücksichtigung der Symmetrieeigenschaften haben wir wieder eine einzige Gl. (III C.77) anzuschreiben:

(III C.83a)
$$2w_{11} - (8 - \varphi)w_{11} - w_{11} + (20 - 4\varphi)w_{11} - w_{11} - (8 - \varphi)w_{11} = 0$$

oder
$$(4 - 2\varphi)w_{11} = 0 \quad \text{(III C.83b)}$$

und daraus
$$\varphi = 2. \qquad \text{(III C.84)}$$

Damit ergibt sich für den Beulwert
$$k = \frac{3^2}{\pi^2} \cdot 2 = 1{,}824. \qquad \text{(III C.85)}$$

Infolge der Berücksichtigung der Symmetrieeigenschaften war es auch in diesem Falle möglich, mit einer einzigen Differenzengleichung auszukommen. Trotzdem konnte das Resultat wesentlich verbessert werden.

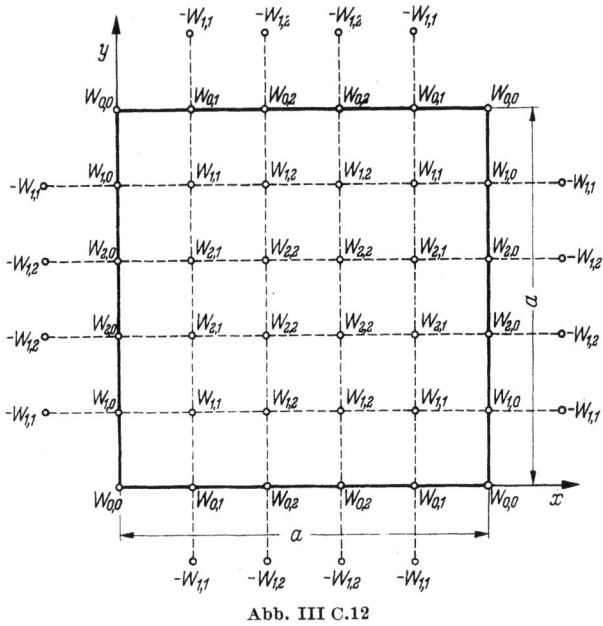

Abb. III C.12

Wenn es möglich ist, die Symmetrieeigenschaften auszunützen, wird man deshalb n ungerade wählen. Bei ungefähr gleichem Arbeitsaufwand erhält man ein genaueres Resultat als für den nächst niedrigeren geraden Wert von n.

Zum Abschluß wiederholen wir die Rechnung noch für $n = 5$.

Die Platte mit dem entsprechenden Gitter geht aus Abb. III C.12 hervor. Die Gleichungen für die entsprechenden Gitterpunkte lauten:

Punkt 1.1
$$w_{12} + 2\,w_{22} - (8 - \varphi)\,w_{12} - w_{11} + (20 - 4\varphi)\,w_{11} - w_{11}$$
$$- (8 - \varphi)\,w_{21} + w_{22} = 0,$$
$$(18 - 4\varphi)\,w_{11} - (7 - \varphi)\,w_{12} - (7 - \varphi)\,w_{21} + 2\,w_{22} = 0. \qquad \text{(III C.86a)}$$

Punkt 1.2

$$w_{11} + 2\,w_{22} - (8-\varphi)\,w_{12} - (8-\varphi)\,w_{11} + (20-4\varphi)\,w_{12} - w_{12}$$
$$- (8-\varphi)\,w_{22} + 2\,w_{21} + w_{22} = 0,$$

$$-(7-\varphi)\,w_{11} + (11-3\varphi)\,w_{12} + 2\,w_{21} - (5-\varphi)\,w_{22} = 0. \quad \text{(III C.86b)}$$

Punkt 2.1

$$w_{22} + 2\,w_{22} + 2\,w_{12} - (8-\varphi)\,w_{22} - w_{21} + (20-4\varphi)\,w_{21}$$
$$- (8-\varphi)\,w_{11} - (8-\varphi)\,w_{21} + w_{11} = 0$$

$$-(7-\varphi)\,w_{11} + 2\,w_{12} + (11-3\varphi)\,w_{21} - (5-\varphi)\,w_{22} = 0. \quad \text{(III C.86c)}$$

Punkt 2.2

$$w_{21} + 2\,w_{22} + 2\,w_{12} - (8-\varphi)\,w_{22} - (8-\varphi)\,w_{21} + (20-4\varphi)\,w_{22}$$
$$- (8-\varphi)\,w_{12} - (8-\varphi)\,w_{22} + 2\,w_{21} + 2\,w_{11} + w_{12} = 0,$$

$$2\,w_{11} - (5-\varphi)\,w_{12} - (5-\varphi)\,w_{21} + (6-2\varphi)\,w_{22} = 0. \quad \text{(III C.86d)}$$

Die Koeffizientendeterminante dieser vier Gleichungen muß Null gesetzt werden

$$\begin{vmatrix} (18-4\varphi) & -(7-\varphi) & -(7-\varphi) & +2 \\ -(7-\varphi) & +(11-3\varphi) & +2 & -(5-\varphi) \\ -(7-\varphi) & +2 & +(11-3\varphi) & -(5-\varphi) \\ +2 & -(5-\varphi) & -(5-\varphi) & +(6-2\varphi) \end{vmatrix} = 0. \quad \text{(III C.87)}$$

Die Ausrechnung führt zu folgender Gleichung vierten Grades:

$$12\,(9-3\varphi)(-\varphi^3 + 9\varphi^2 - 22\varphi + 12) = 0, \quad \text{(III C.88)}$$

aus welcher sich der kleinste Wert $\varphi = 0{,}764$ ergibt. Mit diesem erhält man für den Beulwert

$$k = \frac{5^2}{\pi^2} \cdot 0{,}764 = 1{,}935. \quad \text{(III C.89)}$$

Wendet man auf die drei in nebenstehender Tab. III C.1 nochmals zusammengestellten Resultate die bekannte Extrapolationsformel[1]

Tabelle III C.1

$n =$	2	3	5
$k_n =$	1,621	1,824	1,935

$$k_n = k_\infty - \frac{c_1}{n^{c_2}} \quad \text{(III C.90)}$$

$n =$ Maschenteilung,
$k_n =$ gerechneter Näherungswert,
$k_\infty =$ „genauer" extrapolierter Wert,
c_1 und $c_2 =$ Konstanten

---

[1] BURCHARD, W.: Beulspannungen der quadratischen Platte mit Schrägsteife unter Druck bzw. Schub. Ing.-Arch., Bd. 8 (1937) S. 332.

an, so erhält man zunächst drei Gleichungen, aus welchen sich die 3 Unbekannten c_1, c_2 und k_∞ bestimmen lassen. Die Rechnung ergibt

$$k_n = 2{,}006 - \frac{1{,}3864}{n^{1{,}85}}. \tag{III C.91}$$

Im Kap. III C.1 erhielten wir den genauen Beulwert zu $k = 2{,}000$. Der mit der Differenzenmethode, unter Anwendung sehr grober Maschenteilungen, gefundene Wert $k = 2{,}006$, kann als recht gut bezeichnet werden.

Beispiel 2[1]: Als zweites Beispiel wählen wir eine Rechteckplatte mit 2 gegenüberliegenden lastfreien Rändern. Der eine Rand sei fest eingespannt, der andere frei. Die belasteten Ränder werden gelenkig gelagert vorausgesetzt. Ihre Belastung sei linear veränderlich (Abb. III C.13).

Auf die Platte wirke die Spannung

$$\sigma_x(y) = \sigma_1\left(1 - \frac{c}{b}\, y\right). \tag{III C.92}$$

Die Differentialgleichung (III B.63) der Platte lautet dann

$$\frac{\partial^4 w}{\partial x^4} + 2\frac{\partial^4 w}{\partial x^2\, \partial y^2} + \frac{\partial^4 w}{\partial y^4}$$
$$= -\frac{h}{D}\sigma_1\left(1 - \frac{c}{b}\, y\right)\frac{\partial^2 w}{\partial x^2}. \tag{III C.93}$$

Die Beulfläche $w(x, y)$ werde dargestellt in der Form

$$w = Y \sin \lambda x, \tag{III C.94}$$

worin

$$Y = f(y) \tag{III C.95}$$

eine Funktion von y allein ist und die Abkürzung

$$\lambda = \frac{m\pi}{a} \tag{III C.96}$$

bedeutet.

Die Differentialgleichung (III C.93) nimmt dann folgende Form an:

$$\frac{d^4 Y}{dy^4} - 2\lambda^2 \frac{d^2 Y}{dy^2} + \lambda^4 Y = \frac{h}{D}\sigma_1\left(1 - \frac{c}{b}\, y\right)\lambda^2 Y \tag{III C.97}$$

oder

$$\frac{d^4 Y}{dy^4} - 2\lambda^2 \frac{d^2 Y}{dy^2} + \lambda^2\left[\lambda^2 - \frac{h}{D}\sigma_1\left(1 - \frac{c}{b}\, y\right)\right] Y = 0. \tag{III C.98}$$

---

[1] KOLLBRUNNER, C. F. u. G. HERRMANN: Elastische Beulung von auf einseitigen ungleichmäßigen Druck beanspruchten Platten. Mitt. der T.K.V.S.B., Nr. 1. Zürich: Gebr. Leemann & Co. 1948, S. 61ff.

Um vom Differentialausdruck (III C.98) zur Differenzengleichung überzugehen, teilt man die Breite b der Platte in t gleiche Intervalle s ein, so daß

$$b = s \cdot t \qquad \text{(III C.99)}$$

ist, wie aus Abb. III C.14 ersichtlich. Ein allgemeiner Punkt der Wölbfläche habe die Abszisse $y = i \cdot s$ und die Ordinate Y_i. Der Übergang von den Differentialquotienten zu den Differenzen erfolgt analogerweise, wie dies bereits am Anfang des Abschnittes beschrieben wurde. Dabei

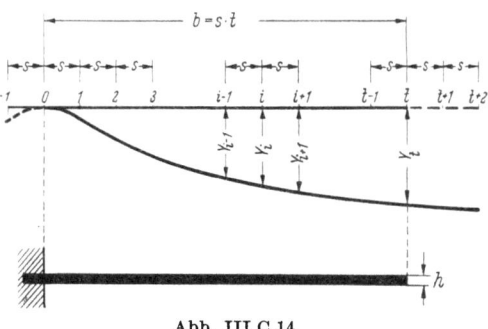

Abb. III C.14

tritt an Stelle des Symbols d das Zeichen Δ, um anzudeuten, daß es sich um endliche Größen handelt. Um auch für die ungeraden Ableitungen symmetrisch gebaute Ausdrücke zu erhalten, bilden wir jeweils das arithmetische Mittel der links und rechts von i gelegenen Werte dieser Ableitungen.

Es ergibt sich an der Stelle i

$$\frac{\Delta Y}{\Delta y} = \frac{Y_{i+1} - Y_{i-1}}{2s} \qquad \text{(III C.100)}$$

$$\frac{\Delta^2 Y}{\Delta y^2} = \frac{Y_{i+1} - 2Y_i + Y_{i-1}}{s^2} \qquad \text{(III C.101)}$$

$$\frac{\Delta^3 Y}{\Delta y^3} = \frac{Y_{i+2} - 2Y_{i+1} + 2Y_{i-1} - Y_{i-2}}{2s^3} \qquad \text{(III C.102)}$$

$$\frac{\Delta^4 Y}{\Delta y^4} = \frac{Y_{i+2} - 4Y_{i+1} + 6Y_i - 4Y_{i-1} + Y_{i-2}}{s^4}. \qquad \text{(III C.103)}$$

Diese Differenzenausdrücke werden an Stelle der Differentialquotienten in die Gl. (III C.98) eingeführt:

$$\frac{1}{s^4}(Y_{i+2} - 4Y_{i+1} + 6Y_i - 4Y_{i-1} + Y_{i-2}) \qquad \text{(III C.104)}$$

$$-2\frac{\lambda^2}{s^2}(Y_{i+1} - 2Y_i + Y_{i-1}) + \lambda^2\left[\lambda^2 - \frac{h}{D}\sigma_1\left(1 - \frac{c}{b}y\right)\right]Y_i = 0$$

III. Theorie des Beulproblems

oder geordnet nach den Y

$$Y_{i-2} + Y_{i-1}(-4 - 2\lambda^2 s^2)$$
$$+ Y_i\left[6 + 4\lambda^2 s^2 + \lambda^4 s^4 - \lambda^2 s^4 \frac{h}{D}\sigma_1\left(1 - \frac{c}{b}y\right)\right]$$
$$+ Y_{i+1}(-4 - 2\lambda^2 s^2) + Y_{i+2} = 0. \qquad \text{(III C.105)}$$

Mit den Abkürzungen

$$k_1 = 4 + 2\lambda^2 s^2, \qquad \text{(III C.106)}$$

$$k_2 = 6 + 4\lambda^2 s^2 + \lambda^4 s^4 \qquad \text{(III C.107)}$$

erhält man die Differenzengleichung:

$$\underline{Y_{i-2} - k_1 \cdot Y_{i-1}}$$
$$\underline{+ \left[k_2 - \lambda^2 s^4 \frac{h}{D}\sigma_1\left(1 - \frac{c}{b}y\right)\right]Y_i - k_1 \cdot Y_{i+1} + Y_{i+2} = 0} \quad \text{(III C.108)}$$

$$(i = 1, 2, \ldots, t).$$

Zur Formulierung der Randbedingungen in Differenzform denken wir uns die Beulfläche über die Längsränder hinaus ausgedehnt und berücksichtigen noch die Teilpunkte -1, $t+1$, $t+2$.

Die Forderung der festen Einspannung am Längsrand $y = 0$ erfüllen wir durch

$$Y_0 = 0,$$

d. h. Einsenkung längs des ganzen Randes gleich Null und

$$Y_{-1} = Y_1, \qquad \text{(III C.109)}$$

d. h. die Beulfläche besitzt eine horizontale Tangente an der Einspannstelle.

Am freien Rand $y = b$ muß sowohl das Moment als auch die Auflagerkraft verschwinden. Diese beiden Schnittgrößen lauten nach Gl. (III B. 34) und analog Gl. (III B. 40 b) (das Minuszeichen dieser Gleichungen darf durch das Pluszeichen ersetzt werden, da beim Verschwinden von M_y und V_y auch $-M_y$ und $-V_y$ null sein müssen):

$$M_y = \left(\frac{\partial^2 w}{\partial y^2} + \nu\frac{\partial^2 w}{\partial x^2}\right)D = 0, \qquad \text{(III C.110)}$$

$$V_y = \left(\frac{\partial^3 w}{\partial y^3} + (2-\nu)\frac{\partial^3 w}{\partial y\,\partial x^2}\right)D = 0. \qquad \text{(III C.111)}$$

Die Gl. (III C.110) gibt in Differenzform umgeschrieben:

$$\frac{1}{s^2}(Y_{t+1} - 2Y_t + Y_{t-1}) - \nu \cdot \lambda^2 \cdot Y_t = 0, \qquad \text{(III C.112)}$$

woraus folgt:

$$Y_{t+1} = Y_t(2 + \nu \cdot \lambda^2 \cdot s^2) - Y_{t-1}. \qquad \text{(III C.113)}$$

C. Methoden zur Lösung der Beulprobleme

Analog erhält man aus Gl. (III C.111)

$$\frac{1}{2s^3}(Y_{t+2} - 2Y_{t+1} + 2Y_{t-1} - Y_{t-2}) \quad \text{(III C.114)}$$

$$- (2-\nu)\lambda^2 \cdot \frac{1}{2s}(Y_{t+1} - Y_{t-1}) = 0$$

oder

$$Y_{t+2} = Y_{t-2} - 2Y_{t-1} + 2Y_{t+1} + (2-\nu)\lambda^2 s^2 (Y_{t+1} - Y_{t-1}). \quad \text{(III C.115)}$$

Setzt man Gl. (III C.113) in Gl. (III C.115) ein und ordnet man nach den Y, so ergibt sich nach kurzer Rechnung:

$$Y_{t+2} = Y_{t-2} - 2Y_{t-1}[k_1 - 2 - \nu\lambda^2 s^2] \quad \text{(III C.116)}$$
$$+ Y_t [2k_1 - 4 + \nu(2-\nu)\lambda^4 s^4].$$

Die Berechnung des Beulwertes k erfolgt nach Gl. (III C.108), indem die Breite b in eine bestimmte Anzahl (t) Teile eingeteilt wird und an jeder Stelle (i) die Gl. (III C.108) angeschrieben wird. Wir erhalten auf diese Weise t Gleichungen, haben jedoch darin $t+4$ Unbekannte, nämlich außer Y_1 bis Y_t noch die 4 Unbekannten $Y_{-1}, Y_0, Y_{t+1}, Y_{t+2}$. Diese vier letzten Unbekannten lassen sich aber mit Hilfe der Randbedingungen (III C.108), (III C.109), (III C.113) und (III C.116) eliminieren, so daß schließlich t Gleichungen mit t Unbekannten übrig bleiben. Da diese t Gleichungen alle homogen sind, werden sie nur dann simultan erfüllt, wenn die Koeffizientendeterminante der Unbekannten verschwindet. Aus der Nullsetzung dieser Determinante berechnen wir den Beulwert k.

Für die numerische Auswertung wird die Breite b in 4 Teile unterteilt, so daß $s = \frac{b}{4}$ und $t = 4$. Die Differenzengleichung (III C.108) wird an der Stelle 1, 2, 3 und 4 angeschrieben, und man erhält für $i = 1$:

$$Y_{-1} - k_1 Y_0 + \left[k_2 - \lambda^2 s^4 \frac{h}{D}\sigma_1\left(1 - \frac{c}{b}s\right)\right] Y_1 - k_1 Y_2 + Y_3 = 0 \quad \text{(III C.117)}$$

für $i = 2$:

$$Y_0 - k_1 Y_1 + \left[k_2 - \lambda^2 s^4 \frac{h}{D}\sigma_1\left(1 - \frac{c}{b}2s\right)\right] Y_2 - k_1 Y_3 + Y_4 = 0, \quad \text{(III C.118)}$$

für $i = 3$:

$$Y_1 - k_1 Y_2 + \left[k_2 - \lambda^2 s^4 \frac{h}{D}\sigma_1\left(1 - \frac{c}{b}3s\right)\right] Y_3 - k_1 Y_4 + Y_5 = 0 \quad \text{(III C.119)}$$

und für $i = 4$:

$$Y_2 - k_1 Y_3 + \left[k_2 - \lambda^2 s^4 \frac{h}{D}\sigma_1\left(1 - \frac{c}{b}4s\right)\right] Y_4 - k_1 Y_5 + Y_6 = 0. \quad \text{(III C.120)}$$

Unter Berücksichtigung der Randbedingungen und nach Einführung der Abkürzungen

$$\left.\begin{aligned}\theta_1 &= \lambda^2 s^4 \frac{h}{D} \sigma_1 \left(1 - \frac{s}{b}\right) \\ \theta_2 &= \lambda^2 s^4 \frac{h}{D} \sigma_1 \left(1 - \frac{2s}{b}\right) \\ \theta_3 &= \lambda^2 s^4 \frac{h}{D} \sigma_1 \left(1 - \frac{3s}{b}\right) \\ \theta_4 &= \lambda^2 s^4 \frac{h}{D} \sigma_1 \left(1 - \frac{4s}{b}\right) = 0, \end{aligned}\right\} \qquad \text{(III C.121)}$$

worin $c = 1$, d. h. eine Dreiecksbelastung angenommen wurde, nehmen die Gln. (III C.117) bis (III C.120) folgende Gestalt an:

$$(1 + k_2 - \theta_1) Y_1 - k_1 Y_2 + Y_3 = 0, \qquad \text{(III C.122)}$$

$$-k_1 Y_1 + (k_2 - \theta_2) Y_2 - k_1 Y_3 + Y_4 = 0, \qquad \text{(III C.123)}$$

(III C.124)
$$Y_1 - k_1 Y_2 + (k_2 - \theta_3) Y_3 - k_1 Y_4 + Y_4 (2 + \nu \lambda^2 s^2) - Y_3 = 0,$$

(III C.125)
$$Y_2 - k_1 Y_3 + (k_2 - \theta_4) Y_4 - k_1 Y_4 (2 + \nu \lambda^2 s^2) + k_1 Y_3 + Y_2$$
$$- 2 Y_3 (k_1 - 2 - \nu \lambda^2 s^2) + Y_4 (2 k_1 - 4 + \nu (2 - \nu) \lambda^4 s^4) = 0.$$

Die Koeffizientendeterminante der Gln. (III C.122) bis (III C.125), d. h. die Beulbedingung, lautet:

(III C.126)

$$\begin{vmatrix} 1+k_2-\theta_1 & -k_1 & 1 & 0 \\ -k_1 & k_2-\theta_2 & -k_1 & 1 \\ 1 & -k_1 & -1+k_2-\theta_3 & 2+\nu\lambda^2 s^2 - k_1 \\ 0 & 1 & 2+\nu\lambda^2 s^2-k_1 & \frac{1}{2}[k_2-\theta_4-k_1\nu\lambda^2 s^2-4+\nu(2-\nu)\lambda^4 s^4] \end{vmatrix} = 0.$$

Setzt man abkürzungsweise:

$$\begin{aligned} A &= 1 + k_2 - \theta_1, \\ B &= k_2 - \theta_2, \\ C &= k_2 - 1 - \theta_3, \\ D &= \frac{1}{2} [k_2 - \theta_4 - k_1 \nu \lambda^2 s^2 - 4 + \nu (2 - \nu) \lambda^4 s^4], \\ F &= 2 + \nu \lambda^2 s^2 - k_1, \end{aligned} \qquad \text{(III C.127)}$$

C. Methoden zur Lösung der Beulprobleme 59

So lautet die Knickbedingung (III C.126):

$$\begin{vmatrix} A & -k_1 & 1 & 0 \\ -k_1 & B & -k_1 & 1 \\ 1 & -k_1 & C & F \\ 0 & 1 & F & D \end{vmatrix} = 0. \qquad \text{(III C.128)}$$

Die schrittweise Auflösung dieser Determinante führt auf die Gleichung

$$ABCD - ABF^2 - AD\,k_1^2 - 2\,AF\,k_1 - AC - CD\,k_1^2$$
$$+ F^2 k_1^2 + 2\,k_1^2 D + 2\,k_1 F - BD + 1 = 0. \qquad \text{(III C.129)}$$

Die numerische Rechnung wird für ein Seitenverhältnis $\alpha = \dfrac{a}{b} = 1{,}636$, welches den minimalen k-Wert für eine gleichmäßige Druckbelastung ergibt, durchgeführt. Ferner wird $m = 1$ angenommen, so daß $\lambda = \dfrac{\pi}{a}$ ist. Die numerischen Werte der Abkürzungen (III C.106) und (III C.107) werden damit:

$$\begin{aligned} k_1 &= 4{,}46 \\ k_2 &= 6{,}97 \end{aligned} \qquad \text{(III C.130)}$$

und diejenigen nach Gl. (III C.121)

$$\begin{aligned} \theta_1 &= k \cdot 0{,}1062, \\ \theta_2 &= k \cdot 0{,}0708, \\ \theta_3 &= k \cdot 0{,}0354. \end{aligned} \qquad \text{(III.C.131)}$$

Mit diesen Werten können die Größen in Gl. (III C.127) berechnet werden, und man erhält

$$\begin{aligned} A &= 7{,}97 - k \cdot 0{,}1062 \\ B &= 6{,}97 - k \cdot 0{,}0708 \\ C &= 5{,}97 - k \cdot 0{,}0354 \\ D &= 1{,}343, \\ F &= -2{,}39. \end{aligned} \qquad \text{(III C.132)}$$

Die Auswertung der Determinante (III C.128) führt auf folgende kubische Gleichung in k:

$$-0{,}000358\,k^3 + 0{,}0419\,k^2 - 3{,}38\,k + 15{,}9 = 0. \qquad \text{(III C.133)}$$

Die Lösung lautet:

$$k = 5{,}00. \qquad \text{(III C.134)}$$

Der nach der Energiemethode in zweiter Näherung berechnete Beulwert k für dieses Seitenverhältnis beträgt 6,30. Der k-Wert aus der Differenzenrechnung weicht also um rund 20% vom richtigen Wert ab. Man ersieht ferner, wie umständlich es wäre, das Seitenverhältnis zu suchen, bei dem der minimale k-Wert auftritt, wenn man sich ausschließlich der Differenzenmethode bedienen wollte.

δ) *Bemerkungen zur Differenzenmethode.* Wie die vorliegenden Beispiele zeigen, liefert die Differenzenmethode einfache und anschauliche Rechenvorschriften. Die praktische Durchführung kann jedoch recht zeitraubend sein, um so mehr, als man für eine genauere Untersuchung drei Gitter von verschiedener Maschenzahl berechnen wird, um eine Extrapolationsformel anwenden zu können.

Anderseits kann die Differenzenmethode, sofern man den erforderlichen Zeitaufwand nicht scheut, auch für kompliziertere Probleme herangezogen werden. Selbst wenn die AIRYsche Spannungsfunktion der Randbelastung nicht bekannt ist, z. B. bei unregelmäßig verteilten Einzellasten, kann diese zunächst mit Hilfe der Differenzenrechnung bestimmt werden[1].

Die Bedingung (III B.56) $\Delta\Delta F = 0$ läßt sich nach Gl. (III C.74) sofort wie folgt als Differenzengleichung schreiben:

$$F_{i+2,k} + 2F_{i+1,k+1} + 2F_{i+1,k-1} - 8F_{i+1,k} - 8F_{i-1,k}$$
$$+ F_{i-2,k} + 20F_{i,k} + F_{i,k+2} + 2F_{i-1,k-1} \quad \text{(III C.135a)}$$
$$+ 2F_{i-1,k+1} - 8F_{i,k+1} - 8F_{i,k-1} + F_{i,k-2} = 0$$

oder mit Hilfe des Gitterschemas

$$\begin{bmatrix} \cdot & \cdot & 1 & \cdot & \cdot \\ \cdot & 2 & -8 & 2 & \cdot \\ 1 & -8 & 20 & -8 & 1 \\ \cdot & 2 & -8 & 2 & \cdot \\ \cdot & \cdot & 1 & \cdot & \cdot \end{bmatrix} \cdot F = 0. \quad \text{(III C.135b)}$$

Sind die Werte F der Gitterpunkte des Randes bekannt, so nimmt man für die innern Gitterpunkte beliebige Funktionswerte an. An Hand der Formel (III C.135) rechnet man nun für jeden Gitterpunkt i, k einen neuen Funktionswert aus und setzt das Verfahren so lange fort, bis sich die Werte nicht mehr merklich ändern[2]. Es leuchtet ein, daß die Kon-

---

[1] KOLLBRUNNER, C. F. und Ch. DUBAS: Anwendung von Differenzengleichungen zur Berechnung von Eisenbeton-Wehrpeilern, Schweiz. Bauztg. Bd. 124 (1944) S. 191.

[2] Über den Konvergenzbeweis des Verfahrens s.: R. COURANT: Über Randwertaufgaben bei partiellen Differenzengleichungen. Z. angew. Math. Mech. Bd. 6 (1926) S. 322.

vergenz um so besser ist, je näher die geschätzten Ausgangswerte bei den wahren Werten liegen. Hinweise über die Erleichterung der Rechenarbeit sind zu finden bei BIEZENO-GRAMMEL[1].

Aus der nun bekannten Spannungsfunktion F lassen sich auch die Spannungen in jedem Gitterpunkt berechnen, indem die Differentialbeziehungen (III B.44) bis (III B.46) in Differenzenform geschrieben werden. Man erhält:

$$\sigma_{x_{i,k}} = \frac{\Delta^2 F_{i,k}}{\Delta y^2} = \frac{F_{i,k+1} - 2F_{i,k} + F_{i,k-1}}{\Delta y^2} \qquad \text{(III C.136)}$$

$$\sigma_{y_{i,k}} = \frac{\Delta^2 F_{i,k}}{\Delta x^2} = \frac{F_{i+1,k} - 2F_{i,k} + F_{i-1,k}}{\Delta x^2} \qquad \text{(III C.137)}$$

$$\tau_{xy_{i,k}} = -\frac{\Delta^2 F_{i,k}}{\Delta x \, \Delta y} = -\frac{F_{i+1,k+1} + F_{i-1,k-1} - F_{i-1,k+1} - F_{i+1,k-1}}{4\,\Delta x \cdot \Delta y}. \qquad \text{(III C.138)}$$

Damit ist aber auch die rechte Seite von Gl. (III C.74) bekannt und das Problem kann gelöst werden.

Abschließend kann gesagt werden, daß die Differenzenmethode wohl sehr allgemein und anschaulich, für die Anwendung aber im allgemeinen infolge geringer Genauigkeit sehr zeitraubend ist.

b) Baustatische Methode. α) *Einleitung.* Im Abschnitt a) haben wir in der Differenzenmethode ein Verfahren kennengelernt, das es erlaubt, ohne spezielle mathematische Kenntnisse auch kompliziertere Beulprobleme zu lösen. Leider ist die Genauigkeit der Methode in vielen Fällen unzureichend. Diese kann allerdings durch ein engmaschiges Gitter gesteigert werden, verlangt aber dann einen Arbeitsaufwand, der nicht mehr gerechtfertigt ist.

Es wäre deshalb nützlich, eine numerische Methode zur Verfügung zu haben, die sich auf die gebräuchlichen Ingenieurkenntnisse stützt und dabei gegenüber der Differenzenrechnung eine größere Genauigkeit ergäbe. Eine solche Methode ist aber vorhanden. Sie stützt sich auf die Eigenschaften des *Seilpolygons.* Die Seilpolygongleichung entspricht einer Differentialbeziehung zweiter Ordnung, nämlich derjenigen, die das Biegungsmoment eines gebogenen Balkens mit der aufgebrachten Last in Beziehung bringt. Diese baustatische Methode wurde von STÜSSI[2] zu einem wertvollen Instrument ausgebaut und für die Lösung

---

[1] BIEZENO, C. B. u. R. GRAMMEL: Technische Dynamik. Berlin: Springer 1939, S. 179.

[2] STÜSSI, F.: Die Stabilität des auf Biegung beanspruchten Trägers. Abhandlungen IVBH., dritter Bd. (1935) S. 405ff. — Baustatische Methoden. Schweizerische Bauzeitung, 20. Juni 1936. — Vorlesungen über Baustatik, erster Bd., S. 259. Basel: Birkhäuser 1946. — Polygone funiculaire et équations différentielles. Bulletin de la Société royale des sciences de Liège, Nr. 6 und 7, 1949. — Numerische Lösung von Randwertproblemen mit Hilfe der Seilpolygongleichung. Z. angew. Math. u. Phys., Bd. I (1950) S. 53—70. — Berechnung der Beulspannungen gedrückter Rechteckplatten. Abhandlungen IVBH., achter Bd. (1947) S. 237—248. — Ausgewählte Kapitel aus der Theorie des Brückenbaues. (Numerische Lösung von Differentialgleichungen mit Hilfe der Seilpolygongleichung.) Taschenbuch für Bauingenieure, herausgegeben von F. SCHLEICHER, 2. Aufl., Bd. I, S. 949. Berlin/Göttingen/Heidelberg: Springer 1955.

zahlreicher Probleme verwendet, welche Differentialgleichungen mit einer Variabeln gehorchen. Die Erweiterung der Methode auf zweidimensionale Probleme wurde von CH. DUBAS[1], skizziert und von P. DUBAS[2], systematisch für die Lösung von Platten- und Scheibenproblemen ausgebaut.

β) Grundlegende Beziehungen der baustatischen Methode. Wie bereits in der Einleitung erwähnt, dient die nachstehende Eigenschaft als Grundlage der Seilpolygonmethode: Ein Biegungsmoment und die Last, durch die es verursacht wird, sind durch eine differentielle Beziehung zweiter Ordnung miteinander verknüpft. Die Funktion w, welche wir zu betrachten haben, ist im allgemeinen stetig, ebenso ihre Ableitungen. Ihre Änderung entspricht einer irgendwie stetig verteilten Last, besitzt also keine Unstetigkeiten oder Sprünge.

Um auf mathematische Weise das Moment einer solchen Last zu finden, greift man zu einer zweifachen Integration. In der Baustatik genügt es, den numerischen Wert des Momentes in gewissen, passend gewählten Punkten, den *Knoten*, zu kennen. Um die Knotenmomente zu berechnen, ersetzt man die verteilten Lasten durch in den betrachteten Punkten wirkende, statisch gleichwertige Einzellasten, die *Knotenlasten*.

In den Knoten soll das Moment der Knotenlasten gleich groß sein wie dasjenige aus der gegebenen verteilten Last. Diese Bedingung ist erfüllt, wenn die Knotenlasten die Auflagerdrücke von sekundären, einfachen Balken sind, deren Stützweiten den Abständen der Knoten entsprechen[3]. Um diese Auflagerdrücke genau zu berechnen, müßte man das genaue Gesetz der Lastverteilung kennen. Oft ist jedoch die Last nur in den Knoten bekannt und man wird irgendwelche Annahmen für den Verlauf zwischen den Knoten treffen müssen. Man kann den Verlauf z. B. linear oder parabolisch[4] über drei aufeinanderfolgende Punkte annehmen.

Beschränkt man sich auf äquidistante Knoten, so ergibt sich nach Abb. III C.15:

Linearer Verlauf zwischen 2 Punkten. Trapezformel.

$$K_i = \frac{\Delta x}{6}(p_{i-1} + 4 p_i + p_{i+1}). \tag{III C.139}$$

---

[1] DUBAS, CH.: Contribution à l'étude du voilement des tôles raidies. Publications de l'Institut de Statique Appliquée, E.P.F., No. 23. Zürich: Leemann 1948.

[2] DUBAS, P.: Calcul numérique des plaques et des parois minces. Publications de l'Institut de Statique Appliquée, E.P.F., No. 27. Zürich: Leemann 1955. Wir benützen im folgenden weitgehend diese Arbeit.

[3] Man erkennt sofort, daß das richtig ist, wenn man bedenkt, daß die Summe aller Kräfte rechts oder links des betrachteten Knotens genau dieselbe ist. Zwischen den Knoten wird das Moment der verteilten Last erhöht durch dasjenige des sekundären Balkens. Die Momentenfläche der Knotenlasten ist das eingeschriebene Polygon der tatsächlichen Momentenfläche.

[4] Dieser Verlauf wurde eingeführt durch J. WANKE: Die günstigste Form des eingespannten Gewölbes und die Bestimmung seiner Eigengewichtsspannungen. Technische Blätter, 1920.

C. Methoden zur Lösung der Beulprobleme 63

Parabolischer Verlauf zwischen drei aufeinanderfolgenden Punkten.
Wir haben den Trapezen noch zwei Parabelabschnitte beizufügen. Diese betragen nach SIMPSON

$$\frac{1}{2}\left[\frac{\Delta x}{3}(p_{i-1} + 4 p_i + p_{i+1}) - \frac{\Delta x}{2}(p_{i-1} + 2 p_i + p_{i+1})\right]$$

$$= \frac{\Delta x}{12}(-p_{i-1} + 2 p_i - p_{i+1})$$

und wir erhalten für die Knotenlast (III C.140)

$$K_i = \frac{\Delta x}{12}(p_{i-1} + 10 p_i + p_{i+1}).$$

Um die Randbedingungen in den Endpunkten ausdrücken zu können, benötigt man noch Knotenlasten von der Form K_{i-1}. Es ergibt sich

Trapez-Formel

$$K_{i-1} = \frac{\Delta x}{6}(2 p_{i-1} + p_i),$$

(III C.141)

Abb. III C.15

Parabel-Formel $\quad K_{i-1} = \frac{\Delta x}{24}(7 p_{i-1} + 6 p_i - p_{i+1}).$ (III C.142)

Es ist offensichtlich, daß die Parabelformel eine bessere Annäherung als die Trapezformel ergibt. Man wird ihr deshalb den Vorzug geben. Es gibt jedoch Fälle, wo man keinen parabolischen Verlauf annehmen darf. Das ist z. B. der Fall, wenn die in Frage stehende Kurve im Knoten einen Knick oder einen Sprung aufweist. In diesen Fällen hat man die Knotenlasten den entsprechenden Umständen anzupassen. Wir gehen darauf nicht weiter ein und verweisen z. B. auf die bereits zitierte Arbeit von P. DUBAS.

Die Formeln für die Knotenlasten erlauben lediglich die Berücksichtigung von konzentrierten Lasten in den Knoten. Die Beziehung, welche

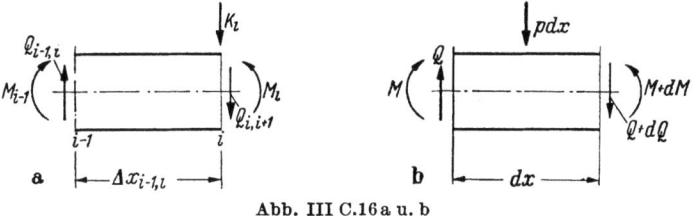

Abb. III C.16 a u. b

diese Einzellasten mit ihrer Momentenfläche verknüpft, wird durch die *Seilpolygongleichung* ausgedrückt. Betrachten wir die Momentenfläche eines durch Einzellasten belasteten Balkens, so zeigt Abb. III C.16a, daß für das Gleichgewicht folgende Bedingungen erfüllt sein müssen

$$M_i = M_{i-1} + Q_{i-1,i} \cdot \Delta x_{i-1,i} \qquad \text{(III C.143)}$$

$$Q_{i-1,i} - Q_{i,i+1} = K_i, \qquad \text{(III C.144)}$$

wobei die Querkraft Q konstant zwischen den Knoten ist. Analog erhält man für den anschließenden Ast:

$$M_{i+1} = M_i + Q_{i,i+1} \cdot \Delta_{i,i+1}. \qquad \text{(III C.145)}$$

Wählt man gleiche Distanzen zwischen den Knoten

$$\Delta x_{i-1,i} = \Delta x_{i,i+1} = \Delta x,$$

so ergibt sich durch Elimination der Querkraft die *Seilpolygongleichung*

$$\underline{\underline{-M_{i-1} + 2 M_i - M_{i+1} = K_i \cdot \Delta x.}} \qquad \text{(III C.146)}$$

Betrachten wir nun ein kleines Element dx eines belasteten Balkens, so findet man bei Vernachlässigung der unendlich kleinen Größen zweiter Ordnung

$$\frac{dQ}{dx} = -p \qquad \text{(III C.147)}$$

und

$$\frac{dM}{dx} = Q. \qquad \text{(III C.148)}$$

Faßt man beide Beziehungen zu einer einzigen zusammen, so erhält man die bekannte Differentialgleichung für das Biegungsmoment

$$\frac{d^2 M}{dx^2} = -p. \qquad \text{(III C.149)}$$

Die Belastung ist also, bis auf das Vorzeichen, gleich der zweiten Ableitung des Biegungsmomentes. Für die Ableitung der Gl. (III C.146) und der Gl. (III C.149) dienten die gleichen Bedingungen als Grundlage. Die beiden Gleichungen haben deshalb auch die gleiche Bedeutung. Die Seilpolygongleichung stellt somit eine Differentialbeziehung zweiter Ordnung dar. Das gilt nicht nur für Momente, sondern auch für eine beliebige Funktion w[1] und man kann schreiben:

$$\underline{\underline{w_{i-1} - 2 w_i + w_{i+1} = \Delta x\, K_i(w'').}} \qquad \text{(III C.150)}$$

Die Vorzeichen wurden gewechselt, da $M'' = -p$ ist.

---

[1] Wir haben bisher die Knotenlasten einzig vom baustatischen Standpunkt aus betrachtet. Es ist jedoch auch möglich, ihnen eine exakte mathematische Bedeutung beizulegen. Die gegebene Definition der Knotenlast erlaubt für irgendeine Funktion $w(x)$, deren Ursprung mit dem Punkt i zusammenfällt (Abb. III C.16) zu schreiben:

$$K_i[w(x)] = \frac{1}{\Delta x}\left[\int_{i-1}^{i} w(x) \cdot (\Delta x + x)\, dx + \int_{i}^{i+1} w(x)\, (\Delta x - x)\, dx\right]$$

$$= \int_{i-1}^{i+1} w(x)\, dx - \frac{1}{\Delta x}\left[\int_{i}^{i-1} w(x) \cdot x \cdot dx + \int_{i}^{i+1} w(x) \cdot x \cdot dx\right].$$

C. Methoden zur Lösung der Beulprobleme

Es bestehen dennoch einige grundlegende Unterschiede zwischen den Beziehungen (III C.149) und (III C.146). Die analytische Formel bezieht sich auf stetige Funktionen und beschreibt deren Verlauf im ganzen Bereich. Man erhält das Moment durch eine zweimalige Integration und die Querkraft $Q = M'$ spielt eine ebenso wichtige Rolle wie die Last $p = -M''$ oder das Moment selbst. Es wird jedoch nichts ausgesagt über die Art und Weise, nach welcher die Integration auszuführen ist; die Lösung hängt vom Verlauf der Lastfunktion ab.

In der Seilpolygongleichung kommen nur die Knotenlasten und die Momente in den Knoten vor. Man kann den Besonderheiten der Last Rechnung tragen, indem ihnen die Knotenlasten angepaßt werden. Die Querkraft ist jedoch aus der Beziehung verschwunden; ihre Rolle ist sekundär.

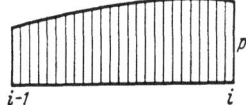
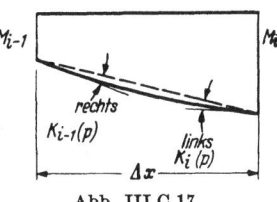

Abb. III C.17

Im allgemeinen Fall einer Funktion w ist es manchmal nötig, den Wert der ersten Ableitung w' zu kennen, z. B. um die Randbedingungen auszudrücken. Die Analogie mit der Baustatik liefert auch diesen Wert. Die Querkraft $Q = w'$ ist, ausgehend von den Momenten $M = w$ und der Last. $p = -w''$, leicht anzurechnen. Nach Abb III C.17 ergibt sich

$$Q_{i-1} = \frac{M_i - M_{i-1}}{\Delta x} + \overset{\text{rechts}}{K_{i-1}(p)} \qquad \text{(III C.151a)}$$

$$Q_i = \frac{M_i - M_{i-1}}{\Delta x} - \overset{\text{links}}{K_i(p)}. \qquad \text{(III C.151b)}$$

Geht man zu den w über und wendet die Trapezformel an, so ergibt sich

$$\Delta x \cdot w'_{i-1} = w_i - w_{i-1} - \frac{\Delta x^2}{6}(2 w''_{i-1} + w''_i), \qquad \text{(III C.152a)}$$

$$\Delta x \cdot w'_i = w_i - w_{i-1} + \frac{\Delta x^2}{6}(w''_{i-1} + 2 w''_i). \qquad \text{(III C.152b)}$$

Analog erhält man für die Parabelformel

$$\Delta x \cdot w'_{i-1} = w_i - w_{i-1} - \frac{\Delta x^2}{24}(7 w''_{i-1} + 6 w''_i - w''_{i+1}) \qquad \text{(III C.153a)}$$

$$\Delta x \cdot w'_i = w_i - w_{i-1} + \frac{\Delta x^2}{24}(3 w''_{i-1} + 10 w''_i - w''_{i+1}). \qquad \text{(III C.153b)}$$

Berechnen wir $\Delta x \cdot w'_i$ aus Gl. (III C.152b) für das Feld $i-1, i$ und aus Gl. (III C.152a) für das Feld $i, i+1$, so erhält man

$$\Delta x \cdot w'_i = w_i - w_{i-1} + \frac{\Delta x^2}{6}(w''_{i-1} + 2 w''_i) \qquad \text{(III C.154a)}$$

$$\Delta x \cdot w'_i = w_{i+1} - w_i - \frac{\Delta x^2}{6}(2 w''_i + w''_{i+1}). \qquad \text{(III C.154b)}$$

III. Theorie des Beulproblems

Das arithmetische Mittel aus beiden Werten ergibt

$$\Delta x\, w'_i = \frac{1}{2}(w_{i+1} - w_{i-1}) - \frac{\Delta x^2}{12}(w''_{i+1} - w''_{i-1}). \qquad \text{(III C.155)}$$

Analog erhält man unter Benützung der Formel (III C.153b)

$$\Delta x \cdot w'_i = w_i - w_{i-1} + \frac{\Delta x^2}{24}(3\, w''_{i-1} + 10\, w''_i - w''_{i+1}) \qquad \text{(III C.156a)}$$

$$\Delta x \cdot w'_i = w_{i+1} - w_i - \frac{\Delta x^2}{24}(-w''_{i-1} + 10\, w''_i + 3\, w''_{i+1}). \qquad \text{(III C.156b)}$$

Das arithmetische Mittel ist dasselbe wie bei Anwendung der Trapezformel.

Man kann die Ableitung w' auch nur durch w ohne Benützung von w'' bestimmen. Nimmt man an, daß sich w' parabolisch ändert, so kann man setzen:

$$w_{i+1} - w_{i-1} = \frac{\Delta x}{3}(w'_{i-1} + 4\, w'_i + w'_{i+1}). \quad \text{(Simpson)} \qquad \text{(III C.157)}$$

Anderseits ist

$$w_i - w_{i-1} = \frac{\Delta x}{12}(5\, w'_{i-1} + 8\, w'_i - w'_{i+1}) \qquad \text{(III C.158)}$$

oder auch

$$w_{i+1} - w_i = \frac{\Delta x}{12}(-w'_{i-1} + 8\, w'_i + 5\, w'_{i+1}). \qquad \text{(III C.159)}$$

Als Mittel erhält man

$$w_i = \frac{1}{2}(w_{i-1} + w_{i+1}) + \frac{\Delta x}{4}(w'_{i-1} - w'_{i+1}). \qquad \text{(III C.160)}$$

Faßt man diese Beziehungen zusammen, so ergibt sich

$$w'_i = \frac{1}{12\,\Delta x}(w_{i-2} - 8\, w_{i-1} + 8\, w_{i+1} - w_{i+2}) \qquad \text{(III C.161)}$$

und anderseits die Rekursionsformeln

$$w'_{i+1} = \frac{1}{2}\left(\frac{w_{i+2} + 4\, w_{i+1} - 5\, w_i}{2\,\Delta x} - w'_i\right) \qquad \text{(III C.162a)}$$

$$w'_{i+2} = \frac{5\, w_{i+2} - 4\, w_{i+1} - w_i}{2\,\Delta x} - 2\, w'_{i+1}. \qquad \text{(III C.162b)}$$

Diese drei Beziehungen erlauben die Berechnung der Ableitung w', wenn mindestens fünf aufeinanderfolgende Werte von w bekannt sind. Die Genauigkeit ist weniger groß als bei Anwendung der Formeln (III C.152), (III C.153) und (III C.155). Bei den letzteren haben wir ja auch nur einen parabolischen Verlauf der w'' vorausgesetzt, wogegen für Gl. (III C.161) und Gl. (III C.162) ein solcher für die w' vorausgesetzt wurde.

C. Methoden zur Lösung der Beulprobleme

Alle bisherigen Entwicklungen bleiben auch für partielle Ableitungen gültig. Insbesondere erhält man für Gl. (III C.150) unter Anwendung der Parabelformel:

(III C.163a)
$$w_{i-1} - 2\,w_i + w_{i+1} = \frac{\Delta x^2}{12}\left[\left(\frac{\partial^2 w}{\partial x^2}\right)_{i-1} + 10\left(\frac{\partial^2 w}{\partial x^2}\right)_i + \left(\frac{\partial^2 w}{\partial x^2}\right)_{i+1}\right]$$

(III C.163b)
$$w_{k-1} - 2\,w_k + w_{k+1} = \frac{\Delta y^2}{12}\left[\left(\frac{\partial^2 w}{\partial y^2}\right)_{k-1} + 10\left(\frac{\partial^2 w}{\partial y^2}\right)_k + \left(\frac{\partial^2 w}{\partial y^2}\right)_{k+1}\right].$$

Analog erhält man die Beziehungen zwischen den zweiten und vierten Ableitungen.

Kennt man die Funktion w in den Knoten, so kann man ihre zweiten und alle geraden Ableitungen an Hand von Gl. (III C.163) berechnen. Dazu genügt die Auflösung eines linearen Gleichungssystems. Die ungeraden Ableitungen erhält man aus den Beziehungen (III C.152), (III C.153) oder (III C.155). Die Seilpolygongleichung (III C.150) erlaubt auch, eine beliebige Ableitung durch eine solche zu ersetzen, die um zwei Ordnungen tiefer ist und am Ende der Rechnung eine Differentialbeziehung durch die Werte der Funktion selbst auszudrücken.

Im Gegensatz zur Differenzenformel $w_{i-1} - 2\,w_i + w_{i+1} = \Delta x^2\,w_i''$ ist die Beziehung (III C.150) absolut exakt. Erstere ergibt eine Vereinfachung nur bei der Berechnung von $K(w'')$. Bei Anwendung der Seilpolygongleichung nimmt man eine parabolische Verteilung der w'' und nicht der Funktionswerte w selbst an.

γ) *Aufstellung der Beulgleichung.* Ausgangspunkt der folgenden Ausführungen ist Gl. (III B.61), in welcher wir für die Behandlung des Beulproblems $\frac{p}{h}$ Null setzen und die Druckspannungen als positiv bezeichnen:

(III C.164)
$$D_x \frac{\partial^4 w}{\partial x^4} + 2 D_{xy} \frac{\partial^4 w}{\partial x^2\,\partial y^2} + D_y \frac{\partial^4 w}{\partial y^4} = -h\left(\sigma_x \frac{\partial^2 w}{\partial x^2} + 2\,\tau_{xy} \frac{\partial^2 w}{\partial x\,\partial y} + \sigma_y \frac{\partial^2 w}{\partial y^2}\right).$$

Die Gleichung muß für jeden Punkt des betrachteten Bereiches erfüllt sein und man kann sie als folgende Knotenlast-Beziehung anschreiben:

$$D_x K\left(\frac{\partial^4 w}{\partial x^4}\right) + 2 D_{xy} K\left(\frac{\partial^4 w}{\partial x^2\,\partial y^2}\right) + D_y K\left(\frac{\partial^4 w}{\partial y^4}\right)$$
$$= -h \cdot K\left[\sigma_x\left(\frac{\partial^2 w}{\partial x^2}\right) + 2\,\tau_{xy}\left(\frac{\partial^2 w}{\partial x\,\partial y}\right) + \sigma_y\left(\frac{\partial^2 w}{\partial y^2}\right)\right]. \quad \text{(III C.165)}$$

Da w eine Funktion von zwei Variabeln ist, muß die Knotenlastformel zunächst verallgemeinert werden. Fassen wir eine Funktion $q(x,y)$ ins Auge, die in einem Gitter nach Abb. III C.18 dargestellt sein möge, so

68   III. Theorie des Beulproblems

ergibt eine Betrachtung in der y-Richtung für den Punkt $i-1, k$:

$$K_{i-1,k}(q) = \frac{\Delta y}{12}(q_{i-1,k+1} + 10\, q_{i-1,k} + q_{i-1,k-1}). \qquad \text{(III C.166a)}$$

Analog erhält man in den Punkten i, k und $i+1, k$

$$K_{i,k}(q) = \frac{\Delta y}{12}(q_{i,k+1} + 10\, q_{i,k} + q_{i,k-1}) \qquad \text{(III C.166b)}$$

$$K_{i+1,k}(q) = \frac{\Delta y}{12}(q_{i+1,k+1} + 10\, q_{i+1,k} + q_{i+1,k-1}). \qquad \text{(III C.166c)}$$

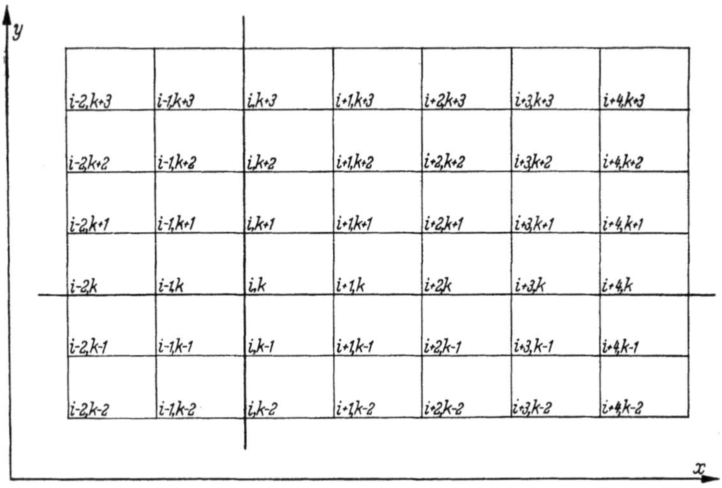

Abb. III C.18]

Wendet man auf diese 3 Formeln Gl. (III C.140) in der x-Richtung an, so erhält man

$$\begin{aligned} K_{i\,k}(q) = \frac{\Delta x\, \Delta y}{144} [& q_{i-1,k+1} + 10\, q_{i-1,k} + q_{i-1,k-1} \\ & + 10\, q_{i,k+1} + 100\, q_{i,k} + 10\, q_{i,k-1} \qquad \text{(III C.167a)} \\ & + q_{i+1,k+1} + 10\, q_{i+1,k} + q_{i+1,k-1}] \end{aligned}$$

oder mit dem Gitterschema geschrieben

$$K(q) = \frac{\Delta x\, \Delta y}{144} \begin{vmatrix} +1 & +10 & +1 \\ +10 & +100 & +10 \\ +1 & +10 & +1 \end{vmatrix} \cdot (q) \qquad \text{(III C.167b)}$$

Gl. (III C.167) stellt den Ausdruck für die Knotenlast in der Ebene nach der Parabelformel dar.

C. Methoden zur Lösung der Beulprobleme   69

Schreiben wir Gl. (III C.165) schematisch in Knotenlastform an, so ergibt sich

$$\begin{array}{|ccc|} +1 & +10 & +1 \\ +10 & +100 & +10 \\ +1 & +10 & +1 \end{array} \left(D_x \frac{\partial^4 w}{\partial x^4} + 2 D_{xy} \frac{\partial^4 w}{\partial x^2 \partial y^2} + D_y \frac{\partial^4 w}{\partial y^4} \right)$$

(III C.168)

$$= - \begin{array}{|ccc|} +1 & +10 & +1 \\ +10 & +100 & +10 \\ +1 & +10 & +1 \end{array} h \left(\sigma_x \frac{\partial^2 w}{\partial x^2} + 2 \tau_{xy} \frac{\partial^2 w}{\partial x \partial y} + \sigma_y \frac{\partial^2 w}{\partial y^2} \right).$$

Wir formen nun die 3 Glieder auf der linken Seite mit Hilfe von Gl. (III C.150) bzw. (III C.163a) um. Für den ersten Term gilt:

(III C.169)
$$\frac{12}{\Delta x^2} \left[\left(\frac{\partial^2 w}{\partial x^2} \right)_{i-1} - 2 \left(\frac{\partial^2 w}{\partial x^2} \right)_i + \left(\frac{\partial^2 w}{\partial x^2} \right)_{i+1} \right] = \left(\frac{\partial^4 w}{\partial x^4} \right)_{i-1} + 10 \left(\frac{\partial^4 w}{\partial x^4} \right)_i + \left(\frac{\partial^4 w}{\partial x^4} \right)_{i+1}$$

oder mit Hilfe des Gitterschemas geschrieben

(III C.170)
$$D_x \begin{array}{|ccc|} +1 & +10 & +1 \\ +10 & +100 & +10 \\ +1 & +10 & +1 \end{array} \cdot \frac{\partial^4 w}{\partial x^4} = \frac{12 D_x}{\Delta x^2} \begin{array}{|ccc|} +1 & -2 & +1 \\ +10 & -20 & +10 \\ +1 & -2 & +1 \end{array} \frac{\partial^2 w}{\partial x^2}.$$

Anderseits kann Gl. (III C.163a) auch wie folgt geschrieben werden

$$D_x \left[\frac{144}{\Delta x^4} (w_{i-1} - 2 w_i + w_{i+1}) \right.$$ (III C.171)

$$\left. - \frac{12}{\Delta x^2} \left\{ \left(\frac{\partial^2 w}{\partial x^2} \right)_{i-1} + 10 \left(\frac{\partial^2 w}{\partial x^2} \right)_i + \left(\frac{\partial^2 w}{\partial x^2} \right)_{i+1} \right\} \right] = 0.$$

Fügt man diesen Ausdruck einmal zu den Zeilen $k+1$ und $k-1$ und zehnmal zur Zeile k der rechten Seite des Ausdruckes (III C.170), so erhält man für den ersten Term

(III C.172)
$$\frac{144 \cdot D_x}{\Delta x^2} \begin{array}{|ccc|} 0 & -1 & 0 \\ 0 & -10 & 0 \\ 0 & -1 & 0 \end{array} \frac{\partial^2 w}{\partial x^2} + \frac{144 \cdot D_x}{\Delta x^4} \begin{array}{|ccc|} +1 & -2 & +1 \\ +10 & -20 & +10 \\ +1 & -2 & +1 \end{array} \cdot w.$$

III. Theorie des Beulproblems

Analog ergibt sich für den dritten Term

(III C.173)
$$\frac{144 \cdot D_y}{\Delta y^2} \begin{vmatrix} 0 & 0 & 0 \\ -1 & -10 & -1 \\ 0 & 0 & 0 \end{vmatrix} \cdot \frac{\partial^2 w}{\partial y^2} + \frac{144 \cdot D_y}{\Delta y^4} \begin{vmatrix} +1 & +10 & +1 \\ -2 & -20 & -2 \\ +1 & +10 & +1 \end{vmatrix} \cdot w.$$

Für den zweiten Term wendet man zweimal die Beziehung (III C.169) an

$$2 D_{xy} \begin{vmatrix} +1 & +10 & +1 \\ +10 & +100 & +10 \\ +1 & +10 & +1 \end{vmatrix} \cdot \frac{\partial^4 w}{\partial x^2 \partial y^2} = \frac{24 \cdot D_{xy}}{\Delta x^2} \begin{vmatrix} +1 & -2 & +1 \\ +10 & -20 & +10 \\ +1 & -2 & +1 \end{vmatrix} \frac{\partial^2 w}{\partial y^2}$$

(III C.174)
$$= \frac{288 \cdot D_{xy}}{\Delta x^2 \cdot \Delta y^2} \begin{vmatrix} +1 & -2 & +1 \\ -2 & +4 & -2 \\ +1 & -2 & +1 \end{vmatrix} \cdot w.$$

Mit Hilfe der Ausdrücke (III C.172), (III C.173) und (III C.174) läßt sich nun Gl. (III C.168) wie folgt schreiben

$$\frac{144}{\Delta x^2} D_x \begin{vmatrix} -1 \\ -10 \\ -1 \end{vmatrix} \cdot \frac{\partial^2 w}{\partial x^2} + \frac{144 D_x}{\Delta x^4} \begin{vmatrix} +1 & -2 & +1 \\ +10 & -20 & +10 \\ +1 & -2 & +1 \end{vmatrix} \cdot w$$

$$+ 2 \frac{144 D_{xy}}{\Delta x^2 \Delta y^2} \begin{vmatrix} +1 & -2 & +1 \\ -2 & +4 & -2 \\ +1 & -2 & +1 \end{vmatrix} \cdot w + \frac{144}{\Delta y^2} D_y \begin{vmatrix} -1 & -10 & -1 \end{vmatrix} \cdot \frac{\partial^2 w}{\partial y^2}$$

$$+ \frac{144 D_y}{\Delta y^4} \begin{vmatrix} +1 & +10 & +1 \\ -2 & -20 & -2 \\ +1 & +10 & +1 \end{vmatrix} \cdot w = -h \begin{vmatrix} +1 & +10 & +1 \\ +10 & +100 & +10 \\ +1 & +10 & +1 \end{vmatrix} \cdot$$

$$\cdot \left[\sigma_x \frac{\partial^2 w}{\partial x^2} + 2 \tau_{xy} \frac{\partial^2 w}{\partial x \partial y} + \sigma_y \frac{\partial^2 w}{\partial y^2} \right]. \qquad \text{(III C.175)}$$

C. Methoden zur Lösung der Beulprobleme 71

Diese Gleichung enthält noch zweite Ableitungen. Um diese zu eliminieren, schreiben wir Gl. (III C.175) nach folgendem Schema

$$\boxed{\begin{array}{ccc} +1 & +10 & +1 \\ +10 & +100 & +10 \\ +1 & +10 & +1 \end{array}} \cdot \text{(III C.175)}.$$

Für den ersten Term erhält man

$$\frac{144 \cdot D_x}{\Delta x^2} \boxed{\begin{array}{ccc} +1 & +10 & +1 \\ +10 & +100 & +10 \\ +1 & +10 & +1 \end{array}} \cdot \boxed{\begin{array}{c} -1 \\ -10 \\ -1 \end{array}} \frac{\partial^2 w}{\partial x^2}. \quad \text{(III C.176a)}$$

Die Multiplikation der beiden Gitterschemata bedeutet, daß das eine Gitterschema an jedem Punkt des andern Gitterschemas zu setzen und mit dem Koeffizienten dieses Gitterpunktes zu multiplizieren ist. Die in jedem neuen Gitterpunkt entstehenden Produkte sind alsdann zu summieren. Führen wir diese Operation aus und beachten Gl. (III C.163), so ergibt sich folgendes Schema

$$\frac{144 \cdot D_x}{\Delta x^2} \boxed{\begin{array}{ccc} -1 & -10 & -1 \\ -10 & -100 & -10 \\ \underline{-10} & \underline{-100} & \underline{-10} \\ -20 & -200 & -20 \\ -1 & -10 & -1 \\ -100 & -1000 & -100 \\ -1 & -10 & -1 \\ \hline -102 & -1020 & -102 \\ -10 & -100 & -10 \\ \underline{-10} & \underline{-100} & \underline{-10} \\ -20 & -200 & -20 \\ -1 & -10 & -1 \end{array}} \frac{\partial^2 w}{\partial x^2}$$

$$= -\frac{144 \cdot D_x}{\Delta x^2} \cdot \frac{12}{\Delta x^2} \boxed{\begin{array}{ccc} +1 & -2 & +1 \\ +20 \cdot 1 & -20 \cdot 2 & +20 \cdot 1 \\ +102 \cdot 1 & -102 \cdot 2 & +102 \cdot 1 \\ +20 \cdot 1 & -20 \cdot 2 & +20 \cdot 1 \\ +1 & -2 & +1 \end{array}} \cdot w$$

$$= \frac{144 \cdot D_x}{\Delta x^4} \begin{vmatrix} -12 & +24 & -12 \\ -240 & +480 & -240 \\ -1224 & +2448 & -1224 \\ -240 & +480 & -240 \\ -12 & +24 & -12 \end{vmatrix} \cdot w. \quad \text{(III C.176 b)}$$

In analoger Weise erhält man das Glied mit $\frac{\partial^2 w}{\partial y^2}$. Das letzte Schema ist lediglich um 90° zu drehen. Die übrigen Glieder der linken Seite enthalten keine Ableitungen mehr und wir haben nur noch die Gittermultiplikation auszuführen. Für den zweiten Term ergibt sich z. B.

$$\begin{vmatrix} +1 & -2 & +1 \\ +10 & -20 & +10 \\ +1 & -2 & +1 \end{vmatrix} \begin{vmatrix} +1 & +10 & +1 \\ +10 & +100 & +10 \\ +1 & +10 & +1 \end{vmatrix}$$

$$= \begin{vmatrix} +1 & +8 & -18 & +8 & +1 \\ +20 & +160 & -360 & +160 & +20 \\ +102 & +816 & -1836 & +816 & +102 \\ +20 & +160 & -360 & +160 & +20 \\ +1 & +8 & -18 & +8 & +1 \end{vmatrix}$$

Durch Zusammenfassung entsprechender Glieder und Multiplikation mit $\frac{\Delta x^2 \Delta y^2}{144}$ erhalten wir die folgende Schema-Gleichung für das Beulproblem von orthotropen Platten

$$D_x \left(\frac{\Delta y}{\Delta x}\right)^2 \begin{vmatrix} +1 & -4 & +6 & -4 & +1 \\ +20 & -80 & +120 & -80 & +20 \\ +102 & -408 & +612 & -408 & +102 \\ +20 & -80 & +120 & -80 & +20 \\ +1 & -4 & +6 & -4 & +1 \end{vmatrix} \cdot w$$

$$+ 2 \cdot D_{xy} \begin{vmatrix} +1 & +8 & -18 & +8 & +1 \\ +8 & +64 & -144 & +64 & +8 \\ -18 & -144 & +324 & -144 & -18 \\ +8 & +64 & -144 & +64 & +8 \\ +1 & +8 & -18 & +8 & +1 \end{vmatrix} \cdot w$$

C. Methoden zur Lösung der Beulprobleme

$$+ D_y\left(\frac{\Delta x}{\Delta y}\right)^2 \begin{vmatrix} +1 & +20 & +102 & +20 & +1 \\ -4 & -80 & -408 & -80 & -4 \\ +6 & +120 & +612 & +120 & +6 \\ -4 & -80 & -408 & -80 & -4 \\ +1 & +20 & +102 & +20 & +1 \end{vmatrix} \cdot w$$

$$= -\frac{\Delta x^2 \Delta y^2}{144} h \begin{vmatrix} +1 & +10 & +1 \\ +10 & +100 & +10 \\ +1 & +10 & +1 \end{vmatrix} \begin{vmatrix} +1 & +10 & +1 \\ +10 & +100 & +10 \\ +1 & +10 & +1 \end{vmatrix} \left[\sigma_x \frac{\partial^2 w}{\partial x^2} + 2\tau_{xy}\frac{\partial^2 w}{\partial x \partial y} + \sigma_y \frac{\partial^2 w}{\partial y^2}\right]$$

$$= -\frac{\Delta x^2 \Delta y^2}{144} h \begin{vmatrix} +1 & +20 & +102 & +20 & +1 \\ +20 & +400 & +2040 & +400 & +20 \\ +102 & +2040 & +10404 & +2040 & +102 \\ +20 & +400 & +2040 & +400 & +20 \\ +1 & +20 & +102 & +20 & +1 \end{vmatrix} \left[\sigma_x \frac{\partial^2 w}{\partial x^2} + 2\tau_{xy}\frac{\partial^2 w}{\partial x \partial y} + \sigma_y \frac{\partial^2 w}{\partial y^2}\right].$$

(III C.177)

Für isotropes Material wird $D_x = D_y = D_{xy} = D$. Wählen wir noch quadratische Maschen, so vereinfacht sich die obige Gleichung zu

$$\begin{vmatrix} +4 & +32 & +72 & +32 & +4 \\ +32 & -32 & -576 & -32 & +32 \\ +72 & -576 & +1872 & -576 & +72 \\ +32 & -32 & -576 & -32 & +32 \\ +4 & +32 & +72 & +32 & +4 \end{vmatrix} \cdot w \qquad \text{(III C.178)}$$

$$= -\frac{h}{D} \cdot \frac{\Delta x^4}{144} \begin{vmatrix} +1 & +10 & +1 \\ +10 & +100 & +10 \\ +1 & +10 & +1 \end{vmatrix} \begin{vmatrix} +1 & +10 & +1 \\ +10 & +100 & +10 \\ +1 & +10 & +1 \end{vmatrix} \left[\sigma_x \frac{\partial^2 w}{\partial x^2} + 2\tau_{xy}\frac{\partial^2 w}{\partial x \partial y} + \sigma_y \frac{\partial^2 w}{\partial y^2}\right].$$

Auf der rechten Seite dieser Gleichung stehen noch zweite Ableitungen von w. Die $\frac{\partial^2 w}{\partial x^2}$ und $\frac{\partial^2 w}{\partial y^2}$ können wir auf die gleiche Weise mit Hilfe der Seilpolygongleichung in w überführen, wie wir das auf der linken Seite gemacht haben. Für die gemischte Ableitung ist das jedoch nicht möglich. Um auch solche Probleme lösen zu können, muß ein anderer Lösungsweg eingeschlagen werden. Wir gehen jedoch hier nicht weiter darauf ein und verweisen auf die Arbeit von P. Dubas[1]. Außerdem werden wir bei den Beispielen noch sehen, daß in gewissen Fällen auch durch eine Drehung des Gitters auf der Platte die gemischte Ableitung zum Verschwinden gebracht werden kann. Im folgenden sei noch die Elimination der zweiten Ableitungen von Gl. (III C.178) auf der rechten Seite gezeigt, für den Fall, daß die gemischte Ableitung nicht vorkommt.

Führen wir für die linke Seite der Gl. (III C.178) das Symbol $G(w)$ ein, so läßt sich diese wie folgt schreiben

$$G(w) = -\frac{h}{D}\frac{\Delta x^4}{144}\left\{\begin{vmatrix} +1 & +10 & +1 \\ +10 & +100 & +10 \\ +1 & +10 & +1 \end{vmatrix}\sigma_x \begin{vmatrix} +1 & +10 & +1 \\ +10 & +100 & +10 \\ +1 & +10 & +1 \end{vmatrix}\frac{\partial^2 w}{\partial x^2}\right.$$

$$\left. + \begin{vmatrix} +1 & +10 & +1 \\ +10 & +100 & +10 \\ +1 & +10 & +1 \end{vmatrix}\sigma_y \begin{vmatrix} +1 & +10 & +1 \\ +10 & +100 & +10 \\ +1 & +10 & +1 \end{vmatrix}\frac{\partial^2 w}{\partial y^2}\right\}$$

(III C.179)

Entsprechend Gl. (III C.170) gilt

$$\begin{vmatrix} +1 & +10 & +1 \\ +10 & +100 & +10 \\ +1 & +10 & +1 \end{vmatrix}\frac{\partial^2 w}{\partial x^2} = \frac{12}{\Delta x^2}\begin{vmatrix} +1 & -2 & +1 \\ +10 & -20 & +10 \\ +1 & -2 & +1 \end{vmatrix} w, \quad \text{(III C.180a)}$$

und

$$\begin{vmatrix} +1 & +10 & +1 \\ +10 & +100 & +10 \\ +1 & +10 & +1 \end{vmatrix}\frac{\partial^2 w}{\partial y^2} = \frac{12}{\Delta y^2}\begin{vmatrix} +1 & +10 & +1 \\ -2 & -20 & -2 \\ +1 & +10 & +1 \end{vmatrix} w. \quad \text{(III C.180b)}$$

Multiplizieren wir die rechten Seiten noch mit dem Gitterschema

$$\begin{vmatrix} +1 & +10 & +1 \\ +10 & +100 & +10 \\ +1 & +10 & +1 \end{vmatrix},$$

---

[1] Dubas, P.: Calcul numérique des plaques et des parois minces. Zürich: Leemann 1955.

so erhält man an Stelle von Gl. (III C.179)

$$G(w) = -\frac{h}{D}\frac{\Delta x^2}{12}\left\{\begin{array}{|ccccc|} +1 & +8 & -18 & +8 & +1 \\ +20 & +160 & -360 & +160 & +20 \\ +102 & +816 & -1836 & +816 & +102 \\ +20 & +160 & -360 & +160 & +20 \\ +1 & +8 & -18 & +8 & +1 \end{array}\right. \sigma_x \cdot w$$

$$+ \left.\begin{array}{|ccccc|} +1 & +20 & +102 & +20 & +1 \\ +8 & +160 & +816 & +160 & +8 \\ -18 & -360 & -1836 & -360 & -18 \\ +8 & +160 & +816 & +160 & +8 \\ +1 & +20 & +102 & +20 & +1 \end{array}\right| \sigma_y \cdot w \right\}$$

(III C.181 a)

Die bis jetzt behandelten Untersuchungen gelten für Punkte im Innern des Gitters, die vom Rande mindestens um 2 Maschenweiten entfernt liegen. Für die Punkte, die in den den Rändern benachbarten Gitterlinien liegen, sind besondere Gitter-Schemata aufzustellen, bei welchen noch die Randbedingungen zu berücksichtigen sind. Wie wir bereits bei der Methode der Differenzenrechnung gesehen haben, lassen sich jedoch die Randbedingungen oft auch dadurch einführen, daß für Punkte außerhalb der Platte Gitterpunkte festgelegt werden können, die mit den längs den Rändern im Innern der Platte liegenden Gitterpunkten in Beziehung stehen. In diesem Falle erübrigen sich besondere Gitterschemata für dem Rande benachbarte Gitterpunkte. Wir verzichten daher hier darauf, diese Schemas zu entwickeln und verweisen wiederum auf die Arbeit von P. Dubas[1].

Setzen wir in Gl. (III C.181a)

$$\sigma_x = \varkappa \cdot k \cdot \sigma_E \qquad \text{(III C.182a)}$$

und

$$\sigma_y = \varrho\, k \cdot \sigma_E, \qquad \text{(III C.182b)}$$

so kann $k \cdot \sigma_E$ als Konstante vor die geschweifte Klammer genommen werden und der Ausdruck vor der geschweiften Klammer lautet, wenn man für σ_E den Wert nach Gl. (III C.8) einsetzt

$$\varphi = \frac{h}{D} \cdot \frac{\Delta x^2}{12} \cdot \frac{\pi^2 \cdot D}{b^2 \cdot h} k = k\left(\frac{\Delta x}{b}\right)^2 \frac{\pi^2}{12}. \qquad \text{(III C.183)}$$

---

[1] Dubas, P.: Calcul numérique des plaques et des parois minces. Zürich: Leemann 1955.

Damit kann die Beulgleichung (III C.181a) wie folgt geschrieben werden:

$$\begin{vmatrix} +4 & +32 & +72 & +32 & +4 \\ +32 & -32 & -576 & -32 & +32 \\ +72 & -576 & +1872 & -576 & +72 \\ +32 & -32 & -576 & -32 & +32 \\ +4 & +32 & +72 & +32 & +4 \end{vmatrix} \cdot w$$

$$+\varphi \left\{ \begin{vmatrix} +1 & +8 & -18 & +8 & +1 \\ +20 & +160 & -360 & +160 & +20 \\ +102 & +816 & -1836 & +816 & +102 \\ +20 & +160 & -360 & +160 & +20 \\ +1 & +8 & -18 & +8 & +1 \end{vmatrix} \cdot (\varkappa \cdot w) \right.$$

$$\left. + \begin{vmatrix} +1 & +20 & +102 & +20 & +1 \\ +8 & +160 & +816 & +160 & +8 \\ -18 & -360 & -1836 & -360 & -18 \\ +8 & +160 & +816 & +160 & +8 \\ +1 & +20 & +102 & +20 & +1 \end{vmatrix} \cdot (\varrho \cdot w) \right\} = 0. \quad \text{(III C.181b)}$$

Wie bei der Methode der Differenzenrechnung können wir auch hier für jeden innerhalb der Platte liegenden Gitterpunkt eine solche Gleichung anschreiben. Wählen wir ein Gitter mit n^2 Maschen, so erhalten wir ein System von $(n-1)^2$ linearen, homogenen Gleichungen der Unbekannten w. Damit ein solches Gleichungssystem erfüllt ist, muß seine Koeffizientendeterminante Null sein. Diese Bedingung führt zu einer Gleichung vom Grade $(n-1)^2$ für φ. Aus der kleinsten Wurzel derselben ergibt sich der Beulwert k nach Gl. (III C.183) zu

$$k = \left(\frac{b}{\varDelta x}\right)^2 \frac{12}{\pi^2} \cdot \varphi. \quad \text{(III C.184)}$$

Zur Erläuterung der Methode dienen die beiden folgenden Beispiele.

δ) *Beispiele.* Beispiel 1: An erster Stelle wählen wir das erste Beispiel, welches wir bei der Methode der Differenzenrechnung betrachteten, d. h. die quadratische Platte, die an allen 4 Seiten durch gleichmäßigen Druck belastet ist (Kap. III C.3a, γ). Für diesen Fall wird in jedem Gitterpunkt $\varkappa = \varrho = +1$. Wir können daher die beiden Gitterschemata in der geschweiften Klammer der Gl. (III C.181b) zusammen-

C. Methoden zur Lösung der Beulprobleme   77

fassen und unsere Beulgleichung lautet somit

$$\begin{vmatrix} +4 & +32 & +72 & +32 & +4 \\ +32 & -32 & -576 & -32 & +32 \\ +72 & -576 & +1872 & -576 & +72 \\ +32 & -32 & -576 & -32 & +32 \\ +4 & +32 & +72 & +32 & +4 \end{vmatrix} \cdot w$$

$$+\varphi \begin{vmatrix} +2 & +28 & +84 & +28 & +2 \\ +28 & +320 & +456 & +320 & +28 \\ +84 & +456 & -3672 & +456 & +84 \\ +28 & +320 & +456 & +320 & +28 \\ +2 & +28 & +84 & +28 & +2 \end{vmatrix} \cdot w = 0. \qquad \text{(III C.185)}$$

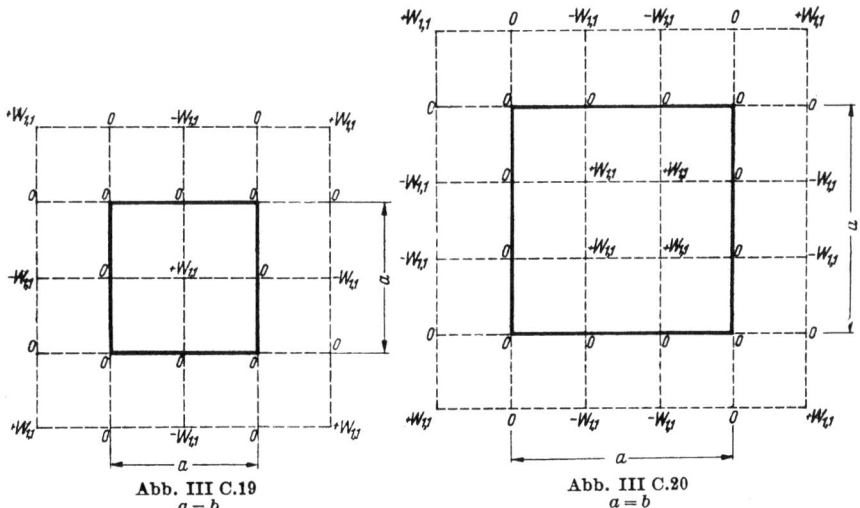

Abb. III C.19
$a = b$

Abb. III C.20
$a = b$

Wir wenden diese Gleichung zunächst an einem Gitter von $2 \times 2 = 4$ Maschen an (Abb. III C.19). Wir erhalten:

$$(4 \cdot 4 - 4 \cdot 72 + 1872)\, w_{11} + \varphi\, (4 \cdot 2 - 4 \cdot 84 - 3672)\, w_{11} = 0$$

und daraus

$$\varphi = \frac{1600}{4000} = 0{,}4.$$

Nach Gl. (III C.184), ergibt sich der k-Wert zu

$$\underline{k = (2)^2 \frac{12}{\pi^2} \cdot 0{,}4 = 1{,}9454.}$$

Wenden wir ein Gitter von $3 \times 3 = 9$ Maschen an (Abb. III C.20), so erhalten wir

$$(-32 - 72 + 4 - 576 + 1872 - 72 - 32 - 576 - 32)\, w_{11}$$
$$+ \varphi\, (-28 - 84 + 2 + 456 - 3672 - 84 + 320 + 456 - 28)\, w_{11} = 0$$

und daraus

$$\varphi = \frac{484}{2662} = 0{,}181818\ldots$$

Für den k-Wert erhalten wir nach Gl. (III C.184)

$$k = (3)^2\, \frac{12}{\pi^2} \cdot 0{,}181818\ldots = \underline{1{,}9896}.$$

Vergleicht man die erhaltenen k-Werte mit denjenigen, die wir nach der Differenzenrechnung erhalten haben, so sieht man, daß die baustatische Methode mit 4 Maschen bereits einen genaueren Wert liefert als die Differenzenrechnung mit 25 Maschen. Die Überlegenheit der baustatischen Methode ist somit augenscheinlich.

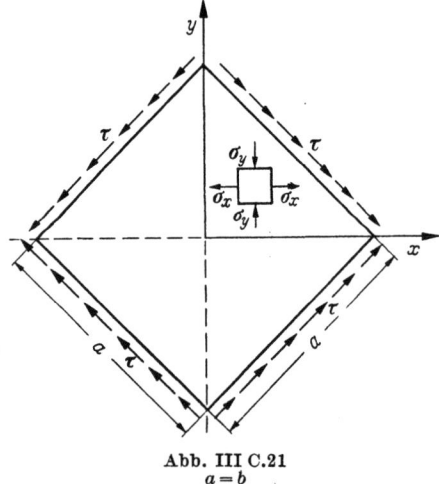

Abb. III C.21
$a = b$

Beispiel 2: Für dieses Beispiel wählen wir die auf reinen Schub beanspruchte, frei aufliegende quadratische Platte. Wie wir gesehen haben, läßt sich die gemischte Ableitung in Gl. (III C.178) nicht eliminieren. Legen wir jedoch das Gitter derart, daß die Gitterlinien parallel zu den Diagonalen des Quadrates verlaufen (Abb. III C.21), so verschwindet das gemischte Glied, da die Hauptspannungsrichtungen parallel zu den Diagonalen verlaufen. Jedes unendlich kleine Element im Innern ist also durch die Normalspannungen $-\sigma_x = +\sigma_y = \tau$ beansprucht, wogegen $\tau_{xy} = 0$ ist. Es läßt sich nun wieder Gl. (III C.181 b) anwenden, und zwar sind $\varkappa = -1$ und $\varrho = +1$. Die beiden Gitter-

C. Methoden zur Lösung der Beulprobleme

schemata in der eckigen Klammer lassen sich wieder zusammenfassen und wir erhalten die Beulgleichung

$$\begin{vmatrix} +4 & +32 & +72 & +32 & +4 \\ +32 & -32 & -576 & -32 & +32 \\ +72 & -576 & +1872 & -576 & +72 \\ +32 & -32 & -576 & -32 & +32 \\ +4 & +32 & +72 & +32 & +4 \end{vmatrix} \cdot w$$

$$+ \varphi \cdot \begin{vmatrix} 0 & +12 & +120 & +12 & 0 \\ -12 & 0 & +1176 & 0 & -12 \\ -120 & -1176 & 0 & -1176 & -120 \\ -12 & 0 & +1176 & 0 & -12 \\ 0 & +12 & +120 & +12 & 0 \end{vmatrix} w = 0. \quad \text{(III C.186)}$$

Die Randbedingungen berücksichtigen wir wieder dadurch, daß wir außerhalb der Platte liegende Punkte mit einbeziehen. Da wir die Platte frei aufliegend angenommen haben, sind die Randbedingungen erfüllt, wenn wir die Durchbiegungen w der außerhalb liegenden Punkte antimetrisch zu denjenigen der innern Punkten annehmen.

Wir führen die Rechnung für ein Gitter mit 6 Maschen auf der Diagonale durch. Da die Beulfigur symmetrisch zu den Diagonalen verläuft, können wir die Symmetrieeigenschaften berücksichtigen. Mit den Bezeichnungen nach Abb. III C.22 erhalten wir das in Tab. III C.2 dargestellte lineare Gleichungssystem. Das System ist, infolge der Glieder mit φ, trotz Multiplikation der Gleichungen in (1,0); (0,1); (2,0); (0,2) mit 2 und in (1,1) mit 4 nicht symmetrisch zur Hauptdiagonalen.

Aus der Bedingung, daß die Koeffizientendeterminante dieses Systems Null sein muß, läßt sich φ bestimmen.

Tabelle III C.2

	$w_{0,0}$	$w_{1,0}$	$w_{0,1}$	$w_{2,0}$	$w_{1,1}$	$w_{0,2}$
0,0	$+1872$	-1152 -2352φ	-1152 $+2352\varphi$	$+144$ -240φ	-144	$+144$ $+240\varphi$
1,0	-1152 -2352φ	$+3872$ -240φ	-128	-1280 -2304φ	-2304 $+4608\varphi$	$+128$ $+48\varphi$
0,1	-1152 $+2352\varphi$	-128	$+3872$ $+240\varphi$	$+128$ -48φ	-2304 -4608φ	-1280 $+2304\varphi$
2,0	$+144$ -240φ	-1280 -2400φ	$+128$ -48φ	$+4016$ -240φ	-432 -480φ	$+16$
1,1	-144	-2304 $+4704\varphi$	-2304 -4704φ	-432 $+480\varphi$	$+8208$	-432 -480φ
0,2	$+144$ $+240\varphi$	$+128$ $+48\varphi$	-1280 $+2400\varphi$	$+16$	-432 $+480\varphi$	$+4016$ $+240\varphi$

Anstatt die Determinante auszurechnen, wie wir das bei der Differenzenrechnung machten, benützen wir hier zur Lösung den GAUSSschen Algorithmus. Man nimmt einen Wert von φ an und führt damit das Verfahren von GAUSS durch. Der Wert der Determinante ist Null, wenn der letzte Koeffizient des reduzierten Systems verschwindet.

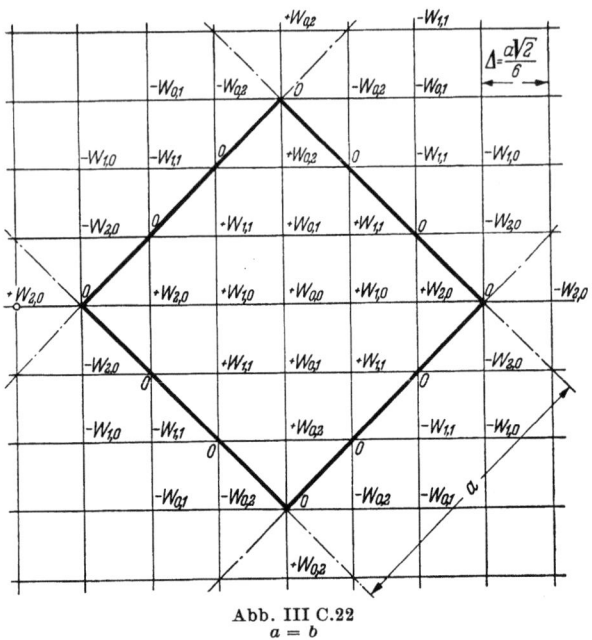

Abb. III C.22
$a = b$

Die Rechnung ist in der nachstehenden Tab. III C.3 für $\varphi = 0{,}37027$ (obere Zeile) und für $\varphi = 0{,}37030$ (untere Zeile) durchgeführt.

Durch lineare Interpolation erhält man aus den beiden angenommenen Werten $\varphi = 0{,}370295$. Nach Gl. (III C.184) ergibt sich daraus für den k-Wert

$$\underline{k_6} = \left(\frac{6b}{b\sqrt{2}}\right)^2 \frac{12}{\pi^2} \cdot \varphi = 18 \frac{12}{\pi^2} \cdot 0{,}370295 = \underline{8{,}1041}.$$

Die gleiche Rechnung mit 8 bzw. 10 Maschen auf der Diagonale ergab die Werte

$$k_8 = 8{,}9278$$

und

$$k_{10} = 9{,}1668.$$

Die Extrapolationsformel (III C.90) nach BURCHARD ergibt

$$k_\infty = 9{,}348.$$

C. Methoden zur Lösung der Beulprobleme

Tabelle III C.3

$w_{0,0}$	$w_{1,0}$	$w_{0,1}$	$w_{2,0}$	$w_{1,1}$	$w_{0,2}$	Σ
$+1872$	-1152	-1152	$+144$	-144	$+144$	-288
—	$-2352\,\varphi$	$+2352\,\varphi$	$-240\,\varphi$	—	$+240\,\varphi$	0
$+1872$	$-2022{,}875$	$-281{,}125$	$+55{,}135$	-144	$+232{,}865$	-288
$+1872$	$-2022{,}946$	$-281{,}054$	$+55{,}128$	-144	$+232{,}872$	-288
-1152	$+3872$	-128	-1280	-2304	$+128$	-864
$-2352\,\varphi$	$-240\,\varphi$	—	$-2304\,\varphi$	$+4608\,\varphi$	$+48\,\varphi$	$-240\,\varphi$
$+1{,}08059562$	$+1597{,}225$	$-431{,}782$	$-2073{,}523$	$-753{,}402$	$+397{,}406$	$-1264{,}076$
$+1{,}08063355$	$+1597{,}065$	$-431{,}716$	$-2073{,}598$	$-753{,}269$	$+397{,}424$	$-1264{,}094$
-1152	-128	$+3872$	$+128$	-2304	-1280	-864
$+2352\,\varphi$	—	$+240\,\varphi$	$-48\,\varphi$	$-4608\,\varphi$	$+2304\,\varphi$	$+240\,\varphi$
$+0{,}15017361$	$+0{,}27033261$	$+3801{,}922$	$-442{,}034$	$-4235{,}498$	$-284{,}496$	$-1160{,}106$
$+0{,}15013568$	$+0{,}27031837$	$+3801{,}975$	$-442{,}029$	$-4235{,}584$	$-284{,}435$	$-1160{,}074$
$+144$	-1280	$+128$	$+4016$	-432	$+16$	$+2592$
$-240\,\varphi$	$-2400\,\varphi$	$-48\,\varphi$	$-240\,\varphi$	$-480\,\varphi$	—	$-3408\,\varphi$
$-0{,}02945246$	$-0{,}02945852$	$+0{,}11879343$	$+1134{,}999$	$-2103{,}474$	$+500{,}104$	$-468{,}371$
$-0{,}02944872$	$-0{,}02944872$	$+0{,}11879059$	$+1134{,}521$	$-2103{,}448$	$+500{,}208$	$-468{,}719$
-144	-2304	-2304	-432	$+8208$	-432	$+2592$
—	$+4704\,\varphi$	$-4704\,\varphi$	$+480\,\varphi$	—	$-480\,\varphi$	—
$+0{,}07692308$	$+0{,}44943930$	$+1{,}12086331$	$+1{,}47789704$	$+2{,}182_3$	$+7{,}014$	$+9{,}196$
$+0{,}07692308$	$+0{,}44939939$	$+1{,}12087103$	$+1{,}47846233$	$+0{,}992_6$	$+7{,}495$	$+8{,}487$
$+144$	$+128$	-1280	$+16$	-432	$+4016$	$+2592$
$+240\,\varphi$	$+48\,\varphi$	$+2400\,\varphi$	—	$+480\,\varphi$	$+240\,\varphi$	$+3408\,\varphi$
$-0{,}12439370$	$-0{,}24881028$	$+0{,}06548004$	$-0{,}43710258$	$-271{,}818_6$	$+1833{,}3$	$+1833{,}3$
$-0{,}12439744$	$-0{,}24884648$	$+0{,}06546245$	$-0{,}43737708$	$-598{,}26$	$-744{,}3$	$-744{,}0$

Wert der Determinante (Produkt der Hauptdiagonalglieder des reduzierten Systems):
$\varphi = 0{,}37027$ (obere Zeile): $\Delta = +\,0{,}05162 \cdot 10^{18}$ Interpolation: $\varphi = 0{,}370295$
$\varphi = 0{,}37030$ (untere Zeile): $\Delta = -\,0{,}00953 \cdot 10^{18}$

SEYDEL[1] fand nach der Energiemethode
$$k = 9{,}34.$$
Die Übereinstimmung ist also gut, obwohl die Genauigkeit der k_n nicht besonders gut ist. Die Beulfigur zeigt nämlich drei Halbwellen in der Druckrichtung[2]; zur genauen Erfassung ist daher ein engmaschiges Gitter notwendig.

Die beiden Beispiele zeigen, daß der kleine Mehraufwand der baustatischen Methode gegenüber der Differenzenrechnung sich durch die weitaus größere Genauigkeit bezahlt macht.

Wie die Differenzenmethode, läßt sich die baustatische Methode auch auf Beulprobleme anwenden, die durch eine totale Differentialgleichung bestimmt sind (Platten nur an zwei Rändern belastet, Beispiele dazu s. Kap. IV A. 7)[3]. Die Spannungsfunktion F kann, wenn nötig, auch mit demselben Verfahren ermittelt werden[4].

IV. Die verschiedenen Beulfälle

A. Elastischer Bereich

Untersucht wird das Ausbeulen dünner, ebener, rechteckiger Platten durch in ihrer Ebene wirkende Kräfte.

1. Differentialgleichung für die Ausbeulung dünner, ebener, rechteckiger Platten

Die Differentialgleichung für die Ausbiegung dünner Platten lautet[5]:

$$\frac{m_p^2}{m_p^2 - 1} E \frac{h^3}{12} \Delta\Delta w + \sigma_x \frac{\partial^2 w}{\partial x^2} + 2\tau_{xy} \frac{\partial^2 w}{\partial x \cdot \partial y} + \sigma_y \frac{\partial^2 w}{\partial y^2} = 0. \qquad \text{(IV A.1)}$$

Dabei bedeuten nach Abb. IV A.1 für gleichmäßig verteilten Druck σ_x und σ_y die Spannungen pro *Längeneinheit*. Bezeichnet man mit σ_x und σ_y die Spannungen pro *Flächeneinheit*, so geht Gl. (IV A.1) über in:

$$\frac{m_p^2}{m_p^2 - 1} E \frac{h^3}{12} \Delta\Delta w + h\left\{\sigma_x \frac{\partial^2 w}{\partial x^2} + 2\tau_{xy} \frac{\partial^2 w}{\partial x \cdot dy} + \sigma_y \frac{\partial^2 w}{\partial y^2}\right\} = 0. \qquad \text{(IV A.2)}$$

Setzt man für[6]

$$\Delta_{xy} = \frac{\partial^2}{\partial x^2} + \frac{\partial^2}{\partial y^2},$$

---

[1] SEYDEL, E.: Über das Ausbeulen von rechteckigen, isotropen oder orthogonalanisotropen Platten bei Schubbeanspruchung. Ing.-Arch. Bd. 4 (1933) S. 169.

[2] SCHLEICHER, F.: Taschenbuch für Bauingenieure, Bd. 1: Stabilitätsfälle, 2. Aufl., S. 1028. Berlin/Göttingen/Heidelberg: Springer 1955.

[3] STÜSSI, F.: Berechnung der Beulspannungen gedrückter Rechteckplatten. Abhandlungen IVBH, achter Band (1947), S. 237. — STÜSSI, F., Ch. u. P. DUBAS: Le voilement de l'âme des poutres fléchies, avec raidisseur au cinquième supérieur, Abhandlungen IVBH, siebzehnter Band (1957), S. 217.

[4] ABDEL-RAHMAN, E.: Ausbeulen trapezförmiger Platten, Mitt. Inst. f. Baustatik an der ETH, H. 31. Zürich: Leemann 1957.

[5] Encyclopädie der mathematischen Wissenschaften. Bd. IV: Mechanik, 4. Teilband, S. 377 (s. a. die abgeleiteten Gln. (III B.63a) und (III B.63b)).

[6] Encyclopädie der mathematischen Wissenschaften. Bd. IV, 4. Teilband, S. 162.

A. Elastischer Bereich

d. h. für

$$\underset{xy}{\Delta}\underset{xy}{\Delta}\, w = \left(\frac{\partial^2}{\partial x^2}+\frac{\partial^2}{\partial y^2}\right)\cdot\left(\frac{\partial^2 w}{\partial x^2}+\frac{\partial^2 w}{\partial y^2}\right)=\frac{\partial^4 w}{\partial x^4}+2\frac{\partial^4 w}{\partial x^2\cdot\partial y^2}+\frac{\partial^4 w}{\partial y^4}$$

und für

$$\frac{1}{m_p} = \overline{m}_p = \nu,$$

so erhält man die bekannte Differentialgleichung der Elastizitätstheorie:

$$\frac{EJ}{1-\nu^2}\left[\frac{\partial^4 w}{\partial x^4}+2\frac{\partial^4 w}{\partial x^2\cdot\partial y^2}+\frac{\partial^4 w}{\partial y^4}\right]$$
$$+ h\left[\sigma_x\frac{\partial^2 w}{\partial x^2}+\sigma_y\frac{\partial^2 w}{\partial y^2}+2\tau_{xy}\frac{\partial^2 w}{\partial x\cdot\partial y}\right]=0. \qquad\text{(IV A.3)}$$

Darin bezeichnen:

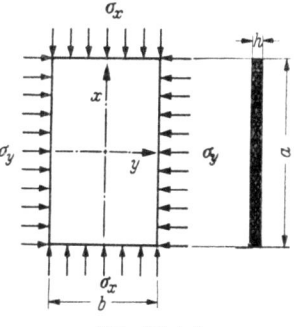

Abb. IV A.1

w: Ausbiegung senkrecht zur Plattenebene (x–y-Ebene).

σ_x, σ_y: Normalspannungen in Richtung der x- bzw. y-Achse.

τ_{xy}: Schubspannungen in Schnitten senkrecht zur Plattenebene, die parallel zur x- bzw. y-Achse geführt werden.

$J = \frac{1}{12}h^3$: Trägheitsmoment eines Plattenstreifens von der Breite 1 und der Plattendicke h.

$\nu = \overline{m}_p = \frac{1}{m_p}$: Querkürzungsverhältnis, d. h. der reziproke Wert der POISSONschen Zahl.

2. Ausbeulen der auf einseitigen, gleichmäßig verteilten Druck beanspruchten rechteckigen Platten

(Belastete Ränder b frei drehbar gelagert)

Wir betrachten jetzt den Fall der gleichmäßig verteilten Belastung längs der Ränder b (Abb. IV A. 2).

Mit $\sigma_y = 0$ und $\tau_{xy} = 0$ geht die Differentialgleichung (IV A.3) in folgende einfachere Form über:

$$\frac{EJ}{1-\nu^2}\left[\frac{\partial^4 w}{\partial x^4}+2\frac{\partial^4 w}{\partial x^2\cdot\partial y^2}+\frac{\partial^4 w}{\partial y^4}\right]+\sigma_x h\frac{\partial^2 w}{\partial x^2}=0. \qquad\text{(IV A.4)}$$

a) Allgemeine Lösung der Differentialgleichung. Wir betrachten den Fall der ebenen Platte, die an den beiden zur y-Achse parallelen Rändern b durch gleichförmig verteilten Druck $\sigma_x h$ belastet ist. Dabei nehmen wir an, daß die Ränder b frei drehbar gelagert seien (Abb. IV A.2).

Voraussetzungsgemäß müssen die Ausbiegungen w und die Momente M_x an den Rändern b verschwinden. Daraus folgt für $x = \pm \dfrac{a}{2}$

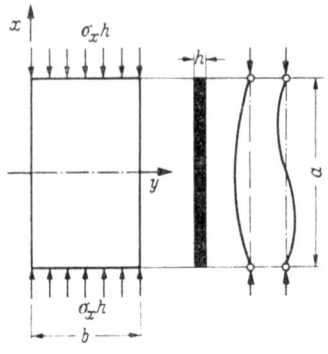

Abb. IV A.2

1. $w = 0$,
2. $M_x = \left(\dfrac{\partial^2 w}{\partial x^2} + \nu \dfrac{\partial^2 w}{\partial y^2}\right) \dfrac{EJ}{1-\nu^2} = 0$.

Da aber die Ränder b voraussetzungsgemäß gerade bleiben, gilt

3. $\dfrac{\partial^2 w}{\partial y^2} = 0$

und somit, damit die 2. Randbedingung erfüllt ist

4. $\dfrac{\partial^2 w}{\partial x^2} = 0$.

Der Ansatz

$$w = Y \cos \dfrac{m \pi x}{a} \quad (m = 1, 3, 5, \ldots) \tag{IV A.5}$$

erfüllt die Randbedingungen 1 und 4, wie auch die Differentialgleichung (IV A.4), wenn Y eine Funktion von y ist[1].

Gl. (IV A.5) stellt bei festgehaltenem y eine cos-Linie mit m Halbwellen auf der Länge a dar. Dabei ist die auftretende Halbwellenzahl immer ungerade.

Für gerade Halbwellenzahl lautet der Ansatz:

$$w = Y \sin \dfrac{2 m \pi x}{a} \quad (m = 1, 2, 3, 4, \ldots). \tag{IV A.6}$$

Durch Einführung des Ansatzes (IV A.5) in die partielle Differentialgleichung (IV A.4) und durch Kürzung mit $\cos \dfrac{m \pi x}{a}$ erhält man die gewöhnliche Differentialgleichung 4. Ordnung, wobei $D = \dfrac{EJ}{1-\nu^2}$ die Plattensteifigkeit bezeichnet:

$$\dfrac{d^4 Y}{dy^4} - 2\left(\dfrac{m \pi}{a}\right)^2 \dfrac{d^2 Y}{dy^2} + \left[\left(\dfrac{m \pi}{a}\right)^4 - \dfrac{\sigma_{kr} h}{D} \left(\dfrac{m \pi}{a}\right)^2\right] Y = 0. \tag{IV A.7}$$

Dabei wurde an Stelle von $\sigma_x = \sigma_{kr}$ eingeführt. σ_{kr} ist die gesuchte kritische Längsspannung, bei der die Platte ausbeult.

Führt man die partikuläre Lösung

$$Y = e^{ky}$$

---

[1] KOLLBRUNNER, C. F.: Das Ausbeulen des auf Druck beanspruchten freistehenden Winkels. Mitt. Inst. f. Baustatik an der ETH., H. 4, S. 26. Zürich: Leemann 1935.

in die Differentialgleichung (IV A.7) ein und kürzt man mit e^{ky}, so erhält man folgende Bestimmungsgleichungen für den Beiwert k:

$$k^4 - 2\left(\frac{m\pi}{a}\right)^2 k^2 + \left[\left(\frac{m\pi}{a}\right)^4 - \frac{\sigma_{kr} h}{D}\left(\frac{m\pi}{a}\right)^2\right] = 0.$$

Die Auflösung nach k^2 ergibt:

$$k^2_{1,2} = \left(\frac{m\pi}{a}\right)^2 \pm \sqrt{\frac{\sigma_{kr} h}{D}\left(\frac{m\pi}{a}\right)^2}.$$

Daraus erhält man

$$\left.\begin{aligned}\pm k_1 &= \pm \sqrt{\sqrt{\frac{\sigma_{kr} h}{D}\left(\frac{m\pi}{a}\right)^2} + \left(\frac{m\pi}{a}\right)^2} \\ \pm k_2 &= \pm i \sqrt{\sqrt{\frac{\sigma_{kr} h}{D}\left(\frac{m\pi}{a}\right)^2} - \left(\frac{m\pi}{a}\right)^2}\end{aligned}\right\} \quad \text{(IV A.8)}$$

Wie leicht bewiesen werden kann, ist der Wurzelausdruck in k_2 immer reell[1], k_2 ist somit stets imaginär.

Die allgemeine Lösung der Differentialgleichung (IV A.7) lautet:

$$Y = C_1 e^{k_1 y} + C_2 e^{-k_1 y} + C_3 e^{ik_2 y} + C_4 e^{-ik_2 y}$$

k_1 und k_2 sind Absolutwerte.

Ersetzt man die Exponentialfunktionen durch trigonometrische und hyperbolische Funktionen, so nimmt die allgemeine Lösung der Differentialgleichung (IV A.4) folgende Formen an[2]:

$$w = \cos\frac{m\pi x}{a}\{A \cdot \text{Cos}(k_1 y) + B \cdot \text{Sin}(k_1 y)$$
$$+ C \cdot \cos(k_2 y) + D \cdot \sin(k_2 y)\} \quad \text{(IV A.9a)}$$

(für $m = 1, 3, 5, \ldots$ ungerade Halbwellenzahl)

$$\text{(IV A.9b)}$$
$$w_1 = \sin\frac{2m\pi x}{a}\{A \cdot \text{Cos}(k_1 y) + B \cdot \text{Sin}(k_1 y) + C \cdot \cos(k_2 y) + D \cdot \sin(k_2 y)\}$$

(für $m = 1, 2, 3, 4, \ldots$ gerade Halbwellenzahl)

Die Festwerte A, B, C und D bestimmen sich aus den Randbedingungen an den Seiten a.

b) Platte an den Rändern a einerseits elastisch eingespannt, anderseits vollständig frei. Den folgenden Überlegungen ist der in Abb. IV A.2 dargestellte Querschnitt zugrunde gelegt. Bei den zu untersu-

---

[1] KOLLBRUNNER, C. F.: Das Ausbeulen des auf Druck beanspruchten freistehenden Winkels. Mitt. Inst. f. Baustatik an der ETH., Heft 4, S. 28. Zürich: Leemann 1935.
[2] KOLLBRUNNER, C. F.: Das Ausbeulen des auf Druck beanspruchten freistehenden Winkels. Mitt. Inst. Baustatik an der ETH., Heft 4, S. 29. Zürich: Leemann 1935.

chenden Flanschplatten wird die y-Achse analog Abb. IV A.2 durch die Plattenmitte gelegt; die x-Achse läßt man mit dem elastisch eingespannten Rand zusammenfallen (Abb. IV A.3).

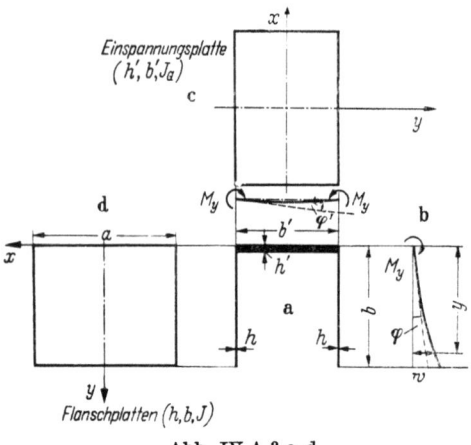

Abb. IV A.3 a–d

Bei genügend großen Druckspannungen befinden sich die Flanschplatten, wenn man einen parallel zur y-Achse herausgeschnittenen Streifen betrachtet, in dem in Abb. IV A.3b angegebenen Verformungszustand. Die steife Verbindung der Flanschplatten mit der Einspannungsplatte (Gurtplatte) bedingt, daß die Verformung der ersteren auch eine Verformung der letzteren zur Folge hat. (Die rechten Winkel bleiben, wenigstens in dem hier zu untersuchenden ersten Moment des Ausbeulens, erhalten.)

Die Festwerte A, B, C und D der Gl. (IV A.9a) bzw. (IV A.9b) bestimmen sich aus den folgenden Randbedingungen:

$$y = 0: \quad 1.\ w = 0,$$
$$\qquad\qquad 2.\ M_y = \mu \frac{\partial w}{\partial y}$$
$$y = b: \quad 3.\ M_y = 0$$
$$\qquad\qquad 4.\ V_y = 0.$$

Die aus der Elastizitätstheorie entnommenen Ausdrücke für M_y und V_y lauten nach Gl. (III B.34) und analog Gl. (III B.40b) (das Minuszeichen dieser Gleichungen ist, bei der gewählten Vorzeichenregelung für Momente und Durchbiegungen, durch das Pluszeichen zu ersetzen):

$$M_y = \frac{EJ}{1-\nu^2}\left(\frac{\partial^2 w}{\partial y^2} + \nu\frac{\partial^2 w}{\partial x^2}\right) \tag{IV A.10}$$

$$V_y = \frac{EJ}{1-\nu^2} \cdot \frac{\partial}{\partial y}\left\{\frac{\partial^2 w}{\partial y^2} + (2-\nu)\frac{\partial^2 w}{\partial x^2}\right\}. \tag{IV A.11}$$

Zwischen dem Randmoment M_y und der Drehung φ' der Endtangente der Gurtplatte besteht der Zusammenhang

$$\operatorname{tg}\varphi' = \frac{1-\nu^2}{EJ_G} \cdot \frac{b'}{2} M_y,$$

was an Hand der Differentialgleichung der elastischen Linie leicht bewiesen werden kann. Dabei bezeichnet J_G das Trägheitsmoment eines Gurtstreifens von der Breite 1.

A. Elastischer Bereich

Da der rechte Winkel erhalten bleibt, gilt:

$$\operatorname{tg} \varphi = \operatorname{tg} \varphi'$$

$$\left(\frac{\partial w}{\partial y}\right)_{y=0} = \frac{1-\nu^2}{EJ_G} \cdot \frac{b'}{2} M_y.$$

Es folgt somit:

$$M_y = \frac{EJ_G}{1-\nu^2} \cdot \frac{2}{b'} \left(\frac{\partial w}{\partial y}\right)_{y=0}. \tag{IV A.12}$$

Damit ist die 2. Randbedingung bewiesen.

Da w und $\frac{\partial^2 w}{\partial x^2}$ (eingespannter Rand bleibt gerade) am Rande ($y=0$) überall Null sind, geht Gl. (IV A.10) über in:

$$M_y = \frac{EJ}{1-\nu^2} \left(\frac{\partial^2 w}{\partial y^2}\right)_{y=0}. \tag{IV A.13}$$

Aus den Gln. (IV A.12) und (IV A.13) folgt mit $\zeta^* = \dfrac{J}{J_G}$

$$\frac{\partial w}{\partial y} - \zeta^* \cdot \frac{b'}{2} \cdot \frac{\partial^2 w}{\partial y^2} = 0. \tag{IV A.14}$$

Führt man wie BLEICH[1] die Einspannungsziffer ζ mit

$$\zeta = \frac{J}{J_G} \cdot \frac{b'}{b} = \left(\frac{h}{h'}\right)^3 \frac{b'}{b} \tag{IV A.15}$$

ein, so geht Gl. (IV A.14) über in

$$\frac{\partial w}{\partial y} - \zeta \frac{b}{2} \cdot \frac{\partial^2 w}{\partial y^2} = 0. \tag{IV A.16}$$

ζ kann dabei alle Werte von 0 bis ∞ annehmen.

$$\zeta = 0 \quad J_G = \infty \text{ feste Einspannung,}$$
$$\zeta = \infty \quad J_G = 0 \text{ gelenkige Lagerung.}$$

Differenziert man die allgemeine Lösung der Differentialgleichung (IV A.9a), so folgt für $y=0$:

$$\frac{\partial w}{\partial y} = \cos \frac{m\pi x}{a} \{B k_1 + D k_2\}$$

$$\frac{\partial^2 w}{\partial y^2} = \cos \frac{m\pi x}{a} \{A k_1^2 - C k_2^2\}.$$

Obige Werte in Gl. (IV A.16) eingeführt, ergibt:

$$B k_1 + D k_2 - \zeta \frac{b}{2} \{A k_1^2 - C k_2^2\} = 0.$$

---

[1] BLEICH, F.: Theorie und Berechnung der eisernen Brücken. Berlin: Springer 1924.

Aus der Randbedingung 1 folgt mit Gl. (IV A.9a) und $y = 0$:

$$w = 0 = \cos\frac{m\pi x}{a}\{A + C\},$$

somit $A + C = 0$ oder $A = -C$.

Führt man in die allgemeine Lösung der Differentialgleichung (IV A.9a)

$$A = -C$$

und

$$B = -D\frac{k_2}{k_1} - C\zeta\frac{b}{2}\frac{k_1^2 + k_2^2}{k_1}$$

ein, so geht jene Gleichung über in:

$$w = \cos\frac{m\pi x}{a}\left\{C\left[\cos(k_2 y) - \text{Cos}(k_1 y) - \zeta\frac{b}{2}\frac{k_1^2 + k_2^2}{k_1}\cdot \text{Sin}(k_1 y)\right]\right.$$
$$\left. + D\left[\sin(k_2 y) - \frac{k_2}{k_1}\cdot \text{Sin}(k_1 y)\right]\right\}. \qquad \text{(IV A.17)}$$

Durch zweimalige Differentiation der Gl. (IV A.17) nach x und y erhält man:

$$\frac{\partial^2 w}{\partial x^2} = -\cos\left(\frac{m\pi x}{a}\right)\cdot\left(\frac{m\pi}{a}\right)^2\left\{C\left[\cos(k_2 y) - \text{Cos}(k_1 y)\right.\right.$$
$$\left.\left. -\zeta\frac{b}{2}\frac{k_1^2 + k_2^2}{k_1}\cdot \text{Sin}(k_1 y)\right] + D\left[\sin(k_2 y) - \frac{k_2}{k_1}\cdot \text{Sin}(k_1 y)\right]\right\}, \qquad \text{(IV A.18)}$$

$$\frac{\partial^2 w}{\partial y^2} = \cos\left(\frac{m\pi x}{a}\right)\left\{C\left[-\cos(k_2 y)k_2^2 - \text{Cos}(k_1 y)k_1^2\right.\right.$$
$$\left. -\zeta\frac{b}{2}(k_1^2 + k_2^2)\text{Sin}(k_1 y)k_1\right]$$
$$\left. + D\left[-\sin(k_2 y)k_2^2 - k_1 k_2 \text{Sin}(k_1 y)\right].\right\} \qquad \text{(IV A.19)}$$

Führt man die Randbedingung 3 ($M_y = 0$ für $y = b$) und die Werte der Gln. (IV A.18) und (IV A.19) in Gl. (IV A.10) ein, so folgt nach Kürzung mit

$$\frac{EJ}{1-\nu^2}\cos\frac{m\pi x}{a},$$

Multiplikation mit (-1) und Einführung von $y = b$:

$$0 = C\left[\left\{k_2^2 + \nu\left(\frac{m\pi}{a}\right)^2\right\}\cos(k_2 b) + \left\{k_1^2 - \nu\left(\frac{m\pi}{a}\right)^2\right\}\text{Cos}(k_1 b)\right.$$
$$\left. + \zeta\frac{b}{2}\frac{k_1^2 + k_2^2}{k_1}\left\{k_1^2 - \nu\left(\frac{m\pi}{a}\right)^2\right\}\text{Sin}(k_1 b)\right] \qquad \text{(IV A.20)}$$
$$+ D\left[\left\{k_2^2 + \nu\left(\frac{m\pi}{a}\right)^2\right\}\sin(k_2 b) + \left\{k_1^2 - \nu\left(\frac{m\pi}{a}\right)^2\right\}\frac{k_2}{k_1}\text{Sin}(k_1 b)\right].$$

A. Elastischer Bereich

Analog erhält man aus der Randbedingung 4 ($V_y = 0$ für $y = b$) nach Gl. (IV A.11):

$$0 = C\left[\left\{k_2^2 + (2-\nu)\left(\frac{m\pi}{a}\right)^2\right\} k_2 \sin(k_2 b)\right.$$
$$- \left\{k_1^2 - (2-\nu)\left(\frac{m\pi}{a}\right)^2\right\} k_1 \operatorname{Sin}(k_1 b)$$
$$\left. - \zeta \frac{b}{2}\frac{k_1^2 + k_2^2}{k_1}\left\{k_1^2 - (2-\nu)\left(\frac{m\pi}{a}\right)^2\right\} k_1 \operatorname{Cos}(k_1 b)\right] \quad \text{(IV A.21)}$$
$$- D\left[\left\{k_2^2 + (2-\nu)\left(\frac{m\pi}{a}\right)^2\right\} k_2 \cos(k_2 b)\right.$$
$$\left. + \left\{k_1^2 - (2-\nu)\left(\frac{m\pi}{a}\right)^2\right\} k_2 \operatorname{Cos}(k_1 b)\right].$$

Um die Gln. (IV A.20) und (IV A.21) zu vereinfachen, führt man folgende Abkürzungen ein:

$$h^* = \zeta \frac{b}{2}\frac{k_1^2 + k_2^2}{k_1} \quad \text{(IV A.22)}$$

$$r_1 = k_2^2 + \nu\left(\frac{m\pi}{a}\right)^2 \quad \text{(IV A.23)}$$

$$r_2 = k_1^2 - (2-\nu)\left(\frac{m\pi}{a}\right)^2 \quad \text{(IV A.24)}$$

$$t_1 = k_1^2 - \nu\left(\frac{m\pi}{a}\right)^2 \quad \text{(IV A.25)}$$

$$t_2 = k_2^2 + (2-\nu)\left(\frac{m\pi}{a}\right)^2. \quad \text{(IV A.26)}$$

Wie leicht bewiesen werden kann[1], sind $r_1 = r_2 = r$ und $t_1 = t_2 = t$.

Mit diesen Abkürzungen erhält man aus den Gln. (IV A.20) und (IV A.21) nach kurzen Zwischenuntersuchungen[1] die Ausbeulbedingungen zu:

$$\left\{\frac{2rt}{\operatorname{Cos}(k_1 b)\cos(k_2 b)} + (r^2 + t^2) - \frac{r^2 k_1^2 - t^2 k_2^2}{k_1 k_2}\operatorname{Tg}(k_1 b)\operatorname{tg}(k_2 b)\right. \quad \text{(IV A.27)}$$
$$\left. + h^*\left[t^2 \operatorname{Tg}(k_1 b) - r^2 \frac{k_1}{k_2}\operatorname{tg}(k_2 b)\right]\right\} = 0.$$

k_1 und k_2 sind die Absolutwerte der Gl. (IV A.8).

Führt man an Stelle von Gl. (IV A.9a) für ungerade Halbwellenzahl Gl. (IV A.9b) für gerade Halbwellenzahl ein, so erhält man für die Ausbeulbedingung wiederum Gl. (IV A.27). Bei den Gln. (IV A.23) bis (IV A.26) tritt an Stelle des Faktors $\left(\frac{m\pi}{a}\right)$ der Faktor $\left(\frac{2m\pi}{a}\right)$.

Im ersten Falle wurden durch $\cos\left(\frac{m\pi x}{a}\right)$, im zweiten durch $\sin\left(\frac{2m\pi x}{a}\right)$ gekürzt.

---

[1] Zwischenrechnungen siehe: C. F. KOLLBRUNNER: Das Ausbeulen des auf Druck beanspruchten freistehenden Winkels. Mitt. Inst. Baustatik E.T.H., Heft 4, S. 37—39. Zürich: Leemann 1935.

Die allgemeinen Lösungen der Differentialgleichung (IV A.4) führen somit sowohl für gerade wie auch für ungerade Halbwellenzahl zu ein und derselben Ausbeulbedingung, d. h. zu Gl. (IV A.27). Dies ist die genaue Ausbeulbedingung für eine nach Abb. IV A.2 gleichmäßig belastete Platte, die an den Rändern a einerseits elastisch eingespannt, anderseits vollständig frei ist. Für m dürfen alle ganzzahligen Werte angenommen werden.

Führt man den Fall der einseitig eingespannten Platte auf den EULERschen Fall zurück, so muß man für die Länge a einen Abminderungsfaktor einführen. Die Knickspannung im EULERschen Fall (freie Ränder a) beträgt für einen Plattenstreifen von der Breite 1, wenn die Platte in mehreren Wellen ausbeulen könnte:

$$\sigma_{E^*} = \frac{(m\pi)^2 \, E \, J}{(1-\nu^2) \, a^2 \, h \, 1}. \tag{IV A.28}$$

Bezeichnet man mit $\frac{1}{\mu}$ den bei der elastischen Einspannung des einen Randes a der Plattenlänge a zugehörenden Abminderungsfaktor, und vergleicht man die Ausbeulspannung bei elastischer Einspannung des einen Randes a mit der Knickspannung im EULERschen Fall, so wird:

$$\sigma_{kr} = \sigma_{E^*} \mu^2 = \left(\frac{m\pi}{a}\right)^2 \frac{D}{h} \mu^2 \tag{IV A.29}$$

$D =$ Biegesteifigkeit der Platte $= \frac{E\,J}{1-\nu^2}$.

Daraus folgt:

$$\mu^2 = \frac{\sigma_{kr}\,h}{D}\left(\frac{a}{m\pi}\right)^2. \tag{IV A.30}$$

c) Platte an den Rändern a einerseits gelenkig gelagert, anderseits vollständig frei. Wie im vorherigen Unterabschnitt b) angegeben, ist bei $\zeta = \infty$, $J_G = 0$, der eine Plattenrand a gelenkig gelagert.

Aus Gl. (IV A.27) erhält man

$$\operatorname{tg}(k_2 b) = \frac{\dfrac{2\,r\,t}{\operatorname{Cos}(k_1 b)\,\cos(k_2 b)} + (r^2 + t^2) + h^*\,t^2\,\operatorname{Tg}(k_1 b)}{h^*\,r^2\,\dfrac{k_1}{k_2} + \dfrac{r^2\,k_1^2 - t^2\,k_2^2}{k_1\,k_2}\,\operatorname{Tg}(k_1 b)} \tag{IV A.31}$$

und für die einseitig gelenkige Lagerung mit $h^* \to \infty$

$$\operatorname{tg}(k_2 b) = \frac{t^2\,\operatorname{Tg}(k_1 b)}{r^2\,\dfrac{k_1}{k_2}}. \tag{IV A.32}$$

Aus den Absolutwerten der Gl. (IV A.8) erhält man durch Einsetzen der Gl. (IV A.30) mit $\alpha = \dfrac{a}{b}$:

$$\left.\begin{aligned} k_1 b &= \frac{m\pi}{\alpha}\sqrt{\mu + 1} \\ k_2 b &= \frac{m\pi}{\alpha}\sqrt{\mu - 1} \end{aligned}\right\} \tag{IV A.33}$$

und aus den Gln. (IV A.23) und (IV A.25)

$$r = \frac{1}{b^2}\left(\frac{m\pi}{\alpha}\right)^2 \{\mu - (1-\nu)\}$$
$$t = \frac{1}{b^2}\left(\frac{m\pi}{\alpha}\right)^2 \{\mu + (1-\nu)\}$$
(IV A.34)

Setzt man die Werte der Gln. (IV A.33) und (IV A.34) in Gl. (IV A.32) ein, so folgt:

$$\operatorname{tg}\left(\frac{m\pi}{\alpha}\sqrt{\mu-1}\right) = \frac{[\mu+(1-\nu)]^2}{[\mu-(1-\nu)]^2} \cdot \sqrt{\frac{\mu-1}{\mu+1}} \cdot \operatorname{Tg}\left(\frac{m\pi}{a}\sqrt{\mu+1}\right). \quad \text{(IV A.35)}$$

Aus dieser Gleichung muß der Zusammenhang zwischen α und μ gefunden und das so bestimmte μ in Gl. (IV A.29) eingesetzt werden.

Schreibt man die hyperbolische Funktion der Gl. (IV A.35) als Exponentialfunktion an, so geht Gl. (IV A.35) über in:

$$\operatorname{tg}\left(\frac{m\pi}{\alpha}\sqrt{\mu-1}\right) = \frac{[\mu+1-\nu]^2}{[\mu-1+\nu]^2} \cdot \sqrt{\frac{\mu-1}{\mu+1}} \cdot \left[\frac{1 - e^{-\frac{2m\pi}{\alpha}\sqrt{\mu+1}}}{1 + e^{-\frac{2m\pi}{\alpha}\sqrt{\mu+1}}}\right]. \quad \text{(IV A.36)}$$

Mit $\nu = 0{,}3$ erhält man

$$\mu = +\sqrt{1 + 0{,}425\left(\frac{\alpha}{m}\right)^2}. \quad \text{(IV A.37)}$$

Durch Einsetzen des Wertes μ der Gl. (IV A.37) in Gl. (IV A.29) erhält man mit

$$J = \frac{1}{12} h^3 \quad \text{und} \quad \alpha = \frac{a}{b}$$

die Ausbeulformel

$$\sigma_{kr} = 0{,}425 \frac{\pi^2 E}{12(1-\nu^2)}\left(\frac{h}{b}\right)^2 + \frac{(m\pi)^2 E}{12(1-\nu^2)}\left(\frac{h}{a}\right)^2. \quad \text{(IV A.38)}$$

Dabei erfolgt die Ausbeulung dieser einseitig gelenkig gelagerten, anderseits vollständig freien Platte stets in einer Halbwelle ($m = 1$).

d) Platte an den Rändern a einerseits fest eingespannt, anderseits vollständig frei. Wie im Unterabschnitt b) angegeben, ist bei $\zeta = 0$, $J_G = \infty$, der eine Plattenrand a fest eingespannt. Man erhält damit aus Gl. (IV A.27) durch einen analogen Rechnungsgang wie im vorherigen Unterabschnitt c) die Ausbeulformel:

(IV A.39)
$$\sigma_{kr} = 0{,}570 \frac{\pi^2 E}{12(1-\nu^2)}\left(\frac{h}{b}\right)^2 + 0{,}125 \frac{\pi^2 E}{12(1-\nu^2)}\left(\frac{ha}{b^2}\right)^2 \frac{1}{m^2} + \frac{(m\pi)^2 E}{12(1-\nu^2)}\left(\frac{h}{a}\right)^2.$$

e) Platte an den Rändern a beiderseits gelenkig gelagert. Auch hier könnte man analog wie bei der einseitig freien Platte vorgehen; d. h. man könnte zuerst den Fall der an den Rändern a *elastisch* eingespannten Platte untersuchen, um dann durch Einsetzen der Randbedingungen die Ausbeulformeln für die folgenden drei Fälle zu erhalten:
  1. Ränder a beiderseits gelenkig gelagert.
  2. Ränder a beiderseits fest eingespannt.
  3. Ränder a einerseits fest eingespannt, anderseits gelenkig gelagert.

Um dieses Buch nicht zu umfangreich zu gestalten, wird nur noch der Fall der beiderseits gelenkig gelagerten Platte mathematisch abgeleitet, für die oben angegebenen Fälle 2 und 3 jedoch lediglich die erhaltenen Schlußformeln eingesetzt.

In die Gln. (IV A.9a) bzw. (IV A.9b) sind, um die Festwerte A, B, C und D zu bestimmen, die Randbedingungen an den Rändern a einzuführen.

Wir betrachten vorerst nur die Gl. (IV A.9a) und nehmen den Nullpunkt des Achsenkreuzes in Plattenmitte an. Dadurch vereinfacht sich die Gl. (IV A.9a), denn die Ausbiegung w ist dann wegen der gleichen Bedingungen an den beiden Rändern a eine in y symmetrische Funktion. Cos und cos sind symmetrisch, Sin und sin sind nicht symmetrisch und fallen daher aus der Gleichung heraus. Die vereinfachte Gl. (IV A.9a) lautet somit:

$$w = \cos\frac{m\pi x}{a}\{A\operatorname{Cos}(k_1 y) + C\cos(k_2 y)\}. \qquad \text{(IV A.40)}$$

Die Randbedingungen an den Rändern a lauten:

$$y = \pm\frac{b}{2}$$

1. $w = 0$
2. $M_y = \dfrac{EJ}{1-\nu^2}\left(\dfrac{\partial^2 w}{\partial y^2} + \nu\dfrac{\partial^2 w}{\partial x^2}\right) = 0$

   (siehe Gl. (IV A.10)),

3. $\dfrac{\partial^2 w}{\partial x^2} = 0$ (Ränder a bleiben gerade).

Daraus folgt:

4. $\dfrac{\partial^2 w}{\partial y^2} = 0$.

Setzt man die Randbedingungen 1 und 4 in Gl. (IV A.40) ein, so erhält man:

$$A\operatorname{Cos}\left(k_1\frac{b}{2}\right) + C\cos\left(k_2\frac{b}{2}\right) = 0, \qquad \text{(IV A.41)}$$

$$k_1^2 A\operatorname{Cos}\left(k_1\frac{b}{2}\right) - k_2^2 C\cos\left(k_2\frac{b}{2}\right) = 0. \qquad \text{(IV A.42)}$$

Multipliziert man Gl. (IV A.41) mit k_1^2 und subtrahiert davon Gl. (IV A.42), so folgt:

$$C\cos\left(k_2\frac{b}{2}\right)[k_1^2 + k_2^2] = 0 \qquad \text{(IV A.43)}$$

oder

$$\cos\left(\frac{k_2 b}{2}\right) = 0,$$

$$k_2 b = \pi. \qquad \text{(IV A.44)}$$

Setzt man Gl. (IV A.44) in den Absolutwert der Gl. (IV A.8) ein, so erhält man:

$$k_2^2 b^2 = \pi^2 = \sqrt{\frac{\sigma_{kr} h b^2}{D}\left(\frac{m\pi}{\alpha}\right)^2 - \left(\frac{m\pi}{\alpha}\right)^2} \qquad \text{(IV A.45)}$$

$$\frac{\sigma_{kr} h b^2}{D \pi^2}\left(\frac{m}{\alpha}\right)^2 = 2\left(\frac{m}{\alpha}\right)^2 + 1 + \left(\frac{m}{\alpha}\right)^4 \qquad \text{(IV A.46)}$$

und, wenn man für $D = \dfrac{EJ}{1-\nu^2}$ und $J = \dfrac{1}{12} h^3$ einsetzt:

(IV A.47)
$$\sigma_{kr} = 2\frac{\pi^2 E}{12(1-\nu^2)}\left(\frac{h}{b}\right)^2 + 1 \cdot \frac{\pi^2 E}{12(1-\nu^2)}\left(\frac{ha}{b^2}\right)^2 \frac{1}{m^2} + \frac{(m\pi)^2 E}{12(1-\nu^2)}\left(\frac{h}{a}\right)^2.$$

Analog wie früher kann auch hier auf einfache Art bewiesen werden, daß die Gl. (IV A.9b) an Stelle des Faktors m den Faktor $2m$ ergibt. Für m dürfen somit alle ganzzahligen Werte angenommen werden.

f) Platte an den Rändern a beiderseits fest eingespannt. Die Ausbeulformel lautet:

(IV A.48)
$$\sigma_{kr} = 2{,}500 \frac{\pi^2 E}{12(1-\nu^2)}\left(\frac{h}{b}\right)^2 + 5{,}000 \frac{\pi^2 E}{12(1-\nu^2)}\left(\frac{ha}{b^2}\right)^2 \cdot \frac{1}{m^2} + \frac{(m\pi)^2 E}{12(1-\nu^2)}\left(\frac{h}{a}\right)^2.$$

g) Platte an den Rändern a einerseits fest eingespannt, anderseits gelenkig gelagert. Die Ausbeulformel lautet:

(IV A.49)
$$\sigma_{kr} = 2{,}270 \frac{\pi^2 E}{12(1-\nu^2)}\left(\frac{h}{b}\right)^2 + 2{,}450 \frac{\pi^2 E}{12(1-\nu^2)}\left(\frac{ha}{b^2}\right)^2 \frac{1}{m^2} + \frac{(m\pi)^2 E}{12(1-\nu^2)}\left(\frac{h}{a}\right)^2.$$

h) Zusammenstellung der theoretischen Ausbeulformeln. Wie man aus den Gln. (IV A.38), (IV A.39), (IV A.47), (IV A.48) und (IV A.49) sieht, lautet die allgemeine theoretische Ausbeulformel für die verschiedenen Randbedingungen an den Rändern a:

(IV A.50)
$$\sigma_{kr} = p \frac{\pi^2 E}{12(1-\nu^2)}\left(\frac{h}{b}\right)^2 + q \frac{\pi^2 E}{12(1-\nu^2)}\left(\frac{ha}{b^2}\right)^2 \frac{1}{m^2} + \frac{\pi^2 E}{12(1-\nu^2)}\left(\frac{h}{a}\right)^2 m^2.$$

Die Koeffizienten p und q sind aus nachfolgender Tab. IV A.1 ersichtlich (S. 94).

Gl. (IV A.50) kann auch wie folgt angeschrieben werden:

$$\sigma_{kr} = \frac{\pi^2 E}{12(1-\nu^2)}\left(\frac{h}{b}\right)^2 \left\{p + q\left(\frac{a}{bm}\right)^2 + \left(\frac{bm}{a}\right)^2\right\} \qquad \text{(IV A.50a)}$$

oder mit $\alpha = \dfrac{a}{b}$

$$\sigma_{kr} = \frac{\pi^2 E}{12(1-\nu^2)}\left(\frac{h}{b}\right)^2 \left\{p + q\left(\frac{\alpha}{m}\right)^2 + \left(\frac{m}{\alpha}\right)^2\right\}. \qquad \text{(IV A.50b)}$$

Tabelle IV A.1

Fall	p	q	k_{min}
I	0,000	0,000	
II	0,425	0,000	0,425
III	0,570	0,125	1,28
IV	2,000	1,000	4,00
V	2,500	5,000	6,97
VI	2,270	2,450	5,40

Mit der EULERschen Knickspannung für einen Plattenstreifen der Länge b, der Dicke h und der Breite 1:

$$\sigma_E = \frac{\pi^2 D}{h b^2}$$

und mit

$$D = \frac{E J}{1 - \nu^2}; \quad J = \frac{h^3}{12} \cdot \frac{1}{1},$$

d. h.

$$\sigma_E = \frac{\pi^2 E}{12(1 - \nu^2)} \left(\frac{h}{b}\right)^2$$

folgt aus Gl. (IV A.50b):

(IV A.50c)
$$\sigma_{kr} = \sigma_E \left\{ p + q \left(\frac{\alpha}{m}\right)^2 + \left(\frac{m}{\alpha}\right)^2 \right\}$$

oder mit

$$k = p + q \left(\frac{\alpha}{m}\right)^2 + \left(\frac{m}{\alpha}\right)^2:$$

$$\sigma_{kr} = k \cdot \sigma_E.$$

Den Wert α_0, der σ_{kr} zu einem Minimum macht, erhält man aus

$$\frac{\partial \sigma_{kr}}{\partial \alpha} = 0,$$

zu

$$\alpha_0 = m \sqrt[4]{\frac{1}{q}}.$$

Setzt man α_0 in Gl. (IV A.50c) ein, so folgt

$$\min \sigma_{kr} = \sigma_E \{ p + 2 \sqrt{q} \} = k_{min} \sigma_E$$

oder

$$k_{min} = p + 2 \sqrt{q}.$$

Diese k_{min}-Werte sind ebenfalls in Tab. IV A.1 eingetragen.

3. Ausbeulen der auf einseitigen, ungleichmäßig verteilten Druck beanspruchten rechteckigen Platten. Dreieckförmige Belastung[1]

(Belastete Ränder b frei drehbar gelagert)

Diesem Beulfall kommt praktische Bedeutung zu, wenn die Platte tragendes Element eines *Faltwerkes* ist oder mittlerer Teil des Steg-

---

[1] KOLLBRUNNER, C. F. u. G. HERRMANN: Elastische Beulung von auf einseitigen, ungleichmäßigen Druck beanspruchten Platten. Mittlgn. der T.K.V.S.B., Heft Nr. 1. Zürich: Leemann 1948. — KOLLBRUNNER, C. F. u. G. HERRMANN: Theoretische Beuluntersuchungen der T.K.V.S.B. im Jahre 1947. Schweiz. Bauztg., 66. Jg., Nr. 11, 1948.

A. Elastischer Bereich

bleches eines auf Biegung beanspruchten Trägers[1]. Der einfachste Fall bezüglich der Lagerungsart der ungleichmäßig gedrückten Platte, nämlich die allseitige gelenkige Lagerung, ist schon vor rund 40 Jahren von TIMOSHENKO[2] untersucht worden. BAN[3] beschäftigte sich 1935 mit dem Beulfall der in der Druckrichtung einerseits gelenkig gelagerten, anderseits elastisch gestützten Platte, während NÖLKE[4] in einer umfassenden, aber in interessierten Kreisen kaum bekannten Arbeit die Beulwerte der in Druckrichtung beiderseits eingespannten Platte bestimmte.

Außer diesen Beulfällen können aber die Lagerungsarten der in der Druckrichtung einerseits eingespannten, anderseits gelenkig gelagerten Platte[5], sowie der einerseits eingespannten oder gelenkig gelagerten und anderseits völlig freien Platte von erheblichem Interesse sein, sowohl in einem bestimmten Einzelfall als auch im Rahmen von systematischen Beuluntersuchungen.

a) **Problemstellung.** Eine Platte aus einem homogenen, isotropen Stoff, der dem HOOKEschen Gesetz gehorcht, habe die Längenabmessungen a und b. Die Dicke h soll gegenüber der Länge a und der Breite b als klein angesehen werden können, und überdies sei die Mittelfläche im unbelasteten Zustand eine Ebene (Abb. IV A.4). Die Querränder b ($x = 0$, $x = a$) sollen stets als gelenkig gelagert vorausgesetzt werden, und es wirke auf sie eine linear verteilte Normalspannung, die durch

$$\sigma_x(y) = \sigma_1\left(1 - \frac{c}{b} y\right) \quad \text{(IV A.51)}$$

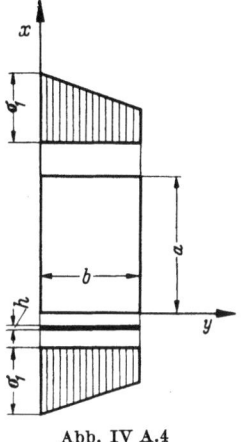

Abb. IV A.4

dargestellt wird. σ_1 bezeichnet dabei die maximale Druckspannung am Rand und c den Ungleichförmigkeitsfaktor.

Es ist:

$c = 0$ gleichmäßig verteilte Belastung,

$c = 1$ dreieckförmige Belastung,

$c = 2$ reine Biegungsbelastung.

---

[1] Unter Vernachlässigung des Einflusses der Schubspannungen und Querkräfte.
[2] TIMOSHENKO, S.: Sur la stabilité des systèmes élastiques. Ann. Ponts Chauss. Bd. 83 (1913) Teil 3, S. 9, Teil 4, S. 372.
[3] BAN, SHIZUO: Knickung der rechteckigen Platte bei veränderlicher Randbelastung. Abhandlungen der Intern. Vereinigung für Brückenbau und Hochbau, Bd. 3, S. 1. Zürich: Leemann 1935.
[4] NÖLKE, K.: Biegungsbeulung der Rechteckplatte. Ing.-Arch. VIII. Bd., S. 403. Berlin: Springer 1937.
[5] K. NÖLKE bestimmte numerisch einen Unterfall für reine Biegungsbelastung.

In diesem Kapitel wird die numerische Auswertung stets mit $c = 1$ (dreieckförmige Belastung) durchgeführt. Diese Belastung ist als typischer Belastungsfall zwischen dem gleichförmigen Druck und der reinen Biegung aufzufassen. Die Randbedingungen an den Längsrändern a ($y = 0$, $y = b$) seien beliebig.

Gesucht ist die kritische Beulspannung $\sigma_1 = \sigma_{kr}$, bei der die Platte ihr stabiles Gleichgewicht verliert. In Übereinstimmung mit der üblichen Darstellung wird

$$\sigma_{kr} = k \cdot \sigma_E \qquad \text{(IV A.52)}$$

gesetzt, worin

$$\sigma_E = \frac{D \pi^2}{b^2 h} \qquad \text{(IV A.53)}$$

die EULERsche Knickspannung für einen Plattenstreifen der Länge b, der Dicke h und der Breite 1 darstellt, während k als Beulwert oder Beulzahl bezeichnet wird.

$$D = \frac{E h^3 \cdot 1}{12(1 - \nu^2)} \qquad \text{(IV A.54)}$$

ist die Plattensteifigkeit, E und ν sind die beiden Elastizitätskonstanten.

b) Lösungsmöglichkeiten. Die Einführung des Belastungsausdrucks nach Gl. (IV A.51) in die allgemeine Differentialgleichung der Plattenstabilität nach BRYAN[1] stellt uns zunächst vor die Aufgabe, Lösungen der Gleichung

$$\frac{\partial^4 w}{\partial x^4} + 2 \frac{\partial^4 w}{\partial x^2 \partial y^2} + \frac{\partial^4 w}{\partial y^4} = -\frac{h}{D} \sigma_1 \left(1 - \frac{c}{b} y\right) \frac{\partial^2 w}{\partial x^2} \qquad \text{(IV A.55)}$$

zu suchen. Der Versuch, eine Lösung in geschlossener Form anzugeben, hat keine Aussicht auf Erfolg, während die Integration mittels Potenzreihen wegen der schlechten Konvergenz nicht anzuraten ist. Als praktisch durchführbare Lösungsmöglichkeit verbleiben die *Energiemethode*, die *Differenzenrechnung* und das baustatische Lösungsverfahren von STÜSSI, welches im Kap. IV A.7 behandelt wird. In diesem Kap. IV A.3 werden alle k-Werte nach der Energiemethode bestimmt.

Das Stabilitätskriterium nach der Energiemethode kann entweder wie bei ihrem Urheber TIMOSHENKO[2] aus der Gleichsetzung der inneren und der äußeren Arbeit an der Platte gewonnen, oder es kann als ein Variationsproblem aufgefaßt werden[3]. Diese letztere Betrachtungsweise hat den Vorteil, daß sowohl vom mechanischen, wie vom mathematischen Standpunkt aus die Verhältnisse besser überblickt werden können.

---

[1] BRYAN, G. H.: On the Stability of a Plane Plate under Thrusts in its Own Plane with Applications to the "Buckling" of the Sides of a Ship. London Mathematical Society Proceedings 22 (1891) and 25 (1894).
[2] TIMOSHENKO, S.: Theory of Elastic Stability. New York and London: McGraw-Hill Book Company 1936.
[3] MARGUERRE, K.: Über die Behandlung von Stabilitätsproblemen mit Hilfe der energetischen Methode. Z. angew. Math. Mech. Bd. 18, Heft 1 (Febr. 1938) S. 57.

A. Elastischer Bereich

Nehmen wir das Prinzip der virtuellen Verschiebungen zum Ausgangspunkt unserer Betrachtungen, so brauchen die Stabilitätsuntersuchungen nicht mehr systematisch von den übrigen Aufgaben der Elastizitätstheorie getrennt zu werden. Man hat lediglich zu beachten, daß das Potential U der inneren und äußeren Kräfte im Gegensatz zur linearisierten Elastizitätstheorie von höherem als zweitem Grade in den Verschiebungen dargestellt wird, sobald man es mit einem Körper zu tun hat, dessen eine (oder zwei) Dimension klein gegenüber den beiden anderen ist. Da aber die im allgemeinen nicht linearen Differentialgleichungen, welche das Verhalten des Körpers im überkritischen Bereich beschreiben, analytisch schwer zu integrieren sind, beschränkt man sich auf die Untersuchung an der *Verzweigungs*-Stelle des elastischen Gleichgewichts, welche sich noch linearisieren läßt.

Bezeichnen wir mit A_a die innere oder Formänderungsarbeit und mit E_a die Arbeit der äußeren Kräfte, so folgt unmittelbar aus dem obigen Prinzip

$$\delta U = \delta(A_a + E_a) = 0 \qquad \text{(IV A.56)}$$

für jedes sich im Gleichgewicht befindliche elastische System. Diese Gleichung sagt aus, daß bei einer verschwindend kleinen, geometrisch möglichen (passenden) virtuellen Verschiebung der Platte aus ihrer ebenen Gleichgewichtslage die Änderung der potentiellen Energie Null ist. Über die Art dieses Gleichgewichtes dürfte uns das zweite Differential des Potentials Auskunft geben, doch können wir in allen praktischen Fällen annehmen, daß die Ausgangslage stabil war. An der Stabilitätsgrenze müßte dann

$$\delta^2 U = 0 \qquad \text{(IV A.57)}$$

sein, was wir jedoch nicht nachzuweisen brauchen.

Aus Gl. (IV A.56) schließen wir, daß das Potential U der inneren und äußeren Kräfte an der Stabilitätsgrenze extremal werden muß:

$$U = A_a + E_a = \text{Extremum.} \qquad \text{(IV A.58)}$$

Gl. (IV A.58) besagt, daß die Wölbfläche $w = w(x, y)$ der ausgebeulten Platte sich so einstellt, daß U extremal wird. Unsere Aufgabe besteht also darin, unter allen möglichen nicht überall verschwindenden Wölbfunktionen $w(x, y)$ diejenige zu bestimmen, welche Gl. (IV A.58) erfüllt, und wir sehen uns vor ein Variationsproblem gestellt, zu dessen Lösung uns grundsätzlich zwei Methoden zur Verfügung stehen[1]. Die klassische indirekte Methode führt auf die EULER-LAGRANGEsche Differentialgleichung, die mit der Gl. (IV A.55) identisch ist. Innerhalb der direkten Methoden ist das Verfahren von RITZ[2] für unseren Zweck das geeignetste.

---

[1] COURANT, R. u. D. HILBERT: Methoden der mathematischen Physik, Bd. I, 2. Aufl., S. 151. Berlin: Springer 1931.

[2] RITZ, W.: Über eine neue Methode zur Lösung gewisser Variationsprobleme der mathematischen Physik. Crelles Journal, Bd. 135 (1909) S. 1. — TREFFTZ, E.: Ein Gegenstück zum RITZschen Verfahren. Verhandlungen des 2. Intern. Kongresses für Techn. Mechanik, S. 131, Zürich 1926.

Eines der wichtigsten Hindernisses, welches eine erfolgreiche Anwendung der RITZschen Methode hemmen kann, ist die Wahl des Ansatzes der Wölbfläche. Diese Wahl hat so zu erfolgen, daß außer den jeweils vorgeschriebenen Randbedingungen der Ansatz möglichst gut konvergiert[1], d. h. der wirklich auftretenden Fläche mit möglichst wenig Gliedern angepaßt wird. Es sei hier schon vermerkt, daß die Güte der Konvergenz nicht immer gleich ist, sondern wie der k-Wert selbst von der Lagerungsart, der äußeren Belastung und dem Seitenverhältnis der platte abhängt.

c) Herleitung der allgemeinen Beulbedingung nach der Energiemethode. Auf Grund der in Unterabschnitt a) (Problemstellung) gemachten Voraussetzungen lautet die Beularbeit, die die Platte bei der Ausbeulung leistet[2]:

$$A_a = \frac{D}{2} \int_0^a \int_0^b \left\{ \left(\frac{\partial^2 w}{\partial x^2} + \frac{\partial^2 w}{\partial y^2}\right)^2 - 2(1-\nu)\left[\frac{\partial^2 w}{\partial x^2} \cdot \frac{\partial^2 w}{\partial y^2} - \left(\frac{\partial^2 w}{\partial x \partial y}\right)^2\right]\right\} dx\, dy.$$

(IV A.59)

Die Arbeit der äußeren Kräfte längs ihrer Verschiebungen wird dargestellt durch

$$E_a = -\frac{h}{2} \int_0^a \int_0^b \left[\sigma_{kr}\left(1 - \frac{c}{b}y\right)\left(\frac{\partial w}{\partial x}\right)^2\right] dx\, dy \ [3].$$

(IV A.60)

Das Potential aller an der Platte wirkenden Kräfte hat die Form

$$U = A_a + E_a = \int_0^a \int_0^b \left\{\frac{D}{2}\left[\left(\frac{\partial^2 w}{\partial x^2} + \frac{\partial^2 w}{\partial y^2}\right)^2 - 2(1-\nu)\left(\frac{\partial^2 w}{\partial x^2} \cdot \frac{\partial^2 w}{\partial y^2} - \left(\frac{\partial^2 w}{\partial x \partial y}\right)^2\right)\right] \right.$$
$$\left. - \frac{h}{2}\sigma_{kr}\left(1 - \frac{c}{b}y\right)\left(\frac{\partial w}{\partial x}\right)^2\right\} dx\, dy \ [4].$$

(IV A.61)

Um das Verfahren von RITZ durchführen zu können, muß die Wölbfläche geeignet gewählt werden. Die Beulfläche $w(x, y)$ wird ganz allgemein durch folgende Doppelreihe dargestellt:

$$w_{m,n} = \sum_{m=1}^{\infty} \sum_{n=1}^{\infty} a_{mn} X_m Y_n$$

(IV A.62)

$$m = 1, 2, 3, \ldots$$
$$n = 1, 2, 3, \ldots$$

---

[1] TREFFTZ, E.: Konvergenz und Fehlerabschätzung beim RITZschen Verfahren. Math. Ann. Bd. 100 (1928) S. 503.
[2] Die Herleitung dieser Ausdrücke findet sich in Kap. III C.2 und in den meisten Büchern der Plattentheorie, z. B. S. TIMOSHENKO: Theory of Elasticity (s. a. abgeleitete Gl. (III C.46)).
[3] s. Gl. (III C.60).
[4] s. Gl. (III C.61).

worin X_m eine Funktion von x allein und Y_n von y allein sein soll. Da die Querränder stets als gelenkig gelagert angenommen werden, kann man in üblicher Weise den Ansatz für X_m zu

$$X_m = \sin\frac{m\pi x}{a} \qquad \text{(IV A.63)}$$

wählen. Dieser Ansatz genügt den Randbedingungen

$$w = 0;\quad \frac{\partial^2 w}{\partial x^2} = 0 \quad \text{(Fall von Navier)}.$$

Schwieriger ist die Wahl von Y_n. Wie eine nähere Untersuchung des Funktionenverlaufs zeigt, wird ein einfacher trigonometrischer Ansatz, der die jeweils vorgeschriebenen Bedingungen an den Längsrändern zu befriedigen hätte, außer im Falle der beiderseits gelenkigen Lagerung dieser Ränder, die wirklich auftretende Beulfläche nur schlecht darstellen. Einen geeigneten Ansatz erhält man aber, wenn man trigonometrische Funktionen mit hyperbolischen additiv kombiniert, und zwar in der Form, die uns die Schwingungslehre der Transversalschwingungen elastischer Stäbe in der Lösung der das Phänomen regierenden Differentialgleichung, der sogenannten Normalfunktion[1], liefert. Es ist das Verdienst von Nölke, diese Möglichkeit erkannt und auf einige Fälle elastischer Stabilität von durch ungleichmäßigen Druck belasteten Platten angewendet zu haben. Dieser Ansatz lautet

$$Y_n = A\left(\cos\frac{p_n y}{b} + \operatorname{Cos}\frac{p_n y}{b}\right) + B\left(\cos\frac{p_n y}{b} - \operatorname{Cos}\frac{p_n y}{b}\right)$$
$$+ C\left(\sin\frac{p_n y}{b} + \operatorname{Sin}\frac{p_n y}{b}\right) + D\left(\sin\frac{p_n y}{b} - \operatorname{Sin}\frac{p_n y}{b}\right) \qquad \text{(IV A.64)}$$

und befriedigt bei geeigneter Wahl der p_n jede gewünschte Randbedingung bei $y = 0$ und $y = b$.

Bezeichnet man abkürzungsweise mit Strichen (') an X_m die Ableitung nach x und bei Y_n nach y, so wird aus Gl. (IV A.61) mit den gewählten Ansätzen (IV A.63) und (IV A.64)

$$U = \int_0^a\int_0^b \left\{\frac{D}{2}\left[\left[\sum_1^m \sum_1^n a_{mn}(X_m'' Y_n + X_m Y_n'')\right]^2\right.\right.$$
$$\left. - 2(1-\nu)\sum_1^m\sum_1^n a_{mn}^2 [X_m'' Y_n \cdot X_m Y_n'' - (X_m' Y_n')^2]\right] \qquad \text{(IV A.65)}$$
$$\left. - \frac{h}{2}\sigma_{kr}\left(1 - \frac{c}{b}y\right)\left(\sum_1^m\sum_1^n a_{mn} X_m' Y_n\right)^2\right\} dx\,dy.$$

Da nach dem Verfahren von Ritz die Summation bis zu endlichen Werten von m und n ausgeführt wird, wurde dies durch die Summenzeichen angedeutet.

---

[1] Rayleigh, W.: The Theory of Sound. Second Edition, § 170. London: Macmillan & Co. 1926.

IV. Die verschiedenen Beulfälle

Der Ausdruck für das Potential U ist abhängig von den Koeffizienten a_{mn}, welche so auszuwählen sind, daß der Wert für U gemäß Gl. (IV A.58) ein Extremum wird. Die a_{mn} sind somit so zu bestimmen, daß

$$\frac{\partial U}{\partial a_{mn}} = 0 \qquad \text{(IV A.66)}$$

wird. Formel (IV A.66) stellt ein in den Koeffizienten a_{mn} lineares und homogenes Gleichungssystem von $(m \cdot n)$ Gleichungen dar und ist somit lösbar. Eine dieser Gleichungen, z. B. die mit den Indizes (i, j), lautet

$$\int_0^a\int_0^b \left\{ D \left[\sum_1^m \sum_1^n a_{mn} (X_m'' Y_n + X_m Y_n'') (X_i'' Y_j + X_i Y_j'') \right.\right.$$
$$- 2(1-\nu)\left[\sum_1^m \sum_1^n a_{mn} \frac{1}{2} (X_m'' Y_n \cdot X_i Y_j'' + X_m Y_n'' \cdot X_i'' Y_j) \right.$$
$$\left.\left.- \sum_1^m \sum_1^n a_{mn} X_m' Y_n' \cdot X_i' Y_j' \right]\right] \qquad \text{(IV A.67)}$$
$$- h\,\sigma_{kr}\left(1 - \frac{c}{b}y\right)\left(\sum_1^m \sum_1^n a_{mn} X_m' Y_n\right) X_i' Y_j \Bigg\} dx\,dy = 0,$$

worin i und j zwischen 1 und m, bzw. zwischen 1 und n schwanken,

$$(m = 1, 2, \ldots, i, \ldots, m;\ n = 1, 2, \ldots, j, \ldots, n).$$

Der Ausdruck (IV A.67) läßt sich wesentlich vereinfachen, wenn wir die Beziehungen berücksichtigen, die aus gelenkiger Lagerung der Querränder folgen. Auf Grund elementarer Sätze der Infinitesimalrechnung (partielle Integration, Ableitung eines Produktes) erhält man

$$\int_0^a\int_0^b (X_m'' Y_n + X_m Y_n'') X_i'' Y_j\,dx\,dy$$
$$= \int_0^b \left\{ [(X_m'' Y_n + X_m Y_n'') X_i' Y_j]_0^a \right.$$
$$- [(X_m''' Y_n + X_m' Y_n'') X_i Y_j)]_0^a \qquad \text{(IV A.68)}$$
$$\left.+ \int_0^a (X_m^{\text{IV}} Y_n + X_m'' Y_n'') X_i Y_j\,dx \right\} dy$$
$$= \int_0^a\int_0^b (X_m^{\text{IV}} Y_n + X_m'' Y_n'') X_i Y_j\,dx\,dy$$

und auf analoge Weise

$$\int_0^a\int_0^b (X_m'' Y_n + X_m Y_n'') X_i Y_j''\,dx\,dy \qquad \text{(IV A.69)}$$
$$= \int_0^a\int_0^b (X_m'' Y_n'' + X_m Y_n^{\text{IV}}) X_i Y_j\,dx\,dy,$$

ferner

$$\int_0^a\int_0^b X_m' Y_n' \cdot X_i' Y_j' \, dx\, dy \qquad \text{(IV A.70)}$$

$$= \int_0^b \left\{ [X_m' Y_n' \cdot X_i Y_j']_0^a - \int_0^a X_m'' Y_n' \cdot X_i Y_j' \, dx \right\} dy.$$

Damit folgt aus Gl. (IV A.67)

$$\int_0^a\int_0^b \left\{ D\left[\sum_1^m \sum_1^n a_{mn}\left[(X_m^{IV} Y_n + 2 X_m'' Y_n'' + X_m Y_n^{IV})\right.\right.\right.$$
$$\left.\left.- 2(1-\nu)(X_m'' Y_n'')\right] X_i Y_j - 2(1-\nu) X_m'' Y_n' \cdot X_i Y_j' \right] \qquad \text{(IV A.71)}$$
$$\left. - h\,\sigma_{kr}\left(1 - \frac{c}{b} y\right)\left(\sum_1^m \sum_1^n a_{mn} X_m' Y_n\right) X_i' Y_j \right\} dx\, dy = 0.$$

Die X_m und Y_n bilden je eine Folge normierter Orthogonalfunktionen[1], d. h.,

$$\int_0^a X_m X_i \, dx = 0 \quad (m \neq i) \qquad \text{(IV A.72)}$$

und

$$\int_0^b Y_n Y_j \, dy = 0 \quad (n \neq j) \qquad \text{(IV A.73)}$$

für beliebige Wertepaare (m, i) und (n, j).

Für die X_m ist diese Aussage evident, während sie für die Y_n durch fortgesetzte partielle Integration verifiziert werden kann:

$$\int_0^b Y_n^{IV} Y_j \, dy = [Y_n''' Y_j - Y_n'' Y_j' + Y_n' Y_j'' - Y_n Y_j''']_0^b$$
$$+ \int_0^b Y_n Y_j^{IV} \, dy. \qquad \text{(IV A.74)}$$

In Anbetracht dessen, daß

$$Y_n^{IV} = \frac{p_n^4}{b^4} Y_n \qquad \text{(IV A.75)}$$

und daß der integrierte rechte Teil der Gl. (IV A.74) nach Einsetzung der Grenzen bei freier, gelenkiger und eingespannter Lagerung der

---

[1] MADELUNG, E.: Die mathematischen Hilfsmittel des Physikers. 3. Aufl., S. 23. New York: Dover Publications 1943.

Längsränder Null wird, folgt

$$\frac{p_n^4 - p_j^4}{b^4} \int_0^b Y_n Y_j \, dy = 0 \qquad \text{(IV A.76)}$$

und weil für $n \neq j$ auch $p_n \neq p_j$

$$\int_0^b Y_n Y_j \, dy = 0. \qquad \text{(IV A.77)}$$

Mit

$$\int_0^a X_i^2 \, dx = \frac{a}{2} \qquad \text{(IV A.78)}$$

und mit Gl. (IV A.72) kann man die Integration des Ausdruckes (IV A.71) über x ausführen:

$$\int_0^b \left\{ D \frac{a}{2} \sum_1^n a_{in} \left[\left[\left(\frac{i^4 \pi^4}{a^4} Y_n - 2 \frac{i^2 \pi^2}{a^2} Y_n'' + Y_n^{IV} \right) \right.\right.\right.$$
$$\left.\left. + 2(1-\nu) \frac{i^2 \pi^2}{a^2} Y_n'' \right] Y_j + 2(1-\nu) \frac{i^2 \pi^2}{a^2} Y_n' Y_j' \right] \qquad \text{(IV A.79)}$$
$$\left. - h \, \sigma_{kr} \frac{a}{2} \sum_1^n a_{in} \left[\frac{i^2 \pi^2}{a^2} Y_n Y_j - \frac{i^2 \pi^2}{a^2} \cdot \frac{c}{b} y Y_n Y_j \right] \right\} dy = 0.$$

Um die Integration auch über y ausführen zu können, leitet man den Ausdruck

$$\int_0^b Y_n Y_j \, dy$$

für $n = j$ her. Man findet

$$\int_0^b Y_j^2 \, dy = \frac{3}{4} \left(\frac{b}{p_j} \right)^4 Y_j Y_j''' + \frac{y}{4} Y_j^2 - \frac{1}{2} \left(\frac{b}{p_j} \right)^4 Y_j' Y_j'' y$$
$$- \frac{1}{4} \left(\frac{b}{p_j} \right)^4 Y_j' Y_j'' + \frac{1}{4} \left(\frac{b}{p_j} \right)^4 Y_j''^2 y + \text{konst.} \qquad \text{(IV A.80)}$$

wie man durch Differentiation überprüfen kann.

Es liegt uns daran, diesen Ausdruck durch passende Auswahl der Konstanten im allgemeinen Ansatz für Y_n nach Gl. (IV A.64) möglichst einfach zu gestalten. Wir setzen

$$\int_0^b Y_j^2 \, dy = b \qquad \text{(IV A.81)}$$

und führen ferner folgenden Abkürzungen ein:

$$J_{jn} = \frac{2b}{\pi^2} \int_0^b Y_j Y_n'' \, dy, \qquad \text{(IV A.82)}$$

A. Elastischer Bereich

$$H_{jn} = \frac{1}{b^2} \int_0^b y \, Y_j \, Y_n \, dy, \qquad \text{(IV A.83)}$$

$$R_{jn} = \frac{2\,b}{\pi^2} \int_0^b Y'_j \, Y'_n \, dy. \qquad \text{(IV A.84)}$$

Die Integration über y des Ausdruckes (IV A.79) ergibt damit

$$\left. \begin{aligned} & D\frac{a}{2}\left[b^2 a_{ij}\left(\frac{i^4 \pi^4}{a^4}+\frac{p_j^4}{b^4}\right)-\frac{i^2 \pi^4}{a^2 b}\sum_1^n a_{in} J_{jn} \right. \\ & \left. + (1-\nu)\frac{i^2 \pi^4}{a^2 b}\sum_1^n a_{in} J_{jn} + (1-\nu)\frac{i^2 \pi^4}{a^2 b}\sum_1^n a_{in} R_{jn}\right] \\ & - h\,\sigma_{kr}\frac{a}{2}\left[b\,a_{ij}\frac{i^2 \pi^2}{a^2} - c\,\frac{i^2 \pi^2}{a^2}\,b\sum_1^n a_{in} H_{jn}\right] = 0. \end{aligned} \right\} \quad \text{(IV A.85)}$$

Da nach den Gln. (IV A.52) und (IV A.53)

$$\sigma_{kr} = k\,\sigma_E = k\,\frac{D\,\pi^2}{b^2\,h}$$

ist, und das Seitenverhältnis der Platte $\frac{a}{b} = \alpha$, vereinfacht sich Gl. (IV A.85) zu

$$a_{ij}\left[\left(\frac{i}{\alpha}\right)^2 + \left(\frac{p_j}{\pi}\right)^4 \cdot \left(\frac{\alpha}{i}\right)^2\right] - \sum_1^n a_{in} J_{jn}\,(1 - (1-\nu)) \qquad \text{(IV A.86)}$$

$$+ (1-\nu)\sum_1^n a_{in} R_{jn} - k\left[a_{ij} - c\sum_1^n a_{in} H_{jn}\right] = 0.$$

Bei jedem Seitenverhältnis α ist theoretisch eine Ausbeulung der Platte nach beliebig vielen Halbwellen in der Längsrichtung möglich, wobei jeder Halbwellenanzahl ein Beulwert k zugeordnet ist. Wenn die Platte an den Wendepunkten der Beulfläche nicht künstlich gehalten wird, so beult sie nach einer Halbwellenanzahl, die dem minimalen k-Wert bei gegebenem Seitenverhältnis entspricht, aus. Nach Gl. (IV A.86) ist ersichtlich, daß die Anzahl der Halbwellen i stets in Verbindung mit dem Seitenverhältnis α als Quotient $\frac{\alpha}{i}$ auftritt, und wir können deshalb den Satz formulieren:

Beult eine Platte mit dem Seitenverhältnis α nach i Halbwellen und dem Beulwert k, so entspricht diesem Beulfall mit dem gleichen k-Wert eine Platte mit dem Seitenverhältnis $\frac{\alpha}{i}$, die nach einer Halbwelle ausbeult.

Es ist auf Grund dieses Satzes nicht notwendig, Beulfälle mit verschiedenen Halbwellenzahlen i zu untersuchen, denn sie können alle aus dem Grundfall der Ausbeulung nach einer Halbwelle hergeleitet werden. Wir setzen deshalb $i = 1$, und das System (IV A.86) von $(m \cdot n)$ Gleichungen reduziert sich auf n Gleichungen. Eine davon, z. B. die

j-te, heißt:

(IV A.87)
$$a_j\left[\frac{1}{\alpha^2}+\left(\frac{p_j}{\pi}\right)^4\alpha^2 - J_{jj}\left(1-(1-\nu)\right)+(1-\nu)R_{jj}+k(cH_{jj}-1)\right]$$
$$+\sum_{1}^{n'}a_n\left[kcH_{jn}-J_{jn}\left(1-(1-\nu)\right)+(1-\nu)R_{jn}\right]=0.$$

Der Strich (') am Summenzeichen deutet an, daß bei der Summation die Glieder mit gleichen Indizes j, n nicht mitzunehmen sind.

Das System (IV A.87) von n Gleichungen, das in a_n linear und homogen ist, wird außer im trivialen Fall des Verschwindens aller a_n (unausgebeulte Form der Platte) befriedigt, falls die Koeffizientendeterminante Δ der a_n verschwindet (endliche Werte der Beulfunktion $w(x,y)$).

Aus der Nullsetzung dieser Determinante erhalten wir eine Bestimmungsgleichung für k. Mit den Abkürzungen

$$F_j = \frac{1}{\alpha^2}+\left(\frac{p_j}{\pi}\right)^4\alpha^2 - J_{jj}\left(1-(1-\nu)\right)+(1-\nu)R_{jj} \qquad \text{(IV A.88)}$$

$$G_j = 1 - cH_{jj} \qquad \text{(IV A.89)}$$

$$K_{jn} = kcH_{jn} - J_{jn}\left(1-(1-\nu)\right)+(1-\nu)R_{jn} \qquad \text{(IV A.90)}$$

wird die Determinantengleichung

$$\Delta = \begin{vmatrix} F_1 - kG_1 & K_{12} & K_{13} & \cdots \\ K_{21} & F_2 - kG_2 & K_{23} & \cdots \\ K_{31} & K_{32} & F_3 - kG_3 & \cdots \\ \cdot & \cdot & \cdot & \cdots \\ \cdot & \cdot & \cdot & \cdots \\ \cdot & \cdot & \cdot & \cdots \end{vmatrix} = 0. \qquad \text{(IV A.91)}$$

Für bestimmte Art der Belastung (Größe von c) und bestimmte Randbedingungen hängt der Beulwert k vom Seitenverhältnis α (in den F_j) ab. Die numerische Rechnung wird in jedem Fall zeigen, welche Näherung notwendig ist, um den Beulwert k mit gewünschter Genauigkeit zu erhalten.

d) **Platte an den Rändern a beiderseits gelenkig gelagert.** α) *Herleitung der Beulbedingung.* Im Falle beiderseits gelenkig gelagerter Längsränder, d. h. NAVIERscher Randbedingungen $\left(w = \frac{\partial^2 w}{\partial y^2} = 0\right)$ genügt auch in der Querrichtung die Annahme eines einfachen trigono-

A. Elastischer Bereich

metrischen Ansatzes ($p_n = n\pi$)

$$Y_n = C \cdot \sin\frac{n\pi y}{b}. \tag{IV A.92}$$

Da ferner längs des ganzen Randes der Platte $w = 0$ ist, kann die Formel (IV A.59) für das Potential U vereinfacht werden. Der Summand mit dem Faktor $2(1-\nu)$ dieser Gleichung verschwindet laut der Formel von GREEN (Verwandlung eines Flächenintegrales in eine Integration längs des Randes dieser Fläche).

$$\int_0^a\int_0^b \left[\left(\frac{\partial^2 w}{\partial x^2} \cdot \frac{\partial^2 w}{\partial y^2}\right) - \left(\frac{\partial^2 w}{\partial x\,\partial y}\right)^2\right] dx\, dy \tag{IV A.93}$$

$$= \int_{\text{Rand}} \left(\frac{\partial w}{\partial x} \cdot \frac{\partial^2 w}{\partial x\,\partial y} dx + \frac{\partial w}{\partial x} \cdot \frac{\partial^2 w}{\partial x\,\partial y} dy\right) = 0.$$

Die Formeln für die Abkürzungen (IV A.88) und (IV A.90) vereinfachen sich zu

$$F_j = \frac{1}{\alpha^2} + j^4\alpha^2 - J_{jj} \tag{IV A.94}$$

$$K_{jn} = k\,c\,H_{jn} - J_{jn}. \tag{IV A.95}$$

Die Konstante C des Ansatzes (IV A.92) berechnet sich aus Gl. (IV A.81),

$$\int_0^b Y_j^2\, dy = C^2 \cdot \frac{b}{2} = b \tag{IV A.96}$$

$$C^2 = 2.$$

Damit können nun alle Integrale ausgewertet werden:

$$J_{jj} = \frac{2b}{\pi^2}\int_0^b Y_j\, Y_j''\, dy = -\frac{2b}{\pi^2} \cdot \frac{j^2\pi^2}{b^2}\int_0^b Y_j^2\, dy = -\frac{2b}{\pi^2} \cdot \frac{j^2\pi^2}{b^2} \cdot b$$

$$J_{jj} = -2j^2 \tag{IV A.97}$$

$$J_{jn} = 0 \tag{IV A.98}$$

(infolge der Orthogonalitätseigenschaft)

$$H_{jj} = \frac{1}{b^2}\int_0^b y\, Y_j^2\, dy = \frac{C^2}{b^2}\int_0^b y\left(\sin\frac{j\pi y}{b}\right)^2 dy.$$

Mit Hilfe der Beziehung

$$2\sin^2\alpha = -\cos 2\alpha + 1$$

ist:

$$\int_0^b y\left(\sin\frac{j\pi y}{b}\right)^2 dy = \frac{1}{2}\int_0^b y\left(-\cos\frac{2j\pi y}{b}+1\right)dy$$

$$= \frac{1}{2}\left[\left[-y\frac{b}{2\pi j}\sin\frac{2\pi j y}{b}\right]_0^b + \int_0^b \frac{b}{2\pi j}\sin\frac{2\pi j y}{b}dy + \int_0^b y\,dy\right] \quad \text{(IV A.99)}$$

$$= \frac{1}{2}\left[-\frac{b^2}{4\pi^2 j^2}(\cos 2\pi j - 1) + \frac{b^2}{2}\right] = \frac{b^2}{4}$$

und

$$H_{jj} = \frac{1}{2}. \quad \text{(IV A.100)}$$

Weiterhin folgt:

$$H_{jn} = \frac{1}{b^2}\int_0^b y\, Y_j\, Y_n\, dy = \frac{C^2}{b^2}\int_0^b y\sin\frac{j\pi y}{b}\sin\frac{n\pi y}{b}dy.$$

Wegen

$$2\sin\alpha\sin\beta = \cos(\alpha-\beta) - \cos(\alpha+\beta) \quad \text{(IV A.101)}$$

ergibt sich:

$$\int_0^b y\sin\frac{j\pi y}{b}\sin\frac{n\pi y}{b}dy = y\Big[-\frac{1}{2}\cdot\frac{b}{\pi(j+n)}\sin\frac{\pi(j+n)}{b}y \quad \text{(IV A.102)}$$

$$+\frac{1}{2}\cdot\frac{b}{\pi(n-j)}\sin\frac{\pi(n-j)}{b}y\Big]_0^b - \int_0^b\Big[-\frac{1}{2}\cdot\frac{b}{\pi(n+j)}\sin\frac{\pi(n+j)}{b}y$$

$$+\frac{1}{2}\cdot\frac{b}{\pi(n-j)}\sin\frac{\pi(n-j)}{b}y\Big]dy = -\frac{1}{2}\cdot\frac{b^2}{\pi^2(n+j)^2}\cos\pi(n+j)$$

$$+\frac{1}{2}\cdot\frac{b^2}{\pi^2(n-j)^2}\cos\pi(n-j) + \frac{1}{2}\cdot\frac{b^2}{\pi^2(n+j)^2} - \frac{1}{2}\cdot\frac{b^2}{\pi^2(n-j)^2}.$$

Ist $(n+j)$ eine gerade Zahl, so verschwindet der Ausdruck (IV A.102).

Ist $(n+j)$ eine ungerade Zahl, so wird

$$\int_0^b y\sin\frac{j\pi y}{b}\sin\frac{n\pi y}{b}dy = \frac{b^2}{\pi^2(n+j)^2} - \frac{b^2}{\pi^2(n-j)^2}$$

$$= -\frac{b^2}{\pi^2}\cdot\frac{4jn}{(n^2-j^2)^2} \quad \text{(IV A.103)}$$

und

$$H_{jn} = -\frac{2}{b^2}\cdot\frac{b^2}{\pi^2}\cdot\frac{4jn}{(n^2-j^2)^2} = -\frac{8}{\pi^2}\frac{jn}{(n^2-j^2)^2}, \quad \text{(IV A.104)}$$

wobei $H_{jn} = H_{nj}$.

$$H_{jn} = 0 \quad \text{(IV A.105)}$$

für $(n+j)$ gerade Zahl.

A. Elastischer Bereich

Die Determinante (IV A.91) zur Bestimmung von k wird mit diesen Werten [s. Gl. (IV A. 106)]:

Diese Determinante ist diagonal symmetrisch. Die numerische Rechnung wird zeigen, daß die 3. Näherung, d. h. die Berechnung des Beulwertes k aus einer 3-gliedrigen Determinante im Falle $c = 1$ bereits genügende Genauigkeit aufweisen wird.

β) *Numerische Auswertung.* Führt man in die Determinante (IV A.106) folgende Abkürzung ein:

$$\left.\begin{array}{l} F_1 = \dfrac{1}{\alpha^2} + \alpha^2 + 2 \\[4pt] F_2 = \dfrac{1}{\alpha^2} + 16\alpha^2 + 8, \\[4pt] F_3 = \dfrac{1}{\alpha^2} + 81\alpha^2 + 18 \end{array}\right\} \quad \text{(IV A.107)}$$

so berechnet sich k in 1. Näherung aus der linearen Gleichung

$$k = 2F_1,$$

in 2. Näherung aus der quadratischen Gleichung

$$0{,}21755\, k^2 - \tfrac{1}{2}(F_1 + F_2)\, k + F_1 F_2 = 0$$

und in 3. Näherung aus der kubischen Gleichung

$$\left(\tfrac{1}{2} K_{23}^2 + \tfrac{1}{2} K_{12}^2 - 0{,}125\right) k^3$$
$$+ \tfrac{1}{4}(F_1 + F_2 + F_3 + 4F_1 K_{23}^2$$
$$+ 4F_3 K_{12}^2)\, k^2$$
$$- \tfrac{1}{2}(F_1 F_3 + F_2 F_3 + F_1 F_2)\, k$$
$$+ F_1 F_2 F_3 = 0.$$

Die Auflösung der Determinante erfolgt schrittweise auf üblichem Wege. Die Berechnung der F_j-Werte nach Gl. (IV A.94), die vom Seitenverhältnis abhängen, ist aus den Tab. IV A.2 und IV A.3 ersichtlich. Die errechneten Beulwerte k aus den 3

$$\Delta = \begin{vmatrix} \dfrac{1}{\alpha^2} + \alpha^2 + 2 - k\left(1 - \dfrac{c}{2}\right) & -kc\dfrac{16}{9\pi^2} & 0 & \cdots \\[6pt] -kc\dfrac{16}{9\pi^2} & \dfrac{1}{\alpha^2} + 16\alpha^2 + 8 - k\left(1 - \dfrac{c}{2}\right) & -kc\dfrac{48}{25\pi^2} & \cdots \\[6pt] 0 & -kc\dfrac{48}{25\pi^2} & \dfrac{1}{\alpha^2} + 81\alpha^2 + 18 - k\left(1 - \dfrac{c}{2}\right) & \cdots \\[6pt] \vdots & \vdots & \vdots & \ddots \end{vmatrix} = 0. \quad \text{(IV A.106)}$$

108 IV. Die verschiedenen Beulfälle

ersten Näherungen in Abhängigkeit vom Seitenverhältnis α sind in Tab. IV A.4 zusammengestellt. Abb. IV A.5 stellt die k-Werte bei mehrwelliger Ausbeulung in der Längsrichtung graphisch dar.

Tabelle IV A.2
Fall o——o

$\alpha = \dfrac{a}{b}$	$\dfrac{1}{\alpha^2}$	α^2	$16\,\alpha^2$	$81\,\alpha^2$
0,30	11,11111	0,09	1,44	
0,40	6,25000	0,16	2,56	
0,50	4,00000	0,25	4,00	
0,60	2,77778	0,36	5,76	
0,70	2,04082	0,49	7,84	
0,80	1,56250	0,64	10,24	
0,90	1,23457	0,81	12,96	
0,97	1,06281	0,9409	15,0544	
0,98	1,04123	0,9604	15,3664	77,7924
0,99	1,02030	0,9801	15,6816	
1,00	1,00000	1,0000	16,0000	
1,10	0,82645	1,21	19,36	
1,20	0,69444	1,44	23,04	
1,30	0,59172	1,69	27,04	
1,40	0,51020	1,96	31,36	
1,50	0,44444	2,25	36,00	

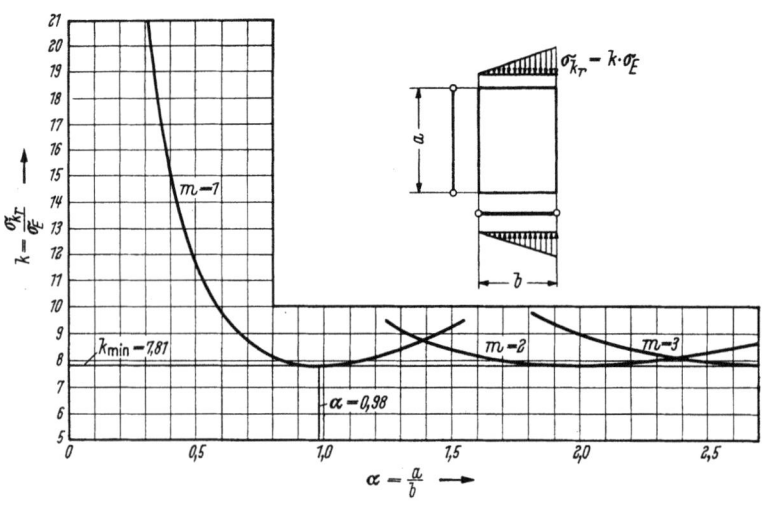

Abb. IV A.5

e) **Platte an den Rändern a beiderseits fest eingespannt.** NÖLKE hat in einer umfassenden Arbeit die Beulwerte der in Druckrichtung beider-

A. Elastischer Bereich 109

seits eingespannten Platte bestimmt[1]. Die numerische Rechnung von
KOLLBRUNNER-HERRMANN[2] zeigt, daß die Resultate von der Genauigkeit der Berechnung (Berücksichtigung vieler Stellen) in äußerst starkem Maße abhängig sind.

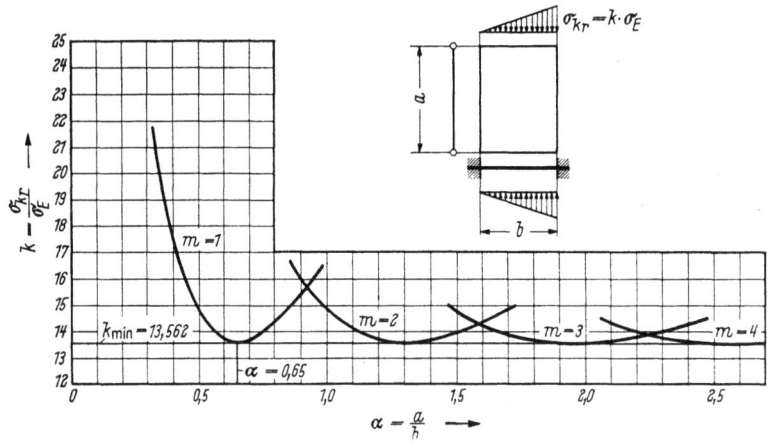

Abb. IV A.6

Tabelle IV A.3

Fall o——o Berechnung der F_j.

$\alpha = \dfrac{a}{b}$	F_1	F_2	F_3
0,30	13,20111	20,55111	
0,40	8,41000	16,81000	
0,50	6,25000	16,00000	
0,60	5,13778	16,53778	
0,70	4,53082	17,88082	
0,80	4,20250	19,80250	
0,90	4,04457	22,19457	
0,97	4,00371	24,11721	
0,98	4,00163	24,40763	96,83363
0,99	4,00040	24,70190	
1,00	4,00000	25,00000	
1,10	4,03645	28,18645	
1,20	4,13444	31,73444	
1,30	4,28172	35,63172	
1,40	4,47020	39,87020	
1,50	4,69444	44,44444	

Tabelle IV A.4

Fall o——o k-Werte in verschiedenen Näherungen

α	Beulwerte k in Näherung		
	I	II	III
0,30	26,402	22,759	
0,40	16,820	15,201	
0,50	12,500	11,641	
0,60	10,276	9,750	
0,70	9,062	8,701	
0,80	8,405	8,134	
0,90	8,089	7,870	
0,97	8,007	7,813	
0,98	8,003	7,811	7,810
0,99	8,001	7,812	
1,00	8,000	7,813	
1,10	8,073	7,906	
1,20	8,269	8,116	
1,30	8,563	8,418	
1,40	8,940	8,800	
1,50	8,389	9,250	

---

[1] NÖLKE, K.: Biegungsbeulung der Rechteckplatte. Ing.-Arch., VIII. Bd. (1937) S. 403.

[2] KOLLBRUNNER, C. F. u. G. HERRMANN: Elastische Beulung von auf einseitigen, ungleichmäßigen Druck beanspruchten Platten. Mitt. der T.K.V.S.B., H. 1, S. 28. Zürich: Leemann 1948.

Abb. IV A.6 stellt die k-Werte bei mehrwelliger Ausbeulung in der Längsrichtung graphisch dar. (Es genügten 4 und für 2 Stellen hinter dem Komma bereits 3 Näherungen, um den k-Wert mit genügender Schärfe zu bestimmen. Der minimale k-Wert liegt bei einem Seitenverhältnis $\alpha = 0{,}65$.)

f) Platte an den Rändern a einerseits fest eingespannt, anderseits gelenkig gelagert. α) *Die Belastung nimmt gegen den eingespannten Rand zu (Fall a)*. Ist die Platte bei $y = 0$ eingespannt und bei $y = b$ gelenkig gelagert, so gilt:

$$w\Big|_{y=0} = \frac{\partial w}{\partial y}\Big|_{y=0} = 0$$

und

$$w\Big|_{y=b} = \frac{\partial^2 w}{\partial y^2}\Big|_{y=b} = 0\,.$$

(IV A.108)

Die Konstanten des Ansatzes (IV A.64) bestimmen sich damit zu

$$A = C = 0\,. \qquad \text{(IV A.109)}$$

$$\left.\begin{array}{l} B(\cos p_n - \operatorname{Cos} p_n) + D(\sin p_n - \operatorname{Sin} p_n) = 0 \\ B(\cos p_n + \operatorname{Cos} p_n) + D(\sin p_n + \operatorname{Sin} p_n) = 0\,. \end{array}\right\} \quad \text{(IV A.110)}$$

Sollen die Konstanten B und D endliche Werte annehmen, so sind die p_n an folgende Nebenbedingungen gebunden

$$\operatorname{tg} p_n = \operatorname{Tg} p_n\,. \qquad \text{(IV A.111)}$$

Aus Gl. (IV A.110) und (IV A.81) wird der Ansatz (IV A.64) für vorliegende Randbedingungen

$$Y_n = \left(\cos \frac{p_n y}{b} - \operatorname{Cos} \frac{p_n y}{b}\right) - Z_n \left(\sin \frac{p_n y}{b} - \operatorname{Sin} \frac{p_n y}{b}\right), \qquad \text{(IV A.112)}$$

worin

$$Z_n = \frac{\cos p_n - \operatorname{Cos} p_n}{\sin p_n - \operatorname{Sin} p_n} \qquad \text{(IV A.113)}$$

ist.

Die Integrale J_{jn} und H_{jn} (Gln. (IV A.82)) und (IV.A.83)) können grundsätzlich auf dieselbe Weise berechnet werden wie im Falle der beiderseits eingespannten Längsränder. Man erhält:

$$J_{jn} = \frac{8\,p_j^2\,p_n^2}{\pi^2(p_n^4 - p_j^4)}(p_n Z_n - p_j Z_j) \qquad \text{(IV A.114)}$$

$$J_{jj} = \frac{2}{\pi^2}(Z_j\,p_j - Z_j^2\,p_j^2) \qquad \text{(IV A.115)}$$

$$H_{jn} = \frac{8\,p_j\,p_n}{(p_n^4 - p_j^4)^2}[2\,p_j^2\,p_n^2\,(S_j S_n - Z_j Z_n) + (p_j^4 + p_n^4)\,C_j C_n] \qquad \text{(IV A.116)}$$

$$H_{jj} = \frac{1}{2} + 2\frac{C_j^2}{p_j^2} \qquad \text{(IV A.117)}$$

mit

$$S_n = \frac{\sin p_n \operatorname{Sin} p_n}{\sin p_n - \operatorname{Sin} p_n} \qquad \text{(IV A.118)}$$

A. Elastischer Bereich

und
$$C_n = \frac{1 - \cos p_n \operatorname{Cos} p_n}{\sin p_n - \operatorname{Sin} p_n}.\quad\text{(IV A.119)}$$

Damit sind alle Integrale in der allgemeinen Determinantengleichung (IV A.91) ausgewertet.

Da bei vorliegenden Randbedingungen die Platte stets längs des ganzen Randes aufliegt, können auf Grund des GREENschen Satzes wiederum Vereinfachungen vorgenommen werden.

β) Die Belastung nimmt gegen den eingespannten Rand ab (Fall b).
Grundsätzlich bestehen zwei Möglichkeiten, um vom Fall a zum Fall b überzugehen. Man kann in der analytischen Formulierung, unter Beibehaltung der Randbedingungen, entweder die Belastung ändern, oder aber die Belastung des Falles a belassen und die Randbedingungen des Falles b einführen. Eine einfache Überlegung zeigt, daß die Beibehaltung der Randbedingungen und die Änderung der Belastung rascher zum Ziele führt. Wir ersetzen die Druckverteilung (IV A.51) durch:

$$\sigma_x(y) = \sigma_1 \frac{c}{b} y \quad\text{(IV A.120)}$$

und haben mit $c = 1$ die gewünschte Dreiecksbelastung. In allen nachfolgenden Ausdrücken, die zur allgemeinen Beulbedingung (IV A.91) geführt haben, ist die Spannungsverteilung (IV A.51) sinngemäß durch die Gl. (IV A.120) zu ersetzen, was ohne Schwierigkeit zu bewerkstelligen ist.

Die numerische Auswertung der Fälle a und b zeigt, daß die dritte Näherung (kubische Gleichung) bereits genügend genaue k-Werte liefert. Abb. IV A.7 gibt die graphische Darstellung der k-Werte beider Fälle a und b bei mehr als einer Halbwelle in der Druckrichtung.

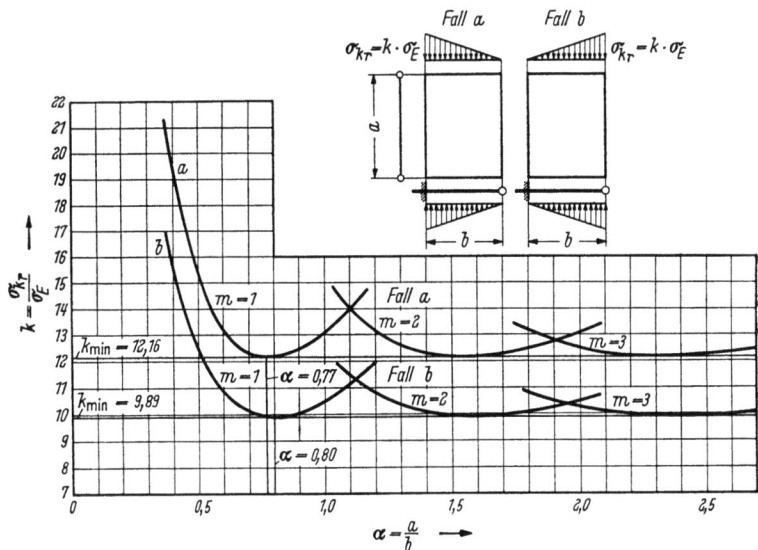

Abb. IV A.7

g) **Platte an den Rändern a einerseits fest eingespannt, anderseits vollständig frei.** α) *Die Belastung nimmt gegen den eingespannten Rand zu (Fall a)*. Der hauptsächlichste Unterschied dieses Falles gegenüber allen bisher behandelten liegt darin, daß der Ausdruck für die Biegungsarbeit A_a nach Formel (IV A.59) sich nun nicht mehr auf Grund des Satzes von GREEN vereinfachen läßt, sondern daß das Glied mit $2(1-\nu)$ als Faktor im Ausdruck für die Formänderungsarbeit A_a nun stets mitzuführen ist.

Die bestehenden Randbedingungen

$$w\Big|_{y=0} = \frac{\partial w}{\partial y}\Big|_{y=0} = 0 \qquad \text{(IV A.121)}$$

und

$$\frac{\partial^2 w}{\partial y^2}\Big|_{y=b} = \frac{\partial^3 w}{\partial y^3}\Big|_{y=b} = 0 \qquad \text{(IV A.122)}$$

fordern, daß im Ansatz (IV A.64)

$$Y_n(0) = Y_n'(0) = 0 \qquad \text{(IV A.123)}$$

und

$$Y_n''(b) = Y_n'''(b) = 0 \qquad \text{(IV A.124)}$$

erfüllt wird.

Aus Gl. (IV A.123) erhält man:

$$A = C = 0. \qquad \text{(IV A.125)}$$

Die Konstanten B und D sind aus den beiden Gleichungen

$$\left.\begin{array}{l} B(\cos p_n + \operatorname{Cos} p_n) + D(\sin p_n + \operatorname{Sin} p_n) = 0 \\ B(-\sin p_n + \operatorname{Sin} p_n) + D(\cos p_n + \operatorname{Cos} p_n) = 0 \end{array}\right\} \qquad \text{(IV A.126)}$$

zu bestimmen.

Die Werte B und D verschwinden nur dann nicht, wenn die Nennerdeterminante des Systems (IV A.126) gleich Null wird. Aus der Nullsetzung dieser Determinante gewinnt man folgende Nebenbedingung

$$\cos p_n \operatorname{Cos} p_n = -1 \qquad \text{(IV A.127)}$$

für die p_n.

Neben Gl. (IV A.126) hat man bei der Bestimmung der Konstanten B und D die Forderung zu beachten, die in der Gl. (IV A.81) ausgesprochen ist.

Mit Rücksicht auf die vorliegenden Randbedingungen reduziert sich der Ausdruck (IV A.80) auf ein einziges Glied, und es wird:

$$\int Y_j^2 \, dy = \frac{y}{4} Y_j^2. \qquad \text{(IV A.128)}$$

Wegen Gl. (IV A.81) folgt daraus

$$\int_0^b Y_j^2 \, dy = \frac{b}{4} (Y_j^2)_b = b, \quad \text{oder} \quad (Y_j^2)_b = 4. \qquad \text{(IV A.129)}$$

Die Gl. (IV A.126) und (IV A.129) werden mit
$$B = 1$$
$$D = -\frac{\cos p_n + \operatorname{Cos} p_n}{\sin p_n + \operatorname{Sin} p_n}$$
(IV A.130)

befriedigt.

Der allgemeine Ansatz (IV A.64) hat somit im vorliegenden Fall folgende Form:
$$Y_n = \left(\cos\frac{p_n y}{b} - \operatorname{Cos}\frac{p_n y}{b}\right) - Z_n \left(\sin\frac{p_n y}{b} - \operatorname{Sin}\frac{p_n y}{b}\right) \quad \text{(IV A.131)}$$

mit[1]
$$Z_n = \frac{\cos p_n + \operatorname{Cos} p_n}{\sin p_n + \operatorname{Sin} p_n}. \quad \text{(IV A.132)}$$

Auch an dieser Stelle ist zu bemerken, daß die Integrale (IV A.82) bis (IV A.84) mit dem Ansatz (IV A.131) entweder direkt numerisch berechnet werden, oder aber in geschlossener allgemeiner Form dargestellt werden können. Jetzt soll der Weg gezeigt werden, der zur geschlossenen Darstellung dieser Integrale führt.

Zunächst werden aus der Nebenbedingung (IV A.127) drei weitere Beziehungen hergeleitet. Mit Hilfe der hyperbolischen Amplitudenfunktion[2]
$$\operatorname{Amp} Z = \int_0^Z \frac{d\zeta}{\operatorname{Cos}\zeta} = 2 \operatorname{arc tg} e^Z - \frac{\pi}{2} \quad \text{(IV A.133)}$$

können reelle Wechselbeziehungen zwischen Kreis- und Hyperbelfunktionen aufgestellt werden[3]. Sie lauten:
$$\cos \operatorname{Amp} Z = \frac{1}{\operatorname{Cos} Z} \quad \text{(IV A.134)}$$
$$\operatorname{tg} \operatorname{Amp} Z = \operatorname{Sin} Z \quad \text{(IV A.135)}$$
$$\sin \operatorname{Amp} Z = \operatorname{Tg} Z. \quad \text{(IV A.136)}$$

Andererseits gewinnen wir aus der Bedingung (IV A.127) unmittelbar:
$$\cos p_n \operatorname{Sin} p_n = -\operatorname{Tg} p_n \quad \text{(IV A.137)}$$
$$\operatorname{Cos} p_n \sin p_n = -\operatorname{tg} p_n. \quad \text{(IV A.138)}$$

Aus Gl. (IV A.137) folgt mit den Gln. (IV A.127), (IV A.134) und (IV A.136)
$$\cos p_n \operatorname{Sin} p_n = \sin p_n (-1)^n \quad \text{(IV A.139)}$$

---

[1] Es muß betont werden, daß sowohl die p_n als auch die Z_n verschiedene Bedeutung haben in jedem einzelnen Fall.

[2] TÖLKE, F.: Praktische Funktionenlehre. I. Bd., S. 36. Berlin: Springer 1943.

[3] Es werden nur diejenigen angeschrieben, von denen in der Folge Gebrauch gemacht wird.

und aus Gl. (IV A.138) mit den Gln. (IV A.127), (IV A.134) und (IV A.135)
$$\operatorname{Cos} p_n \sin p_n = - \operatorname{Sin} p_n (-1)^n \qquad (IV\,A.140)$$
ferner aus Gl. (IV A.139):
$$-\sin p_n \operatorname{Sin} p_n = (\operatorname{Cos} p_n + \cos p_n)(-1)^n. \qquad (IV\,A.141)$$
Mit den Gln. (IV A.139) bis (IV A.141) haben wir die gesuchten und später oft verwendeten Beziehungen gewonnen, und wir können nun daran gehen, die Integrale (IV A.82) bis (IV A.84) zu lösen.

Zunächst müssen einige Hilfsintegrale hergeleitet werden. Aus wiederholter Anwendung der Teilintegration folgt:

(IV A.142)
$$\int Y_j^{IV} Y_n'' \, dy = Y_j''' Y_n'' - Y_j'' Y_n''' + Y_j' Y_n^{IV} - Y_j Y_n^{V} + \int Y_j Y_n^{VI} \, dy$$
und daraus
$$\frac{p_j^4 - p_n^4}{b^4} \int Y_j Y_n'' \, dy = Y_j''' Y_n'' - Y_j'' Y_n''' + Y_j' Y_n^{IV} - Y_j Y_n^{V}. \qquad (IV\,A.143)$$

Die Berücksichtigung der vorliegenden Randbedingungen führt auf:

(IV A.144)
$$\int_0^b Y_j Y_n'' \, dy = \frac{b^4}{p_n^4 - p_j^4} [(Y_j'' Y_n''')_0 - (Y_j''' Y_n'')_0 - (Y_j' Y_n^{IV})_b + (Y_j Y_n^{V})_b].$$

Die einzelnen Glieder dieser Gleichung können wie folgt ausgewertet werden:

$$(Y_j'' Y_n''')_0 = 4 Z_n \frac{p_j^2 p_n^3}{b^5} \qquad (IV\,A.145)$$

$$(Y_j''' Y_n'')_0 = 4 Z_j \frac{p_j^3 p_n^2}{b^5} \qquad (IV\,A.146)$$

$$\left.\begin{aligned}
&(Y_j' Y_n^{IV})_b \\
&= \frac{p_j}{b} \left[(-\sin p_j - \operatorname{Sin} p_j) - \frac{\cos p_j + \operatorname{Cos} p_j}{\sin p_j + \operatorname{Sin} p_j} (\cos p_j - \operatorname{Cos} p_j) \right] \\
&\quad \cdot \frac{p_n^4}{b^4} \left[(\cos p_n - \operatorname{Cos} p_n) - \frac{\cos p_n + \operatorname{Cos} p_n}{\sin p_n + \operatorname{Sin} p_n} (\sin p_n - \operatorname{Sin} p_n) \right] \\
&= \frac{p_j p_n^4}{b^5} \left[-\frac{2 \sin p_j \operatorname{Sin} p_j}{\sin p_j + \operatorname{Sin} p_j} \right] \left[\frac{2 (\cos p_n \operatorname{Sin} p_n - \sin p_n \operatorname{Cos} p_n)}{\sin p_n + \operatorname{Sin} p_n} \right] \\
&= \frac{p_j p_n^4}{b^5} [2 Z_j (-1)^j] \left[\frac{2 (\sin p_n + \operatorname{Sin} p_n)(-1)^n}{\sin p_n + \operatorname{Sin} p_n} \right] \\
&= \frac{p_j p_n^4}{b^5} \cdot 4 Z_j (-1)^{j+n}
\end{aligned}\right\} \quad (IV\,A.147)$$

und entsprechend
$$(Y_j Y_n^{V})_b = \frac{p_n^5}{b^5} \cdot 4 Z_n (-1)^{j+n}. \qquad (IV\,A.148)$$

A. Elastischer Bereich

Mit diesen Werten wird das Integral (IV A.144)

$$\left.\begin{aligned}\int_0^b Y_j\, Y_n''\, dy &= \frac{b^4}{p_n^4 - p_j^4}\left[4\, Z_n\, \frac{p_j^2\, p_n^3}{b^5} - 4\, Z^j\, \frac{p_j^3\, p_n^2}{b^5}\right.\\ &\left.- \frac{p_j\, p_n^4}{b^5}\, 4\, Z_j\, (-1)^{j+n} + \frac{p_n^5}{b^5}\, 4\, Z_n\, (-1)^{j+n}\right]\\ &= \frac{4\, p_n^2}{b\,(p_n^4 - p_j^4)}\,[(Z_n\, p_n - Z_j\, p_j)\,(p_j^2 + p_n^2\,(-1)^{j+n})]\end{aligned}\right\}\quad\text{(IV A.149)}$$

und die Abkürzung J_{jn} nach Gl. (IV A.82)

(IV A.150)

$$J_{jn} = \frac{2\,b}{\pi^2}\int_0^b Y_j\, Y_n''\, dy = \frac{8\, p_n^2}{\pi^2(p_n^4 - p_j^4)}\,[(p_n\, Z_n - p_j\, Z_j)\,(p_n^2\,(-1)^{j+n} + p_j^2)]\,.$$

Diese Gleichung gilt nur, solange $n \neq j$ und nimmt für $n = j$ einen unbestimmten Wert an. Zur Berechnung von J_{jj} wird ein kleiner Kunstgriff angewendet, indem man vom unbestimmten Integral (IV A.143) ausgeht und darin den Grenzübergang $p_n \to p_j$ vollzieht.

Führt man folgende Symbolik ein[1]:

$$Y_j^{\cdot} = \frac{b}{p_j}\, Y_j'\quad\text{und}\quad Y_j = Y_j^{::} = \frac{b^4}{p_j^4}\, Y_j^{IV}\,,\qquad\text{(IV A.151)}$$

so erhält man, wenn die Glieder zweiter Ordnung vernachlässigt werden:

$$\left.\begin{aligned}\frac{4\,p_j^3}{b^4}\int Y_j\, Y_j''\, dy &= \frac{5\,p_j^4}{b^5}\, Y_j^{:::}\, Y_j + \frac{p_j^5\, y}{b^6}\, Y_j^{:::}\, Y_j - \frac{4\,p_j^4}{b^5}\, Y_j^{::}\, Y_j^{\cdot}\\ &\quad - \frac{p_j^5\, y}{b^6}\, Y_j^{:::}\, Y_j + \frac{3\,p_j^4}{b^5}\, Y_j^{::}\, Y_j^{\cdot} + \frac{p_j^5\, y}{b^6}\, Y_j^{::}\, Y_j^{\cdot}\\ &\quad - \frac{2\,p_j^4}{b^5}\, Y_j^{\cdot}\, Y_j^{::} - \frac{p_j^5\, y}{b^6}\, Y_j^{::\,2}\,.\end{aligned}\right\}\quad\text{(IV A.152)}$$

Führen wir die Integration in den Grenzen 0 und b bestimmt durch, so wird mit Rücksicht auf die Randbedingungen:

$$\left.\begin{aligned}\frac{4\,p_j^3}{b^4}\int_0^b Y_j\, Y_j''\, dy &= \left[\frac{5\,p_j^4}{b^5}\, Y_j^{:::}\, Y_j\right]_b - \left[\frac{4\,p_j^4}{b^5}\, Y_j^{::}\, Y_j^{\cdot}\right]_b\\ &\quad - \left[\frac{p_j^5\, y}{b^6}\, Y_j^{:::}\, Y_j\right]_b + \left[\frac{3\,p_j^4}{b^5}\, Y_j^{::}\, Y_j^{\cdot}\right]_0 - \left[\frac{2\,p_j^4}{b^5}\, Y_j^{\cdot}\, Y_j^{::}\right]_0\\ &= \frac{5\,p_j^4}{b^5}\cdot 4\, Z_j - \frac{4\,p_j^4}{b^5}\cdot 4\, Z_j - \frac{p_j^5}{b^5}\, 4\, Z_j^2 + \frac{p_j^4}{b^5}\, 4\, Z_j\\ &= \frac{2\,p_j^4}{b^5}\, 4\, Z_j - \frac{p_j^5}{b^5}\, 4\, Z_j^2\,.\end{aligned}\right\}\quad\text{(IV A.153)}$$

Für J_{jj} erhält man mit Gl. (IV A.153):

$$J_{jj} = \frac{2\,b}{\pi^2}\int_0^b Y_j\, Y_j''\, dy = \frac{2}{\pi^2}\,(2\, p_j\, Z_j - p_j^2\, Z_j^2)\,.\qquad\text{(IV A.154)}$$

---

[1] In Übereinstimmung mit K. Nölke.

Um das Integral H_{jn} nach Gl. (IV A.83) auszuwerten, formen wir es zunächst um in:

$$H_{jn} = \frac{1}{b^2} \int_0^b y \, Y_j \, Y_n \, dy$$

$$= \frac{b^2}{p_n^4 - p_j^4} \int_0^b y \, (Y_j \, Y_n^{IV} - Y_j^{IV} \, Y_n) \, dy \qquad \text{(IV A.155)}$$

und weiter durch Teilintegration in:

$$H_{jn} = \frac{b^2}{p_n^4 - p_j^4} \{ [y \, (Y_j \, Y_n''' - Y_j''' \, Y_n + Y_j'' \, Y_n' - Y_j' \, Y_n'')]_0^b -$$

$$- \int_0^b (Y_j \, Y_n''' - Y_j''' Y_n + Y_j'' \, Y_n' - Y_j' \, Y_n'') \, dy \}. \qquad \text{(IV A.156)}$$

Die Hilfsintegrale

$$\int_0^b (Y_j \, Y_n''' - Y_j''' \, Y_n) \, dy$$

$$= [Y_j \, Y_n'' - Y_j'' \, Y_n]_0^b - \int_0^b (Y_j' \, Y_n'' - Y_j'' \, Y_n') \, dy \qquad \text{(IV A.157)}$$

und

$$\int_0^b Y_j' \, Y_n'' \, dy = [Y_j' \, Y_n']_0^b - \int_0^b Y_j'' \, Y_n' \, dy \qquad \text{(IV A.158)}$$

gestatten, weitere Vereinfachungen vorzunehmen:

$$H_{jn} = \frac{b^2}{p_n^4 - p_j^4} \Big\{ [b(0) + \int_0^b (Y_j' \, Y_n'' - Y_j'' \, Y_n') \, dy] - [Y_j' \, Y_n']_b$$

$$+ \int_0^b Y_j' \, Y_n'' \, dy + [Y_j' \, Y_n']_b - \int_0^b Y_j'' \, Y_n' \, dy \Big\}. \qquad \text{(IV A.159)}$$

Daraus folgt:

$$H_{jn} = \frac{2 \, b^2}{p_n^4 - p_j^4} \int_0^b [Y_j' \, Y_n'' - Y_j'' \, Y_n'] \, dy. \qquad \text{(IV A.160)}$$

Auf Grund der Gl. (IV A.158) wird weiter

$$H_{jn} = \frac{2 \, b^2}{p_n^4 - p_j^4} [(Y_j' \, Y_n')_b - 2 \int_0^b Y_j'' \, Y_n' \, dy] \qquad \text{(IV A.161)}$$

und nach Auflösung der Klammer

$$H_{jn} = \frac{-4 \, b^2}{p_n^4 - p_j^4} \int_0^b Y_j'' \, Y_n' \, dy + \frac{2 \, b^2}{p_n^4 - p_j^4} (Y_j' \, Y_n')_b. \qquad \text{(IV A.162)}$$

Zwecks Integration wird das Integral in Gl. (IV A.162) umgeschrieben in

$$\frac{p_j^4 - p_n^4}{b^4} \int_0^b Y_j'' \, Y_n' \, dy = \int_0^b Y_j^{VI} \, Y_n' \, dy - \int_0^b Y_j'' \, Y_n^V \, dy. \qquad \text{(IV A.163)}$$

Daraus folgt:

$$H_{jn} = \frac{4\,b^6}{(p_n^4 - p_j^4)^2} \int_0^b (Y_j^{VI} Y_n' - Y_j'' Y_n^V)\,dy + \frac{2\,b^2}{p_n^4 - p_j^4}(Y_j'\,Y_n')_b\,. \quad \text{(IV A.164)}$$

Durch Teilintegration gelangt man, unter Berücksichtigung der Randbedingungen, zu:

$$\left.\begin{aligned}H_{jn} &= \frac{4\,b^6}{(p_n^4 - p_j^4)^2}[Y_j^V Y_n' - Y_j^{IV} Y_n'' - Y_j'' Y_n^{IV} + Y_j''' Y_n''']_0^b \\ &+ \frac{2\,b^2}{p_n^4 - p_j^4}(Y_j' Y_n')_b = \frac{4\,b^6}{(p_n^4 - p_j^4)^2}[(Y_j^V Y_n')_b + (Y_j''' Y_n''')_0] \\ &+ \frac{2\,b^2}{p_n^4 - p_j^4}(Y_j' Y_n')_b = \frac{4\,b^6}{(p_n^4 - p_j^4)^2}\Big[\frac{2\,p_j^4}{2\,b^4}(Y_j' Y_n')_b + (Y_j''' Y_n''')_0 \\ &+ \frac{p_n^4 - p_j^4}{2\,b^4}(Y_j' Y_n')_b\Big] = \frac{4\,b^6}{(p_n^4 - p_j^4)^2}\Big[(Y_j''' Y_n''')_0 \\ &+ \frac{p_n^4 + p_j^4}{2\,b^4}(Y_j' Y_n')_b\Big].\end{aligned}\right\} \quad \text{(IV A.165)}$$

Mit unserem Ansatz (IV A.131) können die Summanden in Gl. (IV A.165) ausgewertet werden. Man erhält:

$$(Y_j''' Y_n''')_0 = -\frac{4\,p_j^3\,p_n^3}{b^6} Z_j Z_n \quad \text{(IV A.166)}$$

$$(Y_j' Y_n')_b = \frac{4\,p_n\,p_j}{b^2} Z_j Z_n (-1)^{j+n}\,. \quad \text{(IV A.167)}$$

H_{jn} wird damit

$$H_{jn} = \frac{8\,p_n\,p_j}{(p_n^4 - p_j^4)^2} Z_j Z_n\,[-2\,p_j^2\,p_n^2 + (p_n^4 + p_j^4)(-1)^{j+n}]\,. \quad \text{(IV A.168)}$$

Auch diese Gleichung, wie Gl. (IV A.150), gilt nur solange $j \neq n$. Zwecks Berechnung von H_{jj} integrieren wir zunächst partiell:

$$H_{jj} = \frac{1}{b^2}\int_0^b y\,Y_j^2\,dy \quad \text{(IV A.169)}$$

$$= \frac{1}{b^2}\left\{[y\int Y_j^2\,dy]_0^b - \int_0^b (\int Y_j^2\,dy)\,dy\right\}.$$

Der erste Summand in Gl. (IV A.169) gibt nach Einsetzung der Grenzen und mit Rücksicht auf Gl. (IV A.81):

$$y\int Y_j^2\,dy = b^2. \quad \text{(IV A.170)}$$

Für den zweiten Summanden folgt auf Grund von Gl. (IV A.80):

$$\left.\begin{aligned}\int_0^b (\int Y_j^2\,dy)\,dy &= \int_0^b \Big[\frac{3}{4}\Big(\frac{b}{p_j}\Big)^4 Y_j\,Y_j''' + \frac{y}{4}Y_j^2 \\ &-\frac{1}{2}\Big(\frac{b}{p_j}\Big)^4 y\,Y_j'\,Y_j''' - \frac{1}{4}\Big(\frac{b}{p_j}\Big)^4 Y_j'\,Y_j'' + \frac{1}{4}\Big(\frac{b}{p_j}\Big)^4 y\,Y_j''^2\Big]\,dy.\end{aligned}\right\} \quad \text{(IV A.171)}$$

IV. Die verschiedenen Beulfälle

Um die Integration durchführen zu können, leiten wir zunächst einige Beziehungen her, die alle durch Teilintegration erhalten werden.

$$\int_0^b Y_j \, Y_j''' \, dy = [Y_j \, Y_j'']_0^b - \int_0^b Y_j' \, Y_j'' \, dy = -\frac{1}{2} [Y_j'^2]_b, \quad \text{(IV A.172)}$$

denn

$$\int_0^b Y_j' \, Y_j'' \, dy = [Y_j' \, Y_j']_0^b - \int_0^b Y_j'' \, Y_j' \, dy. \quad \text{(IV A.173)}$$

Ferner, unter Beachtung der Differentiationsregeln eines Produktes:

$$\left.\begin{array}{l} \int_0^b y \, Y_j' \, Y_j''' \, dy = [y \, Y_j \, Y_j'']_0^b - \int_0^b Y_j \, Y_j''' \, dy \\ - \int_0^b y \, Y_j \, Y_j^{\mathrm{IV}} \, dy = \frac{1}{2} [Y_j'^2]_b - \left(\frac{p_j}{b}\right)^4 \int_0^b y \, Y_j^2 \, dy, \end{array}\right\} \quad \text{(IV A.174)}$$

denn

$$Y_j^{\mathrm{IV}} = \left(\frac{p_j}{b}\right)^4 Y_j, \quad \text{(IV A.175)}$$

und schließlich:

$$\left.\begin{array}{l} \int_0^b y \, Y_j''^2 \, dy = [y \, Y_j'' \, Y_j']_0^b - \int_0^b Y_j' \, Y_j'' \, dy - \int_0^b y \, Y_j' \, Y_j''' \, dy \\ = - [Y_j'^2]_b + \left(\frac{p_j}{b}\right)^4 \int_0^b y \, Y_j^2 \, dy. \end{array}\right\} \quad \text{(IV A.176)}$$

Mit diesen Hilfsintegralen (IV A.172) und (IV A.176) wird der zweite Summand in Gl. (IV A.169):

$$\int_0^b (\int Y_j^2 \, dy) \, dy = -\left(\frac{b}{p_j}\right)^4 [Y_j'^2]_b + \int_0^b y \, Y_j^2 \, dy \quad \text{(IV A.177)}$$

und H_{jj} somit:

$$H_{jj} = \frac{1}{b^2}\left\{b^2 + \left(\frac{b}{p_j}\right)^4 [Y_j'^2]_b - \int_0^b y \, Y_j^2 \, dy \right\} \quad \text{(IV A.178)}$$

oder

$$H_{jj} = \frac{1}{2} + \frac{1}{2\, b^2}\left(\frac{b}{p_j}\right)^4 [Y_j'^2]_b. \quad \text{(IV A.179)}$$

Unter Beachtung, daß

$$[Y_j'^2]_b = \left(\frac{p_j}{b}\right)^2 4 Z_j^2, \quad \text{(IV A.180)}$$

erhält man schließlich:

$$H_{jj} = \frac{1}{2} + \frac{2 Z_j^2}{p_j^2}. \quad \text{(IV A.181)}$$

Es verbleibt noch die Berechnung des Integrales R_{jn} nach Gl. (IV A.84):

A. Elastischer Bereich 119

Durch partielle Integration folgt:

$$\int_0^b Y_j' Y_n' \, dy = [Y_j \, Y_n']_0^b - \int_0^b Y_j \, Y_n'' \, dy. \qquad (IV\ A.182)$$

Das erste Glied ergibt mit unserem Ansatz (IV A.131) und mit Hilfe der Beziehungen (IV A.139) bis (IV A.141)

$$[Y_j \, Y_n']_0^b = \frac{4\, p_n Z_n}{b}(-1)^{j+n}, \qquad (IV\ A.183)$$

während das zweite Glied im wesentlichen das bereits durch Gl. (IV A.150) dargestellte Integral J_{jn} ist. Für R_{jn} erhält man:

$$R_{jn} = \frac{8\, p_n Z_n}{\pi^2}(-1)^{j+n} - J_{jn} \qquad (IV\ A.184)$$

falls $j \neq n$ ist und entsprechend

$$R_{jj} = \frac{8\, p_j Z_j}{\pi^2} - J_{jj} \qquad (IV\ A.185)$$

für $j = n$.

Damit sind alle in der allgemeinen Beulbedingung (IV A.91) vorkommenden Integrale ausgewertet. Wie früher, ist der Wert mit Index (j, n) gleich dem Wert mit Index (n, j).

β) *Die Belastung nimmt gegen den eingespannten Rand ab (Fall b).* Wie im Falle der einerseits fest eingespannten und anderseits gelenkig gelagerten Platte geht man vom Fall *a* zum Fall *b* über, indem die Belastung nach Gl. (IV A.51) durch Gl. (IV A.120) ersetzt wird. Die Abkürzungen (IV A.89) und (IV A.90) lauten dann

$$G_j = c \cdot H_{jj} \qquad (IV\ A.186)$$

und

$$K_{jn} = -k\, c\, H_{jn} - \nu\, J_{jn} + (1-\nu)\, R_{jn} \qquad (IV\ A.187)$$

und die allgemeine Beulbedingung (IV A.91) ist mit diesen Ausdrücken auszuwerten.

Mit dem Querkürzungsverhältnis $\nu = 0{,}3$ (POISSON) erhält man die in Abb. IV A.8 aufgetragenen k-Werte beider Fälle *a* und *b* bei mehr als einer Halbwelle in der Druckrichtung.

Die numerische Auswertung mit $c = 1$ zeigt im Falle *a*, daß bereits in dritter Näherung, d. h. durch Berücksichtigung einer dreigliedrigen Determinante (kubische Gleichung) in der allgemeinen Beulbedingung (IV A.91) der k-Wert mit genügender Genauigkeit berechnet werden kann. Beim Fall *b* liefert schon die zweite Näherung den k-Wert mit genügender Schärfe.

h) Platte an den Rändern *a* einerseits gelenkig gelagert, anderseits vollständig frei. Bei der Behandlung dieses Beulfalles, der sich von allen übrigen vor allem dadurch unterscheidet, daß die Ausbeulung bei jedem

120   IV. Die verschiedenen Beulfälle

Seitenverhältnis der Platte stets in *einer* Halbwelle in der Druckrichtung erfolgt, und daß der minimale Beulwert k für die ∞ lange Platte eintritt, stützen wir uns weitgehend auf die Untersuchungen von BAN[1]. Der vor-

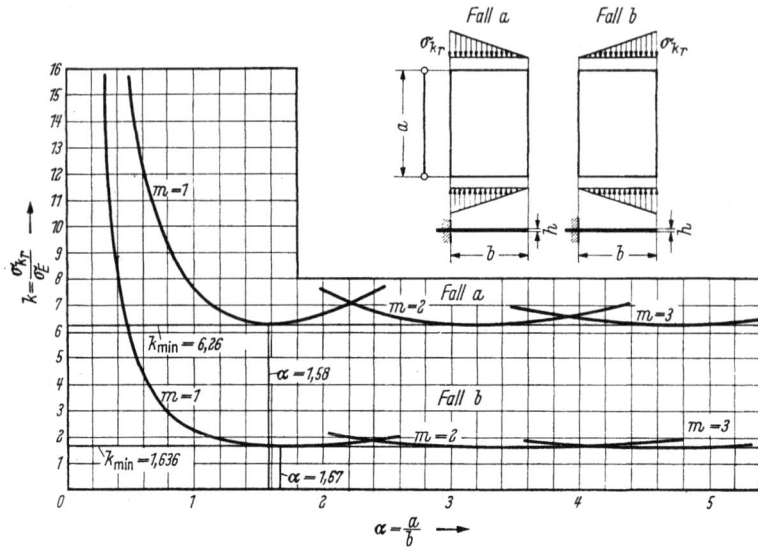

Abb. IV A.8. $\nu = 0{,}3$

liegende Beulfall tritt darin als Spezialfall auf, nämlich dann, wenn die Stützkraft der elastisch gestützten Längsseite gleich Null wird. Für den Ansatz der Beulfläche verwendet BAN die Näherungsfunktion

$$w = c\left(y + \beta\, b \sin \frac{\pi}{b} y\right) \sin \lambda\, x. \qquad \text{(IV A.188)}$$

Die Größe β berechnet sich aus der Gleichgewichtsbedingung der Querkräfte am freien Rand zu

$$\beta = \frac{2 - \nu}{\left(\dfrac{\pi^2}{\lambda^2 b^2} + 2 - \nu\right)\pi}. \qquad \text{(IV A.189)}$$

Aus dem Energiekriterium gewinnt man mit diesem Ansatz die Stabilitätsbedingung in folgender Form[2]:

(IV A.190)
$$\frac{n_m}{D} b^2 = \frac{\dfrac{1}{3} b^2 \lambda^2 + 2(1-\nu) + \dfrac{2}{\pi}(\lambda^2 b^2 + \nu \pi^2)\beta + \dfrac{1}{2} b^2 \lambda^2 \left(\dfrac{\pi^2}{b^2 \lambda^2} + 1\right)^2 \beta^2 q}{\dfrac{1}{3} + \dfrac{2}{\pi}\beta + \dfrac{1}{2}\beta^2 + p\left[\dfrac{1}{6} + 2\left(1 - \dfrac{8}{\pi^2}\right)\dfrac{\beta}{\pi}\right]},$$

---

[1] BAN, S.: Knickung der rechteckigen Platte bei veränderlicher Randbelastung. Abhandlungen der Intern. Vereinigung für Brückenbau und Hochbau, Bd. 3, S. 1. Zürich: Leemann 1935.

[2] Über Einzelheiten vergleiche die angeführte Arbeit von SHIZUO BAN $\left(\lambda = \dfrac{n\pi}{a}\right)$.

worin n_m die mittlere Spannung, bei Dreiecksbelastung also $\frac{\sigma_1}{2}$ bedeutet, q den Faktor

$$q = 1 - \left(0{,}01 + 0{,}015 \frac{b^2}{a^2}\right) p^2 \qquad \text{(IV A.191)}$$

und p den Ungleichförmigkeitsfaktor darstellt.

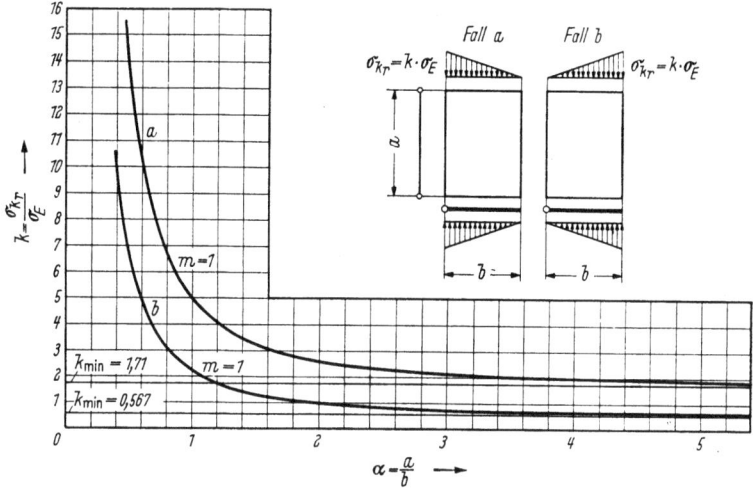

Abb. IV A.9. $\nu = 0{,}3$

$p = -1$ ergibt die Dreiecksbelastung des Falles a und $p = 1$ diejenige des Falles b. $p = 0$ bedeutet gleichförmigen Druck, und Formel (IV A.190) ergibt mit diesem Wert eine bessere Näherung für den Beulwert k als die Annahme einer Geraden für die Auswölbung in der Querrichtung, welche auf Gl. (IV A.192) führt[1].

$$\frac{n_m}{D} b^2 = b^2 \lambda^2 + 6(1-\nu). \qquad \text{(IV A.192)}$$

Es sei vermerkt, daß für die ∞ lange Platte die Formeln (IV A.190) und (IV A.192) denselben minimalen k-Wert ergeben. Der k-Wert aus Gl. (IV A.190) in Abhängigkeit des Seitenverhältnisses ist in Tab. IV A.5 eingetragen, das entsprechende Diagramm aus Abb. IV A.9 ersichtlich.

Tabelle IV A.5
Fall ○—— a und b

$\alpha = \dfrac{a}{b}$	Beulwerte k	
	Fall a	Fall b
0,40	20,80	9,87
0,50	14,05	6,57
0,60	10,35	4,82
0,80	6,67	2,98
1,00	4,94	2,15
1,25	3,83	1,60
1,50	3,22	1,30
2,00	2,58	0,990
3,00	2,14	0,768
4,00	1,96	0,680
5,00	1,86	0,639
∞	1,71	0,567

---

[1] HARTMANN, F.: Knickung, Kippung, Beulung, S. 169. Leipzig u. Wien: Franz Deuticke 1937.

i) Resultate und Schlußfolgerungen. Tab. IV A.6 gibt für sämtliche Lagerungsarten der stets lastfreien Längsränder a die minimalen Beulwerte k für ungleichmäßigen Druck (Dreiecksbelastung) und die zugehörigen Seitenverhältnisse, bei denen sie auftreten. Zu Vergleichszwecken wurden auch die entsprechenden Werte für den gleichmäßigen Druck angegeben.

Tabelle IV A.6

	k_{min}	für $\frac{a}{b}$	Fall a k_{min}	für $\frac{a}{b}$	Fall b k_{min}	für $\frac{a}{b}$
IV	4,00	1,00	7,81	0,98	7,81	0,98
V	6,97	0,67	13,56	0,65	13,56	0,65
VI	5,40	0,79	12,16	0,77	9,89	0,80
III ($\nu=0{,}3$)	1,277	1,63	6,26	1,58	1,636	1,67
II ($\nu=0{,}3$)	0,425	∞	1,71	∞	0,567	∞

Dabei ist daran zu denken, daß σ_{kr} nach unserer Bezeichnungsweise bei Dreiecksbelastung doppelt so groß ist wie die mittlere (durchschnittliche) Spannung σ_m, während beim gleichmäßigen Druck σ_{kr} mit σ_m übereinstimmt. Will man die Beulwerte k des gleichmäßigen und ungleichmäßigen Druckes miteinander vergleichen, so wäre es sinnvoll, die auf die mittlere Spannung bezogenen k-Werte miteinander in Beziehung zu setzen. Die in Tab. IV A.6 aufgeführten k-Werte für ungleichmäßigen Druck sind daher durch 2 zu dividieren.

Die Beulwerte k der hier behandelten Fälle wurden nach der Energiemethode durchwegs so bestimmt, daß das Minimum im ungünstigsten Fall um weniger als 1% vom wahren Wert abweicht. Das zugehörige Seitenverhältnis wurde auf die zweite Dezimale genau ermittelt. Beide Angaben sind für die Bedürfnisse der Praxis mehr als ausreichend. Die k-Werte für andere, insbesondere für sehr kleine Seitenverhältnisse, weichen im allgemeinen um mehr als 1% von den wahren Werten ab, was aus Konvergenzbetrachtungen ersichtlich ist. Mit Rücksicht darauf, daß diese k-Werte etwa doppelt so groß sind wie die minimalen und somit für das Ausbeulen weniger gefährlich, und daß ferner die hier als ideal angenommenen Lagerungen und Belastungen mit der Wirklichkeit nicht übereinstimmen, haben wir in der Annahme, daß der große Rechenaufwand sich kaum rechtfertigen würde, davon abgesehen, noch weitere Näherungen durchzurechnen.

A. Elastischer Bereich

Aus den Kurven, welche die Beulwerte k in Abhängigkeit des Seitenverhältnisses der Platte in den verschiedenen Fällen darstellen, sowie aus der zusammenfassenden Tab. IV A.6 können folgende Schlußfolgerungen gezogen werden:

1. Die Seitenverhältnisse $\alpha = \dfrac{a}{b}$, bei denen die jeweils verschieden gelagerten Platten nach dem minimalen Beulwert k ausbeulen, sind bei gleichmäßigem und ungleichmäßigem Druck (Dreiecksbelastung) nahezu gleich. Die Differenz übersteigt nicht 3% (Fall IIIa).

2. Bei *symmetrischer Lagerungsart* der Längsränder (Fälle IV und V) ist es für die Stabilität der Platte kaum von Bedeutung, ob die Druckkräfte gleichmäßig oder dreieckförmig verteilt auf die Querränder wirken. Im letzteren Fall wird die kritische Kraft nur um etwa 2,5% (Fall IV) bzw. etwa 3% (Fall V) verringert.

3. Bei *unsymmetrischer Lagerungsart* der Längsränder (Fälle VI, III und II) ergibt die dreieckförmig verteilte Belastung im Vergleich mit der gleichmäßig verteilten wesentlich andere Beulwerte. Die kritischen Spannungen (jeweils im Mittel der Fälle a und b) unterscheiden sich bei dreieckförmiger Belastung um 10,5% (Fall VI), um 90,5% (Fall III) und um 67% (Fall II) von den entsprechenden Werten bei gleichmäßig verteilter Belastung. Dabei weicht der größere k-Wert (Fälle a) viel stärker vom mittleren (gleichmäßig verteilte Belastung) ab als der kleinere (Fälle b). In den Fällen a ergeben sich Abweichungen von 12,5% (Fall VI), von 145% (Fall III) und von 101% (Fall II), in den Fällen b hingegen nur 8,5% (Fall VI), 36% (Fall III) und 33,3% (Fall II).

4. Je größer der minimale Beulwert k für die verschiedenen Lagerungsarten ist, um so kleiner ist das Seitenverhältnis der Platte, bei dem er auftritt.

4. Ausbeulen der auf einseitige reine Biegung beanspruchten rechteckigen Platten[1]
(Belastete Ränder b frei drehbar gelagert)

Das Stabilitätsproblem einer dünnen, rechteckigen Platte, welche auf reine Biegung beansprucht und an allen Rändern gelenkig gelagert ist, wurde erstmals von TIMOSHENKO[2] behandelt. Später befaßte sich NÖLKE[3] mit der Biegungsbeulung der an den Längsrändern eingespannten Platte.

Die Grundlagen, auf welchen die Abklärung der Biegungsbeulung basiert, wurden bei der Behandlung des ungleichmäßigen Druckes fest-

---
[1] KOLLBRUNNER, C. F. u. G. HERRMANN: Reine Biegungsbeulung rechteckiger Platten im elastischen Bereich. Mitt. der T.K.V.S.B., H. 2. Zürich: Leemann 1949. — KOLLBRUNNER, C. F. u. G. HERRMANN: Stabilität rechteckiger, durch linear verteilte Randkräfte beanspruchter Platten im elastischen Bereich. Schweiz. Bauztg., 67. Jg. (1949) Nr. 22.
[2] TIMOSHENKO, S.: Sur la stabilité des systèmes élastiques. Ann. Ponts Chauss. Bd. 83 (1913) Teil 3, S. 9, Teil 4, S. 372.
[3] NÖLKE, K.: Biegungsbeulung der Rechteckplatte. Ing.-Arch., VIII. Bd. (1937) S. 403.

gelegt (s. Kap. IV A.3a bis c). Die Berechnung erfolgt auch in diesem Kapitel mit Hilfe der Energiemethode. Die Gln. (IV A.51) bis (IV A.91) sind auch hier gültig.

Die verwendete Methode reichte nicht aus, um bei unsymmetrischer Lagerungsart der Platte auch die Stabilität der antimetrischen Belastungsfälle zu untersuchen. Bei reiner Biegung bedeutet die Umkehrung der Belastung mathematisch eine Vorzeichenumkehrung, denn wo Druck war, hat man Zug und vice versa. Auf die k-Werte hat dies ebenfalls eine reine Vorzeichenänderung zur Folge und keinen Einfluß auf den absoluten Betrag. Die Beulwerte sollten aber aus physikalischen Gründen voneinander verschieden sein. Die hier behandelten Fälle sind jedoch praktisch wichtiger als die antimetrischen, denn ihre Stabilitätsgrenze liegt tiefer.

a) Platte an den Rändern a beiderseits gelenkig gelagert. Die im Kap. IV A.3d abgeleiteten Gln. (IV A.92) bis (IV A.107) können übernommen werden.

Mit der Gl. (IV A.107) berechnet sich der Beulwert k für reine Biegung ($c = 2$) besonders einfach, weil diese Unbekannte k aus allen Gliedern der Hauptdiagonalen der Determinante (IV A.106) herausfällt.

In 1. Näherung berechnet sich k aus der linearen Gleichung

$$F_1 - k \cdot 0 = 0$$

und ist somit stets ∞.

In 2. Näherung berechnet sich k aus der quadratischen Gleichung

$$k = \frac{9\pi^2}{32}\sqrt{F_1 F_2}$$

und in 3. Näherung aus der ebenfalls quadratischen Gleichung

$$k = \sqrt{\frac{F_1 F_2 F_3}{F_1\left(\frac{96}{25\pi^2}\right)^2 + F_3\left(\frac{32}{9\pi^2}\right)^2}}.$$

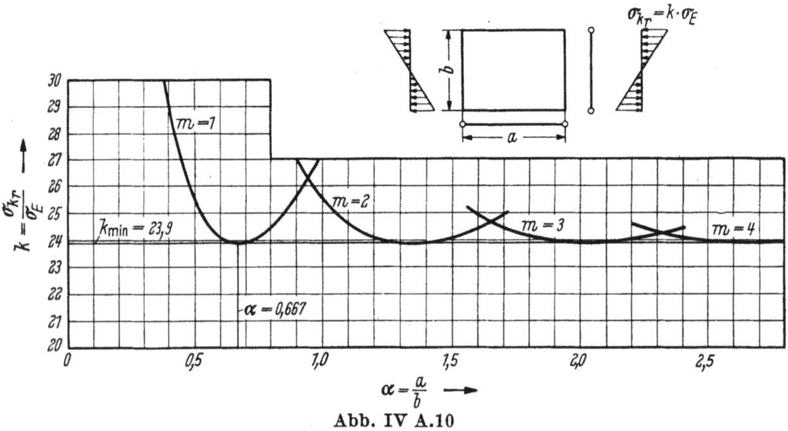

Abb. IV A.10

Die Berechnung der F_j-Werte wurde bereits in Kap. IV A.3d, β durchgeführt (Tab. IV A.3). Die errechneten Beulwerte k aus den drei ersten

A. Elastischer Bereich

Näherungen in Abhängigkeit vom Seitenverhältnis α sind in Tab. IV A.7 zusammengestellt. Die 4. Näherung wurde nicht durchgerechnet, da nach TIMOSHENKO die Differenz zwischen 3. und 4. Näherung in vorliegendem Falle für minimales k nur 0,33% beträgt[1]. Abb. IV A.10 stellt die k-Werte bei mehrwelliger Ausbeulung in der Längsrichtung graphisch dar.

b) **Platte an den Rändern a beiderseits fest eingespannt.** Abb. IV A.11 stellt die k-Werte bei mehrwelliger Ausbeulung graphisch dar. Der minimale k-Wert wurde in 5. Näherung zu 39,625 bestimmt[2].

Tabelle IV A.7
k-Werte in verschiedenen Näherungen

Fall o——o

α	Beulwerte k in Näherung		
	I	II	III
0,4	∞	33,0	29,1
0,5	∞	27,8	25,6
0,6	∞	25,6	24,1
0,667	∞	25,1	23,9
0,75	∞	25,2	24,1
0,8	∞	25,3	24,4
0,9	∞	26,3	25,6
1,0	∞	27,8	27,2

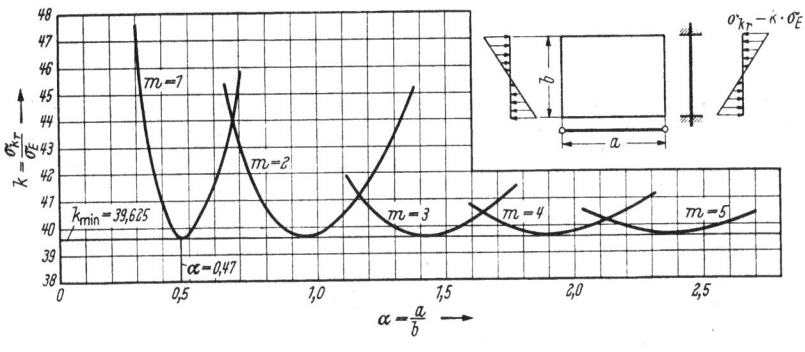

Abb. IV A.11

c) **Platte an den Rändern a einerseits fest eingespannt, anderseits gelenkig gelagert.** Der gefährlichere Beulfall der einerseits fest eingespannten und anderseits gelenkig gelagerten Platte, welche auf reine Biegung beansprucht wird, liegt vor, wenn sich die Druckzone beim gelenkig gelagerten Rand und die Zugzone beim eingespannten Rand befindet.

Die im Kap. IV A.3f abgeleiteten Gln. (IV A.108) bis (IV A.119) können übernommen werden.

Abb. IV A.12 gibt die graphische Darstellung der k-Werte bei mehr als einer Halbwelle in Richtung des Kraftangriffes. Der minimale k-Wert wurde in 4. Näherung zu 24,481 bestimmt.

---

[1] Siehe S. TIMOSHENKO: Theory of Elastic Stability. New York and London: McGraw-Hill Book Company 1936.

[2] KOLLBRUNNER, C. F. u. G. HERRMANN: Reine Biegungsbeulung rechteckiger Platten im elastischen Bereich. Mitt. der T.K.V.S.B., H. Nr. 2, S. 21. Zürich: Leemann 1949.

d) Platte an den Rändern a einerseits fest eingespannt, anderseits vollständig frei. Die im Kap. IV A.3g abgeleiteten Gln. (IV A.121) bis (IV A.185) können übernommen werden.

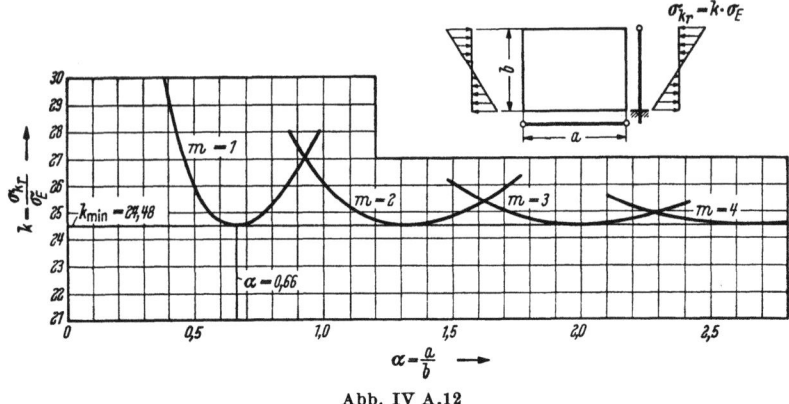

Abb. IV A.12

Die numerische Auswertung für $c = 2$ zeigt, daß bereits in 3. Näherung, d. h. durch Berücksichtigung einer dreigliedrigen Determinante in der allgemeinen Beulbedingung (IV A.91) der k-Wert mit genügender Genauigkeit berechnet werden kann.

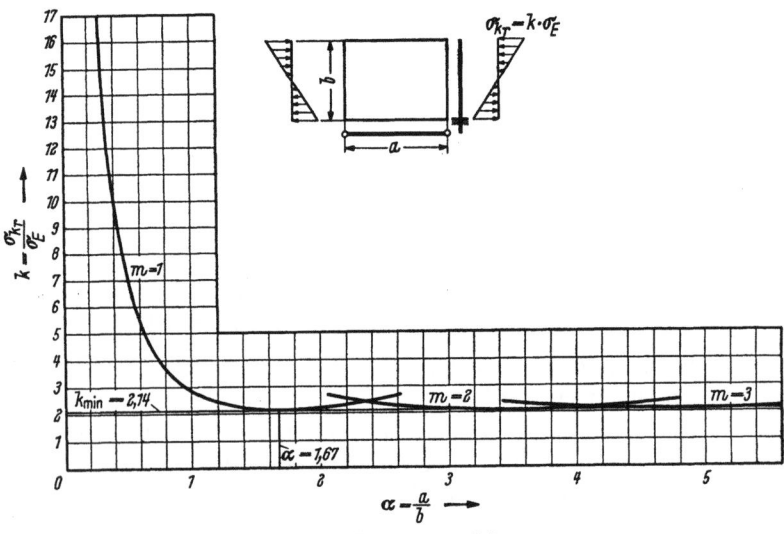

Abb. IV A.13. $\nu = 0{,}3$

Mit dem Querkürzungsverhältnis $\nu = 0{,}3$ (POISSON) erhält man die in Abb. IV A.13 aufgetragenen k-Werte für das Auftreten von mehr als einer Halbwelle in der Kraftrichtung.

e) **Platte an den Rändern a einerseits gelenkig gelagert, anderseits vollständig frei.** Das Charakteristikum dieses Beulfalles gegenüber den anderen hier behandelten Lagerungsarten besteht darin, daß bei jedem Seitenverhältnis α der Platte die Beulform stets *einwellig* ist, und der minimale Beulwert k für die ∞-lange Platte eintritt. Aus diesem Grunde begnügen wir uns mit einer einfachen Näherungslösung, indem wir als Beulfunktion in der y-Richtung (Y_n) eine Gerade annehmen. Mit diesem sehr einfachen Ansatz erhält man den exakten minimalen k-Wert, denn für die ∞-lange Platte ist die Beulform in der Querrichtung eine Gerade. Für endliche Seitenverhältnisse der Platte weiß man, daß bei gleichmäßig verteilter Druckbeanspruchung der erwähnte Ansatz von der genauen Lösung sehr wenig abweicht, und man kann annehmen, daß dies auch für die Beanspruchung durch reine Biegung zutrifft. Außerdem befindet man sich auf der sicheren Seite, denn durch Vorschreiben der Beulform verkleinert man den Beulwert.

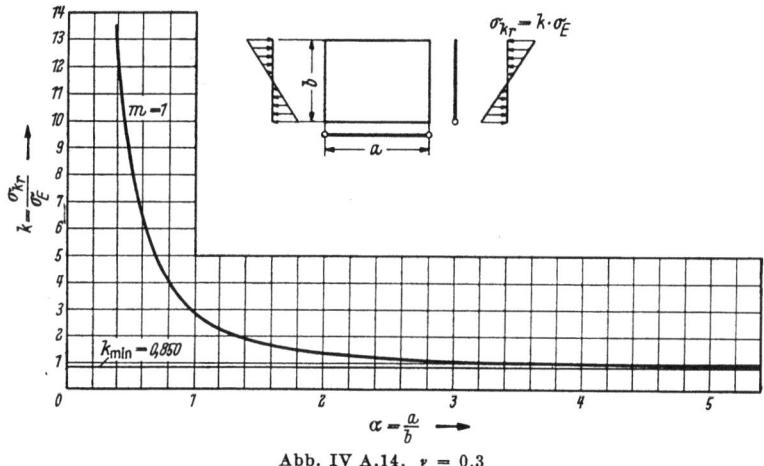

Abb. IV A.14. $\nu = 0{,}3$

Wir machen für die Beulfläche den Ansatz

$$w = c\, y \sin \frac{\pi x}{a} \qquad \text{(IV A.193)}$$

und gelangen mit Hilfe der Energiemethode zur einfachen Form der Beulbedingung

$$k = \frac{2}{\alpha^2} + \frac{12}{\pi^2}(1 - \nu). \qquad \text{(IV A.194)}$$

Die nach dieser Formel berechneten Beulwerte k sind in Tab. IV A.8 zusammengestellt. Das entsprechende Diagramm ist aus Abb. IV A.14 ersichtlich.

f) **Resultate und Schlußfolgerungen.** Die wichtigsten Ergebnisse, nämlich die minimalen k-Werte der reinen Biegungsbeulung für die betrachteten Lagerungsarten und die dazugehörigen Seitenverhältnisse,

IV. Die verschiedenen Beulfälle

sind in Tab. IV A.9 zusammengestellt. Zum Vergleich wurden in dieser Tabelle die entsprechenden Werte für ungleichmäßigen Druck (Dreiecksbelastung) und für gleichmäßigen Druck angegeben. Die Genauigkeit der angewandten Näherungsverfahren ist für die Praxis ausreichend.

Tabelle IV A.8
Fall ○——

$\alpha = \dfrac{a}{b}$	Beulwerte k
0,4	13,31
0,5	8,85
0,6	6,40
0,8	3,97
1,0	2,85
1,25	2,13
1,5	1,738
2,0	1,346
3,0	1,083
4,0	0,976
5,0	0,932
∞	0,850

Um für jede Lagerungsart die minimalen k-Werte auch für andere Belastungen als die abgeleiteten zu erhalten, wurden die berechneten k-Werte in Funktion der Belastungsart aufgetragen und miteinander durch Kurven verbunden. Aus diesen Diagrammen Abb. IV A.15 bis IV A.19 können somit für eine angegebene, linear veränderliche Belastung und jede Lagerungsart die Beulwerte k entnommen werden. Es ist zu beachten, daß der minimale k-Wert bei veränderlicher Belastung bei verschiedenen Seitenverhältnissen auftritt, doch ist der Unterschied nur bei sehr kurzen Platten $\left(\dfrac{a}{b} < 1\right)$ von Bedeutung, während bei längeren Platten praktisch stets der minimale k-Wert maßgebend ist.

Tabelle IV A.9

	Fall a				Fall b			
	k_{min}	für $\dfrac{a}{b}$	k_{min}	für $\dfrac{a}{b}$	k_{min}	für $\dfrac{a}{b}$	k_{min}	für $\dfrac{a}{b}$
IV	7,81	0,98	4,00	1,00	7,81	0,98	23,9	0,67
V	13,56	0,65	6,97	0,67	13,56	0,65	39,6	0,47
VI	12,16	0,77	5,40	0,79	9,89	0,80	24,48	0,66
III $\nu=0,3$	6,26	1,58	1,28	1,63	1,64	1,67	2,14	1,67
I $\nu=0,3$	1,71	∞	0,425	∞	0,57	∞	0,85	∞

Die Tab. IV A.9, sowie die Abb. IV A.15 bis IV A.19 zeigen, daß die Beulwerte k bei Beanspruchung der Platte auf reine Biegung bei allen Lagerungsarten bedeutend größer sind als bei Beanspruchungen ohne Zugspannungen (gleichmäßiger Druck oder Dreiecksbelastung). Diese Erhöhung der Stabilität ist besonders bei an beiden Längsrändern festgehaltenen (gelenkig gelagert oder eingespannt) Lagerungsfällen bemerkbar und beträgt etwa das 6-fache (im Fall IV) gegenüber gleichmäßig verteiltem Druck. Weniger groß ist die Erhöhung des Beulwertes, wenn der eine Längsrand vollständig frei ist, denn die Zugspannungen am festgehaltenen Rand wirken nicht stark stabilisierend, während die vorwiegend auf den freien Rand wirkenden Druckspannungen das Ausbeulen erzeugen.

Die Abb. IV A.17 bis IV A.19 zeigen somit deutlich, daß die hier nicht behandelten antimetrischen Fälle der reinen Biegung praktisch

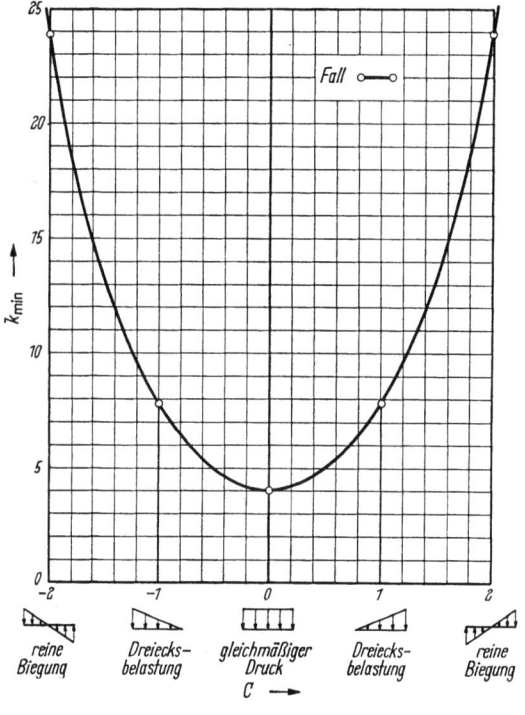

Abb. IV A.15

keine große Bedeutung haben (Druck- und Zugspannungen spiegelsymmetrisch vertauscht).

Bemerkenswert ist, daß das Seitenverhältnis der Platte $\alpha = \dfrac{a}{b}$, bei dem der minimale k-Wert auftritt, bei Beanspruchung durch reine Biegung bedeutend kleiner ist als bei Beanspruchung durch gleichmäßigen Druck oder durch die Dreiecksbelastung, dies jedoch nur bei beiderseits festgehaltenen (gelenkig gelagerten oder eingespannten) Längsrändern, nicht aber in Fällen des einseitig ganz freien Längsrandes (Fälle II und III).

130 IV. Die verschiedenen Beulfälle

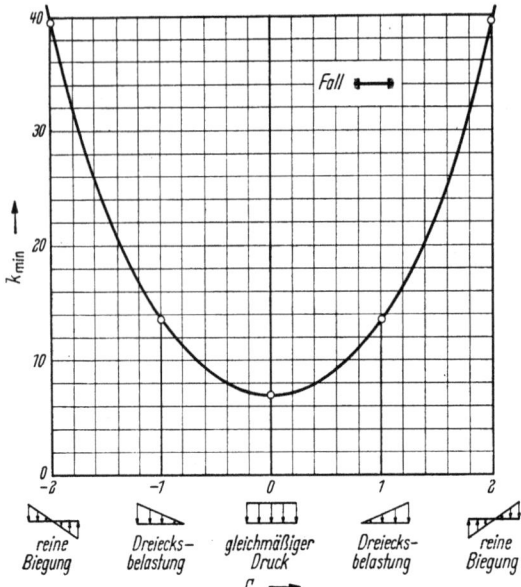

Abb. IV A.16

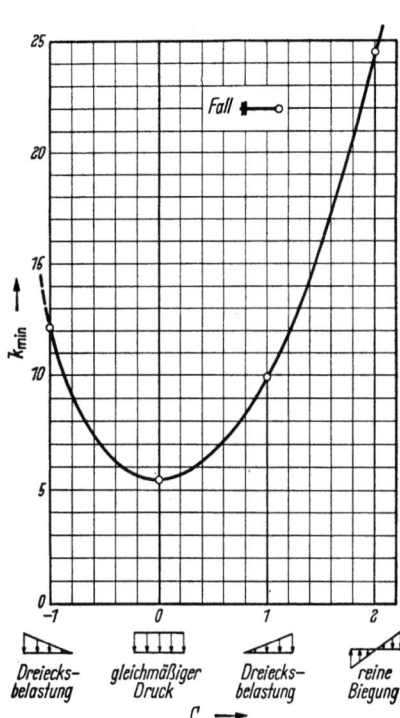

Abb. IV A.17

5. Einfluß der Poissonschen Zahl auf die Stabilität rechteckiger Platten
(Belastete Ränder b frei drehbar gelagert)[1]

Die Gefahr ist heute groß, daß die in den verschiedensten Publikationen angegebenen Lösungen von Ausbeulproblemen ohne Vorbehalt und Überprüfung der Annahmen angewendet werden. Eine dieser Annahmen, welche meist kaum beachtet wird, betrifft die POISSONsche Zahl (Querkürzungsverhältnis, Querdehnungszahl).

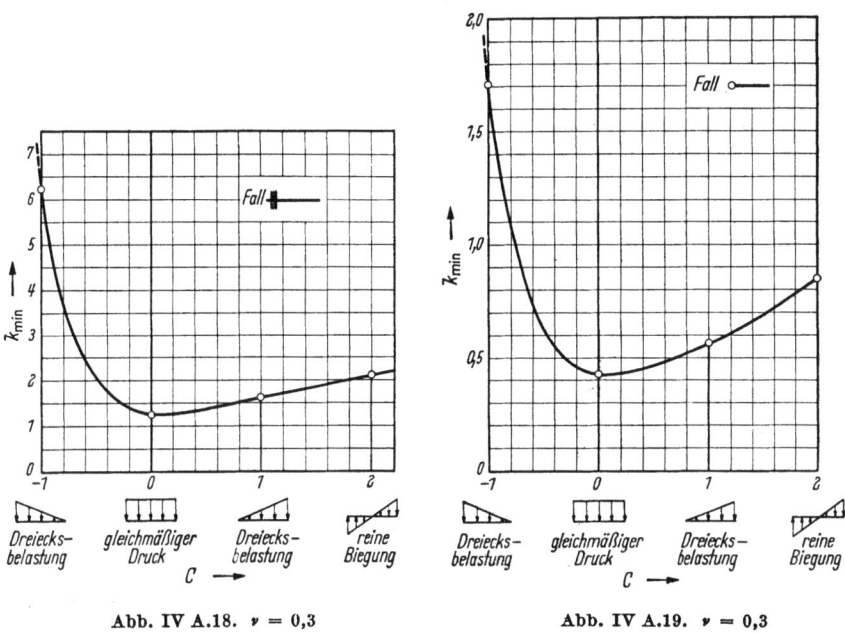

Abb. IV A.18. $\nu = 0{,}3$ Abb. IV A.19. $\nu = 0{,}3$

Betrachten wir nochmals die Problemstellung beim Ausbeulen der auf einseitigen, ungleichmäßig verteilten Druck beanspruchten Platten (Kap. IV A.3a; Abb. IV A.4 und Gln. (IV A.51) bis (IV A.54), so sehen wir, daß Gl. (IV A.54):

$$D = \frac{E\, h^3}{12(1 - \nu^2)} \cdot 1$$

von der POISSONschen Querdehnungszahl ν abhängt.

ν kann schwanken in den Grenzen 0 (keine Querkontraktion) und 0,5 (raumbeständige Formänderung), wobei bei allen praktisch vorkommenden Bau- und Werkstoffen die beiden Grenzen, im elastischen Verformungsbereich, kaum erreicht werden.

---

[1] KOLLBRUNNER, C. F. u. G. HERRMANN: Der Einfluß der POISSONschen Zahl auf die Stabilität rechteckiger Platten. Mitt. der T.K.V.S.B., H. Nr. 4. Zürich: Leemann 1951.

IV. Die verschiedenen Beulfälle

Die EULERsche Knickspannung ist also stark von der POISSONschen Zahl abhängig und differiert, wie man sich leicht überzeugen kann, in den beiden Grenzfällen um 33%. Der Einfluß einiger Zwischenwerte wurde bereits von SCHLEICHER[1] angegeben.

Doch nicht nur die EULERsche Knickspannung, welche eine Vergleichsspannung ist, sondern der Beulwert k selbst, wie wiederum von SCHLEICHER hervorgehoben wurde, hängt von der POISSONschen Zahl ab, allerdings nur unter bestimmten Bedingungen.

Wird das Stabilitätskriterium auf Grund einer Energiebetrachtung entwickelt,[2] so muß der Ausdruck

$$U = A_a + E_a \quad \text{(siehe Gl. (IV A.58))}$$

zu einem Extremum gemacht werden. Dabei bedeuten:
U die Gesamtenergie des elastischen Systems,
A_a die Formänderungsarbeit,
E_a die Arbeit der äußeren Kräfte.

Für eine dünne Platte gilt nach Gl. (IV A.59)

$$A_a = \frac{D}{2} \int_0^a \int_0^b \left\{ \left(\frac{\partial^2 w}{\partial x^2} + \frac{\partial^2 w}{\partial y^2}\right)^2 - 2(1-\nu)\left[\frac{\partial^2 w}{\partial x^2} \cdot \frac{\partial^2 w}{\partial y^2} - \left(\frac{\partial^2 w}{\partial x \cdot \partial y}\right)^2\right] \right\} dx\, dy$$

und nach Gl. (IV A.60):

$$E_a = -\frac{h}{2} \int_0^a \int_0^b \left[\sigma_{kr}\left(1 - \frac{c}{b} y\right)\left(\frac{\partial w}{\partial x}\right)^2\right] dx\, dy,$$

worin $w(x, y)$ die Wölbfläche ist.

Aus diesen Ausdrücken ist ersichtlich, daß nur die Formänderungsarbeit A_a die POISSONsche Zahl enthält, während die Arbeit der äußeren Kräfte E_a davon unabhängig ist.

Es ist leicht zu zeigen[3], daß der in A_a mit der POISSONschen Zahl behaftete Teil bei der Integration immer dann verschwindet, wenn die Durchbiegung w längs der ganzen Berandung gleich Null ist, d. h., wenn die Platte an allen vier Rändern entweder gelenkig gelagert oder eingespannt ist.

---

[1] SCHLEICHER, F.: Einfluß der Querdehnung auf die Stabilität von Stahlplatten. Stahlbau, 1935, H. 7.

[2] KOLLBRUNNER, C. F. u. G. HERRMANN: Elastische Beulung von auf einseitigen, ungleichmäßigen Druck beanspruchten Platten. Mitt. der T.K.V.S.B., Nr. 1, (vierter Bericht der T.K.V.S.B. über Plattenausbeulung). Zürich: Leemann 1948. — KOLLBRUNNER, C. F. u. G. HERRMANN: Reine Biegungsbeulung rechteckiger Platten im elastischen Bereich. Mitt. der T.K.V.S.B., Nr. 2 (fünfter Bericht der T.K.V.S.B. über Plattenausbeulung). Zürich: Leemann 1949.

[3] KOLLBRUNNER, C. F. u. G. HERRMANN: Elastische Beulung von auf einseitigen, ungleichmäßigen Druck beanspruchten Platten. Mittlgn. der T.K.V.S.B. Nr. 1 (vierter Bericht der T.K.V.S.B. über Plattenausbeulung). Zürich: Leemann 1948. Siehe auch Gl. (IV A.93), die den Beweis dafür erbringt.

A. Elastischer Bereich   133

Der Beulwert k wird also nur dann innerhalb der in den Kap. IV A.2 bis 4 untersuchten Lagerungsfälle von der POISSONschen Zahl beeinflußt, wenn der eine Längsrand der Platte vollständig frei ist, während der andere entweder fest eingespannt oder gelenkig gelagert sein kann.

Im folgenden wird für einige typische Belastungs- und Lagerungsfälle der Einfluß der POISSONschen Zahl auf den Beulwert in Form von Kurven dargestellt. Die numerischen Werte, die diesen Kurven zugrunde liegen, wurden auf Grund der bereits früher entwickelten Gleichungen gerechnet,

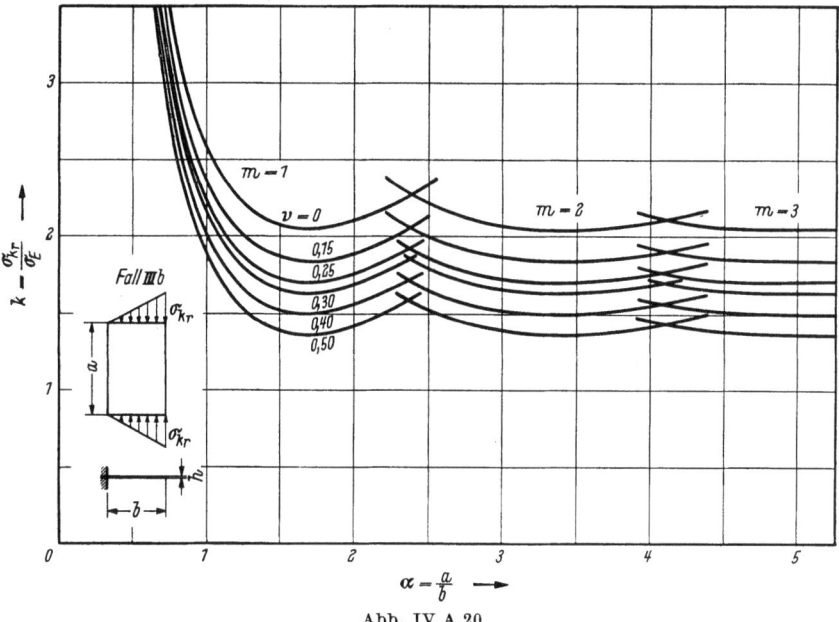

Abb. IV A.20

wobei aber diesmal verschiedene Werte der POISSONschen Zahl eingesetzt wurden.

Für sämtliche Lagerungs- und Belastungsfälle wurden, außer den beiden Grenzenwert $\nu = 0$ und $\nu = 0,5$, noch die Werte $\nu = 0,15$, wie er häufig für Eisenbeton angenommen wird[1], $\nu = 0,25$ und $\nu = 0,3$, wie er meistens für Stahl verwendet wird, sowie als ein weiterer Zwischenwert $\nu = 0,4$, eingesetzt, um genauer interpolieren zu können.

Die Abb. IV A.20 und IV A.21 beziehen sich auf den Lagerungsfall der einerseits fest eingespannten und anderseits vollständig freien Platte. Als Belastungen wurden untersucht: ungleichmäßiger Druck (Dreieckbelastung), der gegen den freien Rand wirkt (Fall b) in Abb. IV A.20 und reine Biegungsbelastung in Abb. IV A.21.

---

[1] Z. B. in S. BAN: Abhandlungen der Intern. Vereinigung für Brückenbau und Hochbau, Bd. 3 (Zürich 1935) S. 1.

134   IV. Die verschiedenen Beulfälle

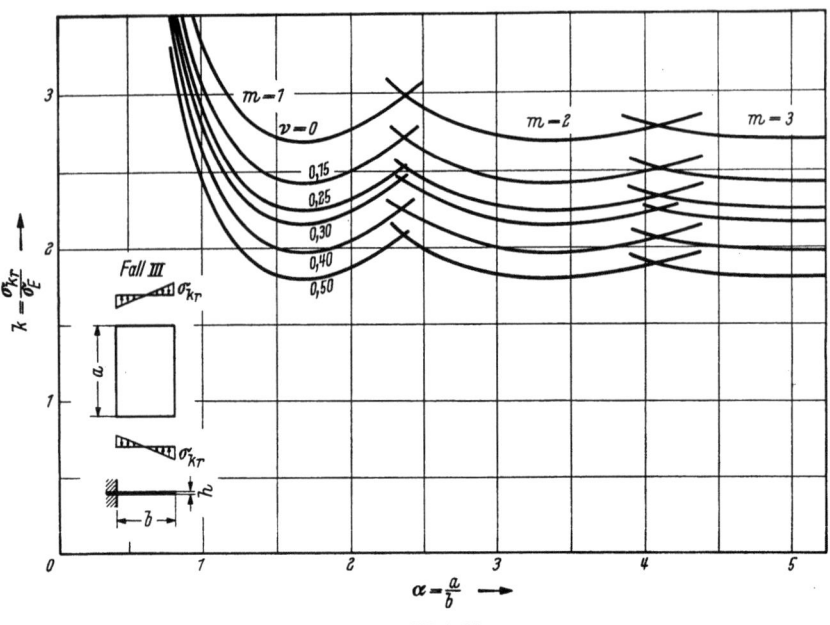

Abb. IV A.21

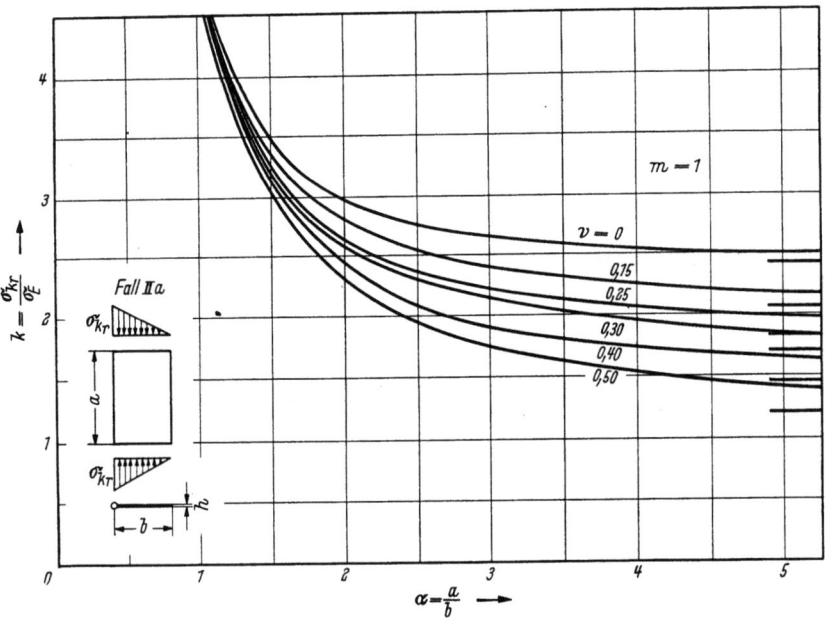

Abb. IV A.22

A. Elastischer Bereich

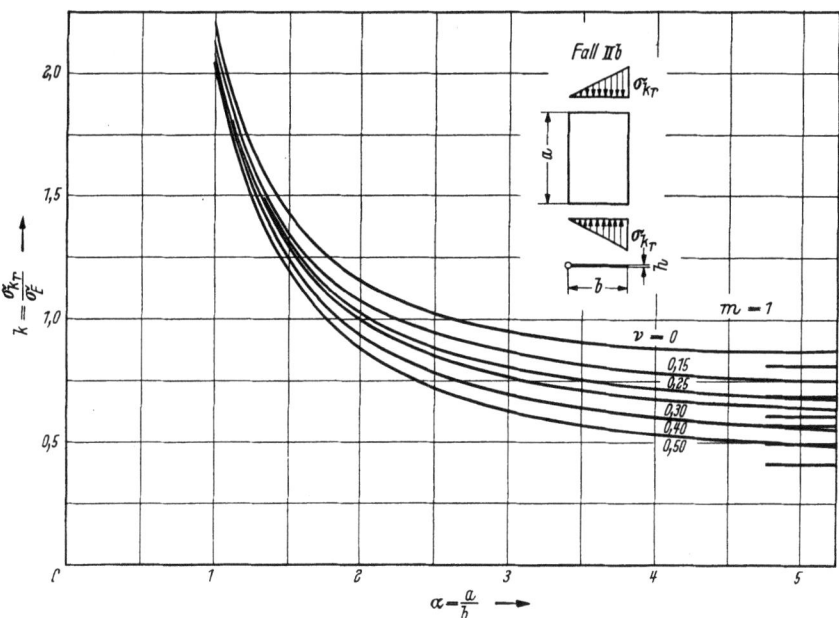

Abb. IV A.23

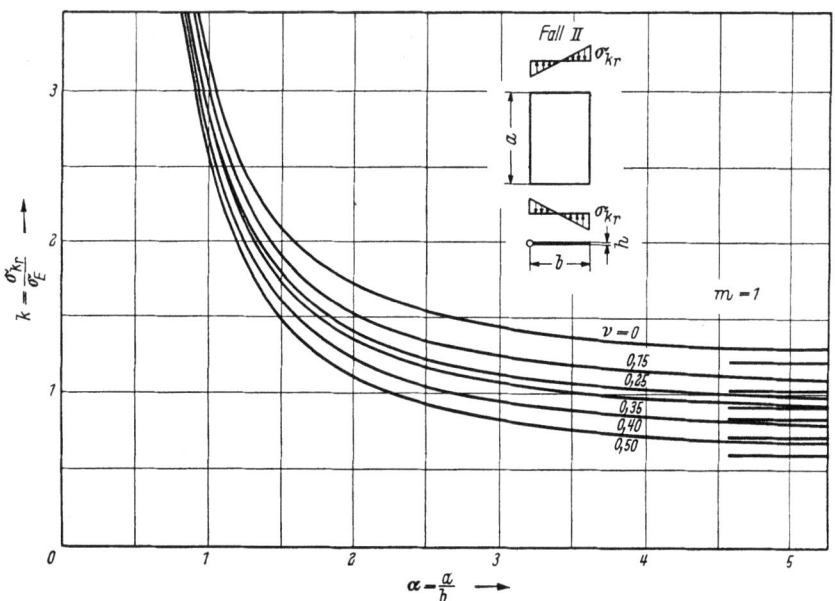

Abb. IV A.24

IV. Die verschiedenen Beulfälle

Der Lagerungsfall der einerseits gelenkig gelagerten und anderseits vollständig freien Platte wird in den Abb. IV A.22, IV A.23 und IV A.24 behandelt, wobei nacheinander die Belastungsfälle der Dreiecksbelastung (Fälle a und b), sowie der reinen Biegung, zur Darstellung gelangen.

Bereits aus diesen Abbildungen wird deutlich, daß der Einfluß der POISSONschen Zahl auf den Beulwert bedeutend ist. Um für einen gegebenen Lagerungsfall diesen Einfluß in Abhängigkeit der Belastungsart übersehen zu können, wurden die Kurven der Abb. IV A.25 und IV A.26 aufgetragen, in denen die Abszisse den Ungleichförmigkeitsfaktor c darstellt, der im untersuchten Bereich zwischen -1 und 2 schwankt, während als Ordinate der minimale Beulwert k_{min} gewählt wurde.

In den Abb. IV A.27 und IV A.28 wird schließlich noch auf eine andere Weise versucht, den in diesem Kapitel betrachteten Einfluß zu veranschaulichen. Für einen gegebenen Belastungs- und Lagerungsfall wurde der minimale Beulwert k_{min} in Abhängigkeit von der POISSONschen Zahl ν in Abb. IV A.27 eingetragen. Ferner wurde, in Abb. IV A.28, wiederum für einen gegebenen Belastungs- und Lagerungsfall, das Verhältnis der zwei Beulwerte in den beiden Grenzfällen $\nu = 0$ und $\nu = 0,5$ als Funktion des Plattenseitenverhältnisses $\alpha = \dfrac{a}{b}$ eingezeichnet. Dabei fällt auf, daß bei der einseitig eingespannten Platte dieses Verhältnis kleiner ist als bei der einseitig gelenkig gelagerten Platte, d. h. bei diesem letzten Lagerungsfall ist der Einfluß der Variation der POISSONschen Zahl auf den Beulwert größer als bei dem ersten. Es muß überdies hervorgehoben werden, daß dieser Einfluß gerade für den minimalen, d. h. praktisch wichtigsten Beulwert, am größten ist.

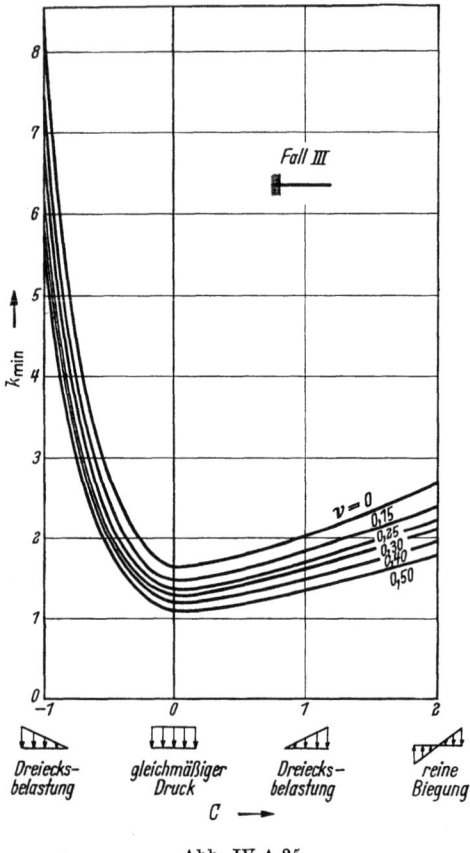

Abb. IV A.25

A. Elastischer Bereich

Abschließend sei nochmals festgestellt, daß die Beulspannung, gemäß üblicher Darstellung, sowohl durch die EULERsche Knickspannung, als auch durch den Beulwert selbst, falls ein Plattenrand vollständig frei ist, von der POISSONschen Zahl in starkem Maße abhängig ist.

Bei der Übernahme von Beulwerten aus der Literatur muß daher die ursprüngliche Annahme der POISSONschen Zahl überprüft und falls nötig dem Werkstoff angepaßt werden. Die in Form von Diagrammen zusammengestellten numerischen Werte dieses Kapitels gestatten diese Anpassung ohne weiteres.

Eine entsprechende Untersuchung der Verhältnisse im plastischen Bereich muß im heutigen Zeitpunkt als verfrüht erscheinen. Trotz einiger Arbeiten über die Variation der POISSONschen Zahl beim Übergang von elastischer zu plastischer Beanspruchung des Materials[1], die sowohl experimenteller, als auch theoretischer Natur sind, scheint uns diese Grundfrage zu wenig abgeklärt zu sein, um sie auf unser Spezialproblem der Stabilität anwenden zu können.

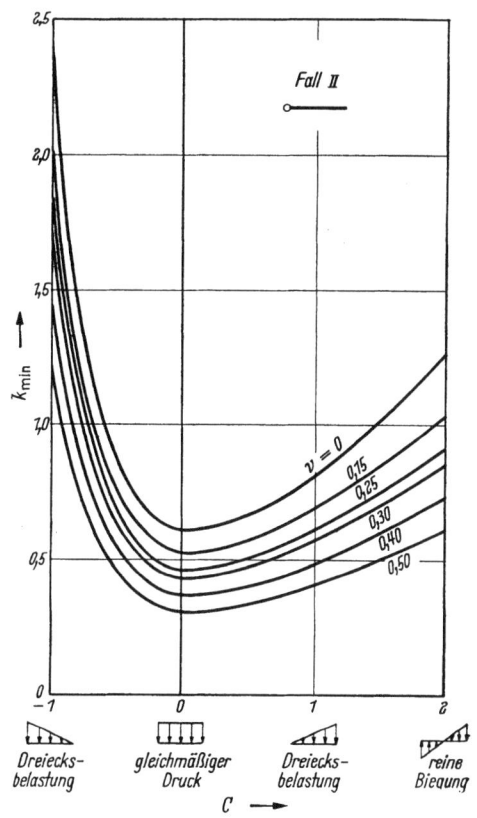

Abb. IV A.26

---

[1] STANG, A. H., M. GREENSPAN u. S. B. NEWMAN: POISSON's Ratio of Some Structural Alloys for Large Strains. J. Res. Nat. Bur. Stand. Vol. 37 (Washington, Oct. 1946), No. 4, S. 211—221. — GLEYZAL, A.: General Stress-Strain Laws of Elasticity and Plasticity. J. Appl. Mech., Dec. 1946, S. 261. — PRAGER, W.: Recent Developments in the Mathematical Theory of Plasticity. J. Appl. Phys., Vol. 20 (March 1949), No. 3, S. 235—241. — BRIDGMAN, P. W.: Volume Changes in the Plastic Stages of Simple Compression. J. Appl. Phys., Vol. 20 (Dec. 1949), No. 12, S. 1241—1251.

138 IV. Die verschiedenen Beulfälle

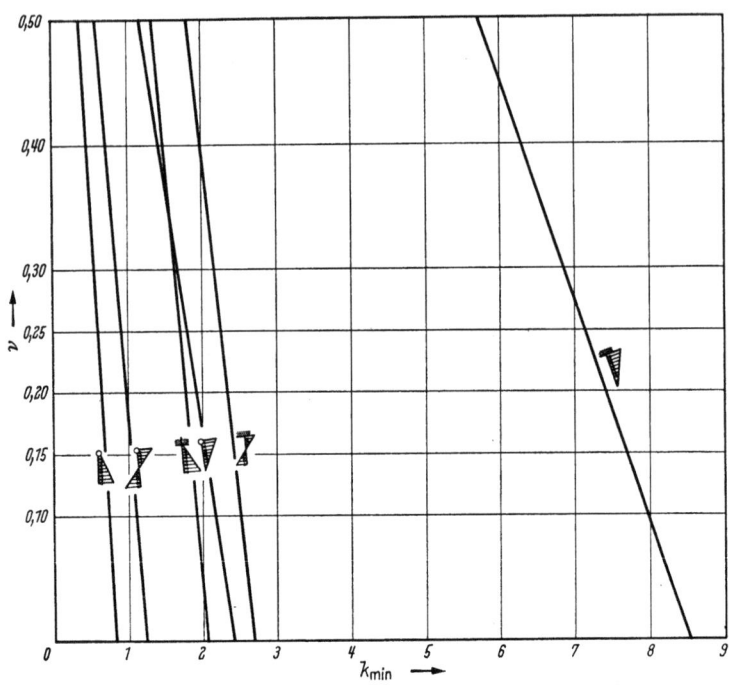

Abb. IV A.27

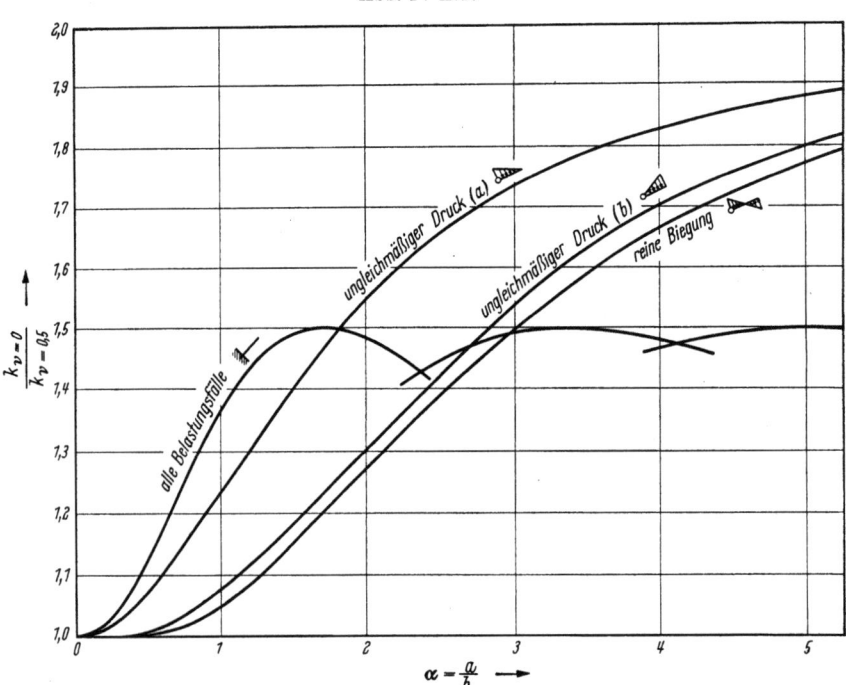

Abb. IV A.28

6. Einfluß des Schubes (Querschiebung) auf die Stabilität rechteckiger Platten
(Belastete Ränder b frei drehbar gelagert)

a) **Allgemeines.** Eine der grundlegenden Voraussetzungen der klassischen Plattentheorie von LAGRANGE beruht auf der Annahme, daß die Plattenquerschnitte bei Durchbiegungen nicht nur eben bleiben, sondern stets auch senkrecht zur deformierten Mittelebene stehen. Anders ausgedrückt, die Scherkräfte (oder Schubspannungen) senkrecht zur Plattenmittelebene verursachen keine Deformationen, d. h. der Schubmodul in dieser Richtung wird zu unendlich vorausgesetzt. Die Scherkräfte selbst werden aber trotzdem in die Theorie aufgenommen. Ihr Zusammenhang mit den Momenten, und somit auch mit den Durchbiegungen, wird nicht auf Grund eines Elastizitätsgesetzes gewonnen, sondern aus den Gleichgewichtsbedingungen eines Plattenelementes abgeleitet. Bei der Aufstellung der allgemeinen Differentialgleichung der Plattenstabilität hat BRYAN[1] diese Voraussetzung mit übernommen.

Nun kann aber die Frage aufgeworfen werden, ob diese Voraussetzung nicht einen Einfluß unterdrückt, der unter Umständen beträchtlich sein könnte. Für den Fall der Stabknickung wurde dieser Einfluß noch im letzten Jahrhundert von ENGESSER[2] untersucht und, wie es z. B. von STÜSSI[3] dargestellt wird, im elastischen Bereich für Stäbe mit rechteckigem Querschnitt vernachlässigbar klein gefunden. Für den Fall der Plattenausbeulung hingegen wurde eine entsprechende Betrachtung unseres Wissens zum erstenmal durch KOLLBRUNNER und HERRMANN[4] durchgeführt, und es scheint daher angebracht zu sein, diese Untersuchung hier wiederzugeben. Obwohl zum vornherein behauptet werden kann, daß die Verhältnisse bei der Platte in dieser Beziehung im allgemeinen nicht wesentlich von denen des Stabes abweichen können, erschien es doch ratsam, zunächst die Zustände im elastischen Bereich grundsätzlich abzuklären.

Während des letzten Jahrzehntes wurde dem Einfluß des Schubes in der Plattentheorie große Beachtung geschenkt und die Literatur auf diesem Gebiet ist recht umfangreich. Hier seien vor allem die Arbeiten von REISSNER[5] erwähnt, der sich besonders mit Gleichgewichtsproblemen der senkrecht zu ihrer Mittelebene belasteten Platte abgab, und MINDLIN[6], der vor allem die Aufgabe der Plattenbewegung untersuchte.

---

[1] BRYAN, G. H.: On the Stability of a Plane Plate Under Thrusts in its Own Plane with Application to the „Buckling" of the Sides of a Ship. London Mathematical Society Proceedings 22 (1891) and 25 (1894).

[2] ENGESSER, F.: Zbl. Bauverw. 1891.

[3] STÜSSI, F.: Vorlesungen über Baustatik, Bd. 1, S. 333. Basel: Birkhäuser 1946.

[4] KOLLBRUNNER, C. F. u. G. HERRMANN: Der Einfluß des Schubes auf die Stabilität der Platten im elastischen Bereich. Mittlgn. der T.K.V.S.B., H. 14. Zürich: Verlag V.S.B. 1956.

[5] REISSNER, E.: On Bending of Elastic Plates. Quart. Appl. Math., Vol. V (1947) No. 1, pp. 55—68.

[6] MINDLIN, R. D.: Influence of Rotatory Inertia and Shear on Flexural Motions of Isotropic, Elastic Plates. J. Appl. Mech., Vol. 18 (1951) No. 1, pp. 31—38.

Alle diese Theorien stellen Erweiterungen der klassischen LAGRANGEschen Gleichungen dar, während die Aufstellung der allgemeinen Gleichungen der Plattenstabilität unter Berücksichtigung des Schubes, d. h. eine entsprechende Verallgemeinerung der BRYANschen Gleichung, noch nicht durchgeführt wurde.

Dieses Kap. IV A.6 befaßt sich deshalb zunächst mit der Herleitung dieser Grundgleichungen im elastischen Bereich. Dabei wird die energetische Methode (Prinzip der virtuellen Verrückungen) benutzt, weil die Energieausdrücke die Anwendung der üblichen Energiemethode zur Auffindung der Beulspannungen gestatten. Überdies wurden die Beulspannungen auch direkt durch Auflösung der Differentialgleichungen gefunden. Diese speziellen Betrachtungen wurden für den Fall der allseitig gelenkig gelagerten Rechteckplatte durchgeführt, die sich unter einseitigem, gleichmäßig verteiltem Druck befindet.

b) Herleitung der Grundgleichungen. α) *Grundsätzliches*. Es gibt grundsätzlich verschiedene Wege, die zur Herleitung einer Näherungstheorie des Gleichgewichtes oder der Bewegung, in unserem Falle einer Plattentheorie mit Berücksichtigung des Schubes, beschritten werden können. Zur Herleitung solcher Plattengleichungen formulierte REISSNER[1] z. B. die Gleichgewichtsbedingungen eines Plattenelementes, wobei die Schnittgrößen in üblicher Weise von vornherein eingeführt wurden. Um den Zusammenhang zwischen den Schnittgrößen und den Plattenverschiebungsen zu bestimmen, benutzte REISSNER das Theorem von CASTIGLIANO[2], bei dem die Schnittgrößen variiert werden. Die verallgemeinerten Plattenverschiebungen selbst werden dabei als LAGRANGEsche Faktoren des Variationsproblemes mit Nebenbedingungen (nämlich Gleichgewichtsbedingungen) erkannt. Die erforderlichen Randbedingungen, welche Eindeutigkeit garantieren, erhält man dabei, wie üblich, während des Variationsprozesses selbst.

Ein anderer Weg wurde zur Herleitung ähnlicher Plattgleichungen von MINDLIN[3] verfolgt. Zunächst wurde die Form der Verschiebungen in Abhängigkeit der Koordinate senkrecht zur Plattenmittelebene festgelegt und hernach die drei Spannungsgleichungen der räumlichen Elastizitätstheorie in geeigneter Weise über die Plattendicke integriert. Während dieser Operation werden die Schnittgrößen zwangsläufig definiert. Der Zusammenhang zwischen diesen Schnittgrößen und den Plattenverschiebungen wurde durch geeignete Umformungen des HOOKEschen Gesetzes der räumlichen Elastizitätstheorie gewonnen. Um die Randbedingungen zu finden, stellt MINDLIN nachträglich die Energieausdrücke auf und wendet die NEUMANNsche Argumentation an.

---

[1] REISSNER, E.: On Bending of Elastic Plates. Quart. of Appl. Math., Vol. V (1947) No. 1, pp. 55—68.

[2] TREFFTZ, E.: Kapitel über Elastizitätstheorie im Handbuch der Physik. Bd. 6, S. 73. Berlin: Springer 1927. — SOKOLNIKOFF, I. S.: Mathematical Theory of Elasticity, S. 284. New York: McGraw-Hill Book Company 1946.

[3] MINDLIN, R. D.: Influence of Rotatory Inertia and Shear on Flexural Motions of Isotropic, Elastic Plates. J. Appl. Mech., Vol. 18 (1951) No. 1, pp. 31—38.

A. Elastischer Bereich

Noch eine andere Möglichkeit wurde von HERRMANN[1] untersucht, eine Möglichkeit, welche auf Ideen beruht, die GREEN[2] zur Herleitung der Grundgleichungen der räumlichen Elastizitätstheorie benutzte. Die Zahl der Möglichkeiten ist dabei aber noch lange nicht erschöpft; Plattengleichungen für große Durchbiegungen wurden beispielsweise von HERRMANN mit Hilfe des HAMILTONschen Prinzips und des HOOKEschen Gesetzes hergeleitet.[3]

Zur Aufstellung der Beulgleichungen erschien die Anwendung des Prinzips der virtuellen Verrückungen am geeignetsten. Obwohl eine exakte Herleitung von Beulgleichungen eine Linearisierung der Theorie zweiter Ordnung erheischt, wurde dieser Schritt, der ausführlich von HERRMANN[4] beschrieben wurde, im folgenden umgangen.

β) *Deformationen*. Wir betrachten eine Platte der Dicke h und noch unbestimmter Abmessungen. Ein Bezugssystem $O\,x\,y\,z$ wird so fest-

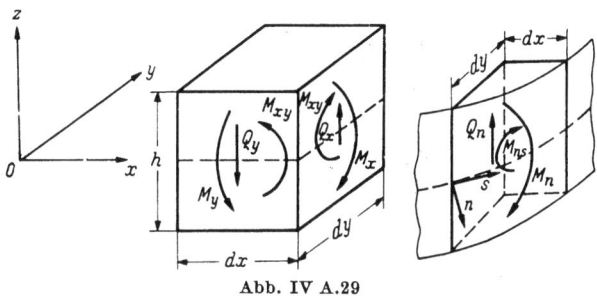

Abb. IV A.29

gelegt, daß die x-, y-Achsen in der Plattenmittelebene liegen und die z-Achse senkrecht dazu (Abb. IV A.29). Nach MINDLIN[5] werden nun die Verschiebungen u_x, u_y, u_z in diesem System durch $\bar{u}_x, \bar{u}_y, \bar{u}_z$ angegeben, wobei angenommen wird:

$$\left.\begin{aligned} \bar{u}_x &= z\,\psi_x\,(x,y) \\ \bar{u}_y &= z\,\psi_y\,(x,y) \\ \bar{u}_z &= w\,(x,y), \end{aligned}\right\} \quad \text{(IV A.195)}$$

---

[1] HERRMANN, G.: Application of GREEN's Method in Deriving Approximate Theories of Elasticity. Office of Naval Research Project No. 064—388, Technical Report No. 13, 1954.

[2] GREEN, G.: On the Laws of Reflexion and Refraction of Light at the Common Surface of Two Non-Crystallized Media. Trans. Cambridge Phil. Soc., Vol. 7.

[3] HERRMANN, G.: Influence of Large Amplitudes on Flexural Motions of Elastic Plates. National Advisory Committee for Aeronautics, Technical Note No. 3578, 1956.

[4] HERRMANN, G.: The Influence of Initial Stress on the Dynamic Behaviour of Elastic and Viscoelastic Plates. National Advisory Committee for Aeronautics Contract NAw-6366, Technical Report No. 3. International Association of Bridge and Structural Engineering (IVBH), „Abhandlungen", Bd. 16, S. 275.

[5] MINDLIN, R. D.: Influence of Rotatory Inertia and Shear on Flexural Motions of Isotropic, Elastic Plates. J. Appl. Mech., Vol. 18 (1951) No. 1, pp. 31—38.

d. h. die Abhängigkeit der Verschiebungen in der Dickenrichtung wird explizite festgelegt. w ist dabei die übliche Durchbiegung, während ψ_x und ψ_y nichts anderes als die Drehwinkel der Plattenquerschnitte um die x- bzw. die y-Achse darstellen. In der klassischen Plattentheorie bleiben die Plattenquerschnitte stets normal zur Plattenmittelebene, d. h.:

$$\left.\begin{aligned}\psi_x &= -\frac{\partial w}{\partial x}\\ \psi_y &= -\frac{\partial w}{\partial y}\end{aligned}\right\} \qquad \text{(IV A.196)}$$

und daher genügt in der klassischen Plattentheorie eine einzige Funktion, nämlich die Durchbiegung w zur Beschreibung des gesamten Verschiebungszustandes. In der vorliegenden Theorie benötigt man dagegen drei voneinander unabhängige Funktionen zur Beschreibung dieses Zustandes.

Die Dehnungen und Schiebungen der räumlichen Elastizitätstheorie:

$$\left.\begin{aligned}\varepsilon_x &= \frac{\partial u_x}{\partial x} & \gamma_{yz} &= \frac{\partial u_z}{\partial y} + \frac{\partial u_y}{\partial z}\\ \varepsilon_y &= \frac{\partial u_y}{\partial y} & \gamma_{zx} &= \frac{\partial u_x}{\partial z} + \frac{\partial u_z}{\partial x}\\ \varepsilon_z &= \frac{\partial u_z}{\partial z} & \gamma_{xy} &= \frac{\partial u_y}{\partial x} + \frac{\partial u_x}{\partial y}\end{aligned}\right\} \qquad \text{(IV A.197)}$$

werden daher:

$$\left.\begin{aligned}\bar{\varepsilon}_x &= z\frac{\partial \psi_x}{\partial x} & \bar{\gamma}_{yz} &= \frac{\partial w}{\partial y} + \psi_y\\ \bar{\varepsilon}_y &= z\frac{\partial \psi_y}{\partial y} & \bar{\gamma}_{zx} &= \psi_x + \frac{\partial w}{\partial x}\\ \bar{\varepsilon}_z &= 0 & \bar{\gamma}_{xy} &= z\left(\frac{\partial \psi_y}{\partial x} + \frac{\partial \psi_x}{\partial y}\right).\end{aligned}\right\} \qquad \text{(IV A.198)}$$

γ) *Energetische Herleitung der Beulgleichungen.* Die innere potentielle Energie in einem Volumen V ist gegeben durch den Ausdruck:

(IV A.199)
$$W = \frac{1}{2}\iiint_V (\sigma_x\varepsilon_x + \sigma_y\varepsilon_y + \sigma_z\varepsilon_z + \tau_{xy}\gamma_{xy} + \tau_{zx}\gamma_{zx} + \tau_{yz}\gamma_{yz})\,dx\,dy\,dz$$

und die Variation (d. h. eine unendlich kleine Zunahme) durch:

$$\delta W = \iiint (\sigma_x\,\delta\varepsilon_x + \sigma_y\,\delta\varepsilon_y + \sigma_z\,\delta\varepsilon_z + \tau_{xy}\,\delta\gamma_{xy}$$
$$+ \tau_{zx}\,\delta\gamma_{zx} + \tau_{yz}\,\delta\gamma_{yz})\,dx\,dy\,dz. \qquad \text{(IV A.200)}$$

Der Faktor $\frac{1}{2}$ ist hier nicht mehr vorhanden, da angenommen wird, daß die Spannungen und die Verzerrungen miteinander linear verknüpft sind (HOOKEsches Gesetz). Durch Einsetzen der Näherungsausdrücke

A. Elastischer Bereich

(IV A.198) in (IV A.199) und (IV A.200) erhalten wir:

$$\overline{W} = \frac{1}{2} \iiint_V \left[\sigma_x z \frac{\partial \psi_x}{\partial x} + \sigma_y z \frac{\partial \psi_y}{\partial y} + \tau_{yz}\left(\frac{\partial w}{\partial y} + \psi_y\right) \right.$$
$$\left. + \tau_{zx}\left(\psi_x + \frac{\partial w}{\partial x}\right) + \tau_{xy} z \left(\frac{\partial \psi_y}{\partial x} + \frac{\partial \psi_x}{\partial y}\right) \right] dx\, dy\, dz \quad \text{(IV A.201)}$$

und

$$\delta \overline{W} = \iiint_V \left[\sigma_x z\, \delta \frac{\partial \psi_x}{\partial x} + \sigma_y z\, \delta \frac{\partial \psi_y}{\partial y} + \tau_{yz}\, \delta\left(\frac{\partial w}{\partial y} + \psi_y\right) \right.$$
$$\left. + \tau_{zx}\, \delta\left(\psi_x + \frac{\partial w}{\partial x}\right) + \tau_{xy} z\, \delta\left(\frac{\partial \psi_y}{\partial x} + \frac{\partial \psi_x}{\partial y}\right) \right] dx\, dy\, dz. \quad \text{(IV A.202)}$$

Da die „Plattenverschiebungen" ψ_x, ψ_y und w nicht von z abhängen, kann die Integration über z von $-\frac{h}{2}$ bis $+\frac{h}{2}$ ausgeführt werden und man erhält:

$$\overline{W} = \frac{1}{2} \iint_F \left[M_x \frac{\partial \psi_x}{\partial x} + M_y \frac{\partial \psi_y}{\partial y} + Q_y\left(\frac{\partial w}{\partial y} + \psi_y\right) \right.$$
$$\left. + Q_x\left(\psi_x + \frac{\partial w}{\partial x}\right) + M_{xy}\left(\frac{\partial \psi_y}{\partial x} + \frac{\partial \psi_x}{\partial y}\right) \right] dx\, dy \quad \text{(IV A.203)}$$

und:

$$\delta \overline{W} = \iint_F \left[M_x\, \delta \frac{\partial \psi_x}{\partial x} + M_y\, \delta \frac{\partial \psi_y}{\partial y} + Q_y\, \delta\left(\frac{\partial w}{\partial y} + \psi_y\right) \right.$$
$$\left. + Q_x\, \delta\left(\psi_x + \frac{\partial w}{\partial x}\right) + M_{xy}\, \delta\left(\frac{\partial \psi_y}{\partial x} + \frac{\partial \psi_x}{\partial y}\right) \right] dx\, dy. \quad \text{(IV A.204)}$$

Die Plattenschnittgrößen:

$$\left. \begin{aligned} M_x &= \int_{-\frac{h}{2}}^{+\frac{h}{2}} \sigma_x z\, dz, \\ M_y &= \int_{-\frac{h}{2}}^{+\frac{h}{2}} \sigma_y z\, dz, \\ M_{xy} &= \int_{-\frac{h}{2}}^{+\frac{h}{2}} \tau_{xy} z\, dz, \\ Q_x &= \int_{-\frac{h}{2}}^{+\frac{h}{2}} \tau_{zx}\, dz, \\ Q_y &= \int_{-\frac{h}{2}}^{+\frac{h}{2}} \tau_{zy}\, dz, \end{aligned} \right\} \quad \text{(IV A.205)}$$

wurden dabei ganz zwangsläufig eingeführt. Über die eigentliche Verteilung der Spannungen in der Dickenrichtung ist dabei noch nichts ausgesagt worden. Das Doppelintegral ist über die ganze Fläche F zu erstrecken, die durch die Platte eingenommen wird. Der Ausdruck (IV A.204) kann partiell integriert werden und man erhält:

$$\delta \overline{W} = \iint_F \left[-\frac{\partial M_x}{\partial x} \delta\psi_x - \frac{\partial M_y}{\partial y} \delta\psi_y - \frac{\partial Q_y}{\partial y} \delta w + Q_y \delta\psi_y \right.$$
$$+ Q_x \delta\psi_x - \frac{\partial Q_x}{\partial x} \delta w - \frac{\partial M_{xy}}{\partial x} \delta\psi_y - \left. \frac{\partial M_{xy}}{\partial y} \delta\psi_x \right] dx\, dy \quad \text{(IV A.206)}$$
$$+ \oint [M_x\, l\, \delta\psi_x + M_y\, m\, \delta\psi_y + Q_y\, m\, \delta w + Q_x\, l\, \delta w$$
$$+ M_{xy}\, l\, \delta\psi_y + M_{xy}\, m\, \delta\psi_x]\, ds.$$

Das Linienintegral ist über die ganze Umrandung der Platte zu erstrecken. l und m sind die Richtungscosinus der Randnormalen, positiv nach außen genommen.

Werden an jedem Randpunkt neue Koordinaten n und s eingeführt, (normal bzw. tangential zum Rand), dann kann das obige Linienintegral auch in der Form:

$$\oint [M_n\, \delta\psi_n + M_{ns}\, \delta\psi_s + Q_n\, \delta w]\, ds \quad \text{(IV A.207)}$$

angeschrieben werden.

Die Kräfte, die am Plattenrand parallel zur Plattenmittelebene wirken und das Ausbeulen verursachen, rufen im Inneren der Platte sog. Membranspannungen und überdies auch Biegespannungen hervor. Es gibt wiederum verschiedene Möglichkeiten, die so erzeugte potentielle Energie (oder Arbeit) zu berechnen, je nachdem, ob man die Arbeit der äußeren Kräfte längs ihrer Verschiebungen betrachtet, oder die durch die äußeren Kräfte erzeugte innere Energie. Der erste Standpunkt wird z. B. von TIMOSHENKO[1] eingenommen, während der zweite von HERRMANN[2] zur Herleitung der dynamischen Beulgleichungen in der Platte vertreten wurde. In diesen beiden Fällen handelt es sich um Plattentheorien, bei denen der Einfluß des Schubes vernachlässigt wurde. Es ist leicht einzusehen, daß die Energie der Membranspannungen von dieser Schiebung senkrecht zur Plattenmittelebene unabhängig ist, und die diesbezüglichen Ausdrücke werden daher einfach aus der Literatur[3] übernommen.

Die Arbeit der Kräfte in der Plattenmittelebene, infolge der Durchbiegungen, wird dargestellt durch[4]:

$$E_a = -\frac{1}{2} \iint_F \left[N_x \left(\frac{\partial w}{\partial x}\right)^2 + N_y \left(\frac{\partial w}{\partial y}\right)^2 + 2 N_{xy} \frac{\partial w}{\partial x} \frac{\partial w}{\partial y} \right] dx\, dy, \quad \text{(IV A.208)}$$

---

[1] TIMOSHENKO, S.: Theory of Elastic Stability. New York: McGraw-Hill Book Company 1936.
[2] HERRMANN, G.: The Influence of Initial Stress on the Dynamic Behaviour of Elastic and Viscoelastic Plates. National Advisory Committee for Aeronautics Contract NAw-6366, Technical Report No. 3. International Association of Bridge and Structural Engineering (IVBH), „Abhandlungen", Bd. 16, S. 275.
[3] Siehe S. TIMOSHENKO: lit. [1].
[4] Siehe Gl. (III C.48), zweiter Summand.

A. Elastischer Bereich

wo

$$N_x = \int_{-\frac{h}{2}}^{+\frac{h}{2}} \sigma_x \, dz$$

$$N_y = \int_{-\frac{h}{2}}^{+\frac{h}{2}} \sigma_y \, dz \qquad \text{(IV A.209)}$$

$$N_{xy} = \int_{-\frac{h}{2}}^{+\frac{h}{2}} \tau_{xy} \, dz \, .$$

Es ist wichtig, sich bewußt zu sein, daß in dieser linearisierten Theorie die Durchbiegungen nicht durch die Membrankräfte N_x, N_y, N_{xy} hervorgerufen werden, sondern durch die Momente und Querkräfte, die im Ausdruck (IV A.203) vorkommen. Die Variation wird deshalb:

$$\delta E_a = -\iint_F \left[N_x \frac{\partial w}{\partial x} \delta \frac{\partial w}{\partial x} + N_y \frac{\partial w}{\partial y} \delta \frac{\partial w}{\partial y} \right.$$
$$\left. + N_{xy} \frac{\partial w}{\partial x} \delta \frac{\partial w}{\partial y} + N_{xy} \frac{\partial w}{\partial y} \delta \frac{\partial w}{\partial x} \right] dx \, dy \qquad \text{(IV A.210)}$$

und, durch Teilintegration, unter Beachtung, daß N_x, N_y und N_{xy} konstant sind:

$$\delta E_a = \iint_F \left[N_x \frac{\partial^2 w}{\partial x^2} \delta w + N_y \frac{\partial^2 w}{\partial y^2} \delta w + 2 N_{xy} \frac{\partial^2 w}{\partial x \partial y} \delta w \right] dx \, dy \qquad \text{(IV A.211)}$$
$$- \oint \left[N_n \frac{\partial w}{\partial n} \delta w + N_{ns} \frac{\partial w}{\partial s} \delta w \right] ds \, .$$

Da wir ja hier von Belastungen senkrecht zur Plattenmittelebene absehen wollen, können die Gleichgewichtsgleichungen nun aufgestellt werden.

Das Prinzip der virtuellen Verrückungen besagt:

$$\delta U = \delta \overline{W} - \delta E_a = 0, \qquad \text{(IV A.212)}$$

d. h., im vorliegenden Fall:

$$\iint_F \left[-\frac{\partial M_x}{\partial x} \delta \psi_x - \frac{\partial M_y}{\partial y} \delta \psi_y - \frac{\partial Q_y}{\partial y} \delta w + Q_y \delta \psi_y \right.$$
$$+ Q_x \delta \psi_x - \frac{\partial Q_x}{\partial x} \delta w - \frac{\partial M_{xy}}{\partial x} \delta \psi_y - \frac{\partial M_{xy}}{\partial y} \delta \psi_x$$
$$\left. - N_x \frac{\partial^2 w}{\partial x^2} \delta w - N_y \frac{\partial^2 w}{\partial y^2} \delta w - 2 N_{xy} \frac{\partial^2 w}{\partial x \partial y} \delta w \right] dx \, dy \qquad \text{(IV A.213)}$$
$$+ \oint \left[M_n \delta \psi_n + M_{ns} \delta \psi_s + Q_n \delta w \right.$$
$$\left. + N_n \frac{\partial w}{\partial n} \delta w + N_{ns} \frac{\partial w}{\partial s} \delta w \right] ds = 0 \, .$$

Da Gl. (IV A.213) für beliebige Variation der Verschiebungen gelten muß, erhalten wir aus dem ersten Integranden die 3 Gleichgewichtsbedingungen:

$$\left.\begin{array}{l}\dfrac{\partial M_x}{\partial x} + \dfrac{\partial M_{xy}}{\partial y} - Q_x = 0 \\[4pt] \dfrac{\partial M_y}{\partial y} + \dfrac{\partial M_{xy}}{\partial x} - Q_y = 0 \\[4pt] \dfrac{\partial Q_x}{\partial x} + \dfrac{\partial Q_y}{\partial y} + N_x \dfrac{\partial^2 w}{\partial x^2} + N_y \dfrac{\partial^2 w}{\partial y^2} + 2 N_{xy} \dfrac{\partial^2 w}{\partial x \partial y} = 0 \, . \end{array}\right\} \quad \text{(IV A.214)}$$

Eliminieren wir die beiden Querkräfte Q_x, Q_y aus diesen drei Gleichungen, so erhalten wir die BRYANsche Plattengleichung:

$$\dfrac{\partial^2 M_x}{\partial x^2} + 2 \dfrac{\partial^2 M_{xy}}{\partial x \, \partial y} + \dfrac{\partial^2 M_y}{\partial y^2} = - N_x \dfrac{\partial^2 w}{\partial x^2} - 2 N_{xy} \dfrac{\partial^2 w}{\partial x \, \partial y} - N_y \dfrac{\partial^2 w}{\partial y^2}, \quad \text{(IV A.215)}$$

in der allerdings die Schnittmomente und nicht die Durchbiegungen vorkommen.

Aus dem Linienintegral des Ausdruckes (IV A.213) erhalten wir, durch Anwendung des Eindeutigkeitssatzes von NEUMANN[1] die erforderlichen Randbedingungen. Diese lauten:

An jedem Punkte des Plattenrandes muß ein Faktor in jedem der drei Produkte $M_n \psi_n,\ M_{ns} \psi_s,\ \left(Q_n + N_n \dfrac{\partial w}{\partial n} + N_{ns} \dfrac{\partial w}{\partial s}\right) w$

vorgeschrieben werden. Es sind somit drei Randbedingungen zu erfüllen, und nicht bloß zwei, wie in der klassischen Plattentheorie.

δ) Beziehungen zwischen den Schnittgrößen und den Plattenverschiebungen. Die Beziehungen zwischen den Schnittgrößen und den Plattenverschiebungen können durch Umformungen des HOOKEschen Gesetzes für ein räumliches, elastisches Kontinuum gewonnen werden, wie dies z. B. durch MINDLIN[2] und HERRMANN[3] geschah. Für isotropes Material lautet das HOOKEsche Gesetz:

$$\left.\begin{array}{ll}\sigma_x = \lambda_L (\varepsilon_x + \varepsilon_y + \varepsilon_z) + 2 G \varepsilon_x & \tau_{yz} = G \gamma_{yz} \\ \sigma_y = \lambda_L (\varepsilon_x + \varepsilon_y + \varepsilon_z) + 2 G \varepsilon_y & \tau_{zx} = G \gamma_{zx} \\ \sigma_z = \lambda_L (\varepsilon_x + \varepsilon_y + \varepsilon_z) + 2 G \varepsilon_z & \tau_{xy} = G \gamma_{xy} \, . \end{array}\right\} \quad \text{(IV A.216)}$$

Dabei ist G der Schubmodul:

$$G = \dfrac{E}{2(1+\nu)} \quad \text{(IV A.217)}$$

---

[1] LOVE, A. E. H.: Theory of Elasticity. The Macmillan Company, New York, fourth edition, S. 176.

[2] MINDLIN, R. D.: Influence of Rotatory Inertia and Shear on Flexural Motions of Isotropic, Elastic Plates. J. Appl. Mech., Vol. 18 (1951) Nr. 1, S. 31—38.

[3] HERRMANN, G.: Influence of Large Amplitudes on Flexural Motions of Elastic Plates. National Advisory Committee for Aeronautics, Technical Note No. 3578, 1956.

und λ_L, die LAMÉsche Konstante:

$$\lambda_L = \frac{E\,\nu}{(1+\nu)(1-2\nu)}. \qquad \text{(IV A.218)}$$

E bezeichnet den Elastizitätsmodul und ν die POISSONsche Zahl.

Wie in der klassischen Plattentheorie vernachlässigen wir hier den Einfluß der Normalspannungen σ_z senkrecht zur Plattenmittelebene, doch wollen wir den Einfluß der Dehnung ε_z in der gleichen Richtung beibehalten, da ja die Plattenoberflächen frei sind und daher die Wirkung der Querausdehnung nicht behindert wird.

Auf Grund unserer Annahme bezüglich der Verschiebungen ist $\varepsilon_z = 0$, da $\varepsilon_z = \dfrac{\partial w}{\partial z}$. Die vorliegende Schwierigkeit kann umgangen werden, indem wir die 3. Gleichung des Systems (IV A.216) nach ε_z auflösen und dann ε_z in den ersten beiden Gleichungen von (IV A.216) eliminieren. Dadurch erhält man:

$$\left. \begin{aligned} \sigma_x &= \frac{E}{1-\nu^2}(\varepsilon_x + \nu\,\varepsilon_y) + \frac{\lambda_L}{\lambda_L + 2G}\sigma_z \\ \sigma_y &= \frac{E}{1-\nu^2}(\varepsilon_y + \nu\,\varepsilon_x) + \frac{\lambda_L}{\lambda_L + 2G}\sigma_z \end{aligned} \right\} \qquad \text{(IV A.219)}$$

Nun können wir für ε_x und ε_y die Näherungswerte gemäß Gl. (IV A.198) einsetzen und über die Plattendicke integrieren, wie dies in den Definitionen der Schnittgrößen vorgeschrieben ist. Unterdrücken wir die Integrale mit σ_z, so ist das Resultat:

$$\left. \begin{aligned} M_x &= D\left(\frac{\partial \psi_x}{\partial x} + \nu\frac{\partial \psi_y}{\partial y}\right) \\ M_y &= D\left(\frac{\partial \psi_y}{\partial y} + \nu\frac{\partial \psi_x}{\partial x}\right) \\ M_{xy} &= D\frac{(1-\nu)}{2}\left(\frac{\partial \psi_y}{\partial x} + \frac{\partial \psi_x}{\partial y}\right) \\ Q_x &= \varkappa^2 G h \left(\psi_x + \frac{\partial w}{\partial x}\right) \\ Q_y &= \varkappa^2 G h \left(\frac{\partial w}{\partial y} + \psi_y\right). \end{aligned} \right\} \qquad \text{(IV A.220)}$$

wo $D = \dfrac{E h^3}{12(1-\nu^2)}$ die Plattensteifigkeit bedeutet.

In der Definition der Schnittgrößen ist nichts über die Spannungsverteilung in der Richtung der Plattendicke ausgesagt worden. Wenn wir die Annahme treffen, daß die Schubspannungen τ_{zx} und τ_{zy} parabolisch verteilt sind, wie dies z. B. von REISSNER[1] angenommen wurde, so müssen wir einen Korrekturfaktor $\varkappa^2$ einführen, der den Wert 5/6 haben wird.

---

[1] REISSNER, E.: On Bending of Elastic Plates. Quart. Appl. Math., Bd. V (1947), Nr. 1, S. 55.

Bei Bewegungsproblemen hat MINDLIN[1] zwei andere Möglichkeiten aufgezeigt, diesen Faktor $\varkappa^2$ zu bestimmen, die jedoch hier nicht besprochen werden.

Die Plattentheorie, bestehend aus den Gleichgewichtsbedingungen für die Schnittgrößen (IV A.214), den Beziehungen zwischen den Schnittgrößen und den Plattenverschiebungen (IV A.220) und den Randbedingungen, ist nun vollständig.

c) **Anwendung auf die einseitig mit gleichmäßig verteiltem Druck beanspruchte Platte** α) *Lösung nach der Energiemethode.* Die Anwendung der Energiemethode beruht auf der Annahme der Wölbfläche, welche die Energie festlegt. In der vorliegenden Theorie ist aber die Annahme der Durchbiegungen zur Berechnung der Energie natürlich nicht genügend, da ja die Drehwinkel ψ_x und ψ_y auch bekannt sein müßten. Es ist aber nicht leicht, eine vernünftige Annahme bezüglich ψ_x und ψ_y zu treffen. Es ist daher ratsam, wenn möglich den Zusammenhang zwischen ψ_x, ψ_y und w aus den zwei Gleichgewichtsbedingungen zu bestimmen und dann die Energiemethode wie gewöhnlich weiter zu verfolgen. Wie später dargestellt wird, sollte im allgemeinen keine Schwierigkeit in der Auflösung dieser Gleichungen bestehen. Es zeigt sich aber, daß statt der Drehwinkel ψ_x und ψ_y es vorteilhafter ist, die Querkräfte Q_x und Q_y als die beiden zusätzlichen abhängigen Veränderlichen des Problems einzuführen, weil die Gleichungen, die Q_x, Q_y und w verbinden, etwas einfacher gebaut sind als die analogen Gleichungen für ψ_x, ψ_y und w. Wir stellen daher den Energieausdruck $\overline{W}$ auf, der nur Q_x, Q_y und w enthält.

Die beiden letzten Gln. (IV A.220) ergeben:

$$\left. \begin{aligned} \psi_x &= \frac{Q_x}{\varkappa^2 G h} - \frac{\partial w}{\partial x} \\ \psi_y &= \frac{Q_y}{\varkappa^2 G h} - \frac{\partial w}{\partial y} \end{aligned} \right\} \qquad \text{(IV A.221)}$$

und die Momente werden:

$$\left. \begin{aligned} M_x &= D\left(\frac{1}{\varkappa^2 G h}\frac{\partial Q_x}{\partial x} - \frac{\partial^2 w}{\partial x^2} + \frac{\nu}{\varkappa^2 G h}\frac{\partial Q_y}{\partial y} - \nu\frac{\partial^2 w}{\partial y^2}\right) \\ M_y &= D\left(\frac{1}{\varkappa^2 G h}\frac{\partial Q_y}{\partial y} - \frac{\partial^2 w}{\partial y^2} + \frac{\nu}{\varkappa^2 G h}\frac{\partial Q_x}{\partial x} - \nu\frac{\partial^2 w}{\partial x^2}\right) \\ M_{xy} &= \frac{D(1-\nu)}{2}\left(\frac{1}{\varkappa^2 G h}\frac{\partial Q_y}{\partial x} - 2\frac{\partial^2 w}{\partial x\,\partial y} + \frac{1}{\varkappa^2 G h}\frac{\partial Q_x}{\partial y}\right). \end{aligned} \right\} \qquad \text{(IV A.222)}$$

Mit Hilfe dieser Ausdrücke kann $\overline{W}$ ausschließlich durch w, Q_x und Q_y ausgedrückt werden. Nach einigen algebraischen Umformungen erhält man:

---

[1] MINDLIN, R. D.: Influence of Rotatory Inertia and Shear on Flexural Motions of Isotropic, Elastic Plates. J. Appl. Mech., Bd. 18 (1951), Nr. 1, S. 31.

A. Elastischer Bereich

$$\overline{W} = \iint_F \left\{ \frac{D}{2} \left\{ \left(\frac{\partial^2 w}{\partial x^2} + \frac{\partial^2 w}{\partial y^2}\right)^2 - 2(1-\nu)\left[\frac{\partial^2 w}{\partial x^2}\frac{\partial^2 w}{\partial y^2} - \left(\frac{\partial^2 w}{\partial x \partial y}\right)^2\right]\right\} \right.$$
$$- \frac{D}{\varkappa^2 G h} \left\{ \frac{\partial Q_x}{\partial x}\left(\frac{\partial^2 w}{\partial x^2} + \nu\frac{\partial^2 w}{\partial y^2}\right) + \frac{\partial Q_y}{\partial y}\left(\nu\frac{\partial^2 w}{\partial x^2} + \frac{\partial^2 w}{\partial y^2}\right)\right.$$
$$\left. + (1-\nu) \frac{\partial^2 w}{\partial x \partial y}\left(\frac{\partial Q_y}{\partial x} + \frac{\partial Q_x}{\partial y}\right)\right\} \quad \text{(IV A.223)}$$
$$+ \frac{D}{2(\varkappa^2 G h)^2}\left\{\left(\frac{\partial Q_x}{\partial x} + \frac{\partial Q_y}{\partial y}\right)^2 - 2(1-\nu)\frac{\partial Q_x}{\partial x}\frac{\partial Q_y}{\partial y}\right.$$
$$\left.\left. + \frac{1-\nu}{2}\left(\frac{\partial Q_x}{\partial y} + \frac{\partial Q_y}{\partial x}\right)^2\right\} + \frac{1}{2\varkappa^2 G h}(Q_x^2 + Q_y^2)\right\} dx\, dy.$$

Die erste Zeile wird als die potentielle Energie (der Biegung) der klassischen, elementaren Plattentheorie erkannt. Die zweite und dritte Zeile stellt die Kopplungsenergie zwischen den Querkräften und der Durchbiegung dar. Die vierte und fünfte Zeile ist die Energie der Querkräfte allein, d. h. der durch diese Querkräfte hervorgerufenen Schiebungen und Durchbiegungen.

Nun müssen wir den Zusammenhang zwischen den Querkräften Q_x, Q_y und der Durchbiegung w aufstellen. Wir beschränken uns gleich auf den Spezialfall der Rechteckplatte, die sich unter einseitigem, gleichmäßig verteiltem Druck befindet und allseitig gelenkig gelagert ist (Abb. IV A.30). Wir haben somit:

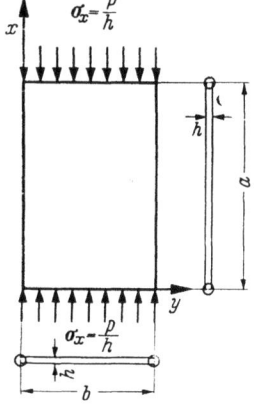

Abb. IV A.30

$$N_x = -P,$$
$$N_y = 0, \quad \text{(IV A.224)}$$
$$N_{xy} = 0.$$

Die dritte Gleichung des Systems (IV A.214) wird dann:

$$\frac{\partial Q_x}{\partial x} + \frac{\partial Q_y}{\partial y} = P\frac{\partial^2 w}{\partial x^2}, \quad \text{(IV A.225)}$$

während die erste Gleichung des Systems (IV A.214) umgeformt werden kann zu:

$$D\left(\frac{1}{\varkappa^2 G h}\frac{\partial^2 Q_x}{\partial x^2} - \frac{\partial^3 w}{\partial x^3} + \frac{\nu}{\varkappa^2 G h}\frac{\partial^2 Q_y}{\partial x \partial y} - \nu\frac{\partial^3 w}{\partial x \partial y^2}\right)$$
$$+ \frac{(1-\nu)D}{2}\left(\frac{1}{\varkappa^2 G h}\frac{\partial^2 Q_y}{\partial x \partial y} - 2\frac{\partial^3 w}{\partial x \partial y^2} + \frac{\partial^2 Q_x}{\varkappa^2 G h \partial y^2}\right) - Q_x = 0 \quad \text{(IV A.226)}$$

und unter Berücksichtigung von (IV A.225) zu:

$$\frac{D(1-\nu)}{2\varkappa^2 G h}\left(\frac{\partial^2 Q_x}{\partial x^2} + \frac{\partial^2 Q_x}{\partial y^2}\right) - Q_x$$
$$= D\left(\frac{\partial^3 w}{\partial x^3} + \frac{\partial^3 w}{\partial x \partial y^2}\right) - \frac{D(1+\nu)}{2\varkappa^2 G h} P\frac{\partial^3 w}{\partial x^3}. \quad \text{(IV A.227)}$$

Führen wir den Operator
$$\Delta = \frac{\partial^2}{\partial x^2} + \frac{\partial^2}{\partial y^2} \qquad \text{(IV A.228)}$$
ein, so kann die Gl. (IV A.227) in kompakter Form
$$Q_x - \frac{D(1-\nu)}{2\varkappa^2 G h}\Delta Q_x = -D\Delta\frac{\partial w}{\partial x} + \frac{D(1+\nu)}{2\varkappa^2 G h} P \frac{\partial^3 w}{\partial x^3} \qquad \text{(IV A.229)}$$
angeschrieben werden.

Es ist somit möglich, Q_x und Q_y zu trennen und nur von w abhängig zu machen. Auf ganz analoge Weise erhalten wir die Gleichung für die Querkraft Q_y:
$$Q_y - \frac{D(1-\nu)}{2\varkappa^2 G h}\Delta Q_y = -D\Delta\frac{\partial w}{\partial y} + \frac{D(1+\nu)}{2\varkappa^2 G h} P \frac{\partial^3 w}{\partial x^2 \partial y}. \qquad \text{(IV A.230)}$$

Gl. (IV A.229) bzw. (IV A.230) stellt eine inhomogene, partielle, lineare Differentialgleichung zweiter Ordnung mit der abhängigen Veränderlichen Q_x bzw. Q_y dar. Die allgemeine Lösung wird als Summe der allgemeinen Lösung der homogenen Gleichung und einer partikulären Lösung der inhomogenen Gleichung erhalten.

Bezeichnen wir abkürzungsweise:
$$\frac{D(1-\nu)}{2\varkappa^2 G h} = \frac{h^2}{12\varkappa^2} = I', \qquad \text{(IV A.231)}$$
das ein effektives Trägheitsmoment bedeutet, so kann die homogene Gleichung:
$$Q_x - I'\Delta Q_x = 0 \qquad \text{(IV A.232)}$$
durch Trennung der unabhängigen Veränderlichen mit dem Ansatz:
$$Q_x(x,y) = R_x(x) S_x(y) \qquad \text{(IV A.233)}$$
gelöst werden. In die Gl. (IV A.232) eingeführt, liefert der Ansatz (IV A.233)
$$1 - I'\frac{R_x''}{R_x} = I'\frac{S_x''}{S_x} = p_x^2, \qquad \text{(IV A.234)}$$
wo p_x^2 eine noch unbestimmte Konstante darstellt. Die Gleichung für R_x bzw. für S_x wird somit:
$$\left.\begin{array}{l} R_x - \dfrac{I'}{1-p_x^2}\dfrac{d^2 R_x}{dx^2} = 0, \\[2mm] S_x - \dfrac{I'}{p_x^2}\dfrac{d^2 S_x}{dy^2} = 0 \end{array}\right\} \qquad \text{(IV A.235)}$$
und die Lösungen dieser gewöhnlichen Differentialgleichungen zweiter Ordnung sind:
$$\left.\begin{array}{l} R_x = A_x \operatorname{Sin}\sqrt{\dfrac{I'}{1-p_x^2}}\, x + B_x \operatorname{Cos}\sqrt{\dfrac{I'}{1-p_x^2}}\, x \\[2mm] S_x = C_x \operatorname{Sin}\sqrt{\dfrac{I'}{p_x^2}}\, y + D_x \operatorname{Cos}\sqrt{\dfrac{I'}{p_x^2}}\, y \end{array}\right\} \qquad \text{(IV A.236)}$$

A. Elastischer Bereich

Die Konstante p_x sowie die drei Verhältnisse der vier Integrationskonstanten A_x, B_x, C_x und D_x sind aus den vier Randbedingungen zu bestimmen, die der Feldgleichung (IV A.232) beigefügt werden müssen.

Eine entsprechende Lösung der homogenen Gleichung für Q_y wird gefunden, indem die Indices x und y vertauscht werden.

Nun handelt es sich darum, ein partikuläres Integral der inhomogenen Gl. (IV A.229) zu finden. Da wir dieses nicht für eine beliebige Wölbfläche $w(x, y)$ brauchen, sondern nur für die spezielle Form:

$$w(x, y) = \sum_{m, n=1}^{\infty} a_{mn} \sin \frac{m \pi x}{a} \sin \frac{n \pi y}{b}, \qquad \text{(IV A.237)}$$

die später tatsächlich vorausgesetzt wird, führen wir gleich das $m\,n$-te Glied der Doppelreihe (IVA.237) in die rechte Seite der Beziehung (IV A.229) ein. Wir beschränken uns auf dieses Glied und lassen den $m\,n$-Index weg.

Es ist offensichtlich, daß der Ansatz:

$$Q_x = E_x \frac{\partial w}{\partial x} \qquad \text{(IV A.238)}$$

die Gl. (IV A.229) befriedigt, falls die Konstante E_x den Wert:

$$E_x = \frac{D \pi^2 \left(\dfrac{m^2}{a^2} + \dfrac{n^2}{b^2}\right) - \pi^2 \bar{I} P}{1 + I' \pi^2 \left(\dfrac{m^2}{a^2} + \dfrac{n^2}{b^2}\right)} \qquad \text{(IV A.239)}$$

hat, worin zur Abkürzung eingeführt wurde:

$$\bar{I} = \frac{D(1+\nu)}{2 \varkappa^2 G h} = \frac{h^2(1+\nu)}{12 \varkappa^2 (1-\nu)} = I' \frac{(1+\nu)}{(1-\nu)}. \qquad \text{(IV A.240)}$$

Auf analoge Weise wird mit dem Ansatz:

$$Q_y = E_y \frac{\partial w}{\partial y} \qquad \text{(IV A.241)}$$

auch die Gl. (IV A.230) befriedigt. Es stellt sich dabei heraus, daß E_x und E_y einander gleich sind. Diese Größen sollen von jetzt an mit H bezeichnet werden, d. h.:

$$E_x = E_y = H. \qquad \text{(IV A.242)}$$

Wir haben nun die vollständige Lösung der Gl. (IV A.229), bzw. (IV A.230), und müssen nun die erwähnten Integrationskonstanten mit Hilfe der Randbedingungen bestimmen.

Die vorliegenden Randbedingungen der gelenkig gelagerten Platte lauten:

Für $x = 0$: $M_x = 0$, $w = 0$, $\psi_y = 0$

Für $y = 0$: $M_y = 0$, $w = 0$, $\psi_x = 0$. \qquad (IV A.243)

Da:
$$\psi_y = \frac{Q_y}{\varkappa^2 G h} - \frac{\partial w}{\partial y} \qquad \text{(IV A.244)}$$

erhalten wir somit für $x = 0$:

$$\psi_y = \frac{B_y}{\varkappa^2 G h} \left\{ C_y \operatorname{Sin} \sqrt{\frac{I'}{p_y^2}} y + D_y \operatorname{Cos} \sqrt{\frac{I'}{p_y^2}} y \right\}$$
$$+ \frac{H}{\varkappa^2 G h} \frac{\partial w}{\partial y} - \frac{\partial w}{\partial y} = 0. \qquad \text{(IV A.245)}$$

Da aber für $x = 0$, $\frac{\partial w}{\partial y} = 0$, wird $B_y = 0$.

Für $x = a$ folgt:

$$\psi_y = \frac{A_y}{\varkappa^2 G h} \operatorname{Sin} \sqrt{\frac{I'}{(1-p_y^2)}} a \left\{ C_y \operatorname{Sin} \sqrt{\frac{I'}{p_y^2}} y + D_y \operatorname{Cos} \sqrt{\frac{I'}{p_y^2}} y \right\}$$
$$+ \frac{H}{\varkappa^2 G h} \frac{\partial w}{\partial y} - \frac{\partial w}{\partial y} = 0. \qquad \text{(IV A.246)}$$

Da wiederum $\frac{\partial w}{\partial y} = 0$, erhält man:

$$A_y = 0. \qquad \text{(IV A.247)}$$

Somit bleibt nur der inhomogene Teil der Lösung zurück, d. h.:

$$Q_x = H \frac{\partial w}{\partial x} \qquad \text{(IV A.248)}$$

$$Q_y = H \frac{\partial w}{\partial y}, \qquad \text{(IV A.249)}$$

wobei H nach Gl. (IV A.242) gegeben ist.

Da nun der Zusammenhang zwischen den Querkräften Q_x, Q_y und der Durchbiegung w durch die Ausdrücke (IV A.248) und (IV A.249) hergestellt ist, kann die Energie durch w allein ausgedrückt werden. Nach einigen Umformungen der Gl. (IV A.223) erhalten wir:

$$\overline{W} = \frac{D}{2} \int_0^a \int_0^b \left\{ \left(1 - \frac{H}{\varkappa^2 G h}\right)^2 \left\{ \left(\frac{\partial^2 w}{\partial x^2} + \frac{\partial^2 w}{\partial y^2}\right)^2 \right.\right.$$
$$\left. - 2(1-\nu) \left[\frac{\partial^2 w}{\partial x^2} \frac{\partial^2 w}{\partial y^2} - \left(\frac{\partial^2 w}{\partial x \partial y}\right)^2\right]\right\} \qquad \text{(IV A.250)}$$
$$\left. + \frac{H^2}{\varkappa^2 G h} \left[\left(\frac{\partial w}{\partial x}\right)^2 + \left(\frac{\partial w}{\partial y}\right)^2\right]\right\} dx\, dy.$$

Lassen wir $G \to \infty$, d. h. nehmen wir die Scherfestigkeit als vollkommen starr an, dann erhalten wir wiederum den klassischen Ausdruck der Plattenenergie.

A. Elastischer Bereich

Nun wenden wir uns der Arbeit der äußeren Kräfte E_a zu. Da $P = + h\,\sigma_x$ (wo σ_x nun eine Druckspannung bedeuten soll), folgt:

$$E_a = \frac{h}{2} \int_0^a \int_0^b \sigma_x \left(\frac{\partial w}{\partial x}\right)^2 dx\,dy$$

$$E_a = \frac{h}{2}\,\sigma_x\,a_{mn}^2\,\frac{m^2\,\pi^2}{a^2}\,\frac{a\,b}{4}. \tag{IV A.251}$$

In Übereinstimmung mit der üblichen Darstellung setzen wir:

$$\underline{\underline{\sigma_{kr} = k\,\sigma_E}}, \tag{IV A.252}$$

worin:

$$\underline{\underline{\sigma_E = \frac{D\,\pi^2}{b^2\,h}}} \tag{IV A.253}$$

die EULERsche Knickspannung für einen Plattenstreifen der Länge b, der Dicke h und der Breite 1 darstellt; k ist der Beulwert oder die Beulzahl.

Die Arbeit der äußeren Kräfte wird dann an der Stabilitätsgrenze $\sigma_x = \sigma_{kr}$

$$E_a = k\,D\,a_{mn}^2\,\frac{m^2\,\pi^4}{a^2\,b^2}\,\frac{a\,b}{8}. \tag{IV A.254}$$

Um den Beulwert k zu bestimmen, setzen wir:

$$\overline{W} - E_a = 0. \tag{IV A.255}$$

Dies ergibt, auf Grund der Gln. (IV A.250) und (IV A.254):

$$k = \left(1 - \frac{H}{L}\right)\beta^2 + \frac{H^2}{F\,L}\beta, \tag{IV A.256}$$

worin zur Abkürzung eingeführt wurde (mit $n = 1$):

$$\left.\begin{array}{l} \beta = \dfrac{m\,b}{a} + \dfrac{a}{m\,b} \\[4pt] F = \dfrac{D\,\pi^2\,m}{a\,b} \\[4pt] L = \varkappa^2\,G\,h. \end{array}\right\} \tag{IV A.257}$$

Mit diesen Abkürzungen kann H, nach Gl. (IV A.239), dargestellt werden als:

$$H = \frac{F\,\beta - \dfrac{F^2}{2\,L}(1+\nu)\,k}{1 + \dfrac{F(1-\nu)}{2\,L}\,\beta}. \tag{IV A.258}$$

Zur Bestimmung von k haben wir somit eine ziemlich komplizierte quadratische Gleichung aufzulösen, so daß die Verhältnisse recht unübersichtlich werden. Wir versuchen daher, den Ausdruck (IV A.258) für die Größe H zu vereinfachen. Setzen wir die Ausdrücke (IV A.248) und (IV A.249) in die Gleichgewichtsbedingung (IV A.225) ein, so erhalten wir:

$$H \Delta w = P \frac{\partial^2 w}{\partial x^2} \qquad \text{(IV A.259)}$$

und somit:

$$H = k \frac{F}{\beta}, \qquad \text{(IV A.260)}$$

eine Gleichung, die bereits viel einfacher ist als Gl. (IV A.258); doch ist die Unbekannte immer noch darin enthalten.

Eine dritte, noch einfachere Form für H kann auf folgende Weise erhalten werden: Setzen wir Gl. (IV A.248) bzw. (IV A.249) in Gl. (IV A.229), bzw. (IV A.230), ein und leiten wir nach x bzw. nach y ab, so erhält man:

$$H \frac{\partial^2 w}{\partial x^2} - \frac{(1-\nu)D}{2\varkappa^2 G h} \Delta \left(H \frac{\partial^2 w}{\partial x^2} \right)$$
$$= -D \frac{\partial^2 \Delta w}{\partial x^2} + \frac{(1+\nu)D}{2\varkappa^2 G h} P \frac{\partial^4 w}{\partial x^4}, \qquad \text{(IV A.261)}$$

bzw.:

$$H \frac{\partial^2 w}{\partial y^2} - \frac{(1-\nu)D}{2\varkappa^2 G h} \Delta \left(H \frac{\partial^2 w}{\partial y^2} \right)$$
$$= -D \frac{\partial^2 \Delta w}{\partial y^2} + \frac{(1+\nu)D}{2\varkappa^2 G h} P \frac{\partial^4 w}{\partial x^2 \partial y^2}. \qquad \text{(IV A.262)}$$

Die Addition dieser beiden Gleichungen führt auf:

$$H \Delta w - H \frac{(1-\nu)D}{2\varkappa^2 G h} \Delta \Delta w$$
$$= -D \Delta \Delta w + \frac{(1+\nu)D}{2\varkappa^2 G h} P \Delta \frac{\partial^2 w}{\partial x^2}. \qquad \text{(IV A.263)}$$

Darin kann das Glied mit P gemäß Gl. (IV A.259) eliminiert werden. Nach Vereinfachungen erhält man dann:

$$H \Delta w \left(1 - \frac{D \Delta w}{\varkappa^2 G h}\right) = -D \Delta \Delta w \qquad \text{(IV A.264)}$$

und mit w nach Gl. (IV A.237) wird H zu:

$$H = \frac{F \beta}{1 + \frac{F}{L}\beta}. \qquad \text{(IV A.265)}$$

Die Unbekannte k ist nun nicht mehr enthalten.

Setzen wir nun H nach Gl. (IV A.265) in Gl. (IV A.256) für k ein, so ergibt sich schließlich:

$$k = \frac{\beta^2}{1 + \frac{F}{L}\beta}. \qquad \text{(IV A.266)}$$

Die Diskussion dieses Resultates wird zunächst verschoben, da vorerst gezeigt werden soll, wie dasselbe Resultat nicht nur nach der Energiemethode, sondern auch durch direkte Auflösung der Beulgleichung erhalten werden kann.

β) Direkte Lösung der Beulgleichungen. Die drei Gleichgewichtsgleichungen (IV A.214) können mit Hilfe der Beziehungen (IV A.220) als Verschiebungsgleichungen angeschrieben werden, wie dies von MINDLIN[1] mit ähnlichen Gleichungen durchgeführt wurde. Man erhält:

$$\left. \begin{aligned} \frac{D}{2}\left[(1-\nu)\Delta\psi_x + (1+\nu)\frac{\partial\Phi}{\partial x}\right] - \varkappa^2 G h\left(\psi_x + \frac{\partial w}{\partial x}\right) &= 0 \\ \frac{D}{2}\left[(1-\nu)\Delta\psi_y + (1+\nu)\frac{\partial\Phi}{\partial y}\right] - \varkappa^2 G h\left(\psi_y + \frac{\partial w}{\partial y}\right) &= 0 \\ \varkappa^2 G h(\Delta w + \Phi) - N_x \frac{\partial^2 w}{\partial x^2} - N_y \frac{\partial^2 w}{\partial y^2} - 2 N_{xy}\frac{\partial^2 w}{\partial x \partial y} &= 0, \end{aligned} \right\} \quad \text{(IV A.267)}$$

wo:

$$\Phi = \frac{\partial \psi_x}{\partial x} + \frac{\partial \psi_y}{\partial y}. \tag{IV A.268}$$

Durch Elimination von ψ_x und ψ_y ist es möglich, eine einzige Gleichung für w zu erhalten, und zwar auf die folgende Weise: Die erste und zweite der Gl. (IV A.267) werden nach x bzw. nach y abgeleitet und addiert. Man erhält:

$$(D\Delta - \varkappa^2 G h)\Phi = \varkappa^2 G h \Delta w. \tag{IV A.269}$$

Nun wird Φ in Gl. (IV A.269) und der dritten Gl. (IV A.267) eliminiert, mit dem Resultat:

(IV A.270)
$$D\Delta\Delta w = \left(1 - \frac{D\Delta}{\varkappa^2 G h}\right)\left(N_x \frac{\partial^2 w}{\partial x^2} + N_y \frac{\partial^2 w}{\partial y^2} + 2 N_{xy}\frac{\partial^2 w}{\partial x \partial y}\right).$$

Lassen wir $G \to \infty$, so ist Gl. (IV A.270) die klassische Beulgleichung. Nehmen wir wiederum die Lösung $w(x, y)$ in der Form des Ansatzes (IV A.237) so ergibt sich, mit (IV A.224):

$$k = \frac{\beta^2}{1 + \frac{F}{L}\beta}. \tag{IV A.271}$$

Dieser Wert [Gl. (IV A.271)] ist, wie es natürlich sein soll, mit dem nach der Energiemethode erhaltenen Wert [Gl. (IV A.266)] identisch, weil die in der Energiemethode verwendete Wölbfläche auch die Differentialgleichung derselben befriedigt. Obwohl im behandelten Beispiel die direkte Auflösung der Differentialgleichung viel rascher zum Ziele führt, wurde die Energiemethode doch ausführlich behandelt, damit andere Lagerungsfälle und Belastungsarten ohne weiteres untersucht werden können.

---

[1] MINDLIN, R. D.: Influence of Rotatory Inertia and Shear on Flexural Motions of Isotropic, Elastic Plates. J. Appl. Mech., Vol. 18 (1951), Nr. 1, S. 31—38.

γ) *Numerische Auswertung.* Es empfiehlt sich zunächst, den Begriff der Plattenschlankheit einzuführen. In Analogie zum Stab wird die Plattenschlankheit λ als

$$\lambda^2 = \frac{l^2}{h^2} 12 (1 - \nu^2) \qquad \text{(IV A.272)}$$

definiert[1], wo l die kleinere der beiden Seiten der Platte darstellt. Nehmen wir an, daß $a \geq b$, so erhalten wir auf Grund der Gl. (IV A.257):

$$\frac{F}{L} = \frac{\pi^2 \, 12 \, (1+\nu)}{5 \, \lambda^2} \frac{b \, m}{a}. \qquad \text{(IV A.273)}$$

Unter der Annahme $a \leq b$ erhält man analog:

$$\frac{F}{L} = \frac{\pi^2 \, 12 \, (1+\nu)}{5 \, \lambda^2} \frac{a \, m}{b}. \qquad \text{(IV A.274)}$$

Wir wollen zuerst das Seitenverhältnis $\frac{a}{b}$ und die Halbwellenzahl m feststellen, für welche der Einfluß des Schubes möglichst groß wird. Auf Grund des Ausdruckes (IV A.271) muß $\frac{F}{L}\beta$ möglichst groß sein, d. h. für eine gegebene Schlankheit λ und gegebene POISSONsche Zahl ν muß der Ausdruck:

$$\frac{b \, m}{a} \beta = \frac{m^2}{a^2/b^2} + 1, \quad a/b \geq 1$$

bzw.:

$$\frac{a \, m}{b} \beta = \frac{a^2/b^2}{m^2} + 1, \quad a/b \leq 1$$

möglichst groß werden.

Im ersten Falle muß also m möglichst groß sein und gleichzeitig a/b möglichst klein, aber doch ≥ 1. Da der Einfluß des Schubes ja nur eine Korrektur darstellt, können wir uns, zwecks Festlegung der verschiedenen Parameterwerte, der klassischen Beulresultate bedienen. Für $m = 1$ ist das minimal erlaubte Seitenverhältnis $\frac{a}{b} = 1$ und $\frac{b \, m}{a}\beta$ wird daher 2. Für $m = 2$ können wir mindestens $\frac{a}{b} = \sqrt{2}$ nehmen. Das ergibt:

$$\frac{b \, m}{a} \beta = 3. \qquad \text{(IV A.275)}$$

Für $m = 3$ ist $\frac{a}{b} = \sqrt{6}$ zu nehmen und $\frac{b \, m}{a}\beta$ wird 2,5. Für alle höheren Halbwellenzahlen m wird, wie man sich leicht überzeugt:

$$2 \leq \frac{b \, m}{a} \beta \leq 2{,}5. \qquad \text{(IV A.276)}$$

---

[1] KOLLBRUNNER, C. F. u. G. HERRMANN: Stabilität der Platten im plastischen Bereich. (Theorie von A. ILJUSCHIN mit Vergleichswerten von durchgeführten Versuchen.) Mitt. Inst. Baustatik E.T.H., Nr. 20. Zürich: Leemann 1947.

A. Elastischer Bereich

Im zweiten Fall, $\frac{a}{b} \leq 1$, muß m möglichst klein sein und a/b selbst möglichst groß, mit der Nebenbedingung $a/b \leq 1$. Man erhält daher sofort:

$$\frac{a\,m}{b}\beta \leq 2. \qquad (IV\ A.277)$$

Der Einfluß des Schubes wird daher am größten sein, wenn das Seitenverhältnis der Platte $a/b = \sqrt{2}$ ist und die Platte gerade in 2 Halbwellen ausbeult. Der Beulwert für eine solche Platte wird nach Gl. (IV A.271) und mit $\nu = 0{,}3$:

$$k = \frac{k_0}{1 + \dfrac{92{,}4}{\lambda^2}}. \qquad (IV\ A.278)$$

$k_0 = \beta^2$, in diesem Fall gleich 4,5, ist der klassische Beulwert. Im Fall von $k_{0_{\min}}$, d. h. $k_0 = 4$, ist bekanntlich $m\dfrac{a}{b} = 1$ und somit $\dfrac{b\,m}{a}\beta = 2$. Der Beulwert k wird dann:

$$k = \frac{k_0}{1 + \dfrac{61{,}6}{\lambda^2}}. \qquad (IV\ A.279)$$

Für einen Stab mit Rechteckquerschnitt erhält man für die kritische Last P_{kr}[1]:

$$P_{kr} = \frac{P_E}{1 + \dfrac{30{,}8}{\lambda^2}}, \qquad (IV\ A.280)$$

wo:

$$P_E = \frac{\pi^2\,E\,J}{l^2} \qquad (IV\ A.281)$$

die EULERsche Knicklast bedeutet.

Für eine Platte ist somit der Einfluß des Schubes im allgemeinen (für die meisten Seitenverhältnisse) bei gleicher *Schlankheit* ungefähr doppelt so groß (wegen der zweiten Dimension) und kann, nach Gl. (IV A.275), höchstens dreimal so groß werden.

Für die Aluminiumlegierung *Avional M vergütet*, welche einen ausgedehnten elastischen Bereich besitzt[2], wird die minimale Schlankheit nach der Formel:

$$\sigma_{kr} = \frac{k\,\pi^2\,E}{\lambda^2} \qquad (IV\ A.282)$$

mit den Werten:

$k = 4$

$E = 745\,000\ \text{kg/cm}^2$

$\sigma_p = 2750\ \text{kg/cm}^2,$

---

[1] STÜSSI, F.: Vorlesungen über Baustatik, Bd. 1, S. 333. Basel: Birkhäuser 1946. C. F. KOLLBRUNNER u. M. MEISTER: Knicken, S. 79, Berlin/Göttingen/Heidelberg: Springer 1955.

[2] STÜSSI, F., C. F. KOLLBRUNNER u. M. WALT: Versuchsbericht über das Ausbeulen der auf einseitigen, gleichmäßig und ungleichmäßig verteilten Druck beanspruchten Platten aus Avional M, hart vergütet. Mitt. Inst. Baustatik E.T.H. Nr. 25. Zürich: Leemann 1951.

zu:
$$\lambda^2 = \frac{k\,\pi^2\,E}{\sigma_p} = 10\,700.$$

σ_p bedeutet die Spannung an der Proportionalitätsgrenze. Nach Formel (IV A.278) wird der Einfluß des Schubes im elastischen Bereich höchstens $\frac{92,4}{10\,700} \cdot 100\% = 0,87\%$ betragen.

d) Schlußfolgerungen und Ausblick. Dieses Kap. IV A.6 enthält eine Untersuchung des Einflusses des Schubes (genau genommen der Querschiebung, da ja die Querkraft auch in der elementaren klassischen Plattentheorie berücksichtigt wird), auf das Ausbeulen rechteckiger Platten im elastischen Bereich. Auf Grund dieser Untersuchung können folgende Schlußfolgerungen und Empfehlungen formuliert werden:

1. Das Ausbeulproblem einer Platte mit Berücksichtigung des Schubes kann, wie im klassischen Fall, entweder nach der Energiemethode oder durch direkte Auflösung der Beulgleichungen behandelt werden. Die innere Energie wird allerdings nicht durch eine einzige Funktion (Durchbiegung), sondern durch drei Funktionen (Durchbiegung und Drehwinkel eines Querschnittes um die beiden Achsen in der Plattenmittelebene) dargestellt. Die Zahl der zu erfüllenden Randbedingungen steigt von zwei auf drei.

2. Größenmäßig kann der Einfluß des Schubes auf die Stabilität einer gelenkig gelagerten Rechteckplatte, die sich unter einseitigem, gleichmäßig verteiltem Druck befindet, nicht sehr bedeutend werden. Beim ungünstigsten Seitenverhältnis, das eintritt, wenn die Platte gerade in zwei Halbwellen ausbeult, und für ein Material mit ausgedehntem elastischem Bereich (Avional M, hart vergütet) ist dieser Einfluß immer noch etwas kleiner als 1%.

3. Verglichen mit dem entsprechenden Einfluß bei der Stabknickung, ist der Einfluß des Schubes beim betrachteten Fall der Rechteckplatte für die meisten Seitenverhältnisse etwas mehr als doppelt so groß, was der zweiten Dimension der Platte zuzuschreiben ist. Wenn die Platte gerade in zwei Halbwellen ausbeult, wird er dreimal so groß.

4. Es kann somit festgehalten werden, daß für die meisten üblichen Belastungsfälle und Lagerungsarten der Einfluß des Schubes im elastischen Bereich vernachlässigt werden kann. Da der Einfluß des Schubes jedoch den Beulwert herabsetzt, ist Vorsicht am Platze.

5. Über die Bedeutung des Schubes im *plastischen* Bereich kann folgendes ausgesagt werden: Einerseits ist die kritische Spannung zum Quadrat der Schlankheit umgekehrt proportional. Da aber diese Spannung andererseits direkt proportional zum Elastizitätsmodul ist und dieser im plastischen Bereich stark abnimmt, wurde im Falle der Stabknickung von BLEICH[1] darauf hingewiesen, daß dieser Einfluß auch im plastischen Bereich vernachlässigbar klein bleibt. Dieser Sachverhalt kann auch recht anschaulich bezüglich des Diagrammes der kritischen Spannungen in Abhängigkeit der Schlankheit (σ_{kr}–λ-Kurve) behandelt wer-

---
[1] BLEICH, F.: Buckling Strength of Metal Structures. S. 23. New York: McGraw-Hill Book Company 1952. Siehe auch C. F. KOLLBRUNNER und M. MEISTER: Knicken, S. 79, Berlin / Göttingen / Heidelberg: Springer 1955.

den. Zunächst sei festgestellt, daß der Einfluß des Schubes als eine Verringerung der Schlankheit aufgefaßt werden kann. Die σ_{kr}–λ-Kurve im plastischen Bereich verläuft aber recht flach, d. h. eine Veränderung der Schlankheit verändert nur sehr schwach die kritische Spannung σ_{kr}. Beim Ausbeulen einer Platte sind die Verhältnisse aber wesentlich verschieden, da die σ_{kr}–λ-Kurve im plastischen Bereich, wenigstens für nicht allzu kleine Schlankheiten, recht steil verlaufen kann[1], und somit eine Änderung der Schlankheit sich stark auf die kritische Spannung auswirken wird. Da der Einfluß des Schubes die kritischen Spannungen verringert und andererseits die meisten Beulversuche, im Vergleich zu gerechneten, zu kleine Beulspannungen ergaben[2], ist eine eingehende theoretische Untersuchung der Beulverhältnisse im plastischen Bereich dringend zu empfehlen, um möglicherweise eine bessere Übereinstimmung zwischen Theorie und Versuchen zu erzielen. Es bietet sich somit die Gelegenheit, das Beulproblem als solches noch klarer zu erfassen, um dem konstruierenden Ingenieur in der Baupraxis Richtlinien und Formeln in die Hand zu geben, die noch einwandfreier sind als die heute vorhandenen.

7. Ausbeulen rechteckiger Platten unter Druck, Biegung und Druck mit Biegung

(Baustatisches Lösungsverfahren nach Stüssi)[3]

(Belastete Ränder b frei drehbar gelagert)

Bei Platten mit 2 lastfreien Rändern kann das im Kapitel III C, 3b beschriebene baustatische Lösungsverfahren dadurch vereinfacht werden, daß in Richtung der lastfreien Ränder ein Ansatz für die Ausbeulform eingeführt wird. An Stelle einer Differentialgleichung mit 2 unabhängigen Veränderlichen erhält man eine totale, mit nur einer unabhängigen Variabeln[4]. Diese wird mit dem baustatischen Lösungsverfahren gelöst. Man erhält eine Beulkurve Y, welche der angenommenen Beulform Y_0 ähnlich sein muß. Ist diese Bedingung nur ungenügend erfüllt, so ist die Rechnung mit Y, oder dem Mittel aus Y und Y_0 als neuer Ausgangs-Beulform zu wiederholen. Die Ähnlichkeit mit dem Verfahren ENGESSER-VIANELLO bei der Berechnung von Druckstäben ist augenscheinlich.

Im folgenden seien einige von STÜSSI[5] nach diesem Verfahren berechnete Beulfälle untersucht.

---

[1] KOLLBRUNNER, C. F. u. G. HERRMANN: Stabilität der Platten im plastischen Bereich. (Theorie von A. ILJUSCHIN mit Vergleichswerten von durchgeführten Versuchen.) Mitt. Inst. Baustatik E.T.H., Nr. 20. Zürich: Leemann 1947.

[2] KOLLBRUNNER, C. F.: Das Ausbeulen der auf einseitigen, gleichmäßig verteilten Druck beanspruchten Platten im elastischen und plastischen Bereich (Versuchsbericht). Mitt. Inst. Baustatik E.T.H., Nr. 17. Zürich: Leemann 1946.

[3] STÜSSI, F., C. F. KOLLBRUNNER u. H. WANZENRIED: Ausbeulen rechteckiger Platten unter Druck, Biegung und Druck mit Biegung. Mitt. Inst. Baustatik E.T.H., Nr. 26. Zürich: Leemann 1953.

[4] Dasselbe Vorgehen wählten wir auch im Beispiel III C. 3a, γ 2 bei der Behandlung der Differenzen-Methode.

[5] STÜSSI, F.: Berechnung der Beulspannungen gedrückter Rechteckplatten. IVBH., Abhandlungen, Bd. 8. Zürich: Leemann 1947.

IV. Die verschiedenen Beulfälle

Dabei gelten folgende Bezeichnungen:

x, y Koordinaten in der Plattenebene,
w Ausbeulordinaten in z-Richtung,
σ_x Normalspannung parallel zur x-Achse,
$Y = Y(y)$ Ordinaten der Beulkurve,
$D = \dfrac{E h^3}{12(1-\nu^2)}$ Plattensteifigkeit,
h Plattenstärke,
a Plattenlänge,
b Plattenbreite,
ν Querdehnungszahl,
φ Verteilungsfaktor der Randspannungen,
m Halbwellenzahl in Plattenlängsrichtung,
k Beulwert,
$\beta = \dfrac{m b}{a}$ Seitenverhältnis,
$\mu = \dfrac{\pi^2 \beta^2}{b^2}$
$\gamma = \mu \dfrac{\Delta y^2}{12}$ Abkürzungen,
M Biegemoment,
Q Querkraft,
p_i, p_a innere und äußere Belastung der Platte,
c_1, c_2, c_3 Koeffizienten der Ersatzkurve,
C Konstante der Belastungsart.

a) Berechnungsmethode. α) *Differentialgleichung.* Wird eine Platte durch beliebigen Längsdruck $\sigma_x h$ beansprucht, so lautet die Differentialgleichung des Beulproblems (IV A.4):

$$\frac{\partial^4 w}{\partial x^4} + 2 \frac{\partial^4 w}{\partial x^2 \partial y^2} + \frac{\partial^4 w}{\partial y^4} + \frac{\sigma_x h}{D} \frac{\partial^2 w}{\partial x^2} = 0,$$

worin D die Plattensteifigkeit

$$D = \frac{E h^3}{12(1-\nu^2)}$$

bedeutet.

Unter der Annahme, daß die Ausbeulform in der Platten-Längsrichtung sinusförmig sei, kann mit dem Ansatz (s. Gln. (IV A.5) und (IV A.6)) und Abb. IV A.2 gerechnet werden. Hier wurde jedoch der Koordinatennullpunkt in eine Plattenecke gelegt. cos aus Gl. (IV A.5) geht in sin über. (Abb. IV A.31):

$$w = Y \sin \frac{m \pi x}{a}$$

die Differentialgleichung auf die Form

$$Y'''' - 2 \mu Y'' + \mu^2 Y = \varphi k \frac{\mu^2}{\beta^2} Y \qquad \text{(IV A.283)}$$

A. Elastischer Bereich

gebracht werden. Darin bedeuten:

$$\sigma_x = k\,\varphi\;\sigma_E = k\,\varphi\,\frac{\pi^2 D}{h\,b^2}$$

$$\beta = \frac{m\,b}{a}$$

$$\mu = \frac{\pi^2 \beta^2}{b^2}.$$

Die Lösung der Grundgleichung (IV A.283) liefert den Beulwert k. Da eine mathematische Lösung, wie man aus den Kap. IV A.2 bis IV A.4 sieht, nur in den einfachsten Grundfällen leicht möglich ist, wurden die hier wiedergegebenen Beulwerte mit dem nach STÜSSI[1] aufgestellten und hier skizzierten baustatischen Lösungsverfahren berechnet.

β) Baustatische Lösung. In der Grundgleichung (IV A.283) bedeutet die linke Seite die innern, die rechte Seite die äußern Belastungen:

$$p_i = Y'''' - 2\mu\,Y'' + \mu^2\,Y, \qquad \text{(IV A.284a)}$$

$$p_a = \varphi\,k\,\frac{\mu^2}{\beta^2}\,Y. \qquad \text{(IV A.284b)}$$

Das Lösungsverfahren besteht nun darin, daß aus einer mit den Randbedingungen verträglichen, geschätzten Kurve Y_0 mit Hilfe des Ansatzes

$$p_i = \varphi\,Y_0 \qquad \text{(IV A.285)}$$

und mit Gl. (IV A.284a) eine neue Y_1-Kurve berechnet wird. Aus der Gleichsetzung

$$p_i = p_a,$$

d. h.

$$\varphi\,Y_0 = \varphi\,k\,\frac{\mu^2}{\beta^2}\,Y_1$$

erhält man dann sofort den Beulwert k. Es muß nun noch gezeigt werden, wie mit Hilfe der baustatischen Methode der Seilpolygongleichung[2] die Differentialgleichung

$$Y'''' - 2\mu\,Y'' + \mu^2\,Y = \varphi\,Y_0$$

gelöst werden kann.

Die Seilpolygongleichung (Gl. (III C.150)) drückt in einfacher Weise den Zusammenhang zwischen einer Funktion Y und ihrer zweiten Ableitung Y'' aus:

$$Y_{m-1} - 2\,Y_m + Y_{m+1} = \frac{\Delta y^2}{12}(Y''_{m-1} + 10\,Y''_m + Y''_{m+1}) \qquad \text{(IV A.286a)}$$

---

[1] STÜSSI, F.: Berechnung der Beulspannungen gedrückter Rechteckplatten. IVBH., Abhandlungen, Bd. 8. Zürich: Leemann 1947.
[2] STÜSSI, F.: Numerische Lösung von Randwertproblemen mit Hilfe der Seilpolygongleichung. Z.A.M.P., Vol. I, Basel: Birkhäuser 1950.

und
$$Y''_{m-1} - 2 Y''_m + Y''_{m+1} = \frac{\Delta y^2}{12}(Y''''_{m-1} + 10\, Y''''_m + Y''''_{m+1}). \quad \text{(IV A.286 b)}$$

Beide Seiten dieser Gleichungen stellen Δy-fache Knotenlasten dar.

Bilden wir nun die Δy-fachen Knotenlasten zur Belastung $p = p_i$ nach Gl. (IV A.284a):

$$\frac{\Delta y^2}{12}(Y''''_{m-1} + 10\, Y''''_m + Y''''_{m+1}) - 2\mu\frac{\Delta y^2}{12}(Y''_{m-1} + 10\, Y''_m + Y''_{m+1})$$
$$+ \mu^2 \frac{\Delta y^2}{12}(Y_{m-1} + 10\, Y_m + Y_{m+1}) = \frac{\Delta y^2}{12}(p_{m-1} + 10\, p_m + p_{m+1})$$

und eliminieren mit Hilfe von Gl. (IV A.286b) die Glieder mit Y'''', so erhalten wir nach einer Zwischenrechnung und mit der Abkürzung

$$\mu \frac{\Delta y^2}{12} = \frac{\pi^2 \beta^2}{b^2} \frac{\Delta y^2}{12} = \gamma$$

die Hilfsgleichung

$$-Y''_m \Delta y^2 + (1 - 2\gamma)(Y_{m-1} - 2 Y_m + Y_{m+1}) \quad \text{(IV A.287)}$$
$$+ \gamma^2 (Y_{m-1} + 10\, Y_m + Y_{m+1}) = \frac{\Delta y^4}{144}(p_{m-1} + 10\, p_m + p_{m+1}).$$

Die Elimination des Wertes Y'' gelingt mit Hilfe von Gl. (IV A.286a), wenn wir die Gl. (IV A.287) für die Knotenpunkte $m - 1$ und $m + 1$ je einfach, für den Knotenpunkt m dagegen zehnfach anschreiben, und wir erhalten die gesuchte Gleichung zu

$$Y_{m-2}(1 - 2\gamma + \gamma^2) - Y_{m-1}(4 + 16\gamma - 20\gamma^2) + Y_m(6 + 36\gamma + 102\gamma^2)$$
$$- Y_{m+1}(4 + 16\gamma - 20\gamma^2) + Y_{m+2}(1 - 2\gamma + \gamma^2) \quad \text{(IV A.288)}$$
$$= \frac{\Delta y^4}{144}(p_{m-2} + 20\, p_{m-1} + 102\, p_m + 20\, p_{m+1} + p_{m+2}).$$

Durch Anschreiben dieser Gl. (IV A.288) in jedem Teilpunkt entsteht ein fünfgliedriges Gleichungssystem, dessen Auflösung direkt die Werte Y liefert.

γ) *Randbedingungen.* Für die wichtigsten Randbedingungen sollen im folgenden die noch notwendigen Gleichungen angegeben werden.

Bei *gelenkig gelagertem Längsrand* wird mit $w_A = 0$ auch

$$Y_A = 0 \quad \text{(IV A.289a)}$$

und aus $M_{yA} = 0$ folgt $Y''_A = 0$. Aus den Gln. (IV A.286a) und (IV A.287) folgt die Gleichung für den Punkt 1:

$$Y_1(5 + 38\gamma + 101\gamma^2) - Y_2(4 + 16\gamma - 20\gamma^2) + Y_3(1 - 2\gamma + \gamma^2)$$
$$= \frac{\Delta y^4}{144}(101\, p_1 + 20\, p_2 + p_3). \quad \text{(IV A.289b)}$$

A. Elastischer Bereich 163

Beim *starr eingespannten Längsrand* ist neben $w_A = 0$ bzw. $Y_A = 0$ noch die Bedingung $w'_A = 0$ bzw. $Y'_A = 0$ zu erfüllen.

Die Endtangente der Kurve Y kann mit der Parabelformel (s. Gl. (III C.142)) zu
$$Y'_A = \frac{-Y_A + Y_1}{\Delta y} - \frac{\Delta y}{24}(7 Y''_A + 6 Y''_1 - Y''_2)$$
angeschrieben werden.

Daraus folgt durch Eliminierung der Y''-Werte die Gleichung für den Punkt 1 zu:
$$Y_1(18 + 60\gamma + 162\gamma^2) - Y_2(9 + 24\gamma - 36\gamma^2) + Y_3(2 - 4\gamma + 2\gamma^2)$$
$$= \frac{\Delta y^4}{144}(162 p_1 + 36 p_2 + 2 p_3). \qquad \text{(IV A.290)}$$

Am Randpunkt gilt Gl. (IV A.289a).

Am *freien Längsrand* ist
$$M_y = 0 \quad \text{und} \quad Q_y - \frac{\partial M_{xy}}{\partial x} = 0.$$

Das führt auf die Bedingungen
$$Y''_A - \nu\mu Y_A = 0$$
und
$$Y'''_A - (2-\nu)\mu Y'_A = 0,$$
woraus die Gleichungen für Punkt A:
$$Y_A\{1 + \gamma(22 - 26\nu) + \gamma^2(49 - 2\nu\gamma + 4\nu - 48\nu^2)\}$$
$$- Y_1\{2 + \gamma(20 - 16\nu) - \gamma^2(34 - 20\nu\gamma - 8\nu)\} \qquad \text{(IV A.291a)}$$
$$+ Y_2\{1 - \gamma(2 + 2\nu) + \gamma^2(1 - 2\nu\gamma + 4\nu)\}$$
$$= \frac{\Delta y^4}{144}\{p_A(49 - 2\nu\gamma) + p_1(34 - 20\nu\gamma) + p_2(1 - 2\nu\gamma)\}$$

und Punkt 1:
$$- Y_A\{2 + \gamma(20 - 12\nu) - 10\gamma^2\} + Y_1(5 + 38\gamma + 101\gamma^2)$$
$$- Y_2(4 + 16\gamma - 20\gamma^2) + Y_3(1 - 2\gamma + \gamma^2) \qquad \text{(IV A.291b)}$$
$$= \frac{\Delta y^4}{144}(10 p_A + 101 p_1 + 20 p_2 + p_3)$$

abgeleitet werden können.

b) Rechnungsgang. α) *Wahl der Ausgangskurve.* Um den Beulwert zuverlässig angeben zu können, muß die Annäherung der Beulkurve an deren genaue Form relativ weit getrieben werden, d. h. die Reduktion der berechneten Y-Kurve muß möglichst genau mit der eingesetzten Y_0-Kurve übereinstimmen.

164 IV. Die verschiedenen Beulfälle

Tabelle IV A.10. *Rechnungsgang 1*

	Y_0	φ	p_i	Σp_i	$\dfrac{\Sigma p_i}{1-2\gamma+\gamma^2}$	Y_*	Y_a	Y	Y_{red}	$\varphi \cdot Y$	$Y_{red} \cdot p_i$	$Y_{red} \cdot \varphi \cdot Y$
A	0	1,0				0	0	0	0	0		
1	0,32246	0,95	0,30634	42,615	43,325	859,36	37,57	896,93	0,32267	852,08	0,09885	274,94
2	0,60938	0,90	0,54844	76,956	78,238	1634,39	60,39	1694,78	0,60969	1525,30	0,33438	929,96
3	0,83044	0,85	0,70587	99,451	101,107	2249,20	59,95	2309,15	0,83071	1962,78	0,55637	1630,50
4	0,96420	0,80	0,77136	109,001	110,816	2643,79	36,86	2680,65	0,96436	2144,52	0,74387	2068,09
5	1,00000	0,75	0,75000	106,277	108,047	2779,72	0	2779,72	1,00000	2084,79	0,75000	2084,79
6	0,93799	0,70	0,65659	93,325	94,879			2606,93	0,93784	1824,85	0,61578	1711,42
7	0,78783	0,65	0,51209	73,076	74,293			2189,25	0,78758	1423,01	0,40331	1120,73
8	0,56651	0,60	0,33991	48,823	49,636			1574,00	0,56624	944,40	0,19247	534,76
9	0,29581	0,55	0,16270	23,743	24,138			821,79	0,29564	451,98	0,04810	133,62
B		0,50										
	(6,31462)		(4,75330)					(17553,20)	(6,31473)	(13213,71)	(3,77313)	(10488,81)

$\dfrac{Y_1}{Y_0} = 2779,77,\ 2779,90,\ 2779,87;\ k = 5,3181,\ 5,3178,\ 5,3179$

Um dieses Annäherungsverfahren möglichst abzukürzen, sollte beim ersten Rechnungsgang schon mit einer möglichst gut geschätzten Y_0-Kurve begonnen werden können.

Als grobe Schätzung kann im allgemeinen eine Biegelinie mit den entsprechenden Randbedingungen und Belastungen verwendet werden. Hat man jedoch eine ganze Gruppe von Beulwerten zu berechnen, so kann die Ausgangskurve aus Nachbarfällen bezüglich Seitenverhältnis interpoliert werden, oder es kann einfach die Beulkurve des Nachbarfalles als Ausgangskurve eingesetzt werden. Für die späteren Rechnungsgänge wird normalerweise am zweckmäßigsten die auf $Y_m = 1$ reduzierte Y-Kurve des vorhergehenden Rechnungsganges eingeführt.

β) Zahlenbeispiel. Als Beispiel werden die zwei letzten Rechnungsgänge für den Fall: Biegung und Druck bei gelenkig gelagerten Längsrändern und einem Seitenverhältnis $\dfrac{a}{b} = 1$ wiedergegeben.

Mit
$$\beta = \frac{mb}{a} = 1, \qquad \Delta y = \frac{b}{10}$$
und
$$\gamma = \frac{\pi^2 \beta^2}{b^2} \frac{\Delta y^2}{12} = 0{,}00822467$$
ergeben sich die Vorzahlen des Gleichungssystems zu

A. Elastischer Bereich

$6 + 36\gamma + 102\gamma^2$
$= 6{,}302988 \to 6{,}407958$
$5 + 38\gamma + 101\gamma^2$
$= 5{,}319369 \to 5{,}407958$
$4 + 16\gamma - 20\gamma^2$
$= 4{,}130242 \to 4{,}199027$
$1 - 2\gamma + \gamma^2$
$= 0{,}983619 \to 1{,}000000.$

Zur Vereinfachung der Auflösung des Gleichungssystems mit Hilfe des GAUSS-schen Algorithmus wird jede Gleichung mit dem Faktor

$1/(1 - 2\gamma + \gamma^2) = 1{,}016654$

erweitert.

In den Tab. IV A.10, IV A.11 und IV A.12 werden die Auflösung des Gleichungssystems und alle Hilfsrechnungen wiedergegeben. Da im vorliegenden Fall das Gleichungssystem symmetrisch ist, kann die Beulkurve in einen symmetrischen und antimetrischen Anteil aufgespalten werden und das Gleichungssystem braucht nur über eine Hälfte aufgelöst zu werden. Aus der Gleichsetzung $p_i = p_a$ folgt der Beulwert k zu

$$k = \frac{\beta^2}{\mu^2} \frac{Y_0}{Y_1} \frac{144}{\Delta y^4},$$

im vorliegenden Fall also zu

$$k = \frac{144 \cdot 10^4}{\pi^4} \frac{1}{\beta^2} \frac{Y_0}{Y_1}$$
$$= 14783{,}0 \frac{Y_0}{Y_1},$$

worin die aus den Mittelbildungen oder aus der Energiebetrachtung ermittelten Verhältnisse $\frac{Y_0}{Y_1}$ einzusetzen sind.

Tabelle IV A.11. *Rechnungsgang 2*

	Y_0	φ	p_i	Σp_i	$\frac{\Sigma p_i}{1-2\gamma+\gamma^2}$	Y_s	Y_a	Y	Y_{red}	$\varphi \cdot Y$	$Y_{red} \cdot p_i$	$Y_{red} \cdot \varphi \cdot Y$
A		1,0										
1	0,32267	0,95	0,30654	42,641	43,351	859,40	37,65	897,05	0,32270	852,20	0,09892	275,00
2	0,60969	0,90	0,54872	76,994	78,276	1634,46	60,51	1694,97	0,60974	1525,47	0,33458	930,14
3	0,83071	0,85	0,70610	99,483	101,140	2249,30	60,07	2309,37	0,83076	1962,96	0,58660	1630,75
4	0,96436	0,80	0,77149	109,019	110,835	2643,90	36,93	2680,83	0,96438	2144,66	0,74401	2068,27
5	1,00000	0,75	0,75000	106,278	108,048	2779,84	0	2779,84	1,00000	2084,88	0,75000	2084,88
6	0,93784	0,70	0,65649	93,312	94,866			2606,97	0,93781	1824,88	0,61566	1711,39
7	0,78758	0,65	0,51193	73,054	74,271			2189,23	0,78754	1423,00	0,40317	1120,67
8	0,56624	0,60	0,33974	48,801	49,614			1573,95	0,56620	944,37	0,19236	534,70
9	0,29564	0,55	0,16280	23,729	24,124			821,75	0,29561	451,96	0,04807	133,60
B		0,50										
	(6,31473)		(4,75361)					(17553,96)	(6,31474)	(13214,38)	(3,77337)	(10489,40)

$\frac{Y_1}{Y_0} = 2779{,}84,\ 2779{,}86,\ 2779{,}85;\ k = 5{,}31793,\ 5{,}31789,\ 5{,}31791$

Tabelle IV A.12

	Red.-Faktor	Y_1	Y_2	Y_3	Y_4	Y_m	F_1		F_2	
							s	a	s	a
1		5,40796	−4,19903				33,732	9,593	33,737	9,613
2	0,776454	−4,19903	6,40796 −3,26035 3,14761	−4,19903 0,77645 −3,42258	1		63,937 26,191 90,128	14,301 7,449 21,750	63,945 26,195 90,140	14,331 7,464 21,795
3	−0,184913 1,087358	1	−4,19903	6,40796 −0,18491 −3,72157 2,50148	−4,19903 1,08736 −3,11167	1	87,700 −6,237 98,001 179,464	13,407 −1,774 23,650 35,283	87,705 −6,238 98,014 179,481	13,434 −1,778 23,699 35,355
4	−0,317701 1,243932		1	−4,19903	7,40796 −0,31770 −3,87071 3,21955 (1,21955)	−4,19903 1,24393 2,95510	102,848 −28,634 223,241 297,455	7,969 −6,910 43,890 44,949	102,850 −28,638 223,262 297,474	7,985 −6,924 43,979 45,040
m	−0,799527 1,835722			2	−8,39806 2,48786 5,91020	6,40796 −0,79953 −5,42474 0,18369	108,047 −143,486 546,045 510,606		108,048 −143,500 546,080 510,628	

F_1: erster Rechnungsgang $\quad$ s: symmetrischer Fall

F_2: zweiter Rechnungsgang $\quad$ a: antimetrischer Fall

c) **Ersatzkurven.** Kennt man in der Gl. (IV A.284a) p_i, Y und Y'', so kann der Anteil jedes der drei Glieder auf der rechten Seite am k-Wert bestimmt werden und man erhält für den Beulwert einen Ausdruck von der Form

$$k = c_1 \beta^2 + c_2 + c_3 \frac{1}{\beta^2}. \qquad \text{(IV A.292)}$$

Die Y''-Werte werden dabei am zweckmäßigsten mit Hilfe der Gl. (IV A.287) berechnet:

$$Y''_m \Delta y^2 = Y_{m-1}(1 - 2\gamma + \gamma^2) - Y_m(2 - 4\gamma + 10\gamma^2) \qquad \text{(IV A.293)}$$
$$+ Y_{m+1}(1 - 2\gamma + \gamma^2) - \frac{\Delta y^4}{144}(p_{m-1} + 10 p_m + p_{m+1}).$$

Die Gl. (IV A.292) beschreibt nun näherungsweise den Verlauf des Beulwertes bei veränderlichem Seitenverhältnis und erlaubt auf direktem Wege das Seitenverhältnis für den minimalen Beulwert zu bestimmen:

$$\beta_{k\min} = \sqrt[4]{\frac{c_3}{c_1}}. \qquad \text{(IV A.294)}$$

Wird der Ausdruck der Gl. (IV A.292) mit einem Seitenverhältnis berechnet, das nicht in der Nähe von $\beta_{k\min}$ liegt, dann muß in einem weiteren Rechnungsgang nachgeprüft werden, ob die Annahme des Zusammenfallens von Ersatzkurve und tatsächlicher Beulwertkurve gestattet war.

Im Laufe der Berechnungen zeigte sich bald, daß diese Übereinstimmung abhängt von den Randbedingungen und der Belastungsart. Gute Übereinstimmung liegt im Falle reinen Druckes bei gelenkig gelagerten Längsrändern vor, während bei Biegebeanspruchung und besonders bei freien Längsrändern die Ersatzkurven von den tatsächlichen Beulwertkurven ziemlich stark abweichen.

d) **Konvergenz.** Um die Konvergenz der Berechnungsmethode zu prüfen, wurde bei den Fällen mit gelenkigen Längsrändern die Approximation der Beulkurven so weit getrieben, bis die Unstimmigkeiten sich auf kleine Differenzen an der 5. Stelle beschränkten.

Dabei zeigte sich die folgende Besonderheit: Beim Fall der reinen Biegung ist der antimetrische Anteil der Beulkurve praktisch unabhängig von der Größe des symmetrischen Anteils. Er bewirkt deshalb ein Pendeln der Y-Kurven aufeinanderfolgender Rechnungsgänge um den Lösungswert, wenn jeweils die auf $Y_m = 1$ reduzierte Y-Kurve als Y_0-Kurve des nächsten Rechnungsganges eingeführt wird. Die Konvergenz ist für diesen Fall also sehr schlecht und das Verfahren wird in der beschriebenen Form äußerst mühsam. Die Konvergenz wird erreicht durch Einsetzen des Mittelwertes aus eingesetzter und berechneter Y-Kurve als Y_0-Kurve des neuen Rechnungsganges.

Bei den Fällen Biegung mit Druck wird der Einfluß des antimetrischen Anteils um so kleiner, je mehr die Druckbeanspruchung überwiegt. Das beschriebene Pendeln ist deshalb in diesen Fällen nicht vollständig.

168   IV. Die verschiedenen Beulfälle

Im einzelnen Fall kann durch Bildung geeigneter gewogener Mittel zwischen eingesetzter und berechneter Y-Kurve die Konvergenz des Verfahrens stark verbessert werden.

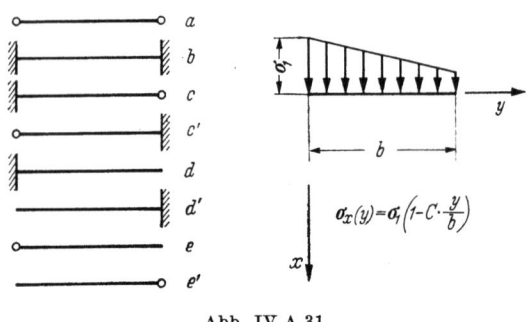

Abb. IV A.31

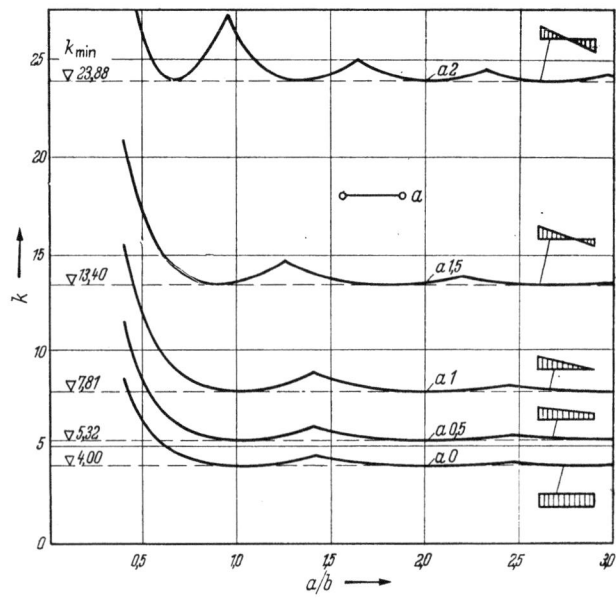

Abb. IV A.32

e) **Rechnungsergebnisse.** α) *Beulfälle.* Bei den folgenden Darstellungen werden die in Abb. IV.A.31 angegebenen Bezeichnungen verwendet.

Die Belastungsart wird durch die Konstante C eindeutig gekennzeichnet; es genügt deshalb, neben dem Buchstaben für die Randbedingung noch den Wert von C anzugeben.

A. Elastischer Bereich

Z. B.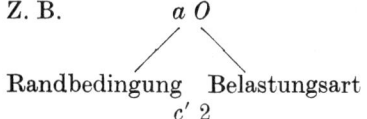

Platte an den Längsrändern a beiderseits gelenkig gelagert, reiner Druck.

Platte an den Längsrändern a einerseits fest eingespannt, anderseits gelenkig gelagert, reine Biegung. (Druckseite am gelenkig gelagerten Rand.)

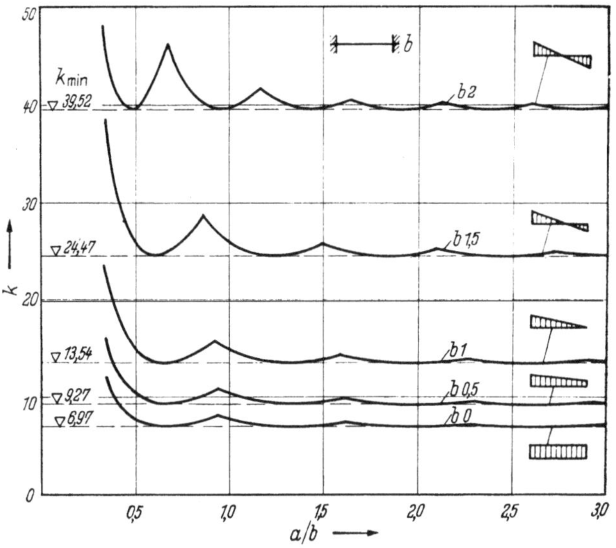

Abb. IV A.33

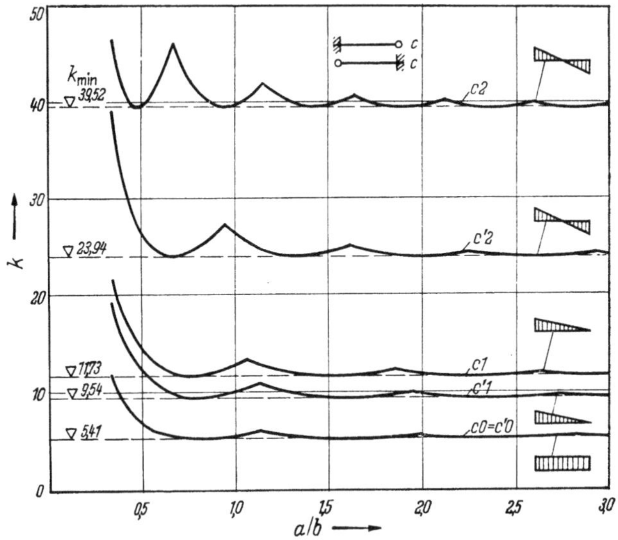

Abb. IV A.34

170   IV. Die verschiedenen Beulfälle

β) Beulwertkurven. In den Abb. IV A.32 bis IV A.36 sind die Beulwerte über dem Seitenverhältnis $\frac{a}{b}$ geordnet nach Randbedingungen aufgetragen. Die Koeffizienten der Gl. (IV A.292) für die entsprechenden Ersatzkurven sind in Tab. IV A.13 zusammengestellt. Da für die Beulfälle mit freien Längsrändern eine Darstellung mit Hilfe der Gl. (IV A.292) nicht möglich ist, werden die berechneten Beulwerte dieser Fälle in der Tab. IV A.14 wiedergegeben.

γ) Minimale Beulwerte k_{min}. Die Minima der dargestellten Beulwertkurven sind in der Tab. IV A.15 zusammengestellt.

Eine besondere Behandlung verlangten die Fälle der Randbedingung e bzw. e', bei denen der minimale Beulwert beim Seitenverhältnis $\frac{a}{b} = \infty$ auftritt. Die normale Berechnung nach der numerischen Methode führt für $\frac{a}{b} = \infty$ mit $\gamma = 0$ auf ∞ große Y-Werte, so daß der Beulwert k mit

$$k = \frac{b^4}{\pi^4} \frac{a^2}{m^2 b^2} \frac{Y_0}{Y_1} = \frac{\infty}{\infty}$$

unbestimmt bleibt.

Tabelle IV A.13
$$k = c_1 \cdot \beta^2 + c_2 + c_3 \cdot 1/\beta^2$$

C	a			b			c			c'		
	c_1	c_2	c_3	c_1	c_2	c_3	c_1	c_2	c_3	c_1	c_2	c_3
0	1,00	2,00	1,00	1,00	2,49	5,02	1,00	2,25	2,50	1,00	2,25	2,50
1	1,91	3,87	2,04	1,89	4,61	10,55	2,09	4,55	6,16	1,73	4,10	4,28
2	3,01	10,34	15,20	2,99	12,77	59,79	2,99	12,75	59,84	2,97	10,50	15,19
0,5	1,33	2,66	1,34	1,33	3,18	7,00						
1,5	2,94	6,37	4,20	3,08	7,77	22,59						

Tabelle IV A.14. *Berechnete Beulwerte der Fälle d und e*

a/b	d 0	d' 1	d 1	d' 2	e 0	e' 1	e 1	e' 2
0,4	6,598		17,059	9,847		8,188	14,991	9,846
0,5		5,560			4,318			
1,0	1,618		6,763	2,706	1,377	1,827	4,747	2,552
1,111		1,855						
1,257		1,698						
1,58			5,796					
1,667	1,246	1,563		2,068				
1,825		1,584						
2,0	1,301		6,086	2,148	0,647	0,826	2,488	1,276
3,0	1,810			2,960	0,512			1,020
3,333		2,559						
5,0			19,041			0,592	1,764	
10,0					0,415			
20,0					0,408			
100,0					0,406	0,542	1,626	0,811

A. Elastischer Bereich 171

Näherungsweise wurden deshalb die für $\frac{a}{b} = 100$ berechneten Beulwerte als Grenzwerte angenommen. Diese liegen wenig tiefer als die in der Literatur, z. B. in[1,2,3] angegebenen Werte.

Da für den praktischen Gebrauch nur die minimalen Beulwerte interessieren, erscheint es zweckmäßig, diese in einer graphischen Dar-

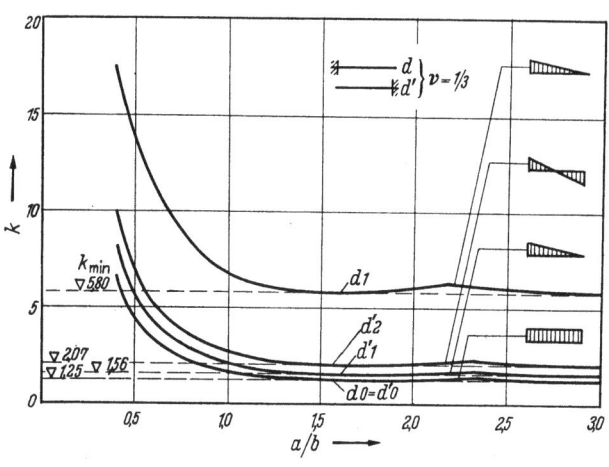

Abb. IV A.35

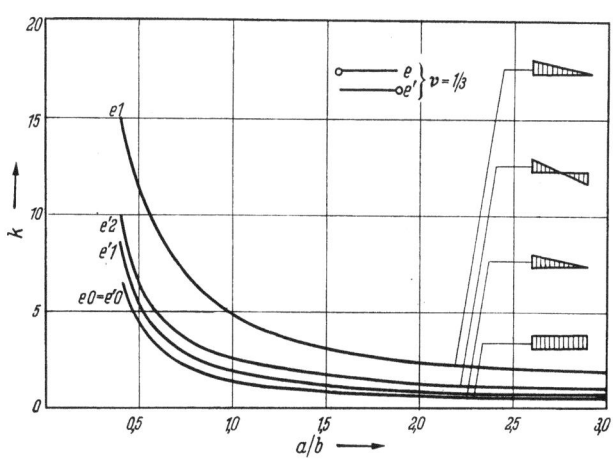

Abb. IV A.36

---

[1] KOLLBRUNNER, C. F. u. G. HERRMANN: Reine Biegungsbeulung rechteckiger Platten im elastischen Bereich. Mitt. der T.K.V.S.B., Nr. 2. Zürich: Leemann 1949.
[2] TIMOSHENKO, S.: Theory of Elastic Stability. New York and London: McGraw-Hill Book Company 1936.
[3] BLEICH, F.: Buckling Strength of Metal Structures. New York/Toronto/London: McGraw-Hill Book Company 1952.

stellung zusammenzufassen. Das ist in der Abb. IV A.37 geschehen, in der die minimalen Beulwerte über der die Belastungsart charakterisierenden Konstanten C aufgetragen sind.

f) Vergleich der minimalen Beulwerte k_{min} nach Stüssi mit Resultaten anderer Verfasser. In der Tab. IV A.16 sind die minimalen Beulwerte für rechteckige Platten unter gleichmäßig verteiltem Druck, dreieckförmig verteiltem Druck und reiner Biegung für die praktisch wichtigsten Lagerungsarten der Längsränder angegeben[1]. Die Rechnungsergebnisse nach der baustatischen Methode STÜSSI sind verschiedenen Resultaten aus der Literatur, vor allem den Werten aus Tab. IV A.9 gegenübergestellt.

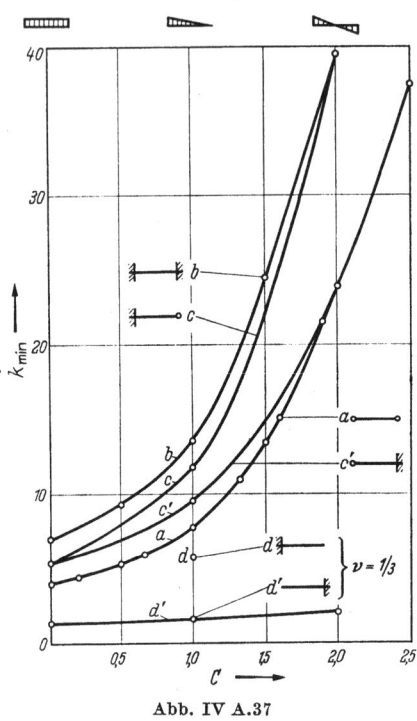

Abb. IV A.37

Wie aus der Tab. IV A.16 ersichtlich, stimmen die Beulwerte k bei beidseitig gelenkig gelagerten und bei beidseitig eingespannten Längsrändern gut miteinander überein. Bei einseitig gelenkig gelagertem und anderseitig eingespanntem Längsrand ergeben sich für dreieckförmig verteilten Längsdruck Differenzen von etwa 4%. Bei einseitig eingespanntem und anderseitig freiem Längsrand und dreieckförmig verteiltem Längsdruck (Fall für Druck Null am freien Rand) ergibt sich der größte Unterschied von etwa 6%.

Da die Beulwerte k, sofern ein Längsrand vollständig frei ist, von der POISSONschen Zahl ν (Querdehnungszahl) abhängig sind, wurden für diese Fälle in der Tab. IV A.16 die den Rechnungen zugrunde gelegten Querdehnungszahlen in Klammern angegeben.

8. Ausbeulen der auf reinen Schub beanspruchten rechteckigen Platten
(Ränder b frei drehbar gelagert oder fest eingespannt)

Wir untersuchen eine rechteckige Platte (Abb. IV A.38), deren Ränder durch gleichmäßig verteilte Schubkräfte τ_{xy} beansprucht sind. Die allgemeine Differentialgleichung des Beulproblems (IV A.3) verein-

---

[1] KOLLBRUNNER, C. F.: Stand der schweizerischen Beuluntersuchungen mit Angabe der Beulwerte k. XV. Internationaler Kongreß der Stahlberatungsstellen. Brüssel, 5.—9. Oktober 1953.

A. Elastischer Bereich

Tabelle IV A.15. *Zusammenstellung der minimalen Beulwerte*

	0		0,5		1,0		1,5		2,0	
	k_{min}	für $\frac{a}{b}$	k_{min}	für $\frac{a}{b}$	k_{min}	für $\frac{a}{b}$	k_{min}	für $\frac{a}{b}$	k_{min}	für $\frac{a}{b}$
a	4,00	1,00	5,318	0,998	7,810	0,983	13,399	0,915	23,877	0,667
b	6,969	0,661	9,274	0,660	13,540	0,653	24,466	0,608	39,522	0,473
c	5,409	0,795			11,730	0,763			39,521	0,473
c'	5,409	0,795			9,542	0,797			23,941	0,665
$d\ \nu=\frac{1}{3}$	1,246	1,630			5,796	1,580				
$d'\ \nu=\frac{1}{3}$	1,246	1,630			1,563	1,667			2,068	1,667
$e\ \nu=\frac{1}{3}$	~0,406	100			~1,626	100				
$e'\ \nu=\frac{1}{3}$	~0,406	100			~0,542	100			~0,811	100

174   IV. Die verschiedenen Beulfälle

Tabelle IV A.16

	Belastung	k_{min} nach STÜSSI	k_{min} aus Literatur	Literaturquelle (s. S. 175 unten)
a0	▯▯▯▯▯▯	4,00	4,00	1 2 3 4
b0		6,969	6,97	1 3
c0		5,409	5,40 5,42	1 4 3
d0		1,280 ($\nu = 0{,}3$) 1,246 ($\nu = 1/3$)	1,33 ($\nu = 0{,}25$) 1,28 ($\nu = 0{,}3$)	2 1 3 4
e0		$\frac{a}{b} = 100 \begin{cases} 0{,}427\ (\nu=0{,}3) \\ 0{,}406\ (\nu=1/3) \end{cases}$	$\frac{a}{b} = \infty \begin{cases} 0{,}456\ (\nu=0{,}25) \\ 0{,}425\ (\nu=0{,}3) \end{cases}$	2 1 3 4
a1	◣	7,810	7,81 7,8 7,7	1 2 3 4
b1		13,540	13,562 13,6 13,5 13,562	1 3 4 5
c1		11,730	12,16	1
c'1		9,542	9,89	1
d1		5,905 ($\nu = 0{,}3$) 5,796 ($\nu = 1/3$)	6,26 ($\nu = 0{,}3$)	1
d'1		1,608 ($\nu = 0{,}3$) 1,563 ($\nu = 1/3$)	1,636 ($\nu = 0{,}3$)	1
e1		$\frac{a}{b} = 100 \begin{cases} 1{,}709\ (\nu=0{,}3) \\ 1{,}626\ (\nu=1/3) \end{cases}$	$\frac{a}{b} = \infty$ 1,71 ($\nu = 0{,}3$)	1
e'1		$\frac{a}{b} = 100 \begin{cases} 0{,}569\ (\nu=0{,}3) \\ 0{,}542\ (\nu=1/3) \end{cases}$	$\frac{a}{b} = \infty$ 0,567 ($\nu = 0{,}3$)	1
a2	◣◥	23,877	23,9	1 2 3 4
b2		39,522	39,6 39,61	1 3 4 5
c'2		23,941	24,48 24,48	1 5
d'2		2,134 ($\nu = 0{,}3$) 2,068 ($\nu = 1/3$)	2,14 ($\nu = 0{,}3$)	1
e'2		$\frac{a}{b} = 100 \begin{cases} 0{,}853\ (\nu=0{,}3) \\ 0{,}811\ (\nu=1/3) \end{cases}$	$\frac{a}{b} = \infty$ 0,85 ($\nu = 0{,}3$)	1

facht sich und wird mit $\sigma_x = \sigma_y = 0$

$$D\left(\frac{\partial^4 w}{\partial x^4} + 2\frac{\partial^4 w}{\partial x^2 \partial y^2} + \frac{\partial^4 w}{\partial y^4}\right) + 2\tau_{xy}h\frac{\partial^2 w}{\partial x \partial y} = 0. \quad \text{(IV A.295)}$$

Wenn wir die kritische Schubspannung mit Hilfe der Bezugspannung

$$\sigma_E = \frac{D\pi^2}{b^2 h} = \frac{E\pi^2}{12(1-\nu^2)}\left(\frac{h}{b}\right)^2$$

nach Gl. (IV A.53) ausdrücken, folgt, analog Gl. (IV A.52)

$$\underline{\underline{\tau_{kr} = k\,\sigma_E}} \quad \text{(IV A.296)}$$

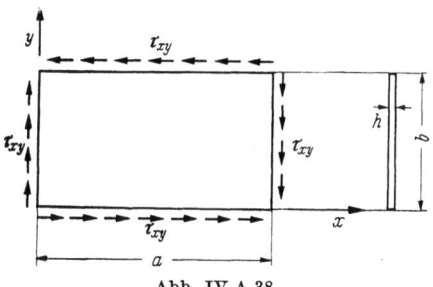

Abb. IV A.38

und die Differentialgleichung lautet:

$$\frac{\partial^4 w}{\partial x^4} + 2\frac{\partial^4 w}{\partial x^2 \partial y^2} + \frac{\partial^4 w}{\partial y^4} + 2k\left(\frac{\pi^2}{b^2}\right)\frac{\partial^2 w}{\partial x \partial y} = 0. \quad \text{(IV A.297)}$$

Als Randbedingungen wollen wir zuerst an allen Rändern die NAVIERschen Bedingungen der frei gelagerten Platte (Gelenke) annehmen. Es wird (Abb. IV A.38)

$$\text{für } x = 0 \text{ und } x = a: w = \frac{\partial^2 w}{\partial x^2} = 0, \quad \text{(IV A.298)}$$

$$\text{für } y = 0 \text{ und } y = b: w = \frac{d^2 w}{dy^2} = 0. \quad \text{(IV A.299)}$$

Auch mit diesen einfachen Randbedingungen läßt sich die partielle Differentialgleichung des Schubbeulens nicht auf eine totale Differentialgleichung zurückführen, wie dies bei der Druckbeanspruchung durch Einführen des Ansatzes $w = Y \sin\frac{m\pi x}{a}$ möglich war (s.[1] Gl. (IV A.5)).

Im letzten Glied der Gl. (IV A.297) mit den gemischten Ableitungen bleibt nämlich ein cos vorhanden, der sich nicht streichen läßt. Die mathematische Behandlung dieses Falles wird daher viel schwieriger sein. Nur für den Fall des unendlich langen Plattenstreifens ist eine

---

[1] Der Ursprung der Koordinatenachsen ist im vorliegenden Fall in der Plattenecke und nicht in der Plattenmitte wie in Abb. IV A.1 oder Mitte Plattenrand wie in Abb. IV A.2. Die cos sind daher durch sin zu ersetzen (Gl. (IV A.5)).

Fußnoten zu Tabelle IV A.16:

[1] KOLLBRUNNER, C. F. u. G. HERRMANN: Reine Biegungsbeulung rechteckiger Platten im elastischen Bereich. Mitt. der T.K.V.S.B., Nr. 2. Zürich: Leemann 1949. (Fünfter Bericht der T.K.V.S.B. über Plattenausbeulung.)
[2] TIMOSHENKO, S.: Theory of Elastic Stability. New York and London: McGraw-Hill Book Company 1936.
[3] BLEICH, F.: Buckling Strength of Metal Structures. New York/Toronto/London: McGraw-Hill Book Company 1952.
[4] PFLÜGER, A.: Stabilitätsprobleme der Elastostatik. Berlin/Göttingen/Heidelberg: Springer 1950.
[5] NÖLKE, K.: Biegungsbeulung der Rechteckplatte. Ing.-Arch., Bd. VIII. Berlin: Springer 1937.

Lösung in geschlossener Form möglich[1]. Der Ansatz lautet:
$$w = e^{i\varkappa x} e^{i\lambda y} \quad (i = \sqrt{-1}). \tag{IV A.300}$$
Der k-Wert ergibt sich zu
$$k_{\frac{a}{b}=\infty} = 5{,}34.$$

Die Wölbfläche nach SEYDEL[2] ist in der Abb. IV A.39 in Form eines Schichtenplanes dargestellt.

Bei einer Platte endlicher Länge genügt der Ansatz (IV A.300) den Bedingungen an den Querrändern nicht, weil er nach Abb. IV A.39

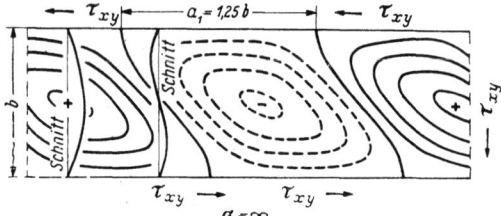

Abb. IV A.39. Allseitig gelenkig gelagerte Platte

schräg verlaufenden Falten entspricht. Eine Integration der Differentialgleichung (IV A.297) wäre nur mit Hilfe einer FOURIERschen Doppelreihe möglich, was aber auf eine unendliche Knickdeterminante führt.

Will man bei den rein mathematischen Methoden bleiben, so muß man die Energiemethode (Kap. III C.2) heranziehen. Auch lassen sich die numerischen Methoden anwenden; entweder die Differenzenmethode (Kap. III C.3a) oder besser die baustatische Seilpolygonmethode von STÜSSI (Kap. III C.3b). Da wir als Beispiel der Anwendung der baustatischen Methode das Problem des Schubbeulens der quadratischen Platte im Kap. III C.3b untersucht haben, wollen wir uns hier auf eine kurze Darstellung der Anwendung der mathematischen Energiemethode auf den Fall des Schubbeulens beschränken.

Nach Gl. (III C.52) hat das Potential aller an einer Platte wirkenden Kräfte die Form

$$U = A_a + E_a = \frac{D}{2} \int_0^a \int_0^b \left(\frac{\partial^2 w}{\partial x^2} + \frac{\partial^2 w}{\partial y^2} \right)^2 dx\, dy - h\, \tau_{xy} \int_0^a \int_0^b \frac{\partial w}{\partial x} \frac{\partial w}{\partial y} dx\, dy, \tag{IV A.301}$$

---

[1] SOUTHWELL, R. V. and SYLVIA W. SKAN: On the Stability under Shearing Forces of a Flat Elastic Strip. Proc. Roy. Soc., Lond., 1924. Ser. A, Bd. 105, S. 582; siehe auch E. SEYDEL: Über das Ausbeulen von rechteckigen isotropen oder orthogonal-anisotropen Platten bei Schubbelastung. Ing.-Arch. 1933, S. 169.

[2] SEYDEL, E.: Über das Ausbeulen von rechteckigen isotropen oder orthogonal-anisotropen Platten bei Schubbelastung. Ing.-Arch. 1933, S. 169. — SCHLEICHER, F.: Taschenbuch für Bauingenieure 2. Aufl., Bd. I, S. 1028. Berlin/Göttingen/Heidelberg: Springer 1955.

A. Elastischer Bereich

wenn längs des ganzen Randes der Platte $w = 0$ ist, und nur äußere Schubkräfte τ_{xy} wirken [vgl. Gl. (IV A.93)].

TIMOSHENKO[1] hat als erster dieses Problem des Schubbeulens untersucht und folgenden allgemeinen Ansatz eingeführt:

$$w = \sum_{m=1}^{\infty} \sum_{n=1}^{\infty} A_{mn} \sin \frac{m\pi x}{a} \sin \frac{n\pi y}{b}. \qquad \text{(IV A.302)}$$

Diese FOURIERsche Doppelreihe erfüllt die Randbedingungen (IV A.298) und (IV A.299) und kann jede beliebige Fläche darstellen.

Es ist

$$\frac{\partial w}{\partial x} = \frac{\pi}{a} \Sigma\Sigma A_{mn} m \cos \frac{m\pi x}{a} \sin \frac{n\pi y}{b}$$

$$\frac{\partial w}{\partial y} = \frac{\pi}{b} \Sigma\Sigma A_{mn} n \sin \frac{m\pi x}{a} \cos \frac{n\pi y}{b}$$

$$\frac{\partial^2 w}{\partial x^2} = -\frac{\pi^2}{a^2} \Sigma\Sigma A_{mn} m^2 \sin \frac{m\pi x}{a} \sin \frac{n\pi y}{b}$$

$$\frac{\partial^2 w}{\partial y^2} = -\frac{\pi^2}{b^2} \Sigma\Sigma A_{mn} n^2 \sin \frac{m\pi x}{a} \sin \frac{n\pi y}{b}.$$

Die Arbeit der innern Kräfte schreibt sich nach Gl. (IV A.301):

$$A_a = \frac{D}{2} \int_0^a \int_0^b \left[\left(\frac{\partial^2 w}{\partial x^2}\right)^2 + 2 \frac{\partial^2 w}{\partial x^2} \frac{\partial^2 w}{\partial y^2} + \left(\frac{\partial^2 w}{\partial y^2}\right)^2 \right] dx\, dy$$

$$= \frac{\pi^4 D\, a\, b}{2\quad 4} \sum_{m=1}^{\infty} \sum_{n=1}^{\infty} A_{mn}^2 \left(\frac{m^2}{a^2} + \frac{n^2}{b^2}\right)^2, \qquad \text{(IV A.303)}$$

wenn man berücksichtigt, daß allgemein

$$\int_0^c \sin \frac{i\pi x}{c} \sin \frac{k\pi x}{c} dx = \begin{cases} 0 & \text{bei } i \neq k \\ \dfrac{c}{2} & \text{bei } i = k \end{cases} \qquad \text{(IV A.304)}$$

ist.

Bei der Arbeit der äußeren Kräfte

$$E_a = -h\, \tau_{xy} \int_0^a \int_0^b \frac{\partial w}{\partial x} \frac{\partial w}{\partial y} dx\, dy \qquad \text{(IV A.305)}$$

erhält man für das Glied $\dfrac{\partial w}{\partial x} \dfrac{\partial w}{\partial y}$:

$$\frac{\partial w}{\partial x} \frac{\partial w}{\partial y} = \frac{\pi^2}{ab} \left(\sum_{m=1}^{\infty} \sum_{n=1}^{\infty} A_{mn} m \cos \frac{m\pi x}{a} \sin \frac{n\pi y}{b} \right)$$

$$\cdot \left(\sum_{m'=1}^{\infty} \sum_{n'=1}^{\infty} A_{m'n'} n' \sin \frac{m'\pi x}{a} \cos \frac{n'\pi y}{b} \right) \qquad \text{(IV A.306)}$$

$$= \frac{\pi^2}{ab} \sum_{m=1}^{\infty} \sum_{n=1}^{\infty} \sum_{m'=1}^{\infty} \sum_{n'=1}^{\infty} A_{mn} A_{m'n'} m n' \cos \frac{m\pi x}{a} \sin \frac{n\pi y}{b} \sin \frac{m'\pi x}{a} \cos \frac{n'\pi y}{b}.$$

---

[1] TIMOSHENKO, S.: Einige Stabilitätsprobleme der Elastizitätstheorie. Z. Math. Phys., 1910, S. 337; Sur la stabilité des systèmes élastiques. Ann. Ponts Chauss. 1913; Über die Stabilität versteifter Platten. Eisenbau, 1921, S. 147.

IV. Die verschiedenen Beulfälle

Außer m und n muß man hier auch noch m' und n' einführen, weil im Produkt der beiden Reihen im allgemeinen die Zeiger der zu multiplizierenden Glieder $m\,n$ und $m'\,n'$ verschieden sein werden.

Nun ist allgemein

$$\int_0^c \sin\frac{i\pi x}{c}\cos\frac{k\pi x}{c}\,dx = \begin{cases} 0 & \text{bei } i+k \text{ gerade} \\ \dfrac{2c}{\pi}\dfrac{i}{i^2-k^2} & \text{bei } i+k \text{ ungerade,} \end{cases} \qquad \text{(IV A.307)}$$

so daß

(IV A.308)
$$E_a = -4\,\tau_{xy}\,h\sum_{m=1}^{\infty}\sum_{n=1}^{\infty}\sum_{m'=1}^{\infty}\sum_{n'=1}^{\infty} A_{mn}\,A_{m'n'}\frac{m\,n\,m'\,n'}{(m'^2-m^2)(n^2-n'^2)},$$

wobei nur jene Werte $m+m'$ und $n+n'$ berücksichtigt werden müssen, die ungerade Zahlen sind.

Das Potential U schreibt sich dann

$$U = A_a + E_a$$
$$= \frac{\pi^4 D}{2}\frac{a\,b}{4}\sum_{m=1}^{\infty}\sum_{n=1}^{\infty} A_{mn}^2\left(\frac{m^2}{a^2}+\frac{n^2}{b^2}\right)^2 \qquad \text{(IV A.309)}$$
$$-4\,\tau_{xy}\,h\sum_{m=1}^{\infty}\sum_{n=1}^{\infty}\sum_{m'=1}^{\infty}\sum_{n'=1}^{\infty} A_{mn}\,A_{m'n'}\frac{m\,n\,m'\,n'}{(m'^2-m^2)(n^2-n'^2)}.$$

Der Ausdruck für das Potential U ist abhängig von den Koeffizienten A_{mn}, welche so auszuwählen sind, daß der Wert für U ein Extremum wird. Die A_{mn} sind somit so zu bestimmen, daß

$$\frac{\partial U}{\partial A_{mn}} = 0 \qquad \text{(IV A.310)}$$

wird.

Die Differentiation ergibt:

$$\frac{\partial U}{\partial A_{mn}} = \pi^4 D\frac{a\,b}{4} A_{mn}\left(\frac{m^2}{a^2}+\frac{n^2}{b^2}\right)^2 \qquad \text{(IV A.311)}$$
$$-8\,\tau_{xy}\,h\sum_{m'=1}^{\infty}\sum_{n'=1}^{\infty} A_{m'n'}\frac{m\,n\,m'\,n'}{(m'^2-m^2)(n^2-n'^2)} = 0 \quad \left.\begin{array}{l} m+m' \\ n+n' \end{array}\right\} = \text{ungerade.}$$

Formel (IV A.311) stellt ein in den Koeffizienten A lineares und homogenes Gleichungssystem dar.

Damit von Null verschiedene Werte A_{mn} auftreten können, muß die Determinante des Systems verschwinden, was die Bestimmung der Unbekannten τ_{kr} erlaubt. Bei der praktischen Rechnung wird selbstverständlich nicht eine unendliche Anzahl von Gliedern m, n berücksichtigt, sondern nur eine beschränkte. Das erhaltene Resultat wird eine Näherung darstellen, die um so besser sein wird, je mehr Glieder berücksichtigt werden.

A. Elastischer Bereich 179

Da die Zeiger von $A_{m'n'}$ des Gleichungssystems (IV A.311) die Bedingung, daß $m + m'$ und $n + n'$ ungerade Zahlen sind, erfüllen müssen, so wird bei $m + n$ gerade (bzw. ungerade) auch $m' + n'$ eine gerade (bzw. ungerade) Zahl sein. Jede Gleichung des Systems enthält somit die Unbekannten $A_{mn}, A_{m'n'}$ entweder mit nur geraden oder mit nur ungeraden Zeigersummen $(m + n), (m' + n')$. Die Determinante des Systems zerfällt in diesem Fall in zwei voneinander unabhängige Determinanten[1], wobei in der ersten Determinante die Zahl $m + n$ gerade ist, während in der zweiten $m + n$ ungerade ist. Im Bereich $1 < \frac{a}{b} < 2{,}5$ ist[2] die Determinante mit dem Fall $m + n$ gerade maßgebend,

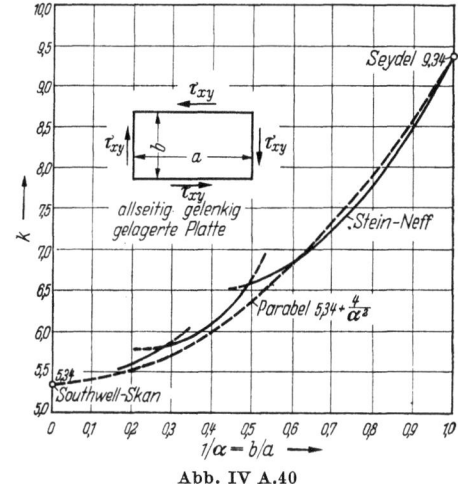

Abb. IV A.40

darüber hinaus aber abwechselnd beide Determinanten.

Nach TIMOSHENKO wurden diese Determinanten von verschiedenen Autoren[3] mit immer mehr Gliedern berechnet. Die Resultate von STEIN-NEFF[4] sind in der Abb. IV A.40 graphisch dargestellt. Die einfache Parabelformel[5]

$$k = 5{,}34 + \frac{4}{\alpha^2} \qquad \alpha \geq 1, \qquad \text{(IV A.312)}$$

die auch in der DIN 4114 enthalten ist, zeigt eine befriedigende Übereinstimmung.

---

[1] Für die explizite Aufstellung der Determinanten siehe z. B. F. HARTMANN: Knickung, Kippung, Beulung, S. 185ff. Wien und Leipzig: F. Deuticke 1937.

[2] SEYDEL, E.: Über das Ausbeulen von rechteckigen isotropen oder orthogonal-anisotropen Platten bei Schubbelastung. Ing.-Arch. 1933, S. 169.

[3] BERGMANN, S. u. H. REISSNER: Über die Knickung von rechteckigen Platten bei Schubbeanspruchung. Z. Flugtechn., 1932, S. 6. — SEYDEL, E.: Über das Ausbeulen von rechteckigen isotropen oder orthogonal-anisotropen Platten bei Schubbelastung. Ing.-Arch. 1933, S. 169. — STEIN, O.: Stabilität ebener Rechteckbleche unter Biegung und Schub. Bauingenieur, 1936, S. 308. — HARTMANN, F.: Knickung, Kippung, Beulung. Wien und Leipzig: F. Deuticke 1937.

[4] STEIN, M. u. J. NEFF: Buckling Stress of Simply Supported Rectangular Flat Plates in Shear. N.A.C.A. Techn. Note 1222, 1947.

[5] CHWALLA, E.: Die Bemessung des Stegbleches im Endfeld vollwandiger Träger. Bauingenieur, 1936, S. 85, Fußnote 8. — TIMOSHENKO, S.: Theory of Elastic Stability, S. 361. New York und London: McGraw-Hill Book Company 1936.

12*

Für $\alpha \leq 1$ genügt es, a und b zu vertauschen und es wird

$$k = 4 + \frac{5{,}34}{\alpha^2} \qquad \alpha \leq 1. \qquad \text{(IV A.313)}$$

Zwei Beulflächen sind in Abb. IV A.41 dargestellt.

Der Einfluß einer Einspannung der Ränder wurde mehrmals untersucht. Den eingespannten Plattenstreifen behandelten wieder SKAN und SOUTHWELL[1], sowie SEYDEL[2] mit direkter Integration. Der k-Wert ergibt sich zu $k = 8{,}98$; gegenüber dem entsprechenden Wert $k = 5{,}34$ des einspannungsfrei (gelenkig) gelagerten Plattenstreifens beträgt somit die Erhöhung 68%. Dieser Wert ist beachtlich, wenn er natürlich auch weit hinter der Erhöhung um 400% des beidseitig eingespannten Knickstabes zurückbleibt.

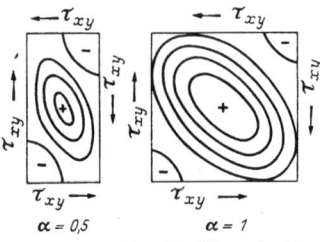

Abb. IV A.41. Allseitig gelenkig gelagerte Platte

IGUCHI[3] befaßte sich mit den an zwei gegenüberliegenden Rändern eingespannten und mit der allseitig eingespannten Platte. Er benutzte als Ansatz zusammengesetzte trigonometrische Reihen. Die allseitig eingespannte Platte wurde auch von MOHEIT[4] mit Hilfe des Differenzenverfahrens und von BUDIANSKY und CONNOR[5] mit Hilfe der Methode des LAGRANGEschen Faktors untersucht. Die von diesen beiden Autoren ermittelten Werte dürften die genauesten sein, weil sie durch eine obere und eine untere Schranke bestimmt sind. Die Übereinstimmung mit den Resultaten von MOHEIT für $\alpha = 1$ und $\alpha = 2$ ist recht gut, die Werte von IGUCHI dagegen liegen für große α-Werte zu hoch[6].

Analog zur Kurve der frei aufliegenden Platte läßt sich die k-Kurve der allseitig eingespannten Platte durch die einfache Formel[7]

$$k = 8{,}98 + \frac{5{,}6}{\alpha^2} \qquad \text{für} \quad \alpha \geq 1$$
$$k = \frac{8{,}98}{\alpha^2} + 5{,}6 \qquad \text{für} \quad \alpha \leq 1 \qquad \text{(IV A.314)}$$

ausdrücken.

---

[1] SKAN, SYLVIA W. u. R. V. SOUTHWELL: On the Stability under Shearing Forces of a Flat Elastic Strip. Proc. Roy. Soc., Lond., Ser. A, Bd. 105 (1924) S. 582.

[2] SEYDEL, E.: Beitrag zur Frage des Ausbeulens versteifter Platten bei Schubbeanspruchung. Jahrbuch 1930 der DVL, S. 235 oder Luftf.-Forsch., 1930, S. 71.

[3] IGUCHI, S.: Die Knickung der rechteckigen Platte durch Schubkräfte. Ing.-Arch. 1938, S. 1.

[4] MOHEIT, W.: Schubbeulung rechteckiger Platten mit eingespannten Rändern. Dissertation Darmstadt, Leipzig, 1939, oder Stahlbau, 1940, S. 39.

[5] BUDIANSKY, B. u. R. W. CONNOR: Buckling Stresses of Clamped Rectangular Flat Plates in Shear. N.A.C.A. Techn. Note, 1559, 1948.

[6] Für $\alpha = 1$ wird nach BUDIANSKY und CONNOR $k = 14{,}71$, nach MOHEIT $k = 14{,}74$ und nach IGUCHI $k = 14{,}53$; und für $\alpha = 2$, bzw. $k = 10{,}34$, $k = 10{,}42$, $k = 10{,}96$.

[7] PFLÜGER, A.: Stabilitätsprobleme der Elastostatik, S. 282. Berlin/Göttingen/Heidelberg: Springer 1950. — BLEICH, F.: Buckling Strength of Metal Structures, S. 395. New York/Toronto/London: McGraw-Hill Book Company 1952.

A. Elastischer Bereich

Abb. IV A.42[1] stellt die k-Werte der allseitig eingespannten und der an zwei gegenüber liegenden Rändern eingespannten Platte graphisch dar; die k-Werte der gelenkig gelagerten Platte sind zum Vergleich ebenfalls angegeben. Zwei Beulflächen von allseitig eingespannten Platten sind in der Abb. IV A.43 dargestellt.

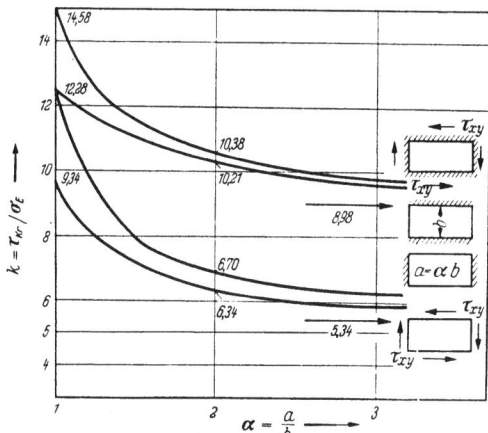

Abb. IV A.42

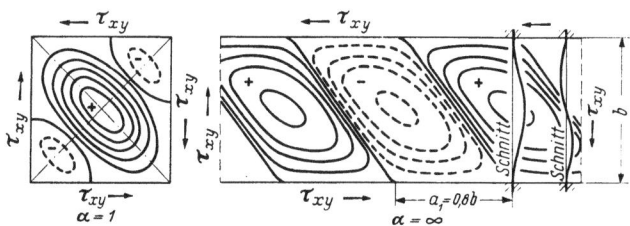

Abb. IV A.43. Allseitig fest eingespannte Platte

Zusätzliche Literatur zum Kapitel IV A.8

BERGMANN, S.: Über Schubknickung von isotropen und anisotropen Platten. Verh. 3. Int. Kongreß Techn. Mech., Stockholm, Bd. III (1930) S. 82.

BERGMAN, S. G. A.: Behaviour of Buckled Rectangular Plates under the Action of Shearing Forces, Stockholm, 1948.

BOLLENRATH, F.: Ausbeulerscheinungen an ebenen auf Schub beanspruchten Platten. Dissertation Aachen, 1928, oder Luftf.-Forschg., 1929, S. 1.

BUDIANSKY, B. u. P. C. HU: The Lagrangian Multiplier Method of Finding Upper and Lower Limits to Critical Stresses of Clamped Plates. N.A.C.A. Techn. Note, 1103, 1946.

COX, H. L.: Summary of the Present State of Knowledge Regarding Sheet Metal Construction. Aeron. Res. Comm., Rep. and Mem. 1553, London, 1933, S. 1.

COX, H. L. u. H. J. GOUGH: Some Tests on the Stability of Thin Strip Material under Shearing Forces in the Plane of the Strip. Proc. Roy. Soc., Lond., Ser. A, Bd. 137 (1932) S. 145.

---

[1] Siehe F. SCHLEICHER: Stabilitätsfälle. Taschenbuch für Bauingenieure, I. Bd., S. 1027. Berlin/Göttingen/Heidelberg: Springer 1955.

GECKELER, J. W.: Elastostatik. Handbuch der Physik, Bd. 6. Berlin: Springer 1925.
KUCHARŞKI, W.: Beiträge zur Theorie der durch gleichförmigen Schub beanspruchten Platte. Ing.-Arch. 1950, S. 385, S. 394, 1951, S. 22.
LEGGETT, D. M. A.: The Buckling of a Square Panel under Shear when one Pair of Opposite Edges is Clamped. Aeron. Res. Comm., Rep. and Mem. 1991, London 1941.
LILLY, W. E.: Web Stresses in Plate Girders and Columns. Engineering, 1907, S. 136.
MASSONNET, CH.: Recherches expérimentales sur le voilement de l'âme des poutres à âme pleine. Bull. CERES, Bd. 5, 1951.
NÁDAI, A.: Die elastischen Platten. Berlin: Springer 1925.
RODE, H. H.: Beitrag zur Theorie der Knickerscheinungen. Eisenbau, 1916, S. 121.
SEYDEL, E.: Ausbeul-Schublast rechteckiger Platten. DVL-Jahrbuch, 1933, S. III 47.
SEYDEL, E.: Ausbeul-Schublast rechteckiger Platten (Zahlenbeispiele und Versuchsergebnisse). Flugtech. u. Motorluftsch., 1933, S. 78.
SOUTHWELL, R. V.: Note on the Stability under Shearing Forces of a Flat Elastic Strip and an Analogy with the Problem of the Stability of Laminar Fluid Motion. Verh. 1. Intern. Kongr. Techn. Mech., Delft 1925, S. 266.
STOWELL, E. Z.: Critical Shear Stresses for an Infinitely Long Plate with Equal Elastic Restraints against Rotation along the Parallel Edges. N.A.C.A. Wartime Rept. L-476, 1943.
TIMOSHENKO, S.: Stability of Rectangular Plates with Stiffeners. Memoirs of the Institute of Ways and Communication, St. Petersburg 1915 (russisch).
TIMOSHENKO, S.: Stability and Strength of Thin-Walled Constructions. Verh. 3. Intern. Kongr. Techn. Mech., Stockholm, Bd. 3 (1930) S. 3.
TREFFTZ, E. u. F. A. WILLERS: Die Bestimmung der Schubbeanspruchung beim Ausbeulen rechteckiger Platten. Z. angew. Math. Mech., 1936, S. 336.
WÄSTLUND, G. u. S. G. A. BERGMAN: Buckling of Webs in Deep Steel I Girders, Statens Kommité för Byggnadsforskning, Meddelanden Nr. 8, Stockholm, 1947, oder Abh. IVBH., 8. Bd., S. 291. Zürich: Leemann 1947.

9. Ausbeulen rechteckiger Platten
(Belastete Ränder b fest eingespannt)

In den vorherigen Kap. IV A.2 bis 7 wurden nur diejenigen Fälle behandelt, bei welchen die belasteten Ränder b frei drehbar gelagert waren, denn der Fall der starren Einspannung der gedrückten Ränder spielt in der Baupraxis keine wichtige Rolle. Wenn die Platten quer zur Druckrichtung mit Aussteifungen versehen werden, und man den Plattenteil zwischen zwei Aussteifungen berechnet, so müßten die Aussteifungen einen sehr großen Drillungswiderstand besitzen, um wenigstens eine *teilweise* Einspannung hervorzurufen. Zudem kann diese Wirkung auch nur bei verhältnismäßig kleinem a ($a \leq 2b$) beträchtlich sein[1].

Es ist zu beachten, daß die minimalen Beulwerte k_{min} für lange Platten, welche an den Rändern b fest eingespannt sind, mit den minimalen Beulwerten k_{min} für an den Rändern b frei drehbar gelagerte Platten übereinstimmen.

---

[1] HARTMANN, F.: Knickung, Kippung, Beulung, S. 184. Leipzig u. Wien: F. Deuticke 1937. — SCHLEICHER, F.: Die Knickspannungen von eingespannten rechteckigen Platten. Mitt. aus den Forschungsanstalten von Gutehoffnungshütte A. G., Oberhausen, Bd. 1 (1930—1932) S. 186.

A. Elastischer Bereich

Tabelle IV A.17. *Beulwerte k bei gelenkiger Lagerung der Ränder b im Vergleich zur festen Einspannung der Ränder b*

$\alpha = \dfrac{a}{b} =$	0,5	1	2	4	∞	1	∞
	6,24	4,00	$k_{\min}$ bei $\alpha = 1{,}00$ →		4,00	9,34	5,34
	18,20	6,74	— — — →		4,00	12,28	5,34
		6,97	$k_{\min}$ bei $\alpha = 0{,}67$ →		6,97	12,28	8,98
	10,07	7,88	7,23		6,97	14,58	8,98

Für ein bestimmtes Seitenverhältnis $\alpha = \dfrac{a}{b}$ muß bei fester Einspannung der Ränder b jeweils der zugehörige k-Wert berechnet werden; wenn man nicht, wie meist üblich, mit den $k_{\min}$-Werten rechnet und dabei auf der sicheren Seite bleibt.

Tab. IV A.17 zeigt für einige Belastungsfälle und Randbedingungen den Vergleich der Beulwerte k bei gelenkiger Lagerung und fester Einspannung der Ränder b.

Bei fester Einspannung der belasteten Querränder b und fester Einspannung der unbelasteten Längsränder a ergibt sich im α–k-Diagramm keine Girlandenkurve, sondern eine Kurve, die monoton verläuft und sich asymptotisch dem Wert für gelenkig gelagerte Querränder nähert ($k_{\min}$)[1], währenddem bei fester Einspannung der belasteten Querränder b

---

[1] BLEICH, F.: Buckling Strength of Metal Structures, S. 440, Tab. 44. New York/Toronto/London: McGraw-Hill Book Company 1952.

und gelenkiger Lagerung der unbelasteten Längsränder a eine schwach ausgebildete Girlandenkurve existiert, die sich wiederum asymptotisch dem Wert für gelenkig gelagerte Querränder nähert $(k_{\min})$[1].

10. Zusammengesetzte Belastungsfälle

a) Allgemeines. Bei Konstruktionselementen hat man es oft mit einer Kombination der in den Kap. IV A.2, 3, 4, 7, 8 und 9 untersuchten Grundfälle zu tun. Das Superpositionsgesetz darf bei Stabilitätsproblemen selbstverständlich nicht angewandt werden, weil die Voraussetzung der linearen Abhängigkeit zwischen Belastungen und Verformungen bei Formänderungs- oder Stabilitätsproblemen grundsätzlich nicht erfüllt ist. Es ist somit nicht erlaubt, die den einzelnen Teilbelastungen zugeordneten bekannten Lösungen zu superponieren, um die Lösung des Gesamtproblems zu finden; vielmehr muß man die Berechnung unter gleichzeitiger Berücksichtigung aller wirkenden Belastungen durchführen.

Wenn mehrere Teilbelastungen stabilitätsgefährdend einwirken, so leuchtet es ohne weiteres ein, daß bei der Gesamtbelastung bestimmte Bruchteile der kritischen Werte der Teilbelastungen genügen, um miteinander auch eine Unstabilität einzuleiten. Ordnet man den Teilbelastungen ihre kritischen Werte $\sigma_{0_{kr}}$, bzw. $\tau_{0_{kr}}$ zu, so werden diese Bruchteile durch $\dfrac{\sigma_{kr}}{\sigma_{0_{kr}}}$ bzw. $\dfrac{\tau_{kr}}{\tau_{0_{kr}}}$ ausgedrückt, wobei σ_{kr} bzw. τ_{kr} die dem Gesamtproblem zugeordneten kritischen Werte darstellen.

Sind die Lösungen der Teilbelastungen, also $\sigma_{0_{kr}}$ bzw. $\tau_{0_{kr}}$ und der Gesamtbelastung, also σ_{kr} bzw. τ_{kr}, bekannt, so lassen sich ohne weiteres Beziehungen zwischen den Verhältnissen $\dfrac{\sigma_{kr}}{\sigma_{0_{kr}}}$ und $\dfrac{\tau_{kr}}{\tau_{0_{kr}}}$ aufstellen.

Auch rein theoretisch können mit Hilfe der DUNKERLYschen Formel[2] die kritischen Werte eines Systems bei der Zusammensetzung von verschiedenen Teilbelastungen ermittelt werden.

Diese Formel lautet[3]

$$\frac{1}{\tilde{\tilde{p}}_{kr}} = \sum_{i=1}^{i=n} \frac{1}{p_{kr\,i}}$$

$$\tilde{\tilde{p}}_{kr} \leq p_{kr} \quad \text{für} \quad p_{kr\,i} > 0 \qquad \text{(IV A.315)}$$

oder in Worten: Der reziproke kritische Eigenwert eines Systems, dessen äußere Kräfte sich aus den Kräften von Teilproblemen zusammen-

---

[1] SCHLEICHER, F.: Die Knickspannungen von eingespannten rechteckigen Platten. Mitt. aus den Forschungsanstalten von Gutehoffnungshütte A. G., Oberhausen, Bd. 1 (1930—1932) S. 192, Abb. 7.

[2] Siehe A. PFLÜGER: Stabilitätsprobleme der Elastostatik, S. 220. Berlin/Göttingen/Heidelberg: Springer 1950, oder G. STRIGL: Das nichtlineare Überlagerungsgesetz für die Lösungen von zusammengesetzten Stabilitätsproblemen mit Verzweigungspunkt. Stahlbau, 1955, S. 33.

[3] PFLÜGER, A.: Stabilitätsprobleme der Elastostatik, S. 220. Berlin/Göttingen/Heidelberg: Springer 1950.

setzen, ist angenähert oder bestenfalls gleich der Summe der reziproken kritischen Eigenwerte der Teilsysteme. Der Näherungswert ist stets kleiner als der wahre Wert, wenn nur positive Eigenwerte betrachtet werden.

Im Falle der Zusammensetzung von zwei Teilproblemen mit den kritischen Werten σ_{1kr} und τ_{2kr} erhält man für das Gesamtproblem bei einem gegebenen Verhältnis $\dfrac{\sigma}{\tau_{xy}}$ und mit der aus diesem Verhältnis abgeleiteten Bezugsgröße

$$\sigma_{2kr} = \tau_{2kr} \frac{\sigma_{kr}}{\tau_{kr}} \cong \tau_{2kr} \frac{\tilde{\tilde{\sigma}}_{kr}}{\tilde{\tilde{\tau}}_{kr}} \qquad \text{(IV A.316)}$$

$$\frac{1}{\tilde{\tilde{\sigma}}_{kr}} = \frac{1}{\sigma_{1kr}} + \frac{1}{\sigma_{2kr}} = \frac{1}{\sigma_{1kr}} + \frac{1}{\tau_{2kr} \dfrac{\tilde{\tilde{\sigma}}_{kr}}{\tilde{\tilde{\tau}}_{kr}}} \qquad \text{(IV A.317)}$$

oder

$$\frac{\tilde{\tilde{\sigma}}_{kr}}{\sigma_{1kr}} + \frac{\tilde{\tilde{\tau}}_{kr}}{\tau_{2kr}} = 1. \qquad \text{(IV A.318)}$$

Die graphische Darstellung dieser Gleichung in einem Koordinatensystem mit den Abszissen $\dfrac{\tilde{\tilde{\tau}}_{kr}}{\tau_{kr}}$ und den Ordinaten $\dfrac{\tilde{\tilde{\sigma}}_{kr}}{\sigma_{kr}}$ ergibt eine Gerade (Abb. IV A.44).

Bei den in Frage kommenden Beulproblemen kann aber eine solche Beziehung keine gute Näherung darstellen; die Tangente im Schnittpunkt mit der Ordinatenachse sollte nämlich waagerecht verlaufen, denn das Vorzeichen der Schubspannung τ_{xy} hat keinen Einfluß auf die kritische Last und die Kurve sollte die y-Achse als Symmetrieachse aufweisen. Durch kleine Änderungen der Formel (IV A.318) lassen sich aber diese Bedingungen ohne weiteres erfüllen und wir wollen anschließend bessere Näherungswerte für die wichtigsten zusammengesetzten Belastungsfälle bei frei aufliegenden Platten (allseitig gelenkig gelagerte Platten) angeben und sie mit den genaueren Resultaten vergleichen.

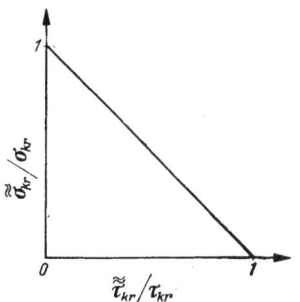

Abb. IV A.44

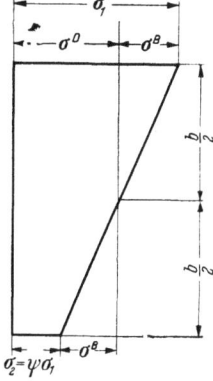

Abb. IV A.45

b) Gleichmäßig verteilter Druck kombiniert mit reiner Biegung[1]. Durch Kombination von gleichmäßig verteiltem Druck mit reiner Biegung

---

[1] Siehe Kap. IV A.7, Tab. IV A.15.

erhält man alle Fälle linearer Randspannungsverteilung. Nach Abb. IV A.45 ist dabei

$$\sigma^D = \frac{\sigma_1 + \sigma_2}{2} = \sigma_1 \frac{1+\psi}{2} \qquad \text{(IV A.319)}$$

$$\sigma^B = \pm \frac{\sigma_1 - \sigma_2}{2} = \pm \sigma_1 \frac{1-\psi}{2}, \qquad \text{(IV A.320)}$$

wobei σ_1, σ_2, σ^D, σ^B als Druckspannungen positiv sind.

Wenn man als $\sigma^D_{0_{kr}}$ bzw. $\sigma^B_{0_{kr}}$ die kritischen Spannungen für reinen Druck bzw. reine Biegung und als σ^D_{kr} bzw. σ^B_{kr} die kritischen Spannungen für die Gesamtbelastung bezeichnet, so gilt näherungsweise[1]

$$\frac{\sigma^D_{kr}}{\sigma^D_{0_{kr}}} + \left(\frac{\sigma^B_{kr}}{\sigma^B_{0_{kr}}}\right)^2 = 1. \qquad \text{(IV A.321)}$$

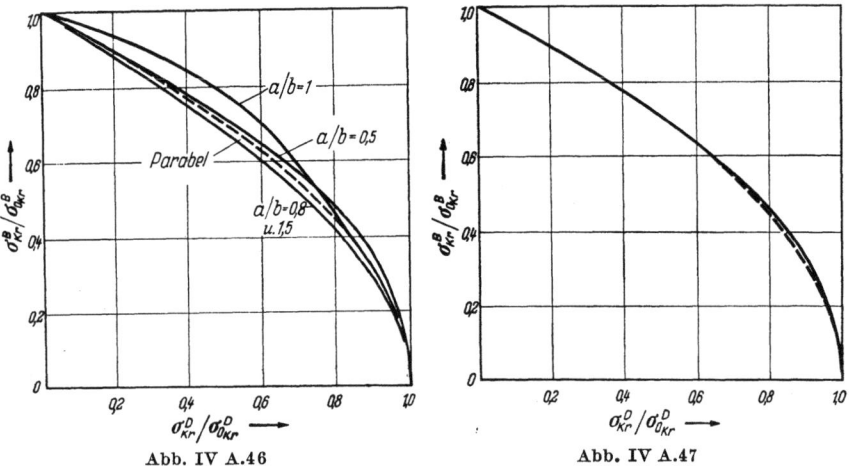

Abb. IV A.46   Abb. IV A.47

In Abb. IV A.46 ist der Zusammenhang zwischen $\dfrac{\sigma^D_{kr}}{\sigma^D_{0_{kr}}}$ und $\dfrac{\sigma^B_{kr}}{\sigma^B_{0_{kr}}}$ für verschiedene Seitenverhältnisse a/b aufgetragen. Diese Kurven weichen deshalb voneinander ab, weil sich die Zwickel zwischen den Kurven der einzelnen Halbwellenzahlen bei konstant gehaltenem Seitenverhältnis je nach Belastungsart ungleich bemerkbar machen. Die Parabel mit dem Ausdruck nach Gl. (IV A.321) ist in der Abbildung auch enthalten und zeigt eine befriedigende Übereinstimmung. Fast vollständig ist aber diese Übereinstimmung, wenn man den Zusammenhang aus den $k_{\min}$-Werten berechnet, wie dies aus Abb. IV A.47 ersichtlich ist.

---

[1] Siehe F. STÜSSI, C. F. KOLLBRUNNER u. H. WANZENRIED: Ausbeulen rechteckiger Platten unter Druck, Biegung und Druck mit Biegung. Mitt. Nr. 26 aus Inst. Baustatik E.T.H., Zürich, S. 31. Zürich: Leemann 1953. Die Abb. IV A.46 und IV A.47 sind dieser Arbeit entnommen.

A. Elastischer Bereich

Es ist auch ein Vergleich mit den Werten aus der deutschen Norm DIN 4114 möglich. Die Tafel 6 dieser Norm enthält die k-Werte für gradlinig verteilte Druck- oder Druck- und Zugspannungen. Mit der Bezeichnung der Norm und den Randspannungen σ_1 und $\psi\,\sigma_1$ ($-1 < \psi < +1$) wird

$$\sigma_{kr}^D = \frac{1+\psi}{2}\sigma_{1\,kr} = \frac{1+\psi}{2}k_{tot}\,\sigma_E, \qquad \text{(IV A.322)}$$

$$\sigma_{kr}^B = \frac{1-\psi}{2}\sigma_{1\,kr} = \frac{1-\psi}{2}k_{tot}\,\sigma_E, \qquad \text{(IV A.323)}$$

wobei k_{tot} nach den Formeln der Tafel 6 ermittelt wird. Für die Grenzfälle $\psi = 1$ (reiner Druck) und $\psi = -1$ (reine Biegung) erhält man mit derselben Tafel die Werte

$$\sigma_{0_{kr}}^D = k_D\,\sigma_E, \qquad \text{(IV A.324)}$$

$$\sigma_{0_{kr}}^B = k_B\,\sigma_E. \qquad \text{(IV A.325)}$$

Die Verhältnisse $\dfrac{\sigma_{kr}^D}{\sigma_{0_{kr}}^D}$ und $\dfrac{\sigma_{kr}^B}{\sigma_{0_{kr}}^B}$ können jetzt ohne weiteres für die verschiedenen Werte ψ ermittelt werden.

Die Abb. IV A.48 stellt diesen Zusammenhang graphisch dar. Für die Verhältnisse $\dfrac{a}{b} = \alpha \geq 1$ ist die Übereinstimmung mit der parabolischen Interpolationsformel (IV A.321) ausgezeichnet. Bei $\psi = 0$ (Dreieckbelastung) macht sich aber die Unstetigkeit der Tangente der k_{tot}-Kurve bemerkbar; die Werte k_{tot} werden nämlich in der DIN 4114 im Bereich ψ positiv durch eine andere Gleichung bestimmt als im Bereich ψ negativ.

Sehr stark tritt dieselbe Erscheinung auf für das Verhältnis $\alpha = 0,5$, und zwar so stark, daß die DIN-Werte für diesen Fall nicht sehr wahrscheinlich erscheinen[1].

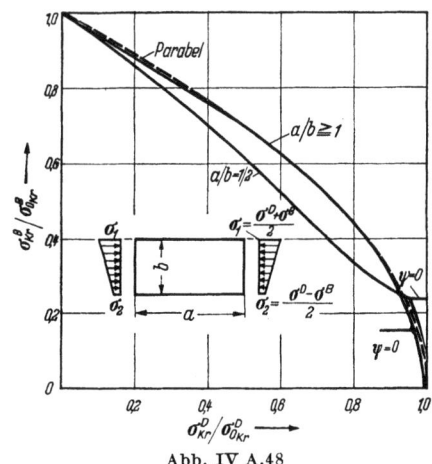

Abb. IV A.48

---

[1] Im positiven ψ-Bereich ergibt sich nach DIN 4114 für $\alpha = 0,5$, k_{tot} zu $k_{tot} = \left(0,5 + \dfrac{1}{0,5}\right)^2 \dfrac{2,1}{\psi + 1,1} = \dfrac{13,125}{\psi + 1,1}$. Für $\psi = 0$ wird $k_{tot} = 11,93$ und die Tangente $\left(\dfrac{dk_{tot}}{d\psi}\right)_{\psi=0} = -\dfrac{13,125}{1,1^2} = -10,85$; im negativen ψ-Bereich dagegen ist $k_{tot} = (1+\psi)\,11,93 - 25,5\,\psi + 10\,\psi\,(1+\psi)$ und $\left(\dfrac{dk_{tot}}{d\psi}\right)_{\psi=0} = 11,93 - 25,5 + 10 = -3,57$. Der Knick ist also groß, währenddem für $\alpha \geq 1$ die entsprechenden Werte $-6,94$ und $-6,27$ betragen.

c) Gleichmäßig verteilter Druck kombiniert mit reinem Schub. Die Kombination von gleichmäßig verteiltem Druck mit reinem Schub wurde u. a. von CHWALLA[1] untersucht. Eine gute Interpolationsformel für diesen Fall läßt sich wie folgt angeben:

$$\frac{\sigma_{kr}^D}{\sigma_{0_{kr}}^D} + \left(\frac{\tau_{kr}}{\tau_{0_{kr}}}\right)^2 = 1. \qquad \text{(IV A.326)}$$

Sie ist der Gl. (IV A.321) ähnlich.

Die Genauigkeit der Näherungsformel (IVA.326) kann nur durch den Vergleich mit exakten Werten überprüft werden. Abb. IV A.49 nach CHWALLA[1] zeigt die genauen Kurven für verschiedene Verhältnisse $\alpha = \frac{a}{b} \geq 1$. Die Kurve für $\alpha = 1$ fällt praktisch mit der Interpolationsformel nach Gl. (IV A.326) zusammen. Für α-Werte, die kleiner als 0,5 sind, ist nach Abb. IV A.50 die Übereinstimmung nicht so gut[2].

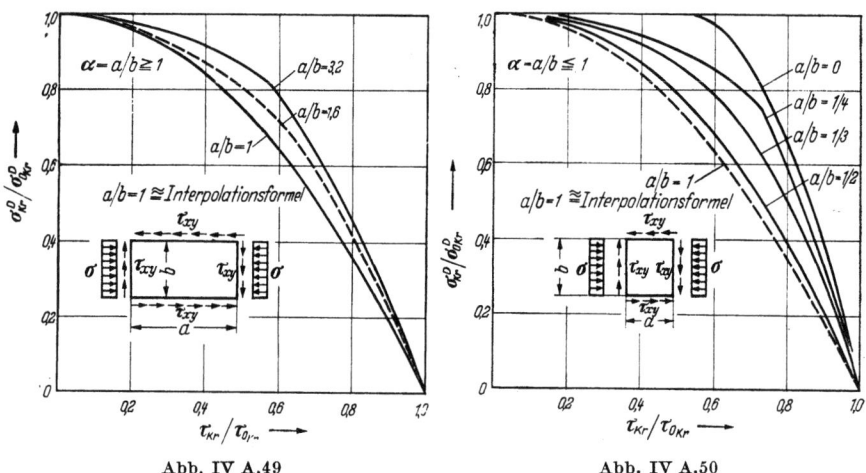

Abb. IV A.49   Abb. IV A.50

Solche Verhältnisse kommen aber bei Konstruktionen selten vor. Da die richtigen Kurven über der Interpolationsformel (IV A.326) liegen, bleibt man auf alle Fälle auf der sicheren Seite, wenn man Gl. (IV A.326) anwendet.

Bezeichnet man die vorhandenen Spannungen mit τ_{xy} und σ^D und mit ν_s die Beulsicherheit, so kann man Formel (IV A.326) auch folgender-

---

[1] CHWALLA, E.: Beitrag zur Stabilitätstheorie des Stegbleches vollwandiger Träger. Stahlbau, 1936, S. 161.

[2] Abb. IV A.50 ist einer amerikanischen Publikation entnommen: S. B. BATDORF u. M. STEIN: Critical Combinations of Shear and Direct Stress for Simply Supported Rectangular Flat Plates. N.A.C.A. Tech. Note 1223, 1947. Für die Kurve $a/b = 0$, siehe E. Z. STOWELL u. E. B. SCHWARTZ: Critical Stresses for an Infinitely Long Plate with Elastically Restrained Edges under Combined Shear and Direct Stress. N.A.C.A. Wartime Rep. L-340.

A. Elastischer Bereich 189

maßen schreiben:
$$\frac{v_s\,\sigma^D}{\sigma^D_{0\,kr}} + \left(\frac{v_s\,\tau_{xy}}{\tau_{0\,kr}}\right)^2 = 1, \qquad \text{(IV A.327)}$$

woraus sich für die Beulsicherheit ergibt[1]:
$$\frac{1}{v_s} = \frac{\sigma^D}{2\,\sigma^D_{0\,kr}} + \sqrt{\left(\frac{\sigma^D}{2\,\sigma^D_{0\,kr}}\right)^2 + \left(\frac{\tau_{xy}}{\tau_{0\,kr}}\right)^2}. \qquad \text{(IV A.328)}$$

d) Reine Biegung kombiniert mit reinem Schub. Im Falle einer Kombination von reiner Biegung mit reinem Schub gilt mit genügender Näherung die Interpolationsformel
(IV A.329)
$$\left(\frac{\sigma^B_{kr}}{\sigma^B_{0\,kr}}\right)^2 + \left(\frac{\tau_{kr}}{\tau_{0\,kr}}\right)^2 = 1,$$

wie man an Hand der Abb. IV A.51[2] und IV A.52[3] sich vergewissern kann.

In den Abbildungen stellt der Viertelkreis die Gl. (IV A.329) dar.

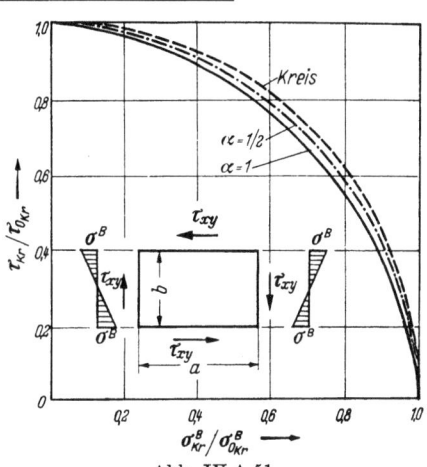

Abb. IV A.51

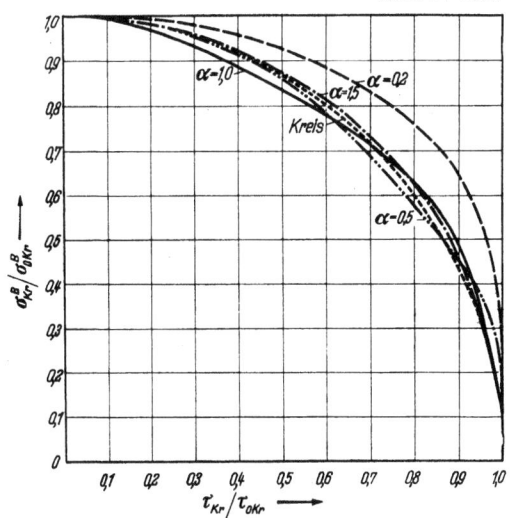

Abb. IV A.52

---

[1] Diese Formel ist nur im elastischen Bereich gültig. (Für den plastischen Bereich s. Kap. IV B.)

[2] Abb. IV A.51 ist nach Werten von TIMOSHENKO aufgestellt; siehe S. TIMOSHENKO: Stability of the Webs of Plate Girders. Engineering, Vol. 238 (1935) S. 207.

[3] Siehe F. SCHLEICHER: Taschenbuch für Bauingenieure, Bd. I, S. 1029. Berlin/Göttingen/Heidelberg: Springer 1955.

Mit denselben Überlegungen wie im Kap. IV A.10c ergibt sich die Sicherheit im elastischen Bereich zu[1]

$$\frac{1}{\nu_s} = \sqrt{\left(\frac{\sigma_B}{\sigma_{0_{kr}}^B}\right)^2 + \left(\frac{\tau_{xy}}{\tau_{0_{kr}}}\right)^2}. \qquad \text{(IV A.330)}$$

e) Lineare Randspannungen kombiniert mit reinem Schub. Dieses Problem kann auch als eine Kombination von gleichmäßig verteiltem Druck mit reiner Biegung und reinem Schub aufgefaßt werden (Abb. IV A.53). Obwohl unseres Wissens keine genauen Resultate auf diesem Gebiet vorliegen, kann man sich trotzdem mit der Betrachtung der einfacheren Kombinationen helfen.

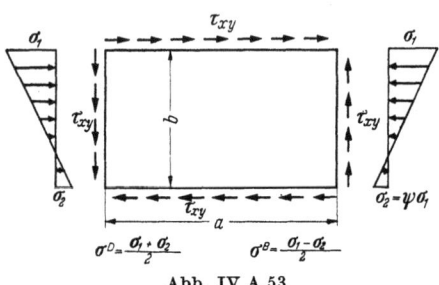

Abb. IV A.53

Kombiniert man nämlich die Gln. (IV A.321), (IV A.326) und (IV A.329) miteinander, so ergibt sich für den jetzt zu untersuchenden Fall[2]

$$\frac{\sigma_{kr}^D}{\sigma_{0_{kr}}^D} + \left(\frac{\sigma_{kr}^B}{\sigma_{0_{kr}}^B}\right)^2 + \left(\frac{\tau_{kr}}{\tau_{0_{kr}}}\right)^2 = 1. \qquad \text{(IV A.331)}$$

Wenn σ^D bzw. σ^B oder τ_{xy} Null werden, erhält man sofort die Formeln (IV A.321) bzw. (IV A.326) oder (IV A.329).

Die entsprechende Sicherheit im elastischen Bereich schreibt sich zu:

$$\frac{1}{\nu_s} = \frac{\sigma^D}{2\,\sigma_{0_{kr}}^D} + \sqrt{\left(\frac{\sigma^D}{2\,\sigma_{0_{kr}}^D}\right)^2 + \left(\frac{\sigma^B}{\sigma_{0_{kr}}^B}\right)^2 + \left(\frac{\tau_{xy}}{\tau_{0_{kr}}}\right)^2}, \qquad \text{(IV A.332)}$$

wobei $\sigma^D, \sigma^B, \tau_{xy}$ die tatsächlichen Spannungen unter der Betriebslast darstellen.

---

[1] Will man der Empfehlung von CH. MASSONNET, folgen und für den Schub eine höhere Sicherheit ν_τ verlangen als für die Biegung ν_B, z. B. $\nu_\tau = 1{,}35$ und $\nu_B = 1{,}15$ oder $\nu_B = \dfrac{\nu_\tau}{1{,}2}$, so ergibt sich:

$$\frac{1}{\nu_\tau} = \sqrt{\left(\frac{\sigma^B}{1{,}2\,\sigma_{0_{kr}}^B}\right)^2 + \left(\frac{\tau_{xy}}{\tau_{0_{kr}}}\right)^2}$$

Siehe in dieser Hinsicht MASSONNET, CH.: Recherches expérimentales sur la résistance au voilement de l'âme des poutres à âme pleine. IVBH. vierter Kongreß Cambridge und London, 1952, Vorbericht, S. 539, oder R. GREISCH, u. CH. MASSONNET: Dimensionnement pratique de l'épaisseur de l'âme et de l'écartement des raidisseurs des poutres à âme pleine en tenant compte du danger de voilement. Commission pour l'étude de la construction métallique. Note technique C-10, Bruxelles 1952.

[2] Siehe F. STÜSSI: Tragwerke aus Aluminium, S. 148. Berlin/Göttingen/Heidelberg: Springer 1955.

A. Elastischer Bereich 191

Es kann auch eine Interpolationsformel direkt zwischen der maximalen Randdruckspannung σ_1 (Abb. IV A.53) und der Schubspannung τ_{xy} angegeben werden.

Sie lautet:

$$\frac{1+\psi}{2}\left(\frac{\sigma_{1\,kr}}{\sigma_{1,0_{kr}}}\right) + \frac{1-\psi}{2}\left(\frac{\sigma_{1\,kr}}{\sigma_{1,0_{kr}}}\right)^2 + \left(\frac{\tau_{kr}}{\tau_{0_{kr}}}\right)^2 = 1. \quad \text{(IV A.333)}$$

Für $\psi = 1$ (reiner Druck) erhält man Gl. (IV A.326), für $\psi = -1$ (reine Biegung) Gl. (IV A.329) und für $\tau_{xy} = 0$: $\sigma_{1_{kr}} = \sigma_{1,0_{kr}}$, wie es auch sein soll. Somit kann Gl. (IV A.333), wenn auch nicht als bewiesen, so doch mindestens als wahrscheinlich angesehen werden. Die Sicherheit ν_s im elastischen Bereich ist leicht zu bestimmen; sie beträgt:

(IV A.334)

oder
$$\frac{1}{\nu_s} = \frac{1+\psi}{4}\frac{\sigma_1}{\sigma_{1,0_{kr}}} + \sqrt{\left(\frac{1+\psi}{4}\frac{\sigma_1}{\sigma_{1,0_{kr}}}\right)^2 + \frac{1-\psi}{2}\left(\frac{\sigma_1}{\sigma_{1,0_{kr}}}\right)^2 + \left(\frac{\tau_{kr}}{\tau_{0_{kr}}}\right)^2}$$

$$\frac{1}{\nu_s} = \frac{1+\psi}{4}\frac{\sigma_1}{\sigma_{1,0_{kr}}} + \sqrt{\left(\frac{3-\psi}{4}\frac{\sigma_1}{\sigma_{1,0_{kr}}}\right)^2 + \left(\frac{\tau_{kr}}{\tau_{0_{kr}}}\right)^2}. \quad \text{(IV A.335)}$$

Diese Formel ist aber nichts anderes als die Formel der DIN 4114, 17.3, für den besonderen Fall des elastischen Bereiches[1].

Mit den Bezeichnungen der Norm ist nämlich in diesem Fall $\sigma_{\nu_{kr}} = \sigma_{g\,kr}$ und die Sicherheit ist durch Gl. (IV A.335) bestimmt (σ_g = Vergleichsspannung).

f) Allseitig durch gleichmäßig verteilten Druck beanspruchte rechteckige Platte. Als letzten Fall einer kombinierten Beanspruchung wollen wir noch die Platte mit allseitigem, gleichmäßig verteiltem Druck untersuchen[2] (Abb. IV A.54). Wir behandelten diesen Fall bereits in Kap. III C.1 als Beispiel für die direkte Integration der Differentialgleichung des Beulproblems. Er soll hier, mit Hilfe der im Kap. IV A.1 aufgestellten allgemeinen Beziehungen nochmals betrachtet werden.

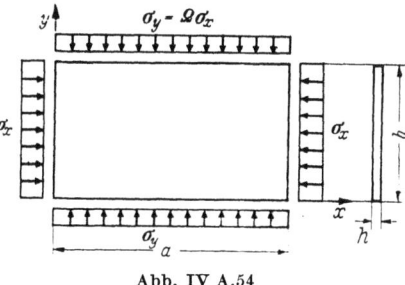

Abb. IV A.54

Die allgemeine Differentialgleichung (IV A.3) vereinfacht sich nach Einführen des Wertes $D = \dfrac{EJ}{1-\nu^2}$ nach Gl. (IV A.54) und mit $\tau_{xy} = 0$ zu

$$D\left(\frac{\partial^4 w}{\partial x^4} + 2\frac{\partial^4 w}{\partial x^2 \partial y^2} + \frac{\partial^4 w}{\partial y^4}\right) + h\left(\sigma_x \frac{\partial^2 w}{\partial x^2} + \sigma_y \frac{\partial^2 w}{\partial y^2}\right) = 0. \quad \text{(IV A.336)}$$

---
[1] Die Verallgemeinerung für den plastischen Bereich wird im Kap. IV B. besprochen.
[2] Dieses Problem wurde schon von BRYAN untersucht. Siehe G. H. BRYAN: Stability of a Plane Plate under Thrusts in its own Plane. Proc. Lond. math. Soc. Bd. 22 (1891) S. 54.

IV. Die verschiedenen Beulfälle

Alle vier Ränder seien frei drehbar gelagert, so daß die NAVIERschen Randbedingungen

$$w = 0, \quad \frac{\partial^2 w}{\partial x^2} = 0 \text{ für } x = 0 \text{ und } x = a$$

$$w = 0, \quad \frac{\partial^2 w}{\partial y^2} = 0 \text{ für } y = 0 \text{ und } y = b$$

erfüllt werden müssen.

Der Ansatz

$$w = A_{mn} \sin\frac{m\pi x}{a} \sin\frac{n\pi y}{b}, \qquad \text{(IV A.337)}$$

worin m und n ganze Zahlen sind, befriedigt alle Randbedingungen.

In die Differentialgleichung (IV A.336) eingesetzt, ergibt der Ansatz (IV A.337):

$$A_{mn}\sin\frac{m\pi x}{a}\sin\frac{n\pi y}{b}\left\{D\left[\left(\frac{m\pi}{a}\right)^4 + 2\left(\frac{m\pi}{a}\right)^2\left(\frac{n\pi}{b}\right)^2 + \left(\frac{n\pi}{b}\right)^4\right]\right.$$
$$\left. - h\left[\sigma_x\left(\frac{m\pi}{a}\right)^2 + \sigma_y\left(\frac{n\pi}{b}\right)^2\right]\right\} = 0 \qquad \text{(IV A.338)}$$

oder

$$w\left\{D\left[\left(\frac{m\pi}{a}\right)^2 + \left(\frac{n\pi}{b}\right)^2\right]^2 - h\left[\sigma_x\left(\frac{m\pi}{a}\right)^2 + \sigma_y\left(\frac{n\pi}{b}\right)^2\right]\right\} = 0. \qquad \text{(IV A.339)}$$

Um eine von 0 verschiedene Lösung für w zu erhalten, muß die Klammer { } verschwinden und die Beulbedingung lautet

$$D\left[\left(\frac{m}{a}\right)^2 + \left(\frac{n}{b}\right)^2\right]^2 = \frac{h}{\pi^2}\left[\sigma_x\left(\frac{m}{a}\right)^2 + \sigma_y\left(\frac{n}{b}\right)^2\right]. \qquad \text{(IV A.340)}$$

Wir führen jetzt die Verhältniszahlen $\Omega = \frac{\sigma_y}{\sigma_x}$ und $\alpha = \frac{a}{b}$ ein[1] und schreiben die Spannung $\sigma_{x_{kr}}$ in der gewohnten Form der Gl. (IV A.52) $\sigma_{x_{kr}} = k_x \sigma_E$, wobei die Bezugsspannung σ_E nach Gl. (IV A.53)

$$\sigma_E = \frac{\pi^2 D}{b^2 h} = \frac{\pi^2 E}{12(1-\nu^2)}\left(\frac{h}{b}\right)^2 \qquad \text{(IV A.341)}$$

bestimmt ist.

Gl. (IV A.340) kann jetzt in der Form

$$\left[\left(\frac{m}{\alpha}\right)^2 + n^2\right]^2 = \frac{h b^2}{\pi^2 D} k_x \sigma_E \left[\left(\frac{m}{\alpha}\right)^2 + \Omega n^2\right] \qquad \text{(IV A.342)}$$

geschrieben werden; und nach Einsetzen des Wertes σ_E erhält man die Beulzahl k_x zu

$$k_x = \frac{\left[\left(\frac{m}{\alpha}\right)^2 + n^2\right]^2}{\left(\frac{m}{\alpha}\right)^2 + \Omega n^2} \qquad (m, n, = 1, 2, \ldots). \qquad \text{(IV A.343)}$$

---

[1] Bezeichnung nach DIN 4114, Ri. 17.11.

Die ganzzahligen Werte m und n sind so zu wählen, daß die Beulzahlen k_x ein Minimum werden.

Abb. IV A.55[1] stellt die maßgebenden k_x-Werte für verschiedene Verhältnisse Ω und α graphisch dar.

Um eine Gebrauchsformel zu erhalten, darf man die kleinen Zwickel zwischen den Wellen vernachlässigen. In diesem Fall genügt es, die Hauptwelle $m = n = 1$ zu bestimmen. Ist die Abszisse $(\alpha)_{k_{\min}}$ für den Wert $k_{\min}$ dieser Hauptwelle bekannt, so ist für Werte $\alpha < (\alpha)_{k_{\min}}$ die Hauptwelle, für Werte $\alpha > (\alpha)_{k_{\min}}$ der Wert $k_{\min}$ maßgebend. Der Ausdruck für die Hauptwelle lautet

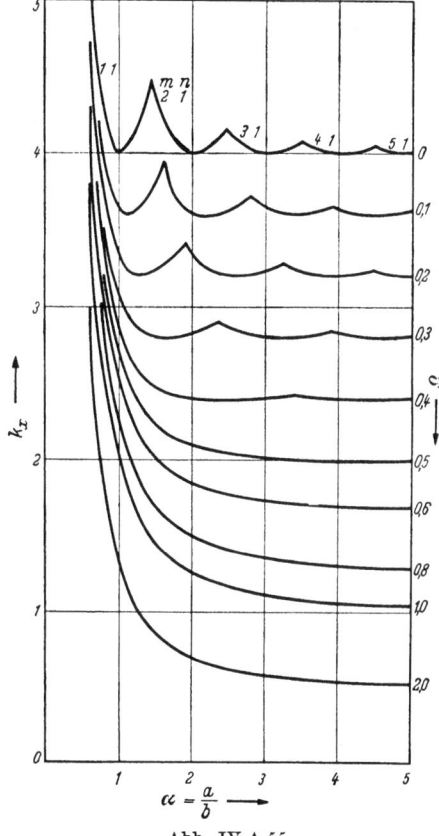

Abb. IV A.55

$$(k_x)_{m=n=1} = \frac{\left[\left(\frac{1}{\alpha}\right)^2 + 1\right]^2}{\left(\frac{1}{\alpha}\right)^2 + \Omega} \quad \text{(IV A.344)}$$

oder auch

$$(k_x)_{m=n=1} = \frac{\left(\frac{1}{\alpha} + \alpha\right)^2}{1 + \Omega \alpha^2}. \quad \text{(IV A.345)}$$

Die Bedingung für das Minimum

$$\frac{d}{d\alpha}(k_x) = 0 \quad \text{(IV A.346)}$$

führt zu folgender Bedingung für $\left(\frac{1}{\alpha}\right)^2$:

$$\left[\left(\frac{1}{\alpha}\right)^2 + \Omega\right] 2\left[\left(\frac{1}{\alpha}\right)^2 + 1\right]\left(-\frac{2}{\alpha^3}\right) - \left[\left(\frac{1}{\alpha}\right)^2 + 1\right]^2 \left(-\frac{2}{\alpha^3}\right) = 0 \quad \text{(IV A.347)}$$

oder

$$\left(\frac{1}{\alpha}\right)^2 = 1 - 2\Omega, \quad \text{(IV A.348)}$$

$$(\alpha)_{k_{\min}} = \frac{1}{\sqrt{1 - 2\Omega}}. \quad \text{(IV A.349)}$$

---

[1] Abb. IV A.55 ist entnommen aus: K. KLÖPPEL u. K. H. LIE: Beulung des rechteckigen, allseitig belasteten und spannungsfrei gelagerten Bleches. Z. VDI. 1942, S. 71.

Dieser Wert wird in Gl. (IV A.345) eingesetzt und es wird

$$k_{x_{\min}} = \frac{(1-2\,\Omega+1)^2}{1-2\,\Omega+\Omega} \qquad \text{(IV A.350)}$$

$$k_{x_{\min}} = 4\,(1-\Omega). \qquad \text{(IV A.351)}$$

Für $\Omega = 0{,}5$ wird $(\alpha)_{k_{\min}}$ nach Gl. (IV A.349) unendlich groß, so daß für alle Werte $\Omega > 0{,}5$ nur die Hauptwelle maßgebend ist.

Die k_x-Werte ergeben sich somit aus folgenden Beziehungen

$$\left.\begin{array}{l} 1{,}0 \geq \Omega \geq 0{,}5 \text{ für alle } \alpha \\[4pt] 0{,}5 > \Omega \geq 0 \quad \text{für } \alpha \leq \dfrac{1}{\sqrt{1-2\,\Omega}} \end{array}\right\} k_x = \dfrac{\left(\dfrac{1}{\alpha}+\alpha\right)^2}{1+\Omega\,\alpha^2} \qquad \text{(IV A.352)}$$

$$\text{für } \alpha > \dfrac{1}{\sqrt{1-2\,\Omega}} \quad k_x = 4\,(1-\Omega). \qquad \text{(IV A.353)}$$

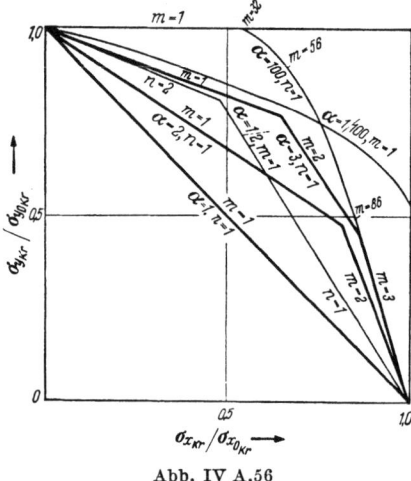

Abb. IV A.56

Diese Regel ist in den DIN 4114, Ri. 17.11, enthalten.

Abb. IV A.56 zeigt die gegenseitige Abhängigkeit der Beulspannungen in beiden Richtungen[1]. Wie in den vorherigen Abschnitten bedeutet $\sigma_{x0_{kr}}$ bzw. $\sigma_{y0_{kr}}$ die kritische Beulspannung bei Wirkung von σ_x bzw. σ_y allein.

Bei $\alpha = 1$ ist immer die Hauptwelle maßgebend, weil nach Gl. (IV A.349) $(\alpha)_{k_{\min}} \geq 1$ ist. Es wird dann nach Gl. (IV A.345)

$$(k)_{\alpha=1} = \frac{4}{1+\Omega} \qquad \text{(IV A.354)}$$

und

$$\sigma_{x_{kr}} = \frac{4}{1+\Omega}\,\sigma_E \qquad \text{(IV A.355)}$$

bzw.

$$\sigma_{y_{kr}} = \frac{4\,\Omega}{1+\Omega}\,\sigma_E, \qquad \text{(IV A.356)}$$

währenddem bekanntlich

bzw.

$$\left.\begin{array}{l} \sigma_{x,0_{kr}} = 4\,\sigma_E \\[4pt] \sigma_{y,0_{kr}} = 4\,\sigma_E \end{array}\right\} \qquad \text{(IV A.357)}$$

ist.

---

[1] Siehe F. SCHLEICHER: Stabilitätsprobleme vollwandiger Stahltragwerke. Übersicht und Ausblick. Bauingenieur, 1934, S. 505.

A. Elastischer Bereich

Die DUNKERLYsche Beziehung

$$\frac{\sigma_{x_{kr}}}{\sigma_{x,0_{kr}}} + \frac{\sigma_{y_{kr}}}{\sigma_{y,0_{kr}}} = \frac{1}{1+\Omega} + \frac{\Omega}{1+\Omega} = 1, \qquad (IV\ A.358)$$

ist also in diesem Fall streng erfüllt, und die Interpolationskurve ist eine Gerade. Für andere Werte α ergeben sich aber gebrochene, anders verlaufende Linienzüge, so daß die Anwendung einer gemeinsamen Interpolationsformel in diesem Fall keine gute Näherung darstellen kann. Da die genauen Resultate nach Gl. (IV A.345) und Gl. (IV A.353) vorliegen, ist eine solche Formel auch gar nicht nötig.

Zusätzliche Literatur zum Kapitel IV A.10

CHWALLA, E.: Die Bemessung der waagerecht ausgesteiften Stegbleche vollwandiger Träger. Vorbericht zum 2. Kongreß der IVBH, Berlin, 1936, S. 957.

CHWALLA, E.: Die Bemessung des Stegbleches im Endfeld vollwandiger Träger. Bauingenieur, 1936, S. 81.

ENGELUND, A.: Staal Konstruktioner, Bd. 1. Kopenhagen: Gjellerups Forlag 1943.

FAXEN, O. H.: Die Knickfestigkeit rechteckiger Platten. Z. angew. Math. Mech., 1935, S. 268.

GIRKMANN, K.: Ausbeulen von Bindeblechen. Stahlbau, 1935, S. 189.

HECK, O. S. u. H. EBNER: Formeln und Berechnungsverfahren für die Festigkeit von Platten- und Schalenkonstruktionen im Flugzeugbau, Luftfahrtforschung 1935, S. 211.

IGUCHI, S.: Die Knickung der viereckigen Platte durch Schubkräfte. Ing.-Arch. 1938, S. 1.

JOHNSON, A. E. u. K. P. BUCHERT: Critical Combinations of Bending, Shear and Transverse Compressive Stresses for Buckling of Infinitely Long Flat Plates. N.A.C.A. Techn. Note 2536, 1951.

JOHNSON, J. H.: Critical Buckling Stresses of Simply Supported Flat Rectangular Plates under Combined Longitudinal Compression, Transverse Compression and Shear. I. Aero. Sc., Bd. 21 (1954) S. 411.

MASSONNET, CH.: Recherches expérimentales sur la résistance au voilement de l'âme des poutres à âme pleine. Bull. CERES, vol. V, 1951.

PETERS, R. G.: Buckling Tests of Flat Rectangular Plates under Combined Shear and Longitudinal Compression. N.A.C.A. Techn. Note 1750, 1948.

SCHAPITZ, E.: Festigkeitslehre für den Leichtbau. Düsseldorf: Deutscher Ingenieur-Verlag 1951.

SCHMIEDEN, C.: Das Ausknicken eines Plattenstreifens unter Schub- und Druckkräften. Z. angew. Math. Mech., 1935, S. 278.

SEZAWA, K.: Das Ausknicken von allseitig befestigten und gedrückten rechteckigen Platten. Z. angew. Math. Mech., 1932, S. 227.

STEIN, O.: Die Stabilität der Blechträgerstehbleche im zweiachsigen Spannungszustand. Stahlbau, 1934, S. 57.

STEIN, O.: Stabilität ebener Rechteckbleche unter Biegung und Schub. Bauingenieur, 1936, S. 308.

TAYLOR, G. T.: The Buckling Load for a Rectangular Plate with Four Clamped Edges. Z. angew. Math. Mech., 1933, S. 147.

VALLAT, P.: Résistance des matériaux appliquée à l'aviation. Paris: Béranger.

WAGNER, H.: Über Konstruktions- und Berechnungsfragen des Blechbaus. Jb. wiss. Ges. Flugtechn., 1928, S. 113.

WANSLEBEN, F.: Beantwortung grundsätzlicher Fragen über bauliche Einzelheiten geschweißter Vollwandträger. Stahlbau, 1935, S. 110.

WAY, ST.: Stability of Rectangular Plates under Shear and Bending Forces. J. Appl. Mech., 1935, S. 131 und Schlußbericht des 2. Kongresses der IVBH, Berlin, 1936, S. 631.

ZIZICAS, G. A., D. E. JOHNSTON, J. D. REVELL and J. V. ADDISON: Graphs for Critical Loadings of Thin Rectangular Plates under Compression in Two perpendicular Directions. Univ. Calif. Dept. Engng., Rep. 52.8, 1952.

B. Plastischer Bereich

1. Einleitung

Eine wichtige Voraussetzung der Ableitungen im Kap. IV A war die Gültigkeit des HOOKEschen Gesetzes. Sind jedoch die Beanspruchungen derart, daß irgendwo die Proportionalitätsgrenze überschritten ist, so gilt die HOOKEsche lineare Verbindung zwischen Dehnungen und Spannungen nicht mehr. Die Proportionalitätsgrenze fällt aber bei den in Betracht kommenden Baumaterialien mit der Elastizitätsgrenze zusammen, anders gesagt, die Dehnungen sind nicht nur den Spannungen nicht mehr proportional, sondern folgen auch bei einer Entlastung einem anderen Gesetz als bei der Belastung; es bilden sich bleibende, plastische Formänderungen, so daß man vom *plastischen Bereich* spricht.

Im Gegensatz zum Knickproblem, wo die Berechnung, infolge der Einachsigkeit, auch nach Überschreitung der Elastizitätsgrenze keine Schwierigkeit bietet, haben wir es beim Ausbeulen mit einem zweidimensionalen Plattenproblem zu tun, so daß wir, wie für den Festigkeitsnachweis beim mehrachsigen Spannungszustand, eine Anstrengungshypothese brauchen. Im deutschsprachigen Gebiet ist die gebräuchlichste Hypothese die der konstanten Gestaltänderungsarbeit nach HUBER-VON MISES-HENCKY[1]. Diese Theorie wurde durch eine Reihe von Versuchen[2], auch neueren Datums[3], bekräftigt.

Läßt sich jedoch für das Erreichen der Elastizitätsgrenze ein mehr oder weniger[4] allgemein anerkanntes Kriterium aufstellen, so kann dies für die Beziehungen zwischen Spannungen und Dehnungen, die das HOOKEsche Gesetz im plastischen Bereich ersetzen sollen, keineswegs gesagt werden. Vielmehr läßt sich keine durch Versuche einwandfrei erwiesene, nicht umstrittene Plastizitätstheorie angeben[5]. Zudem wer-

---

[1] Siehe z. B. C. F. KOLLBRUNNER u. M. MEISTER: Anstrengungshypothesen. Mitteilungen über Forschung und Konstruktion im Stahlbau, Nr. 1. Zürich: Leemann 1944.

[2] Z. B. M. Roš u. A. EICHINGER: Versuche zur Klärung der Frage der Bruchgefahr. Diskussionsberichte der EMPA, Nr. 14, September 1926, Nr. 28, Juni 1928 und Nr. 34, Februar 1929.

[3] HILTSCHER, R.: Theorie und Anwendung der Spannungsoptik im elastoplastischen Gebiet. Z. VDI, 1955, S. 49.

[4] In Frankreich wird z. B. die „courbe intrinsèque" von CAQUOT, eine Entwicklung der MOHRschen Umhüllenden, angewandt. Siehe Commentaires des Règles d'utilisation de l'acier, C.M. 1946, Paris, 1946. Auch werden noch neuere Theorien entwickelt: BRICE, L. P.: Relation générale entre les contraintes limites élastiques d'un corps sous des sollicitations quelconques. Théorie du volume de dilatation critique. Annales de l'Institut technique du Bâtiment et des Travaux publics, octobre 1956, No. 106.

[5] Siehe z. B. F. STÜSSI: Die Grundlagen der mathematischen Plastizitätstheorie und der Versuch. Z. angew. Math. Phys., 1950, S. 254; 1951, S. 114. — STÜSSI, F.: Theorie und Praxis im Stahlbau. Zweite schweizerische Stahlbautagung, Zürich, 1956. Mitteilungen der Technischen Kommission des Schweizer Stahlbauverbandes, H. Nr. 16, S. 61. Schweiz. Stahlbauverband, Zürich. 1957.

B. Plastischer Bereich

den die plastischen Eigenschaften durch Belastungen über der Elastizitätsgrenze für die nachfolgenden Belastungen beeinflußt (BAUSCHINGER-Effekt)[1]. Unter diesen Umständen hat es keinen großen Sinn, eine komplizierte Plastizitätstheorie auf die Untersuchung der Beulprobleme im plastischen Bereich auszudehnen, und wir beschränken uns darauf, eine Näherungstheorie anzugeben, die von TIMOSHENKO[2] vorgeschlagen, von BLEICH[3] weiterentwickelt und für durch einseitigen, gleichmäßig verteilten Druck beanspruchte rechteckige Platten mit frei drehbar gelagerten belasteten Rändern durch KOLLBRUNNER[4] den ausgeführten Versuchen angepaßt wurde. Ein Vergleich der Resultate dieser Theorie mit den Versuchsergebnissen ergibt eine gute Übereinstimmung.

2. Ausbeulen der auf einseitigen, gleichmäßig verteilten Druck beanspruchten rechteckigen Platten

(Belastete Ränder b frei drehbar gelagert)

a) **Aufstellung der Differentialgleichung**[5]. Die in den Kap. IV A.1 und IV.A.2 skizzierten theoretischen Betrachtungen haben nur im elastischen Bereich Gültigkeit. Sie setzen voraus, daß die Ausbeulspannungen, d. h. die über den Querschnitt gleichmäßig verteilten Druckspannungen, im Augenblick des Gleichgewichtswechsels sich noch unterhalb der Proportionalitätsgrenze befinden. Dies ist jedoch nur für Platten aus Material mit hoher Proportionalitätsgrenze oder für dünne Platten der Fall. Bei Platten mit niederer Proportionalitätsgrenze oder für dickere Platten wird die Proportionalitätsgrenze schon vor Eintritt der Ausbeulung überschritten. Der bisher konstante Elastizitätsmodul E wird eine Funktion der Ausbeulspannung σ_{kr}. Im plastischen Bereich tritt bei den Knick- und Ausbeulformeln an Stelle des konstanten

---

[1] STÜSSI, F.: Beitrag zur Plastizitätstheorie. Abh. IVBH, Bd. 13, Zürich, 1953, S. 327 oder Tragwerke aus Aluminium, S. 43. Berlin/Göttingen/Heidelberg: Springer 1955.

[2] TIMOSHENKO, S.: Sur la stabilité des systèmes élastiques, 3ème partie: Stabilité des plaques comprimées. Ann. Ponts Chauss., S. 372ff., 1913. S. a. Sonderdruck S. 134ff.

[3] BLEICH, F.: Theorie und Berechnung der eisernen Brücken, S. 216. Berlin: Springer 1924.

[4] KOLLBRUNNER, C. F.: Das Ausbeulen des auf Druck beanspruchten freistehenden Winkels. Mitt. Inst. Baustatik E.T.H., H. Nr. 4. Zürich: Leemann 1935. — KOLLBRUNNER, C. F.: Stabilität der auf Druck beanspruchten Platten im elastischen und plastischen Bereich (Versuchsbericht). IVBH, 7. Bd. der „Abhandlungen", S. 215, Zürich, 1943/44. — KOLLBRUNNER, C. F.: Das Ausbeulen der auf einseitigen, gleichmäßig verteilten Druck beanspruchten Platten im elastischen und plastischen Bereich (Versuchsbericht). Mitt. Inst. Baustatik E.T.H. in Zürich, Nr. 17. Zürich: Leemann 1946. — KOLLBRUNNER, C. F.: Die Ausbeulung von durch einseitigen, gleichmäßig verteilten Druck beanspruchten Blechen im elastischen und plastischen Bereich. Schweiz. Bauztg., 1947, Nr. 8.

[5] KOLLBRUNNER, C. F.: Das Ausbeulen der auf einseitigen, gleichmäßig verteilten Druck beanspruchten Platten im elastischen und plastischen Bereich (Versuchsbericht). Mitt. Inst. Baustatik E.T.H., Zürich, H. Nr. 17, S. 58. Zürich: Leemann 1946.

IV. Die verschiedenen Beulfälle

Elastizitätsmoduls E der *Knickmodul* T_K[1] oder der Tangentenmodul T. Der Knickmodul T_K bildet einen Mittelwert zwischen den beiden Modulen T (gesamte Formänderungen) und E (elastische Formänderungen). Dabei hängt die Größe dieses Mittelwertes von der Querschnittsform ab. Die Ausbeulspannungen im plastischen Bereich sind somit, im Gegensatz zum rein elastischen Fall, nicht allein von der Schlankheit, sondern auch von der Querschnittsform abhängig. Allerdings ist der Einfluß der Querschnittsform nicht sehr beträchtlich.

Um die Knickzahl $\tau = \dfrac{T_K}{E}$ in die für den elastischen Bereich gültige Differentialgleichung (IV A.4) einführen zu können, muß man die Bedeutung der einzelnen Glieder dieser Gleichung kennen.

Setzt man das zweite und dritte Glied der Klammer $= 0$, so erhält man:

$$\frac{EJ}{1-\nu^2}\frac{\partial^4 w}{\partial x^4} + \sigma_x h \frac{\partial^2 w}{\partial x^2} = 0. \qquad \text{(IV B.1)}$$

Betrachtet man die Differentialgleichung der elastischen Linie:

$$\frac{1}{\varrho} = \frac{M}{EJ} = -\frac{\partial^2 w}{\partial x^2},$$

die mit $M = P \cdot w$ folgende Form annimmt

$$EJ\frac{\partial^2 w}{\partial x^2} + Pw = 0 \qquad \text{(IV B.2)}$$

und differenziert man diese Gleichung zweimal, so folgt:

$$EJ\frac{\partial^4 w}{\partial x^4} + P\frac{\partial^2 w}{\partial x^2} = 0, \qquad \text{(IV B.3)}$$

d. h. es ergibt sich eine ähnliche Beziehung wie durch Nullsetzung des zweiten und dritten Klammergliedes der Gl. (IV A.4). Das erste Glied der Gl. (IV B.3) kennzeichnet somit die Biegung der Plattenstreifen von der Breite 1 parallel zur x-Achse. Diese Plattenstreifen werden durch die Längskraft σ_x beansprucht, so daß, wenn σ_x die Proportionalitätsgrenze überschreitet, der Elastizitätsmodul E durch den Knickmodul T_k ersetzt werden muß. An Stelle von E tritt $E\tau$. Das erste Glied der Gl. (IV B.3) bzw. das erste Glied des Klammerausdruckes der Gl. (IV A.4) muß demzufolge mit τ multipliziert werden.

Analog dem eben Gesagten kann das dritte Klammerglied der Gl. (IV A.4), herrührend von der Biegung der Plattenstreifen, die parallel zur y-Achse laufen, gedeutet werden. Da bei den vorliegenden Fällen voraussetzungsgemäß aber $\sigma_y = 0$ ist, sind diese Plattenstreifen, von kleinen von der Biegung herrührenden Normalspannungen abgesehen, frei von Spannungen. Verhält sich die Platte orthogonal-anisotrop, so behält hier E, da in der y-Richtung die Proportionalitätsgrenze nicht überschritten wird, seinen Wert bei. Das dritte Klammerglied der Gl.

---

[1] Ausführliche Darstellung mit Literaturangabe siehe: C. F. KOLLBRUNNER: Das Ausbeulen des auf Druck beanspruchten freistehenden Winkels. Mitt. Inst. Baustatik E.T.H., Zürich, H. Nr. 4, S. 18ff. Zürich: Leemann 1935.

B. Plastischer Bereich

(IV A.4) bleibt somit unverändert. (Für den Fall der orthogonal isotropen Platte nach CHWALLA[1] muß dieses Glied auch mit τ multipliziert werden.)

Für das mittlere Klammerglied der Gl. (IV A.4) sind beide Plattenrichtungen von Einfluß. (Verdrehung eines quadratischen Plattenelementes.) Der Einfluß der beiden Plattenrichtungen kann für orthogonal-anisotropes Verhalten des Materials durch Einführung eines durch die Versuche zu bestimmenden Beiwertes, der zwischen τ und 1 liegen muß, berücksichtigt werden. (Für den Fall der orthogonal-isotropen Platte nach CHWALLA muß auch dieses Glied mit τ multipliziert werden.) BLEICH führte in seine Gleichung einen nur geschätzten Beiwert, nämlich $\sqrt{\tau}$ ein. Multipliziert man das mittlere Klammerglied mit dem durch die Versuche zu bestimmenden Beiwert τ^*, wobei $\tau < \tau^* < 1$, so geht Gl. (IV A.4) über in:

$$\frac{EJ}{1-\nu^2}\left[\frac{\partial^4 w}{\partial x^4}\tau + 2\frac{\partial^4 w}{\partial x^2\,\partial y^2}\tau^* + \frac{\partial^4 w}{\partial y^4}\right] + \sigma_x h\frac{\partial^2 w}{\partial x^2} = 0. \qquad \text{(IV B.4)}$$

Dies ist für in der x-Richtung durch gleichmäßigen Druck beanspruchte orthogonal-anisotrope Platten, die an den belasteten Rändern b frei drehbar gelagert sind, die allgemeine, also auch im plastischen Bereich gültige Differentialgleichung.

Wir halten hier ausdrücklich fest, daß vorläufig in diesem Kapitel der *Knickmodul* T_K, der sowohl vom Spannungs-Dehnungs-Diagramm des verwendeten Materials, wie auch von der Querschnittsform abhängig ist, verwendet wird[2]. (Betreffend Einführung des Tangentenmoduls T an Stelle des Knickmoduls T_K verweisen wir auf Kap. IV B.2.h.) Für den Rechteckquerschnitt folgt[3]:

$$T_K = \frac{4\,T\,E}{(\sqrt{T} + \sqrt{E})^2} \qquad \text{(IV B.5)}$$

oder

$$\tau = \frac{4\,\dfrac{T}{E}}{\left(1 + \sqrt{\dfrac{T}{E}}\right)^2}. \qquad \text{(IV B.6)}$$

b) Allgemeine Lösung der Differentialgleichung (s. Kap. IV A.2.a). An Stelle der Gl. (IV A.7) tritt Gl. (IV B.7):

$$\frac{d^4 Y}{dy^4} - 2\tau^*\left(\frac{m\pi}{a}\right)^2\frac{d^2 Y}{dy^2} + \left[\tau\left(\frac{m\pi}{a}\right)^4 - \frac{\sigma_{kr} h}{D}\left(\frac{m\pi}{a}\right)^2\right]Y = 0. \qquad \text{(IV B.7)}$$

---

[1] CHWALLA, E.: Das allgemeine Stabilitätsproblem der gedrückten, durch Randwinkel verstärkten Platte. Ing.-Arch., V. Bd. (1934) S. 54.
[2] Siehe z. B. C. F. KOLLBRUNNER u. M. MEISTER: Knicken, S. 10ff. Berlin/Göttingen/Heidelberg: Springer 1955.
[3] Siehe z. B. C. F. KOLLBRUNNER: Das Ausbeulen des auf Druck beanspruchten freistehenden Winkels. Mitt. Inst. Baustatik E.T.H., Zürich, H. Nr. 4, S. 54. Zürich: Leemann 1935.

Die Bestimmungsgleichung für den Beiwert k lautet:

$$k^4 - 2\tau^*\left(\frac{m\pi}{a}\right)^2 k^2 + \left[\tau\left(\frac{m\pi}{a}\right)^4 - \frac{\sigma_{kr}\,h}{D}\left(\frac{m\pi}{a}\right)^2\right] = 0.$$

Die Auflösung nach k^2 ergibt:

$$k_{1,2}^2 = \tau^*\left(\frac{m\pi}{a}\right)^2 \pm \sqrt{\tau^{*2}\left(\frac{m\pi}{a}\right)^4 - \tau\left(\frac{m\pi}{a}\right)^4 + \frac{\sigma_{kr}\,h}{D}\left(\frac{m\pi}{a}\right)^2}.$$

Daraus erhält man:

$$\pm k_1 = \pm\sqrt{\sqrt{\tau^{*2}\left(\frac{m\pi}{a}\right)^4 - \tau\left(\frac{m\pi}{a}\right)^4 + \frac{\sigma_{kr}\,h}{D}\left(\frac{m\pi}{a}\right)^2} + \tau^*\left(\frac{m\pi}{a}\right)^2}$$

$$\pm k_2 = \pm\,i\sqrt{\sqrt{\tau^{*2}\left(\frac{m\pi}{a}\right)^4 - \tau\left(\frac{m\pi}{a}\right)^4 + \frac{\sigma_{kr}\,h}{D}\left(\frac{m\pi}{a}\right)^2} - \tau^*\left(\frac{m\pi}{a}\right)^2}.$$

(IV B.8)

Die allgemeine Lösung der Differentialgleichung (IV B.4) ist durch die Gl. (IV A.9a) und (IV A.9b) gegeben.

c) Platte an den Rändern a einerseits gelenkig gelagert, anderseits vollständig frei (s. Kap. IV A.2.c.)[1]. Die Gl. (IV A.33) gehen über in

$$\left.\begin{aligned}k_1 b &= \frac{m\pi}{\alpha}\sqrt{\sqrt{\tau^{*2} + \tau(\mu^2 - 1)} + \tau^*},\\ k_2 b &= \frac{m\pi}{\alpha}\sqrt{\sqrt{\tau^{*2} + \tau(\mu^2 - 1)} - \tau^*}\end{aligned}\right\}$$

(IV B.9)

und die Gln. (IV A.34) lauten im plastischen Bereich:

$$\left.\begin{aligned}r &= \frac{1}{b^2}\left(\frac{m\pi}{\alpha}\right)^2\left\{\sqrt{\tau^{*2} + \tau(\mu^2-1)} - \tau^*(1-\nu)\right\}\\ t &= \frac{1}{b^2}\left(\frac{m\pi}{\alpha}\right)^2\left\{\sqrt{\tau^{*2} + \tau(\mu^2-1)} + \tau^*(1-\nu)\right\}\end{aligned}\right\}$$

(IV B.10)

Setzt man die Werte der Gln. (IV B.9) und (IV B.10) in Gl. (IV A.32) ein, so folgt:

$$\operatorname{tg}\left(\frac{m\pi}{\alpha}\sqrt{\sqrt{\tau^{*2} + \tau(\mu^2-1)} - \tau^*}\right)$$
$$= \frac{[\sqrt{\tau^{*2} + \tau(\mu^2-1)} + \tau^*(1-\nu)]^2}{[\sqrt{\tau^{*2} + \tau(\mu^2-1)} - \tau^*(1-\nu)]^2}$$
$$\cdot\sqrt{\frac{\sqrt{\tau^{*2} + \tau(\mu^2-1)} - \tau^*}{\sqrt{\tau^{*2} + \tau(\mu^2-1)} + \tau^*}}\cdot\operatorname{Tg}\left\{\frac{m\pi}{\alpha}\sqrt{\sqrt{\tau^{*2} + \tau(\mu^2-1)} + \tau^*}\right\}.$$

(IV B.11)

---

[1] KOLLBRUNNER, C. F.: Das Ausbeulen der auf einseitigen, gleichmäßig verteilten Druck beanspruchten Platten im elastischen und plastischen Bereich (Versuchsbericht). Mitt. Inst. Baustatik E.T.H., Zürich, H. Nr. 17, S. 71. Zürich: Leemann 1946.

B. Plastischer Bereich

Aus dieser Gleichung muß der Zusammenhang zwischen α, μ und τ gefunden und das so bestimmte μ in die für den plastischen Bereich gültige Gl. (IV A.28)

$$\sigma_{E*} = \frac{(m\pi)^2 \, E \, J \, \tau}{(1-\nu^2) \, a^2 \, h \, 1} \qquad \text{(IV B.12)}$$

eingesetzt werden.

Schreibt man die hyperbolische Funktion der Gl. (IV B.11) als Exponentialfunktion an, so geht Gl. (IV B.11) über in

$$\operatorname{tg}\left(\frac{m\pi}{\alpha}\sqrt{\tau^*}\sqrt{\sqrt{\frac{\tau^{*2}+\tau(\mu^2-1)}{\tau^{*2}}}-1}\right) =$$

$$= \frac{\left[\sqrt{\frac{\tau^{*2}+\tau(\mu^2-1)}{\tau^{*2}}}+1-\nu\right]^2}{\left[\sqrt{\frac{\tau^{*2}+\tau(\mu^2-1)}{\tau^{*2}}}-1+\nu\right]^2} \cdot \sqrt{\frac{\sqrt{\frac{\tau^{*2}+\tau(\mu^2-1)}{\tau^{*2}}}-1}{\sqrt{\frac{\tau^{*2}+\tau(\mu^2-1)}{\tau^{*2}}}+1}} \qquad \text{(IV B.13)}$$

$$\cdot \left[\frac{1-e^{-\frac{2m\pi\sqrt{\tau^*}}{\alpha}\sqrt{\sqrt{\frac{\tau^{*2}+\tau(\mu^2-1)}{\tau^{*2}}}+1}}}{1+e^{-\frac{2m\pi\sqrt{\tau^*}}{\alpha}\sqrt{\sqrt{\frac{\tau^{*2}+\tau(\mu^2-1)}{\tau^{*2}}}+1}}}\right].$$

Mit $\nu = 0{,}3$ und

$$\beta = \sqrt{\frac{\tau^{*2}+\tau(\mu^2-1)}{\tau^{*2}}} \qquad \text{(IV B.14)}$$

erhält man

(IV B.15)

$$\operatorname{tg}\left[\left(\frac{m\pi}{\alpha}\right)\sqrt{\tau^*}\sqrt{\beta-1}\right] = \frac{(\beta+0{,}7)^2}{(\beta-0{,}7)^2}\frac{\sqrt{\beta-1}}{\sqrt{\beta+1}} \cdot \left[\frac{1-e^{-\frac{2m\pi\sqrt{\tau^*}}{\alpha}\sqrt{\beta+1}}}{1+e^{-\frac{2m\pi\sqrt{\tau^*}}{\alpha}\sqrt{\beta+1}}}\right].$$

Für den elastischen Bereich mit $\tau = \tau^* = 1$ wurde die transzendente Gl. (IV B.15) graphisch gelöst und die gefundenen Resultate analytisch nachgeprüft. Mit

$$\beta = +\sqrt{1+0{,}425\,\alpha^2} \qquad \text{(IV B.16)}$$

wird die Gl. (IV B.15) erfüllt (Fehler kleiner als 1%).

Durch eine einfache Überlegung erhält man aus dem für das elastische Gebiet bestimmten β (Gl. (IV B.16)) den auch für den plastischen Bereich geltenden Wert. Aus Gl. (IV B.15) ist ersichtlich, daß die Knickzahl τ immer als $\sqrt{\tau^*}$ auftritt, und zwar immer in Verbindung mit α und m. Setzt man in Gl. (IV B.16) an Stelle von α nun $\frac{\alpha}{m\sqrt{\tau^*}}$, so ist die Gl.

(IV B.15) für jedes beliebige τ^* erfüllt. Damit geht Gl. (IV B.16) über in:

$$\beta = +\sqrt{1 + 0{,}425 \frac{\alpha^2}{m^2 \tau^*}}. \qquad \text{(IV B.17)}$$

Aus den Gln. (IV B.14) und (IV B.17) erhält man

$$\mu = +\sqrt{1 + 0{,}425 \left(\frac{\alpha}{m}\right)^2 \frac{\tau^*}{\tau}}. \qquad \text{(IV B.18)}$$

Durch Einsetzen des Wertes μ der Gl. (IV B.18) in die für den plastischen Bereich gültige Gl. (IV A.29)

$$\sigma_{kr} = \sigma_{E^*} \mu^2 = \left(\frac{m\pi}{a}\right)^2 \frac{\tau D}{h} \mu^2 \qquad \text{(IV B.19)}$$

erhält man mit $J = \frac{1}{12} h^3$ und $\alpha = \frac{a}{b}$ die Ausbeulformel:

$$\sigma_{kr} = 0{,}425 \frac{\pi^2 E}{12(1-\nu^2)} \left(\frac{h}{b}\right)^2 \tau^* + \frac{(m\pi)^2 E}{12(1-\nu^2)} \left(\frac{h}{a}\right)^2 \tau. \qquad \text{(IV B.20)}$$

Dabei erfolgt die Ausbeulung dieser einseitig gelenkig gelagerten, anderseits vollständig freien Platte stets in einer Halbwelle ($m = 1$).

d) Platte an den Rändern a beiderseits gelenkig gelagert (s. Kap. IV A.2.e). Die Gln. (IV A.45) und (IV A.46) gehen für den plastischen Bereich über in:

(IV B.21)

$$k_2^2 b^2 = \pi^2 = \sqrt{\tau^{*2} \left(\frac{m\pi}{\alpha}\right)^4 + \frac{\sigma_{kr} h b^2}{D} \left(\frac{m\pi}{\alpha}\right)^2 - \tau \left(\frac{m\pi}{\alpha}\right)^4} - \tau^* \left(\frac{m\pi}{\alpha}\right)^2,$$

$$\frac{\sigma_{kr} h b^2}{D \pi^2} \left(\frac{m}{\alpha}\right)^2 = 2 \tau^* \left(\frac{m}{\alpha}\right)^2 + 1 + \tau \left(\frac{m}{\alpha}\right)^4. \qquad \text{(IV B.22)}$$

Wenn man für $D = \frac{EJ}{1-\nu^2}$ und $J = \frac{1}{12} h^3$ einsetzt, folgt:

(IV B.23)

$$\sigma_{kr} = 2 \frac{\pi^2 E}{12(1-\nu^2)} \left(\frac{h}{b}\right)^2 \tau^* + 1 \frac{\pi^2 E}{12(1-\nu^2)} \left(\frac{h a}{b^2}\right)^2 \frac{1}{m^2} + \frac{(m\pi)^2 E}{12(1-\nu^2)} \left(\frac{h}{a}\right)^2 \tau.$$

e) Zusammenstellung der theoretischen Ausbeulformeln. Analog Gl. (IV A.50) für den elastischen Bereich lautet die allgemein gültige Ausbeulformel für die verschiedenen Randbedingungen an den Rändern a im plastischen Bereich:

(IV B.24)

$$\sigma_{kr} = p \frac{\pi^2 E}{12(1-\nu^2)} \left(\frac{h}{b}\right)^2 \tau^* + q \frac{\pi^2 E}{12(1-\nu^2)} \left(\frac{h a}{b^2}\right)^2 \frac{1}{m^2} + \frac{\pi^2 E}{12(1-\nu^2)} \left(\frac{h}{a}\right)^2 m^2 \tau.$$

Die Koeffizienten p und q sind aus der Tab. IV A.1 ersichtlich (s. Kap. IV A.2.h).

f) Anpassung der theoretischen Ausbeulformel an die Versuchsresultate. Bei der Ableitung der allgemeinen Lösung der Differentialgleichung (IV B.4) wurde angenommen, daß die Ränder b frei drehbar gelagert sind, so daß die Platte um diese Ränder wippen kann. Dies ist in der Praxis jedoch nicht der Fall. Auch bei den durchgeführten Versuchen von KOLLBRUNNER[1] sind die Ränder b nicht vollständig momentenfrei gelagert.

Nimmt man für den Fall II (Kanten a einerseits gelenkig gelagert, anderseits vollständig frei) an, daß eine teilweise Einspannung der belasteten Ränder b für langgestreckte Platten ohne nennenswerte Wirkung auf die kritische Belastung sei, so ist es anderseits logisch, daß, je kürzer die Platte ist, um so weniger die Annahme gelenkiger Lagerung der gedrückten Ränder b stimmt. Die Momente M_x verschwinden bei kurzen Blechen nicht, denn die in der Praxis vorhandene elastische Einspannung der Ränder b setzt der freien Verdrehung einen Widerstand entgegen. Diese Nichtübereinstimmung von reiner Theorie und Wirklichkeit korrigierte KOLLBRUNNER für den Fall II, an Hand von 502 Winkelversuchen, durch Einführung eines Korrektionsfaktors $K=1,5$, mit dem das Glied mit dem Faktor $\left(\dfrac{h}{a}\right)^2$ multipliziert wurde[2]. Dabei ist es logisch, den Korrektionsfaktor K nur in Verbindung mit dem zweiten Glied der Gl. (IV B.20) einzuführen, denn das erste Glied gibt den Wert σ_{kr} für ∞ lange Platten, d. h. $\sigma_{kr\,min}$. Für ∞ lange Platten spielt hier, wo die Ausbeulung nur immer in einer Halbwelle erfolgen kann, die teilweise Einspannung keine Rolle. Das zweite Glied gibt den Mehrwert an, mit dem die Platten mit endlicher Länge über dem Wert $\sigma_{kr\,min}$ ausbeulen. Erst bei sehr kurzen Platten wird dieses Glied, das umgekehrt proportional mit a^2 wächst, groß; aber auch nur bei sehr kurzen Platten gilt die Annahme der gelenkigen Lagerung der gedrückten Ränder b nicht mehr.

Sowie mehrere Halbwellen ausgebildet werden können, ist das Problem verwickelter. Geben wir hier, in Anpassung an den Fall II, wiederum dem ersten Glied der Gl. (IV B.24) mit dem Faktor $\left(\dfrac{h}{b}\right)^2$ keinen Korrektionsfaktor und dem dritten Glied mit dem Faktor $\left(\dfrac{h}{a}\right)^2$ einen Korrektionsfaktor K_2, so wird der Korrektionsfaktor des Mittelgliedes, mit dem Faktor

$$\left(\frac{h\,a}{b^2}\right)^2 = \left(\frac{h}{b}\right)^4\left(\frac{a}{h}\right)^2, \qquad K_1 = \frac{1}{K_2}. \qquad \text{(IV B.25)}$$

Durch die Versuche wurde der Korrektionsfaktor K_2 für den plastischen Bereich zu 1,2 bestimmt.

---

[1] KOLLBRUNNER, C. F.: Das Ausbeulen der auf einseitigen, gleichmäßig verteilten Druck beanspruchten Platten im elastischen und plastischen Bereich (Versuchsbericht). Mitt. Inst. Baustatik E.T.H., Zürich, Nr. 17. Zürich: Leemann 1946.

[2] KOLLBRUNNER, C. F.: Das Ausbeulen des auf Druck beanspruchten freistehenden Winkels. Mitt. Inst. Baustatik E.T.H., Zürich, Nr. 4, S. 55. Zürich: Leemann 1935.

Wenn man an Stelle von τ^* den Mittelwert $\dfrac{\tau + \sqrt{\tau}}{2}$ in Gl. (IV B.24) einführt, so erhält man mit den Korrektionsfaktoren K_1 und K_2 die in der Praxis allgemein gültige Ausbeulformel zu

$$\sigma_{kr} = p\,\frac{\pi^2 E}{12(1-\nu^2)}\left(\frac{h}{b}\right)^2 \frac{\tau+\sqrt{\tau}}{2} + K_1\,q\,\frac{\pi^2 E}{12(1-\nu^2)}\left(\frac{h\,a}{b^2}\right)^2 \frac{1}{m^2}$$
$$+ K_2\,\frac{\pi^2 E}{12(1-\nu^2)}\left(\frac{h}{a}\right)^2 m^2\,\tau \qquad\text{(IV B.26a)}$$

oder
(IV B.26b)
$$\sigma_{kr} = \frac{\pi^2 E}{12(1-\nu^2)}\left\{p\left(\frac{h}{b}\right)^2 \frac{\tau+\sqrt{\tau}}{2} + K_1\,q\left(\frac{h\,a}{b^2}\right)^2 \frac{1}{m^2} + K_2\left(\frac{h}{a}\right)^2 m^2\,\tau\right\}$$

oder
$$\sigma_{kr} = \frac{\pi^2 D}{h\,b^2}\left\{p\,\frac{\tau+\sqrt{\tau}}{2} + K_1\,q\left(\frac{a}{m\,b}\right)^2 + K_2\left(\frac{m\,b}{a}\right)^2 \tau\right\}. \qquad\text{(IV B.26c)}$$

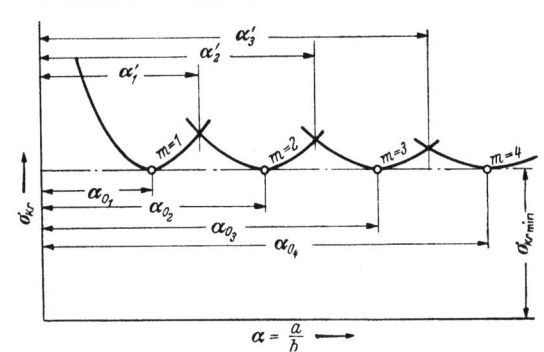

Abb. IV B.1

Die Koeffizienten p und q sind nach Tab. IV A.1:

Fall I: Kanten a gänzlich frei. $\qquad p = 0{,}000 \quad q = 0{,}000$

Fall II: Kanten a einerseits gelenkig gelagert, anderseits gänzlich frei. $\qquad p = 0{,}425 \quad q = 0{,}000$

Fall III: Kanten a einerseits fest eingespannt, anderseits gänzlich frei. $\qquad p = 0{,}570 \quad q = 0{,}125$

Fall IV: Kanten a beiderseits gelenkig gelagert. $\qquad p = 2{,}000 \quad q = 1{,}000$

Fall V: Kanten a beiderseits fest eingespannt $\qquad p = 2{,}500 \quad q = 5{,}000$

Fall VI: Kanten a einerseits fest eingespannt, anderseits gelenkig gelagert. $\qquad p = 2{,}270 \quad q = 2{,}450$

Die Korrektionsfaktoren K_1 und K_2 sind: $K_1 = \dfrac{1}{K_2}$.

B. Plastischer Bereich

Fall II: $K_2 = 1{,}5$ (für den elastischen und plastischen Bereich).

Fall III bis VI: $K_2 = 1{,}2$ (nur für den plastischen Bereich. Elastischer Bereich $K_2 = 1$).

Aus Gl. (IV B.26a) erhält man durch Einführung von α, auf Grund der Bedingung $\frac{\partial \sigma_{kr}}{\partial \alpha} = 0$, den Wert α_0, der σ_{kr} zu einem Minimum macht, und den für die Praxis wichtigsten Wert, die minimale kritische Ausbeulspannung (Abb. IV B.1) zu:

$$\sigma_{kr\,\min} = \frac{\pi^2 E \sqrt{\tau}}{12(1-\nu^2)} \left(\frac{h}{b}\right)^2 \left[p \frac{1+\sqrt{\tau}}{2} + 2\sqrt{K_1 K_2}\sqrt{q} \right] \qquad \text{(IV B.27)}$$

$$\sigma_{kr\,\min} = \frac{\pi^2 E \sqrt{\tau}}{12(1-\nu^2)} \left(\frac{h}{b}\right)^2 \left[p \frac{1+\sqrt{\tau}}{2} + 2\sqrt{q} \right] \qquad \text{(IV B.28)}$$

$$\alpha_0 = m \sqrt[4]{\frac{K_2}{K_1}} \sqrt[4]{\frac{\tau}{q}} \qquad \text{(IV B.29)}$$

$$\alpha_0 = m \sqrt{K_2} \sqrt[4]{\frac{\tau}{q}} \qquad \text{(IV B.30)}$$

$$\alpha' = \sqrt[4]{\frac{K_2}{K_1}} \sqrt{\frac{\tau}{q}} \sqrt{m(m+1)} \qquad \text{(IV B.31)}$$

$$\alpha' = \sqrt{K_2} \sqrt[4]{\frac{\tau}{q}} \sqrt{m(m+1)}. \qquad \text{(IV B.32)}$$

BLEICH[1] erhält für orthogonal anisotrope Platten mit $\tau^* = \sqrt{\tau}$ folgende Formeln:

(IV B.33)
$$\sigma_{kr} = p \frac{\pi^2 E}{12(1-\nu^2)} \left(\frac{h}{b}\right)^2 \sqrt{\tau} + q \frac{\pi^2 E}{12(1-\nu^2)} \left(\frac{h\,a}{b^2}\right)^2 \frac{1}{m^2} + \frac{\pi^2 E}{12(1-\nu^2)} \left(\frac{h}{a}\right)^2 m^2 \tau$$

$$\sigma_{kr\,\min} = \frac{\pi^2 E \sqrt{\tau}}{12(1-\nu^2)} \left(\frac{h}{b}\right)^2 \left[p + 2\sqrt{q} \right] \qquad \text{(IV B.34)}$$

$$\alpha_0 = m \sqrt[4]{\frac{\tau}{q}} \qquad \text{(IV B.35)}$$

$$\alpha' = \sqrt[4]{\frac{\tau}{q}} \sqrt{m(m+1)}. \qquad \text{(IV B.36)}$$

Für orthogonal isotrope Platten erhält CHWALLA[2] folgende Gleichungen:

(IV B.37)
$$\sigma_{kr} = p \frac{\pi^2 E}{12(1-\nu^2)} \left(\frac{h}{b}\right)^2 \tau + q \frac{\pi^2 E}{12(1-\nu^2)} \left(\frac{h\,a}{b^2}\right)^2 \frac{1}{m^2} \tau + \frac{\pi^2 E}{12(1-\nu^2)} \left(\frac{h}{a}\right)^2 m^2 \tau$$

$$\sigma_{kr\,\min} = \frac{\pi^2 E \tau}{12(1-\nu^2)} \left(\frac{h}{b}\right)^2 \left[p + 2\sqrt{q} \right] \qquad \text{(IV B.38)}$$

---

[1] BLEICH, F.: Theorie und Berechnung der eisernen Brücken, S. 216. Berlin: Springer 1924.
[2] CHWALLA, E.: Das allgemeine Stabilitätsproblem der gedrückten, durch Randwinkel verstärkten Platte. Ing.-Arch., V. Bd. (1934) S. 54.

206 IV. Die verschiedenen Beulfälle

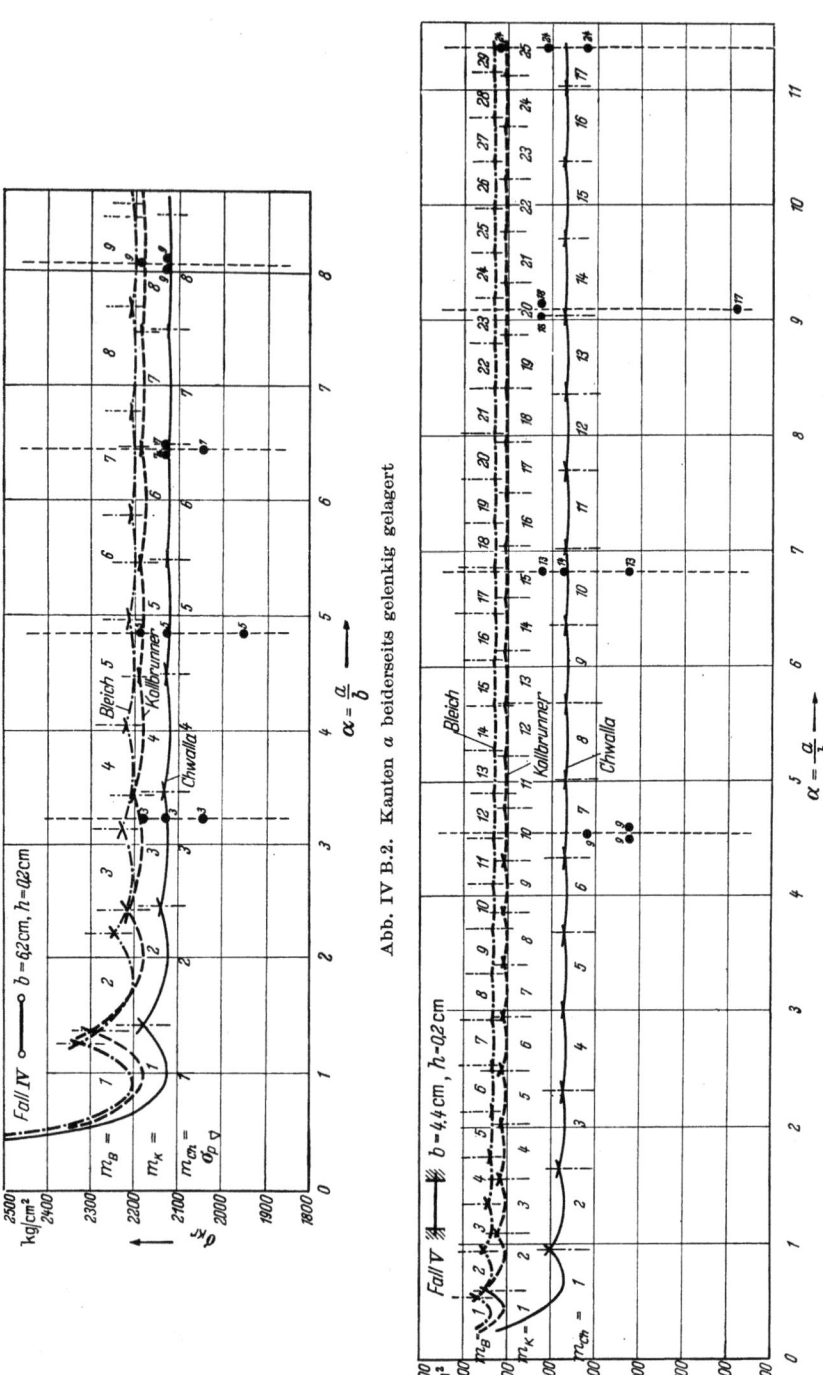

Abb. IV B.2. Kanten a beiderseits gelenkig gelagert

Abb. IV B.3. Kanten a beiderseits fest eingespannt

B. Plastischer Bereich

$$\alpha_0 = m \sqrt[4]{\frac{1}{q}} \qquad \text{(IV B.39)}$$

$$\alpha' = \sqrt[4]{\frac{1}{q}} \sqrt{m(m+1)} \qquad \text{(IV B.40)}$$

Im elastischen Bereich ($\tau = 1$) sind selbstverständlich die Gln. (IV B.33) bis (IV B.36) von BLEICH mit den analogen Gln. (IV B.37) bis (IV B.40) von CHWALLA wie auch (mit Ausnahme des Korrektionsfaktors K_2 für den Fall II) mit den Gln. (IV B.26), (IV B.28), (IV B.30) und (IV B.32) identisch.

In den Abb. IV B.2 bis IV B.4 sind die theoretischen Werte nach BLEICH, CHWALLA und nach den Gln. (IV B.26), (IV B.28), (IV B.30) und (IV B.32) mit den erhaltenen Versuchsresultaten eingetragen. Man ersieht daraus, daß die Versuchsresultate mit den Werten der Gln. (IV B.26), (IV B.28), (IV B.30) und (IV B.32) besser übereinstimmen als mit den Werten von BLEICH und CHWALLA.

g) Berechnung der Ausbeulspannungen. Währenddem für den Fall II, bei welchem das Blech nur in einer Halbwelle ausbeult (Platten an den Rändern a einerseits gelenkig gelagert, anderseits vollständig frei), die kritische Ausbeulspannung nach der Gl. (IV B.26) bzw. (IV B.20) bestimmt werden muß, genügt für die Fälle III bis VI, bei welchen die Bleche in verschiedenen Halbwellen ausbeulen, meist die Bestimmung der *minimalen* kritischen Ausbeulspannung nach Gl. (IV B.28).

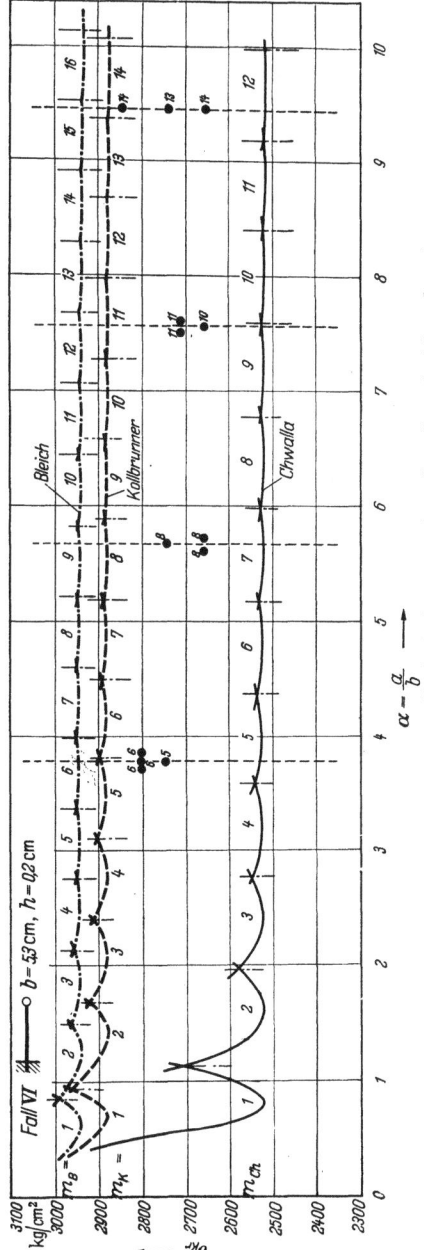

Abb. IV B.4. Kanten a einerseits fest eingespannt, anderseits gelenkig gelagert.

208   IV. Die verschiedenen Beulfälle

Im Gegensatz zum elastischen Bereich mit $\tau = 1$, wo mit der Gl. (IV B.28) ohne weiteres die minimale kritische Ausbeulspannung $\sigma_{kr\,min}$ bestimmt werden kann, ist die Berechnung von $\sigma_{kr\,min}$ im plastischen

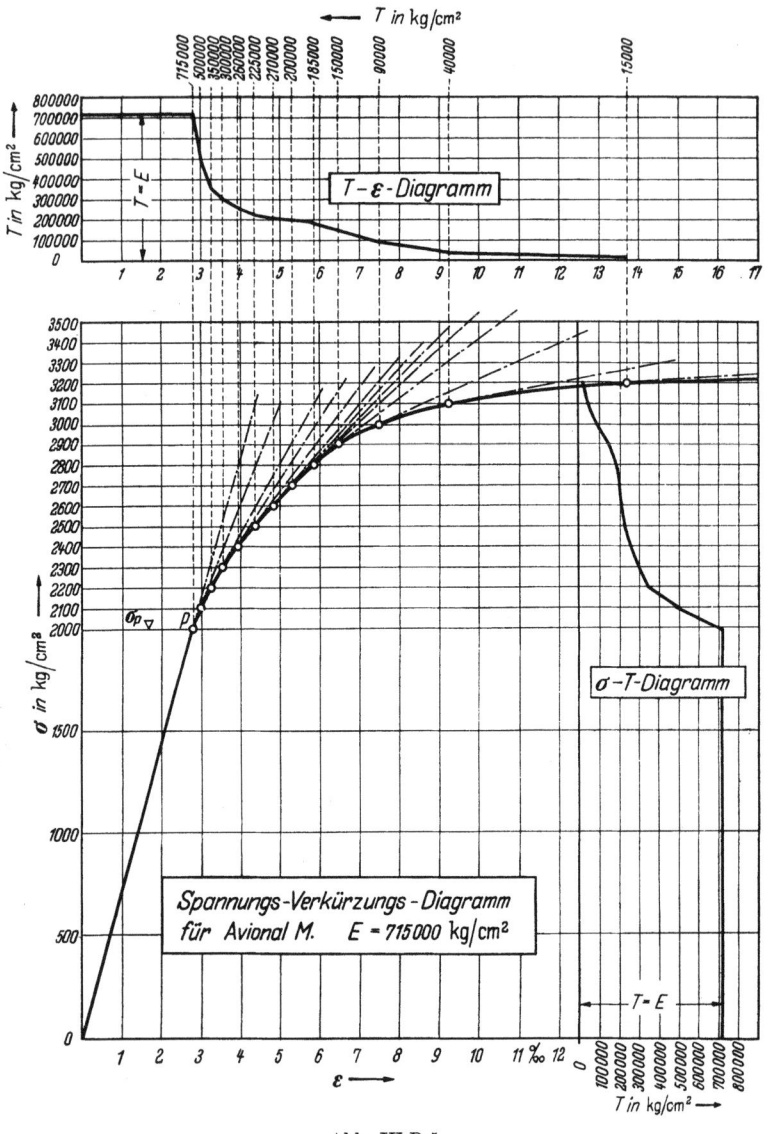

Abb. IV B.5

Bereich insofern komplizierter, als die Knickzahl τ eine durch die τ-Linie bestimmte Funktion von σ_{kr} ist.

Der Rechnungsgang für den plastischen Bereich ist folgender:

B. Plastischer Bereich

1. Vorarbeiten. a) Festlegung einiger Punkte des Spannungs-Verkürzungs-Diagrammes. Bestimmung von T durch Tangentenlegung

$$T = \frac{d\sigma}{d\varepsilon} \quad \text{(Abb. IV B.5)}$$

b) Bestimmung der Werte τ (Rechteckquerschnitte)

$$\tau = \frac{4\,\dfrac{T}{E}}{\left(1 + \sqrt{\dfrac{T}{E}}\right)^2}.$$

c) Aufzeichnung der τ-Linie (Abb. IV B.6).

2. Eigentliche Rechnung. Annahme von τ. Berechnung von $\sigma_{kr\,\text{min}}$ mit diesem angenommenen τ. Prüfung, ob das angenommene τ auf der τ-Linie die gleiche Ausbeulspannung $\sigma_{kr\,\text{min}}$ ergibt wie die Rechnung. Die Rechnung ist so lange zu wiederholen, bis das errechnete $\sigma_{kr\,\text{min}}$ mit dem aus der τ-Linie abgegriffenen übereinstimmt.

(Da die Knickzahl τ als Funktion von σ_{kr} durch die τ-Linie in graphischer Form dargestellt wird, muß die Gleichung für $\sigma_{kr\,\text{min}}$, in welcher τ

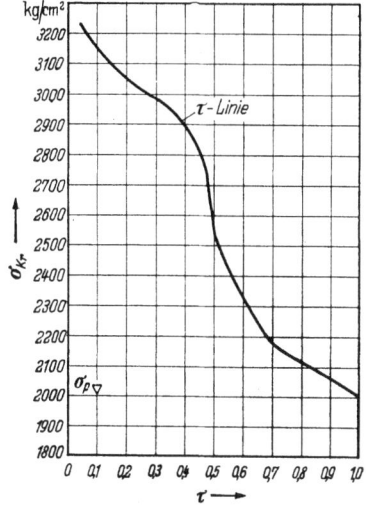

Abb. IV B.6

vorkommt, durch Probieren gelöst werden.) Das gleiche gilt für den Fall II und die Bestimmung von σ_{kr}.

Bei guter Schätzung von τ genügt eine dreimalige Wiederholung der Rechnung. Mit zwei verschiedenen τ werden die zugehörigen $\sigma_{kr\,\text{min}}$ bestimmt, wobei man vorteilhaft darnach trachtet, die $\sigma_{kr\,\text{min}}$ auf verschiedenen Seiten der τ-Linie zu erhalten. Die beiden Punkte werden im σ_{kr}–τ-Diagramm (τ-Linie) eingetragen und geradlinig miteinander verbunden. Der Schnittpunkt mit der τ-Linie ergibt stets eine gute Annäherung. Die dritte Rechnung wird als Kontrollrechnung mit dem aus dem Schnittpunkt bestimmten τ durchgeführt. Bei schlechter erster Schätzung von τ wird eventuell noch eine vierte Rechnung nötig.

h) Grundlegende Betrachtungen. Im folgenden werden einige grundlegende Betrachtungen durchgeführt, die

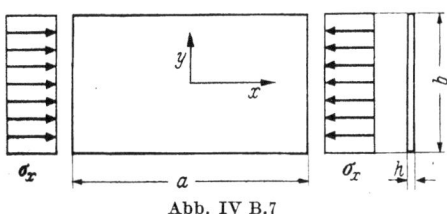

Abb. IV B.7

später auch als Ausgangspunkt für die weiteren Belastungsfälle sinngemäß Verwendung finden (Abb. IV B.7).

In diesem Kap. IV B.2 werden lediglich die auf einseitigen, gleichmäßig verteilten Druck beanspruchten rechteckigen Platten, die an den belasteten Rändern b frei drehbar gelagert sind und an den unbelasteten Längsrändern a verschiedene Randbedingungen erfüllen, untersucht.

Um die Plattengleichung aufstellen zu können, müssen wir an Stelle des HOOKEschen Gesetzes Beziehungen zwischen Dehnungen und Spannungen im plastischen Bereich annehmen. Diese Beziehungen müssen einerseits plausibel erscheinen, andererseits sollen sie jedoch, damit sie in der Praxis angewendet werden, auf eine möglichst einfache Gleichung führen.

Das HOOKEsche Gesetz für ebene Spannungszustände kann für den *elastischen* Bereich wie folgt angeschrieben werden (s. Gl. III B. 17—19):

$$\varepsilon_x = \frac{\sigma_x}{E} - \nu \frac{\sigma_y}{E} \qquad \text{(IV B.41)}$$

$$\varepsilon_y = \frac{\sigma_y}{E} - \nu \frac{\sigma_x}{E} \qquad \text{(IV B.42)}$$

$$\gamma_{xy} = \frac{\tau_{xy}}{G} = \frac{2(1+\nu)}{E} \tau_{xy}. \qquad \text{(IV B.43)}$$

Für den *plastischen Bereich* gehen diese Gleichungen über in:

$$\varepsilon_x = \frac{\sigma_x}{E\tau} - \nu \frac{\sigma_y}{E\sqrt{\tau}} \qquad \text{(IV B.44)}$$

$$\varepsilon_y = \frac{\sigma_y}{E} - \nu \frac{\sigma_x}{E\sqrt{\tau}} \qquad \text{(IV B.45)}$$

$$\gamma_{xy} = \frac{\tau_{xy}}{G\sqrt{\tau}} = \frac{2(1+\nu)}{E\sqrt{\tau}} \tau_{xy}. \qquad \text{(IV B.46)}$$

Dabei bedeutet $\tau = \dfrac{T}{E}$ die Knickzahl und T den Tangentenmodul $\left(T = \dfrac{d\sigma}{d\varepsilon}\right)$.

Im Gegensatz zu den früher erwähnten Arbeiten (Kap. IV B.1) von TIMOSHENKO, BLEICH und KOLLBRUNNER wird hier nach den neuen Erkenntnissen von SHANLEY[1] für T der Tangentenmodul des einachsigen Spannungszustandes, und nicht der Knickmodul T_K, eingeführt[2] (Abb. IV B.8).

Beim Vergleich mit den Versuchsergebnissen werden die theoretischen Werte normalerweise unter den Versuchswerten[3] liegen, da ja die kritischen Spannungen nach SHANLEY einen unteren Grenzwert bedeuten.

Bei den Dehnungsanteilen wurde für die Richtung x die volle Verminderung τ, für die Richtung y jedoch keine Verminderung und für die gemischten Werte $\sqrt{\tau}$ eingeführt.

---

[1] SHANLEY, F. R.: Inelastic Column Theory. J. Aeron. Sci., Bd. 13 (1946) S. 678 u. Bd. 14 (1947) S. 261—268. Zusammenstellung siehe z. B. C. F. KOLLBRUNNER u. M. MEISTER: Knicken, S. 17. Berlin/Göttingen/Heidelberg: Springer 1955.

[2] Im Buch F. BLEICH: Buckling Strength of Metal Structures. New York: McGraw-Hill Book Company 1952, hat BLEICH ebenfalls den Tangentenmodul T eingeführt. (S. a. Kap. IV C.).

[3] Dies setzt natürlich sehr sorgfältig durchgeführte Versuche voraus, da jede Ungenauigkeit der Zentrierung und jede anfängliche Verformung die kritischen Werte herabsetzt.

B. Plastischer Bereich

Mit diesen Annahmen verhält sich die Platte im plastischen Bereich nicht mehr isotrop, sondern orthotrop[1]. Die Beziehungen (IV B.44), (IV B.45) und (IV B.46) scheinen, wenn schon nicht beweisbar, doch irgendwie plausibel und für eine erste Annäherung genügend[2].

Löst man die Gln. (IV B.44), (IV B.45), (IV B.46) nach den Spannungen auf, so erhält man

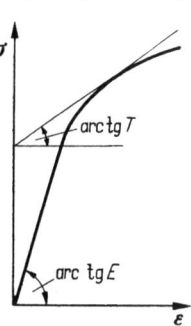

$$\sigma_x = \frac{E}{1-\nu^2}(\tau\,\varepsilon_x + \sqrt{\tau}\,\nu\,\varepsilon_y) \qquad \text{(IV B.47)}$$

$$\sigma_y = \frac{E}{1-\nu^2}(\varepsilon_y + \sqrt{\tau}\,\nu\,\varepsilon_x) \qquad \text{(IV B.48)}$$

$$\tau_{xy} = \frac{E\sqrt{\tau}}{2(1+\nu)}\gamma_{xy}. \qquad \text{(IV B.49)}$$

Abb. IV B.8

Zwischen den spezifischen Formänderungen ε_x, ε_y, γ_{xy} in einem Plattenpunkt der Ordinate z und den Ausbiegungen w bestehen aber folgende Formänderungsgleichungen, die vom Verhalten des Materials ganz unabhängig sind und daher auch im plastischen Bereich gültig bleiben[3]:

$$\varepsilon_x = z\,\frac{\partial^2 w}{\partial x^2} \qquad \text{(IV B.50)}$$

$$\varepsilon_y = z\,\frac{\partial^2 w}{\partial y^2} \qquad \text{(IV B.51)}$$

$$\gamma_{xy} = 2z\,\frac{\partial^2 w}{\partial x\,\partial y}. \qquad \text{(IV B.52)}$$

Die Plattenmomente M_x, M_y, M_{xy} können wie folgt angeschrieben werden[4]:

$$M_x = -\int_{-\frac{h}{2}}^{+\frac{h}{2}} \sigma_x\,z\,dz \qquad \text{(IV B.53)}$$

$$M_y = -\int_{-\frac{h}{2}}^{+\frac{h}{2}} \sigma_y\,z\,dz \qquad \text{(IV B.54)}$$

$$M_{xy} = M_{yx} = -\int_{-\frac{h}{2}}^{+\frac{h}{2}} \tau_{xy}\,z\,dz. \qquad \text{(IV B.55)}$$

---

[1] Orthotrop ist die Abkürzung von orthogonal-anisotrop. Die Eigenschaften der Platte haben in zwei zueinander senkrecht stehenden ausgezeichneten Richtungen verschiedene Werte. Diese beiden Richtungen stimmen in unserem Fall mit den Richtungen der Koordinatenachsen überein.
[2] Statt direkt die Plattengleichung aufzustellen, wie F. BLEICH es tut, sind wir von den Beziehungen zwischen Spannungen und Dehnungen ausgegangen, um einen besseren Überblick der gemachten Annahmen zu erreichen.
[3] Siehe Gl. (III B.14), (III B.15) und (III B.16)
[4] Siehe Gl. (III B.1), (III B.2) und (III B.3)

Durch Einsetzen der Werte aus den Gln. (IV B.47), (IV B.48) und (IV B.49) in diese Gleichungen erhält man nach einigen Umformungen:

$$M_x = -D\left(\tau \frac{\partial^2 w}{\partial x^2} + \nu \sqrt{\tau} \frac{\partial^2 w}{\partial y^2}\right) \quad \text{(IV B.56)}$$

$$M_y = -D\left(\frac{\partial^2 w}{\partial y^2} + \nu \sqrt{\tau} \frac{\partial^2 w}{\partial x^2}\right) \quad \text{(IV B.57)}$$

$$M_{xy} = -D(1-\nu)\sqrt{\tau}\frac{\partial^2 w}{\partial x \partial y}. \quad \text{(IV B.58)}$$

Dabei hat die Plattensteifigkeit D den Wert

$$D = \frac{E h^3}{12(1-\nu^2)}.$$

Die Momentengleichgewichtsbedingung (Gl. (III B.9))

$$\frac{\partial^2 M_x}{\partial x^2} + \frac{\partial^2 M_y}{\partial y^2} + 2\frac{\partial^2 M_{xy}}{\partial x \partial y} = -p \quad \text{(IV B.59)}$$

ergibt im plastischen Bereich folgende Plattengleichung:

$$\tau \frac{\partial^4 w}{\partial x^4} + 2\sqrt{\tau}\frac{\partial^4 w}{\partial x^2 \partial y^2} + \frac{\partial^4 w}{\partial y^4} = \frac{p}{D} \quad \text{(IV B.60)}$$

und nach Einführung der Ablenkungskräfte der Randspannungen σ_x,

$$p = -h\,\sigma_x \frac{\partial^2 w}{\partial x^2}$$

erhält man die gesuchte Grundgleichung des untersuchten Beulproblemes im plastischen Bereich:

$$\underline{\tau \frac{\partial^4 w}{\partial x^4} + 2\sqrt{\tau}\frac{\partial^4 w}{\partial x^2 \partial y^2} + \frac{\partial^4 w}{\partial y^4}} + \frac{h}{D}\sigma_x \frac{\partial^2 w}{\partial x^2} = 0. \quad \text{(IV B.61)}$$

Diese Gleichung ist identisch mit Gl. (IV B.4) für $\tau^* = \sqrt{\tau}$.

Die Gleichung einer orthotropen Platte lautet nach Gl. (III B.29)[1]:

$$D_x \frac{\partial^4 w}{\partial x^4} + 2 D_{xy}\frac{\partial^4 w}{\partial x^2 \partial y^2} + D_y \frac{\partial^4 w}{\partial y^4} = p. \quad \text{(IV B.62)}$$

Gl. (IV B.61) ist ein Sonderfall dieser allgemeinen Gleichung mit $D_{xy} = \sqrt{D_x D_y}$.

Die Untersuchung solcher orthotroper Platten läßt sich aber ohne weiteres auf die Untersuchung einer isotroper Platte durch folgende

---

[1] Siehe auch S. TIMOSHENKO: Theory of Plates and Shells, S. 191. New York and London: McGraw-Hill Book Company 1940. Die ersten Arbeiten auf diesem Gebiet sind die Dissertation von F. GEHRING: De aequationibus differentialibus, quibus aequilibrium et motus laminae crystallinae definiuntur (Berlin 1860), und der Aufsatz von J. BOUSSINESQ: Complément à une étude de 1871..., IV. Equations d'équilibre d'une plaque. J. Math. 3ème série 1879.

B. Plastischer Bereich

Koordinatentransformation zurückführen[1].

$$x^* = x \sqrt[4]{\frac{1}{\tau}}. \quad \text{(IV B.63)}$$

Mit

$$\frac{\partial w}{\partial x} = \frac{\partial w}{\partial x^*} \frac{dx^*}{dx} = \frac{\partial w}{\partial x^*} \sqrt[4]{\frac{1}{\tau}} \quad \text{(IV B.64)}$$

wird Gl. (IV B.61)

$$\tau \frac{\partial^4 w}{\partial x^{*4}} \left(\sqrt[4]{\frac{1}{\tau}}\right)^4 + 2\sqrt{\tau} \frac{\partial^4 w}{\partial x^{*2} \partial y^2} \left(\sqrt[4]{\frac{1}{\tau}}\right)^2$$
$$+ \frac{\partial^4 w}{\partial y^4} + \frac{h}{D} \sigma_x \frac{\partial^2 w}{\partial x^{*2}} \left(\sqrt[4]{\frac{1}{\tau}}\right)^2 = 0 \quad \text{(IV B.65)}$$

oder

$$\frac{\partial^4 w}{\partial x^{*4}} + 2 \frac{\partial^4 w}{\partial x^{*2} \partial y^2} + \frac{\partial^4 w}{\partial y^4} + \frac{h}{\sqrt{\tau} D} \sigma_x \frac{\partial^2 w}{\partial x^{*2}} = 0. \quad \text{(IV B.66)}$$

Diese Gleichung entspricht genau Gl. (IV A.4) im elastischen Bereich, wenn die Plattensteifigkeit D auf $\sqrt{\tau} D$ vermindert wird.

Wir wollen jetzt noch die verschiedenen Randbedingungen parallel zu x untersuchen, und zwar dieselben wie im elastischen Bereich:

Gelenkig gelagerter Rand,
total eingespannter Rand,
freier Rand.

Beim gelenkig gelagerten Rand sind die Randbedingungen (Abb. IV B. 7)

$$w = 0, \quad \frac{\partial^2 w}{\partial y^2} = 0 \quad \text{für} \quad y = \pm \frac{b}{2}.$$

Diese Randbedingungen werden durch die Koordinatentransformation nicht beeinflußt.

Dasselbe gilt für die Randbedingungen beim eingespannten Rande $w = 0$, $\frac{\partial w}{\partial y} = 0$ für $y = \pm \frac{b}{2}$.

Beim freien Rand müssen folgende Bedingungen erfüllt werden

$$M_y = 0, \quad V_y = 0.$$

Nach Gl. (IV B.57) erhält man

$$\frac{\partial^2 w}{\partial y^2} + \nu \sqrt{\tau} \frac{\partial^2 w}{\partial x^2} = 0. \quad \text{(IV B.67)}$$

Die Auflagerkraft V_y ergibt sich zu

$$V_y = \frac{\partial M_y}{\partial y} + 2 \frac{\partial M_{xy}}{\partial x}. \quad \text{(IV B.68)}$$

---

[1] Siehe z. B. M. T. HUBER: Probleme der Statik technisch wichtiger orthotroper Platten. Gastvorlesungen an der E.T.H., Gebethner & Wolff, Warschau, 1929 oder die verschiedenen Artikel im Bauingenieur 1923, 1924, 1925, 1926.

Mit den Gln. (IV B.57) und (IV B.58) erhält man:

$$-\frac{1}{D} V_y = \frac{\partial^3 w}{\partial y^3} + \nu \sqrt{\tau} \frac{\partial^3 w}{\partial x^2 \partial y} + 2(1-\nu)\sqrt{\tau}\frac{\partial^3 w}{\partial x^2 \partial y} = 0. \qquad \text{(IV B.69)}$$

$$\frac{\partial^3 w}{\partial y^3} + (2-\nu)\sqrt{\tau}\frac{\partial^3 w}{\partial x^2 \partial y} = 0. \qquad \text{(IV B.70)}$$

Mit der Koordinatentransformation (IV B.63) gehen die Gln. (IV B.67) und (IV B.70) über in

$$\left[\frac{\partial^2 w}{\partial y^2} + \nu \frac{\partial^2 w}{\partial x^{*2}}\right]_{y=\pm\frac{b}{2}} = 0, \qquad \text{(IV B.71)}$$

$$\left[\frac{\partial^3 w}{\partial y^3} + (2-\nu)\frac{\partial^3 w}{\partial x^{*2} \partial y}\right]_{y=\pm\frac{b}{2}} = 0, \qquad \text{(IV B.72)}$$

also genau wie die Gln. (III B.41b) und (III B.41c) des elastischen Bereiches (x und y sind dabei zu vertauschen).

Da die Plattengleichung und die Randbedingungen des Problems im plastischen Bereich durch die Koordinatentransformation $x^* = x\sqrt[4]{\frac{1}{\tau}}$ und die Verminderung der Plattensteifigkeit D auf $\sqrt{\tau}\,D$ auf die Gleichung und Randbedingungen, die das Beulproblem im elastischen Bereich bestimmen, zurückgeführt werden können, dürfen alle im Abschnitt des elastischen Beulens ermittelten Resultate auch im plastischen Bereich angewandt werden[1].

Dabei ist aber anstatt der gegebenen Plattenlänge a eine auf $a^* = a\sqrt[4]{\frac{1}{\tau}}$ vergrößerte Länge und eine auf $D^* = D\sqrt{\tau}$ verminderte Plattensteifigkeit einzuführen.

Mit der Beulzahl k und der EULERschen Bezugsspannung nach Gl. (IV A.53)

$$\sigma_E = \frac{\pi^2 D}{h\,b^2} = \frac{\pi^2 E}{12(1-\nu^2)}\left(\frac{h}{b}\right)^2$$

erhält man somit

$$\underline{\sigma_{kr} = k\sqrt{\tau}\,\sigma_E}, \qquad \text{(IV B.73)}$$

wobei k für das Verhältnis $\frac{a}{b}\sqrt[4]{\frac{1}{\tau}}$ ermittelt werden muß.

Die Werte $k_{\min}$ sind natürlich dieselben wie im elastischen Bereich $\left(\text{nur entsprechen sie einem anderen Verhältnis } \frac{a}{b}\right)$ und es wird

$$\underline{(\sigma_{kr\,pl})_{\min} = k_{\min}\sqrt{\tau}\,\sigma_E = \sqrt{\tau}\,(\sigma_{kr\,el})_{\min}}. \qquad \text{(IV B.74)}$$

---

[1] Die Ansätze (IV B.44), (IV B.45), (IV B.46) haben somit, wie gewünscht, zu einer einfachen Lösung geführt.

3. Ausbeulen der auf einseitigen ungleichmäßigen Druck und Druck mit Biegung beanspruchten rechteckigen Platten
(Belastete Ränder b frei drehbar gelagert)

Dieses Problem, mit dem Grenzfall der reinen Biegung, ist bedeutend komplizierter als der vorgängig untersuchte Fall des gleichmäßig verteilten Druckes. Die erste Schwierigkeit besteht schon in der Annahme des Verlaufes der Randspannungen. Im elastischen Bereich (Abb. IV B.9) genügt die Angabe der beiden Werte σ_1 und σ_2 oder von σ_1 und dem Koeffizienten $c = 1 - \frac{\sigma_2}{\sigma_1}$ (σ_1 und σ_2 positiv als Druckspannungen). Die Spannungsverteilung im Innern der Platte

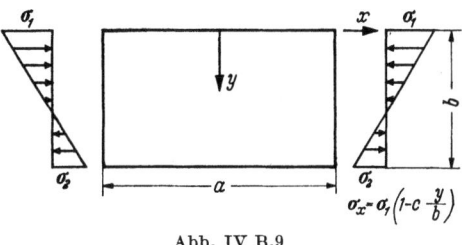

Abb. IV B.9

kann sofort ermittelt werden, indem man die Platte als Scheibe betrachtet; es wird

$$\left.\begin{array}{l}\sigma_x = \sigma_{\text{Rand}} \\ \sigma_y = 0 \\ \tau_{xy} = 0,\end{array}\right\} \quad \text{(IV B.75)}$$

denn mit

$$\sigma_x = \frac{\partial^2 F}{\partial y^2} = \sigma_1 \left(1 - c\,\frac{y}{b}\right) \quad \text{(IV B.76)}$$

$$\sigma_y = \frac{\partial^2 F}{\partial x^2} = 0 \quad \text{(IV B.77)}$$

$$\tau_{xy} = -\frac{\partial^2 F}{\partial x\, \partial y} = 0 \quad \text{(IV B.78)}$$

ist die Scheibengleichung (Gl. III B.56a)

$$\frac{\partial^4 F}{\partial x^4} + 2\frac{\partial^4 F}{\partial x^2\, \partial y^2} + \frac{\partial^4 F}{\partial y^4} = 0 \quad \text{(IV B.79)}$$

identisch erfüllt.

Will man aber diese lineare Randspannungsverteilung im plastischen Bereich beibehalten, so muß man daran denken, daß die Scheibe nicht mehr homogen und isotrop ist. Im Bereich, wo die Randspannungen die Proportionalitätsgrenze überschritten haben, ist der Elastizitätsmodul mindestens in der Längsrichtung kleiner als E. Eine solche Randbelastung entspricht daher keiner linearen Dehnungsverteilung und wird sich im Innern der Scheibe verteilen. Bei einer großen Länge a erhält man in der Mitte eine lineare Dehnungsverteilung mit der entsprechenden Spannungsverteilung.

Nun muß man aber berücksichtigen, daß die untersuchte Rechteckplatte immer einen Teil einer Konstruktion bildet, daß also die Annahme einer linearen Spannungsverteilung am Rand willkürlich wäre; es ist daher besser, von einer linearen Dehnungsverteilung auszugehen (Abb. IV B.10).

Die nach dem Spannungsdehnungsdiagramm bestimmte, zugehörige gekrümmte Spannungsverteilung bleibt jetzt im Innern der Scheibe auch erhalten, weil die Dehnungen linear verteilt sind und somit die Verträglichkeitsbedingungen der Scheibe erfüllen[1].

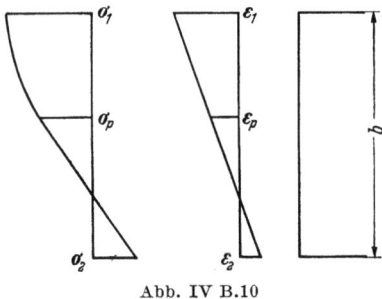

Abb. IV B.10

Wenn wir jetzt die Beziehungen (IV B.44), (IV B.45), (IV B.46) zwischen den Dehnungen und den Spannungen noch als gültig betrachten, so gelten auch die Ausdrücke (IV B.56), (IV B.57), (IV B.58) für die Momente. Nun sind aber τ oder $\sqrt{\tau}$ keine Konstanten mehr, sondern Funktionen von y. Die Grundgleichung des untersuchten Beulproblems lautet, wenn man die Gln. (IV B.56), (IV B.57) und (IV B.58) in Gl. (IV B.59) einsetzt:

$$\tau \frac{\partial^4 w}{\partial x^4} + \nu \sqrt{\tau} \frac{\partial^4 w}{\partial x^2 \partial y^2} + 2(1-\nu) \frac{\partial}{\partial y} \left(\sqrt{\tau} \frac{\partial^3 w}{\partial x^2 \partial y} \right) \\ + \frac{\partial^4 w}{\partial y^4} + \nu \frac{\partial^2}{\partial y^2} \left(\sqrt{\tau} \frac{\partial^2 w}{\partial x^2} \right) + \frac{h}{D} \sigma_x \frac{\partial^2 w}{\partial x^2} = 0. \quad \text{(IV B.80)}$$

Diese Gleichung ist kaum lösbar, besonders wenn man bedenkt, daß die Funktion $\tau(y)$ nicht nur vom Verlauf der Randspannungen, sondern auch von deren Werten abhängt, und daß diese Werte unbekannt sind.

Wenn man aber die Änderung von τ vernachlässigt, und in der Gleichung den Wert τ am Rande einführt, so erhält man wieder die Gl. (IV B.61) und die Folgerungen, die im Kap. IV.2.h gezogen worden sind, bleiben auch hier gültig. Es wird nach Gl. (IV B.73)

$$\underline{\sigma_{kr} = k \sqrt{\tau}\, \sigma_E},$$

wobei die k-Werte des elastischen Bereiches für das Verhältnis $\frac{a}{b} \sqrt[4]{\frac{1}{\tau}}$ ermittelt werden. Die genaue Spannungsverteilung wird dabei durch eine lineare ersetzt.

Dies ist jedoch nur eine grobe Näherung, denn die Verminderung von τ ist in allen anderen Punkten kleiner als am Rand[2]; diese Näherung bleibt aber auf der sicheren Seite.

---

[1] Anders gesagt, verlangen wir, daß alle Querschnitte eben bleiben. Im plastischen Bereich führt aber diese Bedingung zu einer nicht linearen Spannungsverteilung. Dieselbe Schwierigkeit kommt auch bei der genauen Untersuchung des exzentrischen Knickens vor; siehe: C. F. KOLLBRUNNER u. M. MEISTER: Knicken, S. 50. Berlin/Göttingen/Heidelberg: Springer 1955.

[2] Durch Betrachtung eines Mittelwertes von τ könnte man die Annäherung verbessern.

4. Ausbeulen der auf reinen Schub beanspruchten rechteckigen Platten
(Ränder b frei drehbar gelagert oder fest eingespannt)

Ist die Platte auf Schub beansprucht (Abb. IV B.11), so wirken die Hauptspannungen $\sigma_1 = -\sigma_2 = \tau_{xy}$ nach den Winkelhalbierenden der Koordinatenachsen. Bei einer so beschaffenen Beanspruchung muß aber die Platte isotrop bleiben, mindestens in erster Näherung. Auf den ersten Blick scheint es zu genügen, in der Plattengleichung den Elastizitätsmodul E durch den entsprechenden Knickmodul im plastischen Bereich zu ersetzen, d. h. den Tangentenmodul T und die Knickzahl

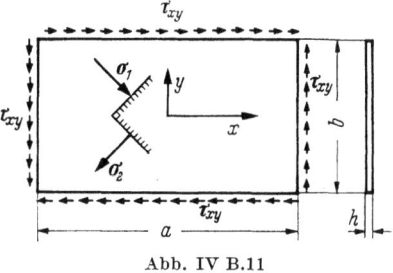

Abb. IV B.11

$\tau = \dfrac{T}{E}$ einzuführen, um so die kritische Schubspannung im plastischen Bereich in der Form

$$\tau_{kr} = k \frac{T}{E} \sigma_E = k\,\tau\,\sigma_E \qquad \text{(IV B.81a)}$$

zu erhalten.

In Wirklichkeit kann jedoch der Elastizitätsmodul E nicht einfach durch den Tangentenmodul T ersetzt werden. STOWELL[1] führt einen Faktor η, der eine Funktion des Tangentenmoduls T und des Sekantenmoduls T_s ist, ein; und BLEICH[2] zeigt, daß bei Verwendung von $\sqrt{\tau} = \sqrt{\dfrac{T}{E}}$ an Stelle von η bedeutend bessere Werte resultieren, als bei Einführung von $\tau = \dfrac{T}{E}$ in die Bestimmungsgleichung für τ_{kr}.

Gl. (IV B.81a) geht damit über in die genauere Gl. (IV B.81b)

$$\underline{\tau_{kr} = k\sqrt{\tau}\,\sigma_E}\,. \qquad \text{(IV B.81b)}$$

Die Beulwerte k sind dieselben wie im elastischen Bereich (s. Kap. IV A.8).

Es sei noch kurz daran erinnert, daß das Kriterium für das Erreichen der Proportionalitätsgrenze durch eine Anstrengungshypothese, z. B. die Hypothese der konstanten Gestaltsänderungsarbeit, gegeben ist. Vergleicht man den vorliegenden mehrachsigen Spannungszustand mit demjenigen einachsigen Spannungszustand, der dieselbe Anstrengung wie der untersuchte mehrachsige Spannungszustand hervorbringt, so erhält man die bekannte Vergleichsspannung σ_g für den ebenen Span-

---

[1] STOWELL, E. Z.: Critical Shear Stresses of an Infinitely Long Plate in the Plastic region. N.A.C.A. Techn. Note 1681, 1948.

[2] BLEICH, F.: Buckling Strength of Metal Structures, S. 397, Abb. 202. New York: McGraw-Hill Book Company 1952.

nungszustand in der Form[1]

$$\sigma_g = \sqrt{\sigma_x^2 + \sigma_y^2 - \sigma_x \sigma_y + 3 \tau_{xy}^2}. \qquad \text{(IV B.82)}$$

Bei reinem Schub wird

$$\underline{\sigma_g = \sqrt{3}\, \tau_{xy}}. \qquad \text{(IV B.83)}$$

Die Bedingung $\tau_{kr} \geq \dfrac{\sigma_p}{\sqrt{3}}$ ist maßgebend für das Erreichen des plastischen Bereiches. Bei Stahl mit $\sigma_p = 1920\ \text{kg/cm}^2$ muß $\tau_{kr} \geq 1109\ \text{kg/cm}^2$ sein.

5. Zusammengesetzte Belastungsfälle

a) Allgemeines. Im Kap. IV A.10 haben wir eine Reihe von zusammengesetzten Belastungsfällen im elastischen Bereich untersucht. Die Lösungen der Teilprobleme im plastischen Bereich wurden in den Kap. IV B.2.h, IV B.3 und IV B.4 angegeben. Es hat sich gezeigt, daß bei einer Beanspruchung durch einseitige Längsspannungen und durch Schubspannungen die ideellen kritischen Spannungen im Verhältnis $\sqrt{\tau} = \sqrt{\dfrac{T}{E}}$ vermindert werden müssen. Dabei bedeutet T den ENGESSER-SHANLEYschen Tangentenmodul (Abb. IV B.8).

Um auf der sicheren Seite zu bleiben, könnte man bei den zusammengesetzten oder kombinierten Belastungsfällen für alle Beanspruchungen an Stelle von $\sqrt{\tau}$ den Wert $\tau = \dfrac{T}{E}$ einführen, d. h., die kritischen Beulspannungen nach demselben Gesetz wie die kritischen Knickspannungen vermindern, sobald sie die Proportionalitätsgrenze überschritten haben. Für eine raschere Berechnung ist ein solches Vorgehen begründet; auf alle Fälle bei Stahlkonstruktionen, wo der plastische Bereich ziemlich begrenzt ist (etwa 1,92 bis 2,4 t/cm²). Eine kleine Verminderung der kritischen Spannungen gegenüber der Wirklichkeit fällt hier kaum ins Gewicht.

b) Lineare Randspannungen, kombiniert mit reinem Schub. Der allgemeine Fall der Kombination von linearen Randspannungen mit Schub (Kap. IV A.10e) wird jetzt im plastischen Bereich untersucht (Abb. IV A.53). Nach dem in der Einleitung Gesagten (Kap. IV B.1), soll die Anstrengungshypothese der konstanten Gestaltänderungsarbeit als Kriterium für das Erreichen der Proportionalitätsgrenze gelten. Nach Gl. (IV B.82) wird in diesem Fall mit $\sigma_x = \sigma_1$, $\sigma_y = 0$

$$\sigma_g = \sqrt{\sigma_1^2 + 3 \tau_{xy}^2}. \qquad \text{(IV B.84)}$$

Bei Gültigkeit des HOOKEschen Gesetzes hat sich nach Gl. (IV A.332) eine Sicherheit

$$\frac{1}{\nu_s} = \frac{\sigma^D}{2\,\sigma_{0kr}^D} + \sqrt{\left(\frac{\sigma^D}{2\,\sigma_{0kr}^D}\right)^2 + \left(\frac{\sigma^B}{\sigma_{0kr}^B}\right)^2 + \left(\frac{\tau_{xy}}{\tau_{0kr}}\right)^2}$$

---

[1] KOLLBRUNNER, C. F. u. M. MEISTER: Anstrengungshypothesen. Mitt. über Forschung und Konstruktion im Stahlbau, H. Nr. 1, 1944. Zürich: Leemann.

B. Plastischer Bereich

ergeben. Die kritische Vergleichsspannung $\nu_s \cdot \sigma_g$ ist dann

$$(\sigma_g)_{kr\,el} = \frac{\sqrt{\sigma_1^2 + 3\,\tau_{xy}^2}}{\dfrac{\sigma^D}{2\,\sigma_{0kr}^D} + \sqrt{\left(\dfrac{\sigma^D}{2\,\sigma_{0kr}^D}\right)^2 + \left(\dfrac{\sigma^B}{\sigma_{0kr}^B}\right)^2 + \left(\dfrac{\tau_{xy}}{\tau_{0kr}}\right)^2}}. \qquad \text{(IV B.85)}$$

Diese Vergleichsspannung wird jetzt, wenn sie die Proportionalitätsgrenze überschreitet, im Verhältnis $\sqrt{\dfrac{T}{E}}$, oder, um auf der sicheren Seite zu bleiben, im Verhältnis $\dfrac{T}{E}$, d. h. nach einer Knickspannungslinie für den plastischen Bereich vermindert[1]. Man erhält die Vergleichsspannung im plastischen Bereich $(\sigma_g)_{kr\,pl}$. Die tatsächliche Sicherheit im plastischen Bereich beträgt dann

$$\nu_{s\,pl} = \frac{(\sigma_g)_{kr\,pl}}{\sqrt{\sigma_1^2 + 3\,\tau_{xy}^2}}. \qquad \text{(IV B.86)}$$

Will man die Formel (IV A.335) für ν_s anwenden, so ergibt sich entsprechend der DIN 4114, 17.3

$$(\sigma_g)_{kr\,el} = \frac{\sqrt{\sigma_1^2 + 3\,\tau_{xy}^2}}{\dfrac{1+\psi}{4}\dfrac{\sigma_1}{\sigma_{1,0kr}} + \sqrt{\left(\dfrac{3-\psi}{4}\dfrac{\sigma_1}{\sigma_{1,0kr}}\right)^2 + \left(\dfrac{\tau_{kr}}{\tau_{0kr}}\right)^2}} \qquad \text{(IV B.87)}$$

und die Sicherheit wird nach Verminderung von $(\sigma_g)_{kr\,el}$ gleich ermittelt wie oben gezeigt.

Die einfachen Fälle, reiner Druck mit reinem Schub bzw. reine Biegung mit reinem Schub[2] werden durch Nullsetzen von σ^B bzw. σ^D in der Formel (IV B.85) oder Einsetzen von $\psi = 1$ bzw. -1 in der Formel (IV B.87) bestimmt. Mit beiden Formeln erhält man dieselben Resultate.

c) Allseitig durch gleichmäßig verteilten Druck beanspruchte rechteckige Platte. Im Falle der allseitig durch gleichmäßig verteilten Druck beanspruchten Platte nach Kap. IV A.10f (Abb. IV A.54) beträgt die Vergleichsspannung mit $(\sigma_x)_{kr} = k_x\,\sigma_E$ und $(\sigma_y)_{kr} = \Omega\,k_x\,\sigma_E$ nach Gl. (IV B.82)

$$(\sigma_g)_{kr\,el} = k_x\,\sigma_E\sqrt{1 + \Omega^2 - \Omega}. \qquad \text{(IV B.88)}$$

Diese kritische Vergleichsspannung im elastischen Bereich wird vermindert auf $(\sigma_g)_{kr\,pl}$ und mit der tatsächlichen Vergleichsspannung ver-

---

[1] Eine solche Knickspannungslinie ist z. B. in der DIN 4114, Tafel 7, enthalten. Man kann auch eine Vergleichsschlankheit $\lambda = \pi\sqrt{\dfrac{E}{(\sigma_g)_{kr\,el}}}$ ermitteln.

[2] Dieselben Gedanken sind für diesen Fall enthalten im Artikel von G. WÄSTLUND u. S. G. A. BERGMAN: Buckling of Webs in Deep Steel I Girders. Abh. IVBH, achter Bd. (1947) S. 291. Zürich: Leemann.

glichen, so daß

$$v_{s_{pl}} = \frac{(\sigma_g)_{kr_{pl}}}{\sigma_x \sqrt{1 + \Omega^2} - \Omega} \qquad \text{(IV B.89)}$$

beträgt[1].

6. Weitere Ausbeultheorien

a) Theorie von Bijlaard[2]. *α) Grundlagen.* Nach CHWALLA[3] ist bekannt, daß für Stäbe schon bei einer Exzentrizität von ungefähr 1/8 der Kernweite die nach ENGESSER-KÁRMÁN bei zentrischer Knickung im plastischen Bereich auftretenden Entlastungszonen verschwinden und somit der ganze Querschnitt sich bei der Knickung *plastisch* verformt. In der Praxis müssen wir jedoch meist mit viel größeren Exzentrizitäten rechnen, so daß es logisch ist, die Bestimmung der zulässigen Knickspannungen ebenfalls auf gänzliches plastisches Verhalten zu gründen. Das teilweise elastische Verhalten hat nur akademischen Wert und beeinflußt die wirklichen Knickspannungen bei größeren Exzentrizitäten keineswegs. Wie SHANLEY zeigte, kann die ENGESSER-KÁRMÁNsche Knickspannung $\sigma_{kr} = \frac{\pi^2 T_K}{\lambda^2}$ auch beim zentrisch gedrückten Stab nie erreicht werden[4].

BIJLAARD geht somit von einer zentrischen Knickspannung $\sigma_{kr} = \frac{\pi^2 T}{\lambda^2}$ aus, wo $T = \frac{d\sigma}{d\varepsilon}$ ist (Tangentenmodul).

Zu bemerken ist, daß man schon lange vor 1948 in den USA im Flugzeugbau mit diesem „tangent modulus" rechnete, da derselbe besser den Versuchsergebnissen entspricht.

Ausgehend von der für die plastischen Verformungen maßgebenden elastischen Gestaltsenergie A_g, welche der vom Spannungsdeviator geleisteten elastischen Formänderungsarbeit gleich ist und mit der Annahme, daß auch bei Platten beim Ausbeulen im plastischen Bereich die Formänderungen überall plastisch erfolgen, erhält BIJLAARD für die bei infinitesimalen Ausbiegungen auftretende geradlinige Spannungsverteilung die Biegungs- und Drillungsmomente zu:

$$M_x = -EJ\left(A_B \frac{\partial^2 w}{\partial x^2} + B_B \frac{\partial^2 w}{\partial y^2}\right) \qquad \text{(IV B.90)}$$

$$M_y = -EJ\left(C_B \frac{\partial^2 w}{\partial x^2} + D_B \frac{\partial^2 w}{\partial y^2}\right) \qquad \text{(IV B.91)}$$

$$M_{xy} = -M_{yx} = 2EJF_B \frac{\partial^2 w}{\partial x \partial y}. \qquad \text{(IV B.92)}$$

---

[1] Siehe auch DIN 4114, Ri. 17.12.
[2] BIJLAARD, P. P.: Grundlegende Betrachtungen zum Ausbeulen der Platten und Schalen im plastischen Bereich. Mitt. Inst. Baustatik E.T.H., Zürich, Nr. 21. Zürich: Leemann 1948.
[3] CHWALLA, E.: Die Stabilität zentrisch und exzentrisch gedrückter Stäbe aus Baustahl. Bericht über die II. Internationale Tagung für Brückenbau und Hochbau, Wien, S. 608. Wien: Springer 1929.
[4] Siehe z. B. C. F. KOLLBRUNNER u. M. MEISTER: Knicken, S. 17ff. Berlin/Göttingen/Heidelberg: Springer 1955.

B. Plastischer Bereich

A_B, B_B, C_B, D_B und F_B sind Abminderungswerte, die die Abnahme der Steifigkeit gegenüber den verschiedenen hier auftretenden Beanspruchungsarten nach Überschreitung der Proportionalitätsgrenze kennzeichnen.

Daraus folgt mit $B_B = C_B$:

$$E J \left\{ A_B \frac{\partial^4 w}{\partial x^4} + 2(B_B + 2F_B) \frac{\partial^4 w}{\partial x^2 \partial y^2} + D_B \frac{\partial^4 w}{\partial y^4} \right\} + h\,\sigma_x \frac{\partial^2 w}{\partial x^2} + h\,\sigma_y \frac{\partial^2 w}{\partial y^2} = 0. \quad \text{(IV B.93)}$$

Die Abminderungswerte sind dabei:

$$A_B = \frac{\varphi_1}{\varphi_4}$$

$$B_B = \frac{\varphi_2}{\varphi_4}$$

$$D_B = \frac{\varphi_3}{\varphi_4}$$

$$F_B = \frac{1}{2 + 2\nu + 3e}.$$

Dabei gelten folgende Abkürzungen:

$$\varphi_1 = \frac{1}{\nu^2} \left\{ (1 - 2\beta)^2 E + (4\eta^2 + 3e)\,\mathrm{tg}\,\varphi \right\}$$

$$\varphi_2 = \frac{1}{\nu} \left\{ (2 - \beta)(1 - 2\beta) \frac{1}{\nu} E + \left(4\eta^2 + 3e\frac{\beta}{\nu}\right) \mathrm{tg}\,\varphi \right\}$$

$$\varphi_3 = \frac{1}{\nu^2} \left\{ (2 - \beta)^2 E + (4\eta^2 + 3e\beta^2)\,\mathrm{tg}\,\varphi \right\}$$

$$\varphi_4 = \frac{1}{\nu} \left\{ \left(\frac{5}{\nu} - 4\right)(1 + \beta^2) + 2\left(5 - \frac{4}{\nu}\right)\beta + 3e\frac{\eta^2}{\nu} \right\} E$$

$$+ \left[4\left(\frac{1}{\nu^2} - 1\right)\eta^2 + 3\frac{e}{\nu}\left\{ \frac{\eta^2}{\nu} + \left(\frac{1}{\nu} - 2\right)\beta \right\} \right] \mathrm{tg}\,\varphi$$

$$\beta = \frac{\sigma_y}{\sigma_x}$$

$$\eta^2 = \beta^2 - \beta + 1,$$

$$\mathrm{tg}\,\varphi = \frac{d\sigma}{d\varepsilon_p} \text{ (dabei ist } \varepsilon_p \text{ die plastische Dehnung)},$$

$$e = \frac{E}{E_p} \quad \left(E_p = \frac{\sigma}{\varepsilon_p} \right).$$

Die in Kap. IV C.2 angegebenen systematischen Versuche an auf einseitigen, gleichmäßig verteilten Druck beanspruchten Platten[1] bestätigen

---

[1] KOLLBRUNNER, C. F.: Das Ausbeulen der auf einseitigen, gleichmäßig verteilten Druck beanspruchten Platten im elastischen und plastischen Bereich (Versuchsbericht). Mitt. Inst. Baustatik E.T.H., Zürich 1946, H. Nr. 17. Zürich: Leemann.

IV. Die verschiedenen Beulfälle

die Theorie von BIJLAARD. Die Anzahl der erhaltenen Halbwellen beweist, daß die Platten sich gerade in jenem Maße anisotrop verhalten, wie es sich aus der Theorie von BIJLAARD ergibt. In den Tab. IV B.1, IV B.2 und IV B.3 sind für einseitigen, gleichmäßig verteilten Druck an den Rändern b, wobei die unbelasteten Kanten beiderseits gelenkig gelagert bzw. beiderseits fest eingespannt und einerseits fest eingespannt, anderseits gelenkig gelagert sind, für die verschiedenen Plattenlängen a die zugehörigen Grenzlängen $a_g - a_g$ angegeben, wo sich nach der Theorie von BIJLAARD, wenn angenommen wird, daß die belasteten Ränder praktisch eingespannt sind, die Halbwellenzahl m_B ergibt. Die durch die Versuche erhaltene Halbwellenzahl ist m_V. Die Anzahl der durchgeführten Versuche ist in Klammer angegeben (siehe auch Abb. IV B.2, IV B.3 und IV B.4).

Die Übereinstimmung zwischen Theorie und Versuch ist nach diesen Tabellen sehr gut.

Trotzdem die oben skizzierte Theorie der örtlichen plastischen Verformungen von BIJLAARD[1] für den praktischen Gebrauch reichlich kompliziert ist, soll untenstehend ein am dritten Kongreß der I.V.B.H. im „Vorbericht" publizierter Artikel auszugsweise wiedergegeben werden[2].

Tabelle IV B.1.
Platte an den Rändern a beiderseits gelenkig gelagert. $\sigma_{kr\,min} = 2288$ kg/cm²

a	$3,2\,b$	$4,85\,b$	$6,45\,b$	$8,1\,b$
$a_g - a_g$	$2,49\,b - 3,40\,b$	$4,31\,b - 5,21\,b$	$6,10\,b - 6,98\,b$	$7,87\,b - 8,75\,b$
m_B	3	5	7	9
m_V	3 (3)	5 (3)	7 (3)	9 (3)

Tabelle IV B.2. *Platte an den Rändern a beiderseits fest eingespannt.* $\sigma_{kr\,min} = 3140$ kg/cm²

a	$4,55\,b$	$6,80\,b$	$9,10\,b$	$11,35\,b$
$a_g - a_g$	$4,11\,b - 4,58\,b$	$6,43\,b - 6,88\,b$	$8,73\,b - 9,19\,b$	$11,04\,b - 11,50\,b$
m_B	9	14	19	24
m_V	9 (3)	13 (2), 14 (1)	18 (2), 19 (1)	24 (3)

Tabelle IV B.3. *Platte an den Rändern a einerseits fest eingespannt, anderseits gelenkig gelagert.* $\sigma_{kr\,min} = 2882$ kg/cm²

a	$3,8\,b$	$5,65\,b$	$7,55\,b$	$9,45\,b$
$a_g - a_g$	$3,36\,b - 4,05\,b$	$5,44\,b - 6,12\,b$	$7,50\,b - 8,20\,b$	$8,88\,b - 9,56\,b$
m_B	5	8	11	13
m_V	5 (1), 6 (3)	8 (3)	10 (1), 11 (2)	13 (1), 14 (2)

---

[1] BIJLAARD, P.P.: Theory of Local Plastic Deformations. IVBH, Abhandlungen, Bd. 6 (1940/41) S. 27. — BIJLAARD, P. P.: Theory of the Plastic Stability of Thin Plates. IVBH, Abhandlungen, Bd. 6 (1940/41) S. 45. — BIJLAARD, P. P.: Some Contributions to the Theory of Elastic and Plastic Stability. IVBH, Abhandlungen, Bd. 8 (1947) S. 17.

[2] BIJLAARD, P. P., C. F. KOLLBRUNNER u. F. STÜSSI: Theorie und Versuche über das plastische Ausbeulen von Rechteckplatten unter gleichmäßig verteiltem Längsdruck. IVBH, dritter Kongreß, Lüttich, 1948, Vorbericht, S. 119.

B. Plastischer Bereich

Mit der Plattensteifigkeit im elastischen Bereich:
$$D = \frac{EJ}{1-\nu^2} = \frac{Eh^3}{12(1-\nu^2)}\frac{1}{}$$
und den reduzierten Abminderungswerten
$$(A_r, B_r, C_r, D_r, F_r) = (1-\nu^2)(A_B, B_B, C_B, D_B, F_B)$$
gehen die Gln. (IV B.90), (IV B.91) und (IV B.92) über in:

$$M_x = -D\left(A_r\frac{\partial^2 w}{\partial x^2} + B_r\frac{\partial^2 w}{\partial y^2}\right) \quad \text{(IV B.94)}$$

$$M_y = -D\left(C_r\frac{\partial^2 w}{\partial x^2} + D_r\frac{\partial^2 w}{\partial y^2}\right) \quad \text{(IV B.95)}$$

$$M_{xy} = -M_{yx} = 2DF_r\frac{\partial^2 w}{\partial x \partial y}. \quad \text{(IV B.96)}$$

Im elastischen Bereich nehmen die reduzierten Abminderungszahlen die Werte

$$A_r = D_r = 1$$
$$B_r = C_r = \nu$$
$$2F_r = 1 - \nu$$

an.

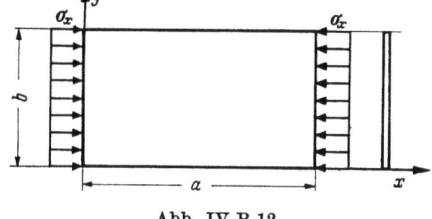

Abb. IV B.12

Wir beschränken uns hier auf das Ausbeulen unter gleichmäßig verteiltem Längsdruck σ_x (Abb. IV B.12). Setzen wir für diesen Fall die Formänderungsgleichungen (IV B.94) bis (IV B.96) in die Gleichgewichtsbedingung eines Plattenelementes

$$\frac{\partial^2 M_x}{\partial x^2} - 2\frac{\partial^2 M_{xy}}{\partial x \partial y} + \frac{\partial^2 M_y}{\partial y^2} = \sigma_x h \frac{\partial^2 w}{\partial x^2} \quad \text{(IV B.97)}$$

ein, so erhalten wir die Beulgleichung für den plastischen Bereich (für $\sigma_x = \text{konst.}$, $\sigma_y = 0$, $\tau_{xy} = 0$)

$$A_r\frac{\partial^4 w}{\partial x^4} + 2(B_r + 2F_r)\frac{\partial^4 w}{\partial x^2 \partial y^2} + D_r\frac{\partial^4 w}{\partial y^4} = -\frac{\sigma_x h}{D}\frac{\partial^2 w}{\partial x^2}. \quad \text{(IV B.98)}$$

Die Lösung dieser Beulgleichung ist von der Lagerungsart der Längsränder abhängig.

β) Gelenkig gelagerte Längsränder. Bei beidseitig frei drehbaren oder gelenkig gelagerten Längsrändern lautet der Lösungsansatz der Beulgleichung
$$w = w_0 \sin\frac{m\pi x}{a} \sin\frac{n\pi y}{b}$$
und wir erhalten die kleinste kritische Spannung mit $n = 1$ (n = Halbwellenzahl in der Plattenquerrichtung y) zu

$$\sigma_{x_{kr}} = \frac{D}{h}\left[\frac{m^2\pi^2}{a^2}A_r + \frac{\pi^2}{b^2}2(B_r + 2F_r) + \frac{a^2\pi^2}{b^4 m^2}D_r\right] \quad \text{(IV B.99)}$$

(m = Halbwellenzahl in der Plattenlängsrichtung x) oder mit der Abkürzung

$$\beta^2 = \frac{m^2\, b^2}{a^2}$$

zu

$$\sigma_{x_{kr}} = \left[A_r\, \beta^2 + 2\,(B_r + 2\, F_r) + \frac{D_r}{\beta^2} \right] \frac{\pi^2\, D}{h\, b^2}. \qquad \text{(IV B.100)}$$

Im elastischen Bereich wird mit der Schreibweise

$$\sigma_{kr} = k \frac{\pi^2\, D}{h\, b^2} = k\, \sigma_E$$

der Klammerausdruck der Gl. (IV B.100) zur Beulzahl k,

$$k_{el} = \beta^2 + 2{,}00 + \frac{1}{\beta^2} \qquad \text{(IV B.101)}$$

für den plastischen Bereich haben wir somit eine abgeminderte Beulzahl k,

$$k = A_r\, \beta^2 + 2\,(B_r + 2\, F_r) + \frac{D_r}{\beta^2} \qquad \text{(IV B.102)}$$

erhalten.

Für die Konstruktionspraxis ist besonders der Kleinstwert von k von Interesse; wir erhalten diesen Kleinstwert $k_{\min}$ für

$$2\, A_r\, \beta - 2\, \frac{D_r}{\beta^3} = 0$$

$$\beta^2 = \sqrt{\frac{D_r}{A_r}}$$

zu

$$k_{\min} = 2\sqrt{A_r\, D_r} + 2\,(B_r + 2\, F_r). \qquad \text{(IV B.103)}$$

Eine übersichtliche und für die Konstruktionspraxis bequeme Darstellung des plastischen Ausbeulens erhalten wir, in Analogie zur Knickspannungslinie des zentrisch gedrückten Stabes, durch die Beulspannungslinie, die im elastischen Bereich durch die Beziehung

$$\sigma_{kr} = \frac{\pi^2\, E}{\lambda^2}$$

gegeben ist. Aus der Gleichsetzung

$$\frac{\pi^2\, E}{\lambda^2} = k_{el} \frac{\pi^2\, D}{h\, b^2}$$

finden wir die ideelle Schlankheit der Platte zu

$$\lambda = \frac{b}{h} \sqrt{\frac{12\,(1 - \nu^2)}{k_{el}}}. \qquad \text{(IV B.104)}$$

B. Plastischer Bereich

Es liegt nun nahe, auch für das plastische Ausbeulen einen „Beulmodul" T_B durch den Ansatz

$$\sigma_{kr} = \frac{\pi^2 \, T_B}{\lambda^2} \qquad (\text{IV B.105})$$

zu definieren, den wir, ausgehend von $k_{\min}$ der Gl. (IV B.103) aus der Gleichsetzung

$$\frac{\pi^2 \, T_B}{\lambda^2} = k_{\min} \frac{\pi^2 \, D}{h \, b^2}$$

und durch Einführen des Schlankheitsgrades nach Gl. (IV B.104) zu

$$T_B = k_{\min} \frac{E}{k_{el}} \qquad (\text{IV B.106})$$

bestimmen können. Für den betrachteten Fall der frei drehbaren Längsränder erhalten wir mit $k_{\min}$ nach Gl. (IV B.103) und mit dem entsprechenden Mindestwert $k_{el} = 4{,}00$ für den elastischen Bereich den Beulmodul T_B zu

$$T_B = 0{,}50 \left[\sqrt{A_r \, D_r} + B_r + 2 \, F_r \right] E \qquad (\text{IV B.107})$$

oder mit $\nu = 0{,}3$:

$$T_B = 0{,}455 \left[\sqrt{A_B \, D_B} + B_B + 2 \, F_B \right] E. \qquad (\text{IV B.108})$$

γ) Starr eingespannte Längsränder. Für beidseitig starr eingespannte Längsränder kann der Beulwert k_{el} für den elastischen Bereich in Analogie zu Gl. (IV B.101) angeschrieben werden zu[1]:

$$k_{el} = \beta^2 + 2{,}39 + \frac{5{,}24}{\beta^2}. \qquad (\text{IV B.109})$$

Wenn auch genau genommen diese Zahlenwerte für einen bestimmten Wert von β ($\beta = 1{,}5$) ermittelt worden sind und die Form der Beulfläche hier von β abhängig ist, so gilt Gl. (IV B.109) doch mit praktisch mehr als ausreichender Genauigkeit auch für andere Werte von β und sie darf insbesondere auch auf den plastischen Bereich übertragen werden. Damit erhalten wir

$$k = A_r \beta^2 + 2{,}39 \, (B_r + 2 \, F_r) + \frac{5{,}24 \, D_r}{\beta^2}, \qquad (\text{IV B.110})$$

k wird zum Kleinstwert für

$$\beta^2 = 2{,}29 \sqrt{\frac{D_r}{A_r}}$$

und es ist

$$k_{\min} = 4{,}58 \sqrt{A_r \, D_r} + 2{,}39 \, (B_r + 2 \, F_r). \qquad (\text{IV B.111})$$

---

[1] STÜSSI, F.: Berechnung der Beulspannungen gedrückter Rechteckplatten. (Abh. IVBH, Bd. 8, S. 237.)

226   IV. Die verschiedenen Beulfälle

Der Beulmodul T_B ergibt sich für diesen Fall mit min. $k_{el} = 6{,}97$ zu

$$T_B = \left[0{,}657\sqrt{A_r\,D_r} + 0{,}343\,(B_r + 2F_r)\right] E \qquad \text{(IV B.112)}$$

oder

$$T_B = \left[0{,}598\sqrt{A_B\,D_B} + 0{,}312\,(B_B + 2F_B)\right] E. \qquad \text{(IV B.113)}$$

Genau so wie der Knickmodul T_K des Druckstabes von der Querschnittsform abhängig ist, so ist hier der Beulmodul von der Lagerungsart der Längsränder abhängig. Für Platten mit einem gelenkig gelagerten und einem starr eingespannten Längsrand darf der Beulmodul genau genug als Mittelwert der beiden durch die Gln. (IV B.107) und (IV B.113) bestimmten Werte angenommen werden.

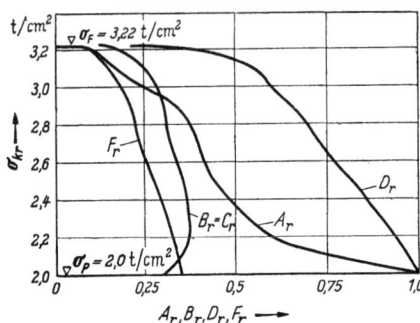

Abb. IV B.13. Abminderungszahlen

δ) *Versuchsergebnisse.* Vergleicht man diese theoretischen Ergebnisse mit den in Kap. IV C.2 beschriebenen Versuchen[1] und legt man der Berechnung das Spannungs-Dehnungs-Diagramm der Abb. IV B.5 zugrunde (Avional M. $E = 715\,000\,\text{kg/cm}^2$), so erhält man nach der Theorie von BIJLAARD die in Abb. IV B.13 angegebenen reduzierten Abminderungszahlen A_r, $B_r = C_r$, D_r und F_r. Der Beulmodul T_B ist für die beiden Lagerungsarten nach den Gln. (IV B.107) und (IV B.113) in Abb. IV B.14 dargestellt.

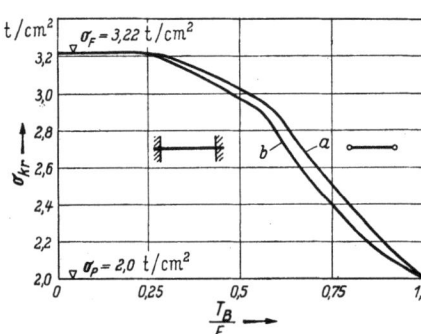

Abb. IV B.14. Beulmodul

Die Versuchsmittelwerte von σ_{kr} für Versuche im elastischen und plastischen Bereich für die drei Lagerungsarten

a: beidseitig gelenkig,

b: beidseitig starr eingespannt,

c: einseitig gelenkig und anderseits starr eingespannt

---

[1] KOLLBRUNNER, C. F.: Das Ausbeulen der auf einseitigen, gleichmäßig verteilten Druck beanspruchten Platten im elastischen und plastischen Bereich (Versuchsbericht). Mitt. Inst. Baustatik E.T.H., Zürich, 1946, H. Nr. 17. Zürich: Leemann.

sind in Abb. IV B.15 mit den nach Gl. (IV B.105) berechneten Beulspannungslinien aufgezeichnet.

Aus den von den früheren Versuchen noch vorhandenen Platten (Kap. IV C.2) aus Avional M wurden später am Institut für Baustatik an der E.T.H. Zürich (STÜSSI) nochmals einige Versuchsreihen mit ein-

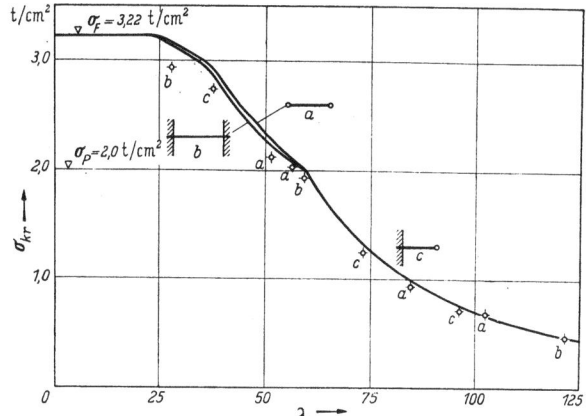

Abb. IV B.15. Vergleich der Versuchswerte mit den berechneten Beulspannungslinien

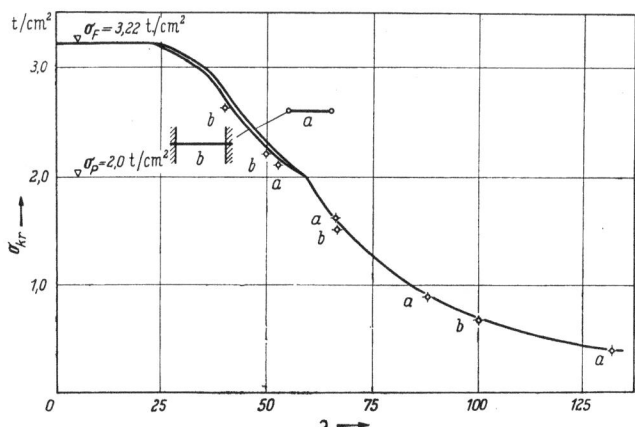

Abb. IV B.16. Vergleich der Versuchswerte mit den theoretischen Beulspannungen

seitigem, gleichmäßig verteiltem Druck auf einer neueren Hebelmaschine (s. Kap. IV C.3) durchgeführt. Abb. IV B.16 zeigt den Vergleich dieser Versuchswerte mit den theoretischen Beulspannungen.

Es kann festgestellt werden, daß für den untersuchten Fall von gleichmäßig verteiltem Längsdruck σ_x die Übereinstimmung von Theorie und Versuch gut ist. Man schloß daher im Jahre 1948, daß die Theorie von

BIJLAARD als gesichert angesehen werden kann, was allerdings von STÜSSI 1950 widerlegt wurde[1].

b) Theorie von Iljuschin. *α) Grundlagen.* Die Arbeit von ILJUSCHIN[2] enthält eine exakte, allgemein gültige Theorie der Stabilität von Platten, Schalen und Rohren im plastischen Bereich. Dabei wird die POISSONsche Zahl ν im elasto-plastischen Bereich durchwegs zu 0,5 angenommen, d. h. das Material wird plastisch verformbar, jedoch *raumbeständig* vorausgesetzt. ILJUSCHIN gibt eine Untersuchungsmethode der Stabilität jenseits der Proportionalitätsgrenze, welche auf der Verallgemeinerung der Plastizitätstheorie von HUBER-V. MISES-HENCKY basiert. Die aufgestellte Theorie hat, bis auf die feste Wahl von $\nu = 0{,}5$, den Vorteil, daß keine willkürlichen Hypothesen eingeführt werden, sondern die Formeln auf den klassischen Gesetzen der Mechanik und der Plastizität basieren.

Die Theorie von ILJUSCHIN wurde, durch Einschaltung vieler Zwischenrechnungen, bedeutend ausführlicher als in der Originalveröffentlichung, durch KOLLBRUNNER und HERRMANN[3] dargestellt. Nachstehend sollen lediglich der Gedankengang dieser Publikation skizziert und die theoretischen Werte mit Versuchswerten verglichen werden.

Nach der Hypothese der konstanten Gestaltänderungsarbeit von HUBER-V. MISES-HENCKY[4] wird die Vergleichsspannung

$$\sigma_g = \sqrt{\sigma_x^2 + \sigma_y^2 - \sigma_x \sigma_y + 3\tau_{xy}^2}\,. \qquad \text{(IV B.114)}$$

Man kann sich denken, daß die Vergleichsspannung σ_g eine Deformation ε_g, die als Vergleichsdehnung bezeichnet werden soll, erzeugt. Die beiden Größen sind miteinander verknüpft durch die Beziehung

$$\sigma_g = \varepsilon_g E. \qquad \text{(IV B.115)}$$

Im plastischen Bereich besteht keine Proportionalität mehr zwischen Spannung und Dehnung. Es ist daher zweckmäßig und richtig, die

---

[1] STÜSSI, F.: Die Grundlagen der mathematischen Plastizitätstheorie und der Versuch. Z. angew. Math. Phys. ZAMP, Vol. I, S. 254. Basel: Birkhäuser 1950. — BIJLAARD, P. P.: Die Grundlagen der mathematischen Plastizitätstheorie und der Versuch. ZAMP, Vol. II, S. 114. Basel: Birkhäuser 1951. — STÜSSI, F.: Stellungnahme zur Zuschrift von Prof. P. P. BIJLAARD. ZAMP, Vol. II, S. 118. Basel: Birkhäuser 1951.

[2] ILJUSCHIN, A.: Stabilität von Platten und Schalen jenseits der Elastizitätsgrenze. In russischer Sprache in der Zeitschrift für angew. Mathematik und Mechanik, Bd. 8, Nr. 5, des Institutes für Mechanik der Akademie der Wissenschaften der USSR im Jahre 1944 veröffentlicht.

[3] KOLLBRUNNER, C. F. u. G. HERRMANN: Stabilität der Platten im plastischen Bereich. Theorie von A. ILJUSCHIN mit Vergleichswerten von durchgeführten Versuchen. Mitt. Inst. Baustatik E.T.H., Zürich, H. Nr. 20. Zürich: Leemann 1947.

[4] Eine eingehende Darstellung dieser und anderer Anstrengungshypothesen, sowie die Herleitung der Gl. (IV B.114) findet sich in: C. F. KOLLBRUNNER u. M. MEISTER: Anstrengungshypothesen. Mitt. über Forschung und Konstruktion im Stahlbau, 1944, H. Nr. 1. Zürich: Leemann.

plastischen Erscheinungen als eine Funktion der Deformation aufzufassen, d. h. als eine Funktion der Vergleichsdehnung ε_g. Bezeichnet man diese Plastizitätsfunktion mit ω, so folgt:

$$\omega = f(\varepsilon_g) \qquad \text{(IV B.116)}$$

und nach Gl. (IV B.115)

$$\sigma_g = \varepsilon_g (1-\omega) E. \qquad \text{(IV B.117)}$$

Die Funktion ω wird dabei durch die physikalischen Eigenschaften des Materials bestimmt.

Man erhält:

$$\varepsilon_g = \frac{2}{\sqrt{3}} \sqrt{\varepsilon_x^2 + \varepsilon_y^2 + \varepsilon_x \varepsilon_y + \frac{1}{4}\gamma_{xy}^2}. \qquad \text{(IV B.118)}$$

Der Verlust der Stabilität wird dadurch charakterisiert, daß der Spannungszustand sich um ein Differential ändern kann, wobei die Gleichgewichtsbedingungen immer noch erfüllt bleiben. Berechnet man diese Differentiale, so erkennt man, daß in der Platte eine Art Anisotropie entsteht, d. h. der Zuwachs der Normalspannungen hängt von der Variation der Schiebungen ab und der Zuwachs der Schubspannungen von der Variation der Dehnungen.

Wird die Platte durch genügend große Kräfte beansprucht, so bleibt sie in einem Teilgebiet elastisch, während sie im andern plastisch wird. Auf Grund dieser Erscheinung muß das Integral, welches die Variation der resultierenden Kräfte darstellt, in zwei Schritten berechnet werden. Durch Einführung besonderer Abkürzungen gelingt es, die etwas umfangreichen Ausdrücke zu vereinfachen.

Aus den Ausdrücken für die Variation der resultierenden Kräfte läßt sich nach einigen Umformungen eine Bestimmungsgleichung für die Ordinate der Trennfläche des elastischen und des plastischen Gebietes herleiten. Sie ist zweiten Grades in dieser Ordinate z_0.

Analog zur Berechnung der Variation der resultierenden Kräfte muß auch für die Berechnung der Variation der resultierenden Momente die Integration in zwei Schritten ausgeführt werden.

Wenn dem Verlust der Stabilität keine Änderung der in der Plattenmittelebene wirkenden Kräfte folgt, nimmt die Ordinate z_0 der Trennfläche der beiden Gebiete eine vereinfachte Form an. Weiterhin kann man durch einige Umformungen der Gleichungen zeigen, daß im plastischen Bereich die auftretenden Deformationen der Plattenmittelebene den sich ergebenden Krümmungen und Verdrehungen proportional sind. Nach Einführung der Abkürzung ψ vereinfachen sich die Ausdrücke für die Momente, unter Verwendung des Ausdruckes für die Plattensteifigkeit. Wichtig vor allem ist, daß die Momente ein *Potential* besitzen, so daß die Energiemethode von TIMOSHENKO angewendet werden kann.

IV. Die verschiedenen Beulfälle

Man erhält:

$$\left.\begin{aligned}\frac{\delta M_1}{D} &= -(1-\psi)\left(\varkappa_1 + \frac{\varkappa_2}{2}\right) \\ &\quad + \frac{3}{4}(1-\psi-\tau)\,\bar{\sigma}_x\,(\bar{\sigma}_x\varkappa_1 + \bar{\sigma}_y\varkappa_2 + 2\bar{\tau}_{xy}\vartheta) \\ \frac{\delta M_2}{D} &= -(1-\psi)\left(\varkappa_2 + \frac{\varkappa_1}{2}\right) \\ &\quad + \frac{3}{4}(1-\psi-\tau)\,\bar{\sigma}_y\,(\bar{\sigma}_x\varkappa_1 + \bar{\sigma}_y\varkappa_2 + 2\bar{\tau}_{xy}\vartheta) \\ \frac{\delta M_3}{D} &= -\frac{1}{2}(1-\psi)\vartheta \\ &\quad + \frac{3}{4}(1-\psi-\tau)\,\bar{\tau}_{xy}\,(\bar{\sigma}_x\varkappa_1 + \bar{\sigma}_y\varkappa_2 + 2\bar{\tau}_{xy}\vartheta).\end{aligned}\right\} \quad \text{(IV B.119)}$$

Dabei gelten folgende Bezeichnungen:

$$\left.\begin{aligned}\varkappa_1 &= \frac{\partial^2 w}{\partial x^2} \\ \varkappa_2 &= \frac{\partial^2 w}{\partial y^2}\end{aligned}\right\} \text{Krümmung längs der Achsen } x \text{ und } y$$

$$\vartheta = \frac{\partial^2 w}{\partial x\,\partial y} \text{ Verdrehung}$$

$$\psi = \omega\left(1 - \frac{\sqrt{\tau}}{2}\right)\left[\left(1 - \frac{\sqrt{\tau}}{2}\right)^2 + \frac{3}{4}\frac{\tau}{1-\left(1-\frac{\sqrt{\tau}}{2}\right)\omega}\right] \quad \text{(IV B.120)}$$

$$\tau = \frac{T_K}{E} \quad \text{(IV B.121 a)}$$

$$T_K = \frac{4\,E\,\dfrac{d\sigma_g}{d\varepsilon_g}}{\left(\sqrt{E} + \sqrt{\dfrac{d\sigma_g}{d\varepsilon_g}}\right)^2} \quad \text{(IV B.121 b)}$$

$$\bar{\sigma}_x = \frac{\sigma_x}{\sigma_g}$$

$$\bar{\sigma}_y = \frac{\sigma_y}{\sigma_g}$$

$$\bar{\tau}_{xy} = \frac{\tau_{xy}}{\sigma_g}.$$

Wenn die Charakteristik des Materials der Platte $\sigma_g = \sigma_g(\varepsilon_g)$ eine scharf abgezeichnete Fließzone besitzt, so daß bei einem gewissen Betrag die Vergleichsspannung $\sigma_g = \sigma_F$ und $\dfrac{d\sigma_g}{d\varepsilon_g} = 0$ wird, so wird der verallgemeinerte Modul T_K von KÁRMÁN gleich Null, doch die Platte verliert ihre Steifigkeit nicht völlig (im allgemeinen Fall), denn dabei ist $\tau = 0$, $\psi = \omega < 1$. Die kleinste Steifigkeit wird dem Ende der Fließzone ent-

B. Plastischer Bereich

sprechen, denn dort wird ω am größten. Ausnahmen bilden nur einige Spezialfälle, darunter das KÁRMÁNsche Problem der Stabilität eines Stabes.

Die beim Verlust der Stabilität entstehenden Biegungs- und Torsionsmomente sind lineare Funktionen der Krümmungen und Verdrehungen und haben das Potential

$$W = \frac{D}{2}\left[(1-\psi)\,(\varkappa_1^2 + \varkappa_1\varkappa_2 + \varkappa_2^2 + \vartheta^2)\right.$$
$$\left. - \frac{3}{4}(1 - \psi - \tau)\,(\bar{\sigma}_x\varkappa_1 + \bar{\sigma}_y\varkappa_2 + 2\bar{\tau}_{xy}\vartheta)^2\right], \quad \text{(IV B.122)}$$

wobei

$$\left.\begin{array}{l} \delta M_1 = -\dfrac{\partial W}{\partial \varkappa_1} \\[4pt] \delta M_2 = -\dfrac{\partial W}{\partial \varkappa_2} \\[4pt] \delta M_3 = -\dfrac{1}{2}\dfrac{\partial W}{\partial \vartheta} \end{array}\right\} \quad \text{(IV B.123)}$$

Die Funktion W ist die Arbeit der Momente längs der beim Verlust der Stabilität entstehenden Krümmungen bzw. Verdrehung der Plattenmittelebene, bezogen auf ihre Flächeneinheit, so daß die Gesamtarbeit gleich $\iint\limits_F W\,df$ sein wird. Es ergibt sich daraus die Möglichkeit, die Energiemethode von TIMOSHENKO für die Untersuchung der Stabilität auch im plastischen Bereich anzuwenden.

Wie die zweiten Summanden der rechten Seiten des Gleichungssystems (IV B.119) zeigen, hängt die Plattensteifigkeit beim Verlust der Stabilität sowohl vom Grad der plastischen Deformation vor dem Verlust der Stabilität, als auch von ihrem Verhältnis zu den wirkenden Spannungen $\sigma_x, \sigma_y, \tau_{xy}$ ab. Ausnahmen bilden nur jene Fälle, bei denen vor dem Verlust der Stabilität die Gleichung

$$\frac{d\sigma_g}{d\varepsilon_g} = \frac{\sigma_g}{\varepsilon_g}\,;\quad \sigma_g = A\,\varepsilon_g$$

Geltung hat; allgemein ausgedrückt, nur im elastischen Bereich, wobei $A = E$. Allein, für einige Materialien kann die Charakteristik $\sigma_g = \sigma_g(\varepsilon_g)$ Punkte besitzen, in denen die Tangente durch den Koordinatenursprung geht, so daß $A < E$. In diesen Punkten kann man ω in Beziehung bringen zu τ.

Man erhält:

$$\omega = \frac{4(1-\sqrt{\tau})}{(2-\sqrt{\tau})^2}.$$

Dadurch wird die Möglichkeit gegeben, in der Gl. (IV B.120) ω durch τ zu ersetzen. Daraus folgt:

$$\underline{\underline{\psi = 1 - \tau.}} \quad \text{(IV B.124)}$$

Die Formeln (IV B.119) zeigen, daß in diesem Fall die Plattensteifigkeit dem Modul τ proportional ist und daß die kritischen Spannungen im plastischen Bereich durch Ersetzen des Moduls aus den elastischen erhalten werden.

Die Kräfte N_1, N_2, S leisten längs den Deformationen ε_1, ε_2, $2\,\varepsilon_3 = \gamma$ die Arbeit:

$$N_1\,\varepsilon_1 + N_2\,\varepsilon_2 + 2\,S\,\varepsilon_3 = z_0\,(N_1\,\varkappa_1 + N_2\,\varkappa_2 + 2\,S\,\vartheta). \qquad \text{(IV B.125)}$$

Wird die Stabilität nach der Methode von TIMOSHENKO untersucht, so muß die Arbeit der äußeren Kräfte nur längs der Verschiebungen, welche auf Kosten der Krümmung der Plattenmittelebene entstehen, berechnet werden.

N_1 und N_2 sind die Spannungsmittelkräfte der Normalspannungen σ_x und σ_y, S die Spannungsmittelkraft der Schubspannungen τ_{xy} und

$$z_0 = \frac{\sigma_x\,\varepsilon_1 + \sigma_y\,\varepsilon_2 + 2\,\tau_{xy}\,\varepsilon_3}{\sigma_x\,\varkappa_1 + \sigma_y\,\varkappa_2 + 2\,\tau_{xy}\,\vartheta}. \qquad \text{(IV B.126)}$$

Nachdem der Ausdruck für die Arbeit der äußeren Kräfte längs der Verschiebungen hergeleitet ist, kann die Stabilitätsbedingung nach der Energiemethode von TIMOSHENKO formuliert werden: Gleichsetzung der äußern (angreifende Kräfte) und der innern Arbeit (Schnittmomente). In erster Annäherung wird das Gleichgewicht der Platte nach dem Verlust der Stabilität indifferent sein. Bei günstiger Wahl des Koordinatensystems (parallel zu den Hauptspannungen) vereinfacht sich die Differentialgleichung wesentlich. Sie zeigt analogen Aufbau zur klassischen Beziehung von BRYAN, mit dem Unterschied, daß die Koeffizienten aller Glieder nicht mehr konstant sind, sondern von der Spannungsstufe abhängen. Bei der Lösung praktischer Aufgaben wird diese Schwierigkeit umgangen, indem eine charakteristische Größe der Platte, z. B. die *Schlankheit*, in Funktion zur Vergleichsspannung gebracht wird.

Die Differentialgleichung des Gleichgewichtes findet man zu

(IV B.127)

$$\frac{\partial^2 h\,M_1}{\partial x^2} + 2\,\frac{\partial^2 h\,M_3}{\partial x\,\partial y} + \frac{\partial^2 h\,M_2}{\partial y^2} + h\,\sigma_g\,(\bar{\sigma}_x\,\varkappa_1 + \bar{\sigma}_y\,\varkappa_2 + 2\,\bar{\tau}_{xy}\,\vartheta) = 0.$$

Im allgemeinen sind die Kräfte N_1, N_2, S, bekannte Funktionen der Koordinaten x, y und folglich auch der Spannungen

$$\sigma_x = \frac{N_1}{h}, \qquad \sigma_y = \frac{N_2}{h}, \qquad \tau_{xy} = \frac{S}{h}.$$

Schreibt man die Gln. (IV B.119) für den Fall, daß die in der Plattenmittelebene wirkenden Kräfte konstant sind, an, und werden die Richtungen der Hauptspannungen den Koordinatenachsen parallel angenommen, so kann man in diesem Fall, ohne die Allgemeingültigkeit einzuschränken, die Schubspannungen τ_{xy} gleich Null setzen. Aus den

Gln. (IV B.119) erhält man:

$$\left.\begin{aligned}
\frac{\delta M_1}{D} &= -(1-\psi)\left(\frac{\partial^2 w}{\partial x^2} + \frac{1}{2}\frac{\partial^2 w}{\partial y^2}\right) \\
&\quad + \frac{3}{4}(1-\psi-\tau)\,\bar{\sigma}_x\left(\bar{\sigma}_x\frac{\partial^2 w}{\partial x^2} + \bar{\sigma}_y\frac{\partial^2 w}{\partial y^2}\right) \\
\frac{\delta M_2}{D} &= -(1-\psi)\left(\frac{\partial^2 w}{\partial y^2} + \frac{1}{2}\frac{\partial^2 w}{\partial x^2}\right) \\
&\quad + \frac{3}{4}(1-\psi-\tau)\,\bar{\sigma}_y\left(\bar{\sigma}_x\frac{\partial^2 w}{\partial x^2} + \bar{\sigma}_y\frac{\partial^2 w}{\partial y^2}\right) \\
\frac{\delta M_3}{D} &= -\frac{1}{2}(1-\psi)\frac{\partial^2 w}{\partial x\,\partial y}.
\end{aligned}\right\} \quad \text{(IV B.128)}$$

Setzt man diese Ausdrücke in Gl. (IV B.127) ein, so findet man die Grundgleichung der Stabilität (verallgemeinerte Beziehung von BRYAN)

$$\begin{aligned}
&\left(1 - \frac{3}{4}\frac{1-\psi-\tau}{1-\psi}\bar{\sigma}_x^2\right)\frac{\partial^4 w}{\partial x^4} + 2\left(1 - \frac{3}{4}\frac{1-\psi-\tau}{1-\psi}\bar{\sigma}_x\bar{\sigma}_y\right)\frac{\partial^4 w}{\partial x^2\,\partial y^2} \\
&+ \left(1 - \frac{3}{4}\frac{1-\psi-\tau}{1-\psi}\bar{\sigma}_y^2\right)\frac{\partial^4 w}{\partial y^4} - \frac{h\,\sigma_g}{(1-\psi)\,D}\left(\bar{\sigma}_x\frac{\partial^2 w}{\partial x^2} + \bar{\sigma}_y\frac{\partial^2 w}{\partial y^2}\right) = 0.
\end{aligned} \quad \text{(IV B.129)}$$

Die Größen ψ und τ sind Funktionen der Vergleichsspannung und können für ein gegebenes σ_g nach den Formeln (IV B.121a, b) und (IV B.120) berechnet werden, falls die Charakteristik des Materials der Platte $\sigma_g = \sigma_g(\varepsilon_g)$ gegeben ist. Wenn die Platte unter der Einwirkung der gegebenen Kräfte nur wenig aus dem Elastizitätsbereich heraustritt, so daß σ_g nur wenig von der Proportionalitätsgrenze des Materials σ_p verschieden ist, wird die Funktion ψ eine sehr kleine Größe und kann vernachlässigt werden. Der Wert des verallgemeinerten Moduls von KÁRMÁN, τ, dagegen, der im elastischen Bereich gleich 1 ist, wird sich stark verkleinern, entsprechend der Änderung des Moduls $\dfrac{d\sigma_g}{d\varepsilon_g}$ in der Zone des Übergangs zur Fließgrenze.

Die verallgemeinerte Gleichung von TIMOSHENKO für gleichmäßig beanspruchte Platten nimmt die Form an:

$$\left.\begin{aligned}
&(1-\psi)\iint_F (\varkappa_1^2 + \varkappa_2^2 + \varkappa_1\varkappa_2 + \vartheta^2)\,dx\,dy \\
&- \frac{3}{4}(1-\psi-\tau)\iint_F (\bar{\sigma}_x\varkappa_1 + \bar{\sigma}_y\varkappa_2)^2\,dx\,dy \\
&+ \frac{h\,\sigma_g}{D}\iint_F \left[\bar{\sigma}_x\left(\frac{\partial w}{\partial x}\right)^2 + \bar{\sigma}_y\left(\frac{\partial w}{\partial y}\right)^2\right]dx\,dy = 0.
\end{aligned}\right\} \quad \text{(IV B.130)}$$

Es ist offensichtlich, daß die Schwierigkeiten, die kritischen Spannungen nach Gl. (IV B.129) oder (IV B.130) zu finden, nicht viel größer sind als bei der Lösung dieses Problems im elastischen Bereich. Die wesentliche Erschwerung liegt darin, daß die gesuchte kritische Spannung (z. B. σ_g) implizite in den Koeffizienten aller Glieder der Gln. (IV B.129) oder

(IV B.130) enthalten ist, während im elastischen Bereich sie nur als Faktor eines der Summanden auftritt. Diese Schwierigkeit kann aber leicht dadurch umgangen werden, daß man statt der kritischen Spannung $\sigma_{g_{kr}}$, welche einem bestimmten Ausmaß der Platte entspricht, gerade diesen kritischen Wert irgendeines charakteristischen Maßes der Platte sucht, welcher der gegebenen Größe von σ_g entspricht.

Es sei l die charakteristische Größe der Platte in der Ebene. In Analogie zum Stab sei als Schlankheit der Platte bezüglich der Größe l der Ausdruck

$$\lambda = \frac{l}{h}\sqrt{12(1-\nu^2)} \qquad \text{(IV B.131)}$$

definiert, d. h. die Schlankheit eines Plattenstreifens der Länge l und der Breite 1. Man erhält ihn aus dem Ausdruck für die Plattensteifigkeit D.

$$D = \frac{E h^3}{12(1-\nu^2)}$$

$$\lambda = \frac{l}{i}; \quad i = \sqrt{\frac{J}{F}}.$$

Führt man die *absoluten* Koordinaten eines Plattenpunktes ein,

$$\left.\begin{array}{l}\bar{x} = \dfrac{x}{l} \\ \bar{y} = \dfrac{y}{l},\end{array}\right\} \qquad \text{(IV B.132)}$$

so kann man die Beziehung (IV B.129) nach Einführung der Abkürzungen

$$\left.\begin{array}{l}\Phi_{11} = 1 - \dfrac{3}{4}\dfrac{1-\psi-\tau}{1-\psi}\bar{\sigma}_x^2 \\ \Phi_{22} = 1 - \dfrac{3}{4}\dfrac{1-\psi-\tau}{1-\psi}\bar{\sigma}_y^2 \\ \Phi_{12} = 1 - \dfrac{3}{4}\dfrac{1-\psi-\tau}{1-\psi}\bar{\sigma}_x\bar{\sigma}_y\end{array}\right\} \qquad \text{(IV B.133)}$$

auf folgende Form bringen:

$$\frac{(1-\psi)E}{\sigma_g}\left(\Phi_{11}\frac{\partial^4 w}{\partial \bar{x}^4} + 2\Phi_{12}\frac{\partial^4 w}{\partial \bar{x}^2 \partial \bar{y}^2} + \Phi_{22}\frac{\partial^4 w}{\partial \bar{y}^4}\right) - \lambda^2\left(\bar{\sigma}_x\frac{\partial^2 w}{\partial \bar{x}^2} + \bar{\sigma}_y\frac{\partial^2 w}{\partial \bar{y}^2}\right) = 0. \qquad \text{(IV B.134)}$$

Die Gl. (IV B.130) läßt sich unter Verwendung der Beziehungen (IV B.133) nach λ^2 auflösen:

$$\lambda^2 = \frac{(1-\psi)E}{\sigma_g} \qquad \text{(IV B.135)}$$

$$\cdot \left(\frac{\iint\limits_F \left[\Phi_{11}\left(\frac{\partial^2 w}{\partial \bar{x}^2}\right)^2 + 2\Phi_{12}\frac{\partial^2 w}{\partial \bar{x}^2}\frac{\partial^2 w}{\partial \bar{y}^2} + \Phi_{22}\left(\frac{\partial^2 w}{\partial \bar{y}^2}\right)^2 + \left(\frac{\partial^2 w}{\partial \bar{x}\partial \bar{y}}\right)^2 - \frac{\partial^2 w}{\partial \bar{x}^2}\frac{\partial^2 w}{\partial \bar{y}^2}\right]dx\,dy}{-\bar{\sigma}_x\iint\limits_F\left(\frac{\partial w}{\partial \bar{x}}\right)^2 dx\,dy - \bar{\sigma}_y\iint\limits_F\left(\frac{\partial w}{\partial \bar{y}}\right)^2 dx\,dy}\right).$$

Das Problem ist damit auf die Bestimmung der charakteristischen Werte der Schlankheit λ aus den Gln. (IV B.134) oder (IV B.135) zurückgeführt.

β) Anwendungen auf einseitig mit gleichmäßig verteiltem Druck beanspruchte Platten. β_1) Bestimmung von λ_{kr}. — β_{11}) Platte an den Rändern a beiderseits gelenkig gelagert. Wie im elastischen Bereich kann auch im plastischen Bereich für die Ausbiegung in der y-Richtung ein sinusförmiger Ansatz angenommen werden, wobei bei minimaler kritischer Spannung in dieser Richtung sich stets nur eine Halbwelle ausbildet. Der Ansatz

$$w = B \sin\frac{\pi y}{b} \sin\frac{m \pi x}{a}$$

erfüllt die Randbedingungen.

Mit $\bar{\sigma}_x = -1$ und $\bar{\sigma}_y = 0$ erhält man

$$\left.\begin{array}{l} \Phi_{11} = \dfrac{1 - \psi + 3\tau}{4(1 - \psi)} \\[2mm] \Phi_{12} = 1, \\[2mm] \Phi_{22} = 1. \end{array}\right\} \quad \text{(IV B.136)}$$

Aus Gl. (IV B.134) folgt:

$$\lambda = \pi \sqrt{\frac{E(1-\psi)}{\sigma_g}\left[\frac{1-\psi+3\tau}{4(1-\psi)}\frac{m^2 l^2}{a^2} + \frac{a^2 l^2}{m^2 b^4} + \frac{2 l^2}{b^2}\right]}. \quad \text{(IV B.137)}$$

Nun muß bestimmt werden, für welches Verhältnis $\dfrac{a}{b}$ und bei wieviel Halbwellen m, λ bei einem bestimmten σ_g ein Minimum wird. Zu diesem Zweck betrachtet man eine unendlich lange Platte in der Druckrichtung a, so daß $a = \infty$. Als charakteristische Größe l kann dann die Breite b der Platte aufgefaßt werden. Die Anzahl der Halbwellen m wird unendlich groß, und die Länge einer Halbwelle a' wird

$$a' = \left(\frac{a}{m}\right)_{\substack{a = \infty \\ m = \infty}}; \quad l = b.$$

Führt man diese Beziehungen in die Gl. (IV B.137) ein, so erhält man

$$\lambda = \pi \sqrt{\frac{E(1-\psi)}{\sigma_g}\left[\frac{1-\psi+3\tau}{4(1-\psi)}\left(\frac{b}{a'}\right)^2 + \left(\frac{a'}{b}\right)^2 + 2\right]}. \quad \text{(IV B.138)}$$

Bei konstantem σ_g wird λ ein Minimum, wenn die eckige Klammer ein Minimum wird. Leitet man diesen Klammerausdruck nach $\left(\dfrac{a'}{b}\right)$ ab, unter Beachtung, daß für $\sigma_g = $ konst. auch ψ und $\tau = $ konst., so erhält man

$$\lambda_{kr} = \pi \sqrt{\frac{2E(1-\psi)}{\sigma_g}}\left(1 + \sqrt{\frac{1-\psi+3\tau}{4(1-\psi)}}\right). \quad \text{(IV B.139)}$$

Die Länge der Halbwelle für diese minimale Schlankheit ist

$$a' = b \sqrt[4]{\frac{1 - \psi + 3\tau}{4(1-\psi)}}. \qquad \text{(IV B.140)}$$

β_{12}) **Platte an den Rändern a beiderseits fest eingespannt.**
Die Lösung dieses Falles ist bereits bedeutend schwieriger.

Die einzige Möglichkeit, eine Ausbeulformel zu erhalten, besteht darin, einen Ansatz für w, welcher die Randbedingungen erfüllt und der wirklichen Beulfläche möglichst angepaßt wird, in die Gl. (IV B.135) einzuführen.

Mit dem Ansatz

$$w = C\left(1 - \cos\frac{2\pi y}{b}\right) \sin\frac{m\pi x}{a} \qquad \text{(IV B.141)}$$

erhält man:

$$\lambda^2 = \frac{(1-\psi)E\,l^2}{\sigma_g}\left[\Phi_{11}\frac{m^2\pi^2}{a^2} + \frac{8\pi^2}{3b^2} + \frac{16\pi^2 a^2}{3m^2 b^4}\right]. \qquad \text{(IV B.142)}$$

Wie im Fall der beiderseits gelenkig gelagerten Platte kann man zunächst eine in der Druckrichtung unendlich lange Platte betrachten und wiederum setzen:

$$a' = \left(\frac{a}{m}\right)_{\substack{a=\infty\\m=\infty}}; \quad l = b.$$

λ wird dann

$$\lambda = \pi \sqrt{\frac{(1-\psi)E}{\sigma_g}\left[\Phi_{11}\left(\frac{b}{a'}\right)^2 + \frac{16}{3}\left(\frac{a'}{b}\right)^2 + \frac{8}{3}\right]}. \qquad \text{(IV B.143)}$$

Auch hier wird für eine konstante Spannung die Schlankheit dann am kleinsten, wenn der Ausdruck in der eckigen Klammer ein Minimum wird. Faßt man wiederum $\left(\frac{a'}{b}\right)$ als die unabhängige Variable auf, so erhält man durch Nullsetzung der ersten Ableitung den minimalen Wert der Klammer.

Daraus folgt:

$$\lambda_{kr} = \pi \sqrt{\frac{(1-\psi)E}{\sigma_g}\left[\frac{8}{3} + \frac{8}{\sqrt{3}}\sqrt{\frac{1-\psi+3\tau}{4(1-\psi)}}\right]}. \qquad \text{(IV B.144)}$$

Die Länge der Halbwelle für diese minimale Schlankheit ist:

$$a' = b \sqrt[4]{\frac{3}{16}\Phi_{11}}. \qquad \text{(IV B.145)}$$

β_{13}) **Platte an den Rändern a einerseits gelenkig gelagert, anderseits vollständig frei.** Die Ausbeulformel kann nur aus Gl. (IV B.135) bestimmt werden. Als Ansatz für w wird, wie im elastischen

Bereich der Ansatz

$$w = C\, y \sin \frac{m\pi x}{a}.$$

gewählt.

Die Platte beult wie im elastischen Bereich in der Längsrichtung bei jedem Verhältnis $\alpha = \dfrac{a}{b}$ stets in einer Halbwelle aus.

Die kritische (minimale) Schlankheit ist

$$\lambda_{kr} = \sqrt{\frac{E(1-\psi)}{\sigma_g}\left[\frac{1-\psi+3\tau}{4(1-\psi)}\pi^2\left(\frac{b}{a}\right)^2 + 3\right]}. \qquad \text{(IV B.146)}$$

γ) *Vergleich der Theorie mit Versuchsresultaten.* Damit die Theorie von ILJUSCHIN mit den im Kap. IV C.2 beschriebenen Versuchen verglichen werden kann, wird das Spannungs-Verkürzungs-Diagramm

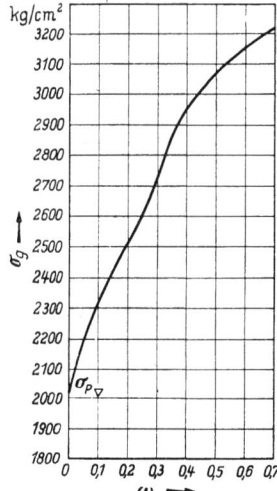 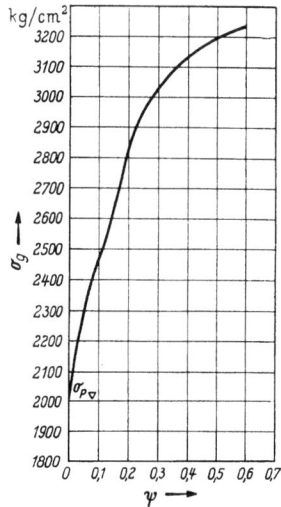

Abb. IV B.17. σ_g—ω-Diagramm Abb. IV B.18. σ_g—ψ-Diagramm

(Abb. IV B.5) und die aus demselben ermittelte τ-Linie (Abb. IV B.6) verwendet. Das daraus berechnete σ_g—ω- und das σ_g—ψ-Diagramm sind aus den Abb. IV B.17 und IV B.18 ersichtlich. Die in den Abb. IV B.2 und IV B.3 angegebenen Versuchswerte sind in die σ_{kr}—λ-Diagramme der Abb. IV B.19 und IV B.20 eingetragen und werden mit den theoretischen Kurven nach ILJUSCHIN verglichen.

Die Schlankheit λ ist dabei nach Gl. (IV B.131) für $l = b$:

$$\lambda = \frac{b}{h}\sqrt{12(1-\nu^2)}.$$

Da die Schlankheit λ nicht nur von den Abmessungen der Platte, sondern auch von der POISSONschen Zahl ν, die bei ILJUSCHIN ($\nu = 0{,}5$) und bei KOLLBRUNNER ($\nu = 0{,}3$) verschieden ist, abhängt, erhält man für den Vergleich der Versuchsresultate mit den Werten aus den Kurven A und B zwei verschiedene Schlankheiten. Es zeigt sich dabei, daß durch die Wahl der POISSONschen Zahl zu $\nu = 0{,}5$ die σ_{kr}-Werte nach der Theorie von ILJUSCHIN verglichen mit den Versuchswerten zu hoch ausfallen.

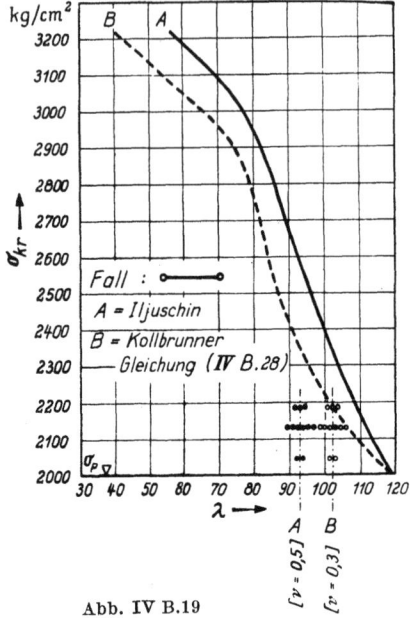

Abb. IV B.19

Da die Gln. (IV B.28) für die Kurven B unabhängig von der POISSONschen Zahl ν sind, können die Versuchswerte auch mit den Werten nach KOLLBRUNNER und einer POISSONschen Zahl von $\nu = 0{,}5$ verglichen werden, wenn man die bei der Schlankheit entsprechend $\nu = 0{,}5$ aufgetragenen Versuchswerte betrachtet. Die theoretischen Werte nach ILJUSCHIN liegen auch hier höher.

Die Einführung von $\nu = 0{,}5$ bei ILJUSCHIN wirkt sich also in doppeltem Sinne ungünstig aus: erstens in einer Erhöhung der kritischen Ausbeullast σ_{kr} gegenüber dem Wert von KOLLBRUNNER bei einer bestimmten Schlankheit λ, und zweitens in einer Verkleinerung der Schlankheit gegenüber dem aus den Versuchen richtiger erwiesenen Wert bei einer POISSONschen Zahl von $\nu = 0{,}3$.

Die kritischen Halbwellenzahlen nach der Theorie von ILJUSCHIN, berechnet nach der Ungleichung

$$n + 1 > \frac{a}{a'} > n > 0$$

stimmen mit denjenigen aus den Versuchen überein.

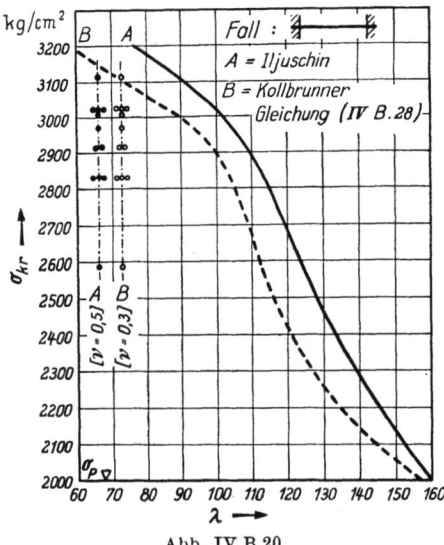

Abb. IV B.20

1. Platte an den Rändern a beiderseitig gelenkig gelagert (Abb. IV B.19).

$$b = l = 6{,}2 \text{ cm}; \quad h = 0{,}2 \text{ cm}$$

ILJUSCHIN: $\quad \lambda = \dfrac{6{,}2}{0{,}2} \sqrt{1 - 0{,}5^2} = 93$

KOLLBRUNNER: $\quad \lambda = \dfrac{6{,}2}{0{,}2} \sqrt{1 - 0{,}3^2} = 102{,}3.$

2. Platte an den Rändern a beiderseits fest eingespannt (Abb. IV B.20)

$$b = l = 4{,}4 \text{ cm}; \quad h = 0{,}2 \text{ cm}$$

ILJUSCHIN: $\quad \lambda = \dfrac{4{,}4}{0{,}2} \sqrt{1 - 0{,}5^2} = 66$

KOLLBRUNNER: $\quad \lambda = \dfrac{4{,}4}{0{,}2} \sqrt{1 - 0{,}3^2} = 72{,}5.$

Außer für die einfachsten Fälle ergibt die Theorie von ILJUSCHIN keine festen Schlußformeln; und auch für die einfachsten Fälle sind die Schlußformeln von ILJUSCHIN bei den Konstrukteuren immer noch zu kompliziert. Sie benötigen eine relativ lange Rechenarbeit.

Der Vergleich mit den durchgeführten Versuchen zeigt, daß die Gln. (IV B.26) und (IV B.28) nicht nur bedeutend einfacher sind (somit auch von jedem Konstrukteur angewendet werden können), sondern daß auch diese Gleichungen mit den Versuchen besser übereinstimmen als die Theorie von ILJUSCHIN, die zu hohe Werte angibt. Diese zu hohen Werte rühren von der Wahl der POISSONschen Zahl zu 0,5 her.

Bei komplizierteren Fällen wird auch die Theorie von ILJUSCHIN nicht mehr exakt. Hier muß für die Ausbeulfläche eine Annahme getroffen werden, welche mit der wirklichen Beulfläche nur angenähert übereinstimmen wird. In diesen Fällen, welche weitaus in der Mehrzahl sein werden, führt somit nicht einmal die größere Rechenarbeit zu einem genauen Ergebnis.

Die Theorie von ILJUSCHIN gibt Hinweise, wie auch bedeutend kompliziertere als die hier behandelten Probleme gelöst werden können. Oft erhält man jedoch keine gebrauchsfähigen Schlußformeln. Für den praktischen Ingenieur braucht es leichtverständliche, einfache Formeln, die die zulässigen oder kritischen Spannungen rasch berechnen lassen. Damit diese Formeln jedoch hergeleitet werden können, müssen dieselben, auch bei Annahme verschiedener Hypothesen, theoretisch begründet und durch einwandfreie, systematisch durchgeführte Versuche bestätigt sein. Dazu gehört eine möglichst genaue Kenntnis der dabei gemachten Vereinfachungen und Vernachlässigungen, damit die eingeführten Fehler abgeschätzt werden können und damit beim Berechnen ähnlicher Fälle oder beim Eintreten veränderter Voraussetzungen keine grundsätzlichen Fehlschlüsse gezogen werden.

c) **Theorie von Stowell**[1]. STOWELL verbesserte und vereinfachte die Theorie von ILJUSCHIN, indem er nach SHANLEY den Tangenten-

---

[1] STOWELL, E. Z.: A Unified Theory of Plastic Buckling of Columns and Plates. N.A.C.A. Techn. Note 1556, 1948.

modul einführte. Gleich wie bei ILJUSCHIN, wird ν im elasto-plastischen Bereich durchwegs zu 0,5 angenommen, d. h. auch STOWELL nimmt das Material plastisch verformbar, jedoch als *raumbeständig* an (durch einen Kunstgriff läßt STOWELL jedoch ν wieder verschwinden).

Für einseitig gleichmäßig verteilten Druck erhält STOWELL folgende Differentialgleichung:

$$D'\left[\left(1-\frac{3}{4}k'\right)\frac{\partial^4 w}{\partial x^4} + 2\frac{\partial^4 w}{\partial x^2 \partial y^2} + \frac{\partial^4 w}{\partial y^4}\right] + h\,\sigma_x\,\frac{\partial^2 w}{\partial x^2} = 0. \quad \text{(IV B.147)}$$

Dabei sind

$$D' = \frac{T_s h^3}{9}$$

$$k' = 1 - \frac{T}{T_s}$$

$$T = \frac{d\sigma_g}{d\varepsilon_g}; \quad \sigma_g = \sqrt{\sigma_x^2 + \sigma_y^2 - \sigma_x \sigma_y + 3\tau_{xy}^2}$$

$$T_s = \frac{\sigma_g}{\varepsilon_g}; \quad \varepsilon_g = \frac{2}{\sqrt{3}}\sqrt{\varepsilon_x^2 + \varepsilon_y^2 + \varepsilon_x \varepsilon_y + \frac{\gamma_{xy}^2}{4}}.$$

T ist der Tangentenmodul und T_s der Sekantenmodul.

Währenddem in Gl. (IV B.4) nur der Parameter τ vorkommt $\left(\tau^* = \dfrac{\tau + \sqrt{\tau}}{2}\right)$, enthält die Gl. (IV B.147) zwei Parameter, den Sekantenmodul T_s und den Tangentenmodul T.

d) Bemerkungen zu den Untersuchungen des plastischen Ausbeulens mit Hilfe der mathematischen Plastizitätstheorien. α) *Verschiedene Formen der mathematischen Plastizitätstheorie.* Es ist uns unmöglich, in diesem Buche die Grundlagen der Plastizitätstheorie ausführlich zu behandeln[1]. Es sei nur daran erinnert[2], daß im elastischen Bereich die Komponenten des Spannungsdeviators

$$\left\{\begin{matrix} \sigma_x - \sigma_m & \tau_{xy} & \tau_{xz} \\ \tau_{yx} & \sigma_y - \sigma_m & \tau_{yz} \\ \tau_{zx} & \tau_{zy} & \sigma_z - \sigma_m \end{matrix}\right\},$$

---

[1] Man konsultiere z. B.: I. SZABÒ: Höhere Technische Mechanik, S. 319. Berlin/Göttingen/Heidelberg: Springer 1956. — PRAGER, W.: The Stress-Strain Laws of the Mathematical Theory of Plasticity — A Survey of Recent Progress. J. Appl. Mec., 1948, Paper 48-APM-14. — PRAGER, W.: The Theory of Plasticity — A Survey of Recent Achievements. James Clayton Lecture. Published by the Institution of Mechanical Engineers, London, 1955. — ILJOUCHINE, A. A.: Plasticité (déformations élasto-plastiques). Paris: Editions Eyrolles 1956.

[2] Siehe z. B. F. STÜSSI: Die Grundlagen der mathematischen Plastizitätstheorie und der Versuch. Z. angew. Math. Phys., 1950, S. 254; s. a. I. SZABÒ: Höhere Technische Mechanik, S. 330. Berlin/Göttingen/Heidelberg: Springer 1956 u. A. A. ILJOUCHINE: Plasticité (déformations élasto-plastiques). Paris: Editions Eyrolles 1956.

B. Plastischer Bereich

[wobei $\sigma_m = \frac{1}{3}(\sigma_x + \sigma_y + \sigma_z)$ einen hydrostatischen Spannungszustand darstellt], zu den Komponenten des Verformungsdeviators

$$\begin{Bmatrix} \varepsilon_x - e & \frac{1}{2}\gamma_{xy} & \frac{1}{2}\gamma_{xz} \\ \frac{1}{2}\gamma_{yx} & \varepsilon_y - e & \frac{1}{2}\gamma_{yz} \\ \frac{1}{2}\gamma_{zx} & \frac{1}{2}\gamma_{zy} & \varepsilon_z - e \end{Bmatrix},$$

[wobei $e = \frac{1}{3}(\varepsilon_x + \varepsilon_y + \varepsilon_z)$ bis auf den Faktor $\frac{1}{3}$ die Volumendilatation (räumliche Dehnung) darstellt] proportional sind. Der Proportionalitätsfaktor ist dabei $2G$ (G = Schubmodul).

Im plastischen Bereich werden die Formänderungen in ihre elastischen und ihre plastischen Anteile aufgespalten. Nach den mathematischen Plastizitätstheorien wird für die plastischen Formänderungsanteile *konstant bleibendes* Volumen vorausgesetzt, so daß e_{pl} verschwinden muß und der Verformungsdeviator mit dem totalen Formänderungszustand identisch ist. Diese Annahme führt zum Wert $\nu = \frac{1}{2}$ für die POISSONsche Zahl.

Nach dem finiten[1] Spannungsdeformationsgesetz von HENCKY-NÁDAI soll nun für die plastischen Anteile die Proportionalität zwischen den Koeffizienten des Spannungsdeviators und den Komponenten des Verformungsdeviators erhalten bleiben. Die Materie soll sich also noch isotrop verhalten.

Das differentielle[2] Spannungsdeformationsgesetz von DE SAINT-VENANT, LÉVY, V. MISES und PRANDTL-REUSS stellt dagegen proportionale Beziehungen zwischen den infinitesimalen *Spannungsänderungen* und den Deformationsänderungen dar, wenn der vorhandene Spannungszustand bekannt ist. Eine Beziehung dieses Types enthält somit die vorhandenen Spannungen und die Differentiale der Spannungen und Dehnungen. Nur dieses Gesetz erfüllt die Kontinuitätsbedingung, welche verlangt, daß die Gesetze für Belastung und Entlastung für eine neutrale Spannungsänderung (bei welcher die Änderung der Vergleichsspannung Null ist) dasselbe ergeben müssen.

Nur wenn alle Spannungskomponenten während des ganzen Vorganges in demselben Verhältnis anwachsen, ergibt das HENCKYsche Gesetz dieselben Resultate wie das differentielle und ist theoretisch einwandfrei.

Um die Berechnung zu vereinfachen, kann die Annahme der Volumenkonstanz auch auf die elastischen Formänderungsanteile ausgedehnt werden; in diesem Falle braucht man nicht mehr die Formänderun-

---

[1] Auf Englisch: Finite Stress — Strain Law oder Theory of Plastic Deformation benannt.
[2] Auf Englisch: Incremental Stress — Strain Law oder Theory of Plastic Flow benannt.

gen im plastischen Bereiche in ihre elastischen und plastischen Anteile aufzuspalten.

Die Beultheorien von ILJUSCHIN[1] und STOWELL[2] machen von dieser Vereinfachung Gebrauch und stützen sich auf das finite Gesetz von HENCKY. Während aber ILJUSCHIN annimmt, daß in einem gewissen Gebiet die Platte elastisch bleibt oder neue Entlastungen (die bekanntlich dem HOOKEschen Gesetz gehorchen) erfährt, stützt sich STOWELL auf die neuen Erkenntnisse von SHANLEY[3]: Die Berücksichtigung der Entlastungen ist dabei nicht nötig, weil die Belastung während dem Beulen noch anwachsen darf. Die Theorie von BIJLAARD[4] macht auch von dieser Tatsache Gebrauch; sie berücksichtigt aber die elastischen und plastischen Formänderungsanteile getrennt.

Auch das differentielle Gesetz wurde zur Aufstellung von Beultheorien gebraucht, so von HANDELMAN und PRAGER[5] unter Berücksichtigung der Entlastungen und von HOPKINS[6] allgemein.

Im anschließenden Unterkapitel wollen wir nur Theorien näher untersuchen, die keine Entlastungen berücksichtigen. Da aus der Theorie von BIJLAARD die anderen durch Nullsetzen von gewissen Gliedern gefunden werden können, beschränken wir uns auf die Erwähnung der Grundformeln dieser Theorie (s. Kap. IV B.6a, α).

β) *Homogene Spannungszustände.* Nach Kap. IV B.6d, α gelten bei Annahme des finiten Gesetzes folgende Beziehungen zwischen den Spannungen und den plastischen Dehnungsanteilen

$$\varepsilon_{x\,pl} = \frac{\sigma_x - \sigma_m}{2\,G_p} = \frac{3}{2}\frac{\sigma_x - \sigma_m}{E_p} \text{ usw.} \quad \text{(IV B.148)}$$

Beim Ausbeulen einer Platte (wie beim Ausknicken eines Stabes) werden aber nur infinitesimal kleine Verformungen berücksichtigt. Die Span-

---

[1] ILJUSCHIN, A.: Stabilität von Platten und Schalen jenseits der Elastizitätsgrenze. Z. angew. Math. Mech. Inst. f. Mechanik der Akademie der Wissenschaften der USSR, Bd. 8 (1944) Nr. 5, S. 337, russisch. — KOLLBRUNNER, C. F. u. G. HERRMANN: Stabilität der Platten im plastischen Bereich. Theorie von A. ILJUSCHIN mit Vergleichswerten von durchgeführten Versuchen. Mitt. Inst. Baustatik E.T.H., 1947, Nr. 20. Zürich: Leemann.

[2] STOWELL, E. Z.: A Unified Theory of Plastic Buckling of Columns and Plates. N.A.C.A. Techn. Note Nr. 1556, 1948; Critical Shear Stress of an Infinitely Long Plate in the Plastic Region. N.A.C.A. Techn. Note Nr. 1681, 1948.

[3] Siehe z. B.: C. F. KOLLBRUNNER u. M. MEISTER: Knicken, S. 17. Berlin/Göttingen/Heidelberg: Springer 1955.

[4] BIJLAARD, P. P.: A Theory of Plastic Stability and its Application to Thin Plates of Structural Steel. Koninklije Nederlandsche Akademie van Wetenschappen, Proceedings, Bd. 41 (1938) S. 731; Theory of the Plastic Stability of Thin Plates. Abh. IVBH., 6. Bd. (1940/41) S. 45. Zürich: Leemann; Some Contributions to the Theory of Elastic and Plastic Stability. Abh. IVBH., 8. Bd. (1947) S. 17. Zürich: Leemann; Grundlegende Betrachtungen zum Ausbeulen der Platten und Schalen im plastischen Bereich. Mitt. Inst. Baustatik E.T.H., (1948) Nr. 21. Zürich: Leemann; Theory and Tests on the Plastic Stability of Plates and Shells. J. Aeron. Sci., 1949, S. 531.

[5] HANDELMAN, G. H. u. W. PRAGER: Plastic Buckling of a Rectangular Plate under Edge Thrusts. N.A.C.A. Techn. Note Nr. 1530, 1948.

[6] HOPKINS, H. G.: The Plastic Instability of Plates. Quart. Appl. Math., 1953, S. 185.

B. Plastischer Bereich

nungsdehnungsbeziehungen, die wir zur Aufstellung der Plattengleichung brauchen, müssen also Beziehungen zwischen den Änderungen sein. Da die Dehnungen Funktionen der Spannungen sind, erhält man z. B.

$$d\varepsilon_x = \frac{\partial \varepsilon_x}{\partial \sigma_x} d\sigma_x + \frac{\partial \varepsilon_x}{\partial \sigma_y} d\sigma_y + \frac{\partial \varepsilon_x}{\partial \tau_{xy}} d\tau_{xy}. \qquad \text{(IV B.149)}$$

Der Grundspannungszustand ist homogen, d. h., Größe und Richtung der Hauptspannungen σ_1, σ_2 sind von den Koordinaten unabhängig. In jedem Punkt ist die Anstrengung durch die Vergleichsspannung nach der Hypothese der konstanten Gestaltänderungsarbeit (HUBER-V. MISES-HENCKY) $\sigma_g = \sqrt{\sigma_1^2 + \sigma_2^2 - \sigma_1 \sigma_2}$ gegeben.

Nach Durchführung der Differentiation (IV B.149), und zwar getrennt für die elastischen $\left(\text{z. B. } \dfrac{\partial \varepsilon_{xel}}{\partial \sigma_x} = \dfrac{1}{E}\right)$ und die plastischen (z. B. nach Gl. (IV B.148))

$$\frac{\partial \varepsilon_{xpl}}{\partial \sigma_x} = \frac{\partial}{\partial \sigma_x}\left(\frac{\sigma_x - \sigma_m}{2 G_p}\right) = \frac{1}{2 G_p} \frac{\partial(\sigma_x - \sigma_m)}{\partial \sigma_x} + \frac{\sigma_x - \sigma_m}{2} \frac{\partial}{\partial \sigma_x}\left(\frac{1}{G_p}\right) \qquad \text{(IV B.150)}$$

Anteile, erhält man nach einigen Zwischenrechnungen Formeln für die Plattenmomente durch Einsetzen der Spannungsdehnungsbeziehungen in die Gln. (III B.24) bis (III B.26). Siehe Gln. (IV B.90), (IV B.91) und (IV B.92) im Kap. IV B.6a, α.

Die Abkürzung e, die bei den Gleichungen für die Abminderungswerte A_B, B_B, D_B, F_B vorkommt, kann dabei auch in der Form $e = \dfrac{E}{T_s} - 1$ geschrieben werden.

T_s ist Sekantenmodul (Abb. IV B. 21) und beträgt $T_s = \dfrac{\sigma}{e_{el} + e_p}$

oder

$$\frac{1}{T_s} = \frac{1}{E} + \frac{1}{E_p},$$

so daß

$$e = \frac{E}{E_p} = \frac{E}{T_s} - 1$$

wird.

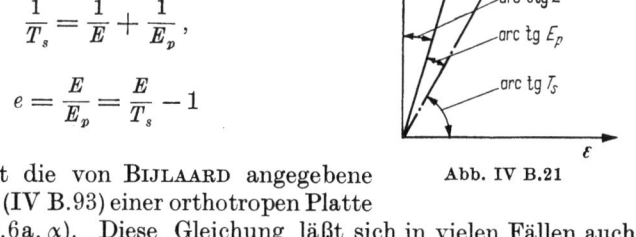

Abb. IV B.21

Man erhält die von BIJLAARD angegebene Beulgleichung (IV B.93) einer orthotropen Platte (s. Kap. IV B.6a, α). Diese Gleichung läßt sich in vielen Fällen auch lösen; die Beziehungen mit den Lösungen der isotropen Platte sind aber nicht so einfach wie bei der Gl. (IV B.61) (s. Kap. IV B.2h) nach TIMOSHENKO-BLEICH. Für die auf einseitigen, gleichmäßig verteilten Druck beanspruchte Platte mit NAVIERschen Randbedingungen erhält man z. B. nach BIJLAARD[1]

$$\sigma_{kr_{pl\,min}} = \frac{2\pi^2 E J}{h\,b^2}\left(\sqrt{A_B\,D_B} + B_B + 2F_B\right) \qquad \text{(IV B.151)}$$

---

[1] Siehe z. B.: P. P. BIJLAARD: Theory and Tests on the Plastic Stability of Plates and Shells. J. Aeron. Scien., 1949, S. 538 oder P. P. BIJLAARD, C. F. KOLLBRUNNER u. F. STÜSSI: Theorie und Versuche über das plastische Ausbeulen von Rechteckplatten unter gleichmäßig verteiltem Längsdruck. IVBH., dritter Kongreß, Lüttich, 1948, Vorbericht, S. 126.

anstatt
$$\sigma_{kr_{el}\min} = \frac{4\pi^2 E J}{(1-\nu^2) h b^2} \qquad (\text{IV B.152})$$

im elastischen Bereich.

Das Verhältnis $\dfrac{\sigma_{kr_{pl}\min}}{\sigma_{kr_{el}\min}}$ oder $\dfrac{k_{pl}}{k_{el}}$ ergibt sich somit zu

$$\frac{1-\nu^2}{2}\left(\sqrt{A_B D_B} + B_B + 2F_B\right). \qquad (\text{IV B.153})$$

Auch andere homogene Spannungszustände (Platte unter Druck mit anderen Randbedingungen, Schub usw.) lassen sich lösen; wenn nötig mit Hilfe der Energiemethode.

Um die Formeln von STOWELL zu erhalten, genügt es, in den Gleichungen von BIJLAARD $\nu = 0{,}5$ einzusetzen, weil STOWELL auch die Inkompressibilität bei den elastischen Dehnungsanteilen voraussetzt.

Will man dagegen die aus dem differentiellen Gesetz abgeleiteten Formeln erhalten, so muß $e = 0$ gesetzt werden, d. h. $T_s = E$. Beim Beulvorgang werden nämlich nur infinitesimal kleine zusätzliche Dehnungen berücksichtigt; da das differentielle Gesetz nur Beziehungen zwischen diesen Dehnungszuwachsen und dem vorhandenen Spannungsdeviator angibt, bleiben die vorher erlittenen plastischen Verformungen unberücksichtigt, so daß $e_p = 0$ und $T_s = E$ gesetzt werden darf.

γ) Inhomogene Spannungszustände. BIJLAARD[1] befaßte sich auch mit inhomogenen Spannungszuständen, nämlich denjenigen der ungleichmäßig verteilten Druckspannungen mit dem Grenzfall der reinen Biegung. Es handelt sich aber um eine Näherungslösung: beim Einsetzen der Momente (Gln. (IV B.90), (IV B.91), (IV B.92)) in die Momentengleichgewichtsbedingung wird nämlich die Abhängigkeit der Koeffizienten A_B usw. von y (σ ist von y abhängig) nicht berücksichtigt, so daß wieder Gl. (IV B.93) und nicht eine ähnlich der Gl. (IV B.80) aufgebaute Gleichung erhalten wird.

Durch den bekannten Ansatz $w = Y \sin\dfrac{m\pi x}{a}$ (s. Kap. IV A.7a, α) läßt sich die partielle Differentialgleichung (IV B.93) bei NAVIERschen Randbedingungen an den belasteten Querrändern auf die totale Differentialgleichung

$$(\text{IV B.154})$$
$$D_B Y^{IV} - 2(B_B + 2F_B)\frac{m^2\pi^2}{a^2} Y'' + \left(A_B \frac{m^4\pi^4}{a^4} - \frac{m^2\pi^2}{a^2}\frac{\sigma h}{E J}\right) Y = 0$$

zurückführen.

Die Abhängigkeit der Koeffizienten von y wird bei der Lösung der Gl. (IV B.154) berücksichtigt, so daß ein numerisches, der in Kap. III C.3 angegebenen baustatischen Methode ähnliches Verfahren ange-

---

[1] BIJLAARD, P. P.: Theory of Plastic Buckling of Plates and Application to Simply Supported Plates Subjected to Bending or Eccentric Compression in their Plane. J. Appl. Mech., 1956, S. 27.

wandt wird. Um die Koeffizienten A_B usw., bestimmen zu können, muß allerdings der Spannungs- und Dehnungsverlauf über den Querschnitt angenommen werden.

Wie schon in Kap. IV B.3 gesagt, ist es logisch, von einer linearen Dehnungsverteilung auszugehen; die beiden Randwerte müssen dabei auch quantitativ angegeben werden, um die Bestimmung von T und T_s aus der bekannten Spannungsdehnungslinie des Materials in jedem Punkt zu ermöglichen, womit sich an Hand der vorhandenen Hauptspannungen (hier $\sigma_1 = \sigma_x$, $\sigma_2 = 0$) die Werte A_B, usw., nach Kap. IV B.6a, α ermitteln lassen. Die Lösung dieser Gleichungen ergibt einen Eigenwert in der Form $\sigma_{kr} = k_{pl}\,\sigma_E$.

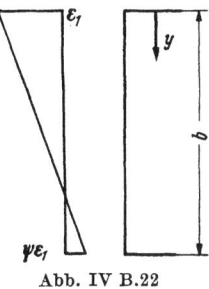

Abb. IV B.22

Nur für ein bestimmtes Verhältnis $\left(\dfrac{h}{b}\right)$ der Plattendicke zur Plattenbreite wird aber die Randspannung erhalten, die den angenommenen Randdehnungen nach dem Spannungsdehnungsgesetz zugeordnet ist. Dieser Umstand erschwert die praktische Dimensionierung beträchtlich, denn bei gegebenen Schnittkräften sind die Verteilungen der Dehnungen über den Querschnitt auch von der Stegblechstärke (allerdings wenig) abhängig[1].

Wenn die Dehnungen durch das Gesetz (Abb. IV B.22)

$$\varepsilon = \varepsilon_1\left[1 + (\psi - 1)\frac{y}{b}\right] \qquad \text{(IV B.155)}$$

gegeben sind, so ist für denselben ψ-Wert die Beulzahl k_{el} bekannt. Nach BIJLAARD gilt annähernd

$$\frac{k_{pl}}{k_{el}} = 0{,}5\,(1-\psi)\left(\frac{T_s}{E}\right)_{\text{Rand}} + 0{,}5\,(1+\psi)\left(\frac{k_{pl}}{k_{el}}\right)_{\text{Reiner Druck}}, \qquad \text{(IV B.156)}$$

wobei $\left(\dfrac{k_{pl}}{k_{el}}\right)_{\text{Reiner Druck}}$ nach Gl. (IV B.153) gegeben ist und sich auf den am meisten gedrückten Rand bezieht.

Für die reine Biegung mit $\psi = -1$ gilt daher

$$\frac{k_{pl}}{k_{el}} = \left(\frac{T_s}{E}\right)_{\text{Rand}}. \qquad \text{(IV B.157)}$$

An Hand dieses relativ einfachen Beispieles eines inhomogenen Spannungszustandes (Inhomogenität nur in der Querrichtung) ist ersichtlich, wie viel komplizierter diese Zustände im plastischen Bereich sind.

---

[1] Um den Dehnungsverlauf über den Querschnitt zu ermitteln, der den gegebenen Schnittkräften zugeordnet ist, muß wie bei der genauen Untersuchung des exzentrischen Stabknickens vorgegangen werden. Siehe C. F. KOLLBRUNNER u. M. MEISTER: Knicken, S. 57. Berlin/Göttingen/Heidelberg: Springer 1955. Für den Stahl arbeitet BIJLAARD mit einem idealelastisch-idealplastischen Spannungsdehnungsdiagramm, wie JEZEK es beim exzentrischen Knicken auch tut; s. a. C. F. KOLLBRUNNER u. M. MEISTER: op. cit., S. 58.

246 IV. Die verschiedenen Beulfälle

δ) *Theorie und Versuche.* Anschließend soll noch kurz ein Wort betreffend Übereinstimmung der besprochenen Theorien mit den Versuchen gesagt werden. Die auf dem finiten Gesetz von HENCKY beruhenden Theorien von BIJLAARD[1] und STOWELL[2], die keine Entlastungen berücksichtigen, zeigen eine befriedigende Übereinstimmung mit den Versuchen an gleichmäßig gedrückten und an auf Schub beanspruchten Platten.

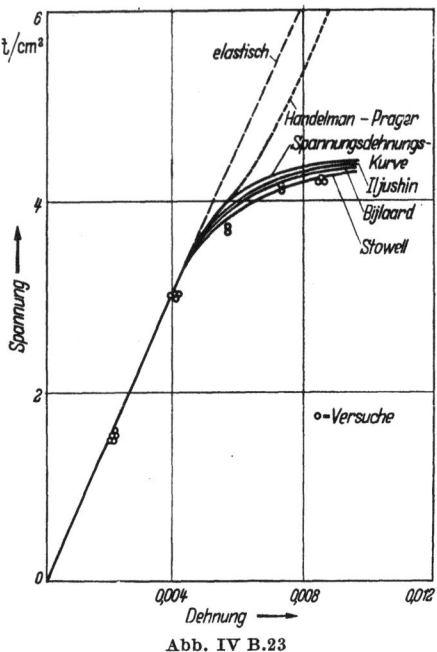

Abb. IV B.23

Die Theorie von ILJUSCHIN dagegen ergibt zu hohe Resultate[3]. Auch die Theorien, die das differentielle Gesetz als Grundlage haben, ergeben zu günstige Werte, auch wenn die Entlastungen unberücksichtigt bleiben.

Abb. IV B.23 nach PRIDE und HEIMERL[4] zeigt die Resultate von verschiedenen Theorien und von Versuchen an Platten aus Aluminium.

Das finite Gesetz, gegen welches berechtigte theoretische Einwände bestehen, soll also für das plastische Beulen gültig sein, währenddem das differentielle Gesetz, das für normale Beanspruchungen versuchsmäßig bestätigt wurde, für das Ausbeulen versagt. Bestehen aber schon vor Beginn der Instabilität Verformungen, denen ein Biegungszustand zugeordnet ist, so liefern die Theorien nach dem differentiellen Gesetz Resultate, die mit den Versuchswerten übereinstimmen[5]. Aber

---

[1] Siehe u. a.: P. P. BIJLAARD, C. F. KOLLBRUNNER u. F. STÜSSI: Theorie und Versuche über das plastische Ausbeulen von Rechteckplatten unter gleichmäßig verteiltem Längsdruck. IVBH., dritter Kongreß, Lüttich, 1948, Vorbericht, S. 119 oder BIJLAARD, P. P.: Theory and Tests on the Plastic Stability of Plates and Shells. J. Aeron. Sci., 1949, S. 529.

[2] STOWELL, E. Z.: A Unified Theory of Plastic Buckling of Columns and Plates. N.A.C.A. Techn. Note Nr. 1556, 1948; Critical Shear Stress of an Infinitely Long Plate in the Plastic Region. N.A.C.A. Techn. Note Nr. 1681, 1948. Um den Einfluß der Wahl von $\nu = 0{,}5$ zum Teil zu eliminieren, wird bei der Verhältniszahl $\dfrac{\sigma_{pl}}{\sigma_{el}}$ in σ_{el} auch mit $\nu = 0{,}5$ gerechnet.

[3] KOLLBRUNNER, C. F. u. G. HERRMANN: Stabilität der Platten im plastischen Bereich. Theorie von A. ILJUSCHIN mit Vergleichswerten von durchgeführten Versuchen. Mitt. Inst. Baustatik E.T.H., Nr. 20, 1947. Zürich: Leemann.

[4] PRIDE, R. A. u. G. J. HEIMERL: Plastic Buckling of Simply Supported Compressed Plates. N.A.C.A. Techn. Note Nr. 1817, 1949.

[5] ONAT, E. T. u. D. C. DRUCKER: Inelastic Instability and Incremental Theories of Plasticity. J. Aeron. Sci., 1953, S. 181.

auch die Deformationstheorie ist gültig, wenn vor dem Erreichen der maximalen Druckkraft schon kleine Ausbiegungen vorhanden sind, so daß die Beulspannungen zugleich mit den Plattenzusatzspannungen anwachsen[1].

Die auf der mathematischen Plastizitätstheorie aufgebauten Untersuchungen des plastischen Beulens haben bis jetzt nicht diesen unumstrittenen, endgültigen Zustand erreicht, der sie zu einer normalen, praktischen Anwendung fähig machen würde.

ε) *Theorie der Quasiisotropie.* Wenn sich die Materie auch während dem Beulvorgang quasiisotrop verhält[2], so gilt Gl. (IV B.148) auch für die Änderungen der Spannungen und der plastischen Formänderungsanteile und es wird

$$d\varepsilon_{xpl} = \frac{d\sigma_x - \frac{1}{2} d\sigma_y}{E_p}, \qquad \text{(IV B.158)}$$

wobei $\frac{1}{E_p} = \frac{1}{T_s} - \frac{1}{E}$

Unter dieser Annahme, die von Roš und Eichinger[3] gemacht wurde, tritt lediglich in der Beulgleichung an Stelle der Plattensteifigkeit D eine verminderte Größe $D' = \varkappa D$. Die Abminderung $\varkappa$ ergibt sich zu

$$\varkappa = \frac{4}{\left(1 + \sqrt{\frac{T}{T_s}}\right)^2} \qquad \text{(IV B.159)}$$

und ist praktisch gleich[4] der Abminderung des Knickstabes nach Engesser-Kármán. Nach dem neuen Stand der Erkenntnisse wird man jetzt die Abminderung nach Engesser-Shanley einführen.

Bei homogenen Spannungszuständen führt diese Theorie, weil ja nur die Steifigkeit in der Beulgleichung geändert hat, auf eine kritische Spannung im plastischen Bereich der Form

$$\underline{\sigma_{pl} = \varkappa\, \sigma_{el},} \qquad \text{(IV B.160)}$$

---

[1] Bijlaard, P. P.: Bemerkungen zum Aufsatz: Die Grundlagen der mathematischen Plastizitätstheorie und der Versuch von F. Stüssi: Z. angew. Math. Phys., Vol. II (1951) S. 116. Wenn alle Spannungen aber genau im selben Verhältnis anwachsen (das ist die strenge Voraussetzung für die Gültigkeit des Henckyschen Gesetzes), so bleibt die Platte auch beim Beulen quasiisotrop und es wird die im folgenden Unterkapitel behandelte Theorie richtig.

[2] Wie oben gesagt, setzt dies voraus, daß die Spannungen immer im selben Verhältnis anwachsen; siehe z. B. P. P. Bijlaard: Some Contributions to the Theory of Elastic and Plastic Stability. Abh. IVBH., 8. Bd. (1947) S. 28. Zürich: Leemann. Die Berechnung des plastischen Ausbeulens nach der Theorie der Quasiisotropie wurde zuerst von E. Chwalla vorgeschlagen; s. Bericht über die II. Internationale Tagung für Brückenbau und Hochbau, in Wien, 1928, S. 321.

[3] Roš, M. u. A. Eichinger: Schlußbericht des 1. Kongresses der IVBH., Paris, 1932, S. 144; s. a. F. Schleicher: Schlußbericht des 1. Kongresses der IVBH., Paris, 1932, S. 126; Chwalla, E.: Das allgemeine Stabilitätsproblem der gedrückten durch Randwinkel verstärkten Platte. Ing.-Arch., 1934, S. 65 oder: Die Bemessung der waagerecht ausgesteiften Stegbleche vollwandiger Träger. IVBH., 2. Kongreß, Berlin-München, 1936, S. 23.

[4] Schleicher, F.: Unelastische Beulung versteifter Stegbleche. Bauingenieur, 1939, S. 217.

wobei σ_{el} die unter Annahme der unbeschränkten Gültigkeit des HOOKEschen Gesetzes ermittelte kritische Spannung bedeutet. Diese Theorie ist für die praktische Anwendung geeignet, obwohl die Versuche zeigen, daß sie immer zu kleine Beulspannungen liefert[1].

ζ) Schlußfolgerungen. Die vorherigen Abschnitte haben uns gezeigt, daß die Untersuchungen des plastischen Ausbeulens nach der mathematischen Plastizitätstheorie noch nicht als gesichert angesehen werden können und außerdem die praktische Berechnung sehr erschweren. Näherungsmethoden sind wohl für gewisse Belastungsarten einfach, sie versagen aber meist bei kombinierten Belastungsfällen.

Es bleibt daher beim heutigen Stand der Kenntnisse oft nichts anderes übrig, als die Theorie der Quasiisotropie zu verwenden und die kritischen Vergleichsbeulspannungen $\sigma_{g_{kr}}$ nach einer Knickspannungslinie im plastischen Bereich zu vermindern.

Dabei kann man entweder die ideelle Vergleichsschlankheit

$$\lambda = \pi \sqrt{\frac{E}{\sigma_{g_{el}}}} \qquad \text{(IV B.161)}$$

eines Druckstabes ermitteln, der nach EULER eine gleichhohe Knickspannung aufweist und daraus den Wert $\sigma_{g_{pl}}$ nach einer Knickformel ableiten oder direkt eine Tabelle benutzen, in welcher $\sigma_{kr_{pl}}$ in Funktion von $\sigma_{kr_{el}}$ dargestellt ist.

7. Schlußfolgerungen für die praktische Anwendung

Die im Kap. IV B.6 skizzierten wertvollen Arbeiten von BIJLAARD, ILJUSCHIN und STOWELL haben uns wohl theoretisch einen großen Schritt vorwärts gebracht; sie geben jedoch den in der Praxis stehenden Konstrukteuren noch nicht das, was von ihnen gewünscht wird, nämlich einfache, leicht verständliche und leicht zu handhabende Formeln, mit denen die Plattenausbeulung auch im plastischen Gebiet rasch und mit der notwendigen Sicherheit berechnet werden kann.

a) Einseitiger Druck, einseitige reine Biegung, reiner Schub. Mit den Gln. (IV B.26) und (IV B.28) sind für auf einseitigen, gleichmäßig verteilten Druck beanspruchte Platten sowohl im elastischen wie auch plastischen Bereich gültige, durch eine Großzahl von Versuchen bewiesene Ausbeulgleichungen aufgestellt worden.

Wenn man von den Korrektionsfaktoren K_1 und K_2 absieht, stimmen Gl. (IV B.26) von KOLLBRUNNER und Gl. (IV B.33) von BLEICH[2] überein, mit der einzigen Ausnahme, daß das erste Glied in Gl. (IV B.26) den Parameter $\dfrac{\tau + \sqrt{\tau}}{2}$ und das erste Glied der Gl. (IV B.33) von BLEICH

---

[1] KOLLBRUNNER, C. F.: Das Ausbeulen der auf einseitigen, gleichmäßig verteilten Druck beanspruchten Platten im elastischen und im plastischen Bereich (Versuchsbericht). Mitt. Inst. Baustatik E.T.H., Nr. 17. Zürich: Leemann 1946.
[2] BLEICH, F.: Theorie und Berechnung der eisernen Brücken. Berlin: Springer 1924.

den Parameter $\sqrt{\tau}$ enthält. Bei beiden Gleichungen ist $\tau = \frac{T_K}{E}$, d. h. es wird der Knickmodul T_K verwendet. Führt man nach SHANLEY auch bei den Platten an Stelle des Knickmoduls T_K den Tangentenmodul $T = \frac{d\sigma}{d\varepsilon}$ ein, so erübrigt sich der oben angegebene Kunstgriff der Ersetzung von $\sqrt{\tau}$ durch $\frac{\tau + \sqrt{\tau}}{2}$ [1].

Gl. (IV B.26) geht mit $\tau = \frac{T}{E}$, $T = \frac{d\sigma}{d\varepsilon}$, und Einführung von $\sqrt{\tau}$ an Stelle von $\frac{\tau + \sqrt{\tau}}{2}$ über in

$$\sigma_{kr} = p \frac{\pi^2 E}{12(1-\nu^2)} \left(\frac{h}{b}\right)^2 \sqrt{\tau} + K_1 q \frac{\pi^2 E}{12(1-\nu^2)} \left(\frac{h\,a}{b^2}\right)^2 \frac{1}{m^2}$$
$$+ K_2 \frac{\pi^2 E}{12(1-\nu^2)} \left(\frac{h}{a}\right)^2 m^2 \tau \qquad \text{(IV B.162a)}$$

oder

$$\sigma_{kr} = \frac{\pi^2 E}{12(1-\nu^2)} \left(\frac{h}{b}\right)^2 \left\{ p\sqrt{\tau} + K_1 q \left(\frac{a}{b\,m}\right)^2 + K_2 \left(\frac{b\,m}{a}\right)^2 \tau \right\} \text{(IV B.162b)}$$

und mit $\alpha = \frac{a}{b}$ und $\sigma_E = \frac{\pi^2 E}{12(1-\nu^2)} \left(\frac{h}{b}\right)^2$ in

$$\sigma_{kr} = \sigma_E \left\{ p\sqrt{\tau} + K_1 q \left(\frac{\alpha}{m}\right)^2 + K_2 \left(\frac{m}{\alpha}\right)^2 \tau \right\} \qquad \text{(IV B.162c)}$$

oder

$$\sigma_{kr} = \sigma_E \sqrt{\tau} \left\{ p + K_1 q \left(\frac{\alpha}{m\sqrt[4]{\tau}}\right)^2 + K_2 \left(\frac{m\sqrt[4]{\tau}}{\alpha}\right)^2 \right\}. \qquad \text{(IV B.162d)}$$

Aus Gl. (IV B.28) erhält man durch Einführung von $\sqrt{\tau}$ an Stelle von $\frac{\tau + \sqrt{\tau}}{2}$:

$$\sigma_{kr_{\min}} = \frac{\pi^2 E \sqrt{\tau}}{12(1-\nu^2)} \left(\frac{h}{b}\right)^2 \left[p + 2\sqrt{q} \right] = \sigma_E \sqrt{\tau} \left[p + 2\sqrt{q} \right]. \qquad \text{(IV B.163)}$$

Die Gln. (IV B.30) und (IV B.32) bleiben die gleichen.

Die in den Abb. IV B.2, IV B.3 und IV B.4 angegebenen Fälle wurden mit dem Spannungs-Verkürzungs-Diagramm der Abb. IV B.5, jedoch mit dem Tangentenmodul T und den Gln. (IV B.162), (IV B.163), neu berechnet. Eine Zusammenstellung der verwendeten Formeln für die Berechnung mit dem Knickmodul T_K und dem Tangentenmodul T ist aus Tab. IV B.4 ersichtlich.

Die theoretischen Ausbeulkurven, berechnet mit dem Tangentenmodul T, sind den in den Abb. IV B.2, IV B.3 und IV B.4 enthaltenen

---

[1] BLEICH, F.: Buckling Strength of Metal Structures, S. 348ff. New York: McGraw-Hill Book Company 1952.

250   IV. Die verschiedenen Beulfälle

Kurven nach KOLLBRUNNER $\left(T_K, \dfrac{\tau + \sqrt{\tau}}{2}\right)$ in den Abb. IV B.24, IV B.25 und IV B.26 gegenübergestellt (Girlandenkurve nach KOLLBRUNNER = ausgezogen; Girlandenkurve berechnet mit dem Tangentenmodul T $(\sqrt{\tau})$ = gestrichelt).

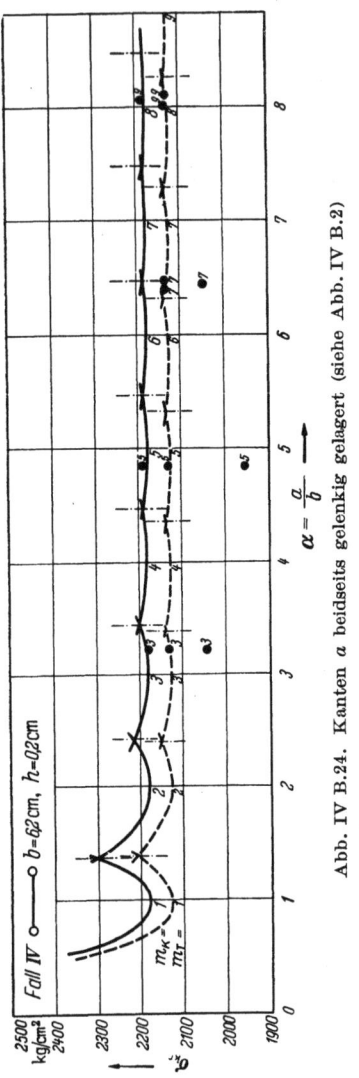

Abb. IV B.24. Kanten a beidseits gelenkig gelagert (siehe Abb. IV B.2)

Die τ-Linien für die Berechnung mit dem Knickmodul T_K (s. auch Abb. IV B.6) und dem Tangentenmodul T sind aus Abb. IV B.27 ersichtlich. Der Korrektionsfaktor K_2 wurde, um die beiden in den Abb. IV B.24 bis IV B.26 angegebenen Kurven miteinander vergleichen zu können, wie im Kap. IV B.2f zu 1,2 gewählt. (Zu bemerken ist, daß dieser Korrektionsfaktor auf den wichtigsten Wert, nämlich $\sigma_{kr\,min}$ (Gln. (IV B.28) und (IV B.163)) keinen Einfluß hat, sondern die Länge der Halbwellen vergrößert, d. h. für ein bestimmtes α die Zahl der Halbwellen verkleinert.)

Eine noch bessere Übereinstimmung zwischen theoretischer Halbwellenzahl und aus den Versuchen erhaltener Halbwellenzahl erhält man, wenn der Korrektionsfaktor wie folgt eingeführt würde:

Fall IV: $K_2 = 1,0$,
Fall V: $K_2 = 1,5$,
Fall VI: $K_2 = 1,3$.

Direkt verblüffend wirkt Abb. IV B.26, wo sämtliche Versuchswerte zwischen den beiden Kurven liegen.

Die mit dem Tangentenmodul T berechneten theoretischen Werte geben nach SHANLEY den unteren Grenzwert an. Mit dieser Berechnung ist man somit auf der sicheren Seite.

Es ist zu bemerken, daß für gleichmäßig verteilten einseitigen Druck bei den Dehnungsanteilen im plastischen Bereich für die Richtung x die volle Verminderung τ, für die Richtung y keine Verminderung und für die gemischten xy-Werte $\sqrt{\tau}$ eingeführt wird. Damit verhält sich eine Platte im plastischen Bereich orthogonal anisotrop, was durch die Versuche bestätigt wurde.

B. Plastischer Bereich 251

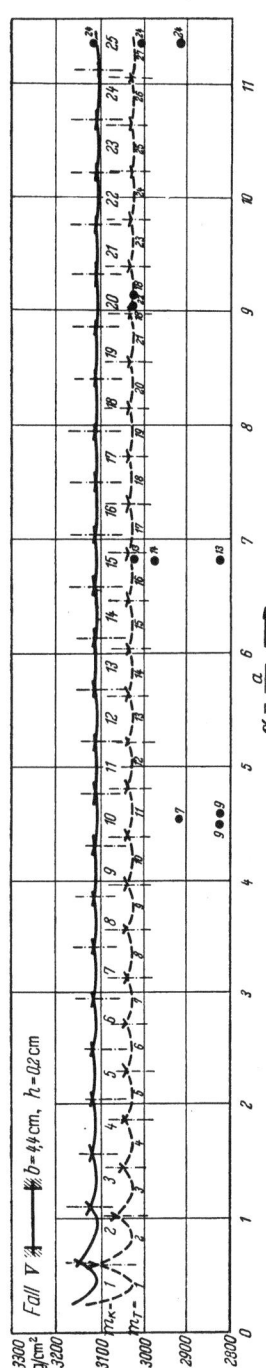

Abb. IV B.25. Kanten a beidseits fest eingespannt (siehe Abb. IV B.3)

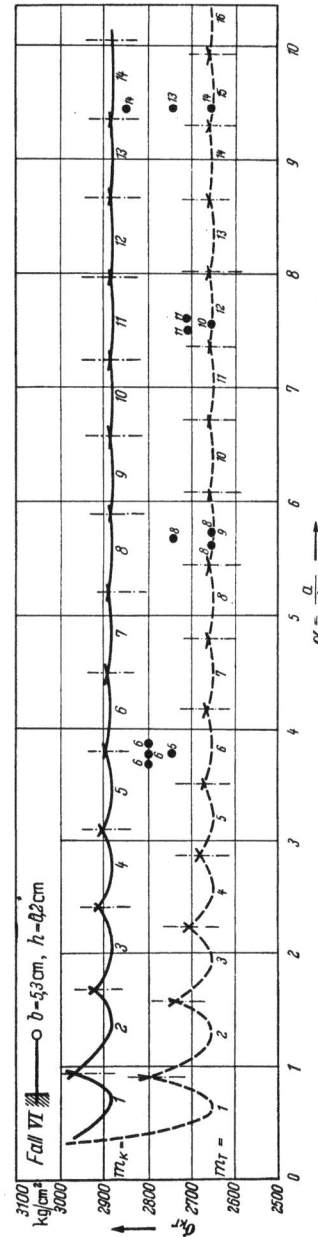

Abb. IV B.26. Kanten a einerseits fest eingespannt, anderseits gelenkig gelagert (siehe Abb. IV B.4)

IV. Die verschiedenen Beulfälle

Tabelle IV B.4

Berechnungen mit dem Knickmodul T_K

$$\tau = \frac{T_K}{E} \qquad T_K = \frac{4\,T\,E}{(\sqrt{T}+\sqrt{E})^2} \qquad \text{(Rechteckquerschnitt Gl. (IV B.5))}$$

Wenn beide Plattenrichtungen von Einfluß sind:

$\dfrac{\tau + \sqrt{\tau}}{2}$. (Orthogonal anisotrope Platten).

Abb. IV B.2, IV B.3, IV B.4, (KOLLBRUNNER)

	Gleichungs-Nr.
$\sigma_{kr} = \sigma_E \left\{ p\dfrac{\tau + \sqrt{\tau}}{2} + K_1 q \left(\dfrac{a}{m\,b}\right)^2 + K_2 \left(\dfrac{m\,b}{a}\right)^2 \tau \right\}$	IV B.26c
$\sigma_{kr} = \sigma_E \left\{ p\dfrac{\tau + \sqrt{\tau}}{2} + K_1 q \left(\dfrac{\alpha}{m}\right)^2 + K_2 \dfrac{m}{\alpha}\right)^2 \tau \right\}$	
$\sigma_{kr\,\min} = \dfrac{\pi^2 E \sqrt{\tau}}{12(1-\nu^2)} \left(\dfrac{h}{b}\right)^2 \left[p\dfrac{1+\sqrt{\tau}}{2} + 2\sqrt{q}\right]$	IV B.28
$\phantom{\sigma_{kr\,\min}} = \sigma_E \sqrt{\tau} \left[p\dfrac{1+\sqrt{\tau}}{2} + 2\sqrt{q}\right]$	
$\alpha_0 = m\sqrt{K_2}\,\sqrt[4]{\dfrac{\tau}{q}}$	IV B.30
$\alpha' = \sqrt{K_2}\,\sqrt[4]{\dfrac{\tau}{q}}\,\sqrt{m(m+1)}$	IV B.32

Fall III bis VI: K_2 im plastischen Bereich $= 1{,}2$

$K_1 = \dfrac{1}{K_2}$ (siehe Kap. IV B.2f)

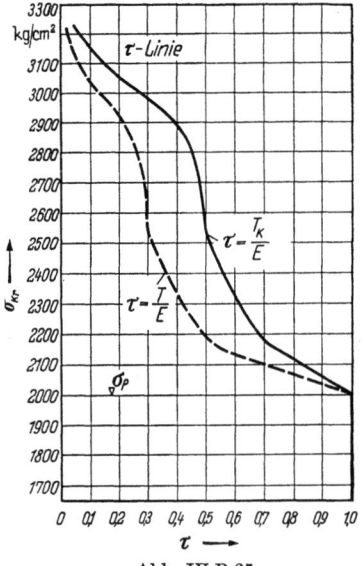

Abb. IV B.27

Wie schon im Kap. IV B.2h angegeben, sind diese Hypothesen plausibel und zudem durch die Versuchsresultate bestätigt.

Aus Gl. (IV B.162d) folgt für einseitigen, gleichmäßig verteilten Druck, sofern man die Korrekturfaktoren K_1 und K_2 vernachlässigt, d. h. gleich Eins setzt: (IV B.164)

$$k = p + q\left(\dfrac{\alpha}{m\sqrt[4]{\tau}}\right)^2 + \left(\dfrac{m\sqrt[4]{\tau}}{\alpha}\right)^2$$

$$\sigma_{kr} = \sigma_E \sqrt{\tau}\,k. \qquad \text{(IV B.165)}$$

Den Wert α', bei welchem sowohl m wie auch $m+1$ Halbwellen ausgebildet werden können (s. Abb. IV B.1), findet man nach Gl. (IV B.32) zu

$$\alpha' = \sqrt[4]{\dfrac{\tau}{q}}\,\sqrt{m(m+1)}. \qquad \text{(IV B.166)}$$

B. Plastischer Bereich

Tabelle IV B.4 (Fortsetzung)

Berechnungen mit dem Tangentenmodul T

$$\tau = \frac{T}{E} \qquad T = \frac{d\sigma}{d\varepsilon}$$

Wenn beide Plattenrichtungen von Einfluß sind:

$\sqrt{\tau}$. (Orthogonal anisotrope Platten.)

Abb. IV B.24, IV B.25, IV B.26.

	Gleichungs-Nr.
$\sigma_{kr} = \sigma_E \left\{ p\sqrt{\tau} + K_1 q \left(\frac{a}{mb}\right)^2 + K_2 \left(\frac{mb}{a}\right)^2 \tau \right\}$	IV B.162b
$\sigma_{kr} = \sigma_E \left\{ p\sqrt{\tau} + K_1 q \left(\frac{\alpha}{m}\right)^2 + K_2 \left(\frac{m}{\alpha}\right)^2 \tau \right\}$	IV B.162c
$\sigma_{kr\,min} = \frac{\pi^2 E \sqrt{\tau}}{12(1-\nu^2)} \left(\frac{h}{b}\right)^2 [p + 2\sqrt{q}] = \sigma_E \sqrt{\tau} \, [p + 2\sqrt{q}]$	IV B.163
$\alpha_0 = m\sqrt{K_2} \sqrt[4]{\frac{\tau}{q}}$	IV B.30
$\alpha' = \sqrt{K_2} \sqrt[4]{\frac{\tau}{q}} \sqrt{m(m+1)}$	IV B.31
Fall III bis VI: K_2 im plastischen Bereich $= 1{,}2$	
$K_1 = \dfrac{1}{K_2}$ (siehe Kap. IV B.2f)	

Den Wert α_0, für welchen σ_{kr} zu einem Minimum wird, erhält man aus Gl. (IV B.30) zu

$$\alpha_0 = m \sqrt[4]{\frac{\tau}{q}}. \qquad \text{(IV B.167)}$$

Für den praktischen Gebrauch genügt es dabei vollkommen, wenn man für $\alpha > \alpha_{01}$ (s. Abb. IV B.1) mit dem Wert k_{min} rechnet.

Für $\alpha < \alpha_{01}$, wo nur eine Halbwelle ausgebildet wird (linker Ast dieser Halbwelle, s. Abb. IV B.1), muß k für das Verhältnis

$$\frac{\alpha}{\sqrt[4]{\tau}}$$

berechnet werden, wie auch im Kap. IV B.2h angegeben wurde.

Die Beulwerte k sind in Tab. IV B.5 für einseitig gleichmäßig verteilten Druck, in Tab. IV B.6 für einseitig dreieckförmig verteilten Druck und in Tab. IV B.7 für einseitige reine Biegung angegeben.

Währenddem es für den einseitigen, gleichmäßig verteilten Druck möglich ist, für k die geschlossene Gl. (IV B.164) anzugeben, ist dies für

254   IV. Die verschiedenen Beulfälle

Tabelle IV B.5. *Einseitig gleichmäßig verteilter Druck*

Belastung und kritische Spannungen	Randbedingungen	Beulwerte k. $\sigma_{g_{kr}} = \sigma_E \sqrt[4]{\tau}\, k$. $\sigma_E = \dfrac{\pi^2 E}{12(1-\nu^2)} \left(\dfrac{h}{b}\right)^2$
$\sigma_1 \;\|\|\|\|\|\|\|\; \sigma_2$ $\sigma_{1_{kr}} = \sigma_{2_{kr}} = \sigma_{g_{kr}}$ $\alpha = \dfrac{a}{b}$	gelenkig–gelenkig	$k_{\min}$ bei $\alpha_{01} = 1{,}00 \sqrt[4]{\tau}$ $\alpha \geq 1{,}00 \sqrt[4]{\tau}: k = k_{\min} = 4{,}00$ $\left.\begin{array}{l}\alpha \leq 1{,}00 \sqrt[4]{\tau}\\(m=1)\end{array}\right\} k = \left[2{,}00 + \left(\dfrac{\alpha}{\sqrt[4]{\tau}}\right)^2 + \left(\dfrac{\sqrt[4]{\tau}}{\alpha}\right)^2\right]$
	eingespannt–eingespannt	$k_{\min}$ bei $\alpha_{01} = 0{,}67 \sqrt[4]{\tau}$ $\alpha \geq 0{,}67 \sqrt[4]{\tau}: k = k_{\min} = 6{,}97$ $\left.\begin{array}{l}\alpha \leq 0{,}67 \sqrt[4]{\tau}\\(m=1)\end{array}\right\} k = \left[2{,}50 + 5{,}00\left(\dfrac{\alpha}{\sqrt[4]{\tau}}\right)^2 + \left(\dfrac{\sqrt[4]{\tau}}{\alpha}\right)^2\right]$
	eingespannt–gelenkig	$k_{\min}$ bei $\alpha_{01} = 0{,}79 \sqrt[4]{\tau}$ $\alpha \geq 0{,}79 \sqrt[4]{\tau}: k = k_{\min} = 5{,}40$ $\left.\begin{array}{l}\alpha \leq 0{,}79 \sqrt[4]{\tau}\\(m=1)\end{array}\right\} k = \left[2{,}27 + 2{,}45\left(\dfrac{\alpha}{\sqrt[4]{\tau}}\right)^2 + \left(\dfrac{\sqrt[4]{\tau}}{\alpha}\right)^2\right]$
	eingespannt–frei, $\nu=0{,}3$	$k_{\min}$ bei $\alpha_{01} = 1{,}63 \sqrt[4]{\tau}$ $\alpha \geq 1{,}63 \sqrt[4]{\tau}: k = k_{\min} = 1{,}28$ $\left.\begin{array}{l}\alpha \leq 1{,}63 \sqrt[4]{\tau}\\(m=1)\end{array}\right\} k = \left[0{,}57 + 0{,}125\left(\dfrac{\alpha}{\sqrt[4]{\tau}}\right)^2 + \left(\dfrac{\sqrt[4]{\tau}}{\alpha}\right)^2\right]$
	gelenkig–frei, $\nu=0{,}3$	$k_{\min}$ bei $\alpha = \infty$ $\alpha = \infty: k = k_{\min} = 0{,}425$ Ausbeulen immer in einer Halbwelle $\quad k = \left[0{,}425 + \left(\dfrac{\sqrt[4]{\tau}}{\alpha}\right)^2\right]$

den einseitigen, dreieckförmig verteilten Druck und für die einseitige reine Biegung nicht möglich.

Für Platten, die an den Rändern a einerseits gelenkig gelagert, anderseits vollständig frei sind, erhält man die Beulwerte k für einseitigen, dreieckförmig verteilten Druck und einseitige reine Biegung, indem man α durch $\dfrac{\alpha}{\sqrt[4]{\tau}}$ ersetzt.

Für die übrigen in den Tab. IV B.6 und IV B.7 (einseitig dreieckförmig verteilter Druck und einseitige reine Biegung) angegebenen Randbedingungen kann der Beulwert k für $\alpha < \alpha_{01}$ berechnet werden, indem man ebenfalls α durch $\dfrac{\alpha}{\sqrt[4]{\tau}}$ ersetzt.

B. Plastischer Bereich

Tabelle IV B.6. *Einseitig dreieckförmig verteilter Druck*

Belastung und kritische Spannungen	Randbedingungen	Beulwerte k. $\sigma_{g_{kr}} = \sigma_E \sqrt[4]{\tau}\, k$. $\sigma_E = \dfrac{\pi^2 E}{12(1-\nu^2)} \left(\dfrac{h}{b}\right)^2$
		$k_{\min}$ bei $\alpha_{01} = 0{,}98 \sqrt[4]{\tau}$ $\alpha \geq 0{,}98 \sqrt[4]{\tau}: k = k_{\min} = 7{,}81$
		$k_{\min}$ bei $\alpha_{01} = 0{,}65 \sqrt[4]{\tau}$ $\alpha \geq 0{,}65 \sqrt[4]{\tau}: k = k_{\min} = 13{,}56$
		$k_{\min}$ bei $\alpha_{01} = 0{,}77 \sqrt[4]{\tau}$ $\alpha \geq 0{,}77 \sqrt[4]{\tau}: k = k_{\min} = 12{,}16$
		$k_{\min}$ bei $\alpha_{01} = 0{,}80 \sqrt[4]{\tau}$ $\alpha \geq 0{,}80 \sqrt[4]{\tau}: k = k_{\min} = 9{,}89$
	$\nu = 0{,}3$	$k_{\min}$ bei $\alpha_{01} = 1{,}58 \sqrt[4]{\tau}$ $\alpha \geq 1{,}58 \sqrt[4]{\tau}: k = k_{\min} = 6{,}26$
	$\nu = 0{,}3$	$k_{\min}$ bei $\alpha_{01} = 1{,}67 \sqrt[4]{\tau}$ $\alpha \geq 1{,}67 \sqrt[4]{\tau}: k = k_{\min} = 1{,}636$
	$\nu = 0{,}3$	$k_{\min}$ bei $\alpha = \infty$ $\alpha = \infty: k = k_{\min} = 1{,}71$
	$\nu = 0{,}3$	$k_{\min}$ bei $\alpha = \infty$ $\alpha = \infty: k = k_{\min} = 0{,}567$

Tabelle IV B.7. *Einseitige reine Biegung*

Belastung und kritische Spannungen	Randbedingungen	Beulwerte k. $\sigma_{g_{kr}} = \sigma_E \sqrt[4]{\tau}\, k$. $\sigma_E = \dfrac{\pi^2 E}{12(1-\nu^2)} \left(\dfrac{h}{b}\right)^2$
		$k_{\min}$ bei $\alpha_{01} = 0{,}67 \sqrt[4]{\tau}$ $\alpha \geq 0{,}67 \sqrt[4]{\tau}: k = k_{\min} = 23{,}9$
		$k_{\min}$ bei $\alpha_{01} = 0{,}47 \sqrt[4]{\tau}$ $\alpha \geq 0{,}47 \sqrt[4]{\tau}: k = k_{\min} = 39{,}62$
		$k_{\min}$ bei $\alpha_{01} = 0{,}66 \sqrt[4]{\tau}$ $\alpha \geq 0{,}66 \sqrt[4]{\tau}: k = k_{\min} = 24{,}48$
	$\nu = 0{,}3$	$k_{\min}$ bei $\alpha_{01} = 1{,}67 \sqrt[4]{\tau}$ $\alpha \geq 1{,}67 \sqrt[4]{\tau}: k = k_{\min} = 2{,}14$
	$\nu = 0{,}3$	$k_{\min}$ bei $\alpha = \infty$ $\alpha = \infty: k = k_{\min} = 0{,}85$

So erhält man z. B. für an den Rändern b einseitig dreieckförmig verteilten Druck, oder einseitige reine Biegung, und eine Platte, die an den Rändern a beiderseits gelenkig gelagert ist, die Beulwerte im plastischen Bereich, indem man in der Determinante (IV A.106) die Werte α durch $\dfrac{\alpha}{\sqrt[4]{\tau}}$ ersetzt.

Alle diese k-Werte für $\alpha < \alpha_{01}$ sind jedoch in diesem Buch nicht berechnet, da sie je nach Spannungs-Dehnungs-Diagramm verschieden sind. Zudem sind diese k-Werte für die baupraktische Anwendung bedeutend weniger wichtig als die k_{min}-Werte.

Die Beulwerte k für reinen Schub, die im elastischen und plastischen Bereich die gleichen sind, sind in Tab. IV B.8 angegeben.

Tabelle IV B.8. *Reiner Schub*

Belastung und kritische Spannungen	Randbedingungen	Beulwerte k. $\sigma_{g_{kr}} = \sigma_E \sqrt{\tau}\, k$. $\sigma_E = \dfrac{\pi^2 E}{12(1-\nu^2)} \left(\dfrac{h}{b}\right)^2$
		$k_{min} = 5{,}34 \cdot \sqrt{3}$ bei $\alpha = \infty$ $\alpha \geq 1$: $k = \left(5{,}34 + \dfrac{4}{\alpha^2}\right) \cdot \sqrt{3}$ $\alpha \leq 1$: $k = \left(4 + \dfrac{5{,}34}{\alpha^2}\right) \cdot \sqrt{3}$
		$k_{min} = 5{,}34 \cdot \sqrt{3}$ bei $\alpha = \infty$ $\begin{array}{c\|c\|c} \alpha & 1{,}0 & 2{,}0 \\ \hline k & 12{,}28 & 6{,}70 \end{array} \cdot \sqrt{3}$
		$k_{min} = 8{,}98 \cdot \sqrt{3}$ bei $\alpha = \infty$ $\alpha \geq 1$: $k = \left(8{,}98 + \dfrac{5{,}6}{\alpha^2}\right) \cdot \sqrt{3}$ $\alpha \leq 1$: $k = \left(5{,}6 + \dfrac{8{,}98}{\alpha^2}\right) \cdot \sqrt{3}$
		$k_{min} = 8{,}98 \cdot \sqrt{3}$ bei $\alpha = \infty$ $\begin{array}{c\|c\|c\|c\|c\|c\|c} \alpha & 1{,}0 & 1{,}5 & 2{,}0 & 2{,}5 & 3{,}0 & \infty \\ \hline k^1 & 12{,}28 & 11{,}12 & 10{,}21 & 9{,}81 & 9{,}61 & 8{,}99 \end{array} \cdot \sqrt{3}$

b) Zusammengesetzte Belastungsfälle. Die zusammengesetzten Belastungsfälle sind für den elastischen Bereich im Kap. IV A.10 behandelt und für den plastischen Bereich im Kap. IV B.5 kurz skizziert. Damit

---
[1] IGUCHI, S.: Die Knickung der rechteckigen Platte durch Schubkräfte. Ing.-Arch. Bd. 9 (1938) S. 1.

B. Plastischer Bereich

für einige einfache Fälle eine tabellarische Zusammenstellung gegeben werden kann, wird hier nochmals kurz auf einige Fälle eingetreten[1].

α) *Einseitig gleichmäßig verteilter Druck kombiniert mit reinem Schub (alle Ränder gelenkig gelagert).*

α_1) Lange Platte $\alpha \geq 1$.

Bezeichnen wir wie im Kap. IV A.10a

σ_{0kr} kritische Druckspannung bei Druck allein (Teilbelastung),

τ_{0kr} kritische Schubspannung bei reinem Schub allein (Teilbelastung),

σ_{kr} kritische Druckspannung bei Druck und Schub (Gesamtproblem, d. h. zusammengesetzter Belastungsfall),

τ_{kr} kritische Schubspannung bei Druck und Schub (Gesamtproblem, d. h. zusammengesetzter Belastungsfall)

und mit

$$\beta = \frac{\sigma_x}{\tau_{xy}} = \frac{\sigma_{kr}}{\tau_{kr}} \qquad (IV\ B.168)$$

so geht Gl. (IV A.326) über in

$$\left(\frac{\tau_{kr}}{\tau_{0kr}}\right)^2 + \beta \frac{\tau_{kr}}{\tau_{0kr}} \frac{\tau_{0kr}}{\sigma_{0kr}} = 1. \qquad (IV\ B.169)$$

Daraus erhält man mit $\varkappa = \frac{\tau_{0kr}}{\sigma_{0kr}}$ die kleinere Wurzel zu

$$\tau_{kr} = \frac{\beta}{2} \sigma_{0kr} \varkappa^2 \left\{ -1 + \sqrt{1 + \frac{4}{\beta^2 \varkappa^2}} \right\}. \qquad (IV\ B.170)$$

Aus Gl. (IV B.163) erhält man das minimale σ_{0kr} für $\sqrt{\tau} = 1$, $p = 2$ und $q = 1$ (allseitig gelenkige Lagerung der Kanten a und b) zu

$$\sigma_{0kr} = \frac{4\pi^2 E}{12(1-\nu^2)} \left(\frac{h}{b}\right)^2 \qquad (IV\ B.171)$$

und aus den Gln. (IV A.296) und (IV A.312)

$$\tau_{0kr} = \frac{\pi^2 E}{12(1-\nu^2)} \left(\frac{h}{b}\right)^2 \left\{5{,}34 + \frac{4}{\alpha^2}\right\}. \qquad (IV\ B.172)$$

Dividiert man Gl. (IV B.172) durch Gl. (IV B.171) so folgt:

$$\varkappa = \frac{5{,}34 + \dfrac{4}{\alpha^2}}{4} = \frac{4}{3} + \frac{1}{\alpha^2}. \qquad (IV\ B.173)$$

Durch Einführung von σ_{0kr} nach Gl. (IV B.171) in Gl. (IV B.170) erhält man für den elastischen Bereich:

$$\tau_{kr} = \frac{\pi^2 E}{12(1-\nu^2)} \left(\frac{h}{b}\right)^2 2\beta\varkappa^2 \left\{-1 + \sqrt{1 + \frac{4}{\beta^2 \varkappa^2}}\right\}. \qquad (IV\ B.174)$$

---

[1] Siehe F. BLEICH: Buckling Strength of Metal Structures, 405ff. New York: McGraw-Hill Book Company 1952.

Für den plastischen Bereich wird E durch $E\sqrt{\tau}$ ersetzt $\left(\tau = \dfrac{T}{E}\right)$

$$\tau_{kr} = \frac{\pi^2 E\sqrt{\tau}}{12(1-\nu^2)}\left(\frac{h}{b}\right)^2 2\beta\varkappa^2\left\{-1+\sqrt{1+\frac{4}{\beta^2\varkappa^2}}\right\} \quad \text{(IV B.175)}$$

$$\tau_{kr} = \sigma_E\sqrt{\tau}\,k \quad \text{(IV B.176)}$$

$$k = 2\beta\varkappa^2\left\{-1+\sqrt{1+\frac{4}{\beta^2\varkappa^2}}\right\}. \quad \text{(IV B.177)}$$

Die Vergleichsspannung σ_g ergibt sich nach Gl. (IV B.84) zu

$$\sigma_{g_{kr}} = \sqrt{\sigma_{kr}^2 + 3\tau_{kr}^2}. \quad \text{(IV B.178)}$$

Daraus folgt mit $\beta = \dfrac{\sigma_{kr}}{\tau_{kr}}$

$$\sigma_{g_{kr}} = \tau_{kr}\sqrt{\beta^2+3} \quad \text{(IV B.179a)}$$

$$\sigma_{g_{kr}} = \sigma_{kr}\sqrt{1+\frac{3}{\beta^2}}. \quad \text{(IV B.179b)}$$

Auf die Vergleichsspannung der Gl. (IV B.178) bezogen, erhält man mit Gl. (IV B.179a)

$$\sigma_{g_{kr}} = \frac{\pi^2 E\sqrt{\tau}}{12(1-\nu^2)}\left(\frac{h}{b}\right)^2 2\beta\varkappa^2\sqrt{\beta^2+3}\left\{-1+\sqrt{1+\frac{4}{\beta^2\varkappa^2}}\right\} \quad \text{(IV B.180)}$$

$$\sigma_{g_{kr}} = \sigma_E\sqrt{\tau}\,k, \quad \text{(IV B.181)}$$

wobei

$$k = 2\beta\varkappa^2\sqrt{\beta^2+3}\left\{-1+\sqrt{1+\frac{4}{\beta^2\varkappa^2}}\right\}, \quad \text{(IV B.182)}$$

dabei wird nach den Gln. (IV B.179a, b)

$$\tau_{kr} = \frac{\sigma_{g_{kr}}}{\sqrt{\beta^2+3}} \quad \text{(IV B.183a)}$$

$$\sigma_{kr} = \frac{\beta\,\sigma_{g_{kr}}}{\sqrt{\beta^2+3}}. \quad \text{(IV B.183b)}$$

α_2) **Kurze Platte** $\dfrac{1}{2} < \alpha < 1$.

Aus Gl. (IV B.162d) folgt für den elastischen Bereich und unter Vernachlässigung der Korrektionsfaktoren K_1 und K_2 ($K_1 = K_2 = 1$)

$$\sigma_{0_{kr}} = \frac{\pi^2 E}{12(1-\nu^2)}\left(\frac{h}{b}\right)^2\left\{2+\alpha^2+\frac{1}{\alpha^2}\right\} \quad \text{(IV B.184a)}$$

oder

$$\sigma_{0_{kr}} = \frac{\pi^2 E}{12(1-\nu^2)}\left(\frac{h}{b}\right)^2\left\{\alpha+\frac{1}{\alpha}\right\}^2 \quad \text{(IV B.184b)}$$

B. Plastischer Bereich

und aus den Gln. (IV A.296) und (IV A.313)

$$\tau_{0kr} = \frac{\pi^2 E}{12(1-\nu^2)} \left(\frac{h}{b}\right)^2 \left\{4 + \frac{5{,}34}{\alpha^2}\right\}. \tag{IV B.185}$$

Man erhält

$$\varkappa = \frac{\tau_{0kr}}{\sigma_{0kr}} = \frac{4\alpha^2 + 5{,}34}{(\alpha^2+1)^2} \tag{IV B.186}$$

und aus Gl. (IV B.170) für den elastischen Bereich:

$$\tau_{kr} = \frac{\pi^2 E}{12(1-\nu^2)} \left(\frac{h}{b}\right)^2 \left(\alpha + \frac{1}{\alpha}\right)^2 \frac{\beta}{2} \varkappa^2 \left\{-1 + \sqrt{1 + \frac{4}{\beta^2 \varkappa^2}}\right\}. \tag{IV B.187}$$

Für den plastischen Bereich wird E durch $E\sqrt{\tau}$ und α bei σ_{0kr} durch $\dfrac{\alpha}{\sqrt[4]{\tau}}$ (s. Gl. (IV B.162a)) ersetzt.

Der Wert $\varkappa$ der Gl. (IV B.186) geht dann über in:

$$\varkappa = \frac{4 + \dfrac{5{,}34}{\alpha^2}}{\left(\dfrac{\alpha}{\sqrt[4]{\tau}} + \dfrac{\sqrt[4]{\tau}}{\alpha}\right)^2}. \tag{IV B.188}$$

Man erhält:

$$\tau_{kr} = \frac{\pi^2 E \sqrt{\tau}}{12(1-\nu^2)} \left(\frac{h}{b}\right)^2 \left(\frac{\alpha}{\sqrt[4]{\tau}} + \frac{\sqrt[4]{\tau}}{\alpha}\right)^2 \frac{\beta}{2} \varkappa^2 \left\{-1 + \sqrt{1 + \frac{4}{\beta^2 \varkappa^2}}\right\} \tag{IV B.189}$$

$$\tau_{kr} = \sigma_E \sqrt{\tau}\, k \tag{IV B.190}$$

$$k = \left(\frac{\alpha}{\sqrt[4]{\tau}} + \frac{\sqrt[4]{\tau}}{\alpha}\right)^2 \frac{\beta}{2} \varkappa^2 \left\{-1 + \sqrt{1 + \frac{4}{\beta^2 \varkappa^2}}\right\}. \tag{IV B.191}$$

Für die Vergleichsspannung folgt:

$$\tag{IV B.192}$$

$$\sigma_{g kr} = \frac{\pi^2 E \sqrt{\tau}}{12(1-\nu^2)} \left(\frac{h}{b}\right)^2 \frac{\beta}{2} \varkappa^2 \sqrt{\beta^2+3} \left(\frac{\alpha}{\sqrt[4]{\tau}} + \frac{\sqrt[4]{\tau}}{\alpha}\right)^2 \left\{-1 + \sqrt{1 + \frac{4}{\beta^2 \varkappa^2}}\right\}$$

$$\sigma_{g kr} = \sigma_E \sqrt{\tau}\, k, \tag{IV B.193}$$

wobei

$$k = \frac{\beta}{2} \varkappa^2 \sqrt{\beta^2+3} \left(\frac{\alpha}{\sqrt[4]{\tau}} + \frac{\sqrt[4]{\tau}}{\alpha}\right)^2 \left\{-1 + \sqrt{1 + \frac{4}{\beta^2 \varkappa^2}}\right\}. \tag{IV B.194}$$

$\varkappa$ wird nach Gl. (IV B.188), τ_{kr} und σ_{kr} nach den Gln. (IV B.183a, b) berechnet.

Die Beulwerte k für die Vergleichsspannung $\sigma_{g kr}$ sind in der Tab. IV B.9 eingetragen.

260 IV. Die verschiedenen Beulfälle

Tabelle IV B.9. *Einseitig gleichmäßig verteilter Druck kombiniert mit reinem Schub*

Belastung und kritische Spannungen	Randbedingungen	Beulwerte k. $\sigma_{g_{kr}} = \sigma_E \sqrt{\tau}\, k$. $\sigma_E = \dfrac{\pi^2 E}{12(1-\nu^2)} \left(\dfrac{h}{b}\right)^2$
$\sigma_1 = \sigma_2$ $\sigma_{g_{kr}} = \sqrt{\sigma_{1_{kr}}^2 + 3\tau_{kr}^2}$ $\tau_{kr} = \dfrac{\sigma_{g_{kr}}}{\sqrt{\beta^2+3}}$ $\sigma_{1_{kr}} = \dfrac{\beta\,\sigma_{g_{kr}}}{\sqrt{\beta^2+3}}$ $\alpha = \dfrac{a}{b}$		$\alpha \geq 1$ $k = 2\beta \varkappa^2 \sqrt{\beta^2+3}\left\{-1+\sqrt{1+\dfrac{4}{\beta^2\varkappa^2}}\right\}$ mit $\beta = \dfrac{\sigma_1}{\tau_{xy}}$ und $\varkappa = \dfrac{4}{3}+\dfrac{1}{\alpha^2}$ $\dfrac{1}{2} \leq \alpha < 1$ $k = \dfrac{1}{2}\beta \varkappa^2 \sqrt{\beta^2+3}\left(\dfrac{\alpha}{\sqrt[4]{\tau}} + \dfrac{\sqrt[4]{\tau}}{\alpha}\right)^2$ $\cdot\left\{-1+\sqrt{1+\dfrac{4}{\beta^2\varkappa^2}}\right\}$ mit $\beta = \dfrac{\sigma_1}{\tau_{xy}}$ und $\varkappa = \dfrac{4+\dfrac{5{,}34}{\alpha^2}}{\left(\dfrac{\alpha}{\sqrt[4]{\tau}} + \dfrac{\sqrt[4]{\tau}}{\alpha}\right)^2}$

β) *Einseitige, reine Biegung, kombiniert mit reinem Schub (alle Ränder gelenkig gelagert).* Nach Gl. (IV A.329) gilt mit genügender Näherung im elastischen Bereich die Interpolationsformel (s. Abb. IV A.51)

$$\left(\frac{\sigma_{kr}^B}{\sigma_{0_{kr}}^B}\right)^2 + \left(\frac{\tau_{kr}}{\tau_{0_{kr}}}\right)^2 = 1.$$

Führen wir analog wie im Kap. IV B.7b, α

$$\beta = \frac{\sigma^B}{\tau_{xy}} = \frac{\sigma_{kr}^B}{\tau_{kr}} \tag{IV B.195}$$

in Gl. (IV A.329) ein, so folgt:

$$\left(\frac{\tau_{kr}}{\tau_{0_{kr}}}\right)^2 \left\{1 + \beta^2 \left(\frac{\tau_{0_{kr}}}{\sigma_{0_{kr}}^B}\right)^2\right\} - 1 = 0. \tag{IV B.196}$$

Daraus erhält man mit $\varkappa = \dfrac{\tau_{0_{kr}}}{\sigma_{0_{kr}}^B}$ die positive Wurzel zu

$$\tau_{kr} = \varkappa\, \sigma_{0_{kr}}^B \sqrt{\frac{1}{1+\beta^2\varkappa^2}}. \tag{IV B.197}$$

B. Plastischer Bereich

Nach Tab. IV B.7 ist $k_{min} = 23{,}9$ für reine Biegung bei allseitig gelenkiger Lagerung der Platte. Für $\alpha \geq 0{,}67$ kann mit genügender Genauigkeit stets k_{min} verwendet werden

$$\min \sigma_{0_{kr}}^B = \frac{\pi^2 E}{12(1-\nu^2)}\left(\frac{h}{b}\right)^2 23{,}9. \qquad \text{(IV B.198a)}$$

Wenn 23,9 durch 24 ersetzt wird und die Gültigkeit der Gl. (IV B.198a) bis $\alpha = \frac{1}{2}$ ausgedehnt wird, bleibt man auf der sicheren Seite. Gl. (IV B.198a) geht damit über in

$$\sigma_{0_{kr}}^B = \frac{24\,\pi^2 E}{12(1-\nu^2)}\left(\frac{h}{b}\right)^2. \qquad \text{(IV B.198b)}$$

Nach den Gln. (IV B.172) und (IV B.185) folgt

$$\left.\begin{aligned}\alpha \geq 1:\ \tau_{0_{kr}} &= \frac{\pi^2 E}{12(1-\nu^2)}\left(\frac{h}{b}\right)^2\left\{5{,}34 + \frac{4}{\alpha^2}\right\}\\ \tfrac{1}{2} < \alpha < 1:\ \tau_{0_{kr}} &= \frac{\pi^2 E}{12(1-\nu^2)}\left(\frac{h}{b}\right)^2\left\{4 + \frac{5{,}34}{\alpha^2}\right\}.\end{aligned}\right\} \quad \text{(IV B.199)}$$

Für $\varkappa = \dfrac{\tau_{0_{kr}}}{\sigma_{0_{kr}}^B}$ erhält man:

$$\alpha \geq 1\ :\ \varkappa = \frac{5{,}34 + \dfrac{4}{\alpha^2}}{24} \sim \frac{2}{9} + \frac{1}{6\,\alpha^2} \qquad \text{(IV B.200)}$$

$$\tfrac{1}{2} < \alpha < 1\ :\ \varkappa = \frac{4 + \dfrac{5{,}34}{\alpha^2}}{24} \sim \frac{1}{6} + \frac{2}{9\,\alpha^2}. \qquad \text{(IV B.201)}$$

Setzt man Gl. (IV B.198b) in Gl. (IV B.197) ein, so folgt für den elastischen Bereich:

$$\underline{\underline{\tau_{kr} = \frac{\pi^2 E}{12(1-\nu^2)}\left(\frac{h}{b}\right)^2 24\,\varkappa \sqrt{\frac{1}{1+\beta^2 \varkappa^2}}.}} \qquad \text{(IV B.202)}$$

Für den plastischen Bereich wird E durch $E\sqrt{\tau}$ ersetzt:

$$\underline{\underline{\tau_{kr} = \frac{\pi^2 E\sqrt{\tau}}{12(1-\nu^2)}\left(\frac{h}{b}\right)^2 24\,\varkappa \sqrt{\frac{1}{1+\beta^2 \varkappa^2}}}} \qquad \text{(IV B.203)}$$

$$\underline{\underline{\tau_{kr} = \sigma_E \sqrt{\tau}\, k}} \qquad \text{(IV B.204)}$$

$$\underline{\underline{k = 24\,\varkappa \sqrt{\frac{1}{1+\beta^2 \varkappa^2}}.}} \qquad \text{(IV B.205)}$$

Mit denselben Überlegungen wie im Kap. IV B.7b, α erhält man für die kritische Vergleichsspannung:

$$\underline{\underline{\sigma_{v_{kr}} = \frac{\pi^2 E\sqrt{\tau}}{12(1-\nu^2)}\left(\frac{h}{b}\right)^2 24\,\varkappa \sqrt{\beta^2+3}\sqrt{\frac{1}{1+\beta^2 \varkappa^2}}}} \qquad \text{(IV B.206)}$$

$$\underline{\underline{\sigma_{v_{kr}} = \sigma_E \sqrt{\tau}\, k,}} \qquad \text{(IV B.207)}$$

wobei

$$k = 24 \varkappa \sqrt{\beta^2 + 3} \sqrt{\frac{1}{1+\beta^2 \varkappa^2}}.$$ (IV B.208)

τ_{kr} und σ_{kr}^B sind durch die Gln. (IV B.183a, b) gegeben.

Die Beulwerte k für die Vergleichsspannung $\sigma_{g_{kr}}$ sind in der Tab. IV B.10 eingetragen.

Tabelle IV B.10. *Einseitige reine Biegung kombiniert mit reinem Schub*

Belastung und kritische Spannungen	Randbedingungen	Beulwerte k. $\sigma_{g_{kr}} = \sigma_E \sqrt{\tau}\, k$ $\sigma_E = \frac{\pi^2 E}{12(1-\nu^2)} \left(\frac{h}{b}\right)^2$
[Figure: plate with $\sigma_1, \sigma_2, \tau_{xy}$] $\sigma_1 = -\sigma_2$ $\sigma_{g_{kr}} = \sqrt{\sigma_{1_{kr}}^2 + 3\tau_{kr}^2}$ $\tau_{kr} = \dfrac{\sigma_{g_{kr}}}{\sqrt{\beta^2+3}}$ $\sigma_{1_{kr}} = \dfrac{\beta\, \sigma_{g_{kr}}}{\sqrt{\beta^2+3}}$ $\alpha = \dfrac{a}{b}$	o——o	$\alpha \geq 1$ $k = 24\varkappa \sqrt{\beta^2+3}\sqrt{\dfrac{1}{1+\beta^2\varkappa^2}}$ mit $\beta = \dfrac{\sigma_1}{\tau_{xy}}$ und $\varkappa = \dfrac{2}{9} + \dfrac{1}{6\alpha^2}$ $\dfrac{1}{2} \leq \alpha < 1$ $k = 24\varkappa\sqrt{\beta^2+3}\sqrt{\dfrac{1}{1+\beta^2\varkappa^2}}$ mit $\beta = \dfrac{\sigma_1}{\tau_{xy}}$ und $\varkappa = \dfrac{1}{6} + \dfrac{2}{9\alpha^2}$

γ) *Allseitig durch gleichmäßig verteilten Druck beanspruchte rechteckige Platte.* Wenn bei einer Platte nach Abb. IV A.54 $\sigma_y = 0$, so verhält sie sich, wie durch Versuche bewiesen wurde, orthogonal anisotrop. Ist jedoch $\sigma_x = \sigma_y$, so muß sie sich orthogonal isotrop verhalten, auch wenn $\sigma_x = \sigma_y$ die Proportionalitätsgrenze überschreiten, d. h. E darf nicht durch $E\sqrt{\tau}$, sondern muß durch $E\tau$ ersetzt werden.

Da $\sigma_x \geq \sigma_y$, wird (außer im Falle $\sigma_x = \sigma_y$), immer zuerst σ_x die Proportionalitätsgrenze überschreiten, d. h. die Platte wird sich anfänglich orthogonal anisotrop, und nachdem auch σ_y die Proportionalitätsgrenze überschreitet, in erster Annäherung orthogonal isotrop ver-

B. Plastischer Bereich

halten. $\sigma_{x_{kr}}$ darf dann nicht mehr mit

$$\sigma_{x_{kr}} = \sigma_E \sqrt{\tau}\, k_x, \qquad \text{(IV B.209)}$$

sondern muß mit

$$\underline{\sigma_{x_{kr}} = \sigma_E\, \tau\, k_x} \qquad \text{(IV B.210)}$$

berechnet werden.

Streng genommen, müßte für alle Werte $1 \geq \dfrac{\sigma_y}{\sigma_x} \geq 0$, sofern sich die Platte orthogonal anisotrop verhält, der Beulwert k_x nach folgender Formel berechnet werden:

$$k_x = \dfrac{\left(\dfrac{\sqrt[4]{\tau}}{\alpha} + \dfrac{\alpha}{\sqrt[4]{\tau}}\right)^2}{1 + \dfrac{\sigma_y}{\sigma_x}\left(\dfrac{\alpha}{\sqrt[4]{\tau}}\right)^2}. \qquad \text{(IV B.211)}$$

α muß, wie im Kap. IV B.2h angegeben, durch $\dfrac{\alpha}{\sqrt[4]{\tau}}$ ersetzt werden. Wir bleiben jedoch auf der sicheren Seite, wenn wir die in Tab. IV B.11 angegebenen k_x-Werte verwenden.

Tabelle IV B.11. *Allseitig gleichmäßig verteilter Druck*

Belastung und kritische Spannungen	Rand-Bedingungen	Beulwerte k.	$\sigma_y < \sigma_p : \sigma_{x_{kr}} = \sigma_E \cdot \sqrt{\tau} \cdot k_x$ $\sigma_x < \sigma_p : \sigma_{x_{kr}} = \sigma_E \cdot \tau \cdot k_x$	$\sigma_E = \dfrac{\pi^2 E}{12(1-\nu^2)}\left(\dfrac{h}{b}\right)$
(Skizze mit σ_x, σ_y, a, b; $\sigma_x \geq \sigma_y$; $\alpha = \dfrac{a}{b}$)	(allseitig gelenkig)	$1 \geq \dfrac{\sigma_y}{\sigma_x} \geq 0{,}5$ für alle α ($m = n = 1$) $0{,}5 > \dfrac{\sigma_y}{\sigma_x} \geq 0$ $\begin{cases} \text{für } \alpha \leq \dfrac{1}{\sqrt{1 - 2\dfrac{\sigma_y}{\sigma_x}}} \\ \text{für } \alpha > \dfrac{1}{\sqrt{1 - 2\dfrac{\sigma_y}{\sigma_x}}} \end{cases}$	$k_x = \dfrac{\left(\dfrac{1}{\alpha} + \alpha\right)^2}{1 + \dfrac{\sigma_y}{\sigma_x}\alpha^2}$ $k_x = 4\left(1 - \dfrac{\sigma_y}{\sigma_x}\right)$	

$\dfrac{\sigma_y}{\sigma_x}$	0	$\dfrac{1}{4}$	$\dfrac{1}{3}$	$\dfrac{1}{2}$	$\dfrac{3}{4}$	1
k	10,07	8,27	7,90	7,04	6,02	5,31 [1]

---

[1] BLEICH, F.: Buckling Strength of Metal Structures, S. 440. New York: McGraw-Hill Book Co. 1952.

C. Versuche

1. Versuche mit durch einseitigen, gleichmäßig verteiltem Druck beanspruchten freistehenden Winkeln

Mit 502 Winkeln aus Aluminiumlegierungen (Anticorodal A und B, Avional M), Stahl T R (kalt gewalzter Stahl), Fluß-Stahl und Preßmessing untersuchte KOLLBRUNNER das Ausbeulen des auf Druck beanspruchten freistehenden gleichschenkligen und ungleichschenkligen Winkels[1].

Der freistehende Winkel kann unter Einwirkung einer längsgerichteten Druckkraft *ausknicken*, oder die Flanschen können, durch in den Mittelebenen wirkende Druckkräfte beansprucht, *ausbeulen*.

Da je nach der Größe der Verformungsgeschwindigkeit, der Größe der inneren Reibung, der Charakteristik des Spannungs-Verkürzungs-Diagrammes usw. im elastischen und plastischen Bereich beim Gleichgewichtswechsel den mehr oder weniger rasch auftretenden Deformationen die Kraft ohne Änderung ihrer Größe folgen muß, wurde am Institut für Baustatik an der E.T.H., Zürich (KARNER) eine Festigkeitsmaschine (Hebelmaschine) geschaffen, die diese Bedingungen erfüllt.

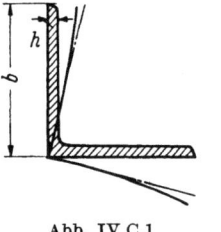
Abb. IV C.1

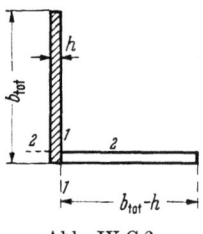
Abb. IV C.2

Ausgehend von einigen Vorversuchen wurden mit den verschiedensten Verhältnissen $\frac{b}{h}$ die eigentlichen Versuchsserien durchgeführt, und zwar in erster Linie mit Aluminiumlegierungen, da diese bei etwa dreimal kleinerem Elastizitätsmodul als bei Stahl dreimal größere Dehnungen und Ausbeulungen ergeben; d. h. eine genauere Untersuchung des Gleichgewichtswechsels ermöglichen. Für Fluß-Stahl konnte man sich auf einige wenige Prüfstäbe beschränken.

Da der eine Schenkel eines gleichschenkligen Winkels, wie durch die Versuche eindeutig nachgewiesen wurde, die Verformung des anderen nicht hindern kann (beide Schenkel befinden sich bei Erreichung der Ausbeulspannung σ_{kr} gleichzeitig im labilen Gleichgewichtszustand), verdreht sich der Querschnitt in der Mitte des Stabes wie in Abb. IV C.1 angedeutet.

Daraus folgt: Die Flanschen der freistehenden Winkel verhalten sich so wie Platten, die entlang des einen Randes frei drehbar gelagert sind.

---

[1] KOLLBRUNNER, C. F.: Das Ausbeulen des auf Druck beanspruchten freistehenden Winkels. Mitt. Inst. Baustatik E.T.H., Zürich, 1935, H. Nr. 4. Zürich: Leemann.

C. Versuche 265

Die maßgebende Plattenbreite ist dabei nach Abb. IV C.2 die *totale* Plattenbreite.

Im Moment des Ausbeulens haben die Winkelflanschen die Tendenz, den zwischen ihnen bestehenden Zusammenhang zu stören; dies erfolgt jedoch längs der kleinstmöglichen Widerstandsfläche (Abb. IV C.2, 1—1 bzw. 2—2).

Nach Abb. IV C.2 entstehen zwei Platten mit den Verhältnissen $\frac{b_{tot}}{h}$ und $\frac{b_{tot} - h}{h}$.

Diejenige Platte mit der größeren Breite (b_{tot}) wird zuerst ausbeulen; bei ungleichschenkligen Winkeln selbstverständlich immer der größere Schenkel.

Die im Kap. IV B.2f angegebene Gl. (IV B.26) mit dem Korrektionsfaktor $K_2 = 1{,}5$, wurde mit den Versuchen verglichen; oder korrekter

Abb. IV C.3

ausgedrückt: Auf Grund der Versuche wurde der Korrektionsfaktor K_2 bestimmt und $\sqrt{\tau}$ durch $\frac{\tau + \sqrt{\tau}}{2}$ ersetzt. Diese Gleichung lautet für ein-

266 IV. Die verschiedenen Beulfälle

Abb. IV C.4

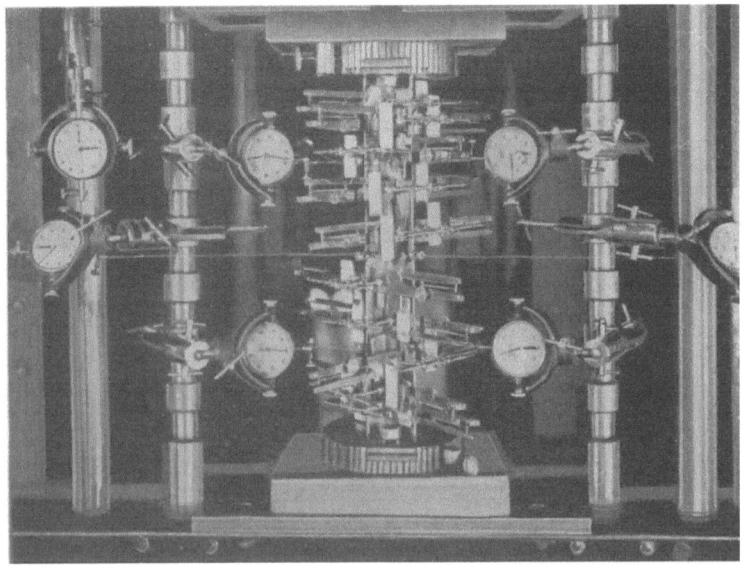

Abb. IV C.5

seitig gelenkig gelagerte, anderseits gänzlich freie Platten:

$$\sigma_{kr} = 0{,}425\,\frac{\pi^2 E}{12(1-\nu^2)}\left(\frac{h}{b}\right)^2 \frac{\tau + \sqrt{\tau}}{2} + 1{,}5\,\frac{\pi^2 E}{12(1-\nu^2)}\left(\frac{h}{a}\right)^2 \tau, \qquad \text{(IV C.1)}$$

dabei ist $\tau = \dfrac{T_K}{E} = \dfrac{4\,\dfrac{T}{E}}{\left(1+\sqrt{\dfrac{T}{E}}\right)^2}$ (Rechteckquerschnitt) und $T' = \dfrac{d\sigma}{d\varepsilon}$.

Abb. IV C.3 zeigt die Festigkeitsmaschine, Abb. IV C.4 und IV C.5 Winkel mit den Meßeinrichtungen (Uhren und Tensometer).

Aus den Abb. IV C.6 und IV C.7 ist die gute Übereinstimmung zwischen Gl. (IV C.1) und den durchgeführten Versuchen ersichtlich.

Die Abweichungen der 502 Versuchsresultate von der nach Gl. (IV C.1) berechneten Kurve sind, mit Ausnahme einiger weniger Winkel, kleiner

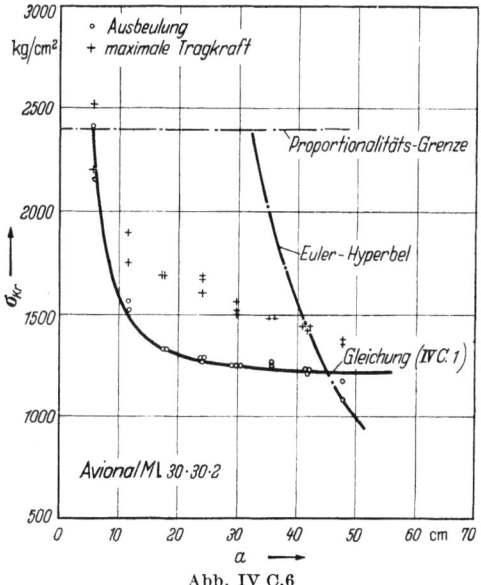

Abb. IV C.6

als $\pm$ 5%. Durch Zusammenfassung gleichlanger Winkel zu einer Gruppe und Einführung der Gruppenschwerpunkte würden die Versuchsresultate noch besser der theoretischen Kurve angepaßt.

Im elastischen Gebiet liegen die Werte *Ausbeulung* und *maximale Tragkraft* (Erschöpfungslast) meist weit auseinander, d. h. nach erfolgter Ausbeulung trägt der Winkel noch eine große zusätzliche Last (teilweise die 2 bis 3fache oder noch eine bedeutend größere Ausbeullast), bevor er unter ihr weggeht (Sicherheitsreserve). Im plastischen Gebiet liegen die Werte *Ausbeulen* und *maximale Tragkraft* nahe beieinander

d. h. nach erfolgter Ausbeulung geht der Winkel schon bei kleiner Mehrlast unter derselben weg. Erreicht ein Stab die Fließgrenze, so fällt die Ausbeulung mit der maximalen Tragkraft zusammen, d. h. die Fließgrenze kann nicht im labilen Gleichgewicht überschritten werden; die Wiederverfestigung kommt nicht in Frage.

Im plastischen Gebiet nehmen nach erfolgter Ausbeulung die Deformationen anfänglich nur noch schwach zu (Verfestigung des Materials),

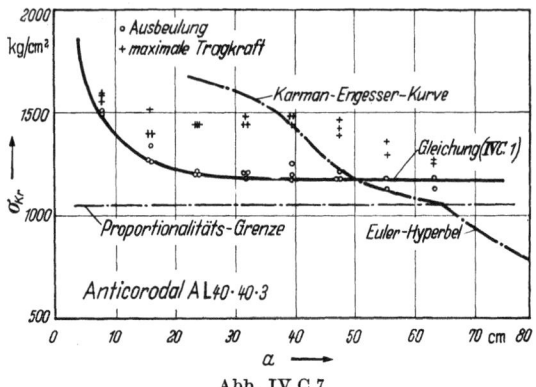

Abb. IV C.7

um dann jedoch plötzlich ins Unendliche zu wachsen (maximale Tragkraft).

Die Winkelkante bleibt bei der Ausbeulung stets vollkommen gerade; der rechte Winkel der Flanschen bleibt bei der Ausbeulung erhalten und ändert sich erst bei viel größeren Deformationen.

Winkel mit Anfangskrümmungen beulen bei der gleichen Spannung σ_{kr} aus, wie solche ohne Anfangskrümmung (selbstverständlich verformen sie sich infolge der Momentenwirkung von Anfang an).

2. Versuche mit durch einseitigen, gleichmäßig verteiltem Druck beanspruchten Platten

Mit 369 rechteckigen Platten untersuchte KOLLBRUNNER[1] das Ausbeulen von auf gleichmäßig verteilten Druck beanspruchten Avional-Platten im elastischen und plastischen Bereich. Die Versuche wurden mit der gleichen Festigkeitsmaschine wie die Winkelversuche (Kap. IV C.1) am Institut für Baustatik an der E.T.H., Zürich (KARNER) durchgeführt. Mit 10 Vorversuchen wurde der Fall II (Ränder a einer-

---

[1] KOLLBRUNNER, C. F.: Stabilität der auf Druck beanspruchten Platten im elastischen und plastischen Bereich (Versuchsbericht). IVBH., Abhandlungen, Bd. 7 (Zürich 1943/44) S. 215. — KOLLBRUNNER, C. F.: Das Ausbeulen der auf einseitigen, gleichmäßig verteilten Druck beanspruchten Platten im elastischen und plastischen Bereich (Versuchsbericht). Mitt. Inst. Baustatik E.T.H., Zürich, 1946, H. Nr. 17. Zürich: Leemann. — KOLLBRUNNER, C. F.: Versuchsforschung (Plattenausbeulung). Stahlbau-Bericht Nr. 20, August 1947. (V.S.B., Zürich).

seits gelenkig gelagert, anderseits vollständig frei) und mit 359 Versuchen die Fälle III (Ränder *a* einerseits fest eingespannt, anderseits vollständig frei), IV (Ränder *a* beiderseits gelenkig gelagert), V (Ränder *a* beiderseits fest eingespannt) und VI (Ränder *a* einerseits fest eingespannt, anderseits gelenkig gelagert) untersucht.

Die Versuchsplatten wurden in einem Belastungsrahmen ausgebeult. Dieser Belastungsrahmen besteht aus zwei ineinander laufenden starren Rahmen, die die Zugkraft in eine Druckkraft verwandeln. Die Parallelführung der Preßplatten wurde während der Versuche geprüft und als sehr genau befunden.

Die gelenkige oder starre Lagerung der Plattenkanten *a* wurde durch kleine, sehr genau bearbeitete Stahlreiter, die je nach ihrer Ausbildung

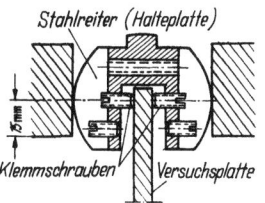 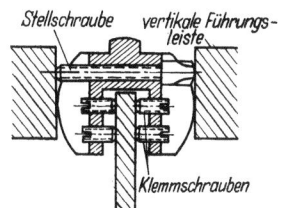

Abb. IV C.8 Stahlreiter (Halteplatte) als Gelenk

Abb. IV C.9 Stahlreiter (Halteplatte) als fest eingespannte Lagerung

als Gelenke oder als feste Einspannung dienen konnten, und die sich zwischen zwei starken Stahlschienen, den Führungsleisten, bewegen konnten, erreicht. Abb. IV C.8 zeigt einen Stahlreiter (Halteplatte) als Gelenk und Abb. IV C.9 als fest eingespannte Lagerung.

Die auftretenden Dehnungen wurden mit HUGGENBERGER-Tensometern Mod. B, die Deformationen teilweise mit HUGGENBERGER-Meßuhren bestimmt. Da die Meßeinrichtungen hauptsächlich dazu dienten, den Moment des Ausbeulens festzuhalten, verzichtete man auf eine genaue Bestimmung der räumlichen Deformationen und beschränkte sich darauf, den *plötzlichen* Eintritt der Instabilität zu bestimmen. *Die Deformationen und die Zahl der Halbwellen wurden durch Spiegelung eines geraden Stahlstabes im Versuchsblech erhalten.* Bei der Ausbeulung spiegelt sich der gerade Stab im Blech in Wellenform, wobei die Anzahl der Halbwellen gut abgelesen werden kann.

Damit sich die Stahlreiter in den vertikalen Führungsleisten nicht verklemmen können, sondern ohne Kraftübertragung auf diesen Leisten oder Schienen leicht gleiten, wurden diese Führungsleisten bei Be- und Entlastung stets leicht angeklopft. Außerdem wurden zur Kontrolle, daß diese Schienen keine Kräfte erhalten, für verschiedene Versuche an ihnen Tensometer befestigt und konstatiert, daß die Dehnungen hier voraussetzungsgemäß Null waren.

Alle Versuche wurden mit Avional M durchgeführt (s. Abb. IV B.5 und IV B.6).

Abb. IV C.10 zeigt die Meßeinrichtungen bei einer Platte, deren Längskanten a einerseits gelenkig gelagert, anderseits vollständig frei sind und Abb. IV C.11 eine Platte, deren Längskanten a beiderseits fest eingespannt sind.

Aus den Abb. IV C.12 und IV C.13 ersieht man deutlich die oben erwähnte Spiegelung eines geraden Stahlstabes, wobei die Anzahl der Halbwellen gut abgelesen werden kann.

Die im Kap. IV B.2f angegebenen Gln. (IV B.26), (IV B.28), (IV B.30) und (IV B.32) wurden mit den Versuchen verglichen. Diese Gleichungen stimmen im elastischen Bereich für die Fälle III bis VI ($K_2 = 1$) mit den Gln. (IV B.33), (IV B.34), (IV B.35) und (IV B.36) nach BLEICH wie auch den Gln. (IV B.37), (IV B.38), (IV B.39) und (IV B.40) nach CHWALLA überein.

Die im Kap. IV B.2f gezeigten Abb. IV B.2, IV B.3 und IV B.4 zeigen deutlich, daß die Versuchsresultate im *plastischen* Bereich mit den Werten der Gln. (IV B.26), (IV B.28), (IV B.30) und (IV B.31) besser übereinstimmen als mit den Werten von BLEICH und CHWALLA.

Die Abb. IV C.14 und IV C.15 zeigen die gute Übereinstimmung zwischen Versuch und Theorie im *elastischen* Bereich.

Zusammenfassend kann festgehalten werden:

1. Im elastischen Bereich werden die Formeln von BLEICH und CHWALLA (die hier dieselben Werte ergeben), gut bestätigt. Mit wenigen Ausnahmen liegen hier die Versuchsresultate stets etwas unterhalb den rechnerisch ermittelten Werten. Ebenso stimmt die Anzahl der ausgebildeten Halbwellen mit wenigen Ausnahmen mit der Theorie überein.

2. Findet die Ausbeulung nur knapp über der Proportionalitätsgrenze statt, so liegen die meisten Versuchsresultate etwas unterhalb der nach CHWALLA rechnerisch ermittelten Werte. Die Anzahl der ausgebildeten Halbwellen stimmt mit den Theorien von CHWALLA und BLEICH (gleiche Anzahl der Halbwellen) bzw. CHWALLA oder BLEICH (ungleiche Anzahl der Halbwellen) überein.

3. Im plastischen Bereich liegen sowohl die Ausbeulspannungen wie auch die Anzahl der Halbwellen meist zwischen den theoretischen Werten von CHWALLA und BLEICH.

4. Analog den Winkelversuchen tragen auch die Platten, sofern sie im elastischen Bereich ausbeulen, noch eine große zusätzliche Last bis zur Erreichung der maximalen Tragkraft. Sofern die Platten im plastischen Bereich ausbeulen, können sie nur noch eine sehr kleine Mehrbelastung tragen, eventuell sogar schon unter der Ausbeullast *weggehen*.

5. Vollständig ebene Platten bleiben bis zur Ausbeulung eben. Beim Gleichgewichtswechsel deformieren sie sich plötzlich von der ebenen Form zur Wellenform.

6. Anfänglich schon leicht deformierte Platten verformen sich schon vom Versuchsbeginn an schwach. Der Gleichgewichtswechsel tritt jedoch auch hier sprungartig bei der gleichen Belastung wie bei den vollständig ebenen Platten ein.

7. Bei sehr langen, schmalen Blechen sind die vielen Halbwellen nur in einem ganz bestimmten Stadium, nämlich bei, oder kurz nach der

Abb. IV C.11

Abb. IV C.10

272	IV. Die verschiedenen Beulfälle

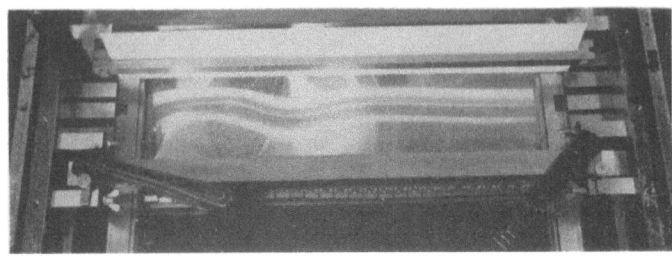
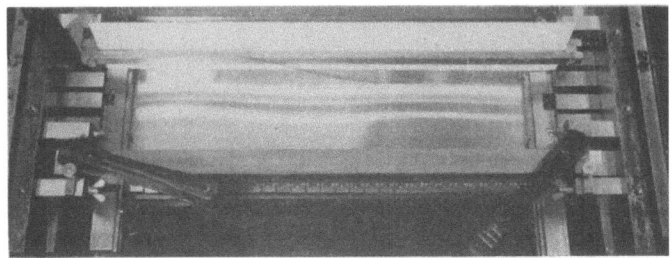
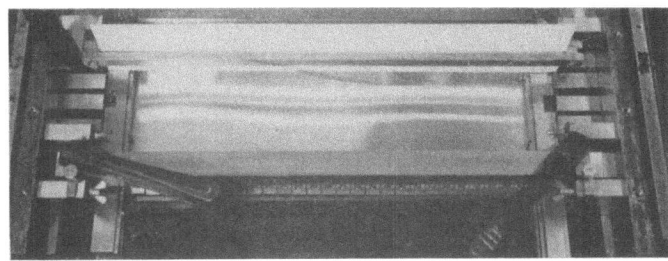

Abb. IV C.12. Kanten a beiderseits gelenkig gelagert. Fall IV. $b = 20{,}2$ cm, $a = 50{,}0$ cm, $h = 0{,}1$ cm, $m = 3$

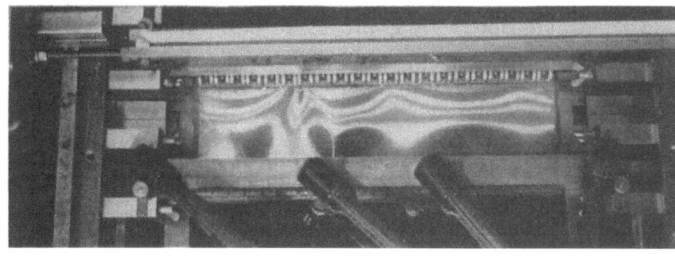
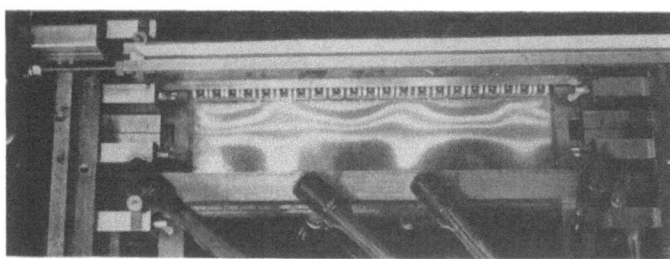
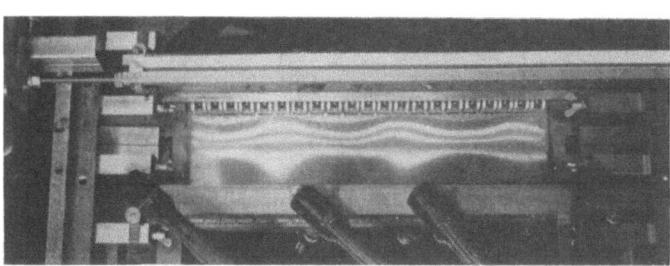
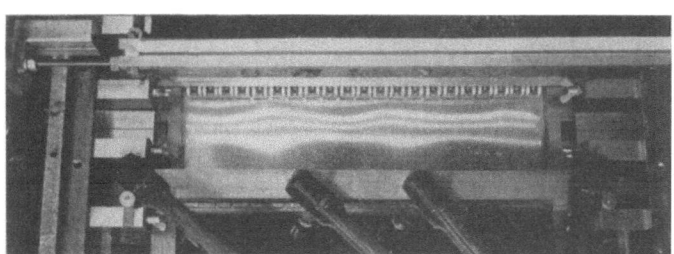
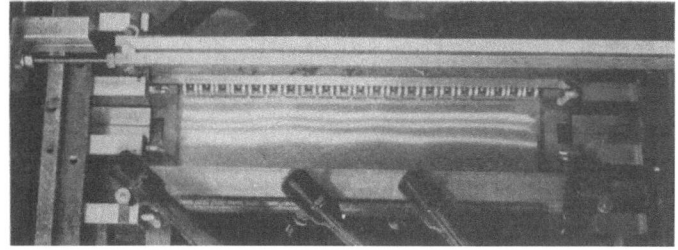

Abb. IV C.13. Kanten a beiderseits fest eingespannt. Fall V. $b = 9{,}4$ cm, $a = 40{,}0$ cm, $h = 0{,}1$ cm, $m = 6$

Ausbeulung, gut sichtbar. Sie können nur dann mit absoluter Sicherheit gezählt werden. Später dominieren einzelne Wellen, währenddem sich andere verflachen. Bei weiterer Belastung *knickt* schließlich das Blech bei einer dieser dominierenden Halbwellen.

8. Die Platten, die erst im plastischen Bereich ausbeulen, ergeben bei gleichem Wert $\alpha = \frac{a}{b}$ größere Halbwellenzahlen als im elastischen Bereich; d. h. die dickeren Platten beulen, sofern die Druckspannungen

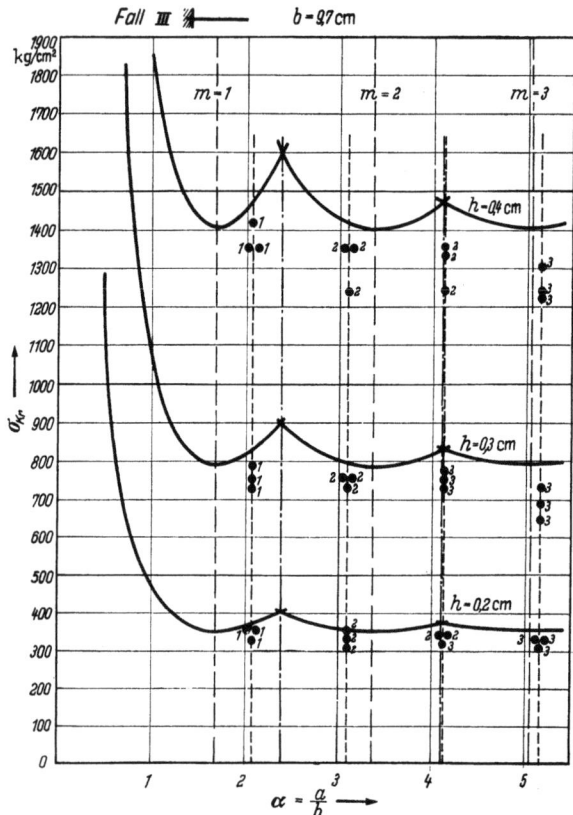

Abb. IV C.14. Kanten a einerseits fest eingespannt, anderseits vollständig frei

die Proportionalitätsgrenze überschreiten, in mehr Halbwellen aus als die dünneren, die bei gleichem α noch im elastischen Bereich unstabil werden. *Daraus kann geschlossen werden, daß sich die Platten orthogonal anisotrop verhalten.* (Würden sich die Platten, wie CHWALLA angibt, orthogonal *isotrop* verhalten, so würde bei gleich großem α dieselbe Halbwellenzahl im elastischen und plastischen Bereich ausgebildet.)

9. Die minimalen kritischen Ausbeulspannungen nach BLEICH [Gl. (IV B.34)] sind für den plastischen Bereich etwas zu hoch. Vor allem

ist die Anzahl der Halbwellen nach BLEICH [Gln. (IV B.35) und (IV B.36)] für den plastischen Bereich zu groß.

Die minimalen kritischen Ausbeulspannungen nach CHWALLA [Gl. (IV B.38)] sind für den plastischen Bereich zu tief. Außerdem stimmt die Anzahl der Halbwellen nach den Gln. (IV B.39) und (IV B.40) im plastischen Bereich nicht mit den Versuchen überein. Es werden mehr Halbwellen ausgebildet.

10. Der von BLEICH willkürlich gewählte Beiwert $\sqrt{\tau}$ charakterisiert das Problem nicht richtig. Sofern als Knickmodul T_K eingeführt wird, muß der Beiwert zwischen τ und $\sqrt{\tau}$ liegen. (KOLLBRUNNER fand mit dem Mittelwert $\dfrac{\tau + \sqrt{\tau}}{2}$ eine gute Übereinstimmung zwischen Versuch und Theorie. Siehe Kap. IV B.2f.)

11. Rechnet man nach SHANLEY mit dem Tangentenmodul $T = \dfrac{d\sigma}{d\varepsilon}$ und führt man, sofern beide Plattenrichtungen von Einfluß sind, $\sqrt{\tau} = \sqrt{\dfrac{T}{E}}$

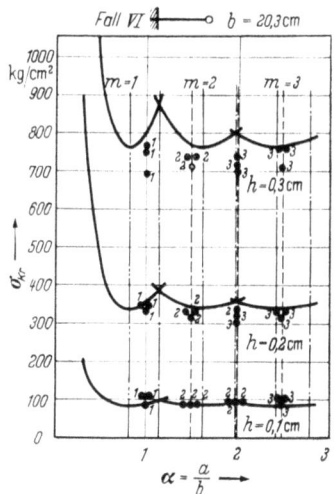

Abb. IV C.15. Kanten a einerseits fest eingespannt, anderseits gelenkig gelagert

ein, so erhält man den unteren Grenzwert (s. Kap. IV B.7a, Abb. IV B.26).

3. Versuche mit durch einseitigen, gleichmäßig und ungleichmäßig verteiltem Druck beanspruchten Platten

Da für die in den Kap. IV C.1 und 2 beschriebenen Versuche nur eine Belastungseinrichtung (Hebelmaschine) von beschränkter Leistungsfähigkeit ($P_{max} \sim 7$ t) zur Verfügung stand, und auch die Konstruktion der Führungselemente der Platten nicht voll befriedigte, wurde am Institut für Baustatik an der E.T.H., Zürich (STÜSSI) in Zusammenarbeit mit der Technischen Kommission des Schweizer Stahlbauverbandes eine neue, verbesserte und leistungsfähigere Hebelmaschine mit $P_{max} \sim 20$ t aufgestellt, und es wurden auch verbesserte Plattenführungen und Versuchseinrichtungen entwickelt[1]. (Die Einzelheiten dieser

---

[1] BIJLAARD, P. P., C. F. KOLLBRUNNER u. F. STÜSSI: Theorie und Versuche über das plastische Ausbeulen von Rechteckplatten unter gleichmäßig verteiltem Längsdruck. IVBH., dritter Kongreß, Lüttich, 1948. Vorbericht, S. 119. — KOLLBRUNNER, C. F.: Versuche über das Ausbeulen von Rechteckplatten unter dreieckförmig verteiltem Längsdruck. IVBH., dritter Kongreß, Lüttich, 1948. Schlußbericht, S. 301. — STÜSSI, F., C. F. KOLLBRUNNER u. M. WALT: Versuchsbericht über das Ausbeulen der auf einseitigen, gleichmäßig und ungleichmäßig verteilten Druck beanspruchten Platten aus Avional M, hart vergütet. Mitt. Inst. Baustatik E.T.H., Zürich, 1951, H. Nr. 25. Zürich: Leemann.

276 IV. Die verschiedenen Beulfälle

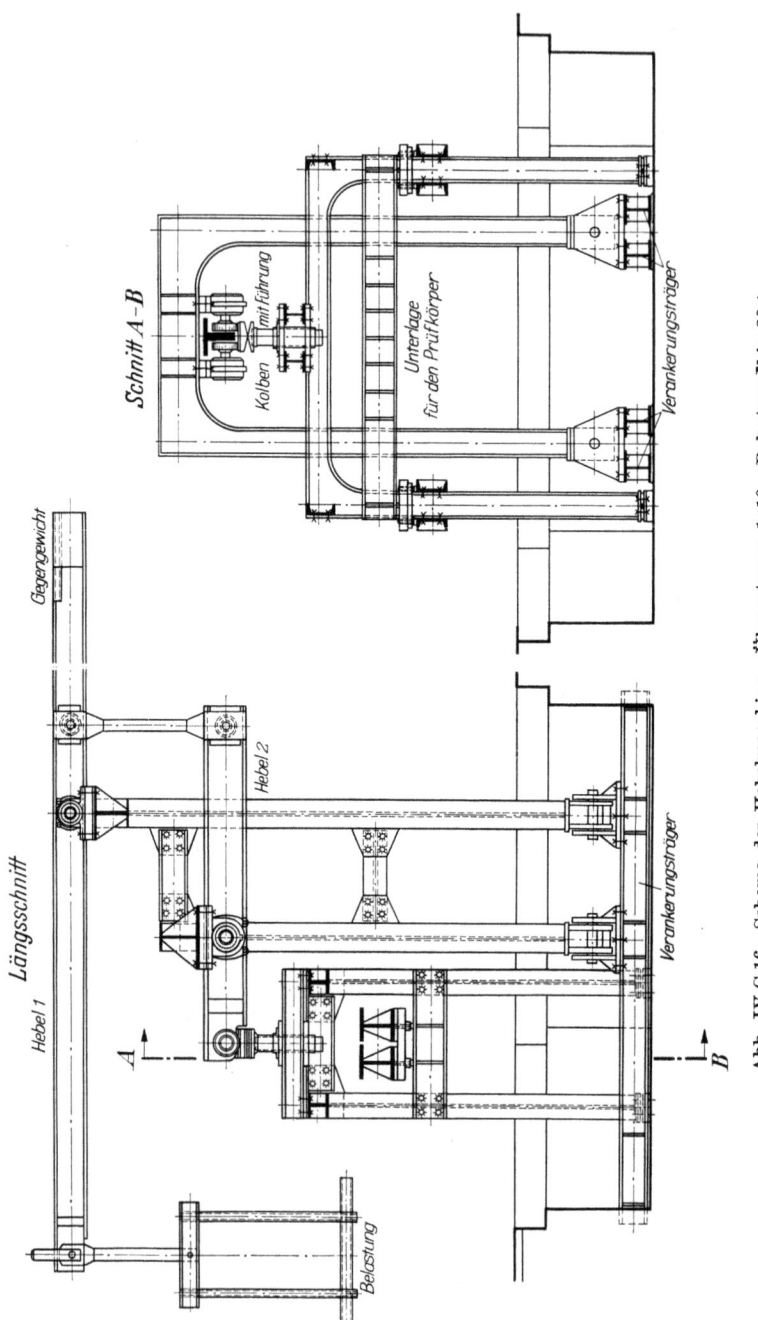

Abb. IV C.16. Schema der Hebelmaschine. Übersetzung 1:10. Belastung bis 20 t

C. Versuche

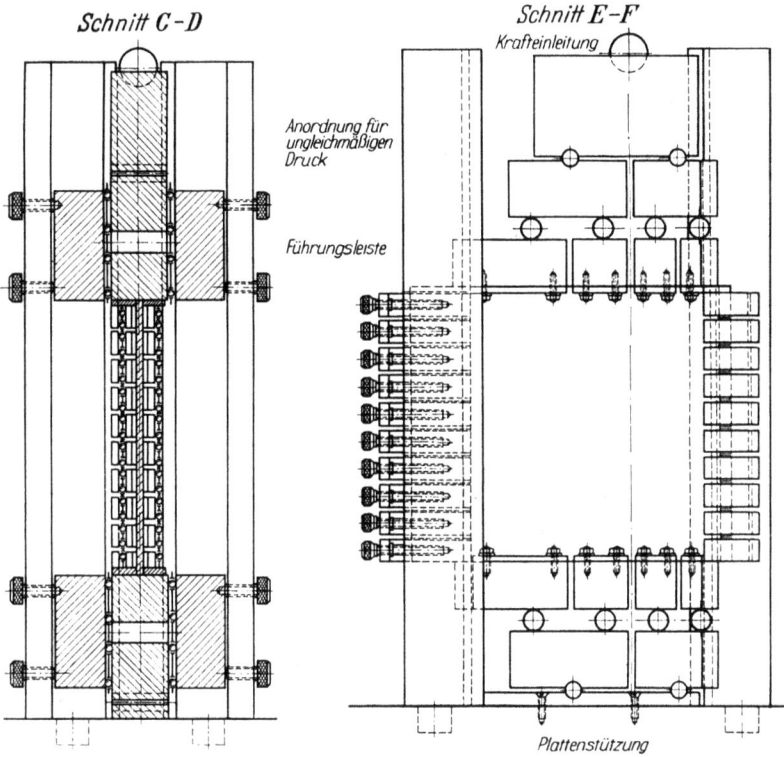

Abb. IV C.17. Beulrahmen. Querschnitt $C-D$

Abb. IV C.18. Beulrahmen. Schnitt $E-F$. Anordnung für ungleichmäßigen Druck. (Dargestellt ohne Führung der Krafteinleitungselemente)

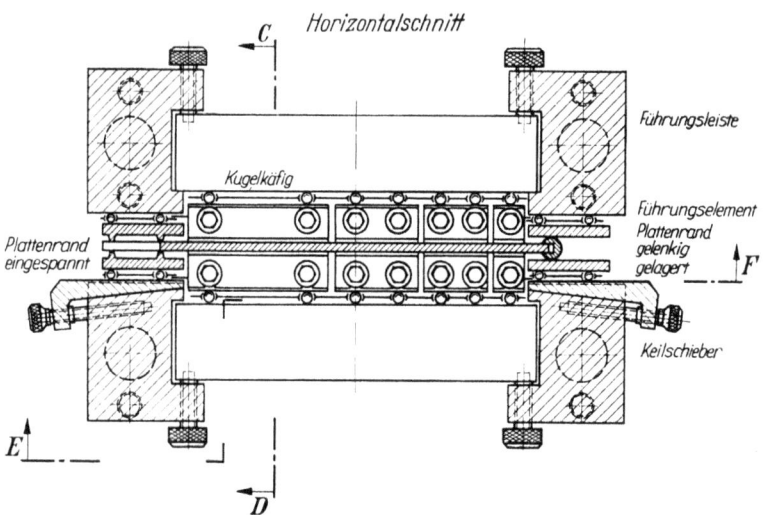

Abb. IV C.19. Beulrahmen. Horizontalschnitt. (Platte links fest eingespannt und rechts gelenkig gelagert)

neuen Versuchseinrichtung wurden von WALT entworfen, der auch diese Versuche durchführte.)

Abb. IV C.16 zeigt das Schema der neuen Hebelmaschine, Abb. IV C.17, IV C.18 und IV C.19 Details des Beulrahmens.

Die zu prüfenden Platten werden dabei auf einem von der Belastungseinrichtung unabhängigen Gerüst montiert. Die Kraftrichtung auf die Platten ist immer exakt senkrecht, somit von der Hebelstellung unabhängig. Die Kraft selbst kann einer Formänderung (Zusammendrückung, Durchbiegung) zwanglos folgen; sie wird als Einzelkraft erzeugt. Wenn eine andere Belastungsart gewünscht wird, erfolgt von einem Kolben aus die Kraftverteilung durch ein statisch bestimmtes Balkensystem.

Damit die Führung des Plattenrandes keine Querschnittsverstärkung der Platte hervorruft und den Formänderungen (Zusammendrückung in der Kraftrichtung, horizontale Bewegung infolge Querkontraktion) keinen Widerstand leistet, wurden kleine Führungselemente mit Bewegungsfreiheit in vertikaler und horizontaler Richtung geschaffen. Die seitliche Führung wurde so ausgebildet, daß durch sie beim Einspannen der Platte der Plattenrand zwangsläufig gerade wird und es während des Versuches auch bleibt (exakt bearbeitete Führungsleisten mit kräftigen Querschnitten).

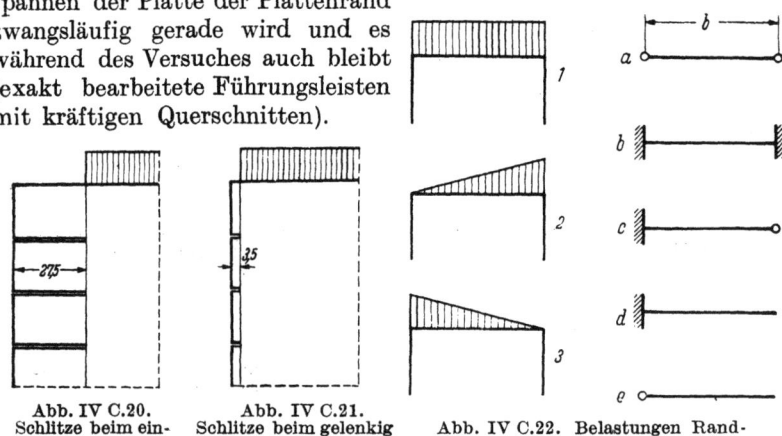

Abb. IV C.20. Schlitze beim eingespannten Rand.   Abb. IV C.21. Schlitze beim gelenkig gelagerten Rand.   Abb. IV C.22. Belastungen Randbedingungen

Die Lagerung der belasteten Ränder b wurde, wie in den Kap. IV C.1 und IV C.2, den baupraktischen Verhältnissen entsprechend, ohne Einschaltung eines reinen Gelenkes ausgeführt.

Im unbelasteten, seitlichen Führungsstreifen der Platte wurden in Abständen von 2 cm Schlitze von 1 bis 1,5 mm Breite eingesägt (Abb. IV C.20 und Abb. IV C.21).

Um auch über das Verhalten der Platten nach erfolgter Ausbeulung Unterlagen zu erhalten, wurden die Beulvorgänge durch Messungen festgehalten. Da von jeder Platte im Versuchsprogramm zwei gleiche Stücke vorhanden waren, wurden an der einen Platte die *Beulflächen* mittelst Tastuhr und an der anderen die *Dehnungen* an Punkten im Wellenmaximum mittelst Spiegelinstrumenten gemessen.

C. Versuche

Um ein klares Bild der Dehnungen während des Ausbeulens zu erhalten, mußten am gewünschten Meßpunkt in *vertikaler* und *horizontaler* Richtung gleichzeitig beidseits der Platte gemessen werden.

Untersucht wurden die in Abb. IV C.22 angegebenen Belastungen und Randbedingungen.

Für den elastischen Bereich wurde ein Material mit möglichst hoch liegender Proportionalitätsgrenze gewählt, damit ein möglichst ausgedehnter elastischer Beulbereich erhalten wurde, nämlich *Avional M vergütet*. Das für 128[1] Versuche verwendete Avional M vergütet besitzt im Mittel folgende Eigenschaften:

$E = 745000$ kg/cm² (Elastizitätsmodul),
$\nu = 0{,}33$ (Querdehnungszahl),
$\sigma_p = 2750$ kg/cm² (Proportionalitätsgrenze),
$\sigma_F = 3400$ kg/cm² (Fließgrenze).

Aus den gemessenen Dehnungen und Beulflächen wurde für jede Platte die *kritische Beullast* bestimmt; dabei galten folgende Grundsätze:

1. *Dehnungsmessungen*:

Als kritische Last wurde diejenige Last bestimmt, bei der sich im Last-Dehnungsdiagramm die beidseits der Platte gemessenen Dehnungen zu trennen beginnen.

2. *Beulflächen*:

Der Beginn der meßbaren Ausbeulung wurde mit *P*-kritisch bezeichnet. Im Falle anfänglich leicht ausgebogener Platten diejenige Last, bei der die Proportionalität im Last-Ausbeulungsdiagramm aufhört.

Wird die Platte über die kritische Beullast weiterbelastet, so wird eine Laststufe erreicht, bei der die Ausbiegungen ohne Laststeigerung immer weiter anwachsen; diese Belastungsgrenze ist die Erschöpfungslast oder maximale Tragkraft. Im Gegensatz zum eigentlichen Beulen, das vom bloßen Auge nicht wahrgenommen werden kann, erfolgt die Erschöpfung plötzlich; das Belastungsgewicht muß aufgefangen werden. Bei Platten, die durch gleichmäßigen Druck beansprucht sind, ist der Erschöpfungsvorgang *hart*, d. h. der Eintritt erfolgt schlagartig und beansprucht die Beuleinrichtung stark. Beim ungleichmäßigen Druck ist der Vorgang *weicher*, das Belastungsgewicht sinkt langsamer, die Beuleinrichtung wird weniger stark beansprucht.

Abb. IV C.23. Form des erschöpften Bleches beim ungleichmäßigen Druck

Beim ungleichmäßigen Druck nimmt das erschöpfte Blech die in Abb. IV C.23 skizzierte Form an, während beim gleichmäßigen Druck die Seitenränder gerade bleiben.

---

[1] STÜSSI, F., C. F. KOLLBRUNNER u. M. WALT: Versuchsbericht über das Ausbeulen der auf einseitigen, gleichmäßig und ungleichmäßig verteilten Druck beanspruchten Platten aus Avional M, hart vergütet. Mitt. Inst. Baustatik E.T.H., Zürich, 1951, H. Nr. 25. Zürich: Leemann.

Aus den Gln. (IV A.52), (IV A.53) und (IV A.54) folgt:

$$\sigma_k = k\,\sigma_E = k\frac{\pi^2 D}{h\,b^2} = k\frac{\pi^2 E}{12(1-\nu^2)}\frac{h^2}{b^2}. \qquad \text{(IV C.2)}$$

Für die Auswertung der Versuchsergebnisse ist es bequem, mit der Beulspannungslinie ($\sigma_{kr}-\lambda$) zu arbeiten. Der ideelle Schlankheitsgrad λ ergibt sich dabei durch Vergleich der Gl. (IV C.2) mit der Knickspannungslinie des EULERschen Druckstabes

$$\sigma_{kr} = \frac{\pi^2 E}{\lambda^2} \qquad \text{(IV C.3)}$$

$$\lambda^2 = \frac{12(1-\nu^2)}{k}\frac{b^2}{h^2}. \qquad \text{(IV C.4)}$$

Dabei darf für nicht zu kurze Platten ($\alpha > 1$) mit praktisch genügender Genauigkeit für k der Wert von $k_{\min}$ eingesetzt werden.

Vergleicht man die im Versuch festgestellten kritischen Spannungen mit den berechneten, so zeigt sich für Platten mit beidseits gelenkig

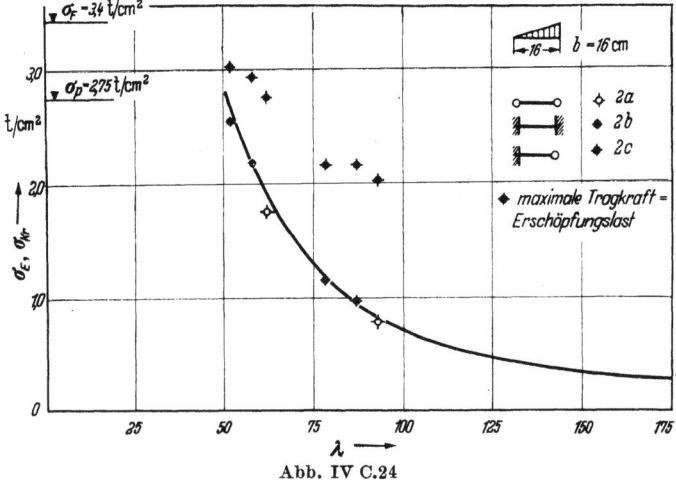

Abb. IV C.24

gelagerten Seitenrändern eine sehr gute Übereinstimmung zwischen Theorie und Versuch.

Mit der für die Seitenränder notwendigen aufgelösten Führung ließ sich eine volle Einspannung nicht erreichen. Die Versuchswerte mit eingespannten Seitenrändern erreichen deshalb auch nirgends die berechneten kritischen Spannungen. Um nun diese Werte trotzdem in die Beulspannungslinie einbeziehen zu können, sind die dieser elastischen Einspannung entsprechenden $k_{\min}$-Werte in der Tab. IV C.1 aufgeführt.

Die Abb. IV C.24 und IV C.25 zeigen für dreieckförmig verteilten Druck die berechneten und versuchsmäßig festgestellten Werte.

Abb. IV C.26 zeigt die Ausbeulung einer beiderseits gelenkig gelagerten Platte unter dreieckförmig verteiltem Druck in 3 Halbwellen und Abb. IV C.27 die Ausbeulung einer beiderseits fest eingespannten Platte unter dreieckförmig verteiltem Druck in 4 Halbwellen.

Tabelle IV C.1

Belastung und Randbedingung nach Abb. IV C.22	k_{min}	
	Elastische Einspannung	feste Einspannung nach Tabelle IV A.16 (STÜSSI)
1 b	5,78	6,97
1 c	4,84	5,40
2 b	11,25	13,54
2 c	9,05	9,54
2 d	1,48	1,56

Die bei den Versuchen verwendeten Platten wurden aus größeren Blechen herausgeschnitten. Diese wiesen im Anlieferungszustand infolge ihrer Bearbeitung (Walzen, Zuschneiden usw.) Verformungen auf, die sich auch bei den kleineren Versuchsplatten noch bemerkbar machten. So war es teilweise trotz der mit höchster Präzision hergestellten Beuleinrichtungen und sorgfältigster Versuchsdurchführung nicht möglich,

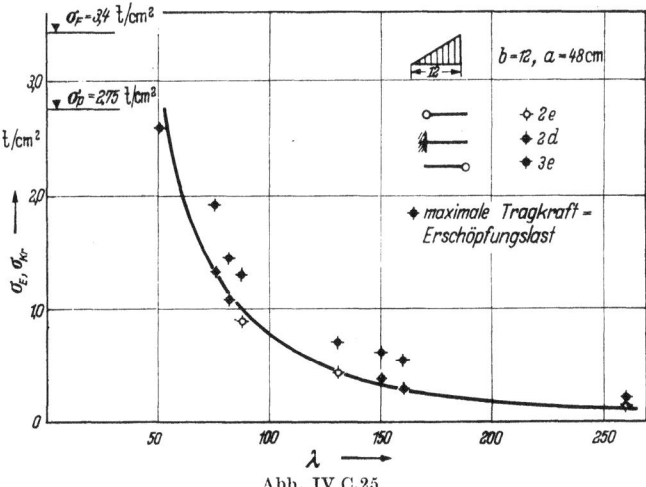

Abb. IV C.25

diese Platten gerade zu bringen. Dieser Umstand machte sich vor allem bei den dicken Platten und der Plattenbreite von 20 cm bemerkbar. Es sind deshalb unter allen Versuchen nur wenige, bei denen keine anfänglichen Ausbiegungen und damit Exzentrizitäten in der Belastung vorhanden waren. Es hat sich aber gezeigt, daß diese Ausbiegungen, sofern sie klein sind, das Resultat nicht zu beeinflussen vermögen, vor allem deshalb nicht, weil die Form dieser anfänglichen Ausbiegungen nicht mit derjenigen übereinstimmt, unter der die Platte dann ausbeult. Nur bei Versuchen mit wenig Halbwellen (1 oder 2) findet eine Beeinflussung statt, die so groß sein kann, daß die Platte gar nicht mehr ausbeult; die Ausbiegungen nehmen von Anfang an stetig zu bis zur Erschöpfung. Die Erschöpfungslast hingegen wird durch diese Exzentrizitäten nur wenig oder gar nicht beeinflußt.

Das Ergebnis dieser Beobachtungen kann dahin zusammengefaßt werden, daß sich Versuche, bei denen die Platten mit mehreren Halbwellen ausbeulen, besser eignen als solche mit nur 1—2 Halbwellen.

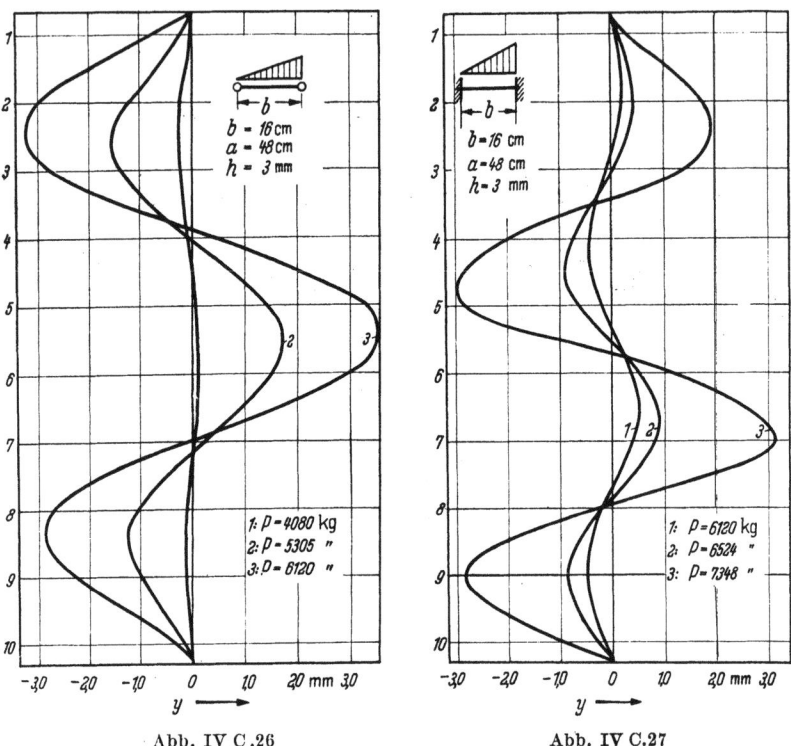

Abb. IV C.26   Abb. IV C.27

Mit den gewählten Plattenstärken von 1—5 mm konnte der gesamte elastische Bereich des Beulens für das Material Avional M vergütet erfaßt werden. Eine Steigerung der Plattenstärke über 5 mm konnte deshalb umgangen werden; dies hätte auch zu keinen klaren Ergebnissen mehr geführt, da die Ausbiegung bei diesen schmalen Platten so klein werden, daß sie nicht mehr zuverlässig erfaßt werden können.

Bei der Steigerung der Belastung über die kritische Last hinaus wird die Tragfähigkeit der Bleche, wie oben angegeben, plötzlich erschöpft. Hierbei zeigt sich nun, daß nicht mehr alle Halbwellen (wie beim Beulen) daran beteiligt sind. Beim gleichmäßigen Druck sind es in der Regel die äußeren Halbwellen (oberste oder unterste), die bleibend stark verformt werden. Beim ungleichmäßigen Druck hingegen sind es die mittleren. Bei der Entlastung bilden sich dann die anderen Halbwellen wieder zurück, bleibend verformt sind in der Regel nur 1—2 Halbwellen.

Abschließend kann gesagt werden, daß trotz aller Präzision in der Versuchs- und Meßeinrichtung und größter Sorgfalt in der Versuchsdurchführung das Material mit seinen Unregelmäßigkeiten immer wieder die Versuchsergebnisse zu beeinflussen vermag, dies um so mehr, je höher die Anforderungen an die Genauigkeit der Versuchsergebnisse sind.

Damit auch Versuchswerte hoch im plastischen Bereich erhalten werden konnten, wurden am Institut für Baustatik an der E. T. H. in Zürich (STÜSSI) in Zusammenarbeit mit der Technischen Kommission

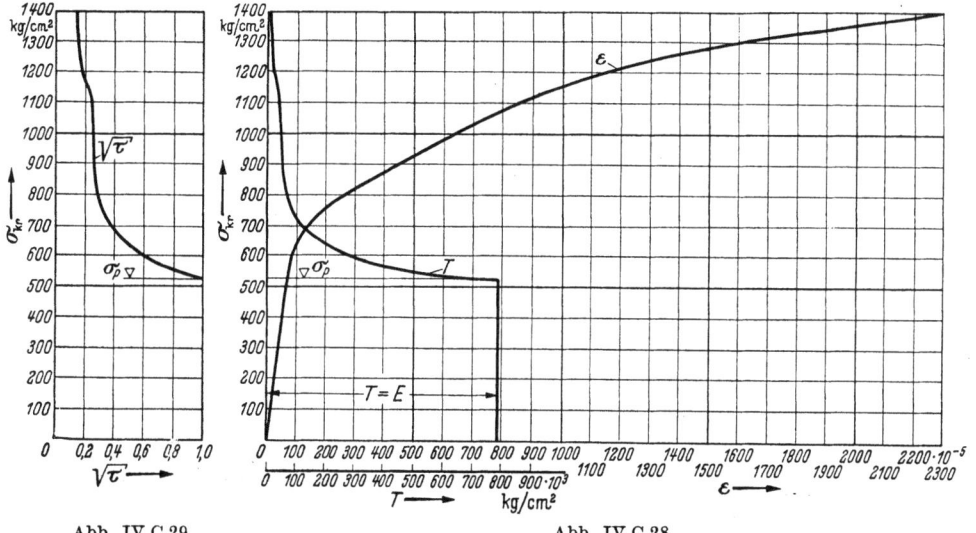

Abb. IV C.29 Abb. IV C.28

des Schweizer Stahlbauverbandes Ausbeulversuche vorwiegend mit Avional M weich (Proportionalitätsgrenze 500—600 kg/cm²) durchgeführt[1].

Abb. IV C.28 zeigt das Spannungs-Verkürzungs-Diagramm und den Tangentenmodul T, Abb. IV C.29 das $\sigma_{kr}-\sqrt{\tau}$-Diagramm derselben Versuchsplatte. (Fast durchwegs wurden für alle Versuchsplatten die ihnen zugehörenden Spannungs-Verkürzungs-Diagramme bestimmt.)

Die Versuche zeigen eindeutig, daß, sofern die Ausbeulung erst sehr hoch im plastischen Bereich erfolgt, sich bei fester Einspannung der Längsränder a Fließgelenke ausbilden (Abb. IV C.30), so daß bei einseitig gleichmäßig verteiltem Druck nicht mehr das im hohen plastischen

---

[1]) STÜSSI, F., C. F. KOLLBRUNNER und M. WALT: Unveröffentlichte Versuche, die im Jahre 1958 in den Mitteilungen aus dem Institut für Baustatik an der E. T. H. publiziert werden sollen.

Bereich sowieso schwer zu bestimmende σ_{kr}^V (σ_{kr} aus Versuch erhalten), sondern die maximale Tragkraft, d. h. die Erschöpfungslast σ_{Tr}^V (maximale Tragkraft aus Versuch erhalten) den theoretisch berechneten Werten σ_{kr}^R (σ_{kr} aus Rechnung) gegenübergestellt werden muß; währenddem

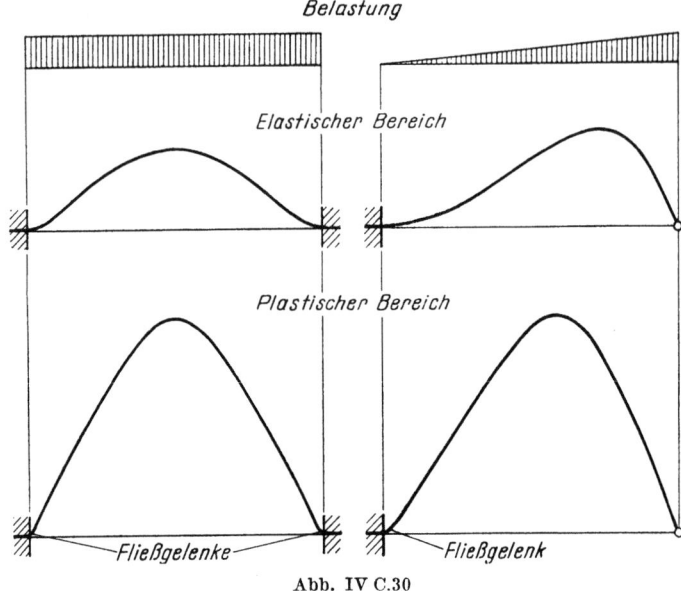

Abb. IV C.30

bei einseitig dreieckförmig verteiltem Druck die Versuchsresultate σ_{kr}^V höher liegen als die theoretisch berechneten Werte mit dem Tangentenmodul T, σ_{kr}^R (siehe Tabelle IV C.2).

Tabelle IV C.2

Belastung	Rand-bedingungen	Abmessungen			Spannungen		
		Länge l cm	Breite b cm	Dicke h mm	σ_{Tr}^V kg/cm²	σ_{kr}^V kg/cm²	σ_{kr}^R kg/cm²
	o——o	48	12	5	1206	968	1170
	⊢——⊣	48	12	5	1275	1155	1310
	⊢——o	48	12	5	1222	1091	1190
	o——o	48	12	6	1500	1212	1515
	o——o	48	16	5	1632	1374	1145
	⊢——⊣	48	16	5	1836	1562	1355
	⊢——o	48	16	5	1732	1374	1200

V. Ausgesteifte Platten
A. Problemstellung

Im Kap. IV haben wir das Ausbeulen von Platten untersucht, deren Ränder unverschieblich quergestützt angenommen waren (sofern es sich nicht um einen *freien* Rand handelt). Eine solche Querstützung wird bei Blechträgern durch die Gurtungen, durch die Querrahmen, durch Quer- und Längsverbände usw. praktisch verwirklicht. Der Abstand dieser sehr steifen Elemente ist meistens konstruktiv gegeben. Bei einem normalen einwandigen Brückenträger z. B. sind gewöhnlich nur die zwei Gurten und die Querrahmen als unverschieblich anzusehen.

Da bei konstant bleibender gleichmäßig verteilter Belastung die Querkraft linear mit der Spannweite zunimmt, was auch annähernd für die Trägerhöhe gilt, so führen die Festigkeitsbedingungen in diesem Fall auf eine von der Spannweite unabhängige Blechstärke. Auch wenn man die Zunahme des Eigengewichts mit der Spannweite berücksichtigt, muß die Blechstärke bei weitem nicht mit der Stützweite linear zunehmen; besonders da für große Spannweiten Material mit höherer Festigkeit gebraucht wird. Die Stabilitätsbedingung dagegen fordert, daß das Verhältnis Stegstärke h durch Trägerhöhe b gleich bleibt, wenn eine konstante kritische Spannung verlangt wird; die Beulzahlen k sind nämlich nur vom Verhältnis $\frac{a}{b}$ der Plattenabmessungen abhängig, die EULERsche Knickspannung σ_E nur vom Verhältnis $\left(\frac{h}{b}\right)^2$.

Wenn also bei kleinen Spannweiten der Beulsicherheitsnachweis keine Mehrstärke gegenüber dem Festigkeitsnachweis verlangt, so ist dies bei größeren Spannweiten nicht mehr der Fall, und die Stabilitätsprobleme spielen dann die maßgebende Rolle bei der Ausbildung und Dimensionierung.

Schon die Erbauer der ersten großen Blechträgerbrücken, der Britannia- und der Conway-Brücken[1], haben sich vorwiegend mit diesen Beulproblemen befaßt. Da eine theoretische Untersuchung zu jener Zeit nicht zum Ziele führen konnte[2], wurde ein Versuchsprogramm durchgeführt, und man kam zur Erkenntnis, daß nur die Anwendung ausgesteifter Bleche zu einer wirtschaftlichen Konstruktion für die Überbrückung der vorliegenden Spannweiten von 140 m führte (Abb.V.1)

Zuerst wurden gewöhnliche elliptische und rechteckige Rohre geprüft, bei denen der Bruch durch Falten der Druckgurte eintrat. Nach dem Übergang zur zellenförmigen Ausbildung der Gurte trat Ausbeulen

---

[1] FAIRBARN, W.: An Account of the Construction of the Britannia and Conway Tubular Bridges. London 1849. — CLARK, E. u. R. STEPHENSON: The Britannia and Conway Tubular Bridges, London 1850. — S. a. S. TIMOSHENKO: History of Strength of Materials, S. 156. New York/Toronto/London: McGraw-Hill Book Company 1953.

[2] Der Mathematiker E. HODGKINSON, der zur Auswertung der Versuche beigezogen wurde, versuchte eine theoretische Lösung zu finden; es gelang ihm aber nicht.

286   V. Ausgesteifte Platten

der Seitenwände ein, welches dann durch Einziehung von vertikalen Aussteifungen in engem Abstand verhindert wurde.

Die Versuche erlaubten auch die Aufstellung von empirischen Regeln für die Mindestdicke der Stegbleche gebogener Vollwandträger und der Stege gedrückter Stäbe, sowie für die Anordnung der Aussteifungen. Obwohl in den nächsten Jahren zahlreiche Blechträger, besonders in den

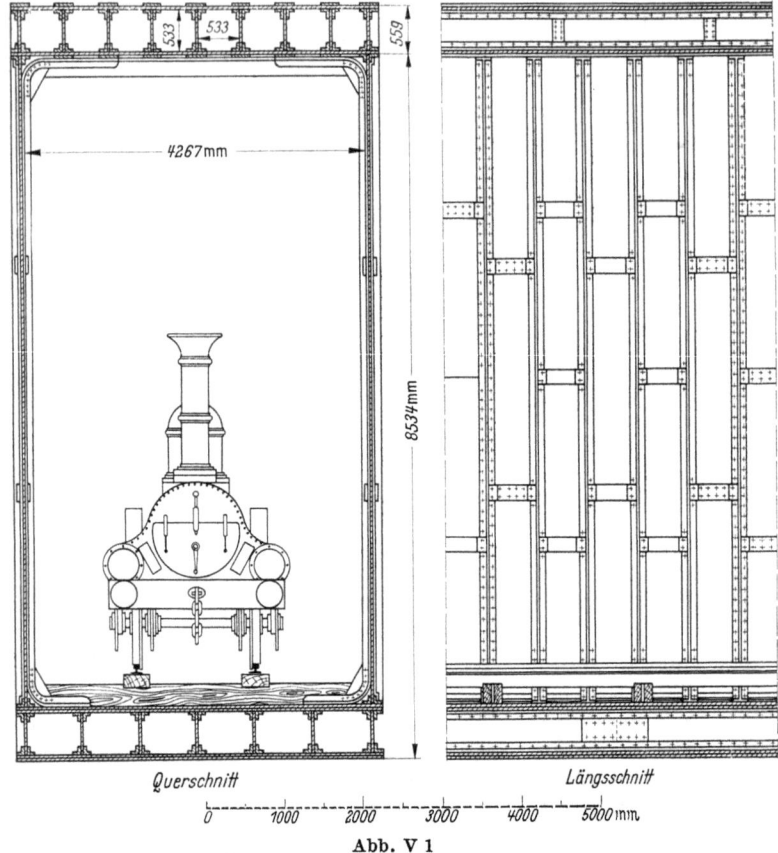

Abb. V 1

lateinischen Ländern, gebaut wurden[1], erreichte keiner mehr die Spannweite der Britanniabrücke. Die Entwicklung der graphischen Statik gab dem Fachwerk den Vorrang. Nach dem ersten Weltkrieg erlaubte die Einführung hochwertiger Baustähle, wie auch die Fortschritte der Schweißung, das Gebiet der Vollwandträger weiter auszudehnen.

Maßgebend war dabei auch eine gewisse Änderung des ästhetischen Empfindens, die zur vermehrten Anwendung einfacher, klarer Formen

---

[1] Erwähnt sei die Memelbrücke bei Kowno, ein Zweifeldträger mit Spannweiten von 78,6 m und einer Trägerhöhe von 6,6 m. Siehe F. BOHNY: Der Wiederaufbau zerstörter Eisenbahnbrücken in Feindesland durch die Brückenabteilung der Gutehoffnungshütte in Sterkrade. Eisenbau, 1919, S. 207.

führte[1]. In Deutschland wurde diese Entwicklung besonders durch den Bau der Autobahnbrücken und den Wiederaufbau der im zweiten Weltkrieg zerstörten Brücken gefördert. Mit den 260 m Spannweite der Mittelöffnung der Savebrücke in Belgrad dürfte die Entwicklung vollwandiger Balkenbrücken einen gewissen Abschluß gefunden haben.

Hand in Hand mit der Vergrößerung der Spannweite wuchs auch die Wichtigkeit der Beulprobleme, denn nur ihre richtige Erfassung ermöglichte eine sparsame Ausbildung der Tragwerke. Schon um die Jahrhundertwende hatte sich TIMOSHENKO mit dem Problem der ausgesteiften Platten befaßt und dasselbe mit der Energiemethode untersucht. Weitere Beiträge wurden darauf von den Flugzeugbauern geliefert, weil hier die Anforderungen des Leichtbaues zu möglichst dünnen Elementen führen, deren Stabilität immer besonders untersucht werden muß. Die oben erwähnte Zurückeroberung der größeren Spannweiten durch die Vollwandträger brachte auch das Interesse der Brückenbauer auf die Frage der ausgesteiften Bleche und bereicherte die Literatur dieses Gebietes außerordentlich.

Es ist uns nicht möglich, in diesem Kapitel alle Probleme der ausgesteiften Platten ausführlich zu behandeln. Nach einem kurzen Überblick über einige wichtige Methoden zur Lösung dieser Probleme werden wir das Beispiel der längsausgesteiften Platte unter einseitigem Druck eingehend untersuchen und dabei einige wichtige Fragen allgemein erörtern. Anschließend werden weitere Fälle ausgesteifter Platten kurz dargestellt.

B. Methoden zur Untersuchung ausgesteifter Rechteckplatten

1. Geschlossene Lösung der Differentialgleichung

Eine strenge Lösung des Problemes der ausgesteiften Platte kann in einigen wenigen Fällen durch die Integration der Differentialgleichung für die Plattenbeulung in geschlossener Form erhalten werden. Die versteifte Platte besteht nämlich aus einer Anzahl unversteifter Einzelfelder, welche längs der Aussteifungen miteinander verbunden sind. An diesen Grenzlinien sind die Übergangsbedingungen zu den Nachbarfeldern zu berücksichtigen. Für die längsversteifte, gleichmäßig gedrückte Rechteckplatte können die strengen Lösungen der Differentialgleichungen der Einzelfelder bei Berücksichtigung der besonderen Rand- und Übergangsbedingungen angegeben werden. Da wir im Unterkapitel V C ein Problem mit dieser Methode untersuchen werden, erübrigt sich hier eine nähere Beschreibung.

2. Energiemethode mit mathematischen Näherungsansätzen

Die oben erwähnte strenge Lösung ist nur in wenigen Fällen anwendbar. Im allgemeinen muß man sich mit einer Näherungsmethode behelfen und sich auf energetische Betrachtungen stützen.

---

[1] KARNER, L.: La poutre à âme pleine dans la construction des ponts métalliques de grande portée. Abh. IVBH., 1. Bd. (1932) S. 296.

288 V. Ausgesteifte Platten

Für die unversteifte Platte wurde dieser Weg im Kap. III C.2 beschrieben. Es müssen nur noch die Zusatzglieder aus den Anteilen der Aussteifungen angegeben werden, wobei wir uns auf Längs- und Quersteifen[1] beschränken[2] wollen.

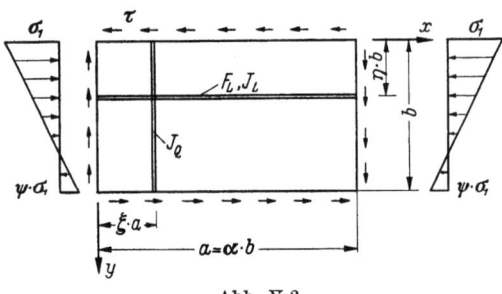

Abb. V 2

Dabei sollen die Plattenrandspannungen nach Abb. V 2 beschaffen sein.

Für die Längssteifen wird die innere Arbeit[3]

$$A_a = \frac{EJ_L}{2} \int_0^a \left(\frac{\partial^2 w}{\partial x^2}\right)^2_{y=\eta b} dx.$$

Die äußere Arbeit der Steifendruckkräfte $F_L \cdot \sigma_1 [1 + (\psi - 1)\eta]$ beträgt

$$E_a = -\frac{F_L}{2} \int_0^a \sigma_1 [1 + (\psi - 1)\eta] \left(\frac{\partial w}{\partial x}\right)^2_{y=\eta b} dx.$$

Mit den von TIMOSHENKO[4] eingeführten Bezeichnungen

$$\delta = \frac{F_L}{bh}, \quad \text{(V 1)}$$

$$\gamma_L = \frac{EJ_L}{Db}, \quad \text{(V 2)}$$

$$\gamma_Q = \frac{EJ_Q}{Db} \quad \text{(V 3)}$$

erhält man für die Längssteifen das Potential

(V 4)
$$U = Db\frac{\gamma_L}{2} \int_0^a \left(\frac{\partial^2 w}{\partial x^2}\right)^2_{y=\eta b} dx - \frac{\delta b h}{2} \int_0^a \sigma_1 [1 + (\psi - 1)\eta] \left(\frac{\partial w}{\partial x}\right)^2_{y=\eta b} dx$$

---

[1] Unter Längs- bzw. Quersteifen sind Steifen in Richtung der Normalspannungen, bzw. senkrecht dazu bezeichnet.
[2] Für Diagonalaussteifungen siehe A. KROMM: Kritische Schubspannung rechteckiger Platten mit Diagonalaussteifungen. Stahlbau, 1952, S. 177.
[3] Siehe z. B. C. F. KOLLBRUNNER u. M. MEISTER: Knicken, S. 28 Berlin/Göttingen/Heidelberg: Springer 1956.
[4] TIMOSHENKO, S.: Theory of Elastic Stability, S. 373. New York and London: McGraw-Hill Book Company 1936.

B. Methoden zur Untersuchung ausgesteifter Rechteckplatten

und für die Quersteifen entsprechend[1]

$$U = D\,b\,\frac{\gamma_Q}{2} \int_0^b \left(\frac{\partial^2 w}{\partial y^2}\right)^2_{x=\xi a} dy. \tag{V 5}$$

Diese Werte und die Werte (III C.52) sind an folgende Annahmen und Einschränkungen geknüpft:
1. Der Plattenwerkstoff ist homogen, isotrop und gehorcht dem HOOKEschen Gesetz; die Aussteifungen haben die gleichen elastischen Eigenschaften.
2. Die Platte ist ideal-eben und zentrisch beansprucht.
3. Die Schwerachsen der Aussteifungen fallen in die Plattenmittelebene. Die Torsionssteifigkeit der Aussteifungen ist vernachlässigbar klein[2].

Beschränkt man sich weiter auf NAVIERsche Randbedingungen, d. h.

$$w = \frac{\partial^2 w}{\partial x^2} = 0 \text{ für } x = 0 \text{ und } x = a,$$

$$w = \frac{\partial^2 w}{\partial y^2} = 0 \text{ für } y = 0 \text{ und } y = b,$$

so kann als Ansatz für die Ordinaten der Beulfläche wieder Formel (IV A.302) dienen[3]

$$w = \sum_{m=1}^{\infty} \sum_{n=1}^{\infty} A_{mn} \sin\frac{m\pi x}{a} \sin\frac{n\pi y}{b}.$$

Dieser Ansatz befriedigt alle Randbedingungen.

Das für die Stabilitätsgrenze formulierte Variationsproblem $\delta^2 U = 0$ (s. Kap. III C.2) geht in das Minimumproblem $\frac{\partial U}{\partial A_{mn}} = 0$ über, das seinerseits die Aufstellung einer Beuldeterminante erlaubt.

Wir müssen jetzt nur noch die Glieder $\frac{\partial U}{\partial A_{mn}}$ berechnen, die im Unterkapitel IV A.8 nicht vorkamen; das sind die Glieder aus den Randnormalspannungen und aus den Aussteifungen.

Analog Gl. (III C.60) ist für die Randnormalspannungen (Abb. V 2)

$$U = -\frac{h}{2}\sigma_1 \int_0^a \int_0^b \left[1 + (\psi - 1)\frac{y}{b}\right] \left(\frac{\partial w}{\partial x}\right)^2 dx\,dy.$$

---

[1] Bei der angenommenen Belastung wirken auf die Quersteifen keine äußeren Kräfte. Die Wirkung der Querdehnung $\varepsilon_y = \nu\frac{\sigma_x}{E}$, welche die Aussteifung behindern will, wird üblicherweise vernachlässigt.

[2] Über den Einfluß der Torsionssteifigkeit siehe F. W. BORNSCHEUER: Beitrag zur Berechnung ebener, gleichmäßig gedrückter Rechteckplatten, versteift durch eine Längssteife. Dissertation, Darmstadt, 1946. Siehe auch F. W. BORNSCHEUER, Mindeststeifigkeiten von Plattenaussteifungen bei berücksichtigter Verdrehsteifigkeit. MAN-Forschungsheft, 1952.

[3] Es wurde auch der Ansatz $w = A \sin\pi\frac{x-\alpha y}{a} \sin\frac{\pi y}{b}$ gemacht, den TIMOSHENKO für die angenäherte Untersuchung der Schubbeulung des Plattenstreifens angewandt hat; s. R. MAYER: Die Kurpfalzbrücke über den Neckar in Mannheim.

V. Ausgesteifte Platten

Nach Einführen des Ansatzes und einiger Zwischenrechnungen erhält man:

$$\frac{\partial U}{\partial A_{mn}} = -\sigma_1 h A_{mn} \pi^2 m^2 \frac{b}{8a}(1+\psi)$$

$$-\frac{2b}{a} m^2 \sigma_1 h (1-\psi) \sum_{n'} A_{mn'} \frac{n\,n'}{(n^2-n'^2)^2} \quad \text{(V 6)}$$

$n + n' =$ ungerade.

Für die Längssteifen folgt:

$$\frac{\partial U}{\partial A_{mn}} = \frac{m^2 \pi^2}{2\alpha}\left\{\frac{\pi^2 D m^2}{a^2}\gamma_L - h\sigma_1 \delta\left[1+(\psi-1)\eta\right]\right\} \cdot$$

$$\cdot \sin n\pi\eta \sum_{n'} A_{mn'} \sin n'\pi\eta \quad \text{(V 7)}$$

und für die Quersteifen:

$$\frac{\partial U}{\partial A_{mn}} = \frac{n^4 \pi^4 D}{2 b^2}\gamma_Q \sin m\pi\xi \sum_{m'} A_{m'n} \sin m'\pi\xi. \quad \text{(V 8)}$$

Die Determinante kann jetzt leicht aufgestellt werden. Die 16gliedrige Eigenwertdeterminante für $m = 1, 2, 3, 4$ und $n = 1, 2, 3, 4$ ist in einer Arbeit von KLÖPPEL und SCHEER[1] fertig vorbereitet angeschrieben. Nach Einführen der gegebenen Werte $\alpha = \frac{a}{b}$, ψ, $\sigma_1 = k\sigma_E$ usw. ist die Berechnung der Beulwerte eine rein numerische Aufgabe. Die Glieder der Determinante sind alle bekannt bis auf die Beulzahl k, die so gewählt werden muß, daß die Determinante verschwindet.

Wie man die Determinante am besten auswertet, ob mit Hilfe der Determinantenlehre oder durch Probieren und Auflösung mit dem GAUSSschen Eliminationsverfahren[2], kann nicht allgemein gesagt werden. In vielen Fällen zerfällt die Determinante in voneinander unabhängige Teildeterminanten. Dies ist z. B. der Fall bei einer nur durch Längsrippen ausgesteiften Platte, die am Rande durch Normalspannungen belastet ist. Die strengen Lösungen des Problems in diesem Fall sind nämlich tatsächlich sin-Kurven in der Längsrichtung, und man erhält m voneinander unabhängige Teildeterminanten für $m = 1, 2, \ldots$. Durch Einführen einer Beullänge $\lambda = \frac{a}{m}$ werden alle Teildeterminanten[3] gleich.

Stahlbau, 1952, S. 117. Es ist fragwürdig, ob dieser Ansatz bei einer auch durch Normalspannungen beanspruchten, ausgesteiften Platte eine gute Näherung darstellt.

[1] KLÖPPEL, K. u. J. SCHEER: Das praktische Aufstellen von Beuldeterminanten für Rechteckplatten mit randparallelen Steifen bei NAVIERschen Randbedingungen. Stahlbau, 1956, S. 117. Eine neungliedrige Determinante mit etwas abweichender Annahme der Randbelastungen wird von HEILIG angegeben: s. R. HEILIG: Allgemeine Beulgleichungen des versteiften, rechteckigen Stegblechfeldes. Bauingenieur, 1952, S. 398.

[2] Siehe z. B. K. KLÖPPEL u. J. SCHEER: Beulwerte der durch zwei gleiche Längssteifen in den Drittelspunkten der Feldbreite ausgesteiften Rechteckplatte bei NAVIERschen Randbedingungen. Stahlbau, 1956, S. 265; 1957, S. 246.

[3] CHWALLA, E.: Beitrag zur Stabilitätstheorie des Stegbleches vollwandiger Träger. Stahlbau, 1936, S. 161, oder R. STIFFEL: Biegungsbeulung versteifter Rechteckplatten. Bauingenieur, 1941, S. 367.

Das Bildungsgesetz der Determinanten und ihre Zerfallmöglichkeit sind für quer- und längsversteifte Platten mit konstanten oder linear verteilten Randspannungen in den Arbeiten von KNIPP[1], TORRE[2] und STRASSER[3] dargestellt.

3. Numerische Methoden

Mit dem Differenzenverfahren wurden diagonalausgesteifte[4] Platten untersucht. Dabei sind die Aussteifungen als starr angenommen, so daß es sich eigentlich mehr um die Untersuchung zweier Dreieckplatten mit besonderen Randbedingungen handelt.

Die Seilpolygonmethode dagegen wurde auf die Untersuchung elastisch ausgesteifter Platten ausgedehnt[5], und zwar auf das Problem der im oberen Fünftel ausgesteiften Platte unter reiner Biegung. Längsaussteifungen verursachen längs ihrer Verbindungsnähte mit der Platte eine Linienbelastung mit dem Wert (Bezeichnungen nach Abb. V 2)

$$p_{St} = E J_L \frac{\partial^4 w}{\partial x^4} + F_L \sigma_1 [1 + (\psi - 1)\eta] \frac{\partial^2 w}{\partial x^2}. \qquad (V\ 9)$$

Die Berücksichtigung solcher Linienlasten verursacht bei der Seilpolygonmethode keine Schwierigkeit[6], ob man nun die Seilpolygonanalogie implizit beibehält[7] oder ob man mit Hilfe der Seilpolygongleichung alle Ableitungen eliminiert, um formelmäßige Beziehungen zwischen den

---

[1] KNIPP, G.: Über die Stabilität der gleichmäßig gedrückten Rechteckplatte mit Steifenrost. Bauingenieur, 1941, S. 257.

[2] TORRE, C.: Vorschlag über die praktische Beulberechnung versteifter Rechteckplatten. Stahlbau, 1944, S. 45. Zur Beulung versteifter Rechteckplatten bei veränderlicher Randbelastung. Österr. Ing.-Arch., 1947, S. 137.

[3] STRASSER, A.: Zur Beulung versteifter Platten. Österr. Ing.-Arch., 1953, S. 262.

[4] BURCHARD, W.: Beulspannungen der quadratischen Platte mit Schrägsteife unter Druck bzw. Schub. Ing.-Arch., 1937, S. 332. Um die Überlegenheit der Seilpolygonmethode von STÜSSI zu zeigen (selbe Genauigkeit mit wenigen Maschen) wurden diese Fälle mit Hilfe der Seilpolygonmethode nachgerechnet; s. P. DUBAS: Calcul numérique des plaques et des parois minces. Mitt. Inst. Baustatik E.T.H., 1955, Nr. 27, S. 121. Zürich: Leemann.

[5] DUBAS, CH.: Contribution à l'étude du voilement des tôles raidies. Mitt. Inst. Baustatik E.T.H., 1948, Nr. 23. Zürich: Leemann.

[6] Die klassischen mathematischen Verfahren verlangen, daß die Ableitungen gewisse Stetigkeitseigenschaften haben. Die Linienlast p_{St} erfüllt jedoch diese Bedingung nicht. Mit Hilfe besonderer Kunstgriffe (Quellenlösung) gelang es RADOK im Falle von nur Längs- oder nur Queraussteifungen, diese Schwierigkeit zu überwinden. S. J. R. M. RADOK: Die Stabilität der versteiften Platten und Schalen. Groningen-Djarkarta: P. Noordhoff N. V. 1956. Cox kam früher zum selben Resultat, indem er das unendliche Gleichungssystem nach der Energiemethode von TIMOSHENKO summierte. S. H. L. COX u. H. E. SMITH: The Buckling of Grids of Stringers and Ribs. Proc. Lond. math. Soc., Ser. 2, Bd. 48 (1943) S. 1. — Cox, H. L. u. H. E. SMITH: The Buckling of a Thin Sheet Transversely Stiffened. Proc. Lond. math. Soc., Ser. 2, Bd. 48 (1943) S. 27. — Cox, H. L.: The Buckling of a Flat Rectangular Plate under Axial Compression and its Behaviour after Buckling. Aeron. Res. Comm. Rep. and Mem. 2041, 1945. — Cox, H. L. and J. R. RIDELL: Buckling of a Longitudinally Stiffened Flat Panel. Aeron. Quart. Bd. 1 (1949) S. 225.

[7] DUBAS, CH.: Contribution à l'étude du voilement des tôles raidies. Mitt. Inst. Baustatik E.T.H., 1948, Nr. 23. Zürich: Leemann.

Knotenwerten der gesuchten Funktion aufzustellen[1]. Diese Anpassungsfähigkeit liegt im Wesen der Seilpolygonmethode als baustatische Methode.

Die Berücksichtigung von Queraussteifungen und von komplizierteren Belastungsarten, führt auf keine grundsätzlichen Schwierigkeiten, nur werden die Berechnungen, wie bei allen anderen Methoden, umfangreicher.

C. Längsausgesteifte Rechteckplatte unter Druck

1. Rechteckplatte mit einer Aussteifung in der Mitte

Am Beispiel der längsausgesteiften Rechteckplatte unter gleichmäßig verteiltem Druck wollen wir einige allgemeine Kenntnisse über ausgesteifte Platten gewinnen. Es wird zuerst die Platte mit einer einzigen Aussteifung in der Mitte mit Hilfe des strengen Verfahrens untersucht[2] (Abb. V 3). Diese Platte sei an allen vier Rändern gelenkig gelagert. Die obere Teilplatte (1) stellt eine gedrückte Rechteckplatte mit gelenkig gestützten Querrändern dar. Nach Kap. IV A.2a lautet die allgemeine Lösung der Differentialgleichung[3] [Gl. (IV A.9a)]

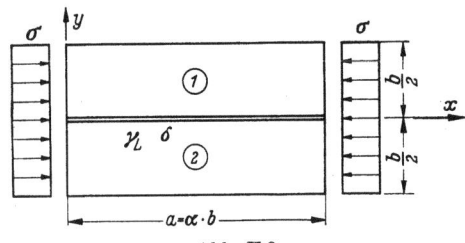

Abb. V 3

$$w = \sin\frac{m\pi x}{a}[A\operatorname{Cos}(k_1 y) + B\operatorname{Sin}(k_1 y) + C\cos(k_2 y) + D\sin(k_2 y)],$$

wobei die Werte[4] k_1 und k_2 nach Gl. (IV A.33)

$$k_1 b = \frac{m\pi}{\alpha}\sqrt{\mu + 1} \tag{V 10}$$

$$k_2 b = \frac{m\pi}{\alpha}\sqrt{\mu - 1} \tag{V 11}$$

und μ durch Gl. (IV A.30)

$$\mu^2 = \frac{\sigma_{kr} h}{D}\left(\frac{a}{m\pi}\right)^2 \tag{V 12}$$

gegeben sind.

---

[1] STÜSSI, F., Ch. u. P. DUBAS: Le voilement de l'âme des poutres fléchies, avec raidisseur au cinquième supérieur. Abhandlungen IVBH, 17. Bd., S. 217, Zürich, Leemann 1957

[2] BARBRÉ, R.: Stabilität gleichmäßig gedrückter Rechteckplatten mit Längs- oder Quersteifen. Ing.-Arch., 1937, S. 117; s. a. F. SCHLEICHER: Stabilitätsfälle. Taschenbuch für Bauingenieure, erster Bd., S. 1036. Berlin/Göttingen/Heidelberg: Springer 1955. Als erster befaßte sich TIMOSHENKO mit diesem Problem. TIMOSHENKO, S.: Über die Stabilität versteifter Platten. Eisenbau, 1921, S. 147. Er benützte dabei die Energiemethode.

[3] Wenn wir den Koordinatenursprung am Plattenrand statt in der Plattenmitte wählen, ist der cos in Gl. (IV A.9a) durch einen sin zu ersetzen.

[4] Unsere Werte $b\,k_1$ sind gleich den Werten $2\varkappa_1$ von BARBRÉ. k_1 und k_2 haben mit der Beulzahl nichts zu tun.

Durch die Einführung des k-Wertes und der EULERschen Spannung $\sigma_E = \dfrac{\pi^2 D}{b^2 h}$ wird mit $\sigma_{kr} = k \sigma_E$

$$b k_{\frac{1}{2}} = \frac{m\pi}{\alpha} \sqrt{\sqrt{k}\,\frac{\alpha}{m} \pm 1}$$
$$= \pi \sqrt{\frac{m}{\alpha}\left(\sqrt{k} \pm \frac{m}{\alpha}\right)}. \qquad (V\,13)$$

Aus Symmetriegründen ergeben sich für die untere Teilplatte (2) dieselben Beziehungen.

Für die obere Teilplatte (1) gelten folgende Bedingungen am Längsrand

$$w_1 = 0 \quad \text{für} \quad y = \frac{b}{2}, \qquad (V\,14)$$

$$\frac{\partial^2 w_1}{\partial y^2} = 0 \quad \text{für} \quad y = \frac{b}{2}. \qquad (V\,15)$$

Wenn wir uns zuerst auf die Untersuchung einer zur Aussteifung symmetrischen Beulfigur beschränken, so gilt bei der Aussteifung

$$\frac{\partial w_1}{\partial y} = 0 \quad \text{für} \quad y = 0. \qquad (V\,16)$$

Die Differenz der Plattenauflagerkräfte V muß gleich der Steifenlinienbelastung sein

$$V_1 - V_2 = p_{St}.$$

Es folgt aber nach Gl. (III B.40b) und Vertauschung von x mit y:

$$V = -D \frac{\partial}{\partial y}\left[\frac{\partial^2 w}{\partial y^2} + (2-\nu)\frac{\partial^2 w}{\partial x^2}\right]$$

und es wird

$$V_1 - V_2 = -D \frac{\partial}{\partial y}\left[\frac{\partial^2 w_1}{\partial y^2} - \frac{\partial^2 w_2}{\partial y^2} + (2-\nu)\left(\frac{\partial^2 w_1}{\partial x^2} - \frac{\partial^2 w_2}{\partial x^2}\right)\right].$$

Aus Symmetriegründen ist aber

$$\frac{\partial^2 w_1}{\partial x^2} = \frac{\partial^2 w_2}{\partial x^2} \quad \text{für} \quad y = 0,$$

$$\frac{\partial^3 w_1}{\partial y^3} = -\frac{\partial^3 w_2}{\partial y^3} \quad \text{für} \quad y = 0,$$

so daß

$$p_{St} = V_1 - V_2 = -2D\left(\frac{\partial^3 w_1}{\partial y^3}\right)_{y=0}$$

wird.

Setzt man noch den Wert p_{St} nach Gl. (V A.9) mit $\psi = 1$ (reiner Druck) ein, so erhält man als Übergangsbedingung:

$$\left[E J_L \frac{\partial^4 w_1}{\partial x^4} + F_L \sigma \frac{\partial^2 w_1}{\partial x^2} + 2D \frac{\partial^3 w_1}{\partial y^3}\right]_{y=0} = 0.$$

Mit den Bezeichnungen nach Gl. (V 1) und (V 2) ergibt sich

$$\left[\gamma_L b \frac{\partial^4 w_1}{\partial x^4} + \delta \sigma \frac{b h}{D} \frac{\partial^2 w_1}{\partial x^2} + 2 \frac{\partial^3 w_1}{\partial y^3}\right]_{y=0} = 0. \qquad (V\ 17)$$

Das Einsetzen der Lösung (IV A.9a) in die Gln. (V 14), (V 15), (V 16), (V 17) ergibt vier homogene Gleichungen für die Konstanten A, B, C, D. Die Determinante des Systems schreibt sich:

$$\begin{vmatrix} \operatorname{Cos}\frac{k_1 b}{2} & \operatorname{Sin}\frac{k_1 b}{2} & \cos\frac{k_2 b}{2} & \sin\frac{k_2 b}{2} \\ k_1^2 \operatorname{Cos}\frac{k_1 b}{2} & k_1^2 \operatorname{Sin}\frac{k_1 b}{2} & -k_2^2 \cos\frac{k_2 b}{2} & -k_2^2 \sin\frac{k_2 b}{2} \\ - & k_1 & - & k_2 \\ \frac{\gamma_L m^4 \pi^4}{b^3 \alpha^4} - \delta \frac{\sigma h}{D b} \frac{m^2 \pi^2}{\alpha^2} & 2 k_1^3 & \frac{\gamma_L m^4 \pi^4}{b^3 \alpha^4} - \delta \frac{\sigma h}{D b} \frac{m^2 \pi^2}{\alpha^2} & -2 k_2^3 \end{vmatrix}$$

Diese Determinante muß verschwinden und die Beulbedingung lautet, wenn man Formel (V 13) berücksichtigt und σ durch $k \sigma_E$ ersetzt:

$$\left[\frac{1}{b k_1} \operatorname{Tg}\frac{b k_1}{2} - \frac{1}{b k_2} \operatorname{tg}\frac{b k_2}{2}\right]\left(\frac{\gamma_L m^2}{\alpha^2} - k \delta\right)\frac{m^2 \pi^2}{\alpha^2} - 4 \frac{m}{\alpha}\sqrt{k} = 0. \qquad (V\ 18)$$

Gl. (V 18) enthält k sowohl explizit als auch in den Werten k_1 und k_2 nach Formel (V 13); sie kann daher nur durch Probieren gelöst werden. Die Abb. V 4 und V 5[1] geben die k-Werte in Funktion des Seitenverhältnisses $\alpha = \frac{a}{b}$.

Für $\gamma_L = \delta = 0$ zeigt Abb. V 4 die gewöhnliche Girlandenkurve nicht ausgesteifter Platten. Für $\gamma_L = 0$ und $\delta = 0{,}2$ dagegen (Abb. V 5) fällt der k-Wert unter 4; die unter Druck stehende Aussteifung, die keine Steifigkeit ($\gamma_L = 0$), aber eine gewisse Fläche ($F_L > 0$) aufweist, muß von der Platte abgestützt werden. Eine solche Anordnung wäre natürlich unzweckmäßig.

Formel (V 18) ist nur gültig, solange die Beulfigur symmetrisch zur Aussteifung ist. Nun ist aber auch eine antimetrische Figur möglich. In diesem Fall lauten die Übergangsbedingungen:

$$w_1 = \frac{\partial^2 w_1}{\partial y^2} = 0 \quad \text{für} \quad y = 0,$$

d. h., die Teilplatten sind an allen ihren Rändern frei drehbar gelagert. Ihre Breite ist aber nur $b/2$ und nach Gl. (IV A.47) ergibt sich nach

---

[1] Siehe E. CHWALLA: Die Bemessung der waagerecht ausgesteiften Stegbleche vollwandiger Träger. IVBH., zweiter Kongreß, Berlin/München, 1936, Vorbericht, S. 957. Diese Werte wurden allerdings mit der Energiemethode gerechnet, sie erfüllen aber Gl. (V 18) gut.

C. Längsausgesteifte Rechteckplatte unter Druck   295

Einsetzen von

$$\frac{b}{2} \text{ bzw. } 2\frac{a}{b} \text{ bzw. } m_1 \text{ statt } b \text{ bzw. } \frac{a}{b} \text{ bzw. } m,$$

$$\sigma_{kr} = \frac{\pi^2 E}{12(1-\nu^2)} \left(\frac{h}{b}\right)^2 4 \left(\frac{2\alpha}{m_1} + \frac{m_1}{2\alpha}\right)^2. \tag{V 19}$$

m_1 bezeichnet die Anzahl Längswellen bei der antimetrischen Beulung, und ist im allgemeinen verschieden vom Werte m der symmetrischen

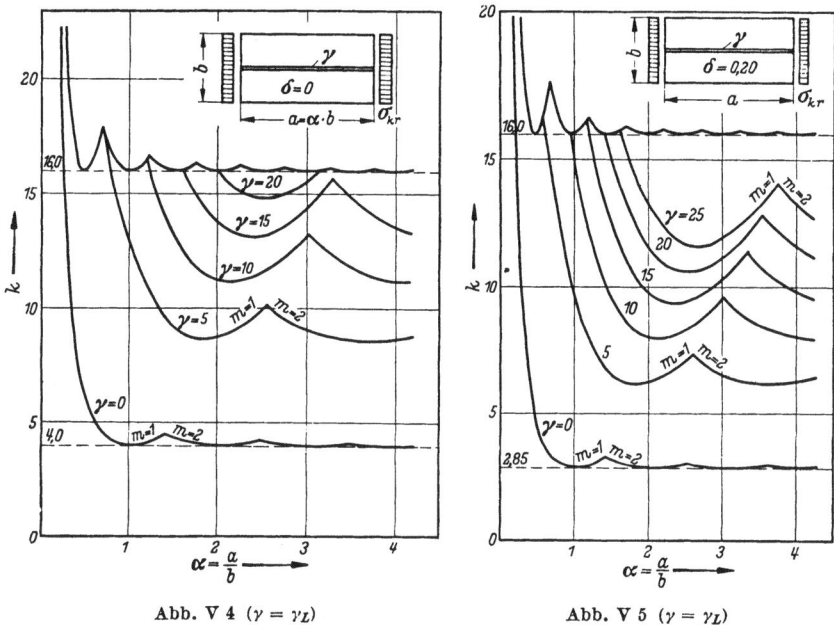

Abb. V 4 ($\gamma = \gamma_L$)   Abb. V 5 ($\gamma = \gamma_L$)

Beulung. Die k-Werte aus der Gl. (V 19) ergeben sich zu

$$k = 4 \left(\frac{2\alpha}{m_1} + \frac{m_1}{2\alpha}\right)^2 \tag{V 20}$$

und sind in den Abb. V 4 und V 5 ebenfalls enthalten. Sie sind von den Abmessungen und den Steifigkeiten (abgesehen von der vernachlässigten Torsionssteifigkeit) der Mittelrippe ganz unabhängig, weil ja beim Beulvorgang diese Rippe auf einer Knotenlinie der Beulfigur liegt und somit keine Durchbiegungen erfährt.

Trägt man nun für ein gewisses Breitenverhältnis, z. B. $\alpha = 2$, und eine gewisse Steifenfläche, z. B. $\delta = 0.2$, die k-Werte in Funktion der Steifigkeit der Rippe auf, so erhält man aus Abb. V 5 die Abb. V 6.

Mit der Vergrößerung der Rippensteifigkeit geht Hand in Hand eine Zunahme der Stützkraft dieser Rippe und der k-Werte (Kurve a, Abb. V 6). Erreicht aber die Rippensteifigkeit einen gewissen Wert γ_L,

296   V. Ausgesteifte Platten

so kann entweder eine symmetrische Beulform (Abb. V 7a) mit durchgebogener, oder eine antimetrische Beulform (Abb. V 7b) mit gerader Rippe vorkommen.

Für beide Beulformen gilt $k = 16$. Eine Vergrößerung der Rippensteifigkeit darüber hinaus hat offenbar keinen Zweck: die Platte würde trotzdem antimetrisch ausbeulen und der k-Wert gleich bleiben[1] (Kurve b, Abb. V 6). Es ist also sehr interessant, die Werte γ_I, die sog. *Mindeststeifigkeit*, zu ermitteln.

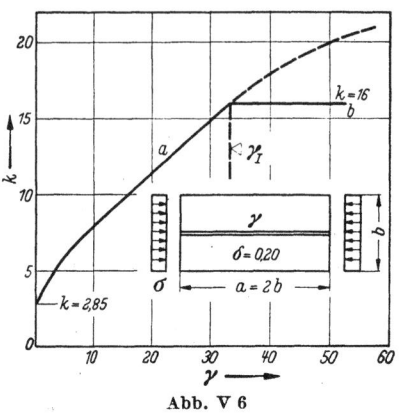

Abb. V 6

Die Bedingung für diese Steifigkeit ist, daß die k-Werte für die symmetrische und die antimetrische Beulform gleich sind. Wenn wir also k nach Gl. (V 20) in Gl. (V 18) einsetzen und diese nach γ auflösen, so erhalten wir

$$\gamma_I = \frac{8}{\pi^2} \frac{\left(\dfrac{2\alpha}{m_1} + \dfrac{m_1}{2\alpha}\right)\left(\dfrac{\alpha}{m}\right)^3}{\dfrac{1}{k_1 b}\,\mathrm{Tg}\,\dfrac{k_1 b}{2} - \dfrac{1}{k_2 b}\,\mathrm{tg}\,\dfrac{k_2 b}{2}} + 4\left(\dfrac{\alpha}{m}\right)^2\left(\dfrac{2\alpha}{m_1} + \dfrac{m_1}{2\alpha}\right)^2 \delta. \quad (V\ 21)$$

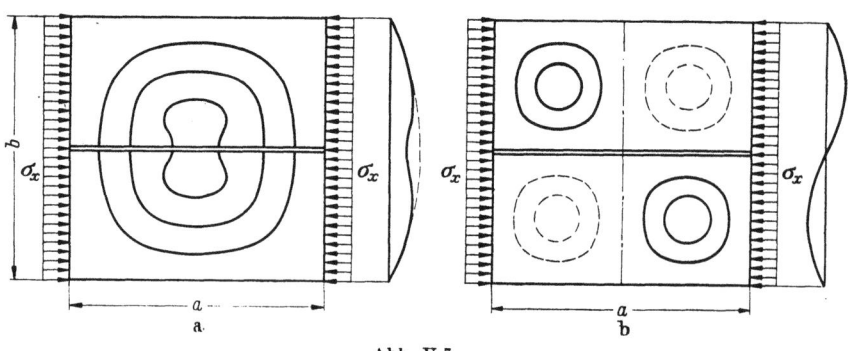

Abb. V 7

---

[1] Die oben gestrichelte Linie (symmetrisches Beulen) strebt für $\gamma \to \infty$ asymptotisch dem Grenzwert $k_{\gamma \to \infty} = 4 \cdot 5{,}41^2 \approx 21{,}64$ zu. Dieser Grenzwert ergibt sich aus der Bedingung

$$\frac{1}{b\,k_1}\,\mathrm{Tg}\,\frac{b\,k_1}{2} - \frac{1}{b\,k_2}\,\mathrm{tg}\,\frac{b\,k_2}{2} = 0,$$

in welche Gl. (V.18) für $\gamma \to \infty$ zerfällt. Diese Bedingung ist gleich derjenigen der Platte von der Breite $\dfrac{b}{2}$ mit einem gelenkig gelagerten (eigentlicher Rand) und einem eingespannten Längsrand (bei der Aussteifung).

C. Längsausgesteifte Rechteckplatte unter Druck

Nach Einführen von σ_{kr} nach Gl. (V 19) in die Formel (V 12) und von μ in die Formeln (V 10) und (V 11), gilt dabei für k_1 bzw. k_2

$$b\,k_{\frac{1}{2}} = 2\,\pi\,\sqrt{\frac{m}{2\,\alpha}\left(\frac{2\,\alpha}{m_1} + \frac{m_1 \pm m}{2\,\alpha}\right)}. \qquad (V\ 22)$$

γ_I ist eine Funktion von $\alpha = \dfrac{a}{b}$ und vom Werte δ. In Abb. V 8[1] sind die Mindeststeifigkeiten γ_I in Abhängigkeit von α für mehrere Werte von δ

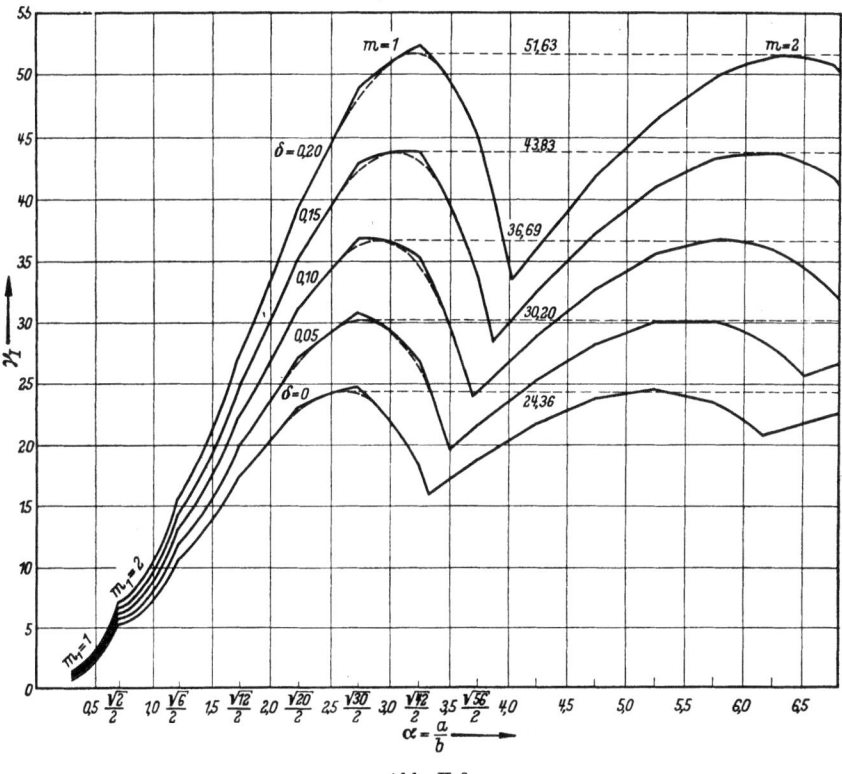

Abb. V 8

aufgetragen. Jeder Linienzug besteht aus einer Anzahl Kurvenäste, die der Wellenzahl $m = 1, 2, 3, \ldots$ zugeordnet sind. Diese Kurven ihrerseits bestehen aus Ausschnitten, die der Wellenzahl $m_1 = 1, 2, 3, \ldots$ entsprechen. Für die Seitenverhältnisse $2\alpha = 1, 2, 3$ ist der k-Wert des antimetrischen Ausbeulens nach Gl. (V 20) genau 16 (s. auch Abb. V 4); dies gilt auch annähernd für alle großen Verhältnisse α. Für diesen

---

[1] Nach R. Barbré: Beulspannungen von Rechteckplatten mit Längssteifen bei gleichmäßiger Druckbeanspruchung. Bauingenieur, 1936, S. 268.

k-Wert vereinfacht sich Formel (V 21) zu

$$\gamma_I = \frac{16}{\pi^2} \frac{\left(\frac{\alpha}{m}\right)^3}{\frac{1}{k_1 b} \operatorname{Tg} \frac{k_1 b}{2} - \frac{1}{k_2 b} \operatorname{tg} \frac{k_2 b}{2}} + 16\left(\frac{\alpha}{m}\right)^2 \delta \qquad (\text{V 23})$$

mit
$$b\,k_{\frac{1}{2}} = 2\,\pi\,\sqrt{\frac{m}{2\,\alpha}\left(2 \pm \frac{m}{2\,\alpha}\right)}.$$

In der Abb. V 8 sind die Werte aus Gl. (V 23) als gestrichelte Linien bei den Höchstpunkten der Kurvenäste für $m = 1$ dargestellt. Im Bereich $m > 1$ verschwindet der Unterschied zwischen Formel (V 21) und (V 23) praktisch ganz.

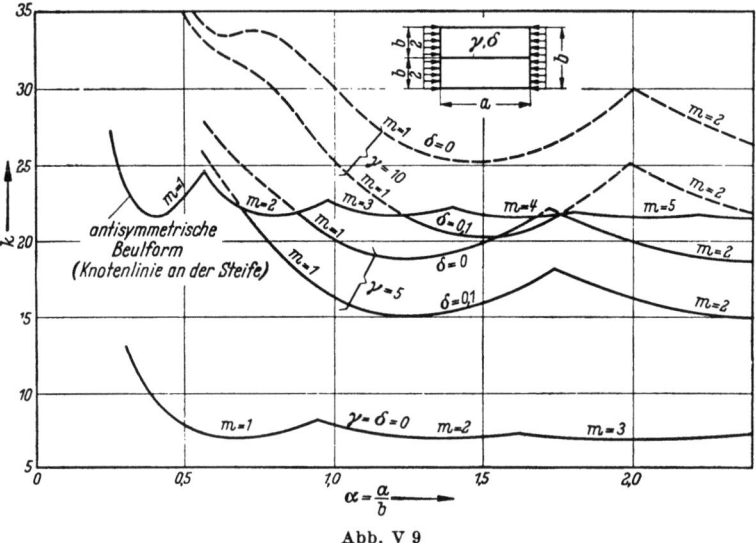

Abb. V 9

Die Kurvenäste schmiegen sich mit wachsendem Seitenverhältnis α (und wachsendem m) immer mehr an eine Gerade an, die der unendlich langen Platte zugehört. Die zugehörige Mindeststeifigkeit ergibt sich aus Gl. (V 23) durch eine Maximumbedingung und ist ebenfalls in Abb. V 8 angegeben. Es ist auch möglich, die transzendentale Beziehung (V 21) durch eine angenäherte algebraische zu ersetzen, wie dies in den DIN 4114, Ri. Tafel 10,1, erfolgt ist[1].

Gl. (V 21) oder (V 23) zeigen, daß bei gegebenen α und m die Mindeststeifigkeit γ_I linear von δ abhängt. Es ist nämlich (vgl. Gl. (V 21) und Gl. (V 20))

$$\gamma_I = (\gamma_I)_{\delta = 0} + \left(\frac{\alpha}{m}\right)^2 k\,\delta. \qquad (\text{V 24})$$

Es genügt also, die Kurvenäste für $\delta = 0$ zu ermitteln.

---

[1] Siehe auch F. BLEICH: Buckling Strength of Metal Structures, S. 367. New York/Toronto/London: McGraw-Hill Book Company 1952.

Der Fall der an den Längsrändern eingespannten, in der Mitte ausgesteiften Platte wurde auch von BARBRÉ streng untersucht[1]. Abb. V 9[1] zeigt die Beulzahl k in Funktion von α und den Parametern γ und δ. Die Mindeststeifigkeiten sind in diesem Fall erheblich kleiner. Abb. V 10[1] zeigt die maximalen Mindesteifigkeiten γ_I^∞ der unendlich langen Platte für gelenkig gelagerte und für eingespannte Ränder.

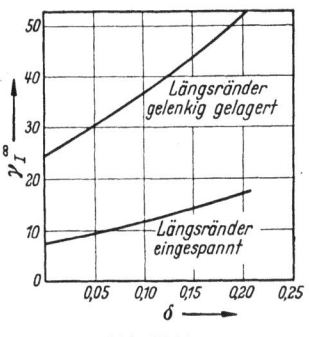

Abb. V 10

2. Rechteckplatte mit mehreren Längsaussteifungen

Das Problem der durch mehrere, in gleichen Abständen liegende Rippen ausgesteiften Platte hat zuerst LOKSHIN[2] untersucht. Mit direkter Lösung der Differentialgleichung gab BARBRÉ[3] auch die strenge Lösung dieses Problemes. Natürlich kann auch die Energiemethode herangezogen werden, und wir geben als Beispiel in Abb. V 11 die von STRASSER[4] ermittelten Mindeststeifigkeiten der durch drei gleiche Längsrippen ausgesteiften Platte.

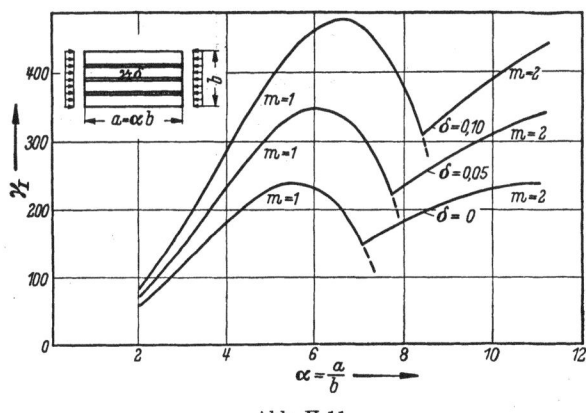

Abb. V 11

---

[1] BARBRÉ, R.: Stabilität gleichmäßig gedrückter Rechteckplatten mit Längs- oder Quersteifen. Ing.-Arch., 1937, S. 117; Beulspannungen von Rechteckplatten mit Längssteifen bei gleichmäßiger Druckbeanspruchung. Bauingenieur, 1936, S. 268.

[2] LOKSHIN, A. S.: On the Calculation of Plates with Ribs. J. Appl. Math. Mech., Bd. 2 (Moskau 1935) S. 225. — LOKSHIN behandelte nur die symmetrische Beulung, die aber nicht immer maßgebend ist.

[3] BARBRÉ, R.: Stabilität gleichmäßig gedrückter Rechteckplatten mit Längs- oder Querseifen. Ing.-Arch., 1937, S. 117.

[4] STRASSER, A.: Zur Beulung versteifter Platten. Österr. Ing.-Arch., 1953, S. 262.

3. Rechteckplatte mit einer nicht in der Mitte liegenden Aussteifung

Wir kehren nun zum Problem der nur durch eine Längsrippe ausgesteiften Platte zurück. Jetzt soll aber die Aussteifung nicht mehr in der Plattenmitte liegen, sondern an irgendeiner Stelle (Abb. V 12).

Dieses Problem wurde auch von BARBRÉ streng[1] gelöst.

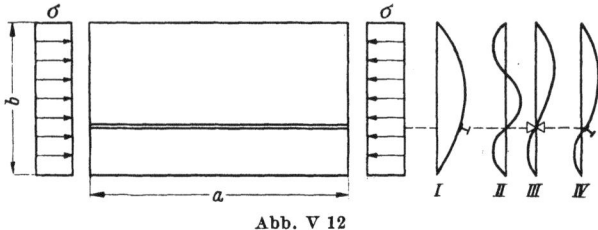

Abb. V 12

Grundsätzlich bleibt das mathematische Vorgehen ähnlich wie im früher behandelten Fall der mittigen Längssteifen; es wird jedoch komplizierter. Das Verhalten der Platte ist aber anders.

Nehmen wir als Beispiel $b_1 = \dfrac{b}{3}$ an, so sind verschiedene Beulformen möglich (Abb. V 12). Wenn die Steifigkeit klein ist, wird die Steife mit-

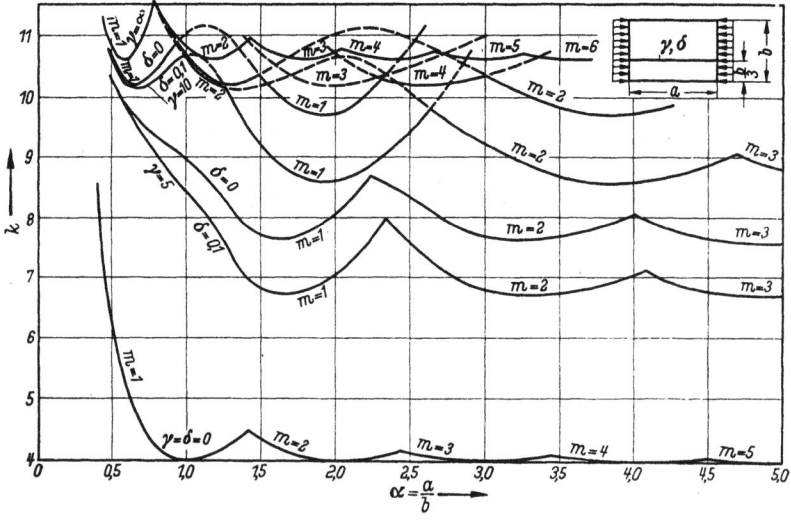

Abb. V 13

gebogen (I). Eine Beulform mit gerader Aussteifung ist möglich, wenn sich die Eigenlösung mit drei Halbwellen bildet (II). Der k-Wert ist in diesem Fall $3^2 \cdot 4 = 36$ für die quadratische Platte. Wenn sich aber nur

---

[1] Siehe Anm. [3] S. 299.

zwei Wellen mit einer erzwungenen Knotenlinie (III) in Höhe der Aussteifung ausbilden, beträgt der k-Wert nach BARBRÉ nur 10,6; er ist also wesentlich kleiner als für den Fall (II), so daß sich nie drei Halbwellen bilden werden. Die Beulfigur mit zwei Halbwellen und einer Knotenlinie an der Aussteifung entspricht aber keiner möglichen Gleichgewichtslage der unversteiften Platte, so daß die Aussteifung dabei immer mitwirken muß. Nur wenn sie sehr steif, theoretisch unendlich steif ist, bleibt sie beim Ausbeulen gerade. Sonst wird sie immer, wenn auch nur wenig, mitgebogen (IV). Abb. V 13¹ zeigt die Abhängigkeit von k in Funktion des Verhältnisses $\alpha = \dfrac{a}{b}$ für einige Werte γ und δ.

Trägt man jetzt, z. B. für die quadratische Platte mit $\dfrac{b_1}{b} = 0{,}258$, die k-Werte in Funktion der γ-Werte auf² (Abb. V 14), so sind wohl bei $\gamma = 15$ zwei Beulfiguren möglich, eine mit einer einzigen Beule ($m = 1$), die andere mit vier Beulen und einer fast gerade bleibenden Aussteifung ($m = 2$); aber eine Vergrößerung von γ führt dennoch zu einer Vergrößerung von k, wenn auch viel langsamer als früher, so daß diese Vergrößerung von γ kaum wirtschaftlich wäre.

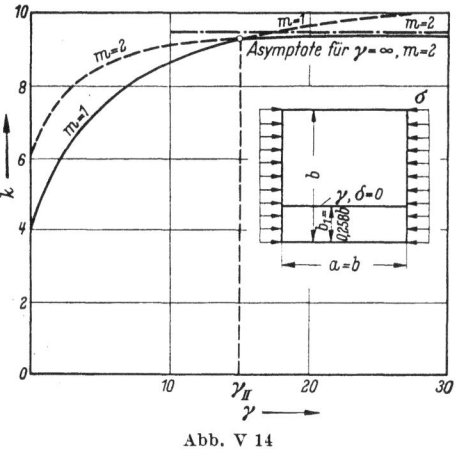

Abb. V 14

KROMM² und CHWALLA³ haben für diesen Fall den Begriff *Mindeststeifigkeit zweiter Art* γ_{II} eingeführt, währenddem der Begriff *Mindeststeifigkeit erster Art* für den vorher untersuchten Fall gilt, wo eine Vergrößerung von γ über γ_I überhaupt keinen Zuwachs von k verursacht. In der Abb. V 14 könnten mehrere Knicke vorhanden sein; man würde in diesem Fall die letzte noch ausgeprägte Knickstelle als γ_{II} bezeichnen.

In Abb. V 15 ist noch der Wert k über der Lage $\dfrac{b_1}{b}$ der Rippe mit γ als Parameter ($\delta = 0$) für die quadratische Platte nach BARBRÉ aufgetragen. Aus Symmetriegründen verlaufen die Kurven symmetrisch zur Mittellinie $\dfrac{b_1}{b} = 0{,}5$. Für diese Mittellinie wird die Beulzahl k am größ-

---

¹ Siehe Anm. ³ S. 299.

² KROMM, A.: Zur Frage der Mindeststeifigkeiten von Plattenaussteifungen. Stahlbau, 1944, S. 81.

³ CHWALLA, E.: Über die Biegebeulung der längsversteiften Platte und das Problem der „Mindeststeifigkeit". Stahlbau, 1944, S. 84.

302 V. Ausgesteifte Platten

ten; die Rippe liegt in der Knotenlinie der zweiten Eigenlösung und hat die Mindeststeifigkeit $\gamma_I = 7{,}23$ (s. auch Abb. V 8).

Für Werte $\gamma < \gamma_I = 7{,}23$ beulen Platte und Steife im ganzen Bereich mit einer Längswelle ($m = 1$) aus. Für Werte $\gamma > \gamma_I$ sind in einem mittleren Bereich die Beulwerte für $m = 2$ Längswellen maßgebend. Für $\gamma = 15$ z. B. liegt der Schnittpunkt der Kurvenäste für $m = 1$ und

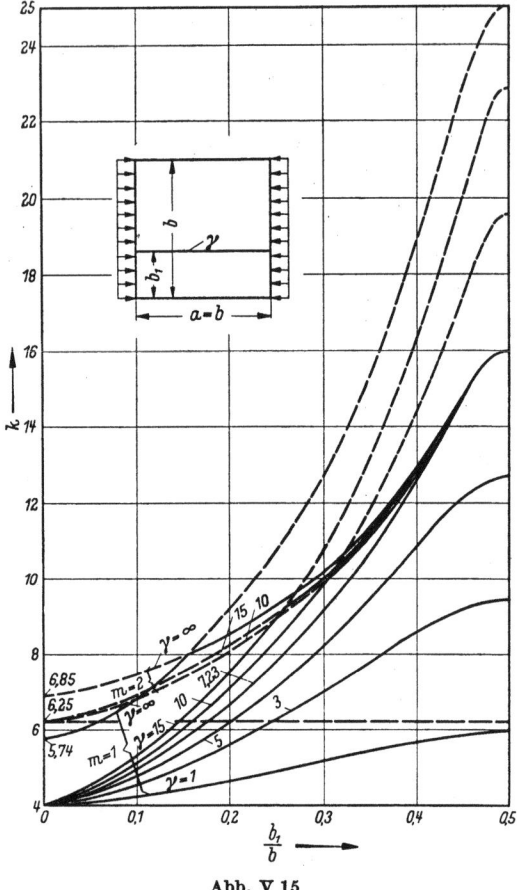

Abb. V 15

$m = 2$ bei $\dfrac{b_1}{b} = 0{,}258$. Für dieses Verhältnis ist $\gamma = 15$ die Mindeststeifigkeit zweiter Ordnung (s. auch Abb. V 14). Abb. V 15 zeigt auch, daß die Kurve $\gamma = \gamma_I$ im mittleren Bereich nur unwesentlich von der Kurve $\gamma = \infty$ abweicht, so daß, auch wenn die Aussteifung nicht genau in der Mitte liegt, dennoch praktisch mit einer Mindeststeifigkeit erster Art gerechnet werden darf.

Die Mindeststeifigkeit erster Art ist dem überhaupt größten k-Wert zugeordnet, währenddem die Mindeststeifigkeiten zweiter Art γ_{II}, die alle größer als γ_I sind, und zwar um so mehr als die Steifenlage mehr von der Mitte abweicht, kleineren k-Werten entsprechen. Das Nichtvorhandensein einer Mindeststeifigkeit erster Art zeigt also, daß die Aussteifung nicht an ihrer wirtschaftlichsten Stelle liegt, so daß zur Erzwingung zweier verschiedener Beulfiguren mit demselben Beulwert eine größere Steifigkeit nötig wird.

4. Verallgemeinerung der Ergebnisse

Wir wollen jetzt noch die wichtigsten Ergebnisse der vorliegenden Untersuchung einer längsausgesteiften, gedrückten Platte zusammenfassen und verallgemeinern.

Bei einer versteiften Platte wächst der Beulwert k nicht monoton mit der Rippensteifigkeit γ_L. Vielmehr wächst nach Überschreitung einer bestimmten Steifigkeit die kritische Spannung nicht mehr oder viel langsamer als vorher, so daß eine Vergrößerung von γ darüber hinaus nicht mehr wirtschaftlich ist. Im ersten Falle — die kritische Spannung hat ihr Maximum bereits erreicht — spricht man von einer Mindeststeifigkeit erster Art. Dabei sind für $\gamma = \gamma_I$ bei gleicher Beulspannung zwei Beulformen möglich: eine mit stark ausgebogener Aussteifung und eine mit gerade bleibender Aussteifung. Wird $\gamma > \gamma_I$ gewählt, so bildet sich immer die zweite Beulfigur mit gerader Aussteifung aus, und der k-Wert bleibt konstant, weil ja die Aussteifung beim Beulvorgang keine Rolle spielt. Ein Geradebleiben einer nicht unendlich steifen Rippe setzt aber voraus, daß die Platte keine Kräfte auf die Aussteifung ausübt; daß also die Aussteifung an einer Stelle angeordnet wird, an der eine Knotenlinie einer Eigenfunktion der unversteiften Platte liegt[1]. Der Beulwert, der diesem Fall der unversteiften, eine Knotenlinie bei der Steife aufweisenden Platte, zugeordnet ist, muß dabei kleiner sein als alle Werte, die Beulfiguren mit einer erzwungenen Knotenlinie an der Steife (und weniger Wellen) entsprechen (vergleiche den Fall der im Drittel ausgesteiften Platte), denn sonst wird die Platte nicht mit der Eigenlösung der unversteiften Platte ausbeulen.

Wenn diese Bedingungen nicht erfüllt sind, so wird eine endlich steife Rippe immer mitgebogen. Wohl ist auch eine bestimmte Steifigkeit, die Mindeststeifigkeit zweier Art, vorhanden, bei welcher zwei Beulformen möglich sind, aber auch die zweite Beulform weist eine, allerdings schwache, ausgebogene Aussteifung auf. Eine Vergrößerung von γ über γ_{II} bringt noch einen kleinen Zuwachs des k-Wertes mit sich.

Da eine Mindeststeifigkeit erster Art dem größmöglichen k-Wert zugeordnet ist, währenddem die Mindeststeifigkeiten zweiter Art kleineren k-Werten entsprechen, und, im Falle der gedrückten Platte, größer sind, leuchtet es ein, daß, wenn irgendwie möglich, die Aussteifungen immer so angeordnet werden müssen, daß eine Mindeststeifigkeit erster Art zustande kommt. Wir werden sehen, daß dies aber nicht immer

---

[1] KROMM, A.: Zur Frage der Mindeststeifigkeit von Plattenaussteifungen. Stahlbau, 1944, S. 81.

möglich ist. Auch ist eine ausgesteifte Platte nicht immer gleich beansprucht, so daß, wenn auch für einen Fall eine Mindeststeifigkeit erster Art vorkommt, in den anderen Belastungsfällen keine solche möglich ist.

Es ist für den Praktiker interessant, zu wissen, bei welcher Rippensteifigkeit der meist gefährdete Teil einer ausgesteiften Platte als eine an allen vier Rändern frei aufliegende Platte gerechnet werden darf. Um dies zu ermöglichen, hat CHWALLA[1] den Begriff der Mindeststeifigkeit dritter Art γ_{III} eingeführt. Sie ist dadurch gekennzeichnet, daß der Beulwert der so ausgesteiften Platte genau gleich ist wie der Beulwert des *beulgefährdeten*, einspannungsfrei gelagerten Teilfeldes. Im Beispiel der im Drittel ausgesteiften, gedrückten Platte (Abb. V 16) ist das meistgefährdete Teilfeld das obere, schraffierte, mit einer Breite $\frac{2}{3}b$; der k-Wert einer solchen, frei aufliegend gedachten Platte ergibt sich für eine lange Platte zu $\left(\frac{3}{2}\right)^2 \cdot 4 = 9$.

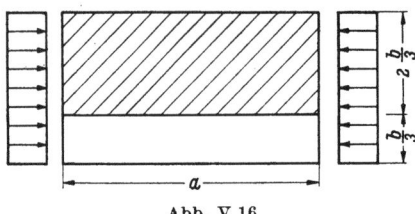

Abb. V 16

Wenn die Kurve k—γ bekannt ist (z. B. Abb. V 13), so läßt sich γ_{III} leicht aus dem erforderlichen k-Wert bestimmen.

Im Gegensatz zu den Mindeststeifigkeiten erster und zweiter Art ist diese Mindeststeifigkeit dritter Art eine mehr oder weniger willkürliche Festlegung und soll nur die praktische Berechnung vereinfachen. Sie hat immerhin den Nachteil, daß sie nichts über die Wirtschaftlichkeit der Aussteifung aussagt; in gewissen Fällen wird es sich lohnen, die Steifigkeit und damit auch den k-Wert darüber hinaus zu erhöhen[2].

In der Norm DIN 4114 sind die Mindeststeifigkeiten dritter Art eingeführt (18.2) und die maßgebenden Teilfelder sind durch eine Schraffur gekennzeichnet (Ri., Tafel 9).

Zum Abschluß wollen wir noch betonen, daß es nicht immer nötig ist, die Rippen mit der Mindeststeifigkeit auszuführen. Wenn die unversteifte Platte nahezu die erforderliche Sicherheit aufweist, wird eine schwache Aussteifung genügen. Wenn die ausgesteifte Platte im plastischen Bereich ausbeult, ist es auch oft ratsam, den Rippen eine kleinere Steifigkeit zu geben als die Mindeststeifigkeit; die Erhöhung der Beulspannungen durch die steiferen Rippen kann durch die Abminderung im plastischen Bereich häufig nicht ausgenützt werden (DIN 4114, 18.2). Die Steifigkeit wird in diesem Falle so gewählt, daß die erforderliche Si-

---

[1] CHWALLA, E.: Über die Biegebeulung der längsversteiften Platte und das Problem der „Mindeststeifigkeit,,. Stahlbau, 1944, S. 84.

[2] Wir denken natürlich dabei an Fälle, wo keine Mindeststeifigkeit erster Art existiert. Sonst fallen nämlich Mindeststeifigkeit erster und dritter Art praktisch zusammen, wie man es am Beispiel der in der Mitte ausgesteiften Platte sieht.

cherheit gewährleistet wird; es handelt sich um eine Sicherheitssteifigkeit. Um die Dimensionierung in diesem Falle durchführen zu können, braucht man funktionelle Zusammenhänge $k = f(\gamma, \delta, \alpha)$, oder $\gamma = f(k, \alpha, \delta)$, wie sie z. B. die Abb. V 4, V 5 und V 13 enthalten.

An Hand dieser gewonnenen grundsätzlichen Erkenntnisse wollen wir anschließend weitere Beispiele von versteiften Platten ohne Berechnung untersuchen. Dabei werden wir die zwei möglichen Bemessungsarten, die Bemessung nach der Mindeststeifigkeit und die Bemessung nach der Sicherheitssteifigkeit, im Auge behalten.

D. Andere Fälle von längsausgesteiften Rechteckplatten

1. Reine Biegung mit einer einzigen Längsaussteifung

Ist eine an den Querrändern frei aufliegende Platte nicht mehr auf reinen Druck, sondern auf reine Biegung beansprucht, so besteht bekanntlich (s. Kap. IV A.4) die Wölbfläche trotzdem aus aneinander gereihten Sinushalbwellen in der Längsrichtung. Die Knotenlinien der oberen Eigenlösungen der unversteiften Platte bilden daher Geraden parallel zu den Längsrändern und bei einer Rippe, die in der Knotenlinie der zweiten Eigenlösung (mit zwei Querwellen im Druckbereich) liegt, ist eine Mindeststeifigkeit erster Art möglich. Diese Lage wird dann die wirtschaftlichste mit dem größtmöglichen k-Wert.

Nach den Untersuchungen von CH. DUBAS[1] liegt diese günstige Lage ungefähr im Fünftel der Höhe. Sie ist allerdings vom Verhältnis $\frac{a}{b}$ abhängig, aber so wenig, daß, nach dem in Abschn. C Gesagten, die Bedingungen für das Vorhandensein einer Mindeststeifigkeit erster Art bei der Lage im Fünftel praktisch immer erfüllt sind.

Abb. V 17[1] und V 18[1] zeigen die Beulfiguren für eine schwache ($\gamma < \gamma_\mathrm{I}$) und eine steife ($\gamma > \gamma_\mathrm{I}$) Rippe, wobei sich im ersten Fall eine einzige, im zweiten Fall dagegen zwei Querwellen im Druckbereich ausbilden. Die Analogie mit dem Falle der gedrückten Platte ist evident (Abb. V 7). Bei $\gamma = \gamma_\mathrm{I}$ können sich dann beide Beulformen ausbilden.

Abb. V 19 und V 20 geben die funktionellen Zusammenhänge $k = f(\alpha, \gamma, \delta)$ für Werte $\alpha < 4$ und für einige Werte γ und δ. Sie erlauben, die Sicherheit einer Platte nachzuweisen, deren Rippensteifigkeit kleiner ist als die Mindeststeifigkeit.

Diese Werte wurden, wie schon unter B bemerkt, mit Hilfe der Seilpolygonmethode ermittelt. Die Mindeststeifigkeiten ihrerseits, die

---

[1] DUBAS, CH.: Contribution à l'étude du voilement des tôles raidies. Mitt. Inst. Baustatik E.T.H., 1948, Nr. 23. Zürich: Leemann. Contribution à l'étude du voilement des tôles raidies. IVBH., dritter Kongreß, Lüttich, 1948, Vorbericht, S. 129; Le voilement de l'âme des poutres fléchies et raidies au cinquième supérieur. Abh. IVBH., 14. Bd. (1954) S. 1. Zürich: Leemann. STÜSSI, F., CH. und P. DUBAS, Le voilement de l'âme des poutres fléchies, avec raidisseur au cinquième supérieur. Abh. IVBH., Bd. 17, S. 217, Zürich: Leemann 1957.

306　V. Ausgesteifte Platten

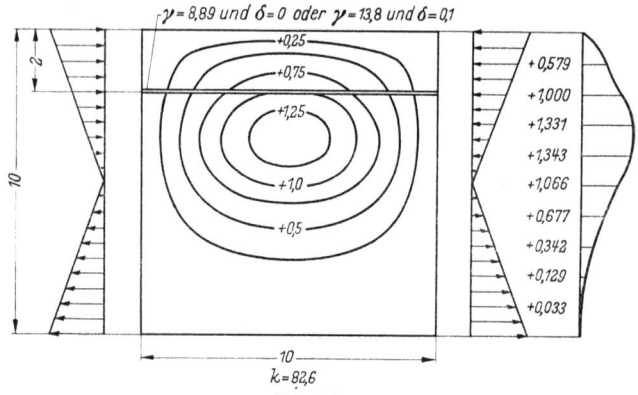

Abb. V 17

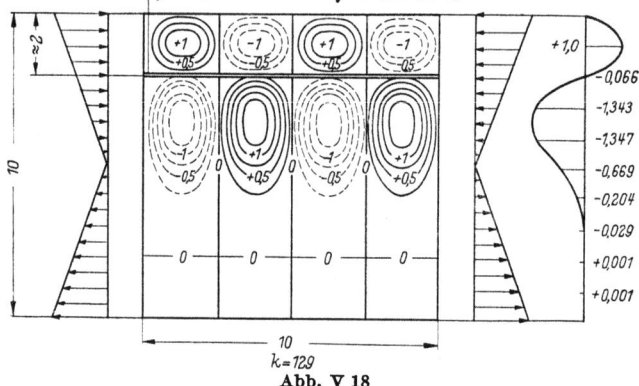

Abb. V 18

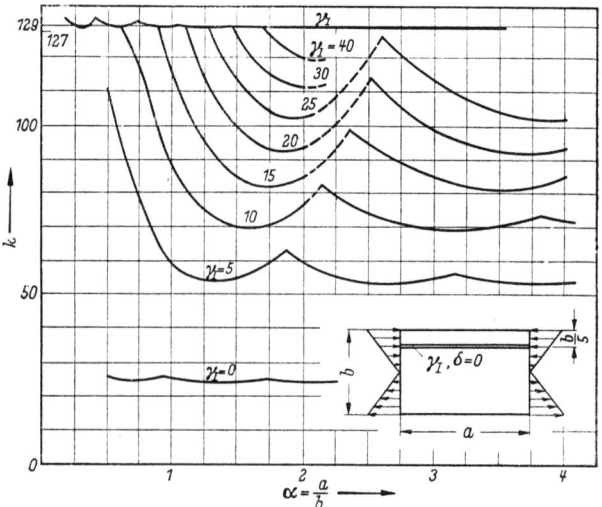

Abb. V 19

einem k-Wert $= 129$ zugeordnet sind, sind aus Abb. V 21 zu entnehmen[1].

Ein quantitativer Vergleich mit den γ_I-Werten der gedrückten Platte (Abb. V 8) führt zur Erkenntnis, daß die auf Biegung beanspruchte Platte eine zwei- bis dreimal größere Mindeststeifigkeit verlangt, als die entsprechende (aber mit einer Aussteifung in der Mitte) gleichmäßig gedrückte Platte.

Das Problem einer im Viertel ausgesteiften Platte wurde von verschiedenen Autoren untersucht[2], und zwar mit der Energiemethode.

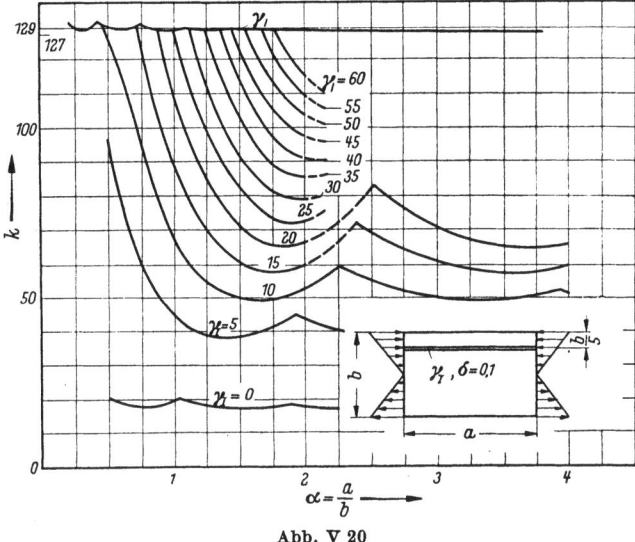

Abb. V 20

Da zur Zeit der Entstehung dieser Arbeiten der Unterschied zwischen Mindeststeifigkeit erster und zweiter Art noch nicht klar erkannt war, und die Energiemethode in diesem Fall sehr empfindlich ist, wurde

---

[1] Wir verzichten auf die Wiedergabe einer algebraischen Formel für die Mindeststeifigkeit. Ein Vergleich der für den vorliegenden Fall vorhandenen Formeln ist insofern lehrreich, als er zeigt, daß keine der vorgeschlagenen Formeln in ihrem Aufbau ähnlich ist. Der Vergleich mit den Werten der Abb. V 21 befriedigt auch nicht ganz. Siehe: DIN 4114, Ri., Tafel 9; MASSONNET, CH.: Essais de voilement sur poutres à âme raidie. Abh. IVBH., 14. Bd. (1954) S. 125. Zürich: Leemann; Alcoa Structural Handbook, Pittsburgh, 1956, S. 146, oder 970—16, 971—16, KERENSKY, O. A., A. R. FLINT u. W. C. BROWN: The Basis for Design of Beams and Plate Girders in the Revised British Standard 153, Proc. Inst. Civ. Eng., Pt. III, Bd. 5.

[2] CHWALLA, E.: Die Bemessung der waagerecht ausgesteiften Stegbleche vollwandiger Träger. IVBH., zweiter Kongreß, Berlin/München: 1936, Vorbericht, S. 957; CHWALLA, E.: Beitrag zur Stabilitätstheorie des Stegbleches vollwandiger Träger. Stahlbau, 1936, S. 161 und 1940, S. 68; MASSONNET, CH.: La stabilité de l'âme des poutres munies de raidisseurs horizontaux et sollicitées par flexion pure. Abh. IVBH., 6. Bd. (1940/41). Zürich: Leemann. — STIFFEL, R.: Biegungsbeulung versteifter Rechteckplatten. Bauingenieur, 1941, S. 367.

das Fehlen einer Mindeststeifigkeit erster Art verkannt. CHWALLA[1] bewies aber später, daß tatsächlich alle γ-Werte einen, allerdings kaum kleineren k-Wert angeben, als der Fall der unnachgiebigen Schneidenlagerung im Viertel. Für den Fall $\gamma = 15$, $\delta = 0$ ist dies aus Abb. V 22[1]

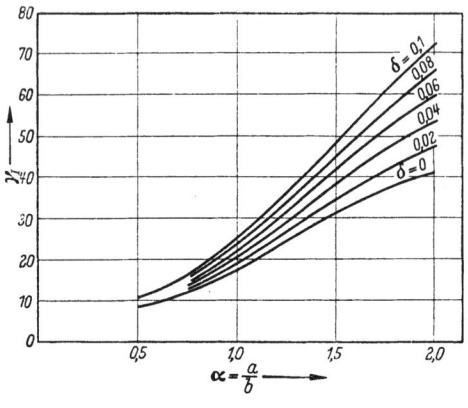

Abb. V 21

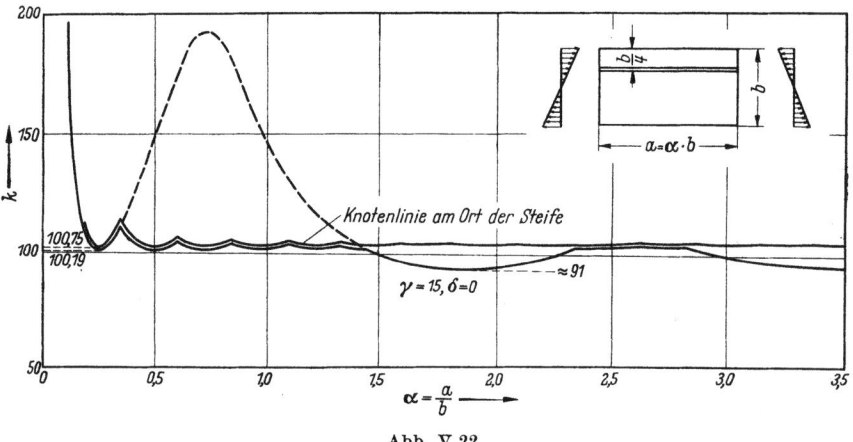

Abb. V 22

ersichtlich[2]. Abgesehen vom Bereich $1{,}5 < \alpha < 2{,}5$ ist aber der Unterschied mit dem Fall $\gamma = \infty$ so gering, daß die Resultate der umfassenden Untersuchungen von MASSONNET und STIFFEL ohne weiteres angewandt werden dürfen. Als Beispiel diene Abb. V 23, wo die von STIFFEL er-

---

[1] CHWALLA, E.: Über die Biegebeulung der längsversteiften Platte und das Problem der „Mindeststeifigkeit". Stahlbau, 1944, S. 84.

[2] Für $\alpha \cong 1{,}4$ sinkt die Halbwellenzahl plötzlich von 6 auf 1 ab. Da für größere γ-Werte dieser Sprung für immer größere α stattfindet (und umgekehrt), ist, bei $\alpha = 1{,}4$ und $\delta = 0$, $\gamma = 15$ eine Mindeststeifigkeit zweiter Art. Für $\gamma = 15$ ist langwelliges Ausbeulen ($m = 1$) für $\gamma > 15$ kurzwelliges Beulen maßgebend.

D. Andere Fälle von längsausgesteiften Rechteckplatten 309

mittelten, einem k-Wert von 93 zugeordneten Mindeststeifigkeiten γ enthalten sind[1].

Diese Steifigkeiten sind immer kleiner als die Biegesteifigkeiten γ_I der im Fünftel ausgesteiften Platte (Abb. V 21). Wenn man aber die Kurve $k = f(\alpha, \gamma)$ für $\delta = 0$ der im Viertel ausgesteiften Platte (Abb.

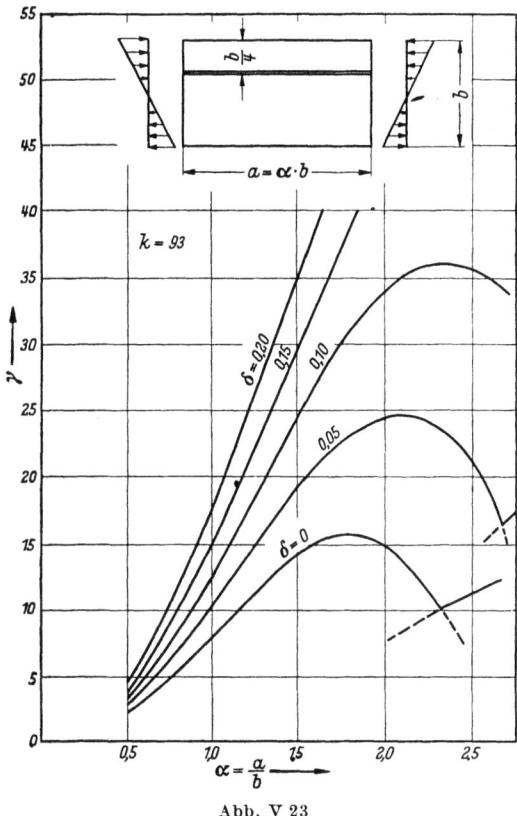

Abb. V 23

V 24) nach STIFFEL mit der früheren Abb. V 19 vergleicht, so sieht man, daß die k-Werte bei gleicher Steifigkeit praktisch gleich sind.

Mit zunehmendem δ-Wert nehmen aber die k-Werte der im Fünftel ausgesteiften Platte rascher ab, als diejenigen der im Viertel ausgesteiften Platte; dies läßt sich an Hand der für den Fall einer linearen Spannungsverteilung am einspannungsfrei gelagerten Querrand verallgemeinerten Formel (V 24) leicht zeigen. Diese Formel lautet[2]:

$$\gamma = (\gamma)_{\delta=0} + [1 + (\psi - 1)\eta]\left(\frac{\alpha}{m}\right)^2 k\,\delta.$$

---

[1] Für die zugehörige algebraische Formel siehe DIN 4114, Ri., Tafel 9,6; es handelt sich allerdings dabei um die Mindeststeifigkeiten dritter Art γ_{III}, mit einem k-Wert von $4^2 \dfrac{8,4}{1,1 + 0,5} = 84$ ($\psi = 0,5$).

[2] S. Anm.[1] S. 310.

310   V. Ausgesteifte Platten

(Bezeichnungen nach Abb. V 2). Für die Steife im Fünftel nimmt bei reiner Biegung ($\psi = -1$) der Faktor $[1 + (\psi - 1)\eta]\, k$ den Wert $(1 - 2 \cdot 0{,}2)\, 129 \cong 77{,}5$ an; für die Steife im Viertel dagegen nur $(1 - 2 \cdot 0{,}25)\, 93 = 46{,}5$.

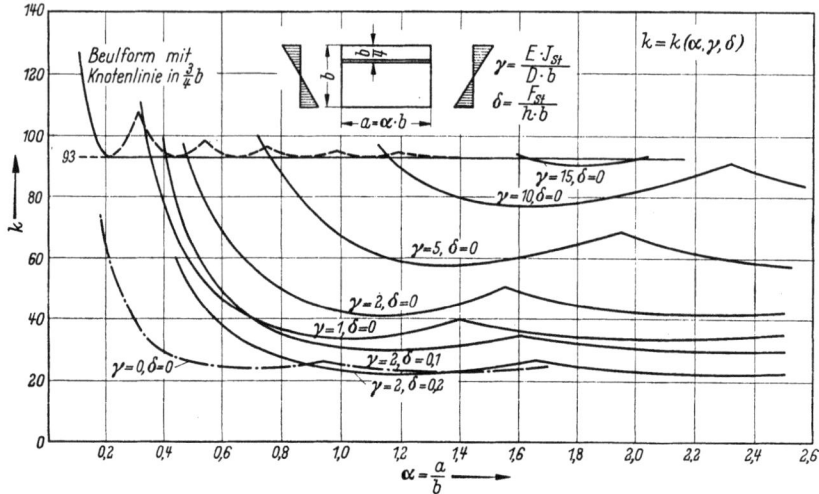

Abb. V 24

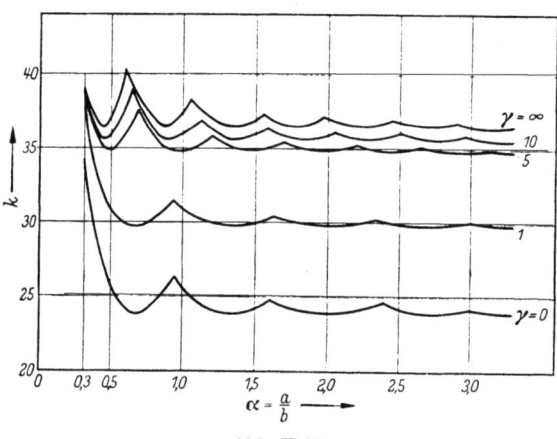

Abb. V 25

---

[1] Diese Formel läßt sich leicht aus Gl. (V A.9) ableiten, wenn man berücksichtigt, daß bei frei aufliegenden Querrändern die Plattendurchbiegung die Form $w = w(y) \sin \dfrac{m\pi x}{a}$ annimmt. Durch Gleichsetzung von p_{St} im Falle γ, $\delta = 0$ und im Falle γ, δ erhält man mit Hilfe der Formeln (V 1) und (V 2) die angegebene Beziehung.

Dem Fall der in der Mitte ausgesteiften Platte unter Biegung[1] ist natürlich auch keine Mindeststeifigkeit erster Art zugeordnet. Da die Aussteifung in der neutralen Achse liegt, bleibt sie unbeansprucht, δ spielt keine Rolle und Abb. V 25[1] genügt, um alle Zusammenhänge $k = f(\alpha, \gamma)$ anzugeben.

Ein Vergleich mit Abb. V 24 zeigt nun, daß die im Viertel ausgesteifte Platte mit $\delta = 0,1$ einen γ-Wert von 2 braucht, um denselben k-Wert zu erreichen, wie die in der Mitte ausgesteifte Platte mit $\gamma = 1$; die Kurve für $\gamma = 1$, $\delta = 0$ der im Viertel ausgesteiften Platte ergibt dagegen schon höhere Werte. Diese Überlegenheit der in der Mitte ausgesteiften Platte für kleinere γ-Werte spielt aber praktisch keine Rolle. Der k-Wert einer solchen Platte erreicht nämlich für $\gamma = \infty$ (aber praktisch schon für $\gamma = 10$) nur den Grenzwert 36,4[2] für eine lange Platte. Gegenüber dem Wert $k = 23,9$ der unversteiften Platte bedeutet dies nur eine Erhöhung von 52%. Bei der im Viertel ausgesteiften Platte dagegen wird k auf 93 (nach STIFFEL) vergrößert, bei der im Fünftel ausgesteiften Platte sogar auf 129.

2. Reine Biegung mit mehreren Längsaussteifungen

Im Abschn. C haben wir ein Beispiel einer solchen Platte unter reinem Druck angegeben. Es wurden aber auch Platten mit mehreren Aussteifungen unter Biegung (und unter Druck mit Biegung) untersucht[3]. Abb. V 26[3] zeigt die Mindeststeifigkeiten dritter Art einer im Viertel und in der Mitte ausgesteiften Platte. Sie sind nur etwa halb so groß wie die Werte der nur im Viertel ausgesteiften Platte (Abb. V 23).

Für die zwei Rippen ist also der Materialaufwand ungefähr gleich.

3. Reiner Schub einer längsausgesteiften Platte

Dieser Fall wurde unter anderem von TIMOSHENKO[4], HAMPL[5] und von SCHEER[6] mit der Energiemethode untersucht. Da die Knotenlinien einer auf Schub beanspruchten Platte keine Geraden bilden, ist keine Mindeststeifigkeit erster Art vorhanden. Man begnügt sich hier gewöhn-

---

[1] HAMPL, M.: Ein Beitrag zur Stabilität des horizontal ausgesteiften Stegbleches. Stahlbau, 1937, S. 16; s. a. G. SCHNADEL: Knickung von Schiffsplatten, S. 461. Werft-Reederei-Hafen, 1930.
[2] Mit einer größeren Anzahl gleicher Glieder (4 statt 3) fand STIFFEL sogar nur $k = 35,5$; STIFFEL, R.: Biegungsbeulung versteifter Rechteckplatten. Bauingenieur, 1941, S. 367.
[3] SCHEER, J.: Neue Beulwerte ausgesteifter Rechteckplatten. Stahlbau, 1953, S. 280; KLÖPPEL, K. u. J. SCHEER: Beulwerte der durch zwei gleiche Längssteifen in den Drittelspunkten der Feldbreite ausgesteiften Rechteckplatte bei NAVIERschen Randbedingungen. Stahlbau, 1956, S. 265; 1957, S. 246.
[4] TIMOSHENKO, S.: Über die Stabilität versteifter Platten. Eisenbau, 1921, S. 147, oder Theory of Elastic Stability. S. 357. New York and London: McGraw-Hill Book Company 1936.
[5] HAMPL, M.: Ein Beitrag zur Stabilität des horizontal ausgesteiften Stegbleches. Stahlbau, 1937, S. 21.
[6] SCHEER, J.: Neue Beulwerte ausgesteifter Rechteckplatten. Stahlbau, 1953, S. 280.

312 V. Ausgesteifte Platten

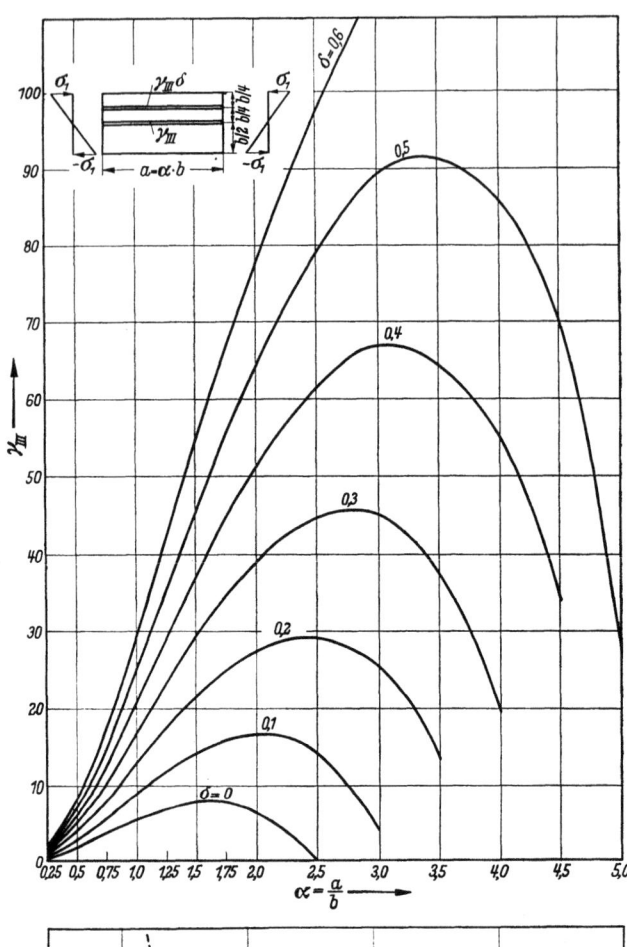

Abb. V 26

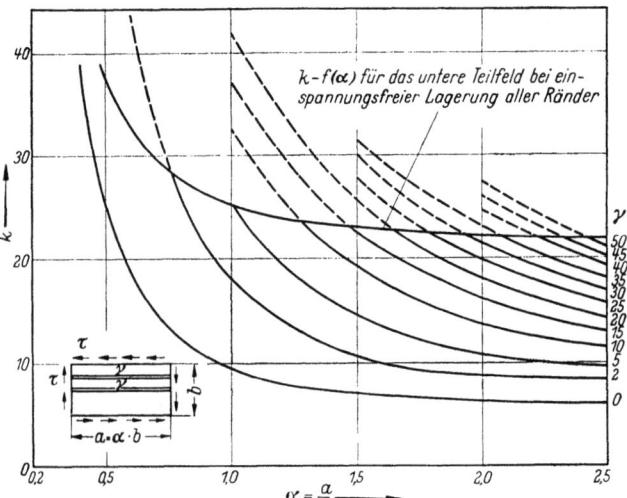

Abb. V 27

D. Andere Fälle von längsausgesteiften Rechteckplatten 313

lich mit der Ermittlung einer Steifigkeit dritter Art, die auf den k-Wert des meistgefährdeten Teilfeldes bezogen wird. Die von SCHEER ermittelten Kurven $k = f(\alpha, \gamma)$ für die in der Mitte und im Viertel ausgesteiften Platte sind in Abb. V 27 angegeben. Die γ_{III}-Werte ergeben sich als Schnittpunkte der oberen Grenzkurve mit der Kurvenschar. Weitere Werte und Kurven für die längs ausgesteifte Platte unter Schub sind in den DIN 4114, Tafel 9, Ziff. 9, 10 und 11, Tafel 10, Ziff. 4 und Bild 28 angegeben. Es sei bemerkt, daß der Wert δ bei dieser Beanspruchung keine Rolle spielt, weil die Längsspannungen σ_x Null sind.

4. Zusammengesetzte Belastungsfälle

Das Verhalten einer längsausgesteiften Platte unter einer Kombination von Druck mit Schub[1] oder Biegung mit Schub[2] wurde nur für

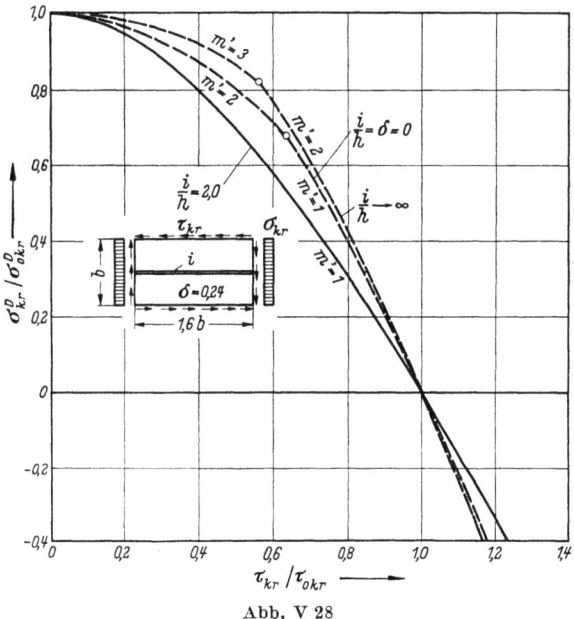

Abb. V 28

einzelne Fälle untersucht. Man kann wie im Kap. IV A.10 die Werte $\dfrac{\sigma_{kr}^D}{\sigma_{0kr}^D}$ bzw. $\dfrac{\sigma_{kr}^B}{\sigma_{0kr}^B}$ in Funktion von $\dfrac{\tau_{kr}}{\tau_{0kr}}$ auftragen (Abb. V 28[1] und V 29[2]), wobei σ_{0kr}^D bzw. σ_{0kr}^B bzw. τ_{0kr} sich auf den Fall der ausgesteiften Platte unter Einwirkung von reinem Druck bzw. reiner Biegung bzw. reinem

---

[1] CHWALLA, E.: Die Bemessung der waagerecht ausgesteiften Stegbleche vollwandiger Träger. IVBH., zweiter Kongreß, Berlin/München: 1936, Vorbericht S. 957.
[2] HAMPL, M.: Ein Beitrag zur Stabilität des horizontal ausgesteiften Stegbleches. Stahlbau, 1937, S. 21.

Schub beziehen. Ein Vergleich dieser Abbildungen mit den entsprechenden Abb. IV A.49 und IV A.51 zeigt, daß der Verlauf derselbe ist. Wohl ist die ausgesteifte Platte empfindlicher gegen zusätzliche Schubspannungen, besonders die schwach ausgesteifte Platte[1] (Abb. V 28). Dieses Verhalten ist darauf zurückzuführen, daß die Aussteifung ähnliche Beulfiguren für beide Beanspruchungsarten erzwingen will. Es bestehen aber keine Bedenken, dennoch die Interpolationsformeln (IV A.326), (IV A.329) auf den Fall der ausgesteiften Platte auszudehnen, wie dies in den DIN 4114, Ri. 18.22 empfohlen wird.

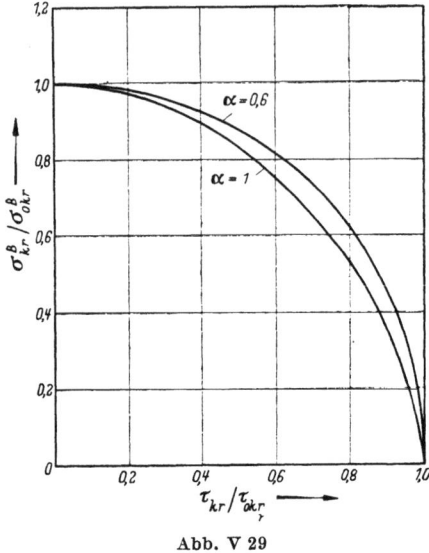

Abb. V 29

Über die günstigste Lage der Aussteifung haben wir noch nichts ausgesagt. Wohl dürfte im allgemeinen keine Mindeststeifigkeit erster Art bei Anordnung von horizontalen Rippen möglich sein, denn die Knotenlinien der Beulfläche bei einer Beanspruchung durch Normal- und Schubspannungen werden keine Geraden bilden. Um dennoch eine günstige Teilung zu erhalten, wird man versuchen, daß die erhaltenen, an ihren Rändern einspannungsfrei gelagert gedachten Teilfelder, alle ungefähr dieselbe kritische Spannung aufweisen. Für den Fall der nur durch eine Längsrippe ausgesteiften Platte unter Schub und Biegung wurde von MASSONNET und GREISCH[2] ein Diagramm für diesen Zweck aufgestellt (Abb. V 30).

Mit dem Verhältnis $\frac{\tau}{\sigma} = \xi$ und dem Wert $\alpha = \frac{a}{b}$ ist sofort ein Punkt des Diagrammes bestimmt. Liegt nun dieser Punkt im durch die Zahl 4 bezeichneten Bereich, so ist die Aussteifung im Viertel am günstigsten[3]. Wenn man jetzt mit Sicherheitssteifigkeiten rechnen will, so ist das Problem gelöst, sofern man für die gewählte Rippenlage die kritischen Spannungen für die Teilbelastungen kennt.

---

[1] Der Buchstabe i in der Abb. V 28 bedeutet den Trägheitsradius der Aussteifung.
[2] MASSONNET, CH. u. R. GREISCH: Dimensionnement pratique de l'épaisseur de l'âme et de l'écartement des raidisseurs des poutres à âme pleine en tenant compte du danger de voilement. CECM, Note technique C-10, Bruxelles: Verlag Fabrimétal 1953.
[3] Bei der Aufstellung des Diagrammes wurde allerdings für den Schub eine 1,2mal größere Sicherheit gewählt als für Biegung. Auch sind die angewandten Interpolationsformeln ein wenig anders.

D. Andere Fälle von längsausgesteiften Rechteckplatten 315

Wenn man dagegen die Teilfelder als gelenkig gelagert betrachten will, so bringt wohl der Stabilitätsnachweis der Bleche selbst keine Schwierigkeit — jedes Teilfeld ist als eine unversteifte Platte zu berechnen —, aber die erforderliche Mindeststeifigkeit γ_{III} ist unbekannt.

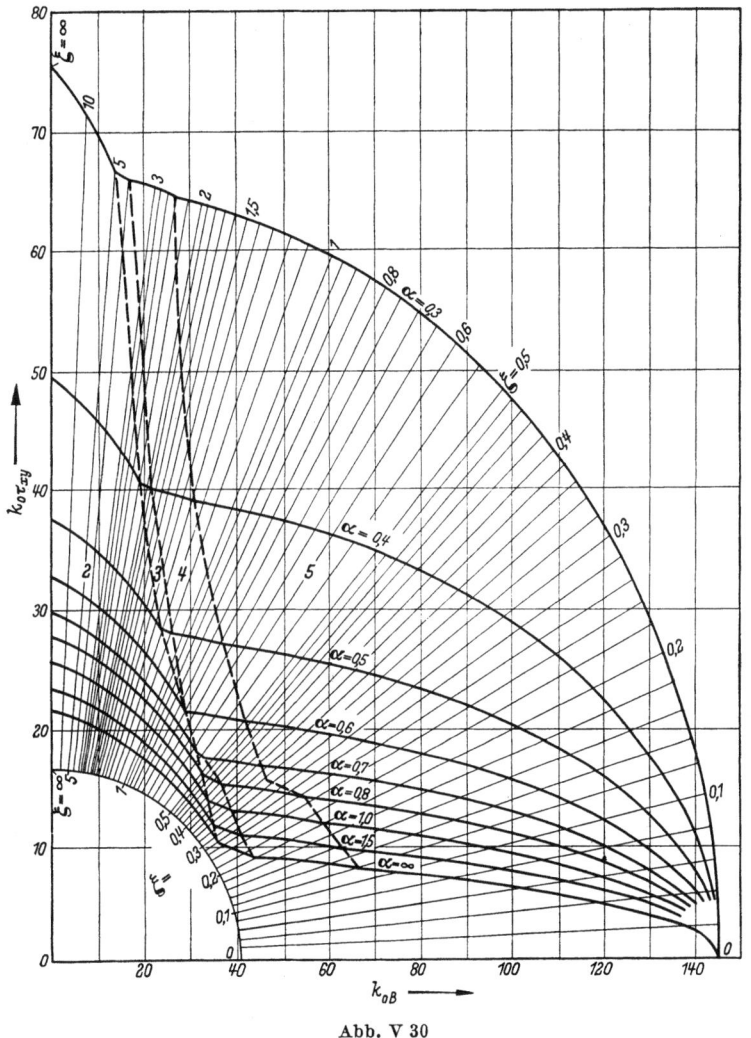

Abb. V 30

Nach den DIN 4114[1] darf für γ überschlägig

$$\gamma = \gamma_1 \frac{v_B}{v_{B_1}} + \gamma_2 \frac{v_B}{v_{B_2}}$$

gesetzt werden.

---
[1] Ri. 18.7, s. a. Önorm B 4300, 3.22 (6).

316   V. Ausgesteifte Platten

Hierin bedeuten:
γ_1: die Mindeststeifigkeit bei ausschließlicher Wirkung der Normalspannungen,
γ_2: die Mindeststeifigkeit bei ausschließlicher Wirkung der Schubspannungen,
ν_{B_1} bzw. ν_{B_2}: die nach den Vorschriften zu berechnenden Beulsicherheitszahlen, die gelten würden, wenn das beulgefährdete Teilfeld nur durch die gegebenen Normalspannungen bzw. nur durch die gegebenen Schubspannungen belastet wäre,
ν_B: die Beulsicherheitszahl, bei gleichzeitiger Wirkung der gegebenen Normal- und Schubspannungen für dasjenige Teilfeld, das bei der zugehörigen Mindeststeifigkeit γ_1 bzw. γ_2 die jeweils größere Beulgefahr aufweist.

Nach dem Ergebnis eigener theoretischer Untersuchungen schlägt MASSONNET[1] dagegen vor, den jeweils größeren Wert γ_1 bzw. γ_2 zu wählen. Diese Regel dürfte im allgemeinen auf schwächere Aussteifungen als die oben genannte[2] führen.

5. Platte mit elastischer Randaussteifung

Bekanntlich weist die Platte mit einem freien Längsrand einen kleinen k-Wert auf. Um diesen k-Wert zu heben, wird oft eine Aussteifung angeordnet (z. B. Saumwinkel der einstegigen Fachwerkgurte). Es muß dann das Problem der in Abb. V 31 dargestellten Platte untersucht werden, wenn wir uns auf den Fall des reinen Druckes beschränken.

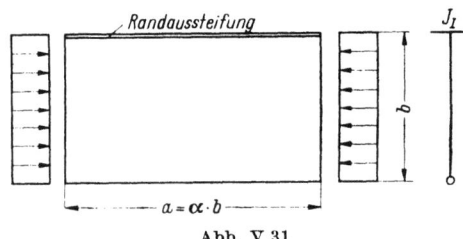

Abb. V 31

CHWALLA[3] hat dieses Problem allgemein untersucht. MILES[4] befaßte sich eingehend mit dem Fall einer gelenkigen Lagerung des anderen Längsrandes.

Da die Eigenlösungen der am freien Rand unversteiften Platte nie eine Knotenlinie an diesem Rand besitzen können, sind die Bedingungen

---

[1] MASSONNET, CH.: Essais de voilement sur poutres à âme raidie. Abh. IVBH., 14. Bd. (1954) S. 137. Zürich: Leemann. — MASSONNET, CH. u. R. GREISCH: Dimensionnement pratique des raidisseurs des poutres à âme pleine en tenant compte du danger de voilement. CECM, Note technique C-10-1, Bruxelles: Verlag Fabrimétal 1955.
[2] In der Fassung 4a der DIN 4114, Oktober 1943, war sogar $\gamma = \gamma_1 + \gamma_2$ vorgeschrieben.
[3] CHWALLA, E.: Das allgemeine Stabilitätsproblem der gedrückten, durch Randwinkel verstärkten Platte. Ing.-Arch., 1934, S. 54.
[4] MILES, A. J.: Stability of Rectangular Plates Elastically Supported at the Edges. J. Appl. Mech., 1936, S. A-47. Für eine Näherungslösung mit der Energiemethode s. W. IHLENBURG: Die Knicksicherheit der Randaussteifungen von II und I-Stäben. Stahlbau, 1935, S. 85, 201, 1936, S. 14.

D. Andere Fälle von längsausgesteiften Rechteckplatten   317

für die Existenz einer Mindeststeifigkeit erster Art nicht erfüllt. Die
Betrachtung der Abb. V 32[1] zeigt aber, daß eine Mindeststeifigkeit zweiter Art möglich ist. Diese Abbildung enthält die k-Werte in Funktion
der α-Werte und der Parameter[2] $\Phi = \gamma - \delta k \left(\dfrac{\alpha}{m}\right)^2$.

Die Untersuchung der Kurve für $\Phi = 20$ zeigt folgendes Bild:

Für $\alpha > 4$ bildet sich eine einzige Welle in der Längsrichtung. Die
Fortsetzung der Kurve für $m = 1$ und $\alpha < 4$ zeigt ein Maximum, das

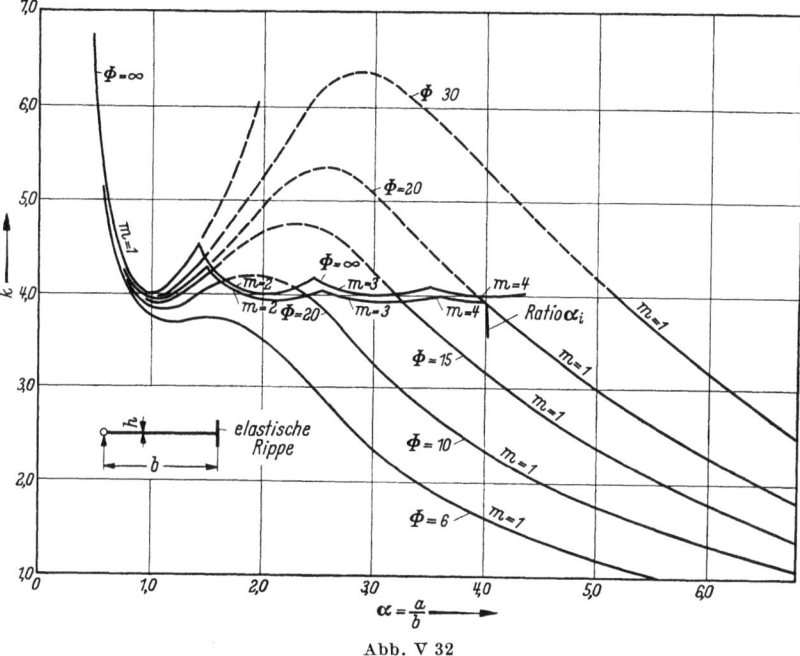

Abb. V 32

sich aber nicht ausbilden kann, weil im Bereich von $\alpha = 4$ ein kurzwelliges
Beulen mit $m = 4$ einsetzt. Für kleinere α-Werte bilden sich dann 3,
2 und zuletzt ($\alpha < 1{,}5$) wieder nur eine Welle aus. Für $\alpha \cong 4$ sind also
zwei Beulformen möglich, eine kurzwellige mit $m = 4$ und eine langwellige mit $m = 1$. Für Φ-Werte, die größer als 20 sind, ist jedoch bei
$\alpha = 4$ immer ein kurzwelliges Ausbeulen maßgebend; dies ist aber auch
bei einer unendlich steifen Rippe (Kurve $\Phi = \infty$ der Abb. V 32) der
Fall. Es liegt also tatsächlich eine Mindeststeifigkeit zweiter Art vor.
Die Abbildung zeigt auch, daß dabei eine Vergrößerung des γ- oder Φ-
Wertes praktisch keinen Sinn hat, da der $\gamma = \infty$ zugeordnete k-Wert
praktisch schon erreicht ist.

---
[1] Nach MILES: Siehe auch F. BLEICH: Buckling Strength of Metal Structures.
S. 376. New York/Toronto/London: McGraw-Hill Book Company 1952.
[2] Φ könnte auch als $(\gamma)_{\delta = 0}$ bezeichnet werden; siehe Formel (V 24).

Ein ähnliches Verhalten haben wir schon bei der im Viertel versteiften Platte unter Biegung (Abb. V 22) und bei der im Drittel versteiften Platte unter Druck (Abb. V 13) beobachtet.

Bei $\Phi = 20$ sinkt der k-Wert für $\alpha > 4$ wieder ab, so daß die Länge $a = 4\,b$ eine Art kritische Länge darstellt.

Wenn die Rippe auch torsionssteif ist[1], werden die Berechnungen verwickelter, aber die Resultate sind ähnlich. Dasselbe gilt für den von CHWALLA[2] untersuchten Fall, wobei der andere Längsrand eingespannt ist.

Das Problem der an beiden Längsrändern elastisch gestützten Platte wurde ebenfalls untersucht[3].

An Hand der gewonnenen Erkenntnisse können Gebrauchsformeln für die Ausbildung gedrückter Querschnitte abgeleitet werden, wie sie in DIN 4114, 9, Tafel 3, enthalten sind.

E. Querausgesteifte Rechteckplatten

1. Allgemeines

Unter Queraussteifungen verstehen wir in diesem Abschnitt nicht die praktisch unverschieblichen Pfosten der Querrahmen, sondern die Zwischeneinteilungen der Hauptfelder. Die Betrachtung der Abb. III C.3 zeigt, daß die Halbwellenlänge des gleichmäßig gedrückten Plattenstreifens gleich der Plattenhöhe ist; bei der auf Biegung beanspruchten Platte ist die Länge noch kleiner. Um wirksam zu sein, müssen die vertikalen Aussteifungen bei solchen Beanspruchungen sehr eng angeordnet werden (s. auch Abb. V 1). Eine Plattenversteifung mit nur vertikalen Rippen wird also in diesen Fällen eine Ausnahme sein, so daß eine kurze Erwähnung genügt. Die Halbwellenlänge des auf Schub beanspruchten Plattenstreifens beträgt dagegen 1,25mal die Höhe (Abb. IV A.39), so daß durch Anordnung von relativ engen, vertikalen Aussteifungen eine spürbare Erhöhung der kritischen Schubspannungen erreicht werden kann. Wir wollen uns daher besonders mit dem Problem des Schubbeulens befassen und die anderen Fälle nur kurz erwähnen.

---

[1] WINDENBURG, D. F.: The Elastic Stability of Tee Stiffeners. U. S. Experimental Basin, Rept. 457, 1938.

[2] CHWALLA, E.: Das allgemeine Stabilitätsproblem der gedrückten, durch Randwinkel verstärkten Platte. Ing.-Arch., 1934, S. 54; s. a. A. KROMM: Zur Frage der Mindeststeifigkeiten von Plattenaussteifungen. Stahlbau, 1944, S. 81.

[3] MELAN, E.: Über die Stabilität von Stäben, welche aus einem mit Randwinkeln verstärkten Bleche bestehen. Verh. dritter Intern. Kongreß für Technische Mechanik, Teil III, Stockholm, 1930, S. 59. — RENDULIC, L.: Über die Stabilität von Stäben, welche aus einem mit Randwinkeln verstärktem Blech bestehen. Ing.-Arch., 1932, S. 447. — RENDULIC, L.: Stabilität zusammengesetzter Querschnitte bei reiner Druckbeanspruchung. Sitzungsberichte Akad. Wissenschaften in Wien, Abt. IIa, 142. Bd. (1933) S. 263. — CHWALLA, E.: Das allgemeine Stabilitätsproblem der gedrückten, durch Randwinkel verstärkten Platte. Ing.-Arch., 1934, S. 54. — HARTMANN, F.: Die Berechnung von T-Gurten auf Ausbeulung. Stahlbau, 1934, S. 105.

2. Querausgesteifte Platten unter Schub

Auch dieses Problem wurde zuerst von TIMOSHENKO[1] gelöst.

Da die Knotenlinien der Beulfläche einer auf Schub beanspruchten Platte keine vertikal verlaufenden Geraden bilden, ist eine Mindeststeifigkeit erster Art nicht möglich. TIMOSHENKO hat für die Rippensteifigkeit die Bedingung aufgestellt, daß der k-Wert durch die Rippe bis auf den Wert der an allen Rändern einspannungsfrei gelagerten Teilfelder gehoben wird. Es handelt sich somit um eine Mindeststeifigkeit dritter Art (γ_{III}).

Mit Hilfe der Energiemethode bestimmte TIMOSHENKO die erforderlichen Steifigkeiten γ_{III} für die durch eine und durch zwei Quersteifen ausgesteiften Platte. WANG[2] dehnte diese Untersuchung auf die durch drei und vier Rippen querausgesteifte Platte und auf den querversteiften Plattenstreifen aus. In letzter Zeit wurde dasselbe Problem des ausgesteiften Plattenstreifens (Abb. V 33) auch von STEIN und FRA-

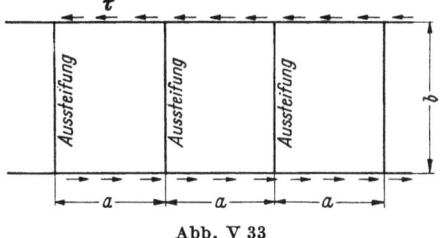

Abb. V 33

LICH[3] mit Hilfe der Methode des LAGRANGEschen Multiplikators gelöst. Diese Methode gibt auch eine untere Schranke an, so daß die Resultate als gesichert angesehen werden können. Leider zeigt der Vergleich mit den von WANG nach der Energiemethode errechneten Werten keine gute Übereinstimmung. Abb. V 34 und V 35 zeigen die k-Werte im Verhältnis von $\gamma \left(\gamma = \dfrac{EJ}{Db} \right)$ für die Verhältnisse $\dfrac{a}{b} = 1$ und $0,5$. Im Punkt A ist in den Kurven ein Knick ersichtlich, zu welchem die Mindeststeifigkeit zweiter Art (γ_{II}) gehört. Für diese Steifigkeit ist eine Beulfigur mit großer und eine mit kleiner Ausbiegung der Rippe möglich. Der Wert k_{max}, der streng einem $\gamma = \infty$ zugeordnet ist, ist dabei schon praktisch erreicht. Diese maximalen k-Werte sind mit $k = 10,86 \left(\dfrac{a}{b} = 1 \right)$ bzw. $k = 28,71 \left(\dfrac{a}{b} = 0,5 \right)$ ungefähr 15% größer als die den Mindeststeifig-

---

[1] TIMOSHENKO, S.: Über die Stabilität versteifter Platten. Eisenbau, 1921, S. 161. — TIMOSHENKO, S.: Stability of the Webs of Plate Girders. Engineering, 1935, S. 207. S. a.: WAY, ST.: Stability of Rectangular Plates under Shear and Bending Forces. J. Appl. Mech., 1935, S. A 131 und Schlußberichte des 2. Kongresses der IVBH., Berlin, 1936, S. 631 und V. BRČIČ: Über Versteifungen einer auf Schub beanspruchten rechteckigen Platte. Stahlbau, 1956, S. 38; man merke, daß für die Platte endlicher Länge unter Schub der Begriff längsausgesteift und querausgesteift identisch wird. Die unter D. 3 angegebenen Resultate gelten also auch hier.

[2] WANG, T. K.: Buckling of Transverse Stiffened Plates under Shear. J. Appl. Mech., 1947, S. A-269.

[3] STEIN, M. u. R. W. FRALICH: Critical Shear Stress of Infinitely Long Simply Supported Plate with Transverse Stiffeners. N.A.C.A. Techn. Note 1851, 1949.

keiten dritter Art (γ_{III}) zugeordneten k-Werte $k = 9{,}34 \left(\dfrac{a}{b} = 1\right)$ bzw. $k = 4 + \dfrac{5{,}34}{0{,}5^2} = 25{,}36 \left(\dfrac{a}{b} = 0{,}5\right)$ (Abschn. IV A.8) der frei aufliegenden Platte, die in den Abbildungen auch enthalten sind. Nach WANG würde bei $\dfrac{a}{b} = 1$ ein $\gamma_{III} = 2$ genügen, um diesen k-Wert von 9,34 zu erreichen, nach der genauen Methode ist aber $\gamma_{III} = 6$ erforderlich (währenddem $\gamma_{II} = 9$ ist). Es scheint, daß der Ansatz (IV A.302) der Energiemethode

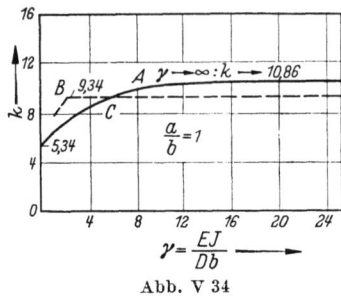
Abb. V 34

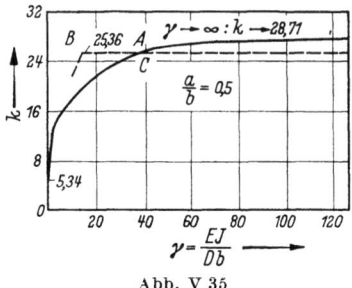
Abb. V 35

die tatsächliche Beulfläche schlecht darstellt[1], wenn nicht sehr viele Glieder berücksichtigt werden. Der k-Wert ist dann zu groß oder die Mindeststeifigkeit zu klein; beide Resultate täuschen also eine größere Sicherheit vor, als tatsächlich vorhanden ist.

Der Fall des an den Längsrändern eingespannten Plattenstreifens, der durch starre Steifen in quadratische Felder eingeteilt ist, wurde auch untersucht[2]. Der k-Wert liegt mit $k = 13{,}14$ um 7% höher als der k-Wert $k = 12{,}28$ der an den Längsrändern eingespannten und an den Querrändern frei gelagerten Platte (s. Abb. IV A.42). Der Verlauf von k mit γ wurde aber leider nicht untersucht.

3. Querausgesteifte Platten unter Druck und Biegung

TIMOSHENKO[3] untersuchte auch das Problem der gedrückten Platte mit der Energiemethode. BARBRÉ[4] gab eine strenge Lösung. Die Ver-

---

[1] POCHOP zeigt, wie man die Konvergenz bei langen Platten verbessern kann. Siehe F. POCHOP: Zur Stabilität der langen, in gleichen Abständen querversteiften Rechteckplatte. Österr. Ing.-Arch., 1952, S. 387; seine γ-Werte sind aber immer noch kleiner als die von STEIN und FRALICH $\left(3{,}3 \text{ statt } 6 \text{ bei } \dfrac{a}{b} = 1,\ 25{,}7 \text{ statt } 40\right.$ bei $\left.\dfrac{a}{b} = 0{,}5\right)$.

[2] BUDIANSKY, B., R. W. CONNOR u. M. STEIN: Buckling in Shear of Continuous Flat Plates. N.A.C.A. Techn. Note 1565, 1948.

[3] TIMOSHENKO, S.: Über die Stabilität versteifter Platten. Eisenbau, 1921, S. 161; s. a. E. E. LUNDQUIST: On the Rib Stiffness Required for Box Beams. J. Aeron. Scien., 1939, S. 269.

[4] BARBRÉ, R.: Stabilität gleichmäßig gedrückter Platten mit Längs- oder Quersteifen. Ing.-Arch., 1937, S. 117; s. a. F. SCHLEICHER: Stabilitätsfälle. Taschenbuch für Bauingenieure, 1. Bd., S. 1033. Berlin/Göttingen/Heidelberg: Springer 1955.

hältnisse für das Vorhandensein von Mindeststeifigkeiten erster Art sind ungefähr dieselben wie bei den längsversteiften Platten[1]. Bei einer nicht in der Plattenmitte angeordneten Queraussteifung allerdings kann unter gewissen Bedingungen eine Mindeststeifigkeit erster Art möglich sein. Abb. V 36[2] zeigt, daß bei α-Werten $2{,}12 < \alpha < 3{,}68$ die Knotenlinie an

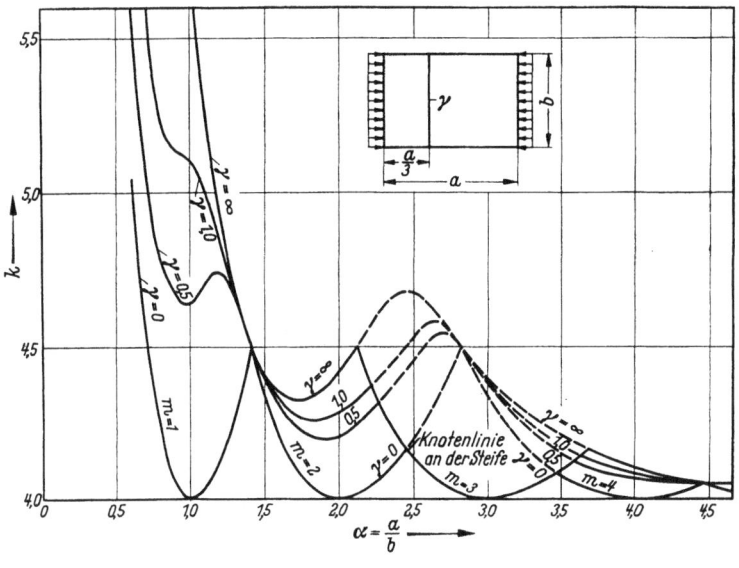

Abb. V 36

der Steife maßgebend ist. Für $\alpha = 2{,}27$ ist z. B. $\gamma_\mathrm{I} = 0{,}5$, für $\alpha = 2{,}45$ sogar 0; d. h., die Knotenlinie bildet sich von selbst an der Stelle der Steife.

Auch bei den auf Druck beanspruchten Platten zeigen genauere Untersuchungen, daß die Energiemethode bei solchen querversteiften Platten ungenaue Resultate liefert[3].

Die querversteifte Platte unter Biegung haben TIMOSHENKO und STIFFEL[4] untersucht.

---

[1] KROMM, A.: Zur Frage der Mindeststeifigkeiten von Plattenaussteifungen. Stahlbau, 1944, S. 81.

[2] BARBRÉ, R.: Stabilität gleichmäßig gedrückter Platten mit Längs- oder Querteifen. Ing.-Arch., 1937, S. 117.

[3] RADOK, J. R. M.: Die Stabilität der versteiften Platten und Schalen. Groningen-Djakarta: P. Noordhoff N. V. 1956. — BUDIANSKY, B. u. P. SEIDE: Compressive Buckling of Simply Supported Plates with Transverse Stiffeners. N.A.C.A Techn. Note Nr. 1557, 1948.

[4] STIFFEL, R.: Biegungsbeulung versteifter Rechteckplatten. Bauingenieur, 1941, S. 367.

F. Rechteckplatten mit Steifenrost

Wenn Längsaussteifungen nicht mehr genügen oder bei großen Verhältnissen α unwirtschaftlich werden, so kann es interessant sein, zusätzlich Queraussteifungen anzuordnen. Es entsteht somit ein Steifenrost. Wir wollen uns begnügen, einige Arbeiten[1] auf diesem Gebiet zu erwähnen. Für den einfachen Fall des Steifenkreuzes enthält auch die DIN 4114 Formeln und Diagramme für die Dimensionierung. Im allgemeinen liegen keine fertigen Resultate vor und man wird das Problem mit Hilfe der Energiemethode oder einer numerischen Methode lösen. Für die Aufstellung der Determinanten der Energiemethode werden die im Abschn. V B.2 erwähnten Ansätze[2] nützlich sein. Da solche Steifenroste gewöhnlich nur bei sehr großen Tragwerken vorkommen, wird sich eine genaue Berechnung auch wirtschaftlich lohnen.

G. Weitere Probleme versteifter Rechteckplatten

1. Platte mit Schrägsteife

Dieses Problem wurde unter Annahme einer starren Steife von BURCHARD[3] für die quadratische Platte unter Druck bzw. Schub mit dem Differenzenverfahren untersucht. KROMM[4] hat mit Hilfe der Energiemethode unter Berücksichtigung der tatsächlichen Steifigkeit der Rippe die rechteckige Platte unter Schub behandelt. Nur bei einer quadratischen Platte kann die Beulfläche eines höheren Eigenwertes eine Knotenlinie längs der Diagonalen aufweisen, was für die Schrägsteife zu einer Mindeststeifigkeit erster Art führt; bei der rechteckigen Platte dagegen wird eine endlich steife Rippe immer mitgebogen.

2. Exzentrisch angeordnete Aussteifung

Auch dieses Problem wurde theoretisch untersucht[5]. Beim Ausbeulen der durch exzentrisch angeordnete Rippen versteiften Platten

---

[1] FRÖHLICH, H.: Stabilität der gleichmäßig gedrückten Rechteckplatte mit Steifenkreuz. Dissertation, Hannover 1937, auszugsweise Bauingenieur, 1937, S. 673. — KNIPP, G.: Über die Stabilität der gleichmäßig gedrückten Rechteckplatte mit Steifenrost. Bauingenieur, 1941, S. 257. — TORRE, C.: Zur Beulung versteifter Rechteckplatten bei veränderlicher Randbelastung. Österr. Ing.-Arch., 1947, S. 137. — MILOSAVLJEVICH, M.: Sur la stabilité des plaques rectangulaires renforcées par des raidisseurs et sollicitées à la flexion et au cisaillement. IVBH., 8. Bd. (1947) S. 141. Zürich: Leemann. — STRASSER, A.: Zur Beulung versteifter Platten. Österr. Ing.-Arch., 1952, S. 262.

[2] KLÖPPEL, K. u. J. SCHEER: Das praktische Aufstellen von Beuldeterminanten für Rechteckplatten mit randparallelen Steifen bei NAVIERschen Randbedingungen. Stahlbau, 1956, S. 117. — HEILIG, R.: Allgemeine Beulgleichungen des versteiften, rechteckigen Stegblechfeldes. Bauingenieur, 1952, S. 398.

[3] BURCHARD, W.: Beulspannungen der quadratischen Platte mit Schrägsteife unter Druck bzw. Schub. Ing.-Arch., 1937, S. 332.

[4] KROMM, A.: Kritische Schubspannung rechteckiger Platten mit Diagonalaussteifungen. Stahlbau, 1952, S. 177.

[5] CHWALLA, E. u. A. NOVAK: Theorie der einseitig angeordneten Stegblechsteife. Stahlbau, 1937, S. 73; s. a. A. KROMM: Knickung des gedrückten Plattenstreifens mit zur Ebene unsymmetrischer Randrippe. Forschungsbericht 1424 der deutschen

entstehen längs der Kontaktlinie zwischen Platte und Steife Schubkräfte, die in der Platte zusätzlich zum Biegezustand einen stabilisierenden ebenen Spannungszustand erzeugen. Um diesen Umstand zu berücksichtigen, kann man bei der Bestimmung des Trägheitsmomentes der Aussteifung eine gewisse mitwirkende Blechbreite berücksichtigen.

Bei seiner numerischen Untersuchung einer auf Schub beanspruchten Platte fand CHWALLA eine mitwirkende Breite von 38 h (h = Blechdicke). Man rechnet gewöhnlich mit 30 h (Abb. V 37). Nach einem Vorschlag von TIMOSHENKO[1], der durch die theoretische Untersuchung von BORNSCHEUER[2] bestätigt wurde, kann man auch so vorgehen, daß man das

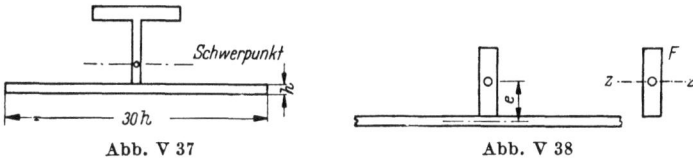

Abb. V 37   Abb. V 38

Trägheitsmoment der Steife auf die Berührungslinie mit dem Blech bezieht. Es ist dann nach Abb. V 38 $J = J_z + F\left(e - \dfrac{h}{2}\right)^2$. Diese Regel wurde in den DIN 4114, Ri. 12,13 aufgenommen und ist auch in anderen Vorschriften enthalten[3].

3. Torsionsfeste Aussteifung

Durch die Torsionssteifigkeit der Rippen werden die kritischen Spannungen erhöht, besonders bei Anordnung kastenförmiger Rippen. CHWALLA[4] untersuchte diesen Einfluß am Beispiel der gleichmäßig gedrückten Platte mit biege- und torsionssteifen Randwinkelpaaren. Abb. V 39[4] zeigt die Vergrößerung des k-Wertes einer umfangsgelagerten Platte mit den Grenzfällen $T = 0$ ($k = 4$, Kurve a) und $T = \infty$ ($k = 6{,}97$, volle Einspannung der Längsränder, Kurve b). Eine relativ kleine Torsionssteifigkeit $T = 0{,}985 \text{ tm}^2$ hebt aber den k-Wert schon stark (Kurve c).

Luftfahrtforschung, Berlin 1941. — BORNSCHEUER, F. W.: Beitrag zur Berechnung ebener, gleichmäßig gedrückter Rechteckplatten, versteift durch eine Längssteife. Dissertation, Darmstadt, 1946. — PFLÜGER, A.: Zum Beulproblem der anisotropen Rechteckplatte. Ing.-Arch., 1947, S. 111.

[1] TIMOSHENKO, S.: Über die Stabilität versteifter Platten. Eisenbau, 1921, S. 147.

[2] BORNSCHEUER, F. W.: Beitrag zur Berechnung ebener, gleichmäßig gedrückter Rechteckplatten, versteift durch eine Längssteife. Dissertation, Darmstadt, 1946.

[3] Alcoa Structural Handbook, Pittsburg, 1956, S. 140.

[4] CHWALLA, E.: Das allgemeine Stabilitätsproblem der gedrückten, durch Randwinkel verstärkten Platte. Ing.-Arch., 1934, S. 54. Die Bemessung der waagerecht ausgesteiften Stegbleche vollwandiger Träger. IVBH., zweiter Kongreß, Berlin/München, 1936, Vorbericht, S. 957.

BORNSCHEUER[1] befaßte sich eingehend mit der gleichmäßig gedrückten Platte, die durch eine torsionssteife Längsrippe versteift ist. Im allgemeinen wird bei Aussteifungen mit offenem Querschnitt dieser günstige Einfluß vernachlässigt. In gewissen Fällen, besonders wenn geschlossene Steifenquerschnitte zur Anwendung kommen, wird sich eine genauere Untersuchung lohnen[2].

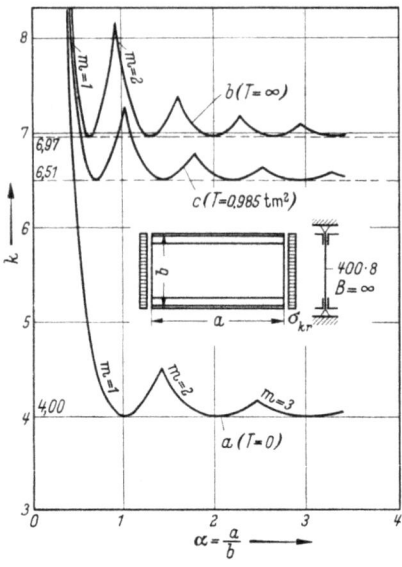

Abb. V 39

Bei Berücksichtigung der Torsionssteifigkeit ist eine Mindeststeifigkeit erster Art nicht mehr möglich, weil die Beulfiguren der unversteiften Platte keine Knotenlinien mit auf der ganzen Länge verschwindendem Quergefälle aufweisen. Die Rippe wird also immer verdrillt und der k-Wert ist nicht konstant, sondern von der Torsionssteifigkeit abhängig.

4. Punktweise ausgesteifte Platte

Unter Umständen kann es sich als zweckmäßig erweisen, eine Platte nicht mehr längs einer Linie, sondern nur punktweise auszusteifen. Dieses Problem wurde von WOINOWSKY-KRIEGER[3] am Beispiel einer an allen vier Rändern gleichmäßig gedrückten Platte mit NAVIERschen Randbedingungen und unverschieblichen Punktstützen in der Mitte untersucht. Der k-Wert wird von $k = 2$ bei der freien quadratischen Platte (Abb. III C.2) auf 5,0 bei gelenkiger und auf 7,38 bei gelenkloser Abstützung im Mittelpunkt gehoben.

5. Orthotrope Platte

Im Gegensatz zur betrachteten punktweisen Aussteifung steht der Fall der durch viele in gleichen engen Abständen liegende Rippen ausgesteiften Platte. In diesem Fall darf man zur Kontinuumstatik über-

---

[1] BORNSCHEUER, F. W.: Beitrag zur Berechnung ebener, gleichmäßig gedrückter Rechteckplatten, versteift durch eine Längssteife. Dissertation, Darmstadt, 1946; Mindeststeifigkeiten von Plattenaussteifungen bei berücksichtigter Verdrehsteifigkeit. MAN-Forschungsheft, 1952, 1. Halbjahr.

[2] SIEVERS, H. u. F. W. BORNSCHEUER: Über die Beulstabilität durchlaufender Platten mit drehsteifen Längssteifen. Stahlbau, 1953, S. 149.

[3] WOINOWSKY-KRIEGER, S.: Über die Stabilität punktweise gestützter Platten. Ing.-Arch., 1952, S. 106.

gehen und die Platte[1] mit den Aussteifungen als eine Platte mit in zwei Richtungen verschiedenen Steifigkeiten betrachten; es handelt sich um eine orthotrope Platte (s. auch Kap. IV B.2). Da diese Anordnung der Aussteifungen im Stahlbau nicht gebräuchlich ist (wohl aber im Flugzeugbau), können wir uns mit diesem Hinweis begnügen.

6. Ausbeulen im plastischen Bereich

Unter Annahme eines quasi-isotropen Verhaltens der Materie im plastischen Bereich wurde dieses Problem von SCHLEICHER für die homogenen Spannungszustände behandelt[2]. Nach dem im Kap. IV B Gesagten handelt es sich aber um eine Näherungslösung, weil ja die vorausgesetzte Quasiisotropie nicht vorhanden ist.

Im Falle der Quasiisotropie muß in der Plattengleichung die Plattensteifigkeit D durch die verminderte Plattensteifigkeit $D' = \tau D$ ersetzt werden (Kap. IV B). Bei einer nur längsversteiften gleichmäßig gedrückten Platte erhalten die Aussteifungen dieselben Spannungen wie die Platte selbst und ihre Biegesteifigkeit wird mit demselben Faktor τ reduziert, so daß alle Glieder der Beulgleichung gleich vermindert werden. Die kritische Spannung muß also auch im selben Verhältnis vermindert werden. Dagegen bleiben die Mindeststeifigkeiten gleich, weil die Beziehungen $k = f(\alpha, \gamma, \delta)$ sich nicht geändert haben.

Bei einer querversteiften Platte unter Druck und bei einer versteiften Platte unter Schub bleiben die Aussteifungen frei von Normalkräften, so daß ihre Biegesteifigkeit im plastischen Bereich nicht vermindert wird. Die Wirkung der Aussteifung im plastischen Bereich ist in diesem Falle größer als im elastischen Bereich und die Mindeststeifigkeiten könnten verkleinert werden. Wegen der Unsicherheiten in den Voraussetzungen dieser Theorie wird gewöhnlich auf diese Verminderung verzichtet und es werden die γ-Werte des elastischen Bereiches beibehalten (DIN 4114, Ri. 18.15).

7. Aussteifung der ganzen Konstruktion

Wir haben bis jetzt immer von Feldern der Länge a und der Höhe b gesprochen, deren Normalspannungen und Schubspannungen über die Länge konstant sind. Ein auf Biegung beanspruchter Träger hat aber mit der Länge veränderliche Spannungen[3]. Auch sind diese Felder nicht unabhängig, sondern beeinflussen sich gegenseitig.

---

[1] HUBER, M. T.: Probleme der Statik technisch wichtiger orthotroper Platten. Gastvorlesungen an der E.T.H. Zürich, S. 109. Warschau: Gebethner & Wolff 1929. S. a. E. SCHAPITZ: Festigkeitslehre für den Leichtbau. Düsseldorf: VDI-Verlag 1951, S. 84. — PFLÜGER, A.: Stabilitätsprobleme der Elastostatik, S. 284. Berlin/Göttingen/Heidelberg: Springer 1950. — CHWALLA, E.: Ansprache und Vortrag. Veröffentlichungen des deutschen Stahlbau-Verbandes, Nr. 3/54, Stahlbau-Verlags-GmbH., Köln, 1954, S. 9.

[2] SCHLEICHER, F.: Unelastische Beulung versteifter Stegbleche. Bauingenieur, 1939, S. 217. S. a. F. BLEICH: Buckling Strength of Metal Structures. S. 362. New York/Toronto/London: McGraw-Hill Book Company 1952.

[3] Dies wird von HEILIG berücksichtigt im Falle einer linearen Veränderung; HEILIG, R.: Allgemeine Beulgleichungen des versteiften, rechteckigen Stegblechfeldes. Bauingenieur, 1952, S. 398.

Die Aussteifung eines als einfacher Balken ausgebildeten Trägers soll nach den in den vorherigen Abschnitten gewonnenen Erkenntnissen in Balkenmitte ungefähr im Fünftel liegen (reine Biegung), gegen die Auflager zu müssen die Aussteifungen sich ein wenig absenken, und am Auflager selbst als Schrägsteifen enden. Eine Ausbildung, die diesen Bedingungen entspricht, wurde von CH. DUBAS[1] vorgeschlagen (Abb. V 40).

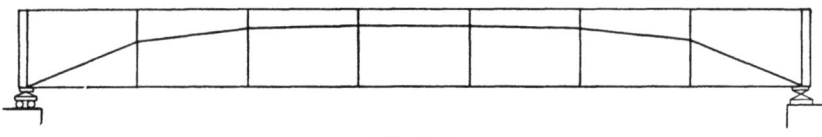

Abb. V 40

Auf diesem Gebiet des Ausbeulens ganzer ausgesteifter Konstruktionen liegen leider praktisch keine numerischen Resultate vor[2].

8. Überkritischer Bereich

Wir haben bis jetzt nur den Verzweigungspunkt des Gleichgewichts betrachtet, welchem sehr kleine, ja theoretisch unendlich kleine Verformungen zugeordnet sind.

Wie in der Einleitung schon bemerkt, ist aber, im Gegensatz zum Druckstab, diese Gleichgewichtsverzweigung keineswegs der Anfang eines vollkommenen Zusammenbruchs der Platte. Im sogenannten *überkritischen Bereich* kann die Belastung noch beachtlich weiter gesteigert werden, bis die Tragfähigkeit erschöpft ist. Dabei werden die Ablenkungskräfte nicht mehr durch die Plattenbiegung allein, sondern auch durch Membrankräfte der ausgebogenen Plattenmittelfläche getragen. (Siehe Kapitel VII).

VI. Platten mit Störungen

A. Einleitung

Wir haben uns bis jetzt auf vollkommen ebene, ideal zentrisch beanspruchte, nicht querbelastete Platten beschränkt. Solche Elemente weisen vor dem Beulanfang nur parallel zur Mittelebene, über die Dicke gleichmäßig verteilte, Scheibenspannungen auf. Erst beim Auftreten des kritischen Zustandes kommen infinitesimal kleine Biegungsmomente, Querkräfte und Durchbiegungen hinzu, deren Zusammenhang mit den infinitesimal kleinen Ablenkungskräften aus den Scheibenspannungen durch die Plattengleichung (III B.63a) gegeben ist.

---

[1] DUBAS, CH.: Contribution à l'étude du voilement des tôles raidies. Mitt. Inst. Baustatik E.T.H·, 1948, Nr. 23, S. 101, Zürich: Leemann.

[2] CHWALLA, E.: Ansprache und Vortrag anläßlich der Ehrenpromotion an der Technischen Universität Berlin-Charlottenburg. Veröffentlichungen des deutschen Stahlbauverbandes, Nr. 3 (1954) S. 7 u. 9. Köln: Stahlbau-Verlags GmbH.

Von der Knicktheorie her[1] wissen wir aber, daß Abweichungen vom oben beschriebenen Idealzustand einen sehr ungünstigen Einfluß auf die Größe der kritischen Last ausüben. Es ist daher angezeigt, das Störungsproblem auch bei den Platten zu untersuchen.

B. Stabilitätsprobleme und Spannungsprobleme

Die beim Knicken[2] gewonnenen allgemeinen Erkenntnisse sind natürlich auch für Beulprobleme anwendbar. Insbesondere bleibt das von KLÖPPEL und LIE[3] aufgestellte Kriterium über das Vorhandensein eines Stabilitätsproblemes mit Gleichgewichtsverzweigung gültig. Verläuft also z. B. die Biegefläche des gegebenen Störungszustandes ähnlich wie die Beulfläche der niedrigsten Eigenfunktionen der ungestörten Platte, so ist kein Stabilitätsproblem mit Verzweigungslast vorhanden. In diesem Fall wird man sich meistens mit einer angenäherten Untersuchung als Spannungsproblem zweiter Ordnung begnügen. Man wird also die durch die Scheibenspannungen verursachte Vergrößerung der Ausbiegung bestimmen und die höchste Randspannung kleiner als die Fließgrenze setzen.

Bei Vorhandensein eines Stabilitätsproblemes mit Gleichgewichtsverzweigung dagegen wird die kritische Spannung vom Störungszustand kaum beeinflußt, vorausgesetzt, daß vor Erreichen der Verzweigungslast keine örtlichen Plastifizierungen aufgetreten sind.

Im Gegensatz zum Knickstab ist bei Platten die niedrigste Eigenfunktion nicht ohne weiteres anzugeben; sie muß vielmehr aus der entsprechenden Girlandenkurve herausgelesen werden. Je nach dem Verhältnis a/b der Platte wird z. B. bei einer verschränkten Exzentrizität der Scheibenspannungen, die zu einer primären Biegelinie mit gerader Halbwellenzahl in der Längsrichtung führt, ein Stabilitätsproblem mit Verzweigungslast[4] (bei ungerader Halbwellenzahl der Girlandenkurve) oder ein Spannungsproblem vorliegen. Von Fall zu Fall wird sich daher der Einfluß der Exzentrizität, anfängliche Ausbiegung oder Querbelastung, verschiedenartig bemerkbar machen und mehr oder weniger schädlich sein.

C. Platten mit anfänglicher Ausbiegung. Exzentrisch belastete Platten

Das Problem der Platten mit anfänglicher Ausbiegung wurde insbesondere von TIMOSHENKO und SCHLEICHER untersucht[5].

---

[1] Siehe z. B. C. F. KOLLBRUNNER u. M. MEISTER: Knicken, Kap. IV u. V. Berlin/Göttingen/Heidelberg: Springer 1955.
[2] Siehe z. B. C. F. KOLLBRUNNER u. M. MEISTER: Knicken. Kap. IV/G, S. 201. Berlin/Göttingen/Heidelberg: Springer 1955.
[3] KLÖPPEL, K. u. K. LIE: Das hinreichende Kriterium für den Verzweigungspunkt des elastischen Gleichgewichts. Stahlbau, 1943, S. 17.
[4] KLÖPPEL, K.: Zur Einführung der neuen Stabilitätsvorschriften. Abhandlungen aus dem Stahlbau, H. 12, 1952, S. 90.
[5] TIMOSHENKO, S.: Theory of Elastic Stability. S. 319. New York and London: McGraw-Hill Book Company 1936. — SCHLEICHER, F.: Stabilität leicht

Bei einer sinusförmigen anfänglichen Ausbiegung, bei der zufällig die Anzahl der Halbwellen in der Längs- und Querrichtung mit der Anzahl der Halbwellen der Beulfigur übereinstimmt, wachsen die Plattendurchbiegungen bei Annäherung an die kritische Belastung sehr rasch an; die Biegespannungen werden entsprechend größer und das Tragvermögen der Platte wird bald ohne Gleichgewichtsverzweigung erschöpft. Bei den Fällen mit Verzweigungslast dagegen beeinflußt die anfängliche Ausbiegung die kritische Beulspannung kaum. (Siehe z. B. die Versuchsergebnisse Kp. IV C. 2 u. 3.)

Auch ausgesteifte Platten mit anfänglicher Ausbeugung wurden untersucht[1], sowie exzentrisch belastete Platten[2].

D. Platten mit Querbelastungen

Bei Platten mit Querbelastung ist Gl. (III B.62) anwendbar, wobei die AIRYsche Spannungsfunktion und die zugehörigen Scheibenspannungen ganz unabhängig vom Plattenproblem sind, solange die Durchbiegungen nicht allzu groß werden. Lösungen dieser Gleichung liegen sowohl für sinusförmige[3] als auch für gleichmäßig verteilte und hydrostatische Querbelastung vor[4].

---

gekrümmter Rechteckplatten. Abh. IVBH., Bd. 1 (1932) S. 433. Zürich: Leemann; ferner: Über die Beulung von Rechteckplatten mit anfänglicher Ausbiegung. Forschungshefte aus dem Gebiete des Stahlbaues, H. 6; Taschenbuch für Bauingenieure 1. Bd.: Stabilitätsfälle, S. 1022. Berlin/Göttingen/Heidelberg: Springer 1955. S. a.: Hu, P. C., E. E. Lundquist u. S. B. Batdorf: Effects of Small Deviations from Flatness on Effective Width and Buckling of Plates in Compression. N.A.C.A. Techn. Note 1124, 1946.

[1] Schleicher, F. u. R. Barbré: Stabilität versteifter Rechteckplatten mit anfänglicher Ausbiegung. Bauingenieur, 1937, S. 665. — Schmid, W.: Versteifte Rechteckplatten mit anfänglicher Ausbiegung. Dissertation T. H. Berlin, 1944.

[2] Schwerin, E.: Über die Knicksicherheit ebener Bleche bei exzentrischer Randbelastung. Z. angew. Math. Mech., 1923, S. 422.

[3] Schleicher, F.: Taschenbuch für Bauingenieure, 1. Bd.: Stabilitätsprobleme, S. 1021. Berlin/Göttingen/Heidelberg: Springer 1955.

[4] Nadai, A.: Elastische Platten. Berlin, 1925, S. 254. — Woinowsky-Krieger, S.: Berechnung der ringsum frei aufliegenden, gleichseitigen Dreiecksplatte. Ing.-Arch., 1933, S. 254. — Slepov, B. J.: The Compound Deflections of a Thin Rectangular Plate Subjected to the Uniformly Distributed Pressure and Compression in the Direction of Fixed Edges. Transactions of the Scientific Technical Society of Shipbuilding and Marine Engineering, 1935, Nr. 1, S. 88 (russisch). — Slepov, B. J.: Compound Bending of a Rectangular Plate Subjected to the Uniformly Distributed Transversal Force and Extended along the Fixed Edges. Transactions of the Scientific Technical Society of Shipbuilding and Marine Engineering, 1935, Nr. 1, S. 106 (russisch). — Timoshenko, S.: Theory of Elastic Stability. New York and London, 1936, S. 302. — Volkovitch, F. V.: Compound Bending of a Thin Plate Fixed at the Long Edges Subjected to the Compression or Tension Along the Short Edges. Transactions of the Scientific Technical Society of Shipbuilding and Marine Engineering, 1938, Nr. 4, S. 91 (russisch). — Girkmann, K.: Traglasten gedrückter und zugleich querbelasteter Stäbe und Platten. Stahlbau, 1942, Nr. 15, S. 284. — Girkmann, K.: Flächentragwerke. S. 284. Wien: Springer 1946. — Conway, H. D.: Bending of Rectangular Plates subjected to the Uniformly Distributed Load and to Tensile or Compression Forces in the

Auch hier werden die allgemeinen Erkenntnisse vom Abschn. VI B bestätigt. Insbesondere zeigt eine Platte mit einer zur Mitte symmetrischen Beulfigur (ungerade Halbwellenzahl) keine Gleichgewichtsverzweigung bei einer zur Mitte symmetrischen Querbelastung. Bei einer antimetrischen Beulfläche dagegen können die Scheibenspannungen bis in die Nähe von σ_{kr} ansteigen, wobei die ursprüngliche Biegefläche in die antimetrische Beulfläche übergeht.

Bei Platten, die eine relativ große, allerdings nicht mehr als Störung anzusprechende Querbelastung aufweisen (Schiffsplatten, Schützenblechhaut), wird der Einfluß der Scheibenspannungen auf die Biegung in Form eines Vergrößerungsfaktors berücksichtigt. Nach PETTERSSON[1] darf für die maximale Durchbiegung die schon beim *Knicken*[2] erwähnte Formel $\dfrac{1}{1-\dfrac{N}{N_{kr}}}$ angewandt werden, wobei allerdings für N_{kr} nicht der kleinste kritische Wert, sondern der Beulwert eingesetzt werden muß, dessen zugehörige Beulfigur ähnlich wie die Biegefläche der Querbelastung verläuft, also normalerweise nur eine Halbwelle in der Längsrichtung aufweist. Bei langen Platten wird daher N_{kr} groß und der Vergrößerungsfaktor praktisch eins. Ähnliche Faktoren lassen sich auch für die Momente angeben[3].

E. Einfluß der Größe der Durchbiegungen. Schlußfolgerungen

Die in den Abschn. VI C und VI D besprochenen Ergebnisse gelten nur, so lange die Durchbiegungen nicht allzu groß werden. Als Grenze kann man etwa die Hälfte der Plattendicke ansehen. Wird die maximale Durchbiegung größer, so muß auch Gl. (III B.69) befriedigt werden, wobei Scheiben- und Plattenproblem miteinander gekoppelt werden.

Plane of the Plate. J. Appl. Mech., 1949, Nr. 3, S. 301. — LOCKWOOD, TAYLOR, J.: Rectangular Flat Plates under Combined Bending and Compression. The Shipbuilder and Marine Engine-Builder, 1950, Nr. 494, S. 15. — MORSE, R. F. u. H. D. CONWAY: The Rectangular Plate Subjected to Hydrostatic Tension and to Uniformly Distributed Lateral Load. J. Appl. Mech., 1951, Nr. 2, S. 209. — CHANG, C. C. and H. D. CONWAY: The Marcus Method Applied to Solution of Uniformly Loaded and Clamped Rectangular Plate subjected to Forces in its Plane. J. Appl. Mech., 1952, Nr. 2, S. 179. — PETTERSSON, O.: Circular Plates Subjected to Radially Symmetrical Transverse Load Combined with Uniform Compression or Tension in the Plane of the Plate. Acta Polytechnica, 138 (1954) 539.384.4, Mech. Engng., Bd. 3, Nr. 1.

[1] PETTERSSON, O.: Plates Subjected to Compression or Tension and to Simultaneous Transverse Load. IVA. 25, 1954, S. 78. — PETTERSSON, O.: Några Stabilitets — och 2. ordningens påkänningsproblem vid balkar, ramar, bågar och plattor. Institutionen för Hållfastetsläva. Kungl. Tekniska Högskolar, Publikation Nr. 113, Stockholm, 1955, S. 83.

[2] KOLLBRUNNER, C. F. u. M. MEISTER: Knicken. S. 214. Berlin/Göttingen/Heidelberg: Springer 1955.

[3] BLEICH, F.: Buckling Strength of Metal Structures. S. 491. New York/Toronto/London: McGraw-Hill Book Company 1952.

Wir wollen diese Frage, die im Kap. VII[1] noch kurz erläutert wird, nicht näher untersuchen. Es sei nur bemerkt, daß dieser überkritische Bereich, besonders bei Platten mit Störungen, eine sehr große Rolle spielt. Die Umlagerung der Kräfte im ausgebeulten Zustand hebt die Traglast oft weit über die kritische Last, und zwar auch bei einer querbelasteten Platte oder einer Platte mit anfänglicher Ausbiegung. Diese Sicherheitsreserve, die bei Knickstäben nicht vorhanden ist, erlaubt es, eine relativ kleine Sicherheit in bezug auf die kritischen Werte zentrisch belasteter, vollkommen ebener und nicht querbelasteter Platten anzuwenden, obwohl die Bleche der Stahlkonstruktionen diese idealen Bedingungen nie erfüllen können.

F. Eigenspannungen in den Blechen

THÜRLIMANN[2] findet in den Eigenspannungen einen Grund dafür, daß beim *Knicken* die Versuchsresultate durchwegs unter den theoretischen Werten liegen. An einem Gedankenmodell eines Trägers mit Zonen verschiedener Eigenspannungen zeigt er, wie durch die Überlagerung von Eigenspannung und Lastspannung in den verschiedenen Zonen die Fließgrenze des Materials bei verschiedenen Belastungen erreicht wird und sich dadurch der für die Berechnung der Knicklast maßgebende Querschnitt sprunghaft ändern kann. Gelingt es, die Verteilung und Größe der Eigenspannungen in den Walz- und Schweißprofilen nachzuweisen, so kann auch ihr quantitativer Einfluß auf die Knicklast bestimmt werden.

THÜRLIMANN gibt an, daß im Anlieferungszustand bei Walzprofilen an den Flanschrändern Druckeigenspannungen bis zu 40 und 50% der Fließgrenze des Materials nachgewiesen wurden. Ähnlich dem Walzvorgang rufen auch der Aufbau eines Profils durch Schweißen[3] sowie das Kaltrichten der Profile Eigenspannungen hervor; ebenso das Zurichten von Blechen durch Brennschneiden. Es können somit auch in aus Blechen zusammengeschweißten Profilen Eigenspannungen vorhanden sein. Allerdings kann zu deren Beseitigung eine Wärmebehandlung durchgeführt werden.

---

[1] In diesem Kapitel findet sich auch Literatur über diese Probleme, inklusive über Platten mit Querbelastung oder anfänglicher Ausbiegung.

[2] THÜRLIMANN, B.: Beiträge zur Theorie und Praxis des Stahlbaues. (Vortrag am 12. Juli 1957 vor dem Schweizerischen Verband für die Materialprüfungen der Technik, SVMT, und dem Schweizer Ingenieur- und Architektenverein, S. I. A.) Siehe: Neue Züricher Zeitung, Beilage „Technik", 7. August 1957, Blatt 5. Der Einfluss von Eigenspannungen auf das Knicken von Stahlstützen, Schweizer Archiv für angewandte Wissenschaft und Technik, 1957, Heft 12, S. 388.

[3] STÜSSI, F. u. C. F. KOLLBRUNNER: Schrumpfspannungen und Dauerfestigkeit geschweißter Trägerstöße. Mitt. über Forschung und Konstruktion im Stahlbau, 1946, H. Nr. 4. Zürich: Leemann. S. a.: Mitt. Inst. Baustatik E.T.H., 1946, Zürich, Nr. 18. BORNSCHEUER, F. W.: Durch Schweißpannungen an zylinderförmigen Konstruktionen ausgelöste Beulerscheinungen, Schweißen und Schneiden, Jahrgang 9 (1957), Heft 11. S. 492.

Die Eigenspannungen in den Blechen sind jedoch bei sachgemäßer Konstruktion in der Werkstatt (richtiger Schweißvorgang, Wärmebehandlung) nur von sekundärer Bedeutung. Es ist immer daran zu denken, daß, sofern nicht nach SHANLEY gerechnet wird, die theoretischen Werte von den Versuchsresultaten nicht erreicht werden können[1] (s. Abb. IV B.26, bei welcher sämtliche Versuchswerte zwischen den beiden theoretischen Kurven liegen).

VII. Überkritischer Bereich

A. Einleitung[2]

Wie bereits im Kap. I erwähnt, ist die Tragfähigkeit einer in ihrer Mittelebene belasteten Platte mit dem Erreichen der kritischen Beullast noch keineswegs erschöpft, vorausgesetzt, daß alle oder doch einige der Plattenränder gerade gehalten werden. Beult der mittlere Teil der Platte aus, so entstehen an den gerade gehaltenen Rändern zusätzliche Beanspruchungen, die eine Spannungsumordnung in der Platte bewirken. Die großen Ausbiegungen der ausgebeulten Platte bewirken eine Reckung der Mittelebene der Platte und, im Zusammenhang mit den gerade gehaltenen Rändern, einen Membranspannungszustand. Die Zugspannungen desselben wirken stabilisierend, so daß die Platte in ihrer ausgebeulten Lage ihre Stabilität wieder gewinnt. Bei einer weiteren Laststeigerung beginnen die am stärksten beanspruchten Teile zu fließen, bis die *Traglast* erreicht ist — das Tragvermögen der Platte ist erschöpft.

Es ist augenscheinlich, daß der Unterschied zwischen Beullast und Traglast nicht groß ist, wenn erstere in der Nähe der Fließgrenze liegt. Da die Beullast mit zunehmender Plattenschlankheit $\frac{b}{h}$ sinkt, kann man auch sagen, daß der Bereich zwischen Beullast und Traglast, nämlich der *überkritische Bereich* mit zunehmender Plattenschlankheit zunimmt.

Die Bestimmung der Beullast ist ein *Stabilitätsproblem*. In der Tat stellt man ja fest, bei welcher Last das elastische Gleichgewicht instabil wird, d. h. man sucht die Lastgrenze, bei welcher neben der ebenen Gleichgewichtslage auch noch andere (unendlich benachbarte) Gleichgewichtslagen möglich sind. Bei der Behandlung des überkritischen Bereiches sucht man dagegen den *Spannungszustand*, der sich nach dem Überschreiten der Beullast ausbildet. Während für Stabilitätsunter-

---

[1] Interessant ist auch, daß es stets eine gewisse „Überbelastung" braucht, die mit dem Siedeverzug bei Flüssigkeiten vergleichbar ist, um das Fließen, respektive den Zusammenbruch einer dünnen Zone von wenigen Kristallitschichten einzuleiten. Siehe: KOLLBRUNNER, C. F.: Schichtenweises Fließen in Balken aus Baustahl. IVBH., dritter Band der Abhandlungen, S. 222, Zürich, 1935.

[2] Siehe z. B. F. BLEICH: Buckling Strength of Metal Structures. New York/Toronto/London: McGraw-Hill Book Company 1952, S. 459ff. — SCHAPITZ, E.: Festigkeitslehre für den Leichtbau. Kap. 4. Düsseldorf: VDI-Verlag 1951.

suchungen von Platten eine umfassende Theorie zur Verfügung steht, ist man bei der Untersuchung des überkritischen Bereiches noch weitgehend auf Versuche angewiesen. Eine befriedigende theoretische Berechnung ist nur für wenige einfache Fälle möglich. Für die Praxis führte man gewisse Vereinfachungen, wie die *mittragende Breite* bei Druckbeanspruchungen und die *Zugfeldtheorien* für Schubbeanspruchung und gemischte Belastungsfälle ein.

Vom praktischen Standpunkt aus ist zu bemerken, daß im Bauwesen ausgebeulte Tragelemente im allgemeinen nicht geduldet werden. Das Anwendungsgebiet des überkritischen Bereiches beschränkt sich deshalb hauptsächlich auf den Flugzeugbau. Wir werden uns deshalb im folgenden nur auf Andeutungen beschränken.

B. Zur Theorie des überkritischen Bereiches

Beim Studium des überkritischen Bereiches dürfen wir die Ausbiegungen w der Platte nicht mehr als klein im Verhältnis zur Plattendicke annehmen. Neben der normalen Plattengleichung haben wir daher noch Gl. (III B.69) zu berücksichtigen, die wir in Kap. III B.5 für größere Deformationen abgleitet haben. Der Vollständigkeit halber seien die beiden maßgebenden, zuerst von KÁRMÁN[1] abgeleiteten Beziehungen nochmals angegeben:

$$\frac{\partial^4 F}{\partial x^4} + 2\frac{\partial^4 F}{\partial x^2 \partial y^2} + \frac{\partial^4 F}{\partial y^4} = E\left[\left(\frac{\partial^2 w}{\partial x \partial y}\right)^2 - \frac{\partial^2 w}{\partial x^2}\frac{\partial^2 w}{\partial y^2}\right] \quad \text{(VII 1)}$$

$$\frac{\partial^4 w}{\partial x^4} + 2\frac{\partial^4 w}{\partial x^2 \partial y^2} + \frac{\partial^4 w}{\partial y^4} = -\frac{h}{D}\left(\frac{p}{h} + \frac{\partial^2 F}{\partial y^2}\frac{\partial^2 w}{\partial x^2} - 2\frac{\partial^2 F}{\partial x \partial y}\frac{\partial^2 w}{\partial x \partial y} + \frac{\partial^2 F}{\partial x^2}\frac{\partial^2 w}{\partial y^2}\right). \quad \text{(VII 2)}$$

Die Deformationsarbeit der Platte setzt sich zusammen aus einem Anteil infolge Biegung und einem Anteil aus dem Membranspannungszustand. Der Biegungsanteil beträgt nach Gl. (III C.46)

$$A_{a_B} = \frac{D}{2}\int_F \left\{\left[\left(\frac{\partial^2 w}{\partial x^2}\right) + \left(\frac{\partial^2 w}{\partial y^2}\right)\right]^2 - 2(1-\nu)\left[\frac{\partial^2 w}{\partial x^2}\frac{\partial^2 w}{\partial y^2} - \left(\frac{\partial^2 w}{\partial x \partial y}\right)^2\right]\right\} dx\, dy. \quad \text{(VII 3)}$$

Der Anteil aus dem Membranspannungszustand beträgt[2]

$$A_{a_M} = \frac{h}{2E}\int_F \left\{\left(\frac{\partial^2 F}{\partial x^2} + \frac{\partial^2 F}{\partial y^2}\right)^2 - 2(1-\nu)\left[\frac{\partial^2 F}{\partial x^2}\frac{\partial^2 F}{\partial y^2} - \left(\frac{\partial^2 F}{\partial x \partial y}\right)^2\right]\right\} dx\, dy. \quad \text{(VII 4)}$$

---

[1] KÁRMÁN, TH. V.: Encyklopädie der mathematischen Wissenschaften, Bd. IV, 2, Leipzig, 1910.

[2] Siehe z. B. F. BLEICH: Buckling Strength of Metal Structures. S. 464. New York/Toronto/London: McGraw-Hill Book Company 1952 oder MARGUERRE, K.: Die mittragende Breite der gedrückten Platte. Luftf.-Forschg., Bd. 14, 1937.

B. Zur Theorie des überkritischen Bereichs 333

Der überkritische Bereich läßt sich nun studieren, indem man versucht, die beiden partiellen Differentialgleichungen (VII 1) und (VII 2) zu lösen, oder indem man die Energiemethode anwendet und dazu die Gl. (VII 3) und (VII 4) zu Hilfe nimmt. Da, wie bereits erwähnt, der überkritische Bereich für Baukonstruktionen kaum ausgenützt wird, verzichten wir hier auf weitere Entwicklungen. Wir erwähnen lediglich, daß z. B. YAMATOTO-KONDO[1], LEVY-KRUPEN[2] und HEMP[3] den überkritischen Bereich von auf Druck beanspruchten Platten durch Lösung der KÁRMÁNschen Differentialgleichungen behandelten. Dasselbe Problem behandelten unter andern auch COX[4], MARGUERRE[5] und KOITER[6] nach der Energiemethode. Eine theoretische Untersuchung eines durch Schubkräfte ausgebeulten Plattenstreifens wurde von KROMM und MARGUERRE[7] durchgeführt.

Nachstehend seien noch kurz die Überlegungen skizziert, die zum Begriff der *mittragenden Breite* bei auf Druck beanspruchten Plattenstreifen führen[8].

Wir betrachten eine Rechteckplatte (Abb. VII 1), die an den Rändern b gleichmäßig auf Druck beansprucht ist. Alle 4 Ränder sollen gerade gehalten werden.

Infolge der Spannungen σ_c wird sich die Platte in der x-Richtung verkürzen. Dabei wird die ursprünglich gleichmäßige Verteilung dieser Spannungen mit zunehmender Verkürzung eine Verteilung nach Abb. VII 2[8] annehmen. Man kann sich dies wie folgt erklären: Die Verkürzungen werden zum großen Teil durch die Ausbiegungen im mittleren Teil der Platte zustande kommen; die geraden Ränder können jedoch nur durch reinen Druck verkürzt werden. Die Rand- oder Eckspan-

---

[1] YAMATOTO, M. u. K. KONDO: Buckling and Failure of Thin Rectangular Plates in Compression. Aeronautical Research Institute, Tokyo Imperial University, Report 119, 1935.
[2] LEVY, S. u. PH. KRUPEN: Large-Deflection Theory for End Compression of Long Rectangular Plates Rigidly Clamped Along two Edges. N.A.C.A. Technical Note 884, 1943.
[3] HEMP, W. S.: The Theory of Flat Panels Buckled in Compression. Aeronautical Research Council, R. & M. No. 3178, 1945.
[4] COX, H. L.: Buckling of Thin Plates in Compression. Aeronautical Research Council, R. & M. Nr. 1554, 1933, und: The Buckling of a Flat Rectangular Plate Under Axial Compression and its Behaviour After Buckling. Aeronautical Research Council, R. & M. Nr. 2041, 1945.
[5] MARGUERRE, K.: Die über die Ausbeulgrenze belastete Platte. Z. angew. Math. Mech., Bd. 16 (Oktober 1936) S. 353. Ferner: Über die Tragfähigkeit eines längsbelasteten Plattenstreifens nach Überschreiten der Beullast. Z. angew. Math. Mech., Bd. 17 (April 1937) S. 85—100. Ferner: Die mittragende Breite der gedrückten Platte. Luftf.-Forschg., Bd. 14 (März 1937) S. 121—128.
[6] KOITER, W. T.: De meetragende breedte bij groote overschrijding der kniksspanning voor verschillende inklemming der plaatranden. Nationa. Aeronautical Research Institute (NLL), Amsterdam, Report S. 287, 1943.
[7] KROMM, A. u. K. MARGUERRE: Verhalten eines von Schub- und Druckkräften beanspruchten Plattenstreifens oberhalb der Beulgrenze. Luftf.-Forschg., Bd. 14 (1937) S. 627—639.
[8] Siehe z. B. S. EGGWERTZ: Strength of 75S-T Integral Compression Skins in Box-Beams under Pure Bending. Aeronautical Research Institute of Sweden, Report 64, Stockholm. 1956, S. 12.

nung σ_c wird daher wesentlich schneller zunehmen als die Spannungen in einem mittleren Plattenstreifen und auch schneller als die mittlere Druckbeanspruchung σ_m, die durch Gl. (VII 5) definiert ist

$$\sigma_m = \frac{1}{b} \int_0^b \sigma \, dy. \qquad (\text{VII } 5)$$

Sie ist also gleich der gesamten Druckkraft, dividiert durch die Querschnittsfläche. Die *mittragende Breite*, die in Abb. VII 2 mit b_e bezeichnet ist, wird nun durch Gl. (VII 6) oder Gl. (VII 7) bestimmt:

$$b_e = \frac{1}{\sigma_c} \int_0^b \sigma dy. \qquad (\text{VII } 6)$$

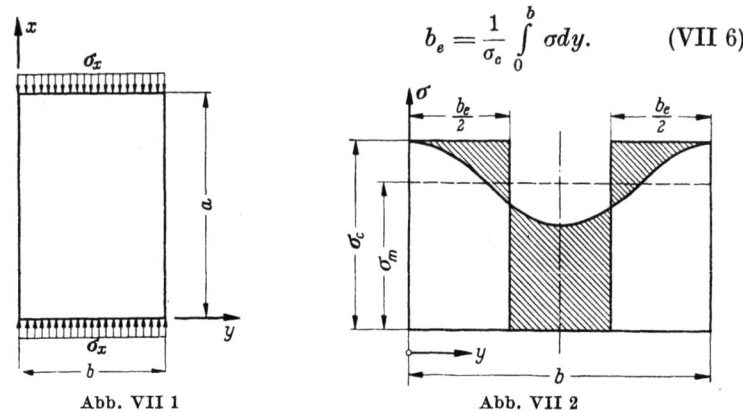

Abb. VII 1   Abb. VII 2

Führen wir Gl. (VII 5) in Gl. (VII 6) ein, so ergibt sich

$$\frac{b_e}{b} = \frac{\sigma_m}{\sigma_c}. \qquad (\text{VII } 7)$$

Die Kenntnis der mittragenden Breite b_e erlaubt also die größte Spannung σ_c auf einfachste Weise zu bestimmen. In Abb. VII 3 ist $\frac{b_e}{b}$ in Funktion des Verhältnisses $\frac{\sigma_c}{\sigma_{kr}}$ für einen Plattenstreifen dargestellt[1] (dabei bedeutet σ_{kr} die experimentell festgestellte Beullast). Die Kurve nach LEVY-KRUPEN beruht auf exakten Untersuchungen. Die übrigen Kurven stützen sich auf die nachstehenden Näherungsformeln:

Cox: $\qquad \frac{b_e}{b} = 0{,}86 \left(\frac{\sigma_{kr}}{\sigma_c}\right)^{1/2} + 0{,}14,$ (VII 8)

MARGUERRE: $\qquad \frac{b_e}{b} = \frac{1}{2}\left(1 + \frac{\sigma_{kr}}{\sigma_c}\right)$ (VII 9)

KOITER: $\qquad \frac{b_e}{b} = \left[1{,}2 - 0{,}65\left(\frac{\sigma_{kr}}{\sigma_c}\right)^{2/5} + 0{,}45\left(\frac{\sigma_{kr}}{\sigma_c}\right)^{4/5}\right]\left(\frac{\sigma_{kr}}{\sigma_c}\right)^{2/5}.$ (VII 10)

---

[1] Nach S. EGGWERTZ: Strength of 75S-T Integral Compression Skins in Box-Beams under Pure Bending. Aeronautical Research Institute of Sweden, Report 64, Stockholm, 1956, S. 12.

Die Formel von Cox gilt für eingespannte, diejenige von MARGUERRE für frei drehbare Ränder; KOITERS Formel gilt für alle Randbedingungen. Aus Abb. VII 3 ist zu entnehmen, daß die Randbedingungen keinen

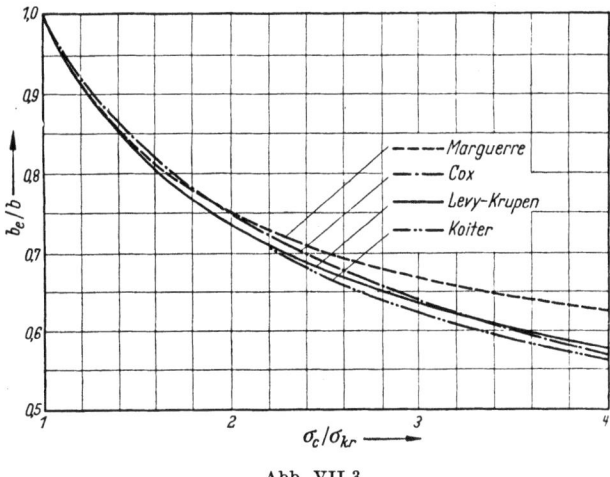

Abb. VII 3

großen Einfluß auf die mittragende Breite haben und daß auch mit einfachen Näherungsformeln brauchbare Resultate erzielt werden können.

C. Versuche

Da die mathematische Behandlung des überkritischen Bereiches, abgesehen von den einfachsten Fällen, auf große Schwierigkeiten stößt, ist man in vermehrtem Maße auf Versuche angewiesen. In Anbetracht des Umstandes, daß jedoch der überkritische Bereich für die Baukonstruktionen eine untergeordnete Rolle spielt, beschränken wir uns auf die am Schluß des Kapitels angegebene Literatur.

D. Beulsicherheit

Wie wir gesehen haben, besteht zwischen einem auf Knicken beanspruchten Stab und einer auf Beulen beanspruchten Platte ein grundlegender Unterschied. Wird beim Stab die Knicklast erreicht, so führt eine kleine Laststeigerung bereits zum völligen Zusammenbruch. Bei der Überschreitung der Beullast einer Platte dagegen verhindert der sich einstellende Membranspannungszustand, daß die Platte bei einer weiteren Laststeigerung ihr Tragvermögen sofort verliert. Bevor dieses Verhalten im überkritischen Bereich richtig erkannt wurde, wählte man die Sicherheitsfaktoren, in Anlehnung an die Knickerscheinungen bei Stäben, zu hoch. So haben die vielen, zunächst vom Flugzeugbau ausgehenden Versuche über das Tragvermögen an ausgebeulten Platten dazu beigetragen, die Sicherheitszahlen auch im Bauwesen dem effektiven Tragvermögen besser anzupassen. Die DIN 4114 schreibt z. B. für den Belastungsfall 1 eine Beulsicherheit von $v_s = 1,35$ und für Belastungsfall 2 eine solche von 1,25 vor[1]. Die Önorm B 4300 rechnet mit dem einheitlichen Wert von $v_s = 1,25$. MASSONNET[2] schlägt für das Schubbeulen $v_s = 1,35$ und für das Biegebeulen $v_s = 1,15$ vor. PFLÜGER[3] erachtet auch für das Schubbeulen eine Sicherheit von $v_s = 1,2$ für genügend.

Man sieht also, daß der überkritische Bereich, obwohl im Bauwesen kaum ausgebeulte Konstruktionen zugelassen werden, doch einen maßgebenden Einfluß bei der Festlegung der Beulsicherheit hat.

Zusätzliche Literatur zu Kapitel VII

ANDERSON, R. A.: Some Preliminary Information on Buckling and Ultimate Strength of Unstiffened Compression Skin Obtained Through Bending and Compression Tests on Rectangular Cross Section Aluminium Tubes. The Aeronautical Research Institute of Sweden, Report No. 27, 1949.

BERGMAN, STEN G. A.: Behaviour of Buckled Rectangular Plates under the Action of Shearing Forces along all Edges. Victor Pettersons Bokindustriaktiebolag, Stockholm 1948.

BOTMAN, M.: De experimentele Bepaling van de meedragende breedte van vlakke platen in het elastische en het plastische gebied. Deel II. National Aeronautical Research Institute (NLL), Amsterdam, Report S. 438, 1954.

BOTMAN, M. u. J. F. BESSELING: The Effective Width in the Plastic Range of Flat Plates under Compression. National Aeronautical Research Institute (NLL), Amsterdam, Report S. 445, 1954.

COAN, J. M.: Large-Deflection Theory for Plates With Small Initial Curvature Loaded in Edge Compression. J. App. Mech., Bd. 18, Nr. 2 (Juni 1951) S. 143—151. Diskussion durch S. LEVY, S. B. BATDORF u. G. J. HEIMERL: in Bd. 18, Nr. 4 (Dezember 1951) S. 423—424.

CORRICK, J. N. u. S. LEVY: Clamped Long Rectangular Plates under Combined Axial Load and Normal Pressure. N.A.C.A. Tech. Note 1047, 1946.

EBNER, H.: Theorie und Versuche zur Festigkeit von Schalenrümpfen. Luftf.-Forschg., Bd. 14, Nr. 3 (März 1937) S. 93—115.

EGGWERTZ, S.: Buckling Stresses of Box-Beams under Pure Bending. The Aeronautical Research Institute of Sweden, Report No. 33. 1950.

FALCONER, B. H. u. J. C. CHAPMAN: Compressive Buckling of Stiffened Plates. Engineer (London), Bd. 195, Nr. 5080 und 5081 (5. und 12. Juni 1953) S. 789 und 882.

FEDERHOFER, K. u. H. EGGER: Berechnung der dünnen Kreisplatte mit großer Ausbiegung. Sitz. Ber. d. Ak. Wiss. Wien, Math. Kl. Abt. IIa 155, Bd. 1 und 2. H., 1946.

FRANKLAND, J. M.: The Strength of Ship Plating under Edge Compression. U. S. Experimental Model Basin, Rept. 469, 1940.

FRIEDRICHS, K. O. u. J. J. STOKER: Buckling of the Circular Plate Beyond the Critical Thrust. J. Appl. Mech., März, 1942.

---

[1] Siehe auch K. KLÖPPEL: Zur Einführung der neuen Stabilitätsvorschriften. Abhandlungen aus dem Stahlbau. Herausgeben vom Deutschen Stahlbauverband, 1952, H. 12, S. 137ff. Bremen-Horn: Industrie- und Handelsverlag, Walter Dorn.

[2] MASSONNET, CH.: Recherches expérimentales sur le voilement de l'âme des poutres à âme pleine. CERES, Bd. V, Liége, 1951.

[3] PFLÜGER, A.: Die erforderliche Beulsicherheit von Blechfeldern unter Schubbeanspruchung. Abhandlungen aus dem Stahlbau, herausgegeben vom Deutschen Stahlbau-Verband, 1950, H. 8, S. 17. Bremen-Horn: Industrie- und Handelsverlag, Walter Dorn GmbH.

GETZ, J. R.: Effektiv flens. Tekniske Skrifter Nr. 3 N, Oslo, 1951.

HEIMERL, G. J.: Determination of Plate Compressive Strengths. N.A.C.A. Techn. Note 1480, 1947.

HEIMERL, G. J. u. J. A. ROY: Column and Plate Compressive Strength of Aircraft Structural Materials — extruded 75 S-T Aluminium Alloy. N.A.C.A. ARR No. L 5 FO 8a, 1945.

HU, P. C., E. E. LUNDQUIST u. S. B. BATDORF: Effect of Small Deviations from Flatness on Effective Width and Buckling of Plates in Compression. N.A.C.A. Techn. Note 1124, 1946.

KÁRMÁN, TH. V., E. E. SECHLER u. L. H. DONNELL: The Strength of Thin Plates in Compression. Amer. Soc. Mech. Engineers, Trans., Bd. 54, Nr. 2 (Januar 1932) S. 53—57.

LAHDE, R. u. H. WAGNER: Versuche zur Ermittlung der mittragenden Breite von verbeulten Blechen. Luftf.-Forschg., Bd. 13, Nr. 7 (Juli 1936) S. 214—223.

LAHDE, R. u. H. WAGNER: Versuche zur Ermittlung des Spannungszustandes in Zugfeldern. Luftf.-Forschg., Bd. 13 (1936) S. 262—268.

LAVERN, W. HOWLAND: Effect of Rivet Spacing on Stiffened thin Sheet Under Compression. J. aeron. Sci., Bd. 3 (1936) Nr. 12, S. 434—439.

LEVY, S.: Bending of Rectangular Plates with Large Deflections. N.A.C.A. Tech. Note 846, 1942, und N.A.C.A Tech. Rept. 737, 1942, S. 139.

LEVY, S.: Square plate with Clamped Edges under Normal Pressure Producing Large Deflections. N.A.C.A. Tech. Note 847, 1942, und N.A.C.A. Tech. Rept. 740, 1942, S. 209.

LEVY, S. u. S. GREENMAN: Bending with Large Deflection of a Clamped Rectangular Plate with Length-Width Ratio of 1,5 under Normal Pressure. N.A.C.A. Tech. Note 853, 1942.

LEVY, S., D. GOLDENBERG u. G. ZIBRITOSKY: Simply Supported Long Rectangular plate under Combined Axial Load and Normal Pressure. N.A.C.A. Tech. Note 949, 1944.

LIMPERT, G.: Über die Knickung ebener Zugfeldträger. Jb. 1938 der Deutschen Luftfahrtforschung Abt. I, S. 427—432.

LOUIS, H. u. F. CAMPUS: Influence du mode de fixation des raidisseurs sur le comportement des poutres à âme pleine. Université de Liège, Faculté des Sciences appliquées, Cours de construction du Génie Civil No. 87.

MCPHERSON, A. E.. S. LEVY u. G. ZIBRITOSKY: Effect of Normal Pressure on Strength of Axially Loaded Sheet-stringer Panels. N.A.C.A. Tech. Note 1041, 1946.

MASSONNET, CH.: Recherches sur le dimensionnement et le raidissage rationnels de l'âme des poutres à âme pleine. en tenant compte du danger de voilement. Annales de l'Institut technique du bâtiment et des Travaux Publics, Série construction métallique No. XII, November 1953.

MASSONNET, CH.: Essais de voilement sur poutres à âme raidie. Acier-Stahl-Steel, No. 2, Februar 1955.

MAYERS, J. u. B. BUDIANSKY: Analysis of Behavior of Simply Supported Flat Plates Compressed Beyond the Buckling Load Into the Plastic Range. N.A.C.A. Tech. Note 3368, Februar 1955.

MÜLLER-MAGYARI: Beiträge zur Zugfeldtheorie dünnwandiger Plattenstreifen. Österr. Ing.-Arch., 1950, S. 12.

NEEDHAM, R. A.: The Ultimate Strength of Aluminium-Alloy Formed Structural Shapes in Compression. J. Aeron. Scien., Bd. 21 (April 1954) Nr. 4, S. 217 bis 229.

NEWELL, J. S.: Data on the Strength of Aircraft Materials. Aviation Eng., 1932.

NORRIS, CH. H.: Localized Buckling of Structural Members. J. Boston Soc. Civil Eng., Bd. 36 (Juli 1949) Nr. 3.

NYLANDER, H.: Initially Deflected Thin Plate With Initial Deflection Affine to Additional Deflection. International Association for Bridge and Structural Engineering, Publications, Bd. 11 (1951) S. 347—374.

PLANTEMA, F. J. u. W. K. G. FLOOR: De meedragende breedte van vlakke en weinig gekromde platen. National Aeronautical Research Institute (NLL), Amsterdam, Report S. 248, 1941.

PRIDE, R. A. u. G. J. HEIMERL: Plastic Buckling of Simply Supported Compressed Plates. N.A.C.A. Techn. Note 1817, 1949.

ROCKEY, K. C.: The Design of the Webplates of Light Alloy Plate Girders. IVBH., 5. Kongreß, Lissabon, 1956, Vorbericht, S. 609.

SCHADE, H. A.: Design Curves for Cross-stiffened Plating under Uniform Bending Load. Proc. Soc. Naval Architects Marine Engrs., 1941.

SCHAPITZ, E.: Beiträge zur Theorie des unvollständigen Zugfeldes. Luftf.-Forschg., Bd. 14 (1937) S. 129—136.

SCHUNK, T. E.: Die quadratische Platte bei Schubbelastung oberhalb der Beulgrenze. Ing.-Arch., 1939, S. 119.

SCHMIEDEN, C.: Ebene Blechwandträger mit nicht parallelen Holmen. Luftf.-Forschg., Bd. 13 (1936) S. 391—393.

SCHNADEL, G.: Die Überschreitung der Knickgrenze bei dünnen Platten. Proceedings 3rd International Congress for Applied Mechanics, Stockholm, 1930, Bd. III, S. 73—81.

SCHNADEL, G.: Knickung von Schiffsplatten. Werft, Reederei, Hafen, 1930.

SCHUETTE, E. H.: Observations on the maximum average stress of flat plates buckled in edge compression. N.A.C.A. Techn. Note 1625, 1949.

SCHUMANN, L. u. G. BACK: Strength of Rectangular Flat Plates Under Edge Compression. N.A.C.A. report 356, 1930.

SECHLER, E. E.: The Ultimate Strength of Thin Flat Sheet in Compression. Guggenheim Aeronautics Laboratory, California Institute of Technology, Publication 27, 1933.

STOWELL, E. Z.: A Unified Theory of Plastic Buckling of Columns and Plates. N.A.C.A. Report 898, 1948.

STOWELL, E. Z.: Compressive Strength of Flanges. N.A.C.A. Report 1029, 1951.

STOWELL, E. Z., G. J. HEIMERL, C. LIBOVE u. E. E. LUNDQUIST: Buckling Stresses for Flat Plates and Sections. Amer. Soc. Civil Engineers, Proc., Bd. 77, Separate No. 77, Juli 1951.

SWEENY, R. J.: The Strength of Hull Plating under Compression. U. S. Experimental Model Basin, Progress Repts. 1 und 2, 1933.

WAGNER, H.: Ebene Blechwandträger mit sehr dünnem Stegblech. ZFM, Bd. 20 (1929) S. 200—207, 227—233, 256—262, 279—284, 306—314.

WAGNER, H. u. W. BALLERSTEDT: Über Zugfelder in ursprünglich gekrümmten, dünnen Blechen bei Beanspruchung durch Schubkräfte. Luftf.-Forschg., Bd. 12 (1935) S. 70—74.

WANG, C. T.: Nonlinear Large-deflection Boundary-value Problems of Rectangular Plates. N.A.C.A. Tech. Note 1425, 1948.

WÄSTLUND, G. u. ST. G. A. BERGMAN: Buckling of Webs in deep Steel I-Girders. Meddelanden fran Statens Kommitté för Byggnadsforskning, Nr. 8, Stockholm 1947.

WAY, S.: Uniformly Loaded, Clamped, Rectangular Plates with Large Deflection. Proc. 5th Intern. Congr. Applied Mechanics, Cambridge, Mass. 1938, S. 123.

WENZEK, W. A.: Die mittragende Breite nach dem Ausknicken bei krummen Blechen. Luftf.-Forschg., Bd. 15 (1938) S. 340—344.

WINTER, G.: Performance of Thin Steel Compression Flanges. International Association for Bridge and Structural Engineering. Preliminary Publication 3rd Congress, Liège, 1948. S. 137—148.

Zusätzliche Literatur

zu Kap. I

STABILINI, L.: Knicken, Kippen und Beulen im Stahlbau. Schweizer Arch. angew. Wiss. Techn. 1956, H. 11 u. 12, S. 363 u. 377.

zu Kap. II

BUDIANSKY, B., P. C. HU u. R. W. CONNOR: Notes on the Lagrangian Multiplier Method in Elastic Stability Analysis. N. A. C. A. Techn. Note 1558, 1947.

zu Kap. III

BERGER, E. R.: Ein Minimalprinzip zur Auflösung der Plattengleichung. Österr. Ing. Arch. Bd. 7 (1953) S. 39.

FAIRTHONE, R. A.: The Small Displacements and Stability of Elastic Systems under Static Load. Royal Aircraft Establishment, Report No. M. T. 5575, 1934.

IGUCHI, S.: Allgemeine Lösung der Knickaufgabe für rechteckige Platten. Ing.-Arch., Bd. 7 (1936) S. 207.

LURIE, H.: Lateral Vibrations as Related to Structural Stability. Calif. Inst. Techn., Guggenheim Aeron. Lab., Report No. 2, 1950.

MASSONNET, CH.: Voilement des plaques planes sollicitées dans leur plan. Schlußbericht des 3. Kongresses der IVBH., Lüttich 1948, S. 291.

—: Voilement des plaques planes sollicitées dans leur plan. Note Technique 8—13.2 de la commission pour l'étude de la construction métallique (C. E. C. M.), Bruxelles 1952.

—: Les relations entre les modes normaux de vibration et la stabilité des systèmes élastiques. Bulletin du Centre d'Etude, de Recherches et d'Essais scientifiques des Constructions du Génie Civil et d'Hydraulique fluviale (C. E. R. E. S.), Bd. 1, No. 1 u. 2, Lüttich 1940.

MOISSEIFF, L. S. u. F. LIENHARD: Theory of Elastic Stability Applied to Structural Design. Trans. Amer. Soc. civ. Engrs., Bd. 106 (1941) S. 1052.

PÖSCHL, TH.: Über die Minimalprinzipe der Elastizitätstheorie. Bauingenieur, 1936, S. 160. Vergl. auch Erwiderung DOMKE: Bauingenieur, 1936, S. 459.

SATTLER, K.: Beitrag zur Knicktheorie dünner Platten. Mitt. Forsch.-Anst. Gutehoffn., Nürnberg, Bd. 3 (1935) S. 257.

WILLERS, F. A.: Die erste Variation der Formänderungsarbeit ausgebeulter ebener Platten. Z. angew. Math. Mech., Bd. 20 (1940) S. 128.

zu Kap. IV A

BENGSTON, H. W.: Ship Plating under Compression and Hydrostatic Pressure. Trans. Soc. Naval Architects Marine Engrs., Bd. 47 (1939) S. 80.

BLEICH, F.: Die Stabilität dünner Wände gedrückter Stäbe. Prelim. Pubs. first Congr. Intern. Assoc. Bridge and Structural Eng., Paris, 1932, S. 130.

BOOBNOW, J.: Theory of Structure of Ships. Bd. 2, S. 515 (russisch). St. Petersburg 1914.

GODFREY, H. J. u. I. LYSE: Investigation of Web Buckling in Steel Beams. Trans. Amer. Soc. civ. Engrs., Bd. 100 (1935) S. 675.

HILL, H. N.: Chart for Critical Compressive Stress of Flat Rectangular Plates. N. A. C. A. Techn. Note 773, 1940.

HOUBOLT, J. C. u. E. Z. STOWELL: Critical Stress of Plate Columns. N. A. C. A. Tech. Note 2163, 1950.

KROLL, W. D., G. P. FISHER u. G. J. HEIMERL: Charts for Calculation of the Critical Stress for Local Instability of Colums with I-, Z-, Channel-, and Rectangulartube Section. N. A. C. A. Wartime Rept. L—429, 1943.

LEVY, S.: Buckling of Rectangular Plates with Built — in Edges. Trans. Amer. Soc. mech. Engrs., Bd. 64 (1942) S. A 171.

LUNDQUIST, E. E.: Local Instability of Centrally Loaded Columns of Channelsection and Z-section. N. A. C. A. Tech. Note 722, 1939.

LUNDQUIST, E. E. u. E. Z. STOWELL: Critical Compressive Stress for Flat Rectangular Plates Supported along all Edges and Elastically Restrained against Rotation along the Unloaded Edges. N. A. C. A. Tech. Note 733, 1942.

LUNDQUIST, E. E. u. E. Z. STOWELL: Critical Compressive Stress for Outstanding Flanges. N. A. C. A. Tech. Note 734, 1942.

MARGUERRE, K. u. A. KROMM: Verhalten eines von Schub- und Druckkräften beanspruchten Plattenstreifens oberhalb der Beulgrenze. Luftf.-Forschg., Bd. 18 (1938) S. 627.

MAULBETSCH, J. L.: Buckling of Compressed Rectangular Poates with Built — in Edges. Trans. Amer. Soc. mech. Engrs., Bd. 4 (1937) S. A 59.

MEISSNER, E.: Über das Knicken kreisringförmiger Scheiben. Schweiz. Bauztg., Bd. 101 (1933) S. 87.

NADAI, A.: Über das Ausbeulen von kreisförmigen Platten. Z. VDI, 1915, S. 169.

OLSSON, R. G.: Knickung der Kreisringplatte von quadratisch veränderlicher Steifigkeit. Ing.-Arch., 1938, S. 205.

SAZAWA, K. u. W. WATANABE: Buckling of a Rectangular Plate with Four Clamped Edges. Re-examined with Improved Theory. Repts. Tokyo Imp. Univ. Aeronaut. Research Inst., Bd. 11 (1936) Nr. 143.

SHULESHKO, P.: Buckling of Rectangular Plates Uniformly Compressed in Two Perpendicular Directions with One Free Edge and Opposite Edge Elastically Restrained. Journal of Applied Mechanics, Vol. 23 (Sept. 1956), Nr. 3, S. 359.

—: Buckling of Rectangular Plates with Two Unsupported Edges. Journal of Applied Mechanics, Vol. 24, (Dec. 1957), Nr. 4, S. 537.

ZETLIN, L.: Elastic Instability of Flat Plates Subjected to Partial Edge Loads. Proc. Amer. Soc. civ. Engrs., Vol. 81 (1955) S. 795.

zu Kap. IV B

GERARD, G.: Critical shear stress of plates above the proportional limit. Journ. Appl. Mech., Bd. 5 (1948) Nr. 1, S. 7.

—: Secant Modulus Method for Determining Plate Instability above the Proportional Limited. Journ. Aeronaut., Bd. 13 (1946) S. 38.

HOFF, N. J.: Note on Inelastic Buckling. Journ. Aeronaut. Sci., Bd. 11 (1944) S. 163.

KAUFMANN, W.: Über unelastisches Knicken rechteckiger Platten. Ing.-Arch., Bd. 7 (1936) S. 156.

LEVY, S., K. L. FIENUP u. R. M. WOOLEY: Analysis of Square Shear Web above Buckling Load. N. A. C. A. Tech. Note 962, 1945.

zu Kap. IV C

GABER, E.: Beulversuche an Modellträgern aus Stahl. Bautechn., 1944, S. 6.

HOFF, N. J., B. A. BOLEY u. J. M. COAN: The Development of a Technique for Testing Stiff Panels in Edgewise Compression. Proc. S. E. S. A., Bd. 5 (1948) Nr. 2, S. 14.

MOORE, R. L.: Observations on the Behavior of Aluminium Alloy Test Girders. Trans. Amer. Soc. civ. Engrs., Bd. 112 (1947) S. 901.

SANDLIN, C. W. JR.: Strenght Tests of Shear Webs with Uprights not Connected to the Flanges. N. A. C. A. Tech. Note 1635, 1948.

STOCKHOLM: Versuche über das Ausbeulen der Stegbleche von Stahlträgern, ausgeführt 1934—1935 durch die Hafenverwaltung Stockholm, die schwedischen Staatsbahnen und die Gesellschaft für Elektroschweißung, Stockholm.

zu Kap. V

BOGUNOVIC, V.: Über die Stabilität der Kippenkonstruktion. Stahlbau, 1955, H. 1, S. 8.

BUSKE, F.: Die Bestimmung der Stegblechdicke aus der Beulsicherheit nach den Vorschriften der DIN 4114. Stahlbau, 1952, S. 12.

CUTCLIFFE, J. L. u. H. S. HEAPS: Symmetrical Buckling of a Series of Uniformly Loaded Parallel Struts Supported by Spot Connections to a Long Thin Plate. Journal of Applied Mechanics, Bd. 24 (Dec. 1957) Nr. 4, S. 531.

DEUKE, P. H.: Analysis and Design of Stiffened Shear Webs. Journ. Aeronaut. Sci. 1950, Nr. 17, S. 217.

GALL, H. W.: Compressive Strength of Stiffened Sheet Panels. Thesis 1930, reported by J. S. NEWELL: The Strength of Aluminium Alloy Sheets. Airway Age, 1930.

HUFFINGTON, JR., N. J.: Theoretical Determination of Rigidity Properties of Orthogonally Stiffened Plates. Journal of Applied Mechanics, Bd. 23 (March 1956) Nr. 1, S. 15.

KLÖPPEL, K. u. J. SCHEER: Beulweite der durch eine Längssteife im Drittelspunkt der Feldbreite ausgesteiften Rechteckplatte bei NAVIERschen Randbedingungen. Stahlbau (1957) H. 12, S. 364.

KRABBE: Beitrag zur Berechnung der Stegblechaussteifungen vollwandiger Blechträger. Stahlbau (1937) S. 65.

KRAPFENBAUER, R. J.: Zur Stabilität rostverstEifter Rechteckplatten bei gleichmäßiger Schubbeanspruchung unter besonderer Berücksichtigung des mittigen Steifenkreuzes. Abt. d. Dokumentationszentrums f. Technik und Wirtschaft, H. 17, Wien 1953.

KROLL, W. D.: Tables of Stiffness and Carry-over Factor for Flat Rectangular Plates under Compression. N. A. C. A. Wartime Rept. L–398, 1943.

LEVIN, L. R. u. C. W. SANDLIN, JR.: Strength Analysis of Stiffened Thick Beam Webs. N. A. C. A. Tech. Note 1820, 1949.

LUNDQUIST, E. E.: Comparison of Three Methods for Calculating The Compressive Strength of Flat and Slightly Curved Sheets and Stiffener Combination. N. A. C. A. Tech. Note 455.

LUNDQUIST, E. E. u. E. Z. STOWELL: Restraint Provided a Flat Rectangular Plate by Sturdy Stiffener along the Edges of the Plate. N. A. C. A. Tech. Note 735, 1942.

DE MIRANDA, F.: Sezione ottima di travi composte saldate a parete piena soggette a flessione. Costruzioni metalliche, 1954, H. 1, S. 38.

PROGRESS REPORT of the Committee of the Structural Division on Design in Lightweight Structural Alloys. Proc. Amer. Soc. civ. Engrs., Bd. 76, Juni 1950.

RADOJKOVIĆ, M.: Ermittlung der Stegblechdicke mit Rücksicht auf die Beulsicherheit. Stahlbau, 1942, S. 47.

REISSNER, E.: Buckling of Plates with Intermediate Rigid Supports. Journ. Aeronaut. Sci., Bd. 12 (1945) S. 375.

ROCKEY, K. C.: Shear Buckling of a Web Reinforced by Vertical Stiffeners and a Central Horizontal Stiffener. IVBH. Abh., Bd. XVII, S. 161. Zürich: Leemann 1957.

SCHLEICHER, F.: Unelastische Beulung versteifter Stegbleche. Bauingenieur Bd. 20 (1929) S. 217.

SCHMIEDEN, C.: Das Ausknicken versteifter Bleche unter Schubbeanspruchung. Z. Flugtechn. 1930, S. 61.

SECHLER, E. E.: Stress Distribution in Stiffened Panels under Compression. Jour. Aeronaut. Sci. 1937, S. 320.

Schnell, W.: Zur Berechnung der Beulwerte von längs- und querversteiften rechteckigen Platten unter Drucklast. Z. angew. Math. Mech., Bd. 36 (1956) S. 36.
Walter, H.: Beulsicherheitsberechnung entsprechend der DIN 4114 mit Hilfe eines Nomogramms nach Prof. Ch. Massonnet u. R. Greisch. Stahlbau 1957, H. 8, S. 228.

zu Kap. VII

Chwalla, E.: Die Formeln zur Berechnung der „voll mittragenden Breite" dünner Gurt- und Rippenplatten. Stahlbau, 1936, S. 73.
Kaufmann, W.: Über die Stabilität dünnwandiger Hohlzylinder und rechteckiger Bleche oberhalb der Proportionalitätsgrenze. Stahlbau, 1937, S. 1.
Krabbe: Grundsätzliche Bemerkungen zur Frage der Beulsicherheit der Stegbleche vollwandiger Blechträger. Stahlbau, 1937, S. 97.
Marguerre, K.: Zur Theorie der gekrümmten Platte mit großer Formänderung. Proc. 5th Int. Congr. for Appl. Mech., S. 93. Cambridge, Mass., 1939.
Schunk, T. E.: Der zylindrische Schalen oberhalb der Beulgrenze. Ing.-Arch., 1948, S. 403.

Namenverzeichnis

Abdel-Rahman, E. 82
Addison, J. V. 196
Airy, G. B. 6
Anderson, R. A. 336

Back, G. 238, 340
Ballerstedt, W. 338
Ban, S. 46, 95, 120, 133
Barbré, R. 292, 297, 299, 320, 321, 328
Batdorf, S. B. 188, 328, 336, 337
Bengston, H. W. 339
Berger, E. R. 339
Bergmann, S. 179, 181
Bergman, S. G. A. 181, 182, 219, 336, 338
Bernoulli, J. 3, 12
Besseling, J. F. 336
Biezeno, C. B. 45, 46, 47, 61
Bijlaard, P. P. 10, 220, 222, 228, 242, 243, 244, 245, 246, 247, 275
Bleich, F. 3, 5, 9, 45, 87, 158, 171, 175, 180, 183, 197, 205, 210, 211, 217, 248, 257, 263, 298, 317, 325, 329, 331, 332, 339
Bogunovic, V. 341
Bohny, F. 286
Boley, B. A. 341

Bollenrath, F. 181
Boobnow, J. 339
Bornscheuer, F. W. 289, 323, 324, 330
Botman, M. 336
Boussinesq, J. 16, 212
Brčič, V. 319
Brice, L. P. 196
Bridgman, P. W. 137
Brown, W. C. 307
Bryan, G. H. 7, 96, 139, 191
Buchert, K. P. 195
Budiansky, B. 46, 180, 181, 320, 321, 337, 339
Burchard, W. 53, 291, 322
Buske, F. 341

Campus, F. 337
Caquot 196
Chang, C. C. 329
Chapman, J. C. 336
Chladni, E. F. F. 3, 5
Chwalla, E. 179, 188, 195, 199, 205, 220, 247, 290, 294, 301, 304, 307, 308, 313, 316, 318, 322, 323, 325, 326, 339, 342
Clark, E. 285
Coan, J. M. 336, 341

Connor, R. W. 180, 320, 339
Conway, H. D. 328, 329
Corrick, J. N. 336, 340
Courant, R. 60, 97
Cox, H. L. 181, 291, 333
Cutcliffe, J. L. 341

Deuke, P. H. 341
Donnell, L. H. 337
Drucker, D. C. 246
Dubas, Ch. 60, 62, 82, 291, 292, 305, 326
Dubas, P. 62, 74, 75, 82, 291, 292, 305

Ebner, H. 195, 336
Egger, H. 336
Eggwertz, S. 333, 334, 336
Eichinger, A. 9, 196, 247
Engelund, A. 195
Engesser, F. 139

Fairbarn, W. 285
Fairthone, R. A. 339
Falconer, B. H. 336
Faxen, O. H. 195
Federhofer, K. 336
Fienup, K. L. 340
Fisher, G. P. 340
Flint, A. R. 307
Floor, W. K. G. 338

Föppl, A. 36, 39
Föppl, L. 29, 36, 39
Fralich, R. W. 319, 320
Frankland, J. M. 336
Friedrichs, K. O. 336
Fröhlich, H. 322, 341

Gaber, E. 10, 341
Gall, H. W. 341
Geckeler, J. W. 182
Gehring, F. 212
Gérard, G. 340
Getz, J. R. 337
Girkmann, K. 37, 195, 328
Gleyzal, A. 137
Godfrey, H. J. 340
Goldenberg, D. 337
Gough, H. J. 181
Grammel, R. 45, 46, 47, 61
Green, G. 141
Greenman, S. 337
Greenspan, M. 137
Greisch, R. 190, 314, 316, 342

Hamel 37
Hampl, M. 311, 313
Handelman, G. H. 10, 242
Hartmann, F. 121, 179, 182, 318
Heaps, H. S. 341
Heck, O. S. 195
Heilig, R. 290, 322, 325
Heimerl, G. J. 10, 246, 336, 337, 338, 340
Hemp, W. S. 333
Hencky, H. 46
Herrmann, G. 54, 94, 109, 123, 125, 131, 132, 139, 141, 144, 146, 156, 159, 171, 175, 228, 242, 246
Hilbert, D. 97
Hill, H. N. 340
Hiltscher, R. 196
Hodgkinson, E. 285
Hoff, N. J. 340, 341
Hopkins, H. G. 10, 242
Houbolt, J. C. 340
Hu, P. C. 46, 181, 328, 337, 339
Huber, M. T. 16, 213, 325
Huffington, N. J. jr. 341

Iguchi, S. 180, 195, 256, 339
Ihlenburg, W. 316

Iljuschin, A. 9, 228, 240, 242

Ježek, K. 245
Johnson, A. E. 195
Johnson, J. H. 195
Johnston, D. E. 196

Kármán, Th. v. 332, 337
Karner, L. 287
Kaufmann, W. 340, 342
Kerensky, O. A. 307
Kirchhoff, G. R. 6
Klöppel, K. 193, 290, 311, 322, 327, 336, 341
Knipp, G. 291, 322
Koiter, W. T. 333
Kollbrunner, C. F. 2, 10, 54, 60, 84, 85, 89, 94, 109, 123, 125, 131, 132, 139, 156, 157, 158, 159, 171, 172, 175, 186, 196, 197, 198, 199, 200, 203, 210, 216, 218, 220, 221, 222, 226, 228, 242, 243, 245, 246, 248, 264, 268, 275, 279, 283, 288, 327, 329, 330, 331
Kondo, K. 333
König, H. 47
Krabbe, 341, 342
Krapfenbauer, R. J. 341
Kroll, W. D. 340, 341
Kromm, A. 288, 301, 303, 318, 321, 322, 333, 340
Krupen, Ph. 333
Kucharski, W. 182, 340

Lagrange, J. L. 36
Lahde, R. 337
Lavern, W. H. 337
Leggett, D. M. A. 182
Levin, L. R. 341
Levy, S. 333, 336, 337, 340
Libove, C. 338
Lie, K. H. 193, 327
Lienhard, F. 339
Lilly, W. E. 182
Limpert, G. 337
Lockwood, T. J. 329
Lokshin, A. S. 299
Louis, H. 337
Love, A. E. H. 146

Lundquist, E. E. 9, 320, 328, 337, 338, 340, 341
Lurie, H. 339
Lyse, I. 340

Madelung, E. 101
Marcus, H. 46
Marguerre, K. 45, 96, 332, 333, 339, 340, 342
Massonnet, Ch. 10, 182, 190, 195, 307, 314, 316, 336, 337, 339, 342
Maulbetsch, J. L. 340
Mayer, R. 289
Mayers, J. 337
Meissner, E. 340
Meister, M. 2, 157, 158, 196, 199, 210, 216, 218, 220, 228, 242, 245, 288, 327, 329
Melan, E. 318
Michell, J. H. 6
Miles, A. J. 316, 317
Milosavljevich, M. 322
Mindlin, R. D. 139, 140, 141, 146, 148, 155
De Miranda, F. 341
Moheit, W. 180
Moisseiff, L. S. 339
Moore, R. L. 341
Morse, R. F. 329
Müller-Magyari 337

Nádai, A. 182, 328, 340
Navier, L. 5, 12
Needham, R. A. 337
Neff, J. 179
Newell, J. S. 337
Newman, S. B. 137
Nölke, K. 95, 109, 115, 123, 175
Norris, Ch. H. 337
Novak, A. 322
Nylander, H. 337

Olsson, R. G. 340
Onat, E. T. 246

Peters, R. G. 195
Pettersson, O. 329
Pflüger, A. 45, 175, 180, 184, 323, 325, 336
McPherson, A. E. 337
Plantema, F. J. 338
Pochop, F. 320
Pöschl, Th. 339

Prager, W. 10, 137, 240, 242
Pride, R. A. 246, 338

Radojković, M. 341
Radok, J. R. M. 291, 321
Rayleigh, W. 99
Reissner, E. 139, 140, 147, 341
Reissner, H. 9, 179
Rendulic, L. 318
Revell, J. D. 196
Ridell, J. R. 291
Ritz, W. 42, 45, 97
Rockey, K. C. 338, 342
Rode, H. H. 182
Roš, M. 9, 196, 247
Roy, J. A. 337
Runge, C. 47

Sandlin, C. W. jr. 341
Sattler, K. 339
Sazawa, K. 195, 340
Schade, H. A. 338
Schapitz, E. 195, 325, 331, 338
Scheer, J. 290, 311, 322, 341
Schleicher, F. 82, 132, 181, 182, 184, 189, 194, 247, 292, 320, 325, 327, 328, 342,
Schmid, W. 328
Schmieden, C. 195, 338, 340, 342
Schnadel, G. 311, 338
Schnell, W. 342
Schuette, E. H. 9, 338
Schumann, L. 338, 340
Schunk, T. E. 338, 342
Schwartz, E. B. 188
Schwerin, E. 328

Sechler, E. E. 337, 338, 342
Seide, P. 321
Seydel, E. 82, 176, 179, 180, 182
Shanley, F. R. 210
Shuleshko, P. 340
Sievers, H. 324
Skan, Sylvia, W. 176, 180
Slepov, B. J. 328
Smith, H. E. 291
Sokolnikoff, I. S., 140
Southwell, R. V. 176, 180, 182
Stabilini, L. 339
Stang, A. H. 137
Stein, M. 179, 188, 319, 320
Stein, O. 179, 195
Stephenson, R. 285
Stiffel, R. 290, 307, 311, 321
Stoker, J. J. 336
Stowell, E. Z. 9, 10, 182, 188, 217, 239, 242, 246, 338, 340, 341
Strasser, A. 291, 299, 322
Strigl, G. 184
Stüssi, F. 10, 61, 82, 139, 157, 159, 161, 186, 190, 196, 197, 222, 225, 228, 240, 243, 246, 247, 275, 279, 283, 291, 292, 305, 330
Sweeny, R. J. 338
Szabò, I. 240

Taylor, G. T. 195
Thürlimann, B. 330

Timoshenko, S. 3, 8, 45, 95, 96, 98, 123, 125, 144, 171, 175, 177, 179, 182, 189, 197, 212, 285, 288, 289, 291, 292, 311, 319, 320, 323, 327, 328
Tölke, F. 113
Torre, C. 291, 322
Trefftz, E. 45, 46, 97, 98, 140, 182

Usinger, B. P. 45

Vallat, P. 195
Volkovitch, F. V. 328

Wagner, H. 195, 337, 338
Walt, M. 10, 157, 275, 279, 283
Walter, H. 342
Wang, C. T. 338
Wang, T. K. 319
Wanke, J. 62
Wansleben, F. 195
Wanzenried, H. 159, 186
Wästlund, G. 182, 219, 338
Watanabe, W. 340
Way, St. 195, 319, 338
Wenzek, W. A. 338
Willers, F. A. 182, 338
Windenburg, D. F. 319
Winter, G. 338
Woinowsky-Krieger, S. 324, 328
Wooley, R. M. 340

Yamatoto, M. 333

Zetlin, L. 340
Zibritosky, G. 337
Zizigas, G. A. 196
Zurmühl, R. 45

MIX
Papier aus verantwortungsvollen Quellen
Paper from responsible sources
FSC® C105338

If you have any concerns about our products,
you can contact us on
ProductSafety@springernature.com

In case Publisher is established outside the EU,
the EU authorized representative is:
**Springer Nature Customer Service Center GmbH
Europaplatz 3, 69115 Heidelberg, Germany**

Printed by Libri Plureos GmbH
in Hamburg, Germany